DIE
TEMPERATURVERHÄLTNISSE
DER QUELLEN.

Eine meteorologische Untersuchung

von

DR. E. HALLMANN,
früher Arzt der Wasserheilanstalt Marienberg bei Boppard a. Rh.

ZWEITER BAND.

BERLIN.
VERLAG VON GEORG REIMER.
1855.

VORWORT.

Der zweite Band der »*Temperaturverhältnisse der Quellen*« erscheint nach dem Tode des Verfassers und ist unvollendet geblieben. HALLMANN starb, als der 27. Bogen in der Correctur war, die von da ab durch mich besorgt worden ist. Die Handschrift fand sich vollständig ausgearbeitet vor so weit sie abgedruckt ist, und nach der Art, wie HALLMANN arbeitete, ist kaum wahrscheinlich, daſs er noch Aenderungen daran vorgenommen haben würde. Ebenso wenig ist zu glauben, daſs HALLMANN in dem, was zur Vollendung des Bandes fehlte, noch sehr wichtige Aufschlüsse mitzutheilen hatte. Auf das hier zuletzt Abgedruckte folgten noch einige Seiten brauchbaren Manuscripts, in denen vom Kopaischen See in Böotien die Rede war. Da dieses Bruchstück nur einen Auszug aus FORCHHAMMER's topographischer Schilderung des Sees enthielt, habe ich es der besseren Abrundung halber unterdrücken zu dürfen geglaubt.

Was die Vorrede zum zweiten Bande betrifft, so ist sie, nach dem Zustande der Handschrift, allerdings nur als ein Entwurf anzusehen.

Die Freunde des Hingeschiedenen, unter ihnen der Verleger dieses Werkes, haben für angemessen erachtet, dafs hier eine Skizze seines Lebens Platz finde; und als derjenige seiner Freunde, der ihm während der längsten Zeit am innigsten verbunden war, habe ich es gern übernommen, eine solche zu schreiben.

Berlin, 31. Juli 1855.

EMIL DU BOIS-REYMOND.

EDUARD HALLMANN'S LEBEN

von

EMIL DU BOIS-REYMOND.

Eduard Hallmann wurde, als der zweite Sohn eines wohlhabenden Kaufmanns, in Hannover am 10. Juli 1813 geboren. Seine noch lebende Mutter stammt aus der Hamburgischen Familie der Rodatz. Er wird als ein stiller, sinniger Knabe geschildert. Auf dem Gymnasium seiner Vaterstadt, unter Grotefend's Leitung, erhielt er eine treffliche klassische Bildung, und jene Richtung auf das Ideale, die selten in ihrem Geleit ausbleibt.

Im Herbst 1832 bezog Hallmann die Universität Göttingen, um Theologie zu studiren. Aber während er christliche Apologetik und Kirchengeschichte hörte, las er zu Hause Herder's *Ideen zur Geschichte der Menschheit*, worin sich die Ergebnisse der vergleichenden Anatomie in ihrer Anwendung auf Anthropologie in so überraschender Weise ausgesprochen finden, ein Jahr ehe Blumenbach den ersten zusammenhängenden Vortrag über vergleichende Anatomie hielt. Diese widerstreitenden Beschäftigungen waren der Ausdruck eines früh begonnenen Kampfes in Hallmann's Innerem, der bald zu Gunsten der »*Ideen*« damit endete, dafs Hallmann zur philosophischen Facultät übertrat und bei Blumenbach und Langenbeck den Grund zu seinen späteren Leistungen in der Morphologie legte. Ein Entwickelungsgang, der wenigstens nicht so selten ist als er fremdartig erscheint, da ich unter den Todten noch Paul Erman, unter den Lebenden aufser mir noch zwei Naturforscher kenne, die denselben Weg von der Theologie durch die Philosophie zur Naturwissenschaft durchgemacht haben.

Aus HALLMANN's erstem Studienjahr mufs hier noch eines Ereignisses gedacht werden, welches von entscheidendem Einflufs auf sein späteres Leben geworden ist. Es war die Zeit des Frankfurter Attentats und, in Folge dessen, der Demagogenprocesse an den deutschen Hochschulen. HALLMANN fand sich, obwohl unschuldig, in eine derartige Untersuchung verwickelt, und wurde im Lauf derselben aufgefordert, seine Aussagen, nachdem er sie wohl erwogen und nöthigenfalls abgeändert hätte, eidlich zu erhärten. Aus vielleicht mifsverstandenem Ehrgefühl weigerte sich HALLMANN seine Aussagen abzuändern, nicht minder jedoch, sie in Bausch und Bogen zu beschwören. Sein Anerbieten, zu beschwören, dafs er jeder unerlaubten politischen Bestrebung stets fremd gewesen sei, wies das Gericht zurück, und HALLMANN erhielt in Folge dessen zu Johannis 1833 das Consilium. Der damalige Hannöversche Staatsminister, VON STRAHLENHEIM, der HALLMANN wohlwollte, vermochte es indefs bald darauf über ihn, dem Verlangen des Gerichtes nachzugeben, und, nach Aenderung seiner Aussagen, dieselben zu beschwören, worauf er, zu Michaelis 1833, wieder zu Gnaden angenommen wurde.

Im Herbst 1834 begab sich HALLMANN, durch JOHANNES MÜLLER's überwiegenden Ruf angezogen, nach Berlin, und wurde im Herbste des folgenden Jahres, zugleich mit dem späteren Reisenden nach Afrika, WILHELM PETERS, MÜLLER's Assistent.

Während der zwei Jahre, die sein erster Aufenthalt in Berlin dauerte, scheint die vergleichende Anatomie ihn ganz erfüllt zu haben, die damals noch von dem Zauberhauch der grofsen CUVIERschen Entdeckungen umweht, und noch nicht durch die Entwickelungsgeschichte des ihr von GOETHE beigemessenen Vorrechts beraubt war, uns die Tiefen der bildenden Natur mehr zu eröffnen, als jede andere Bemühung und Betrachtung.

HALLMANN benutzte seine Stellung zu JOH. MÜLLER, indem er

in dem Königlichen anatomischen Museum, und mit Hülfe der Bibliothek dieses Gelehrten, ausgedehnte Vergleichungen unternahm. Seine Bestrebungen gewannen, wie es bei seiner selbständigen Denkart nicht anders sein konnte, bald ein bestimmtes Ziel in der Aufgabe, die Verwirrung aufzuklären, worin die vergleichende Osteologie des Schläfenbeins und somit eigentlich die des Schädels selbst verharrte, zu der jener beziehungsreiche Knochen gleichsam den Schlüssel bildet.

Um den in Berlin gesammelten Stoff zu verarbeiten, kehrte Hallmann auf ein Jahr zu seinen Aeltern nach Hannover zurück, und im Frühling 1837 erschien als Erstlingsschrift des 23jährigen Jünglings: »*Die vergleichende Osteologie des Schläfenbeins. Zur Vereinfachung der herrschenden Ansichten bearbeitet von* Eduard Hallmann« 4° mit IV Kupfertafeln. Hannover, bei Hahn.

Der Ausgangspunkt der Untersuchung war der als irrig erkannte Ausspruch Cuvier's, wonach nur den Säugethieren eine Schläfenschuppe zustehen sollte. In der Methode zeichnet sich Hallmann aus durch die Sorgfalt, mit der er bemüht ist, zur Definition eines bestimmten Knochens zu gelangen durch die Betrachtung seiner Function, der Muskeln, die sich an ihn heften, der Nerven, die er durch sich hindurch läfst. Der leitende Gedanke und das Endergebnifs der Schrift aber ist die Zurückführung des Fischschädels auf den Menschenschädel mit Hülfe des Gesetzes, wonach die Entwickelung der Schädel- und die der Kieferbildung in entgegengesetzter Richtung durch die Reihe der Wirbelthiere vom Menschen zu den Fischen fortschreitet. In diesem Sinne konnte Hallmann seine Arbeit den Commentar zu Herder's Worten nennen: »Je weniger das Thier gleichsam Kinnbacke und »je mehr es Kopf ist, desto vernunftähnlicher wird seine Bildung.«

Dieses Buch brachte übrigens nicht die Wirkung hervor, die nach dem darin aufgewendeten Fleifs und Scharfsinn wohl zu erwarten gewesen wäre. Der Grund liegt darin, dafs die Richtung, in der Hallmann sich angestrengt hatte, damals gerade nahe daran war, aufgegeben zu werden. Ein Anhang zum Werke legt Zeugnifs davon ab, wie HALLMANN selber bereits vor Vollendung des Druckes zu der Einsicht gekommen war, dafs zu wirklich sichern Aufschlüssen in diesem Gebiete nur auf dem Wege zu gelangen ist, den sein Freund REICHERT betreten hatte, auf dem der Entwickelungsgeschichte.

So lange war es HALLMANN vergönnt gewesen, sich mit fast uneingeschränkter Freiheit seinen wissenschaftlichen Bestrebungen zu widmen. Nunmehr trat für ihn die Nothwendigkeit ein, an seine Zukunft zu denken. Abermals ging er, im Herbst 1837, nach Berlin, liefs sich aber diesmal als Mediciner einschreiben, und begann Kliniken zu besuchen. Am 25. Januar 1839 promovirte er. In seiner Inaugural-Dissertation »*De Cirrhosi Hepatis*« (8°) wird durch mikroskopische Beobachtung und chemische Prüfung gezeigt, dafs dieser zuerst von LAËNNEC unterschiedene krankhafte Zustand der Leber in einer Hypertrophie des interlobularen Bindegewebes besteht [1]).

Um diese Zeit war es, dafs ich, in PAUL ERMAN's Vorlesungen und auf dem Turnsaal, HALLMANN zuerst kennen lernte. Ich spreche wohl die Meinung Aller Derer aus, die ihn damals kannten, wenn ich sage, dafs nicht leicht eine edlere, ja mehr imponirende Erscheinung denkbar ist, als die seinige war. Er war von etwas mehr als mittlerer Gröfse, schlank, sein Körper, obschon den Keim der verderblichen Krankheit bereits in sich tragend, durch jegliche männliche Uebung gestählt. Eine fast allzugewaltige Stirn, von braunem Haar glatt umgeben, überwölbte das klarste blaue Augenpaar, dessen fester durchdringender Blick die Sicherheit seines überlegenen Charakters spiegelte. Der untere Theil des Gesichtes war verhältnifsmäfsig klein und zierlich gebaut, und verrieth, neben der entschlossenen Spannkraft, die seine Lippen aneinanderdrückte, die Feinheit seiner geistigen Neigungen. Er war ein Meister des klaren, bündigen, schmucklos gediegenen Ausdrucks in Rede und Schrift. Seine wissenschaftliche Begabung

[1]) Vergl. E. HALLMANN in FRORIEP's Notizen Mai 1839. No. 210. S. 189; und in MÜLLER's Archiv für Anatomie und Physiologie. 1843. S. 475.

war übrigens weniger gerichtet auf rasche Lösung verwickelter Probleme durch Eine scharfsinnige Gedankencombination, als darauf, sich mit eiserner Ausdauer und der gewissenhaftesten Treue von Stufe zu Stufe zu einem immer deutlicher werdenden Ziele emporzuarbeiten, und seine Leistungen waren mehr das Werk eines unbeugsamen Willens, der eine gewandte Thätigkeit dem einmal erfafsten Gegenstande zugekehrt hielt, als glückliche Eingebungen eines an inneren Aufgaben reichen, schöpferischen Kopfs. Es war in ihm, zu jener Zeit, ein höchst vollkommenes Gleichgewicht hergestellt zwischen den verschiedenen Strebungen einer energischen menschlichen Natur. Obschon gänzlich seinen geistigen Interessen hingegeben, war doch in ihm keine Spur von jener finstern Abgezogenheit des deutschen Gelehrten, »dessen übereiltes Streben der Erde Freuden überspringt.« Gleich einem beliebigen harmlosen Lebemenschen umfafste er, nach dem alten Spruch, alles Menschliche mit warmer Theilnahme. Jeder Sentimentalität fern, erglühte er doch von Begeisterung für alles Würdige. Von jeder geistigen Fessel frei, die sein kühner Geist längst unwillig abgeschüttelt hatte, bewegte sich doch sein Leben innerhalb des edelsten Mafses des Guten und Schönen. Jeden Augenblick mit heiterem Ernst unverbrüchlich das Rechte thuend, sah man ihn die Ordnung, die in seinem Kopfe herrschte, gern um sich her in Raum und Zeit übertragen. Die »Versöhnung« (im Goethe'schen Sinne) hatte er früh gelernt, in weiser Selbstbeschränkung und in der Freudigkeit zu finden, welche die richtig abgewogene Ausübung der uns von der Natur verliehenen Kräfte gewährt; und für gröfsere Gelegenheiten trug er nöthigenfalls in sich

» . . denselben Trotz,
Wie einst sein Urahn Prometheus.«

So stand er, in dem Kreise jüngerer Gelehrten, die damals in Berlin versammelt, seitdem sich nach allen Richtungen zerstreut und die Welt mit dem Ruhm ihrer Entdeckungen erfüllt haben — neben Schwann, Schleiden, Henle, Remak, Reichert, Peters und noch so manchen Andern — als eine der bedeutendsten, die reichste Entfaltung in der Zukunft versprechenden Persönlichkeiten da.

Ich war damals, in einem, wie schon bemerkt, dem HALLMANN's sehr ähnlichen Entwicklungsgange begriffen, aber sehr viel jünger, bei mathematischen Studien angelangt, die mir leblos blieben, weil sie an sich kein meinen eigenthümlichen Kräften zusagender Stoff waren, der formellen Bildung aber, die sie mir gewährten, noch kein genügender Inhalt entsprach. Kein Wunder, dafs in dieser peinlich zerrissenen Lage HALLMANN's reife und sichere Persönlichkeit sich leicht meiner bemächtigte. Wie überhaupt am Verkehr mit Menschen hatte er an dieser Art didaktischen Umgangs eine besondere Freude, und entfaltete darin eben so viel Geduld und Eifer als psychologischen Scharfblick. An seiner Hand ward ich in das Gebiet der organischen Naturwissenschaften eingeführt. Unverzüglich ertheilte er mir selber den ersten Unterricht in der Osteologie, und auf Streifzügen in der Umgegend Berlins, deren Armseligkeit ein poëtisch jugendlicher Sinn uns verklärte, in der Botanik. Wenn es mir seitdem vergönnt gewesen ist, in der Physiologie etwas Erspriefsliches zu leisten, so gebührt das Verdienst davon zunächst ihm.

Aber während er Andere dergestalt auf die rechte Bahn wies, trat für ihn selber ein Wendepunkt seines Geschicks ein, von solcher Bedeutung, dafs alle seine späteren Bestrebungen gleichsam nur als ein Ringen gegen dessen Folgen aufgefafst werden können.

HALLMANN's äufsere Umstände waren der Art, dafs er sich binnen Kurzem gänzlich auf sich selber angewiesen sah. In der Nothwendigkeit, in der er sich dergestalt befand, bis auf Weiteres seine Zuflucht zur Praxis zu nehmen, strebte er jedoch, wie natürlich, nach einem gröfseren Schauplatz der Thätigkeit, als sein »engeres Vaterland« ihm darbieten konnte. Er suchte defshalb um die Erlaubnifs nach, die medicinische Staatsprüfung in Preufsen bestehen zu dürfen. Sie ward ihm ertheilt, doch mit dem ausdrücklichen Bemerken, dafs er dadurch kein Recht auf die Ausübung der ärztlichen Praxis in Preufsen gewonnen haben sollte. Hallmann sah ohne Zweifel und wohl mit Recht hierin nur eine Form, durch die sich die Behörde die Freiheit erhält, je nach dem Ausfall der Prüfung noch nach Gutdünken zu handeln. Er bestand die Prüfung, erhielt ein Zeugnifs ersten Ranges, reichte ein Gesuch um Zulassung zur Praxis in den Königlichen Landen ein, und begab sich, des Erfolges, wie er glaubte, völlig gewifs, auf Reisen. Seine Absicht war, seinem Freunde Schwann, den sein Werk über die thierische Zelle mit Einem Schlage an die Spitze der Mikrographen gestellt hatte, nach Löwen zu folgen, wo derselbe so eben eine Professur angenommen hatte. Dort wollte er sich, unter Schwann's Leitung, im Gebrauch des Mikroskops vervollkommnen, dann nach Paris gehen, und endlich nach Berlin zurückkehren, um sich zunächst neben der Praxis wissenschaftlich zu beschäftigen, und, wenn sich die Gelegenheit böte, eine akademische Laufbahn zu ergreifen.

Auf dem Weg nach Belgien wohnte Hallmann in Pyrmont der Versammlung deutscher Naturforscher und Aerzte bei, und bekleidete das Amt eines Schriftführers der Abtheilung für Zoologie, Anatomie und Physiologie [1]).

Das Ergebnifs von Hallmann's Löwener Studien war eine schätzbare Abhandlung »*Ueber den Bau des Hodens und die Entwickelung der Samenthierchen der Rochen* [2]).«

Aus diesen Beschäftigungen rifs ihn plötzlich die Nachricht, dafs sein Gesuch abschläglich beschieden sei. Der Grund lag nur zu sehr auf der Hand. Hallmann hatte zwar, sechs Jahre zuvor, den verlangten Purificationseid in jener politischen Untersuchung geleistet, hatte ihn aber früher einmal verweigert; aus welchen Gründen, ging aus dem Göttinger Abgangszeugnifs leider nicht mit genügender Klarheit hervor, und es blieb somit in den Augen der diesseitigen Behörden auf Hallmann's Vergangenheit in politischer Beziehung ein Makel haften, den die höchste sonstige

[1]) S. Oken's Isis u. s. w. 1840. S. 918.
[2]) Müller's Archiv u. s. w. 1840. S. 467.

Tüchtigkeit ebenso wenig zu tilgen vermochte, als alle Wohlgerüche Arabiens die Spur der Unthat von Lady Macbeths Hand.

Preufsen war also HALLMANN verschlossen; in Hannover drohten ihm auf's Neue langwierige Prüfungen. Unter diesen Umständen fafste er den Plan, sich in der freundlichen belgischen Hauptstadt, in deren Nähe er sich befand, als Arzt niederzulassen, was mit weniger Mühe und Zeitverlust verknüpft schien. Gleichzeitig aber reifte in ihm noch ein anderer Entschlufs, der nämlich, die akademische Laufbahn, die ihm so lange als Ziel vorgeschwebt hatte, überhaupt aufzugeben, und sich der Praxis nicht mehr blofs zur augenblicklichen Aushülfe, sondern dauernd und vorzugsweise zu widmen.

Es ist, nach dem Voraufgegangenen, nicht leicht, HALLMANN in die Gründe dieses zweiten Entschlusses zu folgen. Es scheint jedoch, dafs er in der geistigen Einsamkeit, in der er sich den Winter 1839-1840 über in Löwen befand, zu der Einsicht gelangt zu sein glaubte, dafs rein theoretische Beschäftigung ihm nicht volle Befriedigung gewähren könne. »Wäre dies der Fall«, schrieb er mir aus Löwen unter dem 29. Januar 1840, »so »müfste ich mich hier ganz glücklich fühlen. Die Wahrheit ist »aber, dafs diese Abgezogenheit von der Welt anfängt mir un»erträglich zu werden. Die Berührung, der Verkehr, der Wett»eifer mit Menschen im Leben und in der Gesellschaft ist mir »unentbehrlich, damit ich mich wohl fühle.« Man sieht, das Gleichgewicht in seinen Neigungen, welches ich oben schilderte, war gestört, und der Ausschlag hatte nach der Seite stattgefunden, nach der augenblicklich die geringste Befriedigung vorhanden war: denn was uns gerade versagt ist, erscheint uns stets am meisten wünschenswerth. Nach einer in stiller Arbeitsamkeit, und der äufserlichen Beschränktheit des nüchternen norddeutschen Lebens verbrachten Jugend, genufsfähig und mit einem lebhaften Triebe nach Anerkennung in der Gegenwart, ausgestattet mit allen Gaben um sie sich zu erzwingen, erfuhr er jetzt doppelt die oft bewährte Anziehungskraft, die der an seinem damaligen

Wohnort vorüberrauschende Strudel der glänzenden westeuropäischen Geselligkeit auf seinesgleichen auszuüben pflegt. Zudem war er damals dazu gelangt, an seinem Beruf zur Naturforschung zu zweifeln. »Wir reflectiren zu viel«, schrieb er mir unter dem 6. October 1840. »Bedenke auch, auf welchem Umweg ich erst »zur Naturbetrachtung gekommen bin. Man mufs ganz unbefan»gen die Untersuchungen wie ein Handwerk anfangen auf gut »Glück und dann sehen was herauskommt, wozu es führt.« Gegen dies Uebermafs der Reflexion sollte die praktische Beschäftigung das Heilmittel abgeben. Indessen war, wie die Folge lehrte, diese praktische Richtung, zu der er sich absichtlich, mit Ueberlegung, aus Gründen der Reflexion wandte, doch eben wieder nur ein Ausdruck seiner wesentlich theoretischen Anlage. Indem er die theoretischen Bestrebungen, zu denen er doch wohl geschaffen war, zeitweise zurückdrängte, handelte Hallmann bewufst oder unbewufst in dem Sinne und unter dem Einflufs jener Goethe'schen Lebensphilosophie, wie sie im Faust, im Wilhelm Meister, und so vielen anderen Schöpfungen des Dichters entwickelt ist.

Im Sommer 1840 ging Hallmann nach Paris, wo er die Hospitäler besuchte und sich im Französischen übte, kehrte dann nach Belgien zurück, bestand in Brüssel die nöthigen Prüfungen und begann daselbst zu prakticiren. Natürlich hatte er dabei mit allen Schwierigkeiten zu kämpfen, welche das erste Auftreten eines Arztes überall begleiten, und aufserdem noch mit denen, die aus seiner besonderen Stellung als Nichtkatholik und als Ausländer und vielleicht auch aus seiner Unfähigkeit hervorgingen, sich mancher kleinen Nothwendigkeit zu beugen, die das ärztliche Leben mit sich bringt. Mit Wärme gedenken seine damaligen Briefe der freundlichen Aufnahme, die der Preufsische Gesandte, Hr. Heinrich von Arnim, und der Herzog von Arenberg, denen er durch Alexander von Humboldt empfohlen war, ihm zu Theil werden liefsen.

Aus dieser Zeit stammen Hallmann's geschichtliche Arbeiten. Es bedarf der Erklärung, wie er dazu kam, durch solche Studien die Mufse auszufüllen, die ihm die langsame Entwickelung seiner ärztlichen Praxis liefs. Hallmann's Vaterstadt, Hannover, war lange der Sitz der später nach Berlin übersiedelten Redaction des grofsen vom Freiherrn vom Stein gestifteten deutschen Geschichtswerkes, der *Monumenta Germaniae historica*, und Hallmann stand zum Redacteur, Herrn Pertz, und mehreren Mitarbeitern in persönlicher Beziehung. Einer der tüchtigsten unter denselben, Herr Bethmann, Hallmann's Jugendfreund, jetzt Bibliothekar in Wolfenbüttel, kam zufällig gerade damals nach Belgien, um in den reichen Archiven dieses alten Culturländchens Untersuchungen anzustellen. Im Verkehr mit Bethmann, dessen Bericht über die Ergebnisse seiner belgischen Forschungen er in's Französische übertrug [1]), ward in Hallmann das Interesse für historische Kritik rege, welches in einem von Denkmälern aller Art strotzenden Lande wie Belgien überdies näher liegt als in unserer norddeutschen Ebene, die nicht minder in geschichtlicher als in geologischer Hinsicht erst kürzlich von den Wassern verlassen scheint.

In dieser vorbereitenden Stimmung traf ihn die Bitte eines Freundes, ihm gelegentlich Notizen über etwaige in den Brüsseler Bibliotheken vorhandene Quellen zur Geschichte des Ursprunges der belgischen Beghinen mitzutheilen. Anfangs nur aus persönlicher Gefälligkeit machte sich Hallmann an's Werk und arbeitete rasch aus den vorhandenen Büchern das Wissenswürdigste zusammen, stiefs dabei aber bald auf gewisse sehr berühmte oder berüchtigte Urkunden, durch welche Löwener Gelehrte im Jahr 1630 bewiesen hatten, dafs schon im Jahre 1065 ein Beghinhof

[1]) Rapport de M. Bethmann de Hannovre, sur les Résultats de ses Recherches historiques dans les Bibliothèques de la Belgique, faites en 1839, 1840 et 1841. Traduit de l'Allemand, par M. le Docteur Hallmann, de Bruxelles. Extrait du Messager des Sciences historiques de Belgique. Gand, 1843. 8°. — Daran knüpft sich eine in französischer Sprache geschriebene Notice sur les Monumenta Germaniae historica, par le docteur Hallmann, die zum Zweck hatte, das Belgische Publikum mit diesem literarischen Unternehmen bekannt zu machen und in's Italiänische übersetzt wurde in Il Saggiatore, Giornale Romano di Storia, Belle Arti, Letteratura e Filologia dall' Avvocato Achille Gennarelli. Vol. VI. p. 160. Roma 1846.

bei Vilvorde, zwischen Brüssel und Mecheln, geblüht habe, während sonst die glaubwürdigsten Nachrichten vorhanden sind, dafs das Institut der belgischen Beghinen zwischen den Jahren 1170 bis 1187 durch Lambert-le-Begues in Lüttich gestiftet ist. Die Aechtheit jener Urkunden war durch sieben Zeugnisse, unter denen sich das des Rectors von Löwen und des Erzbischofs von Mecheln befinden, öffentlich verbürgt worden, und die Bedeutung der dadurch beglaubigten Thatsache ist, dafs, wenn es wirklich bereits im 11ten Jahrhundert Beghinen gegeben hat, die Möglichkeit da ist, ihre Stiftung, woran Einigen gelegen war, der heiligen Begga von Brabant zuzuschreiben, die gegen das Ende des 7ten Jahrhunderts starb.

Hallmann liefs es sich angelegen sein, diese Verwirrung aufzuklären, und es gelang ihm in der That, theils aus der Natur der Löwener Urkunden selbst, theils durch Auffindung der ächten Stiftungsurkunden des Vilvorder Beghinhofes, die Fälschung jener Urkunden darzuthun. Hallmann legte diese Untersuchung in einem eigenen Werkchen unter dem Titel dar: »*Die Geschichte des Ursprungs der belgischen Beghinen nebst einer authentischen Berichtigung der im 17ten Jahrhundert durch Verfälschung von Urkunden in derselben angestifteten Verwirrung.*« 8°. Mit Abbildungen auf 3 Tafeln. Berlin, 1843. Gedruckt und verlegt bei G. Reimer.

Diese pikante Episode in Hallmann's literarischer Thätigkeit, — denn er selbst hat sein Buch über die Beghinen nie in einem anderen Lichte betrachtet — ist geeignet, dem Leser des hier vorliegenden zweiten Bandes der »*Temperaturverhältnisse der Quellen*« den Schlüssel zu der überraschenden Wendung zu geben, die die Untersuchung im § 88 nimmt, wenn sie sich, von der Erörterung physikalisch-geographischer Probleme, plötzlich auf römischem Boden mit gleicher Gründlichkeit und Sicherheit, und mit gleichem Behagen, der Lösung antiquarischer Aufgaben zukehrt.

In Brüssel war es nun aber auch, wo Hallmann, dem die damals fast ausschliefsliche Richtung der Medicin auf Diagnostik und pathologische Anatomie wenig zusagte, den Gegenstand ergriff, der ihn fortan bis an sein Ende unausgesetzt auf das Lebhafteste beschäftigen sollte, und mit dem, in der Geschichte der Therapie, sein Name dauernd verknüpft bleiben wird. Ich spreche von der wissenschaftlichen Begründung der Wasserheilkunde. Es fehlt an sicheren Spuren der Umstände, die seine Aufmerksamkeit zuerst auf diesen Punkt gelenkt haben. Doch sagt er selber in seinem Werk über die Behandlung des Typhus, S. 39, dafs er dem Buche von RUPPIUS »*Ehrenrettung des* VINCENZ PRIESSNITZ *und seines Heilverfahrens*«, welches ihm im Jahr 1841 zufällig in die Hände fiel, die ersten nützlichen Winke über die Anwendung des Wassers auch in acuten Krankheiten verdanke.

»Dreimal schon hatte« — um mit HALLMANN zu reden — »die Wasserheilkunde der Heilkunde ihre Dienste angeboten.

»CURRIE kündigte die neue Lehre an und gab ihr eine vor»treffliche Empfehlung mit; sie wurde von Vielen gehört, von »Wenigen verstanden und schliefslich von Allen vergessen.

»Durch HUFELAND's Fürsprache versuchte sie zwanzig Jahre »später von Neuem, sich Gehör zu verschaffen: Niemand hörte »danach hin.

»Wiederum nach zwanzig Jahren hat sie zum dritten Male »deutsch und derbe durch den Mund eines Laien geredet. Die »alte Medicin hat ihr Deutsch nicht verstanden, ihre Rede auch »wohl, weil sie einfach war, für einfältig gehalten, sie für eine »unwissenschaftliche Routine erklärt, und sie unter dem sonder»baren Namen der »Hydropathie« zusammen mit einer anderen » »pathie« in die Kategorie der Modethorheiten geworfen [1]).«

»Aber«, dachte HALLMANN, »sind die Wasserheilungen wahr — und eine solche Menge älterer und neuerer Zeugnisse verbinden sich zu ihrer Beglaubigung, dafs vernünftigerweise nicht daran zu zweifeln ist — »so müssen sie natürlich zugehen.

»Gehen sie natürlich zu, so müssen sie sich auch wissen»schaftlich begründen lassen.

[1]) Ueber eine zweckmäfsige Behandlung des Typhus u. s. w. S. 189. 190.

»Dafs sie bis jetzt noch nicht wissenschaftlich begründet »sind, ist nicht ihre Schuld. Trifft diese Schuld überhaupt »Jemand, so trifft sie uns Aerzte, die wir dies neue Mittel bis »jetzt in den Händen unwissenschaftlicher Laien gelassen haben, »welche nicht im Stande sind, genaue Beobachtungen zu machen.

»Es ist also die nächste Obliegenheit der Aerzte, selbst »Versuche und genaue Beobachtungen über die Wirksamkeit der »Wasserkuren anzustellen. Dann wird es sich wohl ergeben, »dafs dieselben nicht mit den Principien der alten Medicin im »Widerspruch stehen, sondern dafs diese letztere Behauptung im »Vorurtheil oder Mifsverständnifs ihren Grund hat [1]).«

Er benutzte demzufolge die nächste Gelegenheit, um eine Wasserkur anzuwenden und die Wirkungsweise derselben genauer auszumitteln. Es war ein Fall von Spondylarthrocace, der einen geachteten, zu dem Hause des Herzogs VON ARENBERG gehörigen Künstler betraf. HALLMANN begnügte sich nicht mit der sorgfältigsten Beobachtung aller Umstände, die in den gewöhnlichen Kreis ärztlicher Wahrnehmung fallen, sondern führte auch eine Reihe von Wägungen aus, um den Gewichtsverlust zu bestimmen, der die Folge des Schwitzens bei der Einwickelung nach PRIESSNITZ' Verfahren ist. Eine Darstellung dieses und einiger anderen mit Wasser behandelten Fälle hat HALLMANN gegeben in der *Medicinischen Zeitung. Herausgegeben von dem Verein für Heilkunde in Preufsen.* 1843. XII. Jahrgang. S. 173. 199. 233.

Mittlerweile war in Preufsen ein grofser Umschwung der Verhältnisse eingetreten, und obschon HALLMANN's Lage in Brüssel sich zusehends günstiger gestaltete, konnte er doch nicht umhin, von Zeit zu Zeit mit Sehnsucht nach Berlin zurückzublicken, als dem Heerde deutscher Wissenschaft und dem eigentlichen natürlichen Boden für seine Thätigkeit. Der Gedanke, nach Berlin zurückzukehren, ward noch lebhafter in ihm, als sein hochbegabter

[1]) Bericht über die Wasserheilkunde u. s. w. Medicinische Zeitung. Herausgegeben von dem Verein für Heilkunde in Preufsen. 28. Mai 1845. XIV. Jahrgang. No. 22. S. 103.

Bruder, ANTON HALLMANN, der vom Schicksal erkoren schien, die Erbschaft SCHLÜTER's und SCHINKEL's anzutreten, dort binnen wenigen Tagen die höchsten Staffeln der Gunst erklommen und fast im Flug eine Stellung erhascht hatte, die nur zu schön war, um von Dauer zu sein. Ehe EDUARD HALLMANN die nöthigen Anstalten hatte treffen können, um seine Rückkehr nach Berlin zu vermitteln, hatte der Neid längst die richtigen Mittel gefunden, um ANTON HALLMANN, bei der vielleicht übertriebenen Reizbarkeit des Ehrgefühls, die er mit seinem Bruder theilte, seine Lage unhaltbar zu machen; und er ging über die Alpen zurück, um nie wiederzukehren. Auf dem Ketzerkirchhof bei Livorno ragt sein Stein.

Was EDUARD HALLMANN einige Jahre vorher versagt worden war, die Erlaubnifs zur Niederlassung in Preufsen, ward ihm jetzt, zum Theil durch die Fürsprache des Hrn. VON ARNIM, leicht und schnell gewährt; und im April 1843, nach dreijährigem Aufenthalt, verliefs er Brüssel und kehrte nach Berlin zurück.

Sein Zweck war nunmehr, in Berlin, sei's durch Privatmittel, sei's auf Staatskosten, eine Kaltwasserheilanstalt in's Leben zu rufen, um die Wasserheilkunde, namentlich in ihrer Anwendung auf acute Krankheiten, durch genaue Beobachtung des Verlaufs zahlreicher Kuren zu vervollkommnen, und um durch Anleitung der jüngeren Aerzte die Kenntnifs derselben zu verbreiten. Auch setzte er sich sofort mit der Anstalt des hiesigen Vereins für Wasserheilkunde und Gesundheitspflege in Verbindung und fuhr daselbst in seinen in Brüssel begonnenen Bestrebungen fort.

Vorzüglich war es die Wasserbehandlung des Typhus, die seine Aufmerksamkeit in Anspruch nahm, und seine Studien darüber führten ihn bald zu so wichtigen Ergebnissen, dafs er beschlofs, denselben eine eigene Schrift zu widmen. Diese erschien am Ende des Sommers 1844 unter dem Titel: »*Ueber eine zweckmäfsige Behandlung des Typhus. Ein Beitrag zur wissenschaftlichen Begründung der Wasserheilkunde für Aerzte* u. s. w.« Berlin, Druck und Verlag von G. REIMER. 8°. In dieser Schrift deckte Hallmann eine Reihe von älteren, von den Aerzten vergessenen aber ganz unverwerflichen Zeugnissen auf, welche sämmtlich darauf hinauslaufen zu beweisen, dafs der typhöse Krankheitsprocefs, welche Form er auch annehmen möge, in vielen Fällen durch das kalte Wasser abgeschnitten, unter allen Umständen aber mit Hülfe dieses gewaltigen Mittels am besten beherrscht und zu einem günstigen Ausgang gebracht werden könne. Eine Wahrheit, die sich seitdem vielfacher Anerkennung zu erfreuen gehabt hat, und die Rathlosigkeit der sonst gewöhnlichen Behandlung, bei der nach und nach fast die ganze Pharmakopoe vergeblich zu Hülfe gerufen worden ist, in noch kläglicherem Lichte erscheinen läfst. Schweifserregung durch Wärmeentziehung war die scheinbar paradoxe Indication, die Hallmann als Aufgabe der Typhusbehandlung aufstellte, und die mit Wasser erfüllt werden kann. So ward Hallmann darauf geführt, einer der ersten wieder auf die genaue Beobachtung der Eigenwärme in fieberhaften Krankheiten zu dringen, wozu er durch Erforschung der täglichen Periode an sich selber einen schätzbaren physiologischen Grund legte: ein Weg, der seitdem von Traube mit so schönem Erfolg weiter betreten worden ist.

Schon im Jahre 1842 hatte Hallmann, von Brüssel aus, die Wasserheilanstalten besucht, die im westlichen Deutschland nach dem Vorbild der Gräfenberger entstanden waren. Im Herbst 1844 ging er, mit Unterstützung des Königlichen Medicinal-Ministeriums, nach Gräfenberg, wo er zwei Monate lang, die Lebensweise der Kurgäste theilend, verweilte, bis ihn Priessnitz, der jeden Arzt mit Mifstrauen sah, aus der Anstalt verwies, als Repressalie dafür, dafs einem preufsischen Kurgast die Verlängerung seines Urlaubs verweigert worden war. Von Gräfenberg ging Hallmann nach verschiedenen anderen Anstalten, und zuletzt, im Anfang November, nach Elgersburg zur Versammlung der deutschen Wasserärzte, deren Protokoll er führte [1]. Ein ausführlicher Bericht über das wissenschaftliche Ergebnifs dieser Reise und über

[1] Schmitz, Archiv für Wasserheilkunde. November 1844.

das Verhältnifs der Wasserheilkunde zur alten Medicin und zur Homöopathie in wissenschaftlicher und in praktischer Beziehung, erstattet dem damaligen Minister der Medicinal-Angelegenheiten, Herrn EICHHORN, findet sich abgedruckt in der *Medicinischen Zeitung des Vereins für Heilkunde in Preufsen*, 21. Mai 1845. XIV. Jahrgang, S. 97. Am Schlufs des Berichtes drückte HALLMANN den Wunsch aus, an die Spitze eines vom Staate zu gründenden Wasserhospitals für acute Krankheiten gestellt zu werden. Natürlich ward er abschläglich beschieden; es ist aber schwer, sich des Gedankens zu erwehren, den auch HALLMANN selber später auf's Schärfste ausgesprochen hat [1]), dafs wenn man damals sein Anerbieten nicht von der Hand gewiesen hätte, es im Jahre 1848 mit dem Oberschlesischen Hungertyphus schwerlich so weit gekommen wäre, da gerade bei der epidemischen Typhusform die Anwendung des Wassers zum Abschneiden der Krankheit ausgezeichnete Dienste zu leisten scheint.

Im Jahre 1844 nahm HALLMANN auch Theil an der Stiftung der Berliner Gesellschaft für wissenschaftliche Medicin.

HALLMANN's Bemühungen, sich in Berlin eine Stellung als Arzt bei einer Wasserheilanstalt zu schaffen, schlugen fehl. Dagegen wurde ihm, im Sommer 1845, die Leitung der Anstalt Marienberg bei Boppard a. Rh. unter so vortheilhaften Bedingungen angeboten, dafs er nicht umhin konnte, dieselbe erst zeitweise, dann auf fünf Jahre, bis zum 1. April 1851, bestimmt zu übernehmen, obschon diese Stellung zur Behandlung acuter Krankheiten natürlich nur wenig Gelegenheit bot, und obschon er Berlin nur ungern mit einem fast ländlichen Aufenthalt vertauschte, da ihm, gleich jenen riffebauenden Korallen der Südsee, die nur in der Brandung gedeihen die sie vermehren helfen, nur im geistigen Wellenschlage einer gröfseren Stadt wohl war.

[1]) Medicinische Zeitung u. s. w. 14. November 1849. XVIII. Jahrgang No. 46. S. 215. — Auch in: Zwei mit Wasser behandelte Fälle von Abdominaltyphus nebst einigen auf diese Fälle bezüglichen Aktenstücken. Eine Vertheidigungsschrift von Dr. E. HALLMANN, Koblenz, gedruckt bei WERLE, 1850. S. 33.

Immerhin wurden ihm in Marienberg, nach so vielen Wechseln, endlich Tage behaglicher Rast und regelmäfsiger, einem bestimmten Ziel zustrebenden Thätigkeit zu Theil. Im Herbst 1847 verheirathete er sich mit Julie Barkow, der Tochter eines Rechtslehrers und höheren Beamten zu Greifswald, und erwarb sich in ihr eine unversiegbare Quelle des reinsten Glückes, und ach! in den Leiden, die die Zukunft ihm aufbewahrte, die allertreuste Pflegerin. Mit mehreren Gelehrten des nahen Bonn, insbesondere mit der Familie Dahlmann, unterhielt er lebhaften Verkehr. Die Anstalt, die bei ihrer trefflichen Oertlichkeit zu ihrem Gedeihen in der That nur einer guten Leitung bedurfte, hob sich rasch durch seine Anstrengungen und wurde ein Sammelplatz für Fremde aus allen Ländern Europa's. Hier geschah es nicht selten, dafs Hallmann in der Unterhaltung zwischen seiner Muttersprache und Französisch und Englisch mit solcher Leichtigkeit und so geringer deutscher Färbung in den fremden Sprachen abwechselte, dafs er das höchste Erstaunen der sprachunkundigen Britten und Franzosen erregte.

Ich brauche nicht zu sagen, dafs mit dem endlichen Erwerb einer glücklichen und äufserlich sorgenfreien Lage die Zeit des Arbeitens für Hallmann nicht vorüber, sondern erst recht gekommen war. Seine wissenschaftliche Beschäftigung in Marienberg war eine doppelte. Erstens fuhr er fort in der Beobachtung des Verlaufes von Krankheiten unter dem Einflufs der Wasserbehandlung. Den im Lauf eines jeden Jahres angesammelten Stoff arbeitete er in Form eines Jahresberichtes aus. Von diesen Berichten ist noch nichts gedruckt erschienen, mit Ausnahme einiger chronischen Krankengeschichten [1]), und zweier Typhusfälle, welche letztere Hallmann zu einem heftigen Ausfall gegen verschiedene Personen und Körperschaften Anlafs gaben, durch die er sich gekränkt fand [2]).

[1]) Medicinische Zeitung u. s. w. 4. Juli 1849. XVIII. Jahrgang. No. 27. S. 121.

[2]) S. die Anm. 1. S. XX.

HALLMANN's Absicht war, wenn er mit dem Werke über die Temperaturverhältnisse der Quellen fertig sein würde, sich an die Herausgabe jener fünf Jahrgänge von Wasserkurgeschichten zu machen. Das Schicksal hat ihm nicht einmal vergönnt, das erstere Werk ganz zu vollenden. Seiner eigenen Bestimmung gemäfs sind jene Materialien nunmehr in den Besitz des Herrn Dr. SACK, seines Nachfolgers an der Marienberger Anstalt, übergegangen, der ihre Herausgabe besorgen wird.

Die zweite Reihe von Arbeiten, welche HALLMANN in Marienberg beschäftigte, war, wie man leicht errāth, die, deren Ergebnifs in diesem Werke vorliegt. Vielleicht erscheint es der Mühe nicht unwerth, sich zu erkundigen, wie HALLMANN, nachdem er sich bereits nacheinander in der vergleichenden Osteologie, der pathologischen Anatomie, der Mikrographie, der historischen Kritik des Mittelalters, und der Therapie hervorgethan, dazu gelangt sei, auch noch in einer Leistung auf dem Gebiete der geographischen Physik und der Meteorologie eine neue Probe seiner merkwürdigen Vielseitigkeit abzulegen. Der Zusammenhang ist folgender. Es war ihm klar geworden, dafs das Wasser bei seiner Heilanwendung zweifach wirke: erstens durch sein Vermögen, Stoffe aufzulösen, und zweitens durch seine Kälte. Durchdrungen von dem Werthe genauer Zahlenbestimmungen, fing er also ebenso an, sich gute Wärmemessungen der zum Heilgebrauch bestimmten Quellen zu verschaffen, wie er andererseits deren chemische Analyse veranlafste, in der Meinung, dafs je weniger Stoffe sie gelöst hielten, um so gröfser müsse ihre auflösende Kraft sein. Nachdem er aber einmal so in den Gegenstand eingeführt war, liefs er ihn nach seiner Gewohnheit nicht wieder fahren, bis er damit auf's Reine gekommen zu sein glaubte. Das Uebrige findet sich in der Vorrede zum ersten Bande von ihm selbst erzählt.

Es bleibt mir nur wenig zu berichten übrig. HALLMANN hatte schon früher einmal, während seines Aufenthaltes in Brüssel, Blut gespieen. Die Lebensweise, die ihm seine Stellung in Marienberg auferlegte, war gewifs nicht geeignet, die früher oder später drohende Gefahr fernzuhalten. Als daher seine Verbindlichkeiten daselbst abgelaufen waren, beschloſs er, im Frühling 1851, nach Berlin zurückzukehren. Ein heftiges Erkältungsfieber, welches ihn hier kurze Zeit darauf befiel, zeigte in der Art seines Auftretens und Verlaufes nur zu sehr das Ernste seiner Lage. Von hier ab war seine Gesundheit gebrochen.

Der sehnliche Wunsch vor seinem Ende — denn er täuschte sich keinen Augenblick über seinen Zustand — die Bearbeitung seiner fünfjährigen Quellwärmemessungen zu vollenden, lieſs ihn den Rath, sogleich im nächsten Winter ein südliches Klima aufzusuchen, leider miſsachten. Den Winter 1852—1853 brachte er in Rom zu, allein nun war sein Uebel wohl schon zu weit vorgeschritten, als daſs ihm dieser Aufenthalt hätte von dauerndem Nutzen sein können. Mit welcher Energie er noch seine italiänische Reise für seine wissenschaftlichen Zwecke ausbeutete, geht aus der zweiten Hälfte dieses Bandes hervor.

Im Frühjahr 1853 zurückgekehrt, hatte er die Freude, nunmehr noch den Druck des ersten Bandes dieses Werkes zu beginnen und zu Ende zu führen, so wie reichliche Anerkennung dafür zu ernten.

Vom Herbst 1854 an hütete er das Zimmer und seine Kräfte waren in schneller Abnahme begriffen. Und nun begann für die, die ihm nahe standen, ein Schauspiel, von dem es schwer zu sagen ist, ob es mehr herzzerreiſsend, oder mehr Staunen und Ehrfurcht gebietend war. Seine Kräfte sanken, aber gleich dem Hindu in der Hungersnoth, von dem Herder erzählt, daſs er, an einen Stamm gelehnt, stehend sterbe, mit brechendem Auge noch die unreine gierige Meute fernbannend, die rings im Kreise gelagert seines Todes harrt: so blieb sein ungebändigter Geist aufrecht stehen, an den Baum der Philosophie gelehnt, und kein blasses Geschöpf schwächlicher menschlicher Einbildung durfte ihm nahen.

Des unvermeidlichen Schicksals gewärtig, sah man ihn mit antiker Ruhe, heiteren und unverwandten Auges dem Tod entgegen blicken, und jeden Augenblick, den ihm die Qual der Krankheit offen liefs, mit unbezwinglicher Seelenstärke ausnutzen, um dies Werk, die Arbeit so vieler Jahre, noch um einen Schritt weiter seiner Vollendung näher zu bringen.

Er sollte den Trost nicht erleben, es ganz vollendet zu sehen, aber wenigstens sollte das Schlimmste ihm erspart sein. Am 24. Februar dieses Jahres starb er plötzlich an einem Blutsturz in den Armen seines Arztes und seiner Gattin.

Das war das Leben und das allzufrühe Ende eines Mannes, wie sie, zu allen Zeiten selten, der unseren, scheint es, doppelt spärlich beschieden sind; eines Mannes, dessen Kopf voll von Idealen war, die sein Herz zu verwirklichen glühte, und dessen Denken wie sein Handeln, unbeirrt durch die Vorurtheile der Menge, durch äufsere Rücksichten, durch das Ansehen der Person, vor keiner als recht erkannten Consequenz zurückwich.

Ein solcher Mann war freilich Vielen unbequem, und es hat HALLMANN zu keiner Zeit an Feinden gefehlt. Sie haben die Genugthuung gehabt, dafs er es im Sinne der Welt nie zu etwas Rechtem gebracht hat, und wenn es jetzt noch nöthig sein könnte, Worte der Versöhnung zu reden, würde ich ihnen zu bedenken geben, dafs, wenn sein Gefühl für Recht und Ehre ihn manchmal zu weit, ja bis zu schneidender Härte hinrifs, er doch mit dieser Härte stets den Anfang gemacht hat bei sich selbst. Das Hadern der Zeitgenossen wird bald vergessen sein: die Nachwelt aber wird seinen Namen nennen und urtheilen, dafs EDUARD HALLMANN ein guter und grofser Mensch gewesen sei.

VORREDE ZUM ZWEITEN BANDE.

Auf die Darlegung meiner eigenen Beobachtungen folgt eine kritische Bearbeitung aller mir bekannten fremden ältern und neuern Beobachtungen. Seit dem Jahre 1845 bin ich bemüht gewesen, mir sowohl neue Quellwärmebeobachtungen aus andern Gegenden, als auch besonders ergänzende meteorologische Beobachtungen zu den bekannten ältern Quellwärmemessungen zu verschaffen. Die meisten Gelehrten und Freunde der Naturwissenschaft, welche ich mündlich oder brieflich um Mittheilungen ersuchte, haben mit höchst dankenswerther Gefälligkeit meiner Bitte entsprochen. Durch Uebersendung von Mittheilungen haben mich verpflichtet:

in Grofsbritannien die Herren Prof. J. D. Forbes in Edinburg, Colonel Sabine in London, Sir John Richardson und der Geistliche Herr Edward Burney in Gosport;

in Schweden Herr Prof. G. Svanberg in Upsala;

in Belgien Herr Quetelet;

in Deutschland die Herren Prof. Berghaus und Hofgärtner Legeler in Potsdam, Prediger Bellermann am Gesundbrunnen bei Berlin, Prof. A. Erman und Dr. C. F. Schneider in Berlin, Prof. P. Merian in Basel.

Die gröſsern oder kleinern Beiträge, welche ich jedem der genannten Herren verdanke, findet man im Buche selbst näher angegeben.

In den Küstenländern des Mittelmeers haben drei Reisende auf meine Bitte Quellwärmebeobachtungen angestellt: Herr Dr. G. Parthey, Besitzer der Nicolaischen Buchhandlung in Berlin, mein Universitätsfreund der Geschichtsquellenforscher C. L. Bethmann, jetzt Bibliothekar in Wolfenbüttel, und Se. Hoheit der jetzige Herzog Wilhelm von Württemberg, Major in k. k. österr. Diensten. Herr Parthey maſs im Frühling 1845 einige Quellen in Griechenland mit einem Greiner'schen Thermometer [1]. Bethmann machte im Sommer 1845 von Oberitalien aus einen Ausflug nach Kairo, um sich der Expedition seines Freundes Lepsius für den Rest der Reise anzuschlieſsen. Er benutzte das Thermometer der Expedition zunächst zu einer Beobachtung des Josephsbrunnens in Kairo, setzte mich auch mit dem bekannten dortigen Arzte Herrn Dr. Pruner in Verbindung. In demselben Jahre sammelte Bethmann eine Anzahl Messungen in Palästina, auf dem Libanon und an der syrischen Küste, im folgenden Jahre in Griechenland und in Italien. Besondern Werth haben für mich die Beobachtungen von S. Germano am Fuſse des Monte Casino erhalten. Das Thermometer, mit dem Bethmann seine sämmtlichen Beobachtungen gemacht hat, ist im Sommer 1842 von J. G. Greiner jun. gekauft, nach R. in ganze Grade getheilt und

[1]) Die Beobachtungen sind auch in den Monatsberichten der Gesellschaft für Erdkunde, Neue Folge, Bd. 3 S. 213 gedruckt.

jeder Grad 0.4 par. Linien grofs. Herr A. Erman hatte die Gefälligkeit, dasselbe im Mai 1847 nach seinem nach Bessel's Methode calibrirten Normalthermometer zu berichtigen; ich habe die unbedeutenden Correctionen vollzogen und die Werthe in C. übertragen. — Ein Zufall verschaffte mir im Jahre 1846 in Marienberg die Bekanntschaft des damaligen Prinzen Wilhelm von Württemberg, welcher vor Kurzem eine mehrjährige Reise zu seiner Ausbildung angetreten hatte. Derselbe bezeigte lebhaftes Interesse an physikalischen Beobachtungen, führte auch ein genau richtiges Thermometer von Pinzger in Breslau bei sich. Dies bewog mich, den Prinzen um gelegentliche Anstellung von Quellwärmebeobachtungen zu ersuchen und ich habe in Folge meiner Bitte Beobachtungen aus den Schweizer Alpen (Sommer 1842), aus verschiedenen Gegenden Italiens (1847. 1848), und später noch aus Dalmatien und Griechenland (1850. 1851) erhalten. Die Messungen sind nicht alle mit dem ersten Thermometer angestellt, der Beobachter hat aber stets auf vorzügliche Instrumente gehalten und jede Messung mit Sorgfalt ausgeführt.

Als ich die genannten Reisenden um Anstellung von Beobachtungen im Süden ersuchte, ahnte ich nicht, dafs ich 6 bis 7 Jahre später noch selbst Gelegenheit haben würde, in Italien Untersuchungen zu unternehmen. Im Jahre 1852 liefs mich die Rücksicht auf meine Gesundheit den Entschlufs fassen, den nächsten Winter in Rom zuzubringen. Ich kam Ende November dort an; es versteht sich von selbst, dafs ich sogleich an die Arbeit ging, die Quellen in Rom und der Umgegend aufzusuchen und zu messen, zumal da das meteorologische Jahr grade anfing. Die Mehrzahl der Quellen fand ich noch im December, nur zwei lernte ich später, im Januar und Februar, kennen. Bei mehreren Quellen in Rom gelangte ich aber nicht zu den Brunnenstuben, indem diese entweder fest verschlossen, oder auch die Lage derselben mir unbekannt blieb. Ich mufste daher die Hülfe der Behörde in Anspruch nehmen. Unser Gesandter Freiherr von Usedom, welcher an dem Gelingen meiner Bemühungen sehr freundlich Antheil nahm, verschaffte mir auf meine Bitte vom Magistrate der Stadt Rom den Befehl an den Architekten der städtischen Wasserleitungen Cav. Lanciani, mir den Zugang zu den Ursprüngen der Quellen in Rom und zu den Quellen der Wasserleitungen in der Campagna zu öffnen. Als ich Herrn Lanciani meine Wünsche vortrug, fand es sich, dafs vier von den Quellen, die ich an ihrem Ursprunge zu messen wünschte, nicht unter seiner Botmäfsigkeit standen, sondern zu den päpstlichen Palästen gehörten [1]). Es mufste deshalb erst an den Architekten der päpstlichen Paläste Herrn Martinucci geschrieben werden. Ueber dem Eingehn der Erlaubnifs vergingen 14 Tage, weil Herr Martinucci die Sache für wichtig genug gehalten hatte, um darüber an den Cardinal-Staatssecretär Antonelli zu berichten. Herr Lanciani gewährte mir dann bereitwillig jede Erleichterung, um den Quellen möglichst nahe zu kommen und einige Punkte im Laufe der Wasserleitungen in und aufserhalb Rom näher kennen zu lernen. Ich konnte auch die Pläne des Laufes der Acqua Vergine und der Acqua Felice in seiner Wohnung einsehn. Nachdem ich 10 Quellen in Rom und der nächsten Umgebung die 5 Monate December 1852 bis April 1853 regelmäfsig beobachtet hatte, kam es dar-

[1]) Die Acqua di S. Damaso, delle Api und Pia gehören zum Vaticanischen, die Acqua di S. Felice zum Quirinalischen Palaste.

auf an, Jemand zu finden, der die Beobachtungen bis zur Vollendung des Jahrgangs fortsetzte. Herr Volpicelli, Professor der Mathematik und Physik an der römischen Universität, hat die grofse Güte gehabt, sich dieser mühsamen Arbeit zu unterziehn. Die Beobachtungen sind mit dem von mir hinterlassenen Thermometer sogar bis Januar 1854 fortgesetzt. Herr Volpicelli hat ferner die Gefälligkeit gehabt, mir ein Barometer zu den Höhenmessungen zu leihen, die ich im Frühling 1853 anzustellen genöthigt war. — Die meteorologischen Beobachtungen werden in Rom auf der Sternwarte der Jesuiten im Collegium Romanum angestellt. In dem Director der Sternwarte Pater A. Secchi, einem Manne in der Blüthe des Alters, habe ich einen aufrichtigen Freund der Wissenschaft kennen gelernt, der, obgleich ich ihn mit manchen Fragen behelligen mufste, die ihn augenblicklich wenig interessirten, sich stets bemühte, mir so vollständig wie möglich gerecht zu werden. Herr Secchi hat mir auch zu dem Jahrgange der Quellwärmebeobachtungen die gleichzeitigen der Luftwärme und des Regens brieflich mitgetheilt. Für literarische Nachweisungen danke ich den Herren Professoren Sereni und Carpi, dem Architekten Cannia und Herrn Fabri-Scarpellini auf dem Capitol. Eine wahre Wohlthat haben mir meine Landsleute vom archäologischen Institute erzeigt dadurch dafs sie nach deutscher Sitte Bücher ihrer Bibliothek nach Hause verleihen. Wo keine einzige der zahlreichen einheimischen Bibliotheken Bücher nach Hause verabfolgt, da weifs man es zu schätzen, wenn man ein halbes Dutzend Werke, die man immer von neuem nachschlagen mufs, Wochen ja Monate lang ungestört in seiner Wohnung benutzen kann.

Nach meiner Rückkehr nach Berlin hat Herr C. Giesbers aus Düsseldorf auf Herrn Dove's Bitte die Güte gehabt, meine Höhenbeobachtungen sorgfältig zu berechnen. Endlich gehört zu meiner Danksagung für Italien noch die Erwähnung, dafs Herr von Dechen mir schon im Jahre 1846 aus Hoffmann's Nachlafs einige merkwürdige Quellwärmebeobachtungen aus dem Teveronethal mitgetheilt hat, welche mich zu weitern Untersuchungen angeregt haben.

Die Temperaturverhältnisse der Brunnen sind von der Untersuchung ausgeschlossen. Ich handle nicht von dem in Schachten stehenden, sondern von dem in ununterbrochener Bewegung aus dem Boden hervorfliefsenden Wasser. Ausnahmen habe ich gemacht bei Gosport und bei Potsdam. Ich habe aber die Betrachtung der Brunnentemperaturen an diesen Orten von der Betrachtung der Quellentemperaturen getrennt gehalten.

Inhalt.

DRITTER THEIL.

Kritische Bearbeitung auswärtiger Beobachtungen. Eigene Untersuchungen in Italien.

XIII. Kapitel.

Grofsbritannien und Irland.

XIV. Kapitel.

Schweden.

XVI. Kapitel.

Die Schweiz und das bergige Deutschland.

XVII. Kapitel.

Italien.

XVIII. Kapitel.

Quellwärmebeobachtungen aus den übrigen Küstenländern des Mittelmeers.

Dritter Theil.

Kritische Bearbeitung auswärtiger Beobachtungen.
Eigene Untersuchungen in Italien.

XIII. Kapitel.

Grofsbritannien und Irland.

---

§ 62. Quellwärmebeobachtungen.

Colinton bei Edinburg.

Lage des Beobachtungs-
ortes der Luftwärme.
Br. 55° 54′ 42″
W. L. 5° 36′ 32″
Höhe etwa 360 Fufs über Hochwasser.

J. D. Forbes [1]) hat bei dem Dorfe Colinton, südwestlich von Edinburg, den Wärmegang von 2 Quellen vom 22 August 1827 bis 18 August 1828, also ein Jahr hindurch, beobachtet. Er hat auch vom 16 August 1827 bis 15 August 1828 die Luftwärme ebendaselbst (in Colinton House) beobachtet. Die Höhe des Beobachtungsortes ist etwa 360′ über Hochwasser bei Springfluthen [2]). Beobachtungsstunden 8 u. 8. Das Mittel aus diesen Stunden ist von Forbes selbst nach Leith zum wahren verbessert. Das Beobachtungsjahr ist also das Jahr Mitte August 1827–28.

Luftwärme in Colinton.

1827	September	13°.00
	October	11. 17
	November	6. 34
	December	6. 57
1828	Januar	5. 35
	Februar	4. 97
	März	6. 03
	April	7. 65
	Mai	12. 08
	Juni	15. 54
	Juli	17. 29
1827 u. 1828	August	14. 52
	Jahr	10. 04

Februar	4°.97
Juli	17. 29
Unterschied	12. 32

[1]) Edinburgh New Philos. Journ. 1828. Vol. V. p. 356.

[2]) Forbes sagt, die Quelle *A* liege 344′ hoch und der Beobachtungsort der Luftwärme einige Yards höher (1 Yard = 3′ engl.). Man kann also etwa 360′ als die Höhe des Beobachtungsortes der Luftwärme annehmen. Ich wiederhole, dafs alle Angaben Pariser Fufs sind.

Das beobachtete Jahr enthielt also 8½ Monat des warmen Jahres December 1827-28. Die Kleinheit des Unterschiedes des kältesten und wärmsten Monates zeigt einen Ort im Seeklima an.

Der Regen ist nicht gemessen.

Die beiden Quellen entspringen aus Alluvialboden an den Seiten des Wassers von Leith neben dem Dorfe Colinton, die eine (*A*) aus Kies, die andere (*B*) aus Lehmboden. Die Höhe der Quellen über Hochwasser bei Springfluthen ist genau bestimmt. *A* hat 344′ [1]), *B* 248′ Meereshöhe. Die Quelle *A* ist also als in gleicher Höhe mit dem Beobachtungsort der Luftwärme hervorkommend zu betrachten, *B* liegt 112′ tiefer als der Beobachtungsort der Luftwärme und 96′ tiefer als *A*. Ueber den Wasserreichthum der Quellen ist nichts gesagt. Da die Quelle *B* eine bedeutend gröfsere Veränderungsscale als *A* hat, so ist es wahrscheinlich, dafs sie oberflächlicher verläuft und magerer ist als *A*; und da sie in geringerer Meereshöhe hervorkommt und dessenungeachtet eine gröfsere Veränderungsscale hat als *A*, so ist es wahrscheinlich, dafs die beiden Quellen nicht an einem und demselben Abhange übereinander, sondern an zwei verschiedenen Abhängen entspringen. Denn käme *B* an demselben Abhange wie *A* hervor, so würde sie, da sie 96′ tiefer gelegen ist, ohne Zweifel (wasserreicher und) wärmebeständiger sein als *A*. Obgleich die Quelle *A* höher über dem Meere liegt, als *B*, wird sie doch tiefer unter den höchsten Punkten liegen, von denen Zuflüsse zu ihr möglich sind. Mit einem Worte, das Gebiet der Quelle *A* mufs gröfser sein als das Gebiet der Quelle *B*. — Ob die Quellen gefafst oder ungefafst waren, ist auch nicht gesagt. Vermuthlich waren sie ungefafst oder so gut wie ungefafst.

Die Quelle *A* ist 43mal beobachtet; von diesen 43 Beobachtungen habe ich 5 von der Mitwirkung zu den Monatsmitteln ausgeschlossen und dafür 1 interpolirte (4 Mai) hinzugefügt. Dem Jahresmittel

[1]) Forbes sagt 366′.8 engl., also 344 Par. F. Berghaus (Hertha 1829. Bd. 13, S. 21 der geograph. Zeitg.) giebt richtig 366′.8 engl. an, theilt auch die Luftwärmebeobachtungen mit. Kämtz (Lehrb. II, 190.) druckt irrig 336′.8 engl. und läfst die Luftwärmebeobachtungen weg. Bischof, der nur aus Kämtz schöpft (Wärmelehre S. 61), giebt der Quelle *A* die Höhe 337′ ohne Zusatz ob englische oder Pariser Fufs, läfst die Centigrade, die er bei Kämtz fand, unreducirt, sodafs jeder seiner Leser sie für Réaumur'sche Grade nehmen mufs, weil in dem Buche übrigens nur Réaumur'sche Grade vorkommen, und kennt die gleichzeitigen Luftwärmebeobachtungen gar nicht. Die Quellwärmebeobachtungen bei Colinton sind also auf dem kurzen Wege von Berghaus zu Bischof bis zur Unbrauchbarkeit entstellt.

liegen also 39 Beobachtungen zum Grunde, unter denen 1 interpolirte.

Die Quelle *B* ist 38mal beobachtet; von diesen 38 Beobachtungen habe ich 5 von der Mitwirkung zu den Monatsmitteln ausgeschlossen und dafür 2 interpolirte (6 Januar und 4 Mai) hinzugefügt. Dem Jahresmittel liegen also 35 Beobachtungen zum Grunde, unter denen 2 interpolirte.

Zahl der Beobachtungen, aus denen die monatlichen Mittel gezogen sind.

	A	B		A	B
September	2	2	März	3	3
October	4	4	April	4	1
November	3	3	Mai	4	4
December	3	3	Juni	3	3
Januar	3	3	Juli	3	3
Februar	3	2	August	4	4
			Jahr	39	35

Die Genauigkeit der einzelnen Angaben geht bis zu halben und Viertelgraden F. Die Monatsmittel sind vorzüglich bei *B* (September, Januar, Februar, April) viel zu unzuverlässig, als dafs wir uns auf eine Erörterung des Wärmeganges der Quellen in den Monatsmitteln einlassen könnten. Das Jahresmittel von *A* ist für richtig zu halten, das von *B* viel weniger zuverlässig und nur dann brauchbar, wenn es auf ein paar Zehntel mehr oder weniger nicht ankommt.

Wärmegang der beiden Quellen bei Colinton.

Beobachtungstage.			Quelle *A*, 344′ hoch.	Quelle *B*, 248′ hoch.	Bemerkungen des Beobachters.
1827	August	22	(8°.89)	(9°.72)	
		30	9. 17	10. 0	
	September	6	9. 17	10. 0	
		13	8. 89	10. 28	
	October	2	9. 17	10. 28	
		10	8. 89	9. 44	
		18	9. 03	9. 44	nasse Witterung
		24	9. 17	9. 44	nach starken Regengüssen
	November	1	(8. 89)	(7. 78)	
		9	8. 89	8. 61	
		16	8. 89	8. 06	
		24	8. 47	7. 78	
	December	6	8. 75	7. 78	
		15	8. 61	7. 78	
		25	8. 61	7. 5	

Beobachtungstage.			Quelle *A*, 344′ hoch.	Quelle *B*, 248′ hoch.	Bemerkungen des Beobachters.
1828	Januar	6	8°.33	*7. 5	
		19	8. 47	7. 5	
		27	8. 33	7. 78	
	Februar	10	7. 78	6. 11	
		17	7. 78		
		24	7. 50	6. 39	
	März	2	(7. 92)		
		9	8. 05	7. 92	
		16	8. 33	8. 06	
		23	7. 5	6. 25	
	April	4	7. 5		
		11	7. 78		
		24	7. 78	7. 5	
		30	7. 78	(7. 92)	
	Mai	4	*7. 78	*8. 04	
		13	7. 78	8. 33	
		21	8. 06	8. 47	
		28	8. 61	9. 72	
	Juni	11	8. 75	10. 0	
		16	8. 89	10. 0	
		24	9. 44	10. 69	
		30	(9. 72)	(10. 56)	
	Juli	10	9. 86	10. 83	
		17	9. 44	10. 56	
		23	9. 58	11. 25	
		28	(9. 44)	(10. 83)	
	August	2	9. 44	10. 83	
		11	9. 72	11. 39	nach schweren Regengüssen.
		18	9. 58	10. 83	

In dem Wärmegange dieser Quellen kommen 2 Stellen vor, welche deutlich zeigen, daſs beide Quellen, und zwar *B* in gröſserem, *A* in geringerem Maaſse, Wärmeveränderungen durch die Temperatur der einflieſsenden Meteorwasser erlitten, also rein meteorologische Quellen sind. 1) Vergleichen wir den 23 März mit dem 16 März so finden wir *B* 1°.81 kälter und *A* 0°.83 kälter. Eine so bedeutende und so rasch eingetretene Wärmeerniedrigung gegen Ende März kann nur die Wirkung eingedrungener kalter Meteorwasser sein. 2) Vergleichen wir den 11 August mit dem 2 August, so finden wir *B* 0°.56 wärmer und *A* 0°.28 wärmer. Zum 11 August hat der Beobachter selbst die Bemerkung hinzugefügt, daſs schwere Regengüsse vorhergegangen seien. Die plötzliche Wärmeerhöhung beider Quellen ist also

Wirkung eingedrungenen warmen Regenwassers gewesen. Der rein meteorologische Charakter beider Quellen zeigt sich auch in der negativen Abweichung der Jahresmittel vom Jahresmittel der Luft:

		Luft wahres Mittel Höhe 360′	Quelle *A* 344′	Quelle *B* 248′
1827	September	13°.00	9°.03	10°.14
	October	11. 17	9. 07	9. 65
	November	6. 34	8. 75	8. 15
	December	6. 57	8. 66	7. 69
1828	Januar	5. 35	8. 38	7. 59
	Februar	4. 97	7. 69	6. 25
	März	6. 03	7. 96	7. 41
	April	7. 65	7. 71	7. 50
	Mai	12. 08	8. 06	8. 64
	Juni	15. 54	9. 03	10. 23
	Juli	17. 29	9. 63	10. 88
1827 u. 1828	August	14. 52	9. 48	10. 76.
	Jahr	10. 04	8. 70	8. 74
	Kältst. Monat	4. 97	7. 69	6. 25
	Wärmst. Mon.	17. 29	9. 63	10. 88
	Unterschied	12. 32	1. 94	4. 63

In dem Jahre Mitte August 1827–28 war
die Luft . . . . 10°.04
die Quelle *A* . . . 8. 70
also die Quelle *A* 1. 34 kälter als die Luft.

Das Mittel der Quelle *B* ist unzuverlässig (wahrscheinlich ist es einige Zehntel zu niedrig), der Unterschied des Mittels mit dem Luftmittel in 360′ Höhe ist aber so grofs, dafs es unzweifelhaft ist, dafs auch diese Quelle bedeutend kälter war als die Luft an dem Orte ihres Hervorkommens. Wir können übrigens die Quelle *B* ganz unberücksichtigt lassen und uns nur an das vollkommen sichere Ergebnifs halten, welches die Beobachtung der Quelle *A* liefert. Das Mittel der Luft und das Mittel der Quelle *A* sind zuverlässig richtig und vollkommen vergleichbar. Es ist also bei Colinton eine Quelle beobachtet worden, die im Jahresmittel 1°.34 kälter war als die Luft. Die negative Abweichung des Quellmittels vom Luftmittel kann nur durch die uns unbekannte Regenvertheilung des Jahres hervorgebracht sein. Vergebens würde Bischof sich nach den hohen Gebirgen umsehn, von welchen diese Quelle Kälte herabbrächte.

Ueber Unentstelltheit oder Angenähertheit der Mittel läfst sich wegen des Mangels der Regenbeobachtungen gar nichts entscheiden. Ueber die Abnahme der mittlern Quellwärme mit der Höhe läfst sich aus diesen Beobachtungen gar nichts folgern.

Es giebt eine spätere Abhandlung von Forbes[1]) über die Abnahme der mittlern Luftwärme mit der Höhe zwischen Colinton und Bonally, deren Ergebnifs ich hier kurz mittheilen will. Auf Forbes Veranlassung wurde die Luftwärme gleichzeitig zu Bonally und in Colinton vom Februar 1831 bis October 1835, also 4¾ Jahre hindurch beobachtet, und im Mittel dieser 4¾ Jahre zu Bonally 1°.79 niedriger gefunden. Bonally liegt 5 engl. Meilen südwestlich von Edinburg am nördlichen Abhange der Pentland Hills. Der Beobachtungsort war die Nordseite einer ganz ungeschützt gelegenen Aufseherwohnung, die Höhe des Thermometers nach Forbes trigonometrischer Bestimmung 1032'.13. Colinton liegt 1½ engl. Meilen nördlich von Bonally. Die Luftwärme wurde am Schulhause durch den Geistlichen R. Hunter in 341'.54 Höhe beobachtet[2]). Der Höhenunterschied der Beobachtungsorte Bonally und Colinton war also 690'.59. Für diese Erhebung nahm die mittlere Luftwärme 1°.79 ab, das macht 1° für 386' Erhebung.

Edinburg.

Br. 55° 57'
W. L. 5° 57'
Höhe von Canaan Cottage 225 F.[3]).

Die Luftwärmebeobachtungen, welche wir für Edinburg benutzen, haben den Vorzug, dafs sie aufserhalb der Stadt in Canaan Cottage angestellt sind. Beobachter Adie. Ich finde bei Dove (Nicht period. Aenderungen II, 72) die monatlichen Mittel der einzelnen

[1]) On the diminution of temperature with height in the Atmosphere at different seasons of the year. Trans. of the Roy. Soc. of Edinburgh 1840. Vol. XIV p. 489.

[2]) Hieraus ergiebt sich, dafs Forbes im Jahre 1827/28 zu Colinton an einem etwa 18' höher gelegenen Orte beobachtete.

[3]) Canaan Cottage liegt 240' engl. (also 225 Par. F.) hoch, nicht 300' engl., wie bei Dove (Nicht period. Aenderungen II, 69) steht. Ebendas. p. 72 ist für Edinburg das 16jährige Octobermittel 1824-39 irrig angegeben. Statt 42.48 lies 48.74.

20 Jahre 1821-40 aus den täglichen Extremen. Ich habe aus diesen die Monatsmittel im 20jährigen Durchschnitt berechnet und an diesen Mitteln die Correction des Mittels aus den extremen Stunden zum wahren nach den 2jährigen stündlichen Beobachtungen in Leith angebracht. Die Correctionsgröfsen sind nach Dove (über die tägliche Veränderung der Temperatur der Atmosphäre in den Akademieschriften vom J. 1846) folgende:

Januar	— 0°.15	Juli	+ 0°.15
Februar	— 0. 275	August	— 0. 05
März	— 0. 1625	September	— 0. 1375
April	+ 0. 1125	October	— 0. 225
Mai	+ 0. 0625	November	— 0. 3125
Juni	— 0. 1125	December	— 0. 225
		Jahr	— 0. 107
		oder	— 0. 11

Dadurch sind folgende wahre Mittel der Luftwärme erhalten:

Edinburg. Luftwärme,
20 Jahre 1821-1840.
Wahre Mittel.

December	3°.87	Winter	3.°06
Januar	2. 24	Frühling	7. 28
Februar	3. 07	Sommer	13. 87
März	4. 68	Herbst	8. 50
April	7. 07	Kältest. Monat	2. 24
Mai	10. 08	Wärmst. Mon.	14. 77
Juni	13. 10	Unterschied	12. 53
Juli	14. 77		
August	13. 73		
September	11. 60		
October	8. 84		
November	5. 07		
Jahr	8. 18		

Das vieljährige Mittel 8°.18 stimmt auf befriedigende Weise mit dem letzten Ergebnifs, welches Mahlmann = 8°.1 erhielt. Temperaturtafeln zu Humboldt's Centralasien No. 148.

Regenmessungen für Edinburg giebt es 27 zerstreute Jahre aus dem vorigen und diesem Jahrhundert (Schouw Clim. de l'Ital. 177. 185).

Edinburg. Regen,

27 Jahre.

December	1''.97			Winter	5''.45	23%
Januar	1. 88			Frühling	4. 66	20
Februar	1. 60			Sommer	6. 26	27
März	1. 37			Herbst	6. 96	30
April	1. 48					
Mai	1. 81					
Juni	1. 57					
Juli	2. 28	}				
August	2. 41	}	= 39.48 %			
September	2. 15	}				
October	2. 37	}				
November	2. 44					
Jahr	23. 33					

Das warme Drittel hat 39.48 = 33.33 + 6.15 % der Jahresregenmenge. $\frac{6.15}{8}$ = 0.77. Das unentstellte Mittel der rein meteorologischen Quelle ist also in 225' Höhe bei Edinburg im vieljährigen Durchschnitt 0°.77 höher zu erwarten als das Luftmittel, folglich = 8.18 + 0.77 = 8°.95.

Nun giebt es in der Nähe von Edinburg nur ein einziges zuverlässig beobachtetes Quellmittel, das der Quelle *A* bei Colinton vom Jahre 1827 - 28, welches in 344' Höhe = 8°.70 gefunden wurde. Wenn wir annehmen 1) dafs das Mittel der Quelle *A* unentstellt sei und dafs es in dem Jahre Mitte August 1827-28 sehr wenig oder gar nicht vom vieljährigen Mittel abgewichen sei, 2) dafs die mittlere Quellwärme bei Colinton und Edinburg in demselben Verhältnifs zunehme wie die mittlere Luftwärme, nämlich in dem Verhältnifs von 1° für 386' Erniedrigung — so können wir das Mittel der Quelle *A* auf die Höhe von Canaan Cottage reduciren und mit dem für dieselbe Höhe aus der Regenvertheilung berechneten Quellmittel vergleichen. Canaan Cottage liegt 225' hoch, also 119' niedriger als die Quelle *A*. Das Quellmittel wird folglich bei Canaan Cottage $\frac{119}{386}$ = 0°.31 höher sein als das der Quelle *A*, also = 8.70 + 0.31 = 9°.01 sein. Diese Gröfse stimmt sehr nahe überein mit 8°.95. Beschränken wir uns auf 1 Decimalstelle, so werden beide Gröfsen übereinstimmend = 9°.0.

Wenn nun auch das Ergebnifs der letztern der beiden Berechnungen nicht ganz zuverlässig ist, so ist die nahe Uebereinstimmung beider Ergebnisse immerhin bemerkenswerth und es wird der Mühe werth sein, neue Quellwärmebeobachtungen bei Edinburg anzustellen. Bei Roebuck's Angabe der mittlern Quellwärme für Edinburg = 8°.33 (Phil. Trans. 1775. Bd. 65. S. 460) fehlt jede Erwähnung der Art und Weise, wie dieser Werth ermittelt ist.

Abbotshall.

Br. 56° 10′
Höhe etwa 47 Fufs.

Bei Gelegenheit der auf Leslie's Veranlassung in den Jahren 1815-1819 in Abbotshall gemachten Bodenwärmemessungen ist ebendaselbst auch eine Quelle beobachtet worden, von der berichtet wird, dafs sie beständig den Wärmegrad 8°.72 (47°.7 F. = 6°.98 R. 8°.72 C.) hatte [1]). Die in früherer Zeit viel besprochenen (übrigens werthlosen) Bodenwärmemessungen wurden auf dem, Herrn Robert Ferguson gehörigen, Gute Raith in dem Orte Abbotshall in der Grafschaft Fife unweit der Stadt Kirkcaldy gemacht. Abbotshall liegt 11 engl. Meilen in grader Richtung nördlich von Edinburg, ungefähr 1 englische Meile von der Küste entfernt, unter 56° 10′ Br. Es ist von Edinburg durch einen Arm der See getrennt. Der Beobachter der bis 1, 2, 4 und 8′ engl. eingegrabenen Thermometer war der Gärtner Charles Norval. Er las den Stand der Thermometer nicht regelmäfsig ab, anfangs mitunter nur einmal monatlich, später bis zu 8mal monatlich. Der Beobachtungsort liegt etwa 47′ über dem Meere. Derselbe Norval fand nun, dafs eine in geringer Entfernung von dem Beobachtungsorte und in ungefähr derselben Meereshöhe aus einem Basalt- oder Grünsteinfelsen hervorkommende wasserreiche Quelle beständig den Wärmegrad 8°.72 hatte.

Ist diese Beobachtung richtig d. h. ist die Quelle bei Abbotshall wirklich völlig unveränderlich in ihrer Temperatur, also eine rein geologische Quelle, dann mufs die Luftwärme in Abbotshall, obgleich der Ort niedriger liegt als Edinburg, doch (aus einer mir unbekannten Ursache) im vieljährigen Durchschnitt bedeutend (etwa 1°) kälter sein als die Luftwärme bei Edinburg. Diese Frage wird sich nur durch

[1]) J. D. Forbes on the temperature of the earth in den Trans. of the Roy. Soc. of Edinburgh 1846. Vol. XVI. Part. II. p. 191 aus dem Supplement to the 6th edition of the Encyclopedia Britannica, article »Climate.«

Luftwärmebeobachtungen an Ort und Stelle mit Sicherheit lösen lassen. Ich erwähne die Quellwärmebeobachtung bei Abbotschall vorzüglich deswegen, weil ich diese Beobachtung für dieselbe halte, über welche, wie es scheint, PLAYFAIR einmal berichtet hat. L. v. BUCH sagt (Pogg. Ann. Bd. 12. S. 406): »*Eine starke Quelle bei Edinburg, in welcher sich das Thermometer fortwährend auf derselben Höhe erhält, zeigt 6°.96 R.*« BUCH nennt dabei PLAYFAIR und citirt Thoms. Annals, Febr. 1818. Ich habe aller Mühe ungeachtet dies Citat nicht finden können. Die Zeit der Bekanntmachung und die nahe Uebereinstimmung mit 6°.98 R. lassen mich aber vermuthen, dafs die von BUCH erwähnte Quelle keine andere ist als die Quelle von Abbotshall. Ich leugne, dafs eine unveränderliche Quelle bei Edinburg in der Höhe des Beobachtungsortes der Luftwärme eine so niedrige Temperatur wie 8°.7 haben könne. Das unentstellte Mittel der rein meteorologischen Quellen bei Edinburg in 225′ Höhe ist im vieljährigen Durchschnitt nahe = 9°.0 zu erwarten; jede rein geologische Quelle an demselben Orte mufs also wärmer als 9° sein. Ich behaupte dies gestützt auf die Anwendung des Marienberger Gesetzes auf Edinburg und berufe mich auf neue bei Edinburg anzustellende Beobachtungen.

Der Vollständigkeit wegen verzeichne ich hier noch 3 Quellwärmemessungen, welche FORCHHAMMER auf den Inseln nördlich von Schottland im Mai 1821 in der Meereshöhe gemacht hat. 1) Orkneyinseln. Insel Pomona, Br. 59°, sehr schwach fliefsende Quelle 7°.8. 2) Shetlandinseln. Bei Scalloway auf Shetland, Br. 60½°, beständig fliefsende und starke Quelle aus Uebergangssandstein am 19 Mai 7°.33. 3) Faröer, Br. 62°, Quellwärme 7°.0. Aus diesen Beobachtungen läfst sich nichts folgern. FORCHHAMMER's Beobachtungen in verschiedenen Höhen auf den Faröer habe ich schon in § 39 zu benutzen versucht.

Kendal und der Helvellyn.

Wir müssen die Regenvertheilung und die Luftwärme von Kendal berücksichtigen, um eine Quellwärmemessung von DALTON auf dem Berge Helvellyn beurtheilen zu können.

Kendal	Helvellyn [1])
Br. 54° 17′	Br. 54° 31′ 43″
W. L. 5° 6′	W. L. 5° 20′ 45″
Höhe 130 F.	Höhe 2881 F.

[1]) OTLEY's Map of the Lake District. Keswick, 1849.

Kendal. Regen,

25 Jahre[1]).

December	5".70	
Januar	4. 97	= 36.45 % (December–März)
Februar	4. 81	
März	2. 96	
April	2. 81	
Mai	3. 26	
Juni	2. 55	
Juli	4. 65	
August	4. 73	= 37.65 % (Juli–October)
September	4. 57	
October	5. 10	
November	4. 48	
Jahr	50. 59	

In Kendal tritt der merkwürdige Fall ein, daſs jedes der beiden entgegengesetzten Drittel mehr als 33.33 % hat.

Kaltes Drittel 36.45 % $= 33.33 + 3.12 \quad \frac{3.12}{8} = 0.39$

Warmes Drittel 37.65 % $= 33.33 + 4.32 \quad \frac{4.32}{8} = 0.54$

Nun ist $+ 0^{\circ}.54 - 0^{\circ}.39 = + 0^{\circ}.15$

oder 4.32 % — 3.12 % = 1.20 % und $\frac{1.20}{8} = + 0.15$

Wahrscheinlich hebt der Ueberschuſs im kalten Drittel einen gleich groſsen Ueberschuſs des warmen Drittels auf und es bleibt eine positive Abweichung des Quellmittels vom Luftmittel = 0°.15 übrig.

Das Luftmittel ist in 130′ Höhe aus 21 Jahren von Mahlmann zu 8°.3 bestimmt, die Quellwärme wird also in derselben Höhe 8°.45 sein. Ich finde bei Kämtz (Lehrb. II, 202 aus Humboldt's Isothermenabhandlung) die Quellwärme bei Kendal als von Dalton beobachtet zu 8°.45 angegeben. Diese Angabe würde also vollständig mit dem Ergebniſs meiner Rechnung übereinstimmen. Ich habe aber in Dalton's sogleich zu nennendem Buche diese Angabe nicht finden können und vermuthe daher, daſs sie auf einem Versehn beruht. Dalton hat meines Wissens nur einen Brunnen beobachtet, 12mal im Jahre, und das Mittel 8°.8 gefunden. Wie dem auch sei, es reicht für unsern Zweck hin, zu wissen, daſs die mittlere Quellwärme bei Kendal in 130′ Höhe im vieljährigen Durchschnitt sehr wenig von der mittlern

[1]) bei Schouw S. 179. 186.

Luftwärme abweichen kann und dafs sie der Berechnung zufolge 8°.45 ist.

J. DALTON gab im Jahre 1793 seine Meteorological Observations and Essays heraus. Die zweite noch vom Verfasser selbst besorgte Ausgabe erschien 1834 in Manchester. Ich hatte durch die Güte des Herrn Prof. MAGNUS Gelegenheit, diese zweite Ausgabe einzusehn und entnehme derselben, S. 187 Anmerkung, die folgenden Angaben. Der Berg Helvellyn liegt nahe an dem Wege, der von Kendal nach Keswick führt, ungefähr 8 engl. Meilen von Keswick. Er ist nach DALTON's Bestimmung 1100 Yards hoch. Ungefähr 200 Yards unter dem Gipfel, nach DALTON's Schätzung, kommt eine das ganze Jahr hindurch wasserreiche Quelle hervor, deren Wärme DALTON am 27 August 1793 = 3°.33 fand. Nun ist

1100 Yard	=	3300 engl. F.	=	3096	Par. F.
200 »	=	600 » »	=	563	» »

also die Meereshöhe der Quelle ungefähr 2533 Par. Fufs [1]).

Es giebt aber neuere Bestimmungen der Höhe und der geographischen Lage der Hauptberge im Lake-District, welche in den gedruckten Zusätzen zu OTLEY's Karte vom Jahre 1849 enthalten sind. Nach diesen Bestimmungen ist der Helvellyn niedriger, folglich auch die Meereshöhe der Quelle geringer. Die Höhe des Helvellyn ist 3070′ engl. = 2880′.6 franz., folglich die Meereshöhe der Quelle, wenn DALTON den Abstand derselben vom Gipfel richtig geschätzt hat, nur 2317.6 = 2318 Par. F. Da die Quelle am 27 August 3°.33 hatte, so ist das Jahresmittel jedenfalls niedriger, wir können es z. B. zu 2°.33 annehmen, Wenn nun die mittlere Quellwärme bei Kendal in 130′ Höhe 8°.45 und auf dem Helvellyn in 2318′ Höhe 2°.33 ist, so nimmt am Helvellyn die mittlere Quellwärme 6°.12 für 2188′ ab, das macht 1° für 356′. Die Angaben der Abnahme der mittlern Luftwärme mit der Höhe in Grofsbritannien (siehe § 8.) stimmen vollkommen zu diesem Abnahmeverhältnifs der mittlern Quellwärme. Bei Marienberg haben wir gefunden (§ 59.) dafs die mittlere Quellwärme abnimmt:

an dem steilen Abhange des Hirschkopf 1° für 236′
in dem sanft ansteigenden Michelsthale 1° für 353′.

Das für den Helvellyn versuchsweise berechnete Abnahmeverhältnifs der mittlern Quellwärme mit der Höhe ist also gar kein be-

[1]) Hiernach werden die abweichenden Angaben anderer Schriftsteller zu berichtigen sein. Siehe L. v. BUCH in Bibl. britan. 1802. Bd. 19. S. 261, desgl. in GILBERT's Ann. 1806. Bd. 24., ferner BISCHOF's Wärmelehre S. 33.

fremdend rasches. Es ist langsamer als das am Hirschkopf gefundene und stimmt überein mit dem im Michelsthal gefundenen. Wenn Herr Bischof meinte, eine so niedrige Temperatur einer in so mäfsiger Höhe im Norden von England entspringenden Quelle sei etwas auffallend, so sieht er nun wohl, dafs die Temperatur noch niedriger und die Höhe noch mäfsiger war, als er annahm, und dafs die Temperatur der fraglichen Quelle doch nicht auffallend, sondern ganz in der Ordnung ist.

Nachschrift. Einige Tage nachdem ich das Vorstehende geschrieben hatte, erhielt ich eine neue Messung der fraglichen Quelle. Mein Freund du Bois-Reymond hat die Güte gehabt, auf seiner zweiten Reise nach England, die ihn in den Lake-District führte, den Helvellyn zu besteigen und die Dalton'sche Quelle aufzusuchen.

Er fand am 26 August 1852, also fast genau am Jahrestage der vor 59 Jahren angestellten Messung, die Temperatur der Quelle 4°.6. Die Quelle war wasserreich und du Bois-Reymond konnte den Becher mit dem Thermometer tief in das von Rasen überwölbte Erdloch einschieben, aus dem sie hervorsprudelte. Der Helvellyn besteht aus Thonschiefer. Durch diese neue Beobachtung wird die vorstehende Schlufsfolgerung nicht verändert. Die Mühlthalquelle, welche am 31 August eines Jahres (des 1.) 11°.4 warm gewesen war, zeigte am 30 August eines anderen Jahres (des 2.) 12°.9, sie war in diesem Jahre in Folge von Regeneinflufs 1°.5 wärmer. Es befremdet uns daher nicht, dafs die Quelle auf dem Helvellyn, welche Dalton 3°.3 warm fand, in einem andern Jahre um dieselbe Zeit 1°.3 wärmer war. Diese Beobachtung läfst vermuthen, dafs der August 1852 dort viel regenreicher war als der August 1793.

Werfen wir einen Blick nach Irland, so finden wir Regenbeobachtungen nur in Dublin.

Dublin. Regen, 17 Jahre

1792-1808.

December	2''.73	Juni	1''.09	
Januar	1. 95	Juli	2. 21	= 37.07 % (Juli–October)
Februar	1. 50	August	2. 09	
März	1. 44	September	1. 85	
April	1. 65	October	2. 37	
Mai	1. 64	November	2. 46	
		Jahr	22. 98	

$$37.07 = 33.33 + 3.74\,\% \quad \frac{3.74}{8} = 0.47.$$

Bei Dublin ist also die Quellwärme im 17jährigen Durchschnitt 0°.47 höher zu erwarten als die Luftwärme. Das vieljährige Luftmittel von Dublin unter Br. 53° 23′ ist wahrscheinlich 9°.5, folglich das Quellmittel sehr nahe = 10°.0 zu erwarten.

Aus Irland ist mir nur eine einzige Angabe der Quellwärme bekannt, vom Nordrande der Insel. W. Hamilton [1]) fand im Jahre 1788 bei Ballycastle unter Br. 55° 12′ und in der Meereshöhe reichliche Quellen aus Kalkboden 8°.89 warm. Diese Angabe scheint das Mittel aus zu verschiedenen Zeiten angestellten Messungen zu sein. Regen- und Luftwärmebeobachtungen aus Ballycastle sind mir nicht bekannt. Alle übrigen von Hamilton beobachteten Wassertemperaturen (auf der Insel Eniscoo, bei Dublin, Cork, Londonderry, Armagh, Tullamore, endlich in den Städten Londonderry, Dublin, Cork) sind Brunnentemperaturen.

Wir wenden uns nach England zurück, um zu untersuchen, wie sich die Quellwärme bei London stellen wird. Bekanntlich gab Roebuck dieselbe ohne nähere Nachweisung zu 10°.56 an.

London.

Br. 51° 36′
W. L. 2° 24′
Höhe 100 F.

Regen bei London,
16 Jahre 1812-27 [2]).

December	2″.47	
Januar	1. 62	
Februar	1. 44	
März	1. 73	
April	1. 65	
Mai	1. 87	
Juni	1. 61	
Juli	2. 09	}
August	1. 79	} = 36.79 %
September	2. 09	}
October	2. 64	}
November	2. 40	
Jahr	23. 40	

$$36.79 = 33.33 + 3.46\,\% \qquad \frac{3.46}{8} = 0.43.$$

[1]) Bibl. britan. 1798. Bd. 8. S. 329 aus den Verhandlungen der Irischen Akademie.
[2]) bei Kämtz I, 452.

Bei London ist also die Quellwärme im vieljährigen Durchschnitt 0.43 höher als die Luftwärme zu erwarten. Die Luftwärme bei London ist nach 24jähriger Beobachtung von MAHLMANN zu 9°.6 bestimmt (Temperaturtafeln zu Centralasien No. 222), folglich wird die Quellwärme = 10°.03 zu erwarten sein, $\frac{1}{2}$° niedriger als die ROEBUCK'sche Angabe.

Ich habe nach einem Orte in England gesucht, an welchem sich das Quellmittel im mehrjährigen Durchschnitt der Rechnung zufolge unter das Luftmittel stellt, und als einen solchen Penzance auf der äufsersten Südwestspitze gefunden.

Penzance.

Br. 50° 7′
W. L. 7° 33′
Höhe nahe Null.

Penzance. Regen 8 Jahre, 1819-27 [1]).

December	4″.91	= 38.11 % (December–März)
Januar	3. 35	
Februar	2. 76	
März	2. 99	
April	1. 52	
Mai	2. 62	
Juni	1. 86	
Juli	2. 37	= 34.30 % (Juli–October)
August	2. 82	
September	2. 84	
October	4. 58	
November	4. 14	
Jahr	36. 76	
Winter	11. 02	29.9 %
Frühling	7. 13	19.4
Sommer	7. 05	19.2
Herbst	11. 56	31.5

Kaltes Drittel 38.11 = 33.33 + 4.78 %
Warmes Drittel 34.30 = 33.33 + 0.98
Unterschied der Ueberschüsse 3.81

[1]) bei KÄMTZ I, 540.

$\frac{3.81}{8} = 0.48$. Das Quellmittel ist also 0°.48 niedriger als das Luftmittel zu erwarten. Das wahre Luftmittel ist nach 25jähriger Beobachtung in Penzance 11°.1, die Quellwärme also = 10°.6 zu erwarten. Da die Abweichungsgröſse des Quellmittels vom Luftmittel in Gosport (zufolge der Berechnung im 10jährigen Durchschnitt. Siehe den folgenden §.) schon + 0°.41 ist, so ist der Ort, an welchem beide Mittel im mehrjährigen Durchschnitt genau gleich sind, ungefähr in der Mitte zwischen Penzance und Gosport zu suchen. Dort liegt Exeter unter W. L. 5° 51'. Von Plymouth sind mir Regenmessungen nicht bekannt.

§ 63. Die sogenannten Quellwärmebeobachtungen in Gosport.

Gosport.

Br. 50° 48'
W. L. 3° 26'
Höhe des Beobachtungsortes der Luftwärme über dem Seichtwasserzeichen im Hafen von Portsmouth 34' engl., über dem Erdboden 10' engl.[1]).

Aus Gosport hat W. Burney 11 Jahre hindurch sogenannte Quellwärmebeobachtungen mitgetheilt, auf welche ich durch die Probe aufmerksam geworden bin, welche Dove im Repert. Bd. 3. S. 313 von ihnen gegeben hat. Als ich mit den Marienberger Erfahrungen ausgerüstet die Beobachtungen im Original durcharbeitete, gerieth ich auf die Vermuthung, daſs diese Beobachtungen, welche Burney beständig als *temperature of spring water* aufgeführt hat und welche Dove als Berichterstatter demzufolge auch für Quellwärmebeobachtungen nehmen muſste, nicht wohl von einer Quelle herrühren könnten, sondern an einem Brunnen angestellt sein würden. Diese Vermuthung ist durch die Auskunft, welche ich durch die Gefälligkeit englischer Naturforscher erhalten habe, bestätigt worden. Die vermeintliche Gosporter Quelle ist ein Pumpbrunnen, der nur 4' Wasser hat, dessen Spiegel nur 14' unter der Erdoberfläche und in gleicher Höhe mit der mittlern Höhe des unmittelbar daranstoſsenden Meeres steht.

Die sehr vollständigen meteorologischen Beobachtungen, welche W. Burney († 1832) in Gosport vom Jahre 1816 bis zum Jahre 1831

[1]) Alle Höhen- und Tiefenangaben bei Gosport habe ich in englischen Fuſs gelassen, weil sie nur einen örtlichen Werth, für Gosport, haben und mit auswärtigen Höhen- und Tiefenangaben nicht zur Vergleichung kommen.

angestellt hat, enthalten vom Jahre 1821 an auch regelmäfsige Beobachtungen des *spring water*. Die gleichzeitigen Beobachtungen der Luftwärme, der Regenmenge und der sogenannten Quellwärme in Gosport umfassen also einen Zeitraum von 11 Jahren 1821-1831. Die Uebersichten der einzelnen 11 Jahrgänge befinden sich im Philos. Magaz. Bd. 59. 61. 63. 65. 67. und New Series Bd. 1. 3. 5. 7. 10. 11. Die meteorologischen Beobachtungen der 5 frühern Jahre 1816-1820, in denen das *spring water* noch nicht gemessen wurde, stehn in Jahresübersichten in THOMSON's Ann. of Philos. Bd. 9. 11. 13. 15. und New Series Bd. 1.

Aus den 11 bürgerlichen Jahren 1821-31 habe ich die 10 vollständigen meteorologischen Jahre December 1821-31 zusammengestellt. Der Beobachtungsort der Luftwärme war das Observatorium der Royal Academy. Die von BURNEY mitgetheilten Monats- und Jahresmittel sind aus den am Registerthermometer beobachteten täglichen Extremen gezogen. Ich habe an diesen Mitteln die aus den 5jährigen stündlichen Beobachtungen in Plymouth von MAHLMANN (DOVE's Repert. Bd. 4. S. 152.) berechneten Correctionen der Mittel der extremen Stunden zu wahren Mitteln angebracht [1]). Diese Correctionsgröfsen sind folgende:

Januar	— 0°.323	Juli	— 0°.212
Februar	— 0. 396	August	— 0. 333
März	— 0. 389	September	— 0. 436
April	— 0. 416	October	— 0. 573
Mai	— 0. 024	November	— 0. 401
Juni	— 0. 047	December	— 0. 379

Jahr — 0°.327.

Der Regenmesser befand sich vom Jahre 1822 an 3' über dem Erdboden, in den frühern Jahren 23' über dem Erdboden [2]). Die Regenhöhen sind englische Zoll.

[1]) Ich hatte die von MAHLMANN berechneten Correctionsgröfsen schon bei der Verwandlung der einzelnen Monatsmittel aus °F. in °C. an allen 10 Jahrgängen sorgfältig angebracht, ehe ich die von EKLÖF berechneten Correctionsgröfsen bei DOVE (Ueber d. tägl. Veränderungen der Temperatur d. Atmosphäre S. 38.) kennen lernte. Sonst würde ich den letztern den Vorzug gegeben haben. Nach EKLÖF ist die Correction des Jahresmittels aus den extremen Stunden zum wahren Mittel kleiner, nämlich nur — 0°.260.

[2]) Ob der Regen im Jahre 1821 noch in 23' Höhe oder schon in 3' Höhe über dem Erdboden gemessen wurde, kann ich nicht mit voller Bestimmtheit angeben.

Die sogenannte Quellwärme ist in der Regel wöchentlich 1 mal, stets um 8 Uhr Morgens gemessen. Häufig kommen auch 6 Messungen im Monat vor, am 1. 6. 13. 20. 25. 30. oder 31. Von März 1823 bis October 1826 finden sich alle Einzelbeobachtungen verzeichnet. Die Genauigkeit der Angaben geht bis zu Viertelgraden F., von Juni 1824 an bis zu Zehnteln F. Für die 7 Jahre 1822, 1823, 1827–1831 sind nur die monatlichen Mittel angegeben. Die Monatsmittel sind also aus einer hinlänglichen Zahl von Beobachtungen bestimmt. Die Meereshöhe der sogenannten Quelle ist nicht angegeben, von der Fassung ist auch nichts gesagt, desgleichen nichts von der Wassermenge und von der geognostischen Beschaffenheit des Bodens.

Da ich nur die 10 meteorologischen Jahre December 1821–31 bearbeitet habe, so setze ich für diejenigen, welche die 11 bürgerlichen Jahre 1821–31 vollständig zu kennen wünschen, die übrigen 12 Monate (Januar bis November 1821 und December 1831) hierher:

		Luft wahre Mittel	Regen	Brunnen	
1821	Januar	4°.83	2″.64 engl.	9°.72	1831 December
	Februar	3. 08	0. 18	9. 86	Luft 7°.15
	März	7. 18	4. 18	9. 84	Regen 3″.88
	April	10. 71	3. 39	10. 34	Brunnen 11°.09
	Mai	11. 24	3. 18	10. 62	
	Juni	14. 54	0. 98	11. 14	
	Juli	16. 19	3. 65	11. 71	
	August	18. 44	3. 71	12. 39	
	September	16. 82	3. 34	13. 09	
	October	11. 89	4. 53	13. 16	
	November	10. 55	6. 02	12. 68	

Die Luftmittel der 10 bürgerlichen Jahre 1822–1831 sind folgende:

Gosport. Luftwärme. Wahre Mittel.

1822	11°.90	1827	11°.10
1823	9. 97	1828	12. 17
1824	10. 79	1829	9. 71
1825	11. 35	1830	9. 56
1825	11. 64	1831	11. 34

Nach diesen Vorbemerkungen betrachten wir zuerst die Luftwärme in den 10 meteorologischen Jahren December 1821–31.

I. Luftwärme.

Gosport. Luftwärme. Wahre Mittel.

	1. Jahr, Dec. 1821-22	2. Jahr, Dec. 1822-23	3. Jahr, Dec. 1823-24	4. Jahr, Dec. 1824-25	5. Jahr, Dec. 1825-26	6. Jahr, Dec. 1826-27	7. Jahr, Dec. 1827-28	8. Jahr, Dec. 1828-29	9. Jahr, Dec. 1829-30	10. Jahr, Dec. 1830-31	10 Jahre Dec. 1821-31	
December	8°.35	2°.67	5°.65	7°.30	5°.63	7°.64	8°.41	8°.73	1°.92	3°.10	5°.94	December
Januar	5. 57	1. 14	4. 08	5. 41	1. 65	3. 51	6. 87	1. 97	0. 22	3. 40	3. 38	Januar
Februar	7. 60	4. 69	5. 38	6. 05	7. 33	2. 17	7. 24	6. 54	1. 86	6. 66	5. 55	Februar
März	9. 49	6. 16	6. 02	6. 37	7. 14	7. 96	8. 46	6. 54	7. 40	7. 93	7. 35	März
April	10. 37	8. 21	8. 21	10. 82	10. 64	10. 18	10. 32	8. 85	9. 43	10. 28	9. 73	April
Mai	14. 92	13. 70	12. 31	13. 70	12. 85	13. 48	14. 84	13. 86	13. 37	12. 62	13. 57	Mai
Juni	19. 31	14. 44	15. 29	15. 95	18. 44	15. 87	17. 53	16. 08	14. 33	16. 27	16. 35	Juni
Juli	18. 65	16. 50	17. 55	18. 49	19. 14	18. 14	18. 43	16. 44	17. 26	17. 94	17. 85	Juli
August	17. 94	16. 68	16. 86	17. 84	19. 37	16. 66	16. 99	15. 48	15. 11	18. 07	17. 10	August
September	14. 44	14. 24	15. 46	17. 13	15. 86	15. 55	15. 83	12. 83	12. 93	14. 65	14. 89	September
October	12. 31	10. 23	11. 29	12. 06	12. 90	12. 52	11. 48	9. 85	11. 23	13. 64	11. 75	October
November	9. 53	8. 05	9. 72	6. 80	6. 75	8. 72	9. 33	6. 10	8. 53	7. 47	8. 10	November
Jahr	12. 37	9. 73	10. 65	11. 49	11. 48	11. 03	12. 14	10. 27	9. 47	11. 00	10. 963	Jahr
Winter	7. 17	2. 83	5. 04	6. 25	4. 87	4. 44	7. 51	5. 75	1. 33	4. 39	4. 96	Winter
Frühling	11. 59	9. 36	8. 85	10. 30	10. 21	10. 54	11. 21	9. 75	10. 07	10. 28	10. 22	Frühling
Sommer	18. 63	15. 87	16. 57	17. 43	18. 98	16. 89	17. 65	16. 00	15. 57	17. 43	17. 10	Sommer
Herbst	12. 09	10. 84	16. 16	12. 00	11. 84	12. 26	12. 21	9. 59	10. 90	11. 92	11. 58	Herbst
Kält. Monat	5. 57	1. 14	4. 08	5. 41	1. 65	2. 17	6. 87	1. 97	0. 22	3. 10	3. 38	Kält. Monat
Wärmst. Mon.	19. 31	16. 68	17. 55	17. 84	19. 37	18. 14	18. 43	16. 44	17. 26	18. 07	17. 85	Wärmst. M.
Unterschied	13. 74	15. 54	13. 47	12. 43	17. 72	15. 97	11. 56	14. 47	17. 04	14. 97	14. 47	Unterschied

Wir bemerken an der Spitze dieser 10jährigen Reihe das ungewöhnlich warme Jahr December 1821-22 (in welchem in Gosport wie in Karlsruhe der Juni der wärmste Monat war. Auch in Gosport umfaſste der ungewöhnlich warme Zeitraum die 13 Monate November 1821 bis November 1822). Es muſs uns auffallen, daſs auf dieses ungewöhnlich warme Jahr ein sehr kaltes folgte, grade so wie in Marienberg auf das ungewöhnlich warme Jahr December 1845-46 ein sehr kaltes folgte. Wir erhalten folgende Unterschiede der beiden ersten Jahre in Gosport, jenachdem wir nach meteorologischen oder nach bürgerlichen Jahren rechnen:

		meteorolog. Jahre		bürgerl. Jahre		
1. Jahr Dec.	1821-22	12°.37	1822	11°.90	also 0.47 kälter
2. Jahr Dec.	1822-23	9. 73	1823	9. 97	also 0.24 wärmer
	Unterschied	2. 64		1. 93	0.71 kleiner

Das Verhalten der beiden ersten Jahre in Gosport zu einander hat also die auffallendste Aehnlichkeit mit dem Verhalten der beiden ersten Jahre in Marienberg zu einander.

Das 1. Jahr in Gosport blieb das wärmste der ganzen 10jährigen Reihe. Das 2. Jahr blieb nicht das kälteste, es wurde durch das 9. Jahr Dec. 1829-30 = 9°.47 übertroffen, welches 0°.26 kälter war.

Wärmstes Jahr (1.)	12.37
Kältestes Jahr (9.)	9.47
Unterschied	2.90

Rechnet man nach bürgerlichen Jahren, so wird das kälteste Jahr 1830 = 9°.56, also 0°.09 weniger kalt, und das wärmste Jahr wird verrückt, an die Stelle des Jahres 1822 tritt als wärmstes 1828 mit 12°.17, Unterschied des kältesten und wärmsten bürgerlichen Jahres 2°.61. Das Beispiel von Gosport zeigt also ebensogut wie das von Marienberg und Karlsruhe, daſs man durch das Rechnen nach bürgerlichen Jahren die Kenntniſs der Luftwärmeverhältnisse in Unordnung bringt.

Das 10jährige Mittel ist 10°.96. Die Mittel der einzelnen Jahre und ihre Abweichungen vom 10jährigen Mittel sind folgende:

		Abweichung
1. Jahr	12°.37	+ 1°.41
2. »	9. 73	— 1. 23
3. »	10. 65	— 0. 31

			Abweichung
4.	Jahr	11°.49	+ 0°.53
5.	»	11. 48	+ 0. 52
6.	»	11. 03	+ 0. 07
7.	»	12. 14	+ 1. 18
8.	»	10. 27	— 0. 69
9.	»	9. 47	— 1. 49
10.	»	11. 00	+ 0. 04

In Betreff des Ganges der Luftwärme in den Monatsmitteln im 10jährigen Durchschnitt bemerken wir Folgendes: der kälteste Monat ist der Januar 3°.38, der wärmste Monat der Juli 17°.85, Unterschied 14.47. Der Abstand des kältesten Monates vom Jahresmittel ist 7.58, der Abstand des wärmsten Monates vom Jahresmittel ist 6.89 (der Abstand des Winters vom Jahresmittel ist 6.00, der Abstand des Sommers vom Jahresmittel 6.14). Die 6 Monate November bis April liegen unter dem Jahresmittel, die 6 Monate Mai bis October über dem Jahresmittel.

Das Klima von Gosport charakterisirt sich schon allein durch die Luftwärmeverhältnisse hinreichend als Seeklima. Der Unterschied des kältesten und wärmsten Monates ist klein (er war in Marienberg im 5jährigen Durchschnitt 19°.66, also 5°.19 gröfser). Der kälteste Monat ist noch sehr milde, der wärmste Monat ziemlich kühl. Da wir auch in den einzelnen 10 Jahren kein einziges Monatsmittel unter dem Gefrierpunkt finden, so stellt es sich für Gosport als Regel heraus, dafs das Eindringen der Meteorwasser in den Boden durch keinen anhaltenden Winterfrost unterbrochen wird. Was in Marienberg nur ausnahmsweise in dem ungewöhnlich warmen 1. Jahre der Fall war, das ist im Klima von Gosport die Regel.

II. Regen.

Gosport. Regen. Englische Zoll.

	1. Jahr, Dec. 1821–22	2. Jahr, Dec. 1822–23	3. Jahr, Dec. 1823–24	4. Jahr, Dec. 1824–25	5. Jahr, Dec. 1825–26	6. Jahr, Dec. 1826–27	7. Jahr, Dec. 1827–28	8. Jahr, Dec. 1828–29	9. Jahr, Dec. 1829–30	10. Jahr, Dec. 1830–31	10 Jahre Dec. 1821–31	
December	7″.61	2″.24	4″.39	3″.57	5″.33	2″.94	5″.63	3″.83	1″.20	2″.43	3″.92	December
Januar	0. 89	3. 36	0. 99	1. 48	0. 89	1. 00	6. 71	1. 39	2. 81	2. 30	2. 18	Januar
Februar	2. 06	4. 59	2. 68	1. 21	3. 86	0. 82	1. 52	0. 90	1. 24	2. 40	2. 13	Februar
März	1. 83	2. 09	3. 78	2. 50	2. 62	3. 15	1. 75	0. 94	0. 62	1. 77	2. 10	März
April	2. 57	2. 14	2. 52	1. 89	1. 00	1. 91	2. 73	6. 47	3. 24	2. 53	2. 70	April
Mai	1. 51	1. 13	4. 59	2. 99	2. 28	2. 12	2. 29	0. 29	1. 94	2. 07	2. 12	Mai
Juni	0. 38	2. 23	2. 91	1. 58	0. 89	1. 66	1. 98	2. 27	2. 63	1. 55	1. 81	Juni
Juli	4. 28	2. 75	2. 91	0. 18	1. 60	1. 12	3. 41	5. 39	1. 95	3. 47	2. 71	Juli
August	1. 81	3. 23	3. 45	3. 11	1. 52	2. 06	2. 58	3. 33	3. 40	1. 81	2. 63	August
September	1. 69	1. 72	3. 83	2. 43	4. 56	3. 83	2. 28	4. 59	2. 80	3. 71	3. 14	September
October	6. 75	4. 82	3. 52	3. 02	2. 22	4. 84	1. 69	1. 47	0. 59	4. 84	3. 38	October
November	7. 50	2. 22	5. 31	4. 73	3. 64	1. 83	1. 87	1. 67	4. 70	2. 61	3. 61	November
Jahr	38. 88	32. 52	40. 88	28. 69	30. 41	27. 28	34. 44	32. 54	27. 12	31. 49	32. 43	Jahr
Winter	10. 56	10. 19	8. 06	6. 26	10. 08	4. 76	13. 86	6. 12	5. 25	7. 13	8. 23	Winter
Frühling	5. 91	5. 36	10. 89	7. 38	5. 90	7. 18	6. 77	7. 70	5. 80	6. 37	6. 92	Frühling
Sommer	6. 47	8. 21	9. 27	6. 87	4. 01	4. 84	7. 97	10. 99	7. 98	6. 83	7. 15	Sommer
Herbst	15. 94	8. 76	12. 66	10. 18	10. 42	10. 50	5. 84	7. 73	8. 09	11. 16	10. 13	Herbst

Antheil in Procenten der Jahresmenge.

Kaltes Drittel	.	36. 62%	.	30. 53	41. 76	.	45. 33	.	21. 28	.	.	Kaltes Drittel
Warm. Drittel	37. 37%	38. 50	33. 54	30. 46	.	43. 44	.	45. 42	32. 23	43. 92	36. 57	Warm. Drittel

Die Regenmenge war im 10jährigen Durchschnitt		32''.43
Gröfste Menge December 1823-24	40''.88	
Kleinste Menge December 1829-30	27. 12	
Unterschied	13. 76	

Die Regenvertheilung war im 10jährigen Durchschnitt:

December	12.09 %	Winter	25.38 %
Januar	6.72	Frühling	21.34
Februar	6.57	Sommer	22.05
März	6.47	Herbst	31.23
April	8.33		
Mai	6.54		
Juni	5.58		
Juli	8.36		
August	8.11		
September	9.68		
October	10.42		
November	11.13		
Jahr	100.00		

Die 4 Monate September, October, November, December haben entschieden mehr als $8\frac{1}{3}$ %. April, Juli und August haben jeder nahe $8\frac{1}{3}$ %, die übrigen 5 Monate haben weniger als $8\frac{1}{3}$ %. Der trockneste Monat ist der Juni mit 5.58 %, der nasseste der December mit 12.09 %. Nach dem December vermindert sich die Regenmenge plötzlich; die Januarmenge beträgt nur wenig mehr als die Hälfte der Decembermenge.

In der Vertheilung auf die Jahreszeiten zeigt sich ein entschiedenes Vorherrschen der Herbstmenge, welche $6\frac{1}{4}$ % mehr als 25 beträgt. Das Vorherrschen des Herbstantheils bildet sich auf Kosten des Frühlings- und Sommerantheils. Der Winter hat den ihm zukommenden Antheil, indem der Mangel der beiden Monate Januar und Februar durch den Ueberflufs des December gedeckt wird.

Veränderlichkeit der Regenvertheilung. In den einzelnen Jahren finden wir, dafs folgende Jahreszeiten die regenreichsten waren:

1. Jahr	(Winter u.)	Herbst	6. Jahr	. . . .	Herbst
2. »	. . . . .	Winter	7. »	. . . . .	Winter
3. »	(Frühling u.)	Herbst	8. »	. . . . .	Sommer
4. »	. . . . .	Herbst	9. »	(Sommer u.)	Herbst
5. »	(Winter u.)	Herbst	10. »	. . . . .	Herbst

Unter 10 Malen war also der Herbst 7mal die regenreichste Jahreszeit, 2mal (im 2. und 7. Jahre) herrschte die Wintermenge allein entschieden vor, 1mal (im 8. Jahre) herrschte die Sommermenge allein entschieden vor. Im 3. Jahre ging dem Herbstmaximum ein schwächeres Frühlingsmaximum vorher. —

Da wir die Regenmengen der einzelnen Monate der 10 Jahre, ferner die Luftwärme jedes einzelnen Jahres genau kennen, so wird es eine interessante Aufgabe sein, an dem Beispiele von Gosport einmal alle diejenigen Werthe zu berechnen, zu welchen die Marienberger Formel uns in Stand setzt, vorausgesetzt dafs sie für Gosport dieselbe Gültigkeit habe, welche sie erfahrungsmäfsig für Marienberg hat. Wir können berechnen 1) die Abweichungsgröfse des Mittels der in gleicher Meereshöhe mit dem Beobachtungsort der Luftwärme hervorkommenden unentstellten rein meteorologischen Quelle vom Luftmittel sowohl im 10jährigen Durchschnitt als in jedem einzelnen Jahre, 2) die absolute Höhe des Quellmittels in jedem einzelnen Jahre und im 10jährigen Durchschnitt, 3) die Abweichungsgröfsen der einzelnen Jahre der Quelle vom 10jährigen Mittel und die absolute Gröfse der Veränderlichkeit des Quellmittels in den 10 Jahren.

Berechnen wir nach der Marienberger Formel zuerst die Abweichungsgröfse des Mittels der in gleicher Höhe mit dem Beobachtungsort der Luftwärme hervorkommenden unentstellten rein meteorologischen Quelle vom Luftmittel, so erhalten wir

a) im 10jähr. Durchsch.: Warmes Drittel 36.57 % $= 33.33 + 3.24$

$$\frac{3.24}{8} = 0.405, \text{ also Abweichung } + 0^\circ.405$$

b) in den einzelnen Jahren:

1. Jahr.

Warmes Drittel 37.37 $= 33.33 + 4.04$, $\frac{4.04}{8} = 0.505$, also $+ 0^\circ.505$

2. Jahr.

Kaltes Drittel 36.62 $= 33.33 + 3.29$

Warmes Drittel 38.50 $= 33.33 + 5.17$

Unterschied der Ueberschüsse 1.88, $\frac{1.88}{8} = 0.235$, also $+ 0^\circ.235$

3. Jahr.

Warmes Drittel 33.54 $= 33.33 + 0.21$, $\frac{0.21}{8} = 0.026$, also $+ 0^\circ.026$

4. Jahr.

Kaltes Drittel 30.53 $= 33.33 - 2.80$

Warmes Drittel 30.46 $= 33.33 - 2.87$

In diesem Jahre tritt der Fall ein, dafs jedes der beiden entgegengesetzten Drittel fast genau in gleichem

Maafse weniger als 33.33 hat. Sind die Gröfsen, welche beiden Dritteln fehlen, vollkommen gleich, so mufs die Abweichungsgröfse des Quellmittels vom Luftmittel Null sein (Bd. I, 340). In dem vorliegenden Falle fehlt dem warmen Drittel 0.07 % mehr als dem kalten Drittel, das kalte Drittel mufs also um $\frac{0.07}{8} = 0.01$ überwiegend wirken . . . . also — 0°.010

5. Jahr.

Kaltes Drittel 41.76 = 33.33 + 8.43, $\frac{8.43}{8} = 1.054$, also — 1°.054

6. Jahr.

Warmes Drittel 43.44 = 33.33 + 10.11, $\frac{10.11}{8} = 1.264$, also + 1°.264

7. Jahr.

Kaltes Drittel 45.33 = 33.33 + 12.00, $\frac{12.00}{8} = 1.500$, also — 1°.500

8. Jahr.

Warmes Drittel 45.42 = 33.33 + 12.09, $\frac{12.09}{8} = 1.511$, also + 1°.511

9. Jahr.

Kaltes Drittel 21.28 = 33.33 — 12.05
Warmes Drittel 32.23 = 33.33 — 1.10

Dem warmen Drittel fehlt 1.10 %, hiernach mufs man vermuthen, dafs die Abweichungsgröfse nicht positiv sein kann. Dem kalten Drittel fehlt aber noch viel mehr, nämlich 12.05 %, die Abweichungsgröfse wird also noch viel weniger negativ sein können. Nun ist 12.05 — 1.10 = 10.95. Das Wahrscheinlichste ist wohl, dafs $\frac{10.95}{8} = 1.37$ positiv genommen die Abweichungsgröfse ist . . . . also + 1°.370

10. Jahr.

Warmes Drittel 43.92 = 33.33 + 10.59, $\frac{10.59}{8} = 1.324$, also + 1°.324

Wir erhalten also folgende

Berechnete Abweichungsgröfsen des Quellmittels vom Luftmittel.

1. Jahr	+ 0°.505	oder	+ 0°.51
2. »	+ 0. 235		+ 0. 24
3. »	+ 0. 026		+ 0. 03
4. »	— 0. 010		— 0. 01
5. »	— 1. 054		— 1. 05
6. »	+ 1. 264		+ 1. 26
7. »	— 1. 500		— 1. 50
8. »	+ 1. 511		+ 1. 51
9. »	+ 1. 370		+ 1. 37
10. »	+ 1. 324		+ 1. 32
Mittel	+ 0. 367	oder	+ 0. 37

Die Berechnung aus der Regenvertheilung im 10jährigen Durchschnitt ergab	+ 0°.41
Das Mittel aus den Berechnungen der einzelnen Jahre ist	+ 0. 37
Unterschied	0. 04

Nach dem Marienberger Ergebnifs, § 28 und § 51, ist das Mittel aus den Berechnungen der einzelnen 10 Jahre für genauer richtig zu halten. Die durch Rechnung gefundene Abweichungsgröfse des Quellmittels vom Luftmittel im 10jährigen Durchschnitt December 1821-31 ist also + 0°.37. Negativ ist der Berechnung zufolge die Abweichung des Quellmittels vom Luftmittel nur in 2 Jahren, dem 5. und 7. Nahe gleich Null ist sie im 3. und 4. Jahre. In den übrigen 6 Jahren ist die berechnete Abweichungsgröfse positiv.

Da wir die Luftmittel durch Beobachtung genau kennen, so können wir nun auch das Quellmittel jedes Jahres berechnen (§ 29 am Ende) wie folgt:

		Quellmittel, berechnet.
1. Jahr	12°.37 + 0°.51	= 12°.88
2. »	9. 73 + 0. 24	= 9. 97
3. »	10. 65 + 0. 03	= 10. 68
4. »	11. 49 — 0. 01	= 11. 48
5. »	11. 48 — 1. 05	= 10. 43
6. »	11. 03 + 1. 26	= 12. 29
7. »	12. 14 — 1. 50	= 10. 64
8. »	10. 27 + 1. 51	= 11. 78
9. »	9. 47 + 1. 37	= 10. 84
10. »	11. 00 + 1. 32	= 12. 32
Mittel	10. 96 + 0. 37	= 11. 33

Wir bemerken, dafs in Gosport in dem wärmsten 1. Jahre die Regenvertheilung der Erhöhung des Quellmittels nicht entgegenwirkte sondern dieselbe beförderte. Die Regenvertheilung war so beschaffen, dafs sie das Quellmittel noch 0°.51 über das Luftmittel erhöhete. Anders war es in dem nächstwärmsten 7. Jahre; in diesem Jahre überwog der Regenantheil des kalten Drittels so entschieden, dafs das Quellmittel 1°.50 unter das Luftmittel erniedrigt werden mufste. In dem kalten 2. Jahre überwog der Regenüberschufs des warmen Drittels ein wenig den Regenüberschufs des kalten Drittels, das Quellmittel mufste daher etwas höher als das Luftmittel ausfallen. Im 3. und 4. Jahre machte die Regenvertheilung das Quellmittel dem Luftmittel gleich. Ueber das 5. und 6. Jahr ist nichts Besonderes zu bemerken. Im 7. Jahre brachte die Regenvertheilung die gröfste negative, im 8. Jahre die gröfste positive Abweichung des Quellmittels vom Luftmittel hervor. In dem kältesten 9. Jahre wirkte die Regenvertheilung dem erniedrigenden Einflufs der Lufttemperatur entgegen. Das Quellmittel wurde 10°.84, also noch 0°.2 höher als es in dem sehr warmen 7. Jahre gewesen war. Ueber das 10. Jahr ist nichts Besonderes zu bemerken.

Da wir die absolute Höhe des Quellmittels in jedem Jahre durch Rechnung bestimmt haben, so können wir nun auch die Abweichung jedes Jahresmittels vom 10jährigen Mittel angeben.

Abweichung der einzelnen Jahre der Quelle vom 10jähr. Mittel, berechnet.

	Mittel der einzelnen Jahre	Abweichung.
1. Jahr	12.88	+ 1.55
2. »	9.97	— 1.36
3. »	10.68	— 0.65
4. »	11.48	+ 0.15
5. »	10.43	— 0.90
6. »	12.29	+ 0.96
7. »	10.64	— 0.69
8. »	11.78	+ 0.45
9. »	10.84	— 0.49
10. »	12.32	+ 0.99

Wärmstes Jahr (1.)	12.88
Kältestes Jahr (2.)	9.97
Unterschied	2.91

Da die absolute Veränderlichkeit des Luftmittels in den 10 Jahren 2°.90 war, so erhalten wir das überraschende Ergebnifs, dafs die absolute Veränderlichkeit des Quellmittels ebenso grofs erscheint. Ich verhehle nicht, dafs eine so grofse Veränderlichkeit des Quellmittels mich befremdet, obgleich ich selbst im 1. Bande S. 443 die Vermuthung aufgestellt habe, dafs an der Südküste von England das Mittel der unentstellten rein meteorologischen Quellen veränderlicher sein müsse als in Marienberg. So sehr nun auch das Ergebnifs der Berechnung mit allen bisherigen Annahmen streitet, so erscheint es doch durchaus nothwendig, und wir sind gezwungen es für richtig zu halten, solange es nicht durch die Beobachtung als unrichtig erwiesen ist. Es giebt aber keine entgegenstehenden Beobachtungen, da bisher Niemand in England die Wärme einer Quelle auch nur 2 Jahre hintereinander beobachtet hat.

Wir stellen endlich die Abweichungen der einzelnen Jahre der Luft vom 10jährigen Mittel und die Abweichungen der einzelnen Jahre der Quelle vom 10jährigen Mittel nebeneinander.

	Luft beobachtet	Quelle berechnet
1. Jahr	+ 1°.41	+ 1°.55
2. »	— 1. 23	— 1. 36
3. »	— 0. 31	— 0. 65
4. »	+ 0. 53	+ 0. 15
5. »	+ 0. 52	— 0. 90
6. »	+ 0. 07	+ 0. 96
7. »	+ 1. 18	— 0. 69
8. »	— 0. 69	+ 0. 45
9. »	— 1. 49	— 0. 49
10. »	+ 0. 04	+ 0. 99

Der Unterschied des 1. und 2. Jahres der Luft ist nur 2°.64, während der Unterschied des 1. und 2. Jahres der Quelle 2°.91 ist. In den ersten 4 Jahren sind die Abweichungsgröfsen des Quellmittels vom Gewöhnlichen gleichnamig den Abweichungsgröfsen des Luftmittels vom Gewöhnlichen. Im 5. Jahre machen die absoluten Regenmengen der Monate des kalten Drittels das Quellmittel ungewöhnlich niedrig, während das Luftmittel noch $\frac{1}{2}$° über dem Gewöhnlichen liegt. Im 7. Jahre machen die Regenmengen des December und Januar das Jahresmittel wiederum absolut niedrig, während das Luftmittel sehr hoch liegt. Im 8. Jahre bleibt im kalten Drittel bei sehr kleinen Regenmengen im Januar, Februar und März die Quellwärme passiv hoch und wird im warmen Drittel activ erhöht. Während das Jahresmittel der Luft unter das Gewöhnliche sinkt, hebt sich daher das Quellmittel über das Gewöhnliche. Im 9. Jahre, dem kältesten der Luft, kann das Quellmittel nicht entsprechend tief unter das Gewöhnliche herabsinken, weil die Regenmengen im kalten Drittel ungewöhnlich klein sind. Das ganze Jahr war für Gosport ein sehr regenarmes.

III. Brunnenwärme.

Als ich aus den gedruckten monatlichen Mitteln der sogenannten Quellwärme das 10jährige Mittel December 1821-31 berechnet hatte, fand ich dasselbe mit dem 10jährigen Luftmittel übereinstimmend. Ich erhielt das 10jährige Quellmittel = 10.956 oder 10.96, das 10jährige Luftmittel 10.963 oder 10.96. Berechnete ich die Abweichungsgröfse des Quellmittels vom Luftmittel aus dem Regenüberschufs des überwiegenden Drittels, so erhielt ich + 0°.41. Das unentstellte Mittel einer rein meteorologischen Quelle war 0°.4 höher zu erwarten als das Luftmittel, das vorliegende war aber dem Luftmittel genau gleich, es war also so stark angenähert, dafs jeder Unterschied mit dem Luftmittel verschwunden war. Und doch trat in derselben Quelle, die so beispiellos stark angenähert erschien, die kleinste Wärme erst im März oder April, die gröfste Wärme erst zu Anfang October ein und der Unterschied des kältesten und wärmsten Monates erreichte nicht ganz die Gröfse von 3°.0. Nun wufste ich aus dem Beispiele des Hafsborn und der Michelsquelle bei Marienberg, dafs eine starke Annäherung des Quellmittels nur zu Stande kommt durch eine bedeutende Vergröfserung der jährlichen Veränderungsscale und ein enges Anschliefsen der äufsersten Wärmegrade der Quelle an die äufsersten Wärmegrade der Luft. Bei der Michelsquelle waren die Verhältnisse im 5jährigen Durchschnitt folgende: die gesetzliche Abweichungsgröfse des Mittels vom Luftmittel = 0°.66 war auf 0°.33, also auf die Hälfte verkleinert. Der kälteste Monat der Quelle war der Januar, der wärmste der August, der Unterschied des kältesten und wärmsten Monates betrug 9°.96. Bei der Gosporter Quelle fand sich nun der Widerspruch, dafs während die äufsersten Monate den äufsersten Monaten der Luft sehr spät nachfolgten und der Unterschied des kältesten und wärmsten Monates nur klein war, die Annäherung des Mittels an das Luftmittel so stark erschien, dafs jeder Unterschied verwischt war. Ich sagte mir, eine angebliche Quelle, deren Temperaturverhältnisse einen solchen Widerspruch in sich schlössen, könne in Wirklichkeit keine Quelle, sondern werde wohl ein Brunnen sein. Dabei war ich von der Voraussetzung ausgegangen, dafs die nicht angegebene Meereshöhe der sogenannten Quelle der Meereshöhe des Beobachtungsortes der Luftwärme nahe gleich sein werde. Wie aber, wenn diese Voraussetzung irrig war und die sogenannte Quelle höher lag als der Beobachtungsort der Luftwärme? Offenbar konnte ich, ohne neue Auskunft über die fraglichen Verhältnisse aus Gosport zu erhalten, auch nicht den kleinsten Schritt mit Sicherheit vorwärts thun. — Ich gab meinem Freunde du Bois-Reymond bei seiner ersten Reise nach England im April 1852 meine Anfragen schriftlich mit. du Bois machte die Bekanntschaft des Colonel Sabine und händigte demselben die Anfragen ein. Col. Sabine wandte sich brieflich an Sir John Richardson in Gosport und letzterer fand in dem Geistlichen, Herrn Edward Burney, des verstorbenen Beobachters Sohn, den rechten Mann, der mit der gröfsten Gefälligkeit die gewünschte Auskunft gab. Ich erfuhr nun nicht allein, dafs die sogenannte Quelle ein Brunnen sei, was ich vermuthet hatte, sondern ich erfuhr auch, was ich nicht vermuthet hatte, dafs 5 Jahrgänge der gedruckten Brunnenmittel einer Correction bedürften. Herr Edw. Burney schickte mir nämlich ein geschriebenes Verzeichnifs der monatlichen Mittel des Brunnens vom Januar 1821 an und ich bemerkte, dafs dies geschriebene Verzeichnifs in den 5 Jahrgängen 1821. 1822. 1824. 1825. 1826. abwich von den gedruckten monatlichen Mitteln. Ich bat mir eine Erklärung über die Abweichung der geschriebenen von den gedruckten Mitteln aus und erhielt die Antwort, dafs die geschriebenen Mittel die richtigen seien. Die richtigen Mittel des Jahres 1821 sind folgende:

Brunnen in Gosport.

1821	Januar	49°.50 F.	=	9°.72 C.
	Februar	49. 75		9. 86
	März	49. 00		9. 44
	April	50. 60		10. 34
	Mai	51. 11		10. 62
	Juni	52. 06		11. 14
	Juli	53. 08		11. 71
	August	54. 30		12. 39
	September	55. 57		13. 09
	October	55. 68		13. 16
	November	54. 82		12. 68
	December	53. 57		11. 98

Im Jahre 1822 ist jedes einzelne Monatsmittel um 1° F. zu erhöhen, das Jahr 1823 bleibt unverändert, in den 3 Jahren 1824. 25. 26. ist wiederum jedes einzelne Monatsmittel um 1° F. zu erhöhen. Die spätern Jahrgänge bleiben unverändert. Zur Erläuterung dient Folgendes: Von Anfang 1821 bis Ende 1826 wurde die Brunnenwärme mit demselben Thermometer gemessen. Es wurde aber (vermuthlich im Jahre 1822) bemerkt, dafs dies Thermometer 1° F. niedriger war als das Normalthermometer, an dem die Luftwärme beobachtet wurde. Herr Edw. Burney glaubt zu wissen, dafs die Correction + 1° F. allein an dem Jahrgange 1823 vor der Veröffentlichung vollzogen worden ist. Die übrigen Jahrgänge bis 1826 einschliefslich bedurften also der Correction + 1° F. Ich habe nichts anderes thun können, als der Anweisung des Herrn Edward Burney Folge zu leisten. Der Leser erhält in der folgenden Uebersicht die nach Vorschrift berichtigten Mittel, aus F. in C. verwandelt. Wir wollen hoffen, dafs die Beobachtungen in ihrer jetzigen so gut wie möglich geläuterten Gestalt wirklich ziemlich richtig sind.

Gosport.

Brunnenwärme (vom Beobachter unrichtig »Quellwärme« genannt).

	1. Jahr, Dec. 1821-22	2. Jahr, Dec. 1822-23	3. Jahr, Dec. 1823-24	4. Jahr, Dec. 1824-25	5. Jahr, Dec. 1825-26	6. Jahr, Dec. 1826-27	7. Jahr, Dec. 1827-28	8. Jahr, Dec. 1828-29	9. Jahr, Dec. 1829-30	10. Jahr, Dec. 1830-31	10 Jahre Dec. 1821-31	
December	11°.98	11°.62	10°.58	11°.69	11°.60	12°.04	12°.15	12°.41	10°.62	10°.88	11°.56	December
Januar	11. 39	8. 89	10. 36	10. 94	10. 61	10. 90	11. 43	11. 18	8. 97	9. 68	10. 44	Januar
Februar	11. 23	9. 19	10. 03	10. 36	10. 24	10. 07	10. 87	10. 18	8. 31	9. 35	9. 97	Februar
März	11. 25	8. 99	9. 79	9. 98	10. 24	9. 74	10. 48	10. 00	8. 46	9. 36	9. 83	März
April	11. 09	9. 07	9. 48	9. 98	10. 03	9. 88	10. 49	9. 97	8. 81	9. 52	9. 83	April
Mai	11. 56	9. 54	9. 68	10. 28	10. 28	10. 12	10. 72	10. 36	9. 17	9. 78	10. 15	Mai
Juni	12. 27	10. 15	10. 26	10. 83	10. 96	10. 75	11. 36	10. 98	9. 89	10. 27	10. 77	Juni
Juli	13. 25	10. 72	11. 01	11. 53	11. 93	11. 59	12. 31	11. 75	10. 57	11. 01	11. 56	Juli
August	13. 45	11. 18	11. 67	12. 42	12. 79	12. 42	12. 89	12. 41	11. 54	11. 66	12. 24	August
September	13. 63	11. 78	12. 17	13. 10	13. 38	12. 92	13. 25	12. 76	11. 84	12. 23	12. 72	September
October	13. 61	11. 81	12. 46	13. 34	13. 52	13. 17	13. 37	12. 43	11. 84	12. 39	12. 79	October
November	13. 14	11. 25	12. 17	12. 69	12. 94	12. 68	12. 99	11. 80	11. 64	11. 92	12. 32	November
Jahr	12. 32	10. 35	10. 81	11. 43	11. 54	11. 36	11. 86	11. 35	10. 14	10. 66	11. 182	Jahr
Kält. Monat	11. 09	8. 89	9. 48	9. 98	10. 03	9. 74	10. 48	9. 97	8. 31	9. 25	9. 83	Kält. Monat
Wärmst. Mon.	13. 63	11. 81	12. 46	13. 34	13. 52	13. 17	13. 37	12. 76	11. 84	12. 39	12. 79	Wärmst. M.
Unterschied	2. 54	2. 92	2. 98	3. 36	3. 49	3. 43	2. 89	2. 79	3. 53	3. 14	2. 96	Unterschied

Nach diesen nothgedrungenen Vorbemerkungen komme ich zur Mittheilung der nähern Angaben, welche ich über den Pumpbrunnen erhalten habe, dessen Temperatur so lange in Gosport beobachtet ist [1]). Die Royal Academy in Gosport liegt ganz nahe dem Hafen von Portsmouth. Die Höhen in Gosport werden daher vom Seichtwasserzeichen im Hafen von Portsmouth an gerechnet. Es ist schon am Eingang dieses § gesagt worden, dafs die Luftwärme 34′ über dem Seichtwasserzeichen beobachtet ist. Der Erdboden neben dem Pumpbrunnen liegt etwa 23′ über dem Seichtwasserzeichen. Die ganze Tiefe des Brunnenschachtes ist 18′. Die Tiefe von der Erdoberfläche bis zum Wasserspiegel des Brunnens ist 14′, das Wasser steht also im Brunnen nur 4′ hoch. Der Wasserspiegel des Brunnens liegt 23′ weniger 14′ d. i. 9′ über Seichtwasser und 11′ unter Hochwasser, also sehr nahe in der mittlern Meereshöhe im Hafen von Portsmouth. Der Brunnen ist nicht ausgemauert, die Wand desselben besteht ganz aus grobem Kies. Diesen Angaben Edw. Burney's fügt Sir John Richardson folgende Bemerkung hinzu: »Die Formation um Gosport ist Londoner Thon, über welchem eine Lage Kies oder Sand von wechselnder Mächtigkeit abgelagert ist. Das Kies- oder Sandlager ist von einer 12-14 Zoll dicken Humusdecke bedeckt. Unter dem Londoner Thon trifft man reichliches und gutes Grundwasser an, welches die 150-300′ tiefen Brunnen speist. Burney's Brunnen scheint eine oberflächliche Quelle zu sein, in welcher das Regenwasser durch den Seitendruck des in unmittelbarer Nachbarschaft anstofsenden Meeres in seiner Höhe gehalten wird (*in which the rain water is kept up by the pressure of the sea water in the immediate vicinity*)«. Es stellt sich also völlig deutlich heraus, dafs die sogenannte Gosporter Quelle eine Pumpe ist, die nur 4′ Wasser hat, dessen Spiegel 14′ unter der Erdoberfläche und in gleicher Höhe mit der mittlern Höhe des unmittelbar daranstofsenden Meeres steht.

Wir haben es also hier nicht mit Wasser zu thun, welches in ununterbrochener Bewegung aus der Erde hervorfliefst, sondern mit Wasser, welches am Boden eines 18′ tiefen Schachtes 4′ hoch ruhig steht und von Zeit zu Zeit aus dem Schachte emporgepumpt wird. Ueber dem Wasser steht in dem Brunnenschachte eine Luftsäule von 14′ Höhe. Der Brunnen scheint gut bedeckt d. h. der freie Verkehr

[1]) Herr Edw. Burney hat mir noch 10 ungedruckte Jahrgänge 1832-1841 geschickt, welche ich unberücksichtigt lasse, da die gleichzeitigen Monatsmittel der Luft und die Regenmengen fehlen. Die von mir bearbeiteten 10 Jahre sind als Probe hinreichend.

der atmosphärischen Luft mit der im Brunnenschacht stehenden Luft scheint ziemlich vollständig gehemmt zu sein. Wir wollen die Temperaturverhältnisse dieses Brunnens etwas näher betrachten, nicht etwa in der Meinung und Absicht, bei dieser Gelegenheit die Temperaturverhältnisse der Brunnen zu erforschen, sondern nur, um Merkmale aufzufinden, durch welche sich dieser Brunnen von einer rein meteorologischen Quelle von unentstelltem Mittel unterscheidet: denn wir suchen an jedem Orte die rein meteorologische Quelle von unentstelltem Mittel und müssen alles Fremdartige fernhalten.

Wir beachten zunächst die Abweichungsgröfse des Brunnenmittels vom Luftmittel im 10jährigen Durchschnitt und den Wärmegang des Brunnens in den 10jährigen Monatsmitteln.

10jährige Mittel.

	Luft	Brunnen
December	5°.94	11°.56
Januar	3. 38	10. 44
Februar	5. 55	9. 97
März	7. 35	9. 83
April	9. 73	9. 83
Mai	13. 57	10. 15
Juni	16. 35	10. 77
Juli	17. 85	11. 56
August	17. 10	12. 24
September	14. 89	12. 72
October	11. 75	12. 79
November	8. 10	12. 32
Jahr	10. 96	11. 18
Kältester Monat	3. 38	9. 83
Wärmst. Monat	17. 85	12. 79
Unterschied	14. 47	2. 96

Das 10jährige Mittel des Brunnens ist 11°.18
» » » der Luft ist 10. 96
also der Brunnen 0. 22 wärmer

als die Luft [1]). Der Berechnung zufolge würde eine rein meteorologische Quelle von unentstelltem Mittel 0°.37 wärmer sein als die Luft.

[1]) Der Leser bemerkt, dafs, nachdem die Brunnentemperaturen unerwarteter Weise in mehreren Jahrgängen eine positive Correction erfahren haben, das 10jährige Mittel dem Luftmittel nicht mehr genau gleich ist. Der Hauptgrund, auf welchen ich meine Vermuthung stützte, dafs die sogenannte Gosporter Quelle keine Quelle

Der Brunnen erscheint also hinsichtlich der Abweichungsgröfse seines Mittels vom Luftmittel im 10jährigen Durchschnitt wie eine rein meteorologische Quelle vom angenäherten Mittel. Auffallend bleibt auch hierbei noch immer die Kleinheit des Unterschiedes des kältesten und wärmsten Monates (nicht ganz 3°.0) und das späte Eintreten der äufsersten und mittlern Wärmegrade. Der kälteste Monat ist in der Luft der Januar, im Brunnen der März und April; der wärmste Monat ist in der Luft der Juli, im Brunnen der October. Ueber dem Jahresmittel liegen in der Luft die 6 Monate Mai bis October, im Brunnen die 6 Monate Juli bis December. Der December liegt noch 0°.38 über dem Jahresmittel und ist dem Juli genau gleich. Unter dem Jahresmittel liegen in der Luft die 6 Monate November bis April, im Brunnen die 6 Monate Januar bis Juni. Im Brunnen wird im 10jährigen Durchschnitt eintreten:

die kleinste Wärme	Ende März oder Anfang April
die gröfste Wärme	kurz nach Anfang October
das 1. Mittel . . .	ganz zu Ende Juni oder Anfang Juli
das 2. Mittel . . .	etwa am 25 December.

Wir untersuchen nun die Abweichungsgröfsen des Brunnenmittels vom Luftmittel in den einzelnen Jahren, ferner die Abweichungsgröfse jedes einzelnen Jahresmittels sowohl der Luft als des Brunnens vom 10jährigen Mittel.

Abweichungsgröfse des Brunnenmittels vom Luftmittel in jedem der 10 Jahre.

	Luft	Brunnen	Unterschied
1. Jahr	12°.37	12°.32	— 0°.05
2. »	9. 73	10. 35	+ 0. 62
3. »	10. 65	10. 81	+ 0. 16
4. »	11. 49	11. 43	— 0. 06
5. »	11. 48	11. 54	+ 0. 06
6. »	11. 03	11. 36	+ 0. 33
7. »	12. 14	11. 86	— 0. 28
8. »	10. 27	11. 35	+ 1. 08
9. »	9. 47	10. 14	+ 0. 67
10. »	11. 00	10. 66	— 0. 34
10 Jahre	10. 96	11. 18	+ 0. 22

sein würde, ist dadurch bedeutend abgeschwächt. Dafs dessenungeachtet meine Vermuthung das Richtige getroffen hat, ist eine Gunst des Zufalls, bei welchem ich mir kein Verdienst zuschreibe. Man mufs auch zuweilen Glück haben.

Die gröfsten Abweichungen des Brunnenmittels vom Luftmittel waren 1°.08 und 0°.67. Wir bemerken, dafs die Abweichungen kleiner sind als die berechneten Abweichungen des Quellmittels vom Luftmittel. Die beobachteten Abweichungen des Brunnenmittels vom Luftmittel sind auch nicht in allen Jahren gleichnamig mit den berechneten Abweichungsgröfsen des Quellmittels vom Luftmittel.

Abweichungen der einzelnen Jahre vom 10jährigen Mittel.

	Luft	Brunnen
1. Jahr	+ 1°.41	+ 1°.14
2. »	— 1. 23	— 0. 83
3. »	— 0. 31	— 0. 37
4. »	+ 0. 53	+ 0. 25
5. »	+ 0. 52	+ 0. 36
6. »	+ 0. 07	+ 0. 18
7. »	+ 1. 18	+ 0. 68
8. »	— 0. 69	+ 0. 17
9. »	— 1. 49	— 1. 04
10. »	+ 0. 04	— 0. 52

	Luft	Brunnen
Wärmstes Jahr (1.)	12°.37	12°.32
Kältestes Jahr (9.)	9. 47	10. 14
Unterschied	2. 90	2. 18

Wir fragen: War in den wärmsten Jahren der Luft auch der Brunnen am wärmsten und war in den kältesten Jahren der Luft auch der Brunnen am kältesten, kurz gingen die Brunnenmittel in ihren Abweichungen vom Gewöhnlichen den Luftmitteln parallel? Die Antwort ist: Ja, der Brunnen war in dem wärmsten 1. Jahre der Luft bei weitem am wärmsten und in dem nächstwärmsten 7. Jahre der Luft am nächstwärmsten; er war auch in dem kältesten 9. Jahre der Luft am kältesten und in dem nächstkältesten 2. Jahre der Luft am nächstkältesten. Ueberhaupt war in 8 Jahren unter 10 die Abweichung des Brunnenmittels vom Gewöhnlichen gleichnamig der Abweichung des Luftmittels vom Gewöhnlichen, nämlich im 1. bis 7. Jahre und im 9. Jahre. Nur im 8. und 10. Jahre waren die Abweichungen ungleichnamig. Im 8. Jahre war der Brunnen etwas wärmer als gewöhnlich, obgleich die Luft 0°.69 kälter als gewöhnlich war, und im 10. Jahre war der Brunnen 0°.52 kälter als gewöhnlich, obgleich die Luft grade die gewöhnliche Wärme hatte.

Anders verhält sich nun der Berechnung zufolge die unentstellte rein meteorologische Quelle. Die Mittel derselben gehen in ihren Abweichungen vom Gewöhnlichen den Luftmitteln nicht parallel. In dem wärmsten 1. Jahre der Luft ist freilich auch die Quelle am wärmsten (12°.88), aber nur deswegen, weil die Regenvertheilung in diesem sehr warmen Jahre das Quellmittel noch über das Luftmittel erhöht. In dem nächstwärmsten 7. Jahre der Luft ist aber die Quelle nicht am nächstwärmsten, indem die Regenverhältnisse des Jahres dies nicht zulassen, sondern sie ist im 10. Jahre (12°.32) und dann im 6. Jahre (12°.29) am nächstwärmsten. In dem kältesten 9. Jahre der Luft ist die Quelle auch nicht am kältesten, sondern sie ist in dem nächstkältesten 2. Jahre der Luft am kältesten (9°.97) und im 5. Jahre am nächstkältesten (10°.43).

Offenbar haben die Temperaturverhältnisse des Brunnens in Gosport in einigen Zügen Aehnlichkeit mit den Temperaturverhältnissen einer rein meteorologischen Quelle von angenähertem Mittel; dazu gehört auch die Thatsache, dafs die Jahresmittel des Brunnens den Jahresmitteln der Luft so ziemlich parallel gingen. Dem Brunnen eigenthümlich scheint das späte Eintreten der äufsersten und mittlern Wärmegrade und die Kleinheit des Unterschiedes des kältesten und wärmsten Monates zu sein.

Dove machte a. a. O. darauf aufmerksam, dafs das kälteste Jahr der Luft (1830, welches unserem 7. Jahre December 1829-30 entspricht) auch das kälteste Jahr der sogenannten Quelle war und fügte die Bemerkung hinzu: »Man sieht aus diesen Beobachtungen, dafs selbst bei ziemlich constanten Quellen und zwar bei solchen, wo sich das Maximum der Sommerwärme und Winterkälte auffallend verspätet, dennoch der Einflufs der äufsern Lufttemperatur auffallend merklich ist«. Diese Bemerkung kennzeichnet den Brunnen, dessen Jahresmittel sich, wie wir gesehen haben, den Jahresmitteln der Luft besonders in Jahren äufserster Luftwärme eng anschliefsen. Die Luftwärme machte in den beiden wärmsten Jahren auch den Brunnen am wärmsten und in den beiden kältesten Jahren auch den Brunnen am kältesten. Diese Bemerkung trifft aber nicht die rein meteorologischen Quellen von unentstelltem Mittel. Diese Quellen unterscheiden sich sowohl von den angenäherten Quellen als von den Brunnen dadurch, dafs die Höhen ihres Jahresmittels nicht von dem Luftmittel, sondern von der absoluten Gröfse der Regenmengen der Monate der beiden entgegengesetzten Drittel abhängig sind, wie wir in § 52 von der Mühlthalquelle nach 5jähriger Beobachtung nachgewiesen haben.

Durch die vorstehenden Nachweisungen haben wir den Brunnen in Gosport aus der Untersuchung der Temperaturverhältnisse der Quellen ausgeschieden.

Ergebnifs der Untersuchung der brittischen Quellwärmebeobachtungen.

Aus Grofsbritannien ist nur ein Jahrgang Quellwärmebeobachtungen zu unserer Kenntnifs gekommen, der wirklich etwas beweist. Forbes fand im Jahre Mitte August 1827-28 bei Colinton eine Quelle 1°.34 kälter als die Luft am Orte ihres Hervorkommens. Diese Thatsache beweist, dafs die alte Annahme, in Grofsbritannien sei die mittlere Quellwärme so ziemlich gleich der mittlern Luftwärme, irrig ist. Jeder Leser, der die Marienberger Beobachtungen durchgegangen ist, wird auch nach Grofsbritannien die Ueberzeugung schon mitgebracht haben, dafs dort die Abweichungsgröfse des Quellmittels vom Luftmittel ähnlichen Schwankungen unterworfen sein müsse, wie in Marienberg, weil überall in Grofsbritannien die Regenvertheilung veränderlich ist. Es werden Jahrgänge vorkommen, in denen die Quellwärme bedeutend höher ist als die Luftwärme, andere Jahrgänge, in denen die Quellwärme bedeutend niedriger ist als die Luftwärme, und wiederum andere, in denen die Quellwärme der Luftwärme nahe gleich ist.

Wie sich die Verhältnisse an verschiedenen Orten Grofsbritanniens im vieljährigen Durchschnitt stellen, wissen wir nicht durch Beobachtung. Ich habe versucht, die fehlende Beobachtung durch Berechnungen nach der Marienberger Formel zu ergänzen. Es ist doch im Ganzen sehr wahrscheinlich, dafs die Marienberger Formel für Grofsbritannien Gültigkeit haben werde. Es verlohnte sich auch der Mühe, die Formel auf mehrere Orte in Grofsbritannien anzuwenden, weil es dort an so vielen Orten gute Regenmessungen und langjährige Luftwärmebeobachtungen (die sich nach Leith und Plymouth corrigiren lassen) giebt. Ordnen wir die Orte, für welche wir die Abweichungsgröfse des Quellmittels vom Luftmittel aus der Regenvertheilung im mehrjährigen Durchschnitt berechnet haben, nach der Gröfse der Abweichungsgröfse, so erhalten wir folgende kleine Reihe:

Edinburg	Ostküste	+ 0°.77
Dublin	Ostküste	+ 0. 47
London	Ostküste	+ 0. 43
Gosport	Südküste	+ 0. 41
Kendal	Westküste	+ 0. 15
Penzance	Südwestspitze	— 0. 47

Wir dürfen also die Gleichheit der mittlern Quellwärme und der mittlern Luftwärme im vieljährigen Durchschnitt erst erwarten sowohl an der Westküste als an der Südküste Englands, wenn wir uns der Südwestspitze nähern. An der Südwestspitze selbst ist das Quellmittel niedriger als das Luftmittel. Nur diese Spitze ist dem oceanischen Südwestwinde, der den Winterregen bringt, ganz frei ausgesetzt. Der gröſsere Theil der Westküste wird durch das vorliegende Irland und der gröſsere Theil der Südküste durch das vorliegende Frankreich schon etwas geschützt.

XIV. Kapitel.

Schweden.

§ 64. Wahlenberg's Quellwärmemessungen bei Upsala und Rudberg's Bodenwärmemessungen bei Upsala.

Upsala.

Br. 59° 52′
Oestl. L. 15° 18′
Höhe 70 F.

Die Luftwärme wird in Upsala auf der Sternwarte beobachtet. Auf meine Anfrage, wie hoch der Beobachtungsort liege, antwortete mir Herr Prof. Svanberg im Jahre 1848: »Nach mehrjährigen mit einem vorzüglichen Pistor'schen Barometer angestellten Beobachtungen ist die hiesige mittlere Barometerhöhe = 335.10 Par. Linien. Das Barometer hängt etwa 30 Fuſs höher als der Hof der Sternwarte, welcher mit dem niedern Theile der Stadt so ziemlich gleich hoch liegt«. Dieser Barometerstand zeigt, der gefälligen Mittheilung des Herrn Prof. Dove zufolge, eine Meereshöhe von 70 F. an.

Luftwärme und Regen [1]).

	48 Jahre	32 neuere Jahre	Regen 23 Jahre 1739-1762	
December	— 3°.6		1″.02 (Par.)	
Januar	— 5. 1		0. 99	
Februar	— 3. 3		0. 82	
März	— 1. 5		0. 83	
April	4. 2		1. 39	
Mai	9. 3		1. 28	
Juni	14. 8		1. 52	
Juli	16. 9		2. 01	
August	15. 7		1. 72	
September	11. 0		1. 52	
October	5. 9		1. 47	
November	0. 1		1. 43	
Jahr	5. 36	5.°1	16. 00	
Winter	— 4. 02	— 3. 9	2. 83	18 %
Frühling	4. 00	3. 3	3. 50	22
Sommer	15. 79	15. 1	5. 25	33
Herbst	5. 68	6. 1	4. 42	27
Kältest. Monat	— 5. 1	— 5. 1		
Wärmst. Mon.	16. 2	16. 2		
Unterschied	22. 0	21. 3		

Aus Upsala interessiren uns die Luftwärme- und Regenbeobachtungen vorzüglich in zwei 4jährigen Perioden:

1. in den 4 Jahren 1808-1811, weil in diese Jahre Wahlenberg's Quellwärmebeobachtungen fallen;
2. in den 4 Jahren 1838-1841, weil in diesen Jahren die Bodenwärme an eingegrabenen Thermometern in Upsala beobachtet ist. Die Beobachtungen aus dieser Periode folgen weiter unten.

Herr Svanberg, den ich um die Mittheilung der Luftwärme- und Regenbeobachtungen von 1808-1811 ersuchte, hat meiner Bitte so gut es irgend möglich war entsprochen. Er hat die Monatsmittel der Luft erst aus dem Tagebuche selbst berechnen müssen. Ueber die Richtigkeit des Thermometers, welches damals gebraucht wurde, ist

[1]) Die 48 Jahre sind 18 Jahre 1739-1757 und 30 Jahre 1774-1803; sie sind von Schouw und Kämtz bearbeitet. Kämtz Lehrb. I, 117 und Temperaturtafeln zu II. — Das Mittel aus 32 neuern Jahren ist das letzte, welches Mahlmann berechnet hat, Temperaturtafeln zu Centralasien Nr. 61. — Die 23 Jahre Regen aus Schouw Cl. d. l'Ital. S. 170. 183.

nichts bekannt. Die Beobachtungszeiten waren Sonnenaufgang und circa 2 Uhr Nachmittags. Herr Svanberg hat die 2 täglichen Beobachtungen wie Extreme behandelt und einfach das Mittel aus ihnen genommen. Eine Correction ist nicht angebracht, um nicht diesen wenig zuverlässigen Mitteln einen falschen Schein von Richtigkeit zu geben. Der Beobachter war Schilling. Die Regenhöhen sind schwedische Decimalzoll.

1 Fufs schwedisch = 296.9014 Millimeter (Svanberg)
also 1 Zoll schwedisch = 29.69014 Millimeter
hieraus erhalte ich 1 Zoll schwedisch = 1.0968 Par. Zoll.

Upsala. Luftwärme aus Sonnenaufgang und 2 Uhr Nachmittags, uncorr.

	1808	1809	1810	1811
Januar	— 2°.129	— 12°.464	— 2°.820	— 4°.645
Februar	— 6. 961	— 8. 273	— 4. 063	— 3. 826
März	— 3. 980	— 4. 266	— 5. 456	2. 585
April	0. 604	— 0. 429	— 0. 417	2. 587
Mai	10. 646	10. 786	6. 036	11. 427
Juni	15. 029	13. 500	12. 450	15. 983
Juli	17. 113	17. 274	15. 871	18. 121
August	15. 294	17. 508	15. 807	15. 672
September	12. 338	11. 763	12. 050	10. 783
October	8. 021	6. 013	5. 351	4. 851
November	0. 950	— 1. 502	— 1. 008	1. 729
December	— 7. 000	1. 556	— 4. 278	— 1. 420

Upsala. Regen. Schwedische Zoll.

	1808	1809	1810	1811
Januar	0''.720	0''.602	0''.568	0''.519
Februar	1. 140	1. 061	0. 713	0. 288
März	0. 040	0. 055 [1])	0. 135	0. 489
April	1. 235	0. 250	0. 550	1. 272
Mai	0. 639	0. 694	0. 654	1. 125
Juni	1. 010	2. 595	1. 197	1. 968
Juli	1. 101	2. 093	2. 156	1. 450
August	2. 848	1. 021	1. 518	1. 695
September	1. 512	1. 061	0. 236	1. 151
October	1. 372	0. 950	0. 733	1. 086
November	0. 270	1. 020	1. 377	1. 161
December	0. 645	2. 400	1. 265	1. 277
Jahr	12. 532	13. 802	11. 102	13. 481

[1]) In der Nacht vom 9-10 März 1809 wurde der Regenmesser durch einen Sturm aus Norden umgestürzt, sodafs die Regenmenge für diesen Monat zu klein ausgefallen ist.

Ich werde die Quellwärmeverhältnisse bei Upsala zuerst, sogut dieselben sich aus WAHLENBERG's Beobachtungen ermitteln lassen [1]), darstellen, und nach den Ergebnissen der Marienberger Beobachtungen beurtheilen. Wir müssen dann aber auch die neueren Bodenwärmemessungen an eingegrabenen Thermometern in Upsala berücksichtigen, und den Versuch machen, die Ergebnisse der Quellwärmemessungen mit den Ergebnissen der Bodenwärmemessungen in Einklang zu bringen.

I.

WAHLENBERG's Quellwärmemessungen bei Upsala.

Wir müssen uns von vornherein deutlich machen, dafs die Bodenbeschaffenheit und das Klima der Gegend von Upsala sehr verschieden sind von der Bodenbeschaffenheit und dem Klima der Gegend von Marienberg. Ueber die Oberflächengestalt der Gegend von Upsala fehlt uns die eigene Anschauung. Es scheint, dafs die Gegend von Upsala mehrere Meilen in der Runde völlig flach ist, kaum dafs man einige Sandhügel unterscheidet. Bei Haga erwähnt WAHLENBERG einen 10 Klafter hohen Hügel (10 schwed. Klafter = 55 Par. Fufs). Das Klima von Upsala ist ein nordisches Continentalklima. Der Winterfrost dauert, natürlich mit einigen kurzen Unterbrechungen, gewöhnlich beinahe 5 Monate, von Mitte November bis Mitte April (nur im Jahre 1811 war der Februar der letzte Monat, in welchem es anhaltend fror). Der Eisgang tritt nach WAHLENBERG's Angabe am 14-23 April ein. Von Mitte April bis Mitte Juni steigt die Luftwärme sehr rasch an. Hinsichtlich des Wärmeganges der Quellen können wir mit Bestimmtheit vorhersagen, dafs die kleinste Wärme erst nach Mitte April eintreten wird, weil das Thauwasser erst von Mitte April an in den Boden eindringt. Wir wissen ferner im voraus, dafs alle Quellen ohne Unterschied bei Upsala im Jahresmittel wärmer sein müssen als die Luft. Der Regenantheil des warmen Drittels wird aber, seiner absoluten Kleinheit wegen [2]), eine active Erhöhung des Wärmeganges der Quellen und dadurch eine Erhöhung des Quellmittels über das Luftmittel nicht bewirken können. Das Quellmittel fällt dort nur deswegen höher aus als das Luftmittel, weil es passiv hoch bleibt, indem die Luftwärme alljährlich im Winter in einer

[1]) G. WAHLENBERG Beobachtungen über Quellwärme und Vegetation, zur Bestimmung der Erdtemperatur und des Klimas von Schweden. Mitgetheilt von L. v. BUCH. GILBERT's Annal. 1812. Bd. 41. S. 113-161.

[2]) Die gröfste Monatsregenmenge betrug in den 4 Jahren 1808-1811 nur 2″.8 schwed. (August 1808).

Weise sinkt, der die Quellwärme bei dem Fehlen des Meteorwassereinflusses in dieser Jahreszeit nicht folgen kann (siehe I, 178). Ganz abgesehn von der unzureichenden Gröfse der einzelnen Regenfälle wird auch schon das Gefüge des Sandbodens, aus welchem die Quellen entspringen, das Entstehen vorübergehender Wärmeveränderungen in Folge von Meteorwassereinflufs hindern, und bei dieser Bodenbeschaffenheit kann eine vorübergehende Verschiedenheit der Quellwärme und der Wärme der Quellenschicht überhaupt garnicht vorkommen, wie I, 123. 124. gezeigt ist.

Von den Quellen, welche Wahlenberg bei Upsala beobachtet hat, interessiren uns nur 3: die Quelle bei Lafsbybackar [1]), die Professorquelle bei Haga und die Brennereiquelle bei Upsala. Für jede dieser Quellen läfst sich das Mittel wenigstens eines Jahres mit gröfserer oder geringerer Sicherheit herausbringen, und auf die Höhe der Mittel und die Vergleichung der Quellmittel mit den Luftmitteln kommt es vorzüglich an.

1. Die Quelle bei Lafsbybackar ist sehr mager, aber in ihrer geringen Wassermenge sowohl in trocknen als in nassen Zeiten sehr gleichmäfsig. Sie ist niemals ausgeblieben. »Es sind 2 Adern, von denen die südlichere unmittelbar aus dem Sande hervorkommt«; die Quelle war also ungefafst. Wahlenberg sagt S. 126: »Die schwache Quelle bei Lafsbybackar scheint nach der Beschaffenheit der Gegend kaum einen Fufs tief unter dem Boden hervorzukommen, bessere Quellen nur wenige Fufs mehr«. Wenn wir nun auch diese Meinung über die aufserordentliche Oberflächlichkeit dieser Quelle nicht theilen können, so liegt es doch auf der Hand, dafs sie die oberflächlichste von allen dort beobachteten Quellen ist, weil der Unterschied des kältesten und wärmsten Monates bei ihr bei weitem der gröfste ist, indem er mehr als 11° beträgt. Ob die Meereshöhe dieser Quelle von der Höhe des Beobachtungsortes der Luftwärme abweicht, ist nicht bekannt. Wir benutzen nur das Jahr December 1809-10 und vergleichen die Quellwärme mit der Luftwärme desselben Jahres, zuerst in den Einzelbeobachtungen, dann in den Monatsmitteln und im Jahresmittel. Ueber den Gang der Luftwärme in den Monatsmitteln wissen wir in diesem Jahre Folgendes: Nachdem der December ungewöhnlich milde gewesen war, lagen die Mittel des Januar, Februar, März und April sämmtlich unter Null. Der März war ungewöhnlicher Weise der kälteste Monat mit — 5°.46 und es scheint noch tief in den April hinein gefroren zu haben. Der Mai war ungewöhnlich kalt,

[1]) Källsprobng bei Lafsbybackar bedeutet Springquelle am Lafsbyhügel.

sein Mittel lag 3°.3 unter dem vieljährigen. Wahlenberg erwähnt auch den Sommer 1810 als einen »sehr kühlen«. Der wärmste Monat, Juli, hatte 15°.87. Der Unterschied des kältesten und wärmsten Monates betrug 21°.33. — Alle Einzelbeobachtungen der Quelle sind in folgendem Verzeichnifs zusammengestellt:

Wärmegang der Quelle bei Lafsbybackar.

			1809 Decemb.	5	3°.6	1810 Decemb.		
				13	3.6		13	3°.3
				22	3.0			
				24	3.1			
			1810 Januar	4	3.0	1811 Januar		
				19	2.6		17	2.3
				27	2.5		31	2.2
			Februar	6	2.3	Februar		
				8	(2.25)			
				12	(2.25)			
				22	1.9			
			März	4	(1.7)	März	4	1.3
				13	1.5		16	1.2
			April			April	2	1.05
							17	0.9
				25	1.2		24	1.0
				28	(1.2)		29	1.15
1809 Mai			Mai	1	1.2	Mai	3	1.6
				6	1.2			
				10	(1.2)			
				13	1.3		13	3.4
				18	1.2		19	6.4
				24	1.7			
				25	(1.9)			
				28	(2.5)			
	30	6°.7		30	3.2			
Juni			Juni	3	(4.0)			
				6	(5.1)			
				10	(6.3)			
				13	6.5			
				17	7.7			
Juli			Juli					
					fehlt			
August	18	12.6	August					
				25	12.5			
Septbr.	2	13.0	Septbr.	1	12.2			
	11	11.6		25	10.6			
	18	11.2						
Octob.	1	9.5	Octobr.	2	10.0			
	9	8.3						
	10	8.2		12	8.9			
	17	7.4		25	6.8			
Novbr.	1	7.2	Novbr.	4	5.6			
	5	6.6		14	5.0			
	11	5.9		24	4.0			
	20	4.7						
	29	3.8						

Vom 5 December bis 13 März nimmt die Wärme recht gleichmäfsig ab. Dann findet sich eine grofse Lücke. Zwischen dem 13 März und dem 25 April giebt es 42 Tage hindurch keine Beobachtung. Die kleinste Wärme kann in diese Lücke gefallen sein, sehr wahrscheinlich ist dies übrigens nicht. Wir müssen die Temperatur des 25 April 1°.2 als die niedrigste nehmen, dieselbe hielt bis zum 18 Mai, also über 3 Wochen an. Nach dem 18 Mai ereignete sich aber ein ungeheurer Aufschwung der Wärme der Quelle, indem dieselbe sich in dem Monate bis zum 17 Juni um 6°.5 steigerte. Nun findet sich eine zweite, noch gröfsere Lücke. Zwischen dem 17 Juni und dem 25 August giebt es über 2 Monate lang keine Beobachtung. Es scheint, dafs die Quellwärme am 25 August 12°.5 schon wieder im Fallen begriffen war. Sie nahm dann rasch bis Ende November ab. – Hat man die Curve gezeichnet vor sich, so wird es dem Beschauer sehr wahrscheinlich, dafs man die erste Lücke durch graphische Interpolation ergänzen darf, die zweite aber nicht. Verbände man den 17 Juni 7°.7 und den 25 August 12°.5 durch eine gerade Linie, so würde man dadurch den 25 August zum wärmsten Tage machen und das Julimittel gewifs zu niedrig erhalten.

		Luft	Quelle bei Lafsbybackar	
1809	December	1°.56	3°.33	(4)
1810	Januar	— 2. 82	2. 70	(3)
	Februar	— 4. 06	2. 10	(2)
	März	— 5. 46	1. 50	(1)
	April	— 0. 42	1. 20	(1)
	Mai	6. 04	1. 63	(6)
	Juni	12. 45	7. 10	(2)
	Juli	15. 87	*10. 02	(0)
	August	15. 81	12. 50	(1)
	September	12. 05	11. 40	(2)
	October	5. 35	8. 57	(3)
	November	— 1. 01	4. 87	(3)
	Jahr	4. 61	5. 58	(28)
	Kältest. Mon.	— 5. 46	1. 20	
	Wärmst. Mon.	15. 87	12. 50	
	Unterschied	21. 33	11. 3	

Die Quelle ist im Jahre December 1809–10 38mal beobachtet. Von diesen 38 Beobachtungen habe ich 10 von der Mitwirkung zu den Monatsmitteln ausgeschlossen; dem Jahresmittel liegen also 28 Beobachtungen zum Grunde. Neben jedem Monatsmittel steht die Zahl der Beobachtungen, aus denen das Mittel gezogen ist. Ueber die Monate Juni, Juli, August ist Folgendes zu bemerken. Das Mittel des Juni konnte ich nicht anders bestimmen, als indem ich das Mittel aus den Beobachtungen am 13. und 17. nahm. Der Juni ist also 7°.10. Die Luftwärme war im Mittel des Juni 6°.41 wärmer als im Mittel des Mai und im Mittel des Juli 3°.42 wärmer als im Mittel des Juni. Die Quellwärme war im Mittel des Juni 5°.47 wärmer als im Mittel des Mai. Nun ist es wahrscheinlich, dafs sich die Wärmezunahme der Luft im Juli zu der Wärmezunahme der Quelle in demselben Monat ebenso verhalten wird, wie sich die Wärmezunahme der Luft im Juni zu der Wärmezunahme der Quelle in demselben Monat verhalten hat d. h.

$$3.42 : x = 6.41 : 5.47$$
$$x = 2.92$$

Das Julimittel der Quelle ist also 2°.92 höher anzunehmen als das Junimittel; 7°.10 + 2°.92 = *10°.02. Das Augustmittel dürfen wir wohl nicht niedriger als 12°.5 annehmen. — So unzuverlässig auch einzelne der Monatsmittel sind, so halte ich doch das Jahresmittel für nicht ganz unbrauchbar; zu hoch ist es gewifs nicht. Da das Luftmittel nur 4°.61 war, so blieb das Quellmittel 0°.97 höher.

Die Eintrittszeiten der kleinsten und gröfsten Wärme der Quelle lassen sich nicht mit Sicherheit angeben, wohl aber die Eintrittszeiten des Mittels. Das 1. Mittel trat am *8 Juni ein (sehr spät, wegen des verspäteten Eintritts der Frühlingswärme der Luft), das 2. Mittel am 4 November, was ganz in der Ordnung ist.

Offenbar hat die Quelle bei Lafsbybackar die gröfste Aehnlichkeit mit der Michelsquelle bei Marienberg. Die Michelsquelle ist äufserst mager, bleibt aber niemals aus. Sie ist ungefafst. In den beiden kältesten Jahren, dem 2. und 5., war der Unterschied des kältesten und wärmsten Monates der Luft 21°.9 und 21°.6, der Unterschied des kältesten und wärmsten Monates der Michelsquelle war übereinstimmend 10°.4, also ungefähr halb so grofs wie der Unterschied in der Luft. Das Mittel der Michelsquelle übertraf das Luftmittel in den beiden genannten Jahren um 0°.85. Die Michelsquelle ist eine rein meteorologische Quelle von angenähertem Mittel. Alle diese Merkmale finden wir auch bei der Quelle bei Lafsbybackar im Jahre December 1809-10. Der Unterschied des kältesten und wärmsten Monates war in der Luft 21°.33, in der Quelle 11°.3, also halb so groſs. Das Quellmittel übertraf das Luftmittel um 0°.97. Wir können hiernach die Quelle bei Laſsbybackar für nichts anderes halten als für eine rein meteorologische Quelle von angenähertem Mittel. Auf diesen Punkt kommen wir bei der Betrachtung der folgenden Quelle zurück.

2. Die Professorquelle bei Haga ist wasserreicher als die vorige. Wahlenberg nennt sie deshalb eine bessere Quelle (d. h. eine Quelle, welche die Bodenwärme richtiger angebe), und macht darauf aufmerksam, daſs sie tiefer hervorkommen müsse, da ihre Veränderungsscale kleiner sei. Daſs sie ungefaſst war, ist freilich nicht ausdrücklich gesagt, aber wahrscheinlich.

Wärmegang der Professorquelle bei Haga.

				1809	Decemb.	6	6°.2	1810	Decembr.		
						25	5. 3			13	5°.7
				1810	Januar	4	5. 3	1811	Januar		
						17	5. 3				
						27	5. 1			31	4. 35
					Februar	8	4. 6		Februar		
						12	(4. 7)			fehlt	
						22	4. 7				
					März	6	4. 5		März		
						16	4. 3			16	3. 65
						28	4. 05				
					April	7	3. 6		April	2	3. 6
						18	3. 65			24	3. 6
					Mai	1	3. 5		Mai		
						6	3. 6				
						10	3. 6			13	3. 75
						18	3. 6			19	4. 0
						25	3. 9				
						30	4. 1				
					Juni	6	(4. 4)				
						10	(4. 65)				
						17	4. 9				
					Juli						
						fehlt					
					August						
						25	7. 8				
1809	Septbr.	11	9°.3		Septbr.	1	7. 8				
		16	9. 2			25	8. 2				
	Octobr.	1	8. 9		October	2	8. 2				
		10	8. 7			12	8. 05				
		17	8. 4			25	7. 7				
	Novbr.	5	7. 5		Novbr.	4	7. 3				
		11	7. 3			14	6. 8				
		20	6. 7			26	6. 35				
		29	6. 6								

Wir halten uns auch bei dieser Quelle nur an das Jahr December 1809-10. Die Beobachtungen der Professorquelle haben keine Lücke im März und April. Wir sehn die Wärme derselben vom 6 December ganz allmälig abnehmen bis zum 1 Mai 3°.5. Wir finden, dafs auch diese tiefer hervorkommende Quelle sich bis zum 18 Mai auf einem sehr niedrigen Wärmegrade hielt, ähnlich der vorigen; dann hob sie sich merklich, nämlich in dem Monate vom 18 Mai bis 17 Juni um 1°.3. Im Sommer haben die Beobachtungen dieselbe Lücke wie die der vorigen Quelle. Am 25 August war aber die Professorquelle noch im Steigen begriffen: denn sie erreichte den höchsten Stand erst am 25 September 8°.2. Nach dem 2 October fiel sie langsam ab.

		Luft	Regen schwed Z.	Professorquelle bei Haga	
1809	December	1°.56	2″.40	5°.75	(2)
1810	Januar	— 2. 82	0. 57	5. 23	(3)
	Februar	— 4. 06	0. 71	4. 65	(2)
	März	— 5. 46	0. 14	4. 28	(3)
	April	— 0. 42	0. 55	3. 63	(2)
	Mai	6. 04	0. 65	3. 72	(6)
	Juni	12. 45	1. 20	4. 90	(1)
	Juli	15. 87	2. 16	*6. 10	(0)
	August	15. 81	1. 52	*7. 40	(1)
	September	12. 05	0. 24	8. 00	(2)
	October	5. 35	0. 73	7. 98	(3)
	November	— 1. 01	1. 38	6. 82	(3)
	Jahr	4. 61	12. 25	5. 71	(28)
	Kält. Monat	— 5. 46		3. 63	
	Wärmst. M.	15. 87		8. 00	
	Unterschied	21. 33		4. 37	

Die Quelle ist 31mal beobachtet. 3 Beobachtungen habe ich von der Mitwirkung zu den Monatsmitteln ausgeschlossen, dem Jahresmittel liegen also 28 Beobachtungen zum Grunde. Da die Wärme am 25 August noch im Steigen begriffen war, so erhält man das Mittel des Juli und August am einfachsten und sichersten durch graphische Interpolation zwischen dem 17 Juni und dem 25 August. Auf diese Weise ist der Juli = 6°.1 und der August = 7°.4 bestimmt. Das Jahresmittel 5°.7 halte ich für völlig hinreichend zuverlässig. Der kälteste Monat war der April, der wärmste der September, Unterschied 4°.37. Die Eintrittszeiten der äufsersten und mittlern Wärmegrade sind:

Kleinste Wärme	3°.5	am	1 Mai
Gröfste Wärme	8. 2	»	25 September
Erstes Mittel	5. 7	»	*7 Juli
Zweites Mittel	5. 7	gegen den	13 December 1810.

Das 1. Mittel wird in andern Jahren gewifs früher eintreten als am 7 Juli. Die Eintrittszeit des 2. Mittels wird wohl die gewöhnliche sein.

Das Mittel der Profcssorquelle war 5°.71
» » » Luft war 4. 61
folglich die Professorquelle 1. 10 wärmer

als die Luft. Berechnen wir für dieses Jahr die Abweichungsgröfse des Quellmittels vom Luftmittel nach der Marienberger Formel, so erhalten wir folgendes: der Regenantheil des warmen Drittels betrug $37.96\,\% = 33.33 + 4.63$, und $\frac{4.63}{8}$ ist 0.55. Hiernach wäre das Quellmittel nur 0°.58 höher zu erwarten als das Luftmittel. Wir finden aber das Mittel der Professorquelle 1°.10 höher als das Luftmittel; wir fanden selbst das Mittel der höchst oberflächlich verlaufenden Quelle bei Lafsbybackar 0°.97 höher als das Luftmittel. Sind nun die Quelle bei Lafsbybackar und die Professorquelle bei Haga deshalb für meteorologisch-geologische Quellen zu halten? Die beiden genannten Quellen sind sicher nicht in ihrem Mittel durch die Erdwärme erhöht, sondern rein meteorologische Quellen. Die Quelle bei Lafsbybackar kann nichts anderes sein als eine rein meteorologische mit angenähertem Mittel, die Professorquelle bei Haga wird ebenfalls eine rein meteorologische sein, deren Mittel nur wenig oder garnicht angenähert ist. Die Sache liegt so: Wären die Luftwärme- und Regenbeobachtungen vom Jahre December 1809-10 vollkommen zuverlässig, dann wäre die Ungültigkeit der Marienberger Formel für Upsala erwiesen. Jene Beobachtungen sind aber nicht zuverlässig, es ist daher möglich, dafs die Marienberger Formel auch für Upsala Gültigkeit habe. Wir wissen, dafs das Luftmittel ein uncorrigirtes ist aus 2 Beobachtungszeiten (Sonnenaufgang und circa 2 Uhr Nachmittags), die nicht recht fest waren. Es scheint auch, dafs damals (und noch lange Zeit nachher) der Regen nicht täglich gemessen wurde. Dadurch mufste im Sommer ein ansehnlicher Theil durch Verdunstung verloren gehn, und der Ueberschufs des warmen Drittels in der That gröfser sein als die vorliegenden Regenmessungen ihn ergeben. Unter der Voraussetzung, dafs einerseits das Luftmittel etwas zu niedrig bestimmt, andrerseits der Regenantheil des warmen Drittels zu klein erhalten sei, läfst sich die Ansicht, dafs die Professorquelle bei Haga eine rein meteorologische Quelle von unentstelltem Mittel sei, aufrecht erhalten. Entscheiden läfst sich diese Frage hier nicht.

3. Die Brennereiquelle bei Upsala ist die wasserreichste und in ihrer Wassermenge beständigste unter allen Quellen der Gegend von Upsala. »Sie bildet sogleich einen Bach, der stets im Stande ist, schon bei seinem Ursprunge eine kleine Mühle zu treiben«. Wir können für diese Quelle keinen einzelnen vollständigen Jahrgang von Beobachtungen aufstellen, wir können aber den Wärmegang im Durchschnitt der 3 bürgerlichen Jahre 1808-1810 darstellen.

Wahlenberg hat diese Quelle im Jahre 1808 10mal beobachtet, im Jahre 1809 10mal und im Jahre 1810 8mal, im Ganzen von Ende März 1808 bis Ende October 1810 28mal. Ich habe aus den Einzelbeobachtungen, welche in jeden Monat fallen, das Mittel genommen und die Mittel in der vierten Spalte der folgenden Uebersicht verzeichnet.

Brennereiquelle bei Upsala.

		1808	1809	1810	Mittel
Januar	28			6°.6	6°.65
	30		6°.7		
Februar	23			6. 55	6. 68
	28		6. 8		
März	29			6. 55	6. 62
	30	6°.6	6. 7		
April	26			6. 4	6. 55
	27		6. 7		
Mai	10	6. 7			6. 58
	11			6. 45	
Juni	6	6. 6			6. 65
	25	6. 7			
Juli	17	6. 7			6. 70
August	14	6. 8			
	15		6. 8		6. 70
	30			6. 5	
September	11	6. 8			
	16		6. 8		6. 73
	28			6. 6	
October	14		6. 6		
	16	6. 7			6. 63
	30			6. 6	
November	13	6. 7			
	21		6. 6		6. 63
	26		6. 6		
December	14	6. 8			6. 68
	22		6. 55		
		3jähriges Mittel 1808-10			6. 650
				Kältest. Monat	6. 55
				Wärmst. Monat	6. 73
				Unterschied	0. 18

Die kleinste Wärme, welche überhaupt in den 3 Jahren beobachtet wurde, ist 6°.4 am 26 April 1810; die gröfste Wärme 6°.8 im August und September 1808 und ebenso 1809. Der Unterschied der äufsersten Wärmegrade betrug also nur 0°.4, der Unterschied des kältesten und wärmsten Monates im 3jährigen Durchschnitt nur 0°18.

Eine Quelle, deren Wärmeänderung im Umlauf des Jahres so gering ist, wird auch in ihrem Jahresmittel sehr wenig veränderlich sein; die richtige Schätzung der Abweichung des Brennereiquellmittels vom Luftmittel werden wir also dadurch erhalten, dafs wir das 3jährige Quellmittel mit dem vieljährigen Luftmittel vergleichen. Ich setze in Mahlmann's letzte Bestimmung des Luftmittels für Upsala zu 5°.1 noch am meisten Vertrauen. Wir erhalten hiernach:

Brennereiquelle	6°.65
vieljähr. Luftmittel	5. 10
Unterschied	1. 55

Der Regenantheil der 4 Monate Juli bis October betrug im 23jährigen Durchschnitt 6″.72 d. i. 42.00 % der Jahresmenge. Nun ist $42.00\,\% = 33.33 + 8.67$ und $\frac{8.67}{8} = 1.08$. Das Quellmittel ist also nach der Marienberger Formel 1°.08 höher zu erwarten als das Luftmittel, also $= 5°.10 + 1°.08 = 6°.18$. Da das Mittel der Brennereiquelle 6°.65 ist, so erscheint diese Quelle um 0°.47 oder 0°.5 in ihrem Mittel durch die Erdwärme erhöht. Wir dürfen uns aber auf die Richtigkeit dieses Ergebnisses nicht zu fest verlassen, weil wir nicht wissen ob die Regenmessungen aus der Mitte des vorigen Jahrhunderts (1739-1762) zuverlässig sind. Wenn der Ueberschufs des warmen Drittels in Wirklichkeit gröfser gewesen ist, als diese Beobachtungen angeben, so ist es möglich, dafs die Berechnung nach der Marienberger Formel für das Mittel der Brennereiquelle keine Erhöhung durch die Erdwärme ergeben würde. Und dann wissen wir ja noch gar nicht, ob die Marienberger Formel überhaupt für Upsala Gültigkeit hat. Es scheint mir, je länger ich darüber nachdenke, desto mifslicher, die Begriffe, welche ich aus der 5jährigen Beobachtung der 7 Marienberger Quellen über die Temperaturverhältnisse der Quellen gebildet habe, blindlings auf die Quellen der Gegend von Upsala anzuwenden. Die Bodenbeschaffenheit von Upsala ist so gründlich verschieden, sowohl in der Oberflächengestalt als im Gefüge des Bodens (welcher aus Sand besteht), von der Bodenbeschaffenheit von Marienberg, dafs wir uns hüten müssen, von dem

Marienberger Standpunkte aus, und ohne eigene Untersuchungen in Schweden angestellt zu haben, über die Quellen bei Upsala abzusprechen. Solange wir uns auf die Bemerkung beschränken, dafs die Quelle bei Lafsbybackar mit der Michelsquelle, die Professorquelle mit der Mühlthalquelle und die Brennereiquelle mit dem Orgelborn sowohl hinsichtlich der Wassermenge als auch hinsichtlich der Gröfse der jährlichen Veränderungsscale viel Aehnlichkeit haben, sprechen wir nur Thatsachen aus, gegen welche Niemand etwas zu erinnern haben kann. Ziehn wir aber aus dieser Aehnlichkeit den Schlufs, dafs die Quelle bei Lafsbybackar eine rein meteorologische von angenähertem Mittel, die Professorquelle eine rein meteorologische von unentstelltem Mittel und die Brennereiquelle eine meteorologisch-geologische sein müsse, so begehn wir eine Menge von Voraussetzungen, deren Gültigkeit für Upsala garnicht erwiesen ist. Nach den vorliegenden Nachrichten über die Oberflächengestalt der Gegend von Upsala ist es mir unerklärlich, wie dort eine meteorologisch-geologische Quelle zu Stande kommen soll. Welche Kraft soll denn das Wasser aus einer Tiefe, die unter dem Boden (den Begriff »Boden« nach unserer meteorologischen Bestimmung gefafst) liegt, emportreiben? Wie kann überhaupt eine so wasserreiche Quelle in einer so regenarmen und so flachen Gegend entstehn? Vielleicht kommt die Brennereiquelle am Rande eines ausgedehnten sanftgeneigten Moorgrundes hervor, dessen Wasser sie ausführt. Der Gegenstand mufs von einem einheimischen Forscher untersucht werden. — Upsala liegt auf beiden Ufern des Fyrisflusses unfern der Einmündung desselben in den Mälarensee, der mit der Ostsee in Verbindung steht, dessen Höhe also die Meereshöhe ist. Die Brennereiquelle (so erzählte mir ein junger schwedischer Arzt) liegt ganz nahe der Stadt, zwischen derselben und dem Mälarensee, auf dem rechten Ufer des Fyris und dem Flufs nahe. Sie hat ihren Namen von einer grofsen Branntweinbrennerei, die neben ihr stand. Diese Quelle scheint also an einer so niedrigen Stelle auszufliefsen, dafs ihre Meereshöhe = Null zu setzen ist.

II.

RUDBERG's Bodenwärmemessungen bei Upsala.

1. Vorbemerkungen.

Professor RUDBERG hat vom 1 December 1837 an die Bodenwärme in einem Garten bei Upsala an eingegrabenen Thermometern beobachtet. Die Beobachtungen sind bis in das Jahr 1842 hinein fortgesetzt, und nach RUDBERG's Tode hat Herr Observator ÅNGSTRÖM die Ergebnisse derselben bekannt gemacht [1]). »Der Garten ist geräumig, hinreichend entfernt von Gebäuden und sonstigen Gegenständen, welche die Wirkung der Sonne modificiren oder den freien Luftzug hemmen könnten«. Es scheint hiernach, dafs die eingegrabenen Thermometer allen Witterungseinflüssen, auch dem Regen, frei ausgesetzt waren. Da die vier verschiedenen Tiefen, in welchen sich die Kugeln befanden, in schwedischen Fufs angegeben sind, nämlich 2'.1, 4'.0, 6'.0, 10'.0, so wollen wir diese erst in Pariser Fufs verwandeln, damit der Leser sich von vornherein die Tiefen richtig vorstelle [2]).

2'.1	Schwed.	= 1.92	Par.	F.	oder	1'.9
4.0	»	= 3.66	»	»	»	3.66
6.0	»	= 5.48	»	»	»	5.5
10.0	»	= 9.14	»	»	»	9.1

Man kann den RUDBERG'schen Bodenwärmemessungen nur drei Vorwürfe machen:

1. Die Meteore, welche die Veränderungen der Bodenwärme bewirken, nämlich die Luftwärme und der Regen, hätten auf dem Platze selbst, in welchem die Thermometer eingegraben waren, in der Höhe von wenigen Fufs über dem Boden mit vollständiger Regelmäfsigkeit beobachtet werden müssen, damit man die äufsersten Wärmegrade und die Mittel der Luft an dem Orte selbst kennen gelernt hätte. Das Thermometer für die Luftwärme hätte vor den Sonnenstrahlen ebensowenig geschützt sein müssen, wie der Erdboden vor den Sonnenstrahlen geschützt ist. Die unten mitzutheilenden Luftmittel sind die auf der Sternwarte in 30' Höhe über dem Erdboden an der Nord-

[1]) LAMONT's Annal. für Meteor. und Erdmagnetismus. Heft VIII. S. 66 und Heft IX. S. 185 (1843, 1844).

[2]) Die vorhandenen Bodenwärmemessungen erfreuen sich der schönsten Mannigfaltigkeit des angewandten Fufsmafses. Wir finden englische, schwedische, rheinländische und pariser Fufs. Ein Fortschritt zum Bessern ist aber bemerkbar, indem die Britten bei den neuesten Beobachtungen (FORBES bei Edinburg und CALDECOTT in Trevandrum) sich zum Gebrauch des Pariser Fufsmaafses entschlossen haben.

seite erhaltenen. Die Regenmengen sind ebenfalls auf der Sternwarte beobachtet. Die Extreme und Mittel der Luftwärme in 4 Fuſs Höhe über dem Erdboden in dem genannten Garten sind sicher verschieden gewesen von den gleichnamigen Erscheinungen, welche in 30′ Höhe über dem Boden auf der Sternwarte im Schatten beobachtet sind.

2. Die Beobachtungsstunde, welche Rudberg wählte (im Sommer zwischen 6 und 7 Uhr Nachmittags) muſste für das Thermometer in 1′.9 Tiefe einen zu hohen Mittelwerth geben (siehe unten).

3. Die eingegrabenen Thermometer hätten nach Ablauf des für die Beobachtungen bestimmten Zeitraumes wieder ausgegraben und von Neuem geprüft werden müssen. Diese höchst nöthige Sicherheitsmaſsregel ist, soviel mir bekannt, noch von keinem von allen Bodenwärmebeobachtern ausgeführt worden. Niemand hat also eine Gewähr dafür, daſs er nicht zu hohe Mittelwerthe der Bodenwärme erhalten hat. Ich vermuthe, daſs Rudberg diese Prüfung vorgenommen haben würde, wenn er am Leben geblieben wäre; denn man muſs ihm die Anerkennung zollen, daſs er übrigens keine Mühe gescheut hat, um seine schwierigen Beobachtungen fehlerfrei zu machen.

Das Thermometer in 1′.9 Tiefe war mit Quecksilber gefüllt, die 3 andern mit Alkohol. An den 3 Thermometern für 1′.9, 3′.66, 9′.1 Tiefe waren die Nullpunkte schon im Februar 1837 bestimmt. Sie wurden am 25 August desselben Jahres von Neuem untersucht und die Thermometer dann vor Ende September eingegraben, nachdem auch die Scalenfehler genau festgestellt waren. Das Thermometer für 5′.5 Tiefe konnte erst Ende September oder Anfang October verfertigt werden; es wurde am 2 November eingegraben. Bei diesem Thermometer ist von Januar 1839 an eine Correction des Nullpunktes von — 0°.1 angenommen und bei der Berechnung des unten mitgetheilten vierjährigen Mittels vollzogen worden, um die Uebereinstimmung mit den übrigen Thermometern herzustellen. — Auſser der Correction, welche sich aus der Untersuchung der Nullpunkte und der Scalen ergab, ist aber von Rudberg & Ångström auch noch eine zweite Correction wegen der Ungleichheit der Temperatur der in die Atmosphäre hinausragenden Röhre und der im Boden steckenden Kugel angebracht worden.

Die Thermometer sind bis Juli 1840 täglich einmal, nach Juli 1840 jeden zweiten Tag einmal abgelesen worden. Die Beobachtungsstunde war im ersten halben Jahre 1 Uhr; später war sie im Sommer und Winter verschieden, im Sommer zwischen 6 und 7 Uhr Nachmittags, im Winter zwischen 3 und 4 Uhr.

Ich habe den Umstand, dafs RUDBERG's Beobachtungen mit dem 1 December 1837 beginnen, benutzt, um den Beobachtungen die Form meteorologischer Jahre zu geben. Vielleicht hätte RUDBERG dies selbst gethan, wenn er die Beobachtungen selbst bearbeitet hätte. Ich theile nicht die einzelnen Jahre, sondern nur die 4jährigen Mittel der verschiedenen Bodentiefen mit. Die Jahresmittel sind die aus den Monatsmitteln (nicht die aus den Tagesmitteln) abgeleiteten. Meine Jahresmittel entsprechen also denen, welche Herr ÅNGSTRÖM Heft IX. S. 185 gegeben hat. Sie weichen nur deswegen von den ÅNGSTRÖM'schen etwas ab, weil ich die 4 meteorologischen Jahre December 1837-41 gegeben habe, während ÅNGSTRÖM die 4 bürgerlichen Jahre 1838-41 gegeben hat.

2. Luftwärme- und Regenbeobachtungen aus den 4 Jahren December 1837-41. Bodenwärmemessungen aus denselben 4 Jahren.

Nach diesen Vorbemerkungen über die Bodenwärmemessungen beginne ich mit der Lufttemperatur und den Regenmengen der 4 Jahre.

Upsala. Luftwärme aus $\frac{VII + II + 2.\,IX}{4}$

	1. Jahr, Dec. 1837-38	2. Jahr, Dec. 1838-39	3. Jahr, Dec. 1839-40	4. Jahr, Dec. 1840-41	4 Jahre Dec. 1837-41
December	— 3°.20	— 1°.81	— 4°.05	— 5°.54	— 3°.65
Januar	— 9. 20	— 4. 91	— 3. 95	— 7. 64	— 6. 43
Februar	— 12. 81	— 4. 09	— 3. 22	— 6. 80	— 6. 73
März	— 5. 06	— 7. 43	— 1. 75	— 0. 75	— 3. 75
April	— 0. 72	0. 06	5. 74	4. 41	2. 37
Mai	7. 71	11. 37	6. 92	12. 55	9. 64
Juni	14. 50	14. 96	14. 62	14. 18	14. 57
Juli	16. 66	18. 19	14. 86	14. 40	16. 03
August	13. 80	14. 98	15. 19	15. 57	14. 89
September	12. 78	11. 71	11. 82	10. 10	11. 60
October	4. 44	6. 84	3. 88	4. 62	4. 95
November	— 1. 39	0. 26	0. 51	— 1. 22	— 0. 46
Jahr	3. 13	5. 01	5. 05	4. 49	4. 42
				Winter	— 5. 60
				Frühling	2. 75
				Sommer	15. 16
				Herbst	5. 36
				Kältest. Mon.	— 6. 73
				Wärmst. Mon.	16. 03
				Unterschied	22. 76

Upsala, Regen. Schwed. Zoll.

	1. Jahr,. Dec. 1837-38	2. Jahr, Dec. 1838-39	3. Jahr, Dec. 1839-40	4. Jahr, Dec. 1840-41	4 Jahre Dec. 1837-41 Menge	Vertheilung
Decbr.	*1".167	1".293	1".008	1".200	1".17	5.90%
Januar	0. 288	1. 182	2. 659	1. 680	1. 45	7.32
Februar	0. 601	0. 247	0. 745	0. 573	0. 54	2.72
März	1. 163	0. 289	0. 495	0. 471	0. 60	3.03
April	1. 928	0. 312	0. 460	1. 295	1. 00	5.05
Mai	0. 254	1. 654	1. 136	1. 469	1. 13	5.70
Juni	0. 349	1. 807	1. 263	2. 592	1. 50	7.57
Juli	2. 470	1. 845	3. 115	2. 676	2. 53	12.76
August	5. 656	1. 646	1. 643	1. 355	2. 58	13.02
Septemb.	2. 464	4. 107	3. 415	1. 320	2. 83	14.28
October	3. 589	1. 454	2. 812	2. 200	2. 51	12.66
Novemb.	1. 667	0. 947	2. 596	2. 708	1. 98	9.99
Jahr	21. 596	16. 783	21. 347	19. 539	19. 82	100.00%
				Winter	3. 16	15.94
				Frühling	2. 73	13.78
				Sommer	6. 61	33.35
				Herbst	7. 32	36.93

Die Jahresmittel der Luft sind aus den Monatsmitteln abgeleitet. Die Regenhöhen der 4 Jahre sind mir von Herrn Svanberg mitgetheilt. Der Regenmesser hat 4 schwed. Quadratfufs Fläche. Der Schnee ist durch Schmelzen in Wasser verwandelt. Ueber die grofse Nässe dieser 4 Jahre siehe die Bemerkung in § 17. Die dort angeführten Regenhöhen sind alle Pariser Zoll. Hier habe ich sie in schwedischen Zoll gelassen. Mir fehlte die Regenmenge des December 1837. Nachdem ich einen vergeblichen Versuch gemacht hatte, dieselbe nachträglich mitgetheilt zu erhalten, schien es mir das Gerathenste, das Mittel aus den Decembern der 3 folgenden Jahre zu nehmen. Ich konnte nicht den Anachronismus begehn (§ 61.), die Regenmenge des December 1841 für die des December 1837 zu nehmen. Der December 1841 hatte die höchst ungewöhnliche Menge 4".39. Man sieht also einmal wieder recht deutlich, wie unpassend es gewesen wäre, den December 1837 durch den December 1841 ersetzen zu wollen. Wir bemerken, dafs in diesen 4 nassen Jahren der Regenüberschufs sehr entschieden in die 4 Monate des kalten Drittels und aufserdem nur in den November zusammengedrängt war. Das warme Drittel hatte 10".45 schwed. und diese Menge betrug 52.72%, also mehr als die Hälfte der Jahresmenge.

Upsala. Bodenwärme in vier verschiedenen Tiefen.

Par. F. Vierjährige Mittel December 1837-41.

		Luft in 30′ Höhe	Boden. 1′.9	3′.66	5′.5	9′.1	Regen, schwed. Z.
1837-40	Decbr.	— 3.65	1.61	3.72	5.38	7.20	1.17
1838-41	Januar	— 6.43	0.56	2.50	3.96	5.96	1.45
	Febr.	— 6.73	— 0.95	1.50	2.97	5.03	0.54
	März	— 3.75	— 0.87	0.97	2.21	4.26	0.60
	April	2.37	0.94	1.22	1.93	3.75	1.00
	Mai	9.64	7.01	4.33	3.77	3.86	1.13
	Juni	14.57	13.93	10.15	7.76	5.34	1.50
	Juli	16.03	16.07	12.98	10.65	7.51	2.53
	August	14.89	15.85	13.88	12.00	9.12	2.58
	Septbr.	11.60	13.12	12.54	11.83	9.91	2 83
	October	4.95	7.98	9.43	10.02	9.76	2.51
	Novbr.	— 0.46	3.97	6.04	7.49	8.71	1.98
	Jahr	4.42	6.602	6.605	6.664	6.701	19.82
	Kält. M.	— 6.73	— 0.95	0.97	1.93	3.75	
	Wrmst. M.	16.03	15.85	13.88	12.00	9.91	
	Untersch.	22.76	16.80	12.91	10.07	6.16	

Die mittlere Bodenwärme war hiernach:

in	1′.9	Tiefe	6°.60
»	3.66	»	6. 61
»	5.5	»	6. 66
»	9.1	»	6. 70

3. Bemerkungen zu Rudberg's Bodenwärmemessungen.

1. Nachdem die Beobachtungen im 1. Halbjahre (also entweder bis Ende Mai oder bis Ende Juni 1838) um 1 Uhr angestellt waren, wurden sie dann im Sommer um 6-7 Uhr Nachmittags, im Winter um 3-4 Uhr Nachmittags gemacht. Sie sind also in allen 4 Jahren im Juli und August zwischen 6 und 7 Uhr Nachmittags, also etwa 4 Stunden nach dem Eintritt der höchsten Luftwärme angestellt. Bedenkt man, dafs der Beobachtungsort den Sonnenstrahlen frei ausgesetzt war, so kann man sich der Vermuthung nicht erwehren, dafs an einem solchen Orte in 1′.9 Tiefe noch Wärmeveränderungen in der täglichen Periode vorgehn und dafs daselbst im Sommer um 6-7 Uhr Nachmittags die Wärme sich über dem Tagesmittel befinden mufs. Wie hätte auch sonst das 4jährige Mittel des Juli und August in 1′.9 Tiefe höher sein können als in der Luft?

	Luft	1'.9 Tiefe
Juni	14.57	13.93
Juli	16.03	16.06
August	14.89	15.85

Um ein zuverlässiges Jahresmittel der Bodenwärme in 1'.9 Tiefe zu erhalten, hätte RUDBERG meiner Meinung nach 2mal täglich, vielleicht 9 Uhr Morgens und 5 Uhr Nachmittags beobachten müssen. Die beste Beobachtungszeit war ja sehr leicht auszumitteln, wenn man z. B. nur eine Woche hindurch sowohl im kalten Winter als im heifsen Sommer täglich mehrere Male zu festen Stunden zur Probe beobachtet hätte. Ist das geschehen oder nicht? Warum ist die zu Anfang gewählte Beobachtungsstunde (1 Uhr) verlassen und dann im Sommer 6-7 Uhr, im Winter 3-4 Uhr genommen? Der Leser mufs wünschen, über den Beweggrund zu solchen Abänderungen unterrichtet zu werden, und wenn man ihn darüber in Unwissenheit läfst, kann man es ihm nicht verdenken, wenn er an die Richtigkeit des erhaltenen sehr auffallenden Ergebnisses nicht glaubt. Wie kann im Juli die Luftwärme 0°.04 niedriger sein als die Bodenwärme in 1'.9 Tiefe? wie kann im August die Luftwärme nahe 1° niedriger sein als die Bodenwärme in 1'.9 Tiefe? Ich halte das 4jährige Mittel in 1'.9 Tiefe (6°.60) daher für zu hoch. Andrerseits zeigt sich aber deutlich, dafs mein obiger Vorwurf, die Anstellung der Luftwärmebeobachtungen betreffend, begründet ist. Die höchste Temperatur im Juli und August war auf dem Platze der Bodenwärmemessungen in der Höhe von wenigen Fufs über dem Boden gewifs höher als auf der Sternwarte in 30' Höhe und im Schatten. Soviel scheint mir klar: Die vorliegenden Luftwärmebeobachtungen und die vorliegenden Bodenwärmebeobachtungen in 1'.9 Tiefe passen nicht zu einander.

2. Gegen die Mittel in den 3 übrigen Tiefen wird aber nichts zu erinnern sein, wenn man von der Möglichkeit absieht, dafs die Nullpunkte der Thermometer sich nachträglich erhöht haben, worüber sich nichts entscheiden läfst. Angenommen, dafs keine nachträgliche Erhöhung der Nullpunkte stattgefunden hat, so ist das Mittel in 3'.66 Tiefe schon 6°.6, also 2°.2 höher als das Luftmittel in 30' Höhe über der Erdoberfläche. Vergleichen wir das Mittel in 3'.66 Tiefe (6°.605) mit dem Mittel in 9'.14 Tiefe (6°.701), so erhalten wir eine Zunahme der mittlern Bodenwärme von 0°.096 für eine Vertiefung von 5'.48, das macht eine Zunahme der mittlern Bodenwärme von 1° für eine Vertiefung von 57'. (Dies Zunahmeverhältnifs der mittlern

Bodenwärme (nicht Erdwärme) mit der Tiefe ist ein langsames im Vergleich mit dem Zunahmeverhältnifs, welches sich aus den allerdings weniger zuverlässigen Bodenwärmemessungen an andern Orten zu ergeben scheint).

3. Gegen die Richtigkeit der Wärmeschwankung in 3'.66, 5'.5 und 9'.1 Tiefe kann meiner Meinung nach gar kein Zweifel erhoben werden. Der kälteste Monat ist in der Luft der Februar (im vieljährigen Mittel der Januar), in 3'.66 Tiefe der März und in 5'.5 und 9'.1 Tiefe der April; der wärmste Monat ist in der Luft der Juli, in 3'.66 und in 5'.5 Tiefe der August, in 9'.1 Tiefe der September. Der Unterschied des kältesten und wärmsten Monates betrug

in der Luft	in	30'	Höhe	22°.76
im Boden	in	3'.66	Tiefe	12. 91
»	»	» 5.5	»	10. 07
»	»	» 9.1	»	6. 16

Der Unterschied war also in 9'.1 Tiefe noch etwas mehr als $\frac{1}{4}$ von dem in der Luft.

4. Ueber das Eindringen des Winterfrostes in den Boden geben Rudberg's Messungen zuverlässige Auskunft. In einer Gegend, wo es jährlich 5 Monate hindurch friert, und der kälteste Monat $6\frac{3}{4}$° unter Null liegt, hat der kälteste Monat in 3'.66 Tiefe noch 1° über Null. In 1'.9 Tiefe ist der Boden die beiden Monate Februar und März hindurch gefroren. Der März hat in 1'.9 Tiefe — 0°.87, und da er in 3'.66 Tiefe schon + 0°.97 hat, so liegt der Bodenpunkt, dessen Monatsmittel Null ist, sehr nahe in der Mitte zwischen diesen beiden Tiefen, also in $\frac{1'.92 + 3'.66}{2} = 2'.8$ Tiefe. Sehen wir das Verzeichnifs der 10tägigen Mittel nach, so bemerken wir, dafs in dem übermäfsig kalten Winter des 1. Jahres (Februarmittel — 12°.8) das kälteste 10tägige Mittel in 3'.66 Tiefe in das letzte Drittel des März mit + 0°.14 fiel. Es ergiebt sich also mit Bestimmtheit, dafs der Frost in Upsala in gewöhnlichen Wintern nicht über 3' tief in den Boden eindringt. Hieraus ersieht man beiläufig, dafs Wahlenberg's Meinung, die magere aber beständig fliefsende Quelle bei Lafsbybackar komme nur 1' tief hervor, bessere Quellen nur wenige Fufs mehr, irrig war. Käme diese Quelle nur 1' tief hervor, so müfste sie im Winter ausfrieren und etwa 3 Monate hindurch ausgefroren bleiben.

Nach diesen Bemerkungen wenden wir uns zur Erörterung derjenigen Fragen, auf deren Beantwortung es uns besonders ankommt:

4. Ist eine so hohe mittlere Bodenwärme bei Upsala, wie die von RUDBERG in 3.66 bis 9.1 Fufs Tiefe gefundene glaublich? Und lassen sich die Ergebnisse aus RUDBERG's Bodenwärmemessungen mit den Ergebnissen aus WAHLENBERG's Quellwärmemessungen vereinigen?

Die von RUDBERG gefundene hohe mittlere Bodenwärme ist glaublich, weil sie, wie mir scheint, aus dem Klima von Upsala erklärlich ist. BUCH sagte schon im Jahre 1812, gerade in Beziehung auf Upsala: »Im Winter fehlt das vorzüglichste Vehikel der Temperaturverbreitung durch den Erdboden, nämlich die mit der Temperatur der Oberfläche eindringenden und überall im Innern sich ausbreitenden Wasseradern und Tropfen«. Der Winter dauert nun aber 5 Monate, und während dieses langen Winters deckt Schnee den Boden. Die durchschnittliche Dicke der winterlichen Schneedecke in Upsala kenne ich freilich nicht, aber es versteht sich von selbst, dafs jede Schneedecke die Wärmeabgabe des Bodens an die Atmosphäre erschweren und verlangsamen mufs, und es ist durch Beobachtung dargethan, dafs der Winterfrost in Upsala nur 3′ tief in den Boden eindringt. Unter diesen Umständen mufs die Bodenwärme in den 5 Frostmonaten schon in der geringen Tiefe von 3′.66 im Vergleich mit der Wärmeerniedrigung der Atmosphäre passiv sehr hoch bleiben. Die tiefe Wärmeerniedrigung der Luft im Winter, der die Bodenwärme schon in geringer Tiefe nicht folgen kann, ist die Hauptursache, weshalb die mittlere Bodenwärme schon in 3⅔ Fufs Tiefe im Jahresmittel bedeutend höher bleibt als die Luftwärme. Ein zweiter, wenn auch viel weniger wirksamer Umstand ist der, dafs die 4 Monate Juli bis October in Upsala die gröfsten absoluten Regenmengen haben, und dafs diese Regenmengen das Eindringen der Sommerwärme in den Boden vielleicht noch etwas befördern. Die hohe Sommerwärme der Luft dringt übrigens in so geringe Tiefen, wie z. B. 3⅔ und 5⅓ Fufs sind, auch ohne Beihülfe des Regens schon rasch ein. Kurz wir müssen von der Bodenwärme in Upsala dasselbe behaupten, was wir I, 178 und II, 43 f. von der Quellwärme geltend gemacht haben: Die mittlere Bodenwärme in Upsala wird nicht durch den Einflufs des Regens im warmen Drittel activ über die mittlere Luftwärme erhöht, sondern sie bleibt passiv hoch im Vergleich mit der mittlern Luftwärme, weil die Luftwärme alljährlich im kalten Drittel in einer Weise erniedrigt wird, der die Bodenwärme wegen Mangels an einfliefsenden Meteorwassern nicht folgen kann. Die von RUDBERG gefundene Höhe der mittlern Bodenwärme in Upsala ist nicht unwahrscheinlich. Es scheint, dafs sie sich aus dem Klima von Upsala, also meteorologisch erklären läfst, und man ist nicht genöthigt, sich nach einer geologischen Erklärung umzusehen.

Halten wir uns nur an WAHLENBERG's Beobachtungen der Temperatur der Brennereiquelle, so stimmen WAHLENBERG's Quellwärmebeobachtungen bei Upsala mit RUDBERG's Bodenwärmebeobachtungen bei Upsala auf eine wirklich erstaunliche Weise überein. Im 1. Bande S. 132-135 haben wir uns klar gemacht, dafs alle rein meteorologischen Quellen während aller ihrer stetigen Veränderungen wirklich die Bodenwärme angeben, aber nicht die Wärme einer einzigen Bodentiefe, sondern die Durchschnittswärme der Quellenschicht. Wir haben nun in der Brennereiquelle eine Quelle, welche nur stetige Wärmeveränderungen zeigt und welche eine rein meteorologische sein kann. Nehmen wir an, sie sei eine rein meteorologische Quelle, so fragt es sich, ob wir aus RUDBERG's Bodenwärmemessungen in verschiedenen Tiefen die Durchschnittswärme einer Bodenschicht im Jahresmittel berechnen können, welche (Durchschnittswärme) mit dem Mittel der Brennereiquelle übereinstimmt. Sobald wir von der Möglichkeit, dafs RUDBERG's Thermometer eine nachträgliche Erhöhung der Nullpunkte erfahren haben, absehn, können wir die Durchschnittswärme der Bodenschicht zwischen 3'.66 und 9'.1 Tiefe mit Sicherheit berechnen. Wir haben aus RUDBERG's Messungen erhalten

in	3'.66	Tiefe	6°.61
»	5.5	»	6. 66
»	9.1	»	6. 70
		Mittel	6. 66

Die Durchschnittswärme der 5 $^1/_2$ Fufs mächtigen Schicht zwischen 3'.66 und 9'.1 Tiefe ist also im 4jährigen Mittel 6°.66. WAHLENBERG's Beobachtungen der Brennereiquelle ergeben das 3jährige Mittel 6°.65. Seine Meinung, dafs die Angabe der Brennereiquelle eine gute Angabe der Bodenwärme sei, erhält also, wie es scheint, die allervollkommenste Bestätigung.

Auf diese Weise scheint unsere oben S. 53 ausgesprochene Vermuthung, die Brennereiquelle könne, nach der Oberflächengestalt der Gegend von Upsala zu urtheilen, gar keine meteorologisch-geologische Quelle sein, eine unerwartete Stütze zu finden. Erklären wir diese Quelle für eine rein meteorologische, so bleibt nur noch übrig, dafs wir nach den I, 310-313 gegebenen Regeln zu bestimmen suchen, ob sie eine unentstellte oder angenäherte rein meteorologische Quelle ist. Versuchen wir die Anwendung der Marienberger Formel, so erhalten wir Folgendes: In den vorliegenden 4 Jahren hatten die 4 Monate des warmen Drittels 52.72 = 33.33 + 19.39 % der Jahresregenmenge und $\frac{19.39}{8}$ ist 2.42. Das Luftmittel derselben 4 Jahre war 4°.42, folglich ist das unentstellte Mittel der rein meteorologischen Quelle = 4°.42 + 2°.42 = 6°.84 zu erwarten. Die Brennereiquelle scheint also noch nicht einmal eine unentstellte, sondern nur eine angenäherte rein meteorologische Quelle zu sein.

Soweit scheinen die Ergebnisse aus Wahlenberg's Quellwärmebeobachtungen und aus Rudberg's Bodenwärmebeobachtungen übereinzustimmen. Sobald wir aber die Beobachtungen der Quelle bei Lafsbybackar und der Professorquelle bei Haga berücksichtigen, tritt ein Widerspruch hervor, den ich nicht zu lösen vermag. Die mittlere Bodenwärme ist nach Rudberg in 3'.66 Tiefe schon 6°.6, und die Jahresmittel der genannten beiden Quellen waren nur 5°.6 und 5°.7. Diese Jahresmittel drücken auch die Durchschnittswärme der Quellenschicht aus. Es gab also im Jahre December 1809-10 bei Lafsbybackar eine oberflächliche Bodenschicht (deren Mächtigkeit wir nicht genau angeben können, die aber allerwenigstens 4' dick sein mufs), deren Durchschnittswärme im Jahresmittel nur 5°.6 war. Es gab in demselben Jahre bei Haga eine tiefer hinabreichende Bodenschicht (vielleicht bis zu 12' Tiefe), deren Durchschnittswärme nur 5°.7 war. Kann das Wasser beim Ausfliefsen durch die oberste Schicht von 3⅔' Tiefe bis zur Oberfläche eine Annäherung an die Luftwärme erleiden, die im Jahresmittel einen ganzen Grad beträgt? Die Sache ist mir nicht recht klar. Auch in der Brennereiquelle steckt noch eine Dunkelheit. Das Mittel derselben stimmt freilich mit der Durchschnittswärme der Bodenschicht von 3'.66 bis 9'.1 Tiefe genau überein, dieser Umstand beweist aber keineswegs, dafs die Brennereiquelle nicht tiefer als aus dieser Schicht entspringt: denn thäte sie es, so müfste ihre jährliche Veränderungsscale sehr viel gröfser sein, als sie wirklich ist. Sie mufs also aus einer gröfsern Tiefe kommen, und die Uebereinstimmung ihrer Mitteltemperatur mit der aus Rudberg's Beobachtungen sich ergebenden Durchschnittswärme der Schicht zwischen 3'.66 und 9'.1 Tiefe stellt sich als eine zufällige heraus.

Bis hierher war ich im September 1852, vor meiner Reise nach Italien, gekommen. Ich fühlte zunächst das Bedürfnifs, die Meereshöhen der 3 Quellen und des Platzes der Bodenwärmemessungen ganz genau kennen zu lernen, auch wünschte ich die Regenmenge des December 1837 zu erfahren. Ich wandte mich brieflich mit der Bitte um Mittheilung dieser Data an Herrn SVANBERG, erhielt aber keine Antwort. Auch eine Anfrage, die ich von Rom aus am 13 April 1853 an Herrn SVANBERG richtete, blieb unbeantwortet. Uebrigens wird der Leser mit mir übereinstimmen, dafs ich, auch wenn ich die genannten Angaben erhalten hätte, doch nicht im Stande sein würde, aus der Ferne und bei der Mangelhaftigkeit des vorliegenden Stoffes die Quellwärmeverhältnisse der Gegend von Upsala ins Reine zu bringen. Es ist unumgänglich nöthig, dafs von einheimischen Gelehrten in mehr als einer Richtung neue Forschungen angestellt werden, wenn die wissenschaftlichen Fragen, deren Lösung nahe zu liegen scheint, wirklich gelöst werden sollen. Man müfste mit der kritischen Bearbeitung der Luftwärmebeobachtungen anfangen, um zunächst ein sicheres vieljähriges Mittel für Upsala zu erlangen. Ich gestehe offen, ich traue den ältern Bearbeitungen der mittlern Luftwärme in Upsala nicht. BUCH und WAHLENBERG erhielten 5°.57, SCHOUW und KÄMTZ 5°.36, MAHLMANN 5°.1; ich halte auch diese Bestimmung noch für zu hoch. Soviel mir bekannt ist, hat Niemand genau untersucht, welchen Grad von Richtigkeit die Formel $\frac{VII + II + 2.IX}{4}$ für Upsala hat, und dies ist auch sehr schwierig zu ermitteln, solange es keine stündlichen Beobachtungen an diesem Orte giebt. So zuverlässig, wie ich in § 3 glaubte, ist diese Formel leider nicht: denn ich sehe soeben, dafs das nach dieser Formel berechnete Jahresmittel in Petersburg freilich nur 0°.05, in Helsingfors aber 0°31 zu hoch ist [1]). Ich höre auch von einem Reisenden, dafs ganz kürzlich eine neue Sternwarte auf einem Hügel erbaut ist. Wie hoch über dem Meere und über dem Boden befinden sich auf dieser die meteorologischen Instrumente? Wie unsicher unsere Kenntnifs der Regenmenge und Regenvertheilung in Upsala im vieljährigen Durchschnitt ist, weifs der Leser. Da nun schon im Jahre 1838 (und wahrscheinlich schon früher) der neue Regenmesser und die neue Beobachtungsordnung für denselben bestand, so mufs man wünschen, dafs wenigstens alle neuern zuverlässig beobachteten Jahrgänge bekannt gemacht würden. Die Ausstellungen, welche ich an den übrigens von mir hochgeschätzten Bodenwärmemessungen machen zu müssen geglaubt habe, brauche ich hier nicht zu wiederholen. Auch versteht es sich von selbst,

[1]) DOVE: Ueber die täglichen Veränderungen der Temperatur der Atmosphäre (im Separatabdruck p. 52).

dafs neue Jahrgänge von Quellwärmebeobachtungen und eine genaue Untersuchung der Oertlichkeit der Quellen zu wünschen sind.

§ 65. Noch ein paar Notizen über Skandinavien.

a) Wer die übrigen Quellwärmebeobachtungen WAHLENBERG's in Schweden kennen lernen will, findet sie sämmtlich im 41. Bande von GILBERT's Annalen. WAHLENBERG reiste im Sommer 1810 rasch von Upsala bis in die Gebirge von Umeo Lappmark (beinahe 66° Br.) und zurück, um bei der Hin- und Rückreise alle Quellen am Wege zu messen. Er verliefs Upsala am 18 Juni, erreichte am 22 Juli den nördlichsten Punkt und war am 24 August wieder in Upsala. Im September machte er von dort einen ähnlichen Ausflug gegen Süden, auf welchem er am 15 September Carlskrona unter 54¼° Br. erreichte. WAHLENBERG hatte auf diese Weise in den 3 Monaten von Mitte Juni bis Mitte September 1810 eine Menge Quellen auf der Ostküste Schwedens in der ganzen Längenausdehnung derselben von Nord nach Süd gemessen. BUCH hat a. a. O. S. 161 eine Auswahl aus diesen Quellwärmemessungen nach den Breitengraden in eine Uebersicht geordnet, gegen welche wenig zu erinnern sein würde, wenn dieselbe nur die Abnahme der Quellwärme mit wachsender Breite zeigen sollte. BUCH hat aber dieser Uebersicht an 3 Orten auch die mittlere Lufttemperatur, sogut ihm dieselbe bekannt war, hinzugefügt und wünscht diese Uebersicht auch zu dem Beweise zu benutzen, dafs die positive Abweichungsgröfse der mittlern Quellwärme von der mittlern Luftwärme mit der nördlichen Breite zunimmt, mit andern Worten, dafs die mittlere Wärme des Bodens und der Quellen die mittlere Wärme der Luft um so mehr übertrifft, je weiter man nach Norden hinaufgeht (siehe auch BUCH's Bemerkungen über Quellentemperaturen in POGGEND. Ann. Bd. 12. S. 403). Ich leugne die Thatsachen nicht, welche bewiesen werden soll, aber ich mufs die Zuverlässigkeit der Beweisführung entschieden in Abrede stellen. Um wirklich zu beweisen was man beweisen will, müfste man richtige Luftmittel der Orte besitzen und diese mit richtigen Mitteln unentstellter rein meteorologischer Quellen vergleichen. Nun fehlen aber die richtigen Luftmittel ganz und gar, selbst für Upsala, und was die Quellwärme betrifft, so hat WAHLENBERG nur Einzelmessungen beliebiger Quellen geliefert. Man weifs nicht, ob unter den gemessenen Quellen sich nicht solche befinden, deren Wärme durch die

Erdwärme erhöht ist, man kennt auch nicht die Gröfse der jährlichen Veränderungsscale jeder Quelle, kann folglich die Höhe des Jahresmittels nicht mit Sicherheit schätzen u. s. w. Der Gedanke, den Buch durch die Wahlenberg'schen Beobachtungen zu beweisen wünscht, ist übrigens unzweifelhaft richtig und scheint mir des Beweises durch die Beobachtung garnicht erst bedürftig zu sein. Je höher man nach Norden hinaufgeht, desto länger wird in jedem Jahre die regenlose Frostzeit, desto tiefer sinkt das Luftmittel unter das Boden- und Quellmittel hinab, desto höher bleibt also das Quellmittel im Vergleich mit dem Luftmittel.

b) Die Stadt Wisby liegt unter Br. 57° 39', Oest. L. 15° 56' auf der Westküste der Insel Gottland in der Ostsee. Rudberg hat (Poggend. Annal. Bd. 39 S. 114) eine Notiz über eine abnorm kalte Quelle in Wisby bekannt gemacht. Säve, Candidat der Medicin, stellte vom 18 Januar bis 7 September 1836 mit einem von Rudberg geprüften Thermometer Messungen dieser Quelle an. Sie liegt im Hause des Gymnasiums, etwa 500' vom Ufer und etwa 50' über der Meeresfläche. Säve fand beständig dieselbe Temperatur, nämlich 5°.50, während die mittlere Luftwärme von Wisby nach Rudberg 2° bis 2°.5 höher liegt. »Wahrscheinlich existirt am Boden der Ostsee ein von Norden herabfliefsender kalter Strom, welcher die untere Erdschicht der Gegend, von wo die Quelle herausspringt, abkühlt«.

c) Die Quellen auf der Küste Norwegens sollen etwas kälter sein als die Luft. Mir sind nur die von Kämtz im Lehrb. der Meteor. II, 201. verzeichneten Quellwärmebeobachtungen aus Norwegen bekannt. Es ist wohl möglich, dafs es am südlichen Ende der Küste Orte giebt, an denen wenigstens in einzelnen Jahrgängen die Quellen kälter sind als die Luft, weil dort in manchen Jahren das kalte Drittel den Regenüberschufs haben wird. Ich kenne aber Regenbeobachtungen nur von einem Orte, Bergen, und hier ist die Abweichungsgröfse des Quellmittels vom Luftmittel im 10jährigen Durchschnitt schon positiv zu erwarten. Bergen unter Br. 60° 24', also unter der Breite der Shetlandinseln, hatte folgende Regenmengen (bei Schouw Cl. d. l'It. 184):

Bergen, 10 Jahre.

December	7''.58	= 33.41 %
Januar	5. 99	
Februar	6. 33	
März	6. 02	
April	4. 22	
Mai	3. 47	
Juni	4. 71	
Juli	4. 68	= 39.06 %
August	7. 38	
September	9. 52	
October	8. 72	
November	8. 95	
Jahr	77. 57	
Winter	19. 90	
Frühling	13. 71	
Sommer	16. 77	
Herbst	27. 19	

Der Winter hat freilich mehr Regen als der Sommer, aber das warme Drittel hat mehr Regen als das kalte.

Kaltes Drittel 33.41 = 33.33 + 0.08 %
Warmes Drittel 39.06 = 33.33 + 5.73

Der Ueberschufs des warmen Drittels ist 5.63 % gröfser als der des kalten, und $\frac{5.63}{8} = 0.706$ oder 0.7. Die mittlere Quellwärme ist also $0^{\circ}.7$ höher zu erwarten als die mittlere Luftwärme.

XV. Kapitel.

Die norddeutsche Ebene.

---

§ 66. Luftwärme und Regen in Berlin und Potsdam.

Lage von Berlin [1]).

Br. 52° 31′ 13″
Oestl. L. 11° 3′ 30″
Höhe 110 Fufs über der Ostsee.

A. Luftwärmebeobachtungen.

NB. In diesem § sind sämmtliche Temperaturen ausnahmsweise Réaumur'sche Grade.

I. Die stündlichen Beobachtungen des Herrn Schultz in Berlin.

Erst in neuester Zeit hat Berlin durch die Beharrlichkeit eines Arztes, des Herrn Dr. A. W. F. Schultz, eine längere Reihe sogenannter stündlicher, soll heifsen vielstündiger und durch Rechnung zu stündlichen ergänzter Beobachtungen der Luftwärme erhalten [2]). Erst jetzt ist man daher im Stande, aus den verschiedenen ältern und neuern zu festen Stunden angestellten Luftwärmebeobachtungen in Berlin richtige Mittel zu gewinnen, indem man an den erhaltenen Mitteln die aus den Schultz'schen Beobachtungen abgeleiteten Correctionen zum 24stündigen oder wahren Mittel anbringt. Nachdem ich vorausgeschickt habe, dafs Schultz seine Beobachtungen mit dem 1 October 1840 anfing und bis zum 31 August 1845 für die Be-

[1]) Dies ist die Lage der alten Sternwarte, welche dem Mittelpunkt der bewohnten Stadt näher liegt als die neue. Die Höhe ist die durchschnittliche Höhe des Bodens, auf welchem die Stadt steht. Es bedarf wohl kaum der Wiederholung, dafs alle Höhenangaben ohne Ausnahme Pariser Fufs sind, wenn nicht ein anderes Mafs ausdrücklich angegeben ist. Unter der Ostsee ist der mittlere Wasserstand derselben bei Swinemünde zu verstehn (welcher 3′.38 über dem Nullpunkt des dortigen Pegels liegt). Herr von Dechen bezieht alle seine Höhenmessungen in Rheinland und Westphalen nicht auf die mittlere Höhe der Nordsee sondern auf den Nullpunkt des Pegels in Amsterdam. Ich erwähne diese Verschiedenheit nur, damit der Leser wisse, woran er ist.

[2]) Monatsberichte der Gesellschaft für Erdkunde zu Berlin. Neue Folge. Bd. 3. (1846) S. 185, nebst Zahlentabellen.

rechnung der Ergebnisse benutzte, lasse ich den Verfasser über die Zahl der Beobachtungsstunden selbst reden:

»Die Zahl der Beobachtungsstunden und diese selber sind nicht in allen Monaten gleich geblieben; doch sind 8 Stunden täglich die geringste Zahl, welche zuletzt (im Jahre 1845) bis auf 19 Stunden gesteigert ward. Solange sich der Plan der Arbeit auf einzelne Tagesstunden erstreckte, d. h. bis zum October 1841, wurden nur die Beobachtungen durch Interpolation ergänzt, welche in den eigentlichen Beobachtungsstunden ausgefallen waren. Die Mittel der dazwischenliegenden Stunden wurden erst nach Feststellung der Mittel von den Beobachtungsstunden durch Interpolation gesucht. Vom October 1841 an wurde aber jede einzelne fehlende Beobachtung, welche zwischen Morgens 6 und Abends 10 Uhr, resp. 7 und 11 oder 6 und 12 fiel, auf die angegebene Weise berechnet«......

»Der Weg, den ich bei der Interpolation einschlug, ist dieser. Von den gleichnamigen Monaten suchte ich den aus, in welchem die wenigsten Beobachtungen fehlten, diesen interpolirte ich durch die für Halle von Kämtz angegebenen Werthe; mit den so gewonnenen Mitteln meiner Beobachtungen bearbeitete ich den der übrigen gleichnamigen Monate, welcher jetzt der am wenigsten mangelhafte war. Aus den Mitteln beider ward ein weiteres Mittel für die einzelnen Stunden gezogen und mit diesem ein folgender Monat bearbeitet; und endlich aus den so gewonnenen Mitteln aller gleichnamigen Monate das Mittel gezogen, welches die Tabellen *A, B, C* angeben«.

Es ist ferner zu bemerken, dafs Schultz seine Beobachtungen mit dem Herbstanfang 1840, also mit dem 1 September angefangen zu haben wünschte, und deshalb den ganzen Monat September 1840 vorsichtig nach anderen in Berlin angestellten und in der Vossischen Zeitung veröffentlichten Beobachtungen ergänzte; ebenso ergänzte er die 3 Monate Juli, August, September 1841, welche ganz ausgefallen waren. Andere Lücken sind nicht vorgekommen. Schultz hat also theils durch Beobachtung theils durch Rechnung für jede Stunde jedes Monates ein sogenanntes 5jähriges Mittel zu Stande gebracht. Will man auch diesen Mitteln der vielen Interpolationen wegen nur den wirklichen Werth 2½jähriger oder 2jähriger vollständiger Beobachtungen zuerkennen, so mufs man doch anerkennen, dafs Schultz durch seine Beobachtungen der Wissenschaft einen wichtigen Dienst geleistet hat, zumal wenn man bedenkt, dafs man für verschiedene andere Orte schon froh ist, einen Jahrgang stündlicher Beobachtungen zu besitzen.

Das Thermometer, dessen Schultz sich bediente, gehört zu einem Psychrometerpaare, ist von J. G. Greiner jun. verfertigt und jeder Grad in Fünftel getheilt. Es war im Herbst 1840 nicht mehr neu: denn es hatte von October 1837 an schon in Rom zu ähnlichen Beobachtungen gedient. Schultz wohnte in Berlin Johannisstr. No. 2 im 1. Stock gegen NNO. und einem grofsen Garten gegenüber. Das Thermometer war vor Doppelfenstern aufgehängt und vor Regen geschützt. Von der Sonne wurde es nur im hohen Sommer zur Zeit des Sonnenunterganges gestreift. Das Niveau des Schultz'schen Heberbarometers befand sich 125'.1 über dem Spiegel der Ostsee. Jeder Beobachter meteorologischer Instrumente kann sich leicht überzeugen, dafs die Kugel eines Thermometers, dessen Stände sich bequem ablesen lassen sollen, etwa 2' höher hängen mufs als das Niveau des Barometers. Das Thermometer wird sich also 127' über der Ostsee und, da es am 1. Stock hing, etwa 16' über dem Erdboden befunden haben. (Hiernach liegt das Pflaster der Johannisstrafse vor dem Hause No. 2 etwa 111' über der Ostsee).

Schultz hat auch die allgemeinen Mittel der Monate berechnet, welche ich mittheile weil sie und das daraus abgeleitete Jahresmittel für wahre Mittel des 5jährigen Zeitraumes September 1840-45 (also vom 1 September 1840 bis letzten August 1845) gelten dürfen.

Wahre Mittel der 5 Jahre September 1840-45.

1840-44	September	11°.697 R.
	October	6. 985
	November	3. 718
	December	0. 488
1841-45	Januar	— 0. 610
	Februar	— 1. 226
	März	1. 525
	April	7. 096
	Mai	10. 907
	Juni	13. 196
	Juli	14. 248
	August	14. 860
	Jahr	6. 907 [1]
	Herbst	7. 465
	Winter	— 0. 449 [2]
	Frühling	6. 509
	Sommer	14. 101

[1]) Das Jahresmittel ist nicht 6°.890, wie bei Schultz steht.

[2]) Das Wintermittel ist nicht — 0°.516, wie ebenfalls bei Schultz steht.

Dove hat nach den Schultz'schen Beobachtungen für jeden Monat die Correctionsgröfse für das Mittel jeder Stunde zum 24stündigen Mittel berechnet und die Correctionstafel in dem mehrerwähnten Bericht in fol. vom Jahre 1851 S. XI veröffentlicht. Mittelst dieser Tafel ist man im Stande, die Correction des Mittels aus jeder beliebigen Stundenverbindung zum wahren Mittel leicht zu finden. Wir besitzen in Berlin Luftwärmebeobachtungen um 8, 1, 11 Uhr, ferner Beobachtungen der täglichen Extreme und Beobachtungen um 6, 2, 10 Uhr. Die Correctionen des Mittels aus diesen Stundenverbindungen zum wahren sind folgende:

Correction des Mittels.

	aus 8. 1. 11.	aus 6. 2. 10.	aus den extremen Stunden.
Januar	— 0°.02 R.	— 0°.07 R.	— 0°.16 R.
Februar	— 0. 07	— 0. 04	— 0. 17
März	— 0. 06	+ 0. 04	— 0. 16
April	— 0. 11	+ 0. 21	— 0. 11
Mai	— 0. 34	— 0. 07	+ 0. 33
Juni	— 0. 09	— 0. 01	+ 0. 31
Juli	— 0. 22	+ 0. 06	+ 0. 23
August	— 0. 25	+ 0. 15	+ 0. 08
September	— 0. 24	+ 0. 13	— 0. 13
October	— 0. 32	— 0. 15	+ 0. 11
November	— 0. 11	— 0. 08	— 0. 22
December	0. 00	— 0. 03	— 0. 13
Jahr	— 0. 15	+ 0. 01	0. 00

Man sieht, dafs das Mittel aus 8. 1. 11. in allen Monaten zu hoch ist und um durchschnittlich 0°.15 R. erniedrigt werden mufs. Die Mittel aus 6. 2. 10. sind bald etwas zu hoch bald etwas zu niedrig; die Abweichungen vom Richtigen heben sich im Jahresmittel auf. Die Mittel aus den extremen Stunden fallen in der kältern Jahreshälfte zu hoch, in der wärmern zu niedrig aus; das Jahresmittel ist richtig.

II. Luftwärmebeobachtungen in Berlin von 1774-1852.

Die Luftwärmebeobachtungen in Berlin findet man vollständig verzeichnet in Dove's Abhandlungen über die nichtperiodischen Aenderungen der Temperaturvertheilung, deren V. Theil unter dem besondern Titel die Witterungsgeschichte des letzten Jahrzehnts, Berlin 1853 erschienen ist. Die Beobachtungen vor 1774 lasse ich auf sich beruhn. Vom Jahre 1774-1821 giebt es 48 Jahre vom Prediger GRONAU um 8. 1. 11. Diese stehn bei DOVE I, 18. 19. Vom Jahre 1822-1839 hat Herr MÄDLER 18 Jahre die täglichen Extreme am Registerthermometer beobachtet, und diese Beobachtungsweise ist von Herrn GALLE auf der neuen Sternwarte während der 10 Jahre 1840-49 fortgesetzt. Die 18 Jahre von MÄDLER und die ersten 6 Jahre von GALLE, zusammen 24 Jahre, entnimmt man wohl am richtigsten aus DOVE IV, 136 [1]). Die letzten 4 Jahre von GALLE, 1846-49, stehn bei DOVE V, 100. Endlich beobachtet Herr Dr. C. F. SCHNEIDER seit Anfang 1848 für das meteorologische Institut um 6. 2. 10. Die 5 Jahre 1848-52 stehn ebenfalls bei DOVE V, 100 [2]). (Die 31 Jahrgänge 1822-52 finden sich auch in DOVE's Berichten über die meteorol. Beobb. im Preufs. Staate, dem in fol. 1851. S. 81 und dem in 8. 1853. S. 22).

1. Der Prediger GRONAU beobachtete in der Wallstrafse in einem 1. Stock, wie mir Herr DOVE mündlich mittheilte. Näheres über die Höhe des Thermometers über dem Erdboden und der Ostsee habe ich leider nicht erfahren. Wir werden aber keinen erheblichen Fehler begehn, wenn wir die Höhe des Thermometers über dem Erdboden zu 15′ und die Meereshöhe zu 125′ annehmen. Ich habe aus den 48 Jahresmitteln, wie sie bei DOVE (nach MÄDLER's Berechnung) stehn, das allgemeine Mittel gezogen und erhalte:

48 Jahre 1774-1821 aus 8. 1. 11.	7°.07 R.
Correction	— 0. 15
Wahres Mittel der 48 Jahre	6. 92

2. MÄDLER und 3. GALLE. — MÄDLER wohnte in der Markgrafenstrafse in einem niedrigen Hause im 1. Stock, wie mir Herr DOVE sagt. Näheres habe ich leider nicht erfahren. Das Registerthermometer mag sich etwa 14′ über dem Erdboden und 124′ über der Ostsee befunden haben. GALLE beobachtete auf der neuen Sternwarte in 21′ Höhe über dem Erdboden und in 130′ Höhe über der Ostsee [3]).

[1]) nachdem man folgende Fehler verbessert hat, deren Berichtigung sich bei DOVE V, 181 findet: Der December 1840 ist — 3°.65, der December 1844 — 3°.73, das 24jährige Decembermittel 0°.81 (und folglich das 24jährige Mittel 7°.14).

[2]) Auch hier ist ein Druckfehler zu verbessern. Das Jahresmittel 1848 ist nicht 6°.70, sondern 6°.95.

[3]) Herr Prof. ENCKE hat mir gütigst mitgetheilt, dafs das Barometer 19′ über dem Erdboden und 128′ über der Ostsee hängt. Ich habe daher (zufolge der oben gemachten Bemerkung) das Thermometer um 2′ höher angenommen.

Wenn man ein Thermometer von gewöhnlicher Construction stündlich beobachtet, so erhält man täglich eine wärmste und eine kälteste Stunde. Dies hat SCHULTZ gethan, und es hat sich gefunden, dafs die Correction des Mittels aus den extremen Stunden im Durchschnitt des Jahres für Berlin = Null ist, wie wir soeben gesehn haben. Mit welchem Rechte wendet man nun aber die für die extremen Stunden gefundenen Correctionen der Monate und des Jahres auf die am Registerthermometer beobachteten wirklichen Extreme an? Ich meine nicht, dafs irgend ein nennenswerther Unterschied zwischen den Mitteln aus den extremen Stunden und den Mitteln aus den wirklichen täglichen Extremen zu vermuthen ist; man kann aber jene Correctionen deswegen nicht mit Sicherheit auf die am Registerthermometer erhaltenen Extreme anwenden, weil das Registerthermometer noch immer ein nicht ganz zuverlässiges Instrument ist. Die Kenner wissen, dafs die Angaben der Maxima auf die Dauer nicht zuverlässig sind, während die Minima allerdings richtig sein sollen. Hätte SCHULTZ neben dem gewöhnlichen Thermometer, an dem er die Temperatur stündlich beobachtete, ein möglichst gutes Registerthermometer aufgehängt und die äufsersten Stände desselben ebenfalls täglich verzeichnet, so würde man erfahren haben, wie weit die Correction des Mittels aus den extremen Stunden übereinstimmt mit der Correction des Mittels aus den an diesem Registerthermometer beobachteten Extremen. Da dies nicht geschehn ist, so sträubte ich mich gegen die Zumuthung, die Jahresmittel aus den am Registerthermometer erhaltenen täglichen Extremen in Berlin für genau richtige nehmen zu sollen. Ich wünschte wenigstens eine erfahrungsmäfsige Probe zu kennen, welche bewiese, dafs grade die Beobachtungen von MÄDLER und GALLE ziemlich richtig wären. Für MÄDLER's Beobachtungen habe ich keine Probe anstellen können, wohl aber für die GALLE'schen, auf folgende Weise. Als SCHULTZ seine stündlichen Beobachtungen in der Johannisstrafse begann, beobachtete GALLE schon auf der Sternwarte die täglichen Extreme. Wir haben während des ganzen 5jährigen Zeitraums September 1840-45 Beobachtungen sowohl von SCHULTZ als von GALLE. Da SCHULTZ die Monats- und das Jahresmittel im 5jährigen Durchschnitt aus seinen Beobachtungen selbst berechnet hat, so brauchte ich nur aus GALLE's Beobachtungen für denselben Zeitraum die Monats- und das Jahresmittel zu berechnen. In der 3. Reihe habe ich an den Mitteln aus den täglichen Extremen die Correction der Mittel aus den extremen Stunden angebracht.

Gleichzeitige Beobachtungen
während der 5 Jahre September 1840-45.

	Schultz Johannisstr. 2. stündlich	Galle, Sternwarte tägl. Extreme uncorr.	corr.
September	11°.70 R.	11°.88 R.	11°.75 R.
October	6. 98	7. 76	7. 87
November	3. 72	3. 22	3. 00
December	0. 49	0. 17	0. 04
Januar	— 0. 61	— 1. 16	— 1. 32
Februar	— 1. 23	— 1. 49	— 1. 66
März	1. 53	1. 34	1. 18
April	7. 10	7. 02	6. 91
Mai	10. 91	10. 99	11. 32
Juni	13. 20	13. 35	13. 66
Juli	14. 25	14. 28	14. 51
August	14. 86	14. 78	14. 86
Jahr	6. 91	6. 84	6. 84
Herbst	7. 47	7. 62	7. 54
Winter	— 0. 45	— 0. 83	— 0. 98
Frühling	6. 51	6. 45	6. 47
Sommer	14. 10	14. 14	14. 35

Das von Schultz erhaltene 5jährige Mittel 6°.91 gilt uns für das wahre Mittel dieses Zeitraumes. Das aus den gleichzeitigen Galle'schen Beobachtungen erhaltene Mittel 6°.84 weicht nur 0°.07 R. vom wahren ab. Wir sind nicht entfernt im Stande, zu bestimmen, welchen Umständen bei der Verschiedenheit der Beobachtungsorte und der Instrumente diese nahe Uebereinstimmung ihre Entstehung verdankt, aber es ist doch erfahrungsmäfsig nachgewiesen, dafs die Galle'schen Beobachtungen am Registerthermometer im mehrjährigen Durchschnitt ein sehr gutes, keiner Berichtigung bedürfendes Mittel geben. Wir übertragen das Vertrauen, welches die Galle'schen Beobachtungen erwiesenermaafsen verdienen, sehr gern auch auf Mädler's Beobachtungen. Dove (IV, 136 und V, 100) hat schon das 24jährige Mittel aus den 18 Jahren von Mädler und den 6 ersten von Galle berechnet und die Correction angebracht, wie folgt:

1822-45, 24 Jahre.

	tägl. Extreme	corr.
Januar	— 1°.90 R.	— 2°.06 R.
Februar	— 0. 15	— 0. 32
März	2. 74	2. 58
April	6. 88	6. 77
Mai	10. 92	11. 25
Juni	13. 94	14. 25
Juli	15. 04	15. 27
August	14. 43	14. 51
September	11. 75	11. 62
October	7. 97	8. 08 [1])
November	3. 25	3. 03
December	0. 81	0. 68
Jahr	7. 14	7. 14

7°.14 R. ist also für das wahre Mittel der 24 Jahre zu halten.

Dazu nehmen wir noch die 2 Jahre[2]) 1846. 1847, deren Mittel nach Galle's Beobachtungen 7°.89 und 6°.84 sind, also

2 Jahre 1846 u. 47 . . . . 7°.865 R.

4. Herr Dr. Schneider, der seit Anfang 1848 um 6. 2. 10. beobachtet, wohnte bis März 1849 in der Magazinstrafse in einem 1. Stock, wo sich das Thermometer 14′ über dem Pflaster befand. Seit April 1849 wohnte Herr Dr. Schneider in der Ritterstrafse No. 56 im 2. Stock; hier befindet sich das Thermometer 29′ über dem Pflaster und 144′ über der Ostsee.

Berlin. 5 Jahre 1848-52.

	aus 6. 2. 10.	corr.
Januar	— 2°.16 R.	— 2°.23 R.
Februar	2. 23	2. 19
März	2. 42	2. 46
April	6. 77	6. 98
Mai	10. 60	10. 53
Juni	13. 71	13. 70
Juli	14. 67	14. 73
August	14. 07	14. 22
September	10. 66	10. 79
October	7. 48	7. 33
November	3. 17	3. 09
December	1. 26	1. 23
Jahr	7. 07	7. 08

[1]) nicht 7°.86.

[2]) Wir vernachlässigen die beiden letzten Jahre von Galle 1848 u. 49, weil wir für diese Jahre schon Beobachtungen von Schneider um 6. 2. 10 haben, und

Wir haben also für die folgenden Perioden von ungleicher Länge folgende wahre Mittel bestimmt, und vereinigen wir diese verschiedenen Perioden mit Rücksicht auf ihre Länge, so erhalten wir das wahre 79jährige Mittel = 7°.01 R.

48	Jahre	1774-1821	6°.92 R.
24	»	1822-1845	7. 14
2	»	1846. 1847	7. 365
5	»	1848-1852	7. 08
79	Jahre	1774-1852	7. 01

Berechnen wir nach den folgenden Angaben und Annahmen die durchschnittliche Höhe über dem Erdboden und über der Ostsee, in welcher die Beobachtungen in dieser ganzen Periode angestellt wurden, so erhalten wir 16′ über dem Erdboden und 126′ über der Ostsee

Zahl der Jahre	über dem Erdboden	über der Ostsee
48	15′	125′
18	14	124
8	21	130
1	14	124
4	29	144
79	16	126

Es ergiebt sich also, dafs die wahre mittlere Luftwärme in Berlin nach 79jähriger Beobachtung in durchschnittlich 16′ Höhe über dem Erdboden und 126′ Höhe über der Ostsee 7°.01 R. ist.

III. Luftwärmebeobachtungen in Potsdam.

Der Hofgärtner in Sanssouci, Herr Legeler, hat im Frühling 1845 aus eigenem Antriebe angefangen, meteorologische Beobachtungen anzustellen. Für die Luftwärme wählte Herr Legeler das Registerthermometer und dieses beobachtet derselbe noch jetzt. Die monatlichen Mittel der Luftwärme, welche Herr Legeler seit Anfang 1848 dem meteorologischen Institute mittheilt, sind also die Mittel aus den wirklichen täglichen Extremen. Der Beobachtungsort ist die Dienstwohnung des Herrn Legeler in Sanssouci. Herr Berghaus hat die

diese mit 1848 anfangende Reihe voraussichtlich lange fortgesetzt werden wird. Ich bemerke im Vorbeigehn, dafs das Jahr 1848 in Schneider's Wohnung 0°.40 R. kälter war als bei Galle und das Jahr 1849 0°.11 R. kälter als bei Galle.

geographische Lage desselben nach der von ihm genau ermittelten Lage seines eigenen Hauses bestimmt, wie folgt:

Br.	52°	24′	5′.8
Oest. L.	10	42	32.4

Nach der gangbaren Annahme befindet sich das Thermometer 113′ über dem Spiegel der Ostsee. Herr Legeler schreibt mir aber, dafs diese Angabe etwas zu hoch sei. Ich ziehe daher eine mir im Jahre 1849 von Herrn Berghaus gemachte Mittheilung vor, nach welcher der Erdboden neben dem Legeler'schen Hause 95′ über dem Spiegel der Ostsee liegt. Da sich nun das Thermometer 15′ über dem Erdboden befindet, so erhalten wir 110′ als die Meereshöhe des Thermometers. Mir liegen (ich schreibe dies im December 1853) die Beobachtungen der 8 meteorologischen Jahre December 1845-53 vor. Die 5 bürgerlichen Jahre 1848-1852 und die 5jährigen Mittel sind in Dove's Octavheft »Ueber die klimatischen Verhältnisse des Preufs. Staates« vom Jahre 1853 S. 23 gedruckt [1]). Das Vorhergehende (vom December 1845 an) und das Nachfolgende (bis November 1853) hat Herr Legeler mir gütigst mitgetheilt [2]).

Hier folgt zunächst die Uebersicht der 8 Jahrgänge der Legeler-schen Beobachtungen:

[1]) Den fehlenden Juli 1851 habe ich zu *14°.10 angenommen. Abgesehn von den kleinen Veränderungen, welche diese Interpolation nach sich zieht, befinden sich auch in den von Dove gegebenen Zahlen ein paar Druckfehler, z. B. das 5jährige Novembermittel ist nicht 5°.25, sondern 3°.25.

[2]) Herr Legeler schreibt mir auch unter dem 2 December 1853, dafs im Laufe dieses Jahres seine Dienstwohnung verlegt ist und das Beobachtungszimmer jetzt etwa 124′ über dem Spiegel der Ostsee liegt. Die obige Bestimmung der Höhe des Thermometers (110′ über der Ostsee und 15′ über dem Boden) gilt also grade nur für den 8jährigen Zeitraum December 1845-53.

Potsdam.

Luftwärme aus den täglichen Extremen, ° Réaumur. Höhe 110′ über der Ostsee und 15′ über dem Erdboden.

Beobachter Legeler.

	1. Jahr, Dec. 1845-46	2. Jahr, Dec. 1846-47	3. Jahr, Dec. 1847-48	4. Jahr, Dec. 1848-49	5. Jahr, Dec. 1849-50	6. Jahr, Dec. 1850-51	7. Jahr, Dec. 1851-52	8. Jahr, Dec. 1852-53	8 Jahre Dec. 1845—53 uncorr.	corr.
December	2°.23	— 1°.84	— 0°.16	1°.29	— 1°.90	1°.60	1°.71	4°.14	0°.88	0°.75
Januar	0. 50	— 1. 97	— 6. 33	— 1. 78	— 6. 03	1. 43	2. 69	2. 35	— 1. 14	— 1. 30
Februar	3. 16	— 0. 14	2. 82	2. 92	2. 87	1. 40	1. 61	— 1. 51	1. 64	1. 47
März	6. 14	3. 20	4. 71	2. 62	1. 16	3. 11	1. 35	— 1. 46	2. 60	2. 44
April	7. 82	5. 22	9. 02	6. 81	7. 06	8. 21	4. 58	4. 58	6. 66	6. 55
Mai	10. 29	12. 56	10. 79	12. 09	10. 92	8. 20	11. 98	10. 10	10. 87	11. 20
Juni	14. 76	12. 73	14. 86	13. 02	14. 22	12. 52	14. 11	14. 42	13. 83	14. 14
Juli	16. 19	15. 19	14. 81	13. 29	13. 55	* 14. 10	17. 04	14. 90	14. 88	15. 11
August	17. 45	16. 20	13. 07	13. 33	13. 90	14. 16	15. 19	12. 91	14. 53	14. 61
September	12. 52	10. 11	10. 82	11. 06	8. 90	10. 29	12. 20	10. 36	10. 78	10. 65
October	9. 99	6. 79	8. 63	7. 40	6. 24	9. 37	7. 06	6. 93	7. 80	7. 91
November	3. 82	4. 05	3. 10	2. 77	4. 43	1. 29	4. 65	1. 98	3. 26	3. 04
Jahr	8. 74	6. 84	7. 18	7. 07	6. 28	7. 14	7. 85	6. 64	7. 216	7. 214
Winter									0. 46	0. 31
Frühling									6. 71	6. 73
Sommer									14. 41	14. 62
Herbst									7. 28	7. 20
Kältester Monat									— 1. 14	— 1. 30
Wärmster Monat									14. 88	15. 11
Unterschied									16. 02	16. 41

Wir haben nun zu prüfen, wie weit die Luftwärmebeobachtungen in Potsdam mit denen in Berlin übereinstimmen. Dazu bietet sich uns eine zweifache Gelegenheit dar. Erstlich hat GALLE während der 4 ersten Beobachtungsjahre von LEGELER noch auf der Sternwarte in Berlin beobachtet und da beide Beobachtungsreihen am Registerthermometer angestellt sind, so eignen sie sich besonders gut zur Vergleichung. Zweitens hat SCHNEIDER die 5 bürgerlichen Jahre 1848-52 in Berlin um 6. 2. 10. beobachtet. Diese 5 Jahre lassen sich ebenfalls mit den gleichzeitigen in Potsdam vergleichen.

1. 4 Jahre gleichzeitiger Beobachtungen am Registerthermometer, °RÉAUMUR.

Berlin: GALLE auf der Sternwarte . . . 130′ über der Ostsee, 21′ über dem Boden.
Potsdam: LEGELER in seiner Dienstwohnung 110′ » » » 15′ » » »

	1. Jahr, Dec. 1845—46		2. Jahr, Dec. 1846—47		3. Jahr, Dec. 1847—48		4. Jahr, Dec. 1848—49	
	Berlin.	Potsdam.	Berlin.	Potsdam.	Berlin.	Potsdam.	Berlin.	Potsdam.
December	1°.65	2°.23	—3°.01	—1°.84	—0°.25	—0°.16	1°.37	1. 29
Januar	0. 02	0. 50	—3. 13	—1. 97	—7. 37	—6. 33	—1. 91	—1. 78
Februar	2. 38	3. 16	—1. 10	—0. 14	2. 22	2. 82	2. 64	2. 92
März	5. 56	6. 14	2. 75	3. 20	4. 69	4. 71	3. 10	2. 62
April	7. 46	7. 82	4. 79	5. 22	9. 16	9. 02	6. 61	6. 81
Mai	9. 80	10. 29	12. 47	12. 56	11. 31	10. 79	11. 88	12. 09
Juni	14. 66	14. 76	13. 29	12. 73	14. 92	14. 86	13. 22	13. 02
Juli	16. 18	16. 19	15. 85	15. 19	14. 93	14. 81	13. 86	13. 29
August	17. 04	17. 45	16. 47	16. 20	13. 84	13. 07	13. 37	13. 33
September	12. 20	12. 52	10. 43	10. 11	11. 01	10. 82	11. 13	11. 06
October	9. 53	9. 99	6. 69	6. 79	8. 75	8. 63	7. 18	7. 40
November	2. 88	3. 82	3. 86	4. 05	3. 31	3. 10	2. 55	2. 77
Jahr	8. 28	8. 74	6. 61	6. 84	7. 21	7. 18	7. 08	7. 07

Vergleichung der Jahresmittel.

	Berlin	Potsdam	Abweichung in Potsdam
1. Jahr	8°.28	8°.74	+ 0°.46
2. »	6. 61	6. 84	+ 0. 23
3. »	7. 21	7. 18	— 0. 03
4. »	7. 08	7. 07	— 0. 01
4 Jahre	7. 30	7. 46	+ 0. 16

In dem sehr warmen 1. Jahre war die Temperatur durchgehends beträchtlich höher bei Legeler als bei Galle, im Mittel um 0°.46 R. In dem kalten 2 Jahre war der Winter viel milder bei Legeler als bei Galle, sodafs das Jahresmittel bei Legeler 0°.23 R. höher ausfiel. In den beiden folgenden gemäfsigten Jahren waren die Mittel an beiden Orten gleich. Das 4jährige Mittel war im Garten von Sanssouci noch 0°.16 R. höher als auf der Sternwarte in Berlin. An letzterm Orte sind die Beobachtungen freilich 20′ höher über dem Meere und 6′ höher über dem Boden angestellt, dieser Höhenunterschied ist aber viel zu gering, als dafs man ihn für die Ursache des Temperaturunterschiedes halten dürfte.

2. 5 Jahre gleichzeitiger Beobachtungen.

Berlin: Schneider um 6. 2. 10. in der Ritterstrafse . . . . . 144′ über der Ostsee, 29′ über dem Boden.
Potsdam: Legeler am Registerthermometer in seiner Dienstwohnung 110′ " " " 15′ " " "

	1848.		1849.		1850.		1851.		1852.		5 Jahre 1848–52.	
	Berlin.	Potsdam.	Berlin.	Potsdam.	Berlin.	Potsdam.	Berlin.	Potsdam.	Berlin.	Potsdam.	Berlin.	Potsdam.
Januar	– 7.56	– 6.33	– 1.50	– 1.78	– 5.26	– 6.03	0.84	1.43	2.66	2.69	– 2.16	– 2.00
Februar	2.36	2.82	2.92	2.92	3.43	2.87	1.11	1.40	1.34	1.61	2.23	2.32
März	4.24	4.71	2.50	2.62	1.21	1.16	2.77	3.11	1.36	1.35	2.42	2.59
April	8.25	9.03	6.32	6.81	7.07	7.06	7.98	8.21	4.24	4.58	6.77	7.14
Mai	10.86	10.79	11.87	12.09	10.64	10.92	8.06	8.20	11.56	11.98	10.60	10.80
Juni	14.54	14.86	13.11	13.02	14.39	14.22	12.54	12.52	13.99	14.11	13.71	13.75
Juli	14.40	14.81	13.42	13.29	14.74	13.55	14.12	*14.10	16.68	17.04	14.67	14.56
August	13.14	13.07	13.21	13.33	14.17	13.90	14.52	14.16	15.29	15.19	14.07	13.93
September	10.37	10.83	10.90	11.06	10.17	8.90	10.34	10.29	11.54	12.20	10.66	10.66
October	8.33	8.63	6.84	7.40	6.12	6.24	9.16	9.37	6.94	7.06	7.48	7.74
November	3.13	3.10	2.57	2.77	4.09	4.43	1.32	1.29	4.73	4.65	3.17	3.25
December	1.30	1.29	– 2.11	– 1.90	1.18	1.60	1.67	1.71	4.25	4.14	1.26	1.37
Jahr	6.95	7.30	6.67	6.80	6.83	6.57	7.04	7.15	7.88	8.05	7.07	7.17

Vergleichung der Jahresmittel.

	Berlin	Potsdam	Abweichung in Potsdam
1848	6°.95	7°.30	+ 0°.35
49	6. 67	6. 80	+ 0. 13
50	6. 83	6. 57	— 0. 26
51	7. 04	7. 15	+ 0. 11
52	7. 88	8. 05	+ 0. 17
5 Jahre	7. 07	7. 17	+ 0. 10

4 Jahre unter 5 waren bei Legeler wärmer als bei Schneider, das 5jährige Mittel war im Garten von Sanssouci 0°.10 R. höher als in der Ritterstrafse in Berlin. Ich halte die Wohnung des Herrn Schneider freilich für keinen guten Beobachtungsort. Nachdem über 70 Jahre hindurch in Berlin in der Höhe des 1. Stockes, etwa 15′ über dem Boden, beobachtet ist, befindet sich das Thermometer seit 1849 14′ höher über dem Boden, und gegenüber hat Herr Schneider eine Häuserreihe. Man mufs eine Lage wünschen wie die des Herrn Schultz oder des Herrn Galle war. Aber ungeachtet der Ausstellungen, welche man an dem Beobachtungsort in der Ritterstrafse machen kann, halte ich mich doch nicht für berechtigt, den Temperaturunterschied zwischen der Ritterstrafse und dem Garten von Sanssouci auf Rechnung des Höhenunterschiedes der beiden Beobachtungsorte (welcher 34′ beträgt) zu setzen.

Die beiden soeben angestellten Vergleichungen zeigen übereinstimmend, dafs Herr Legeler in Potsdam in der Mehrzahl der Jahre eine höhere Temperatur erhält als die Beobachter in Berlin. Sollen wir nun daraus schliefsen, dafs es in Potsdam wärmer ist als in Berlin? Gewifs nicht. Zunächst müssen wir die gröfsere Wärme in Potsdam in der geschützten Lage des Beobachtungsortes suchen. Der Garten von Sanssouci liegt an einem mehr oder weniger geneigten Südabhange und ist im Norden durch die Terrassen, deren Meereshöhe 148′ beträgt, und den Windmühlenberg geschützt. Es liegt daher die Vermuthung nahe, dafs in heifsen Sommern die Temperatur in der Dienstwohnung des Herrn Legeler durch Rückstrahlung von den Hügeln erhöht wird und dafs dieselben Hügel das Haus in kalten Wintern ein wenig gegen den Nordwind schützen. Ich meine nicht, dafs durch diese Vermuthung die Sache endgültig abgemacht sei; ich will mich nur gegen die Folgerung verwahren, die man bei oberflächlicher Betrachtung aus den Legeler'schen Beobachtungen ziehn könnte, als sei es überhaupt in Potsdam wärmer als in Berlin; es würde voreilig sein, wollte man diese Folgerung schon aus den vorliegenden Beobachtungen ziehn.

Die Frage, ob die Berliner Luftwärmebeobachtungen auch für Potsdam gelten können, interessirt uns deshalb, weil es in Potsdam aus 2 verschiedenen Zeiträumen Quellwärmebeobachtungen giebt ohne gleichzeitige Luftwärmebeobachtungen. Da die Vergleichung der Legeler'schen Beobachtungen mit den gleichzeitigen Beobachtungen in Berlin keine bestimmte Antwort auf diese Frage giebt, so müssen wir uns mit der Erörterung des Wahrscheinlichen in dieser Beziehung begnügen. Potsdam liegt im märkischen Sande wie Berlin und 3 bis 4 preufsische Postmeilen südwestlich von Berlin. Gesetzt nun, man richtete in beiden Städten die Beobachtungsorte der Luftwärme in ihren äufserlichen Bedingungen möglichst übereinstimmend ein und beobachte in übereinstimmender Weise, würde man dann auch Jahr aus Jahr ein dasselbe Luftmittel an beiden Orten erhalten? Ich glaube nicht, dafs man dies mit Sicherheit erwarten darf. In manchen Jahren würde wohl die Uebereinstimmung vollständig sein, in andern könnten aber doch die Verschiedenheit der Bewölkung und der örtlichen Luftzüge eine kleine Verschiedenheit selbst noch im Jahresmittel hervorbringen. Andrerseits bin ich aber überzeugt, dafs die Unterschiede sich im Mittel einiger Jahre, z. B. im Durchschnitt von 4, 5 oder 6 Jahren ganz und gar aufheben werden. Eine ähnliche Ansicht habe ich über den Grad der Uebereinstimmung der Regenverhältnisse beider Orte. Es giebt Strichregen, die nicht beide Orte zugleich zu treffen brauchen; einzelne Gewitterregen können in Berlin und in Potsdam verschiedene Wassermengen liefern; in einzelnen Jahren kann daher die Regenmenge und die Regenvertheilung an beiden Orten etwas verschieden sein, aber im mehrjährigen Durchschnitt ist sowohl die Jahresmenge als die Vertheilung auf die Monate an beiden Orten ganz gleich zu erwarten.

B. Regenmessungen in Berlin, Pessin und Potsdam.

I. Regenmessungen in Berlin.

Es giebt 12 Jahre sehr alte Regenbeobachtungen in Berlin, nämlich die Jahre 1728-1739, über welche mir nichts Näheres bekannt ist, die aber, weil sie alt sind, nicht grade schlecht zu sein brauchen. Man findet die 12jährigen Mittel bei Schouw (Cl. d. l'It. p. 167. 182), welcher als seine Quelle die Miscellanea Berolinensia T. IV-VI. angiebt. Ich stelle den December voran.

Regen in Berlin.

12 Jahre 1728-39.

	Menge	Vertheilung
December	1".61	8.34 %
Januar	1. 27	6.58
Februar	1. 28	6.63
März	1. 09	5.64
April	1. 26	6.53
Mai	1. 76	9.11
Juni	2. 56	13.26
Juli	2. 38	12.33
August	1. 80	9.32
September	1. 66	8.59
October	1. 30	6.73
November	1. 34	6.94
Jahr	19. 31	100.00
Winter	4. 15	21.55
Frühling	4. 11	21.28
Sommer	6. 74	34.90
Herbst	4. 31	22.27

Mehr Regen, als ihnen bei gleicher Vertheilung zukommen würde, haben diesen Beobachtungen zufolge die 5 Monate Mai bis September. Jeder der 3 Sommermonate hat mehr Regen als jeder der übrigen 9 Monate, und der Juni ist der reichste. Der Sommer hat 34.9 %, also beinahe 10 % über 25. Die 4 Monate Juli bis October haben nur 36.97 = 33.33 + 3.64 %: denn der Ueberschufs des August und des September ist nur gering und der October hat schon Mangel.

In dem 108jährigen Zeitraume von 1740-1847 scheint sich Niemand in Berlin mit Regenmessungen befafst zu haben; es war dem meteorologischen Institute vorbehalten, eine neue Beobachtungsreihe zu veranlassen. Die neue Reihe ist noch kurz, es schien mir aber doch nützlich (und war zur Beurtheilung der Potsdamer Beobachtungen nothwendig), dieselbe kennen zu lernen. Herr Dr. Schneider, der seit Juni 1848 beobachtet, hat die Gefälligkeit gehabt, mir die monatlichen Mengen in Par. Linien mitzutheilen; ich habe sie in Zoll verwandelt. Der Regenmesser ist im Garten aufgestellt, welcher 10' niedriger liegt als das Pflaster der Ritterstrafse. Höhe über dem Boden 7', über der Ostsee 12'.

Regen in Berlin, 5 Jahrgänge December 1848-53.
Beobachter Dr. Schneider.

	1. Jahr, Dec. 1848-49	2. Jahr, Dec. 1849-50	3. Jahr, Dec. 1850-51	4. Jahr, Dec. 1851-52	5. Jahr, Dec. 1852-53
December	0″.50	2″.27	2″.27	0″.93	2″.02
Januar	0. 81	2. 63	0. 82	1. 81	1. 87
Februar	1. 57	3. 20	0. 53	2. 47	1. 87
März	1. 18	1. 08	2. 54	0. 52	1. 34
April	2. 25	0. 91	2. 52	0. 83	2. 72
Mai	1. 05	2. 58	1. 92	3. 30	1. 42
Juni	1. 34	1. 86	1. 64	4. 58	4. 86
Juli	1. 37	1. 69	2. 12	1. 40	2. 99
August	1. 41	1. 36	1. 62	2. 96	2. 04
September	0. 77	0. 95	1. 97	2. 00	1. 04
October	1. 24	2. 61	2. 13	1. 51	1. 38
November	0. 84	2. 33	4. 38	1. 43	0. 36
Jahr	14. 33	23. 47	24. 46	23. 74	23. 91

Regen im 5jährigen Durchschnitt.
December 1848-53.

	Menge	Vertheilung
December	1″.60	7.28 %
Januar	1. 59	7.23
Februar	1. 93	8.78
März	1. 33	6.05
April	1. 85	8.42
Mai	2. 05	9.33
Juni	2. 86	13.01
Juli	1. 91	8.69
August	1. 88	8.55
September	1. 34	6.10
October	1. 77	8.05
November	1. 87	8.51
Jahr	21. 98	100.00
Winter	5. 12	23.29
Frühling	5. 23	23.80
Sommer	6. 65	30.25
Herbst	4. 98	22.66

In dieser 5jährigen Reihe haben die Monate April bis August den Ueberschufs; derselbe ist aber nur im Mai und Juni der Rede werth. Der Juni tritt wieder entschieden als der regenreichste Monat hervor. Die Vertheilung auf die Jahreszeiten ist weniger ungleich als in der Reihe aus dem vorigen Jahrhundert. Der Sommer hat nur

30.25 %, die 4 Monate Juli bis October haben nur 31.39 %, also 1.94 weniger als 33.33.

Um diejenigen Werthe zu erhalten, von denen man annehmen darf, dafs sie dem vieljährigen Durchschnitt am nächsten kommen, habe ich die 12jährige und die 5jährige Reihe vereinigt und für die 17jährige Reihe die Vertheilung berechnet:

Regen in Berlin.

	12 alte Jahre	5 neue Jahre	17 Jahre Menge	17 Jahre Vertheilung
December	1''.61	1''.60	1''.61	8.01 %
Januar	1. 27	1. 59	1. 36	6.77
Februar	1. 28	1. 93	1. 47	7.31
März	1. 09	1. 33	1. 16	5.77
April	1. 26	1. 85	1. 43	7.12
Mai	1. 76	2. 05	1. 85	9.20
Juni	2. 56	2. 86	2. 65	13.19
Juli	2. 38	1. 91	2. 25	11.19
August	1. 80	1. 88	1. 82	9.05
September	1. 66	1. 34	1. 57	7.81
October	1. 30	1. 77	1. 44	7.17
November	1. 34	1. 87	1. 49	7.41
	19. 31	21. 98	20. 10	100.00
			4. 44	22.09
			4. 44	22.09
			6. 72	33.43
			4. 50	22.39

In der 17jährigen Reihe haben die 4 Monate Mai bis August den Ueberschufs. Der Sommer hat 33.43 %, also 8.43 mehr als 25, die 4 Monate Juli bis October haben nur 35.22 = 33.33 + 1.89 %.

II. Regenmessungen in Pessin.

Herr Berghaus hat die Güte gehabt, mir 11 neuere Jahre Regenbeobachtungen aus Pessin im Havellande, etwa 4 Meilen nördlich von Potsdam, mitzutheilen, zugleich aber bemerkt, dafs diese Beobachtungen nicht mit grofser Genauigkeit angestellt sind. Die Lage von Pessin ist

Br. 52° 40′ 0″

Oest. L. 10 18 30

Höhe über der Ostsee 106 Fufs.

Beobachter: Schullehrer Neute. Die einzelnen Monatsmengen waren in Rheinländ. Zoll und Linien (nur ganzen und halben Linien) angegeben; ich habe sie in Par. Zoll übersetzt und die 11jährigen Mittel sowie die Vertheilung berechnet. Wenn diese Beobachtungen auch nicht sehr genau gemacht sind, so sind sie doch nicht ganz nutzlos. Sie zeigen z. B. die ganz aufserordentliche Regenmenge des December 1833 und des Januar 1834, also des Winters des heifsesten Jahres December 1833-34. Monatsmengen von 6 Zoll und darüber kommen in dem ganzen 11jährigen Zeitraume sonst nicht vor.

Regen in Pessin.

106′ über der Ostsee. 11 Jahre, 1831—41.

Beobachter Neute.

	1831.	1832.	1833.	1834.	1835.	1836.	1837.	1838.	1839.	1840.	1841.
Januar	2″.42	1″.57	0″.48	6″.16	0″.44	1″.93	1″.41	1″.21	2″.13	2″.58	1″.85
Februar	1. 69	0. 12	2. 98	0. 48	1. 85	0. 48	1. 83	0. 48	1. 29	0. 32	0. 48
März	3. 02	1. 41	1. 33	1. 93	1. 45	2. 66	0. 73	0. 60	1. 37	0. 56	0. 64
April	1. 89	0. 24	1. 04	1. 25	2. 25	1. 37	2. 90	1. 85	0. 44	0. 00	0. 08
Mai	5. 03	1. 81	1. 21	0. 89	2. 82	0. 81	1. 85	0. 81	2. 58	1. 05	0. 81
Juni	2. 86	1. 97	1. 17	1. 77	0. 32	2. 09	1. 85	2. 05	1. 69	1. 37	5. 55
Juli	2. 05	3. 82	2. 66	2. 25	2. 05	1. 21	2. 42	2. 18	3. 02	0. 72	1. 93
August	3. 94	2. 90	1. 77	2. 05	1. 45	0. 72	2. 01	2. 50	0. 12	0. 80	1. 29
September	4. 47	0. 81	1. 69	1. 13	1. 05	3. 06	1. 93	0. 24	0. 97	0. 97	1. 37
October	0. 85	0. 48	1. 17	1. 09	0. 85	0. 60	1. 21	1. 53	0. 64	1. 69	2. 50
November	4. 47	3. 13	4. 06	0. 85	0. 24	1. 93	2. 01	0. 24	0. 72	2. 50	1. 85
December	2. 29	2. 70	6. 20	0. 72	1. 41	2. 33	1. 61	0. 36	1. 53	0. 32	1. 21
Jahr	34. 98	20. 96	25. 76	20. 57	16. 18	19. 19	21. 76	14. 05	16. 50	12. 88	19. 56

Bei den 11jährigen Mitteln stelle ich den December voran.

Regen in Pessin.

11 Jahre 1831-41.

	Menge	Vertheilung	
December	1".88	9.3 %	31.8 (December bis März)
Januar	2. 02	10.0	
Februar	1. 09	5.4	
März	1. 43	7.1	
April	1. 21	5.9	
Mai	1. 79	8.9	
Juni	2. 06	10.1	
Juli	2. 21	10.9	33.3 (Juli bis October)
August	1. 78	8.8	
September	1. 61	8.0	
October	1. 14	5.6	
November	2. 00	10.0	
Jahr	20. 22	100.0	
Winter	4. 99	24.7	
Frühling	4. 43	21.9	
Sommer	6. 05	29.8	
Herbst	4. 75	23.6	

In dieser Reihe haben nicht allein die 4 Monate Mai bis August, sondern auch die 3 Monate November, December, Januar mehr Regen als ihnen bei gleichmäfsiger Vertheilung zukommen würde. Die Ungleichheit des Winter- und Sommerantheils ist daher noch geringer, als in der 5jährigen Berliner Reihe. Der Winter hat 24.7 %, also sehr nahe 25, der Sommer hat 29.8 %, also nur 4.8 mehr als 25. Wir sind nicht berechtigt, wegen der Kleinheit des Sommerantheils zu vermuthen, der Beobachter habe einen Theil des Sommerregens durch Verdunstung verloren gehn lassen. Denn erstens begründet die Jahresmenge 20".22 keineswegs den Verdacht, dafs Meteorwasser durch Nachlässigkeit des Beobachters verloren gegangen sei [1]) und zweitens ist die Gröfse des Winterantheils offenbar die Folge der Gröfse der Winterregenmenge des Jahres December 1833-34, dessen höchst abweichende Vertheilung noch störend auf die Vertheilung im 11jährigen Durchschnitt wirkt. Die 4 Monate December bis März haben 31.8 %, also nur 1.5 weniger, als 33.3, die 4 Monate Juli bis October haben grade nur 33.3 %.

[1]) Vermuthlich hat Herr Neute seine Messungen regelmäfsig gemacht und nur nicht die einzelnen Mengen mit grofser Schärfe abgelesen. Dabei können die Monatsmengen doch hinreichend richtig ausgefallen sein. Ich sehe keinen rechten Grund, weshalb man diesen Beobachtungen nicht Vertrauen schenken sollte.

III. Regenmessungen in Potsdam.

Die Legeler'schen Beobachtungen in Potsdam umfassen bis jetzt die 8 meteorologischen Jahre December 1845-53. Was von diesen Beobachtungen nicht in Dove's Bericht in fol. 1851. S. 88 gedruckt ist, hat Herr Legeler mir handschriftlich mitzutheilen die Güte gehabt. Die monatlichen Mengen waren in Par. Linien angegeben, ich habe sie in Zoll verwandelt und die 8jährigen Mittel sowie die Vertheilung berechnet. Der Regenmesser stand 37′ über dem Erdboden und 132′ über dem Spiegel der Ostsee.

Regen in Potsdam.

8 Jahre, December 1845—53. 37′ über dem Boden und 132′ über der Ostsee.

Beobachter Legeler.

	1. Jahr, Dec. 1845-46	2. Jahr, Dec. 1846-47	3. Jahr, Dec. 1847-48	4. Jahr, Dec. 1848-49	5. Jahr, Dec. 1849-50	6. Jahr, Dec. 1850-51	7. Jahr, Dec. 1851-52	8. Jahr, Dec. 1852-53	8 Jahre, Dec. 1845-53. Menge	Vertheil.
December	1″.22	0″.36	0″.27	0″.28	1″.55	1″.62	0″.29	1″.36	0″.87	4″.90
Januar	1. 88	0. 45	0. 45	1. 78	1. 83	0. 41	1. 37	1. 14	1. 16	6. 54
Februar	0. 88	0. 95	1. 51	1. 19	2. 15	0. 57	1. 96	2. 36	1. 45	8. 17
März	0. 79	0. 65	0. 86	1. 30	0. 58	1. 96	0. 38	0. 94	0. 93	5. 24
April	1. 59	1. 23	2. 26	1. 96	0. 53	2. 93	0. 51	2. 54	1. 69	9. 53
Mai	1. 59	2. 33	1. 24	1. 13	2. 49	1. 82	2. 93	0. 85	1. 80	10. 15
Juni	1. 31	0. 89	3. 77	0. 62	1. 06	1. 52	3. 68	5. 38	2. 28	12. 85
Juli	2. 04	0. 84	0. 60	2. 11	2. 85	1. 16	0. 60	2. 81	1. 63	9. 19
August	1. 37	1. 73	2. 03	1. 39	1. 85	1. 47	1. 55	1. 64	1. 62	9. 13
September	0. 40	1. 77	0. 56	1. 64	1. 13	2. 44	1. 82	1. 01	1. 35	7. 61
October	3. 29	1. 28	1. 48	1. 30	1. 91	1. 57	1. 11	0. 67	1. 58	8. 91
November	0. 45	0. 70	2. 14	0. 62	1. 84	2. 82	1. 64	0. 80	1. 38	7. 78
Jahr	16. 81	13. 18	17. 17	15. 32	19. 77	20. 31	17. 84	21. 50	17. 74	100. 00
									3. 48	19. 61
									4. 42	24. 92
									5. 53	31. 17
									4. 31	24. 30

Ich hielt diese Beobachtungen, die ich früher als die Schneider-schen erhielt, für sehr zuverlässig. Kaum hatte ich dieselben in die vorstehende Form gebracht, so erfuhr ich, dafs Herr Legeler in Folge des zusammengesetzten Baues seines Regenmessers die Regenmengen zu klein erhält. Es ist auch befremdend, dafs die Jahresmenge im 8jährigen Durchschnitt nur 17¾ Zoll beträgt, während man wohl wenigstens 20 erwarten sollte. Wenn nun die Weitläuftigkeit des Apparates die Ursache ist, dafs Wasser in demselben hängen bleibt und die gemessenen Mengen zu klein ausfallen, so folgt aus diesem Umstande, dafs auch die nach diesen Beobachtungen berechnete Vertheilung nicht richtig sein wird. Im Winter fällt der Regen in viel kleinern Mengen als im Sommer, wo mitunter ein einziges Gewitter 1 bis 2″ liefern kann. Je kleiner der Regen ist, ein desto gröfserer Bruchtheil desselben geht zur Benetzung des Apparates verloren; je gröfser der Regen ist, desto kleiner ist der Bruchtheil, der verloren geht. Die Verhältnifszahl des Winterregens (19.61 %) wird also kleiner ausfallen, als sie in Wirklichkeit ist, die Verhältnifszahl des Sommerregens gröfser. Die Ungleichheit des Winter- und Sommerantheils wird folglich geringer gewesen sein, als die vorstehende Berechnung nach Legeler's Beobachtungen angiebt. Wir können die Richtigkeit dieser Folgerung beweisen und die Gröfse des Fehlers, sowohl was die Jahresmenge als die Verhältnifszahlen des Winters und Sommers betrifft, ausmitteln. Für die letzten 5 Jahre der Potsdamer Messungen haben wir die gleichzeitigen Berliner, die uns zum Maafsstab dienen können. Ich habe daher auch für die letzten 5 Jahre aus Potsdam die Durchschnittsmengen und die Vertheilung berechnet und wir erhalten nun folgende Zusammenstellung:

Gleichzeitige Regenmessungen in Berlin und Potsdam im Durchschnitt der 5 Jahre December 1848-53.

	Berlin.		Potsdam.	
	Menge	Vertheilung	Menge	Vertheilung
December	1''.60	7.28 %	1''.02	5.38 %
Januar	1. 59	7.23	1. 31	6.91
Februar	1. 93	8.78	1. 65	8.71
März	1. 33	6.05	1. 03	5.44
April	1. 85	8.42	1. 69	8.92
Mai	2. 05	9.33	1. 84	9.71
Juni	2. 86	13.01	2. 45	12.93
Juli	1. 91	8.69	1. 91	10.08
August	1. 88	8.55	1. 58	8.34
September	1. 34	6.10	1. 61	8.49
October	1. 77	8.05	1. 31	6.91
November	1. 87	8.51	1. 55	8.18
Jahr	21. 98	100.00	18. 95	100.00
Winter	5. 12	23.29	3. 98	21.00
Frühling	5. 23	23.80	4. 56	24.07
Sommer	6. 65	30.25	5. 94	31.35
Herbst	4. 98	22.66	4. 47	23.58

Während Herr Dr. Schneider mit dem gewöhnlichen Regenmesser in Berlin 21''.98 erhielt, erhielt Herr Legeler mit seinem zusammengesetzten Regenmesser in Potsdam nur 18''.95, also volle 3 Zoll zu wenig. Der Winterantheil ist nach Schneider 23.29 %, nach Legeler nur 21, also 2.29 % zu klein. Der Sommerantheil ist nach Schneider 30.25 %, nach Legeler 31.35, also 1.10 % zu grofs.

Die Prüfung der Regenmessungen in Potsdam führt also zu einem ähnlichen Ergebnifs wie die Prüfung der Luftwärmebeobachtungen: sie sind unzuverlässig und wir müssen die Berliner Beobachtungen auch für Potsdam gelten lassen.

§. 67. P. Erman's Quellwärmebeobachtungen bei Potsdam.

NB. In diesem § sind sämmtliche Temperaturen wieder Celsius'sche Grade.

Während P. Erman in den Jahren 1814-19 bei Potsdam die Wärme der Quellen mafs, beobachtete Gronau in Berlin die Luftwärme. Ich stelle hier diejenigen Monats- und Jahresmittel nach den Beobachtungen in Berlin zusammen, deren Kenntnifs uns zur Beurtheilung der ERMAN'schen Quellwärmemessungen wünschenswerth sein kann. Die Mittel sind alle genau berichtigt.

Luftwärme in Berlin, wahre Mittel.

	6 Jahre 1814-19	3 Jahre 1817-19	Einzeljahre 1818	1819
Januar	— 1°.25	1°.16		1°.13
Februar	0. 36	1. 76		2. 25
März	3. 00	4. 01		4. 76
April	8. 03	7. 44	9°.14	9. 54
Mai	12. 73	14. 00	14. 05	15. 03
Juni	17. 34	18. 83	18. 24	19. 90
Juli	18. 11	18. 91	19. 57	20. 45
August	17. 21	18. 29	16. 68	20. 44
September	13. 75	15. 48	14. 66	15. 50
October	7. 39	7. 06	7. 82	8. 04
November	2. 91	3. 59	2. 38	2. 30
December	— 1. 26	— 1. 91	— 1. 51	— 3. 66
Jahr	8. 13	9. 05		9. 64
Kältest. M. Decb.	— 1. 26	— 1. 91		— 3. 66
Wärmst. M. Juli	18. 11	18. 91		20. 45
Unterschied	19. 37	20. 82		24. 11

die 79 Jahre 1774-1852	8°.76	
die 48 Jahre 1774-1821	8. 65	
die 6 Jahre 1814-1819	8. 13	
die 3 Jahre 1817-1819	9. 05	
das Jahr 1814	6. 91	sehr kalt
» » 1815	7. 75	kalt
» » 1816	6. 99	sehr kalt
» » 1817	8. 59	mittelmäſsig
» » 1818	8. 96	mittelmäſsig
» » 1819	9. 64	warm

WAHLENBERG kam im Sommer 1811 nach Berlin und blieb daselbst bis zum Frühling 1812, um die Herausgabe seiner Flora Lapponica zu besorgen, die 1812 bei REIMER erschien. Dann trat er seine Reise in die Schweizer Alpen an. Nachdem WAHLENBERG, wie es scheint, die Anregung zu seinen Quellwärmebeobachtungen von BUCH erhalten hatte [1]), regte wiederum das Beispiel seiner Beobach-

[1]) BUCH hatte im Jahre 1802 in der Biblioth. britannique Beobachtungen über die Temperatur einiger Quellen bei Neuchatel bekannt gemacht, bei dieser Gele-

tungen in Schweden und die Sorgfalt, mit welcher er während seines Aufenthaltes in Berlin die Temperatur des Gesundbrunnens bei Berlin beobachtete, den Physiker PAUL ERMAN zur regelmäfsigen Anstellung ähnlicher Beobachtungen an. ERMAN betrachtete es übrigens ebensowenig wie WAHLENBERG als seine Hauptaufgabe, die Temperaturerscheinungen der Quellen zu erklären; der Zweck der Untersuchung war, durch Messungen der Quellwärme die Bodenwärme auszumitteln. Der Aufsatz, in welchem er im Jahre 1820 seine Beobachtungen in den Abhandlungen der Berl. Akad. d. Wissensch. aus den Jahren 1818-1819 S. 377-403 veröffentlichte, führt den Titel »Ueber die aus Beobachtungen der Quellen sich ergebende Temperatur des Bodens in der Gegend von Berlin«. ERMAN unterzog sich daher auch nicht selbst der Untersuchung der Luftwärme, noch weniger der Untersuchung der Regenverhältnisse. Um diesem Mangel abzuhelfen, habe ich im vorigen § die Luftwärme und die Regenverhältnisse von Berlin und Potsdam nach den jetzt vorhandenen Beobachtungen und Hülfsmitteln erörtert[1]). ERMAN wohnte damals in Potsdam; er suchte und fand in dortiger Gegend Quellen und beobachtete zwei derselben 6 Jahre, eine 3 Jahre, eine 1¾ Jahr. Den Gesundbrunnen bei Berlin beobachtete er nur gelegentlich. Herr BERGHAUS hat 20 Jahre später zwei von den ERMAN'schen Quellen (und einige Brunnen) wiederum mehrere Jahre hindurch beobachtet. Die BERGHAUS'schen Beobachtungen müssen für sich abgesondert erörtert werden. Wir verdanken aber Herrn

genheit auch DALTON's Beobachtung auf dem Helvellyn vom Jahre 1793 erwähnt. Dann hatte er im August 1805 die Temperatur einer Quelle an der Grenze der römischen Campagne gemessen, diese Beobachtung aber nicht veröffentlicht. HUMBOLDT hatte 1806 in GILBERT's Annalen seine Quellwärmebeobachtungen in den Gebirgen von Cumana und Caraccas mitgetheilt. Im Sommer desselben Jahres trat BUCH seine Reise nach Norwegen und Schweden an, auf welcher er keine Quellwärmemessungen anstellte (L. v. BUCH's Reise durch Norwegen und Lappland. Mit Kupfern und Karten. 2 Theile. Berlin 1810 bei G. C. NAUCK. kl. 8). Er traf auf dieser Reise aber Ende September 1807 mit WAHLENBERG zusammen, der auf der Rückkehr von seiner dritten Reise nach Lappland begriffen war. Sie reisten zusammen von Umeo bis Upsala. Vermuthlich hat BUCH damals WAHLENBERG darauf aufmerksam gemacht, dafs es für seine pflanzengeographischen Untersuchungen nützlich werden könnte, wenn er durch Temperaturbeobachtungen an Quellen die Wärme des Bodens kennen zu lernen suchte. Bis dahin hatte WAHLENBERG keine Quellwärmebeobachtungen gemacht. Er begann seine Messungen erst im Frühling 1808.

[1]) Durch diese Bemerkung soll der Werth der gediegenen ERMAN'schen Abhandlung nicht verkleinert werden. Alle Urtheile und Erklärungen, welche ERMAN in derselben niedergelegt hat, zeugen von der umsichtigsten Beobachtung und der reifsten Erwägung des Physikers von Fach.

BERGHAUS auch eine Anzahl Höhenbestimmungen in Potsdam und der Umgegend, und diese stelle ich den ERMAN'schen Beobachtungen voran, weil sie zur Erweiterung unserer Kenntnisse über die Gegend von Potsdam beitragen.

Höhenbestimmungen in und bei Potsdam von BERGHAUS.

BERGHAUS sagt in seinem Geograph. Jahrbuch, 1850, Gotha bei Perthes. 4. S. 25: »Südlich vom Ufer der Havel bei Potsdam, auf der Ostseite von der grofsen Wiesenniederung des Nutheflusses, auf der Westseite von der nach Wittenberg führenden Heerstrafse begrenzt, streicht unter dem Namen der Brauhaus-, Telegraphen-, Ravens- und Schöneberge etc. eine mehr oder weniger unterbrochene Kette von Hügeln, welche auf der Südseite gegen eine Senkung abfällt, die grade von W. nach O. von dem Dorfe Michendorf über Alt- und Neu-Langerwisch nach dem an der Nuthe gelegenen Städtchen Saarmund zieht. Diese genau in Meridian-Richtung streichende Hügelkette ist eine deutsche Meile lang. Das Profil derselben ergiebt sich aus den nachstehenden, einer Revision vorbehaltenen, Höhenangaben, welche auf trigonometrischen und barometrischen Messungen beruhen, welche ich während eines 31jährigen Zeitraumes, von 1818–1848, ausgeführt habe«. — BERGHAUS hat seine Höhen auf den Nullpunkt des Swinemünder Pegels bezogen. Ich habe von jeder seiner Höhenbestimmungen 3'.38 abgezogen und dadurch die Höhe über dem mittlern Wasserstande der Ostsee erhalten. Ich ziehe diese Art der Höhenangabe nur aus dem Grunde vor, weil sie in Berlin die gebräuchliche ist und ich mich, um Verwirrung zu vermeiden, dem Gebrauch anschliefse.

	Ueber dem Spiegel der Ostsee, Par. F.
Nullpunkt des Havelpegels an der Langenbrücke bei Potsdam . .	85'.3
Mittlerer Wasserstand der Havel daselbst	89.8
Senkbrunnen in BERGHAUS' Garten, Höhe des Erdbodens	98.2
Die beiden Senkbrunnen vor BERGHAUS' Remise und vor HOFFMANN's Keller, Höhe des Erdbodens	123.9
Barometer-Niveau in BERGHAUS' Bibliothek[1].	126.34
Brauhausberg, Freitreppe des Belvedere	207.4
» die Vier-Linden-Höhe	240.2
» höchste Kuppel, der lange Berg genannt	273.5

[1]) Die geographische Lage des Hauses (in der Teltower Vorstadt) ist Br. 52° 23′ 29″, Oestl. L. 10° 43′ 46″.

	Ueber dem Spiegel der Ostsee, Par. F.
Turnplatz in der Einsenkung zwischen dem Brauhaus- und dem Telegraphenberg	199'.4
Telegraphenberg, Plinte des (jetzt verlassenen) Telegraphengebäudes	292. 9
Plateau zwischen dem Telegraphen- und dem Kleinen Ravensberge, wo der Fufsweg nach der Ravensberger Quelle die Langerwischer Strafse verläfst	192. 7
Nördlicher Fufs des Kleinen Ravensberges, am Fufswege nach der Quelle	241. 3
Nördliche Vorkuppe des Kl. Ravensberges	314. 6
Kleiner Ravensberg, der Gipfel (im Mittel aus 31 Barometermessungen in den Jahren 1818-45)	363. 7
Niedriges Plateau zwischen dem Kl. und dem Gr. Ravensberge	177. 2
Nördlicher Kamm des Gr. Ravensberges	288. 5
Grofser Ravensberg, der Gipfel (im Mittel aus 48 Barometermessungen in den Jahren 1818-48)	329. 3
Schöne Berg, Plateauscheitel	289. 6
Lois- oder Lusha-Berg bei Bergholz	238. 5
Westlicher Fufs der Hügelkette auf der Potsdam-Wittenberger Strafse, im Parallel des Gr. Ravensberges	180. 3
Unmittelbar am westlichen Fufse dieses Berges liegt aber das Posch-Lug (ein Morast)	120. 0
Alt-Langerwisch, vor dem Herrenhause, südlicher Rand der Hügelkette	144. 6
Die Ravensberger Quelle (im Mittel aus 14 Barometermessungen in den Jahren 1839-48)	100. 8
Michendorf bei der Kirche	146. 5
Saarmund, Barometer-Niveau	113. 50

Andere bemerkenswerthe Höhenpunkte in der Gegend von Potsdam:

Sanssouci, oberste Terrasse vor dem Schlosse	148'.4
Ruinenberg, Oberkante des Rolllagers	227. 2
Pfingstberg	234. 4
Das Becken, in welches die Templiner Quelle ausfliefst	89. 4
Waldhöhe über der Templiner Quelle	208. 2

Aus den vorstehenden Messungen erhellt, dafs die Ravensberger Quelle, welche Erman $1\frac{3}{4}$ Jahr beobachtete, 101' über dem Meere hervorkommt. Die Höhe der 3 übrigen Quellen können wir mit hinreichender Sicherheit schätzen. Erman beschreibt ihre Lage und die Weise ihrer Entstehung in folgenden lehrreichen Worten:

»Die andern drei Quellen bei Potsdam, von denen ich nunmehr vieljährige Beobachtungen habe, fliefsen alle am linken oder südlichen Ufer der Havel aus, zwischen der Stadt und dem unter dem Namen Templin bekannten Landsitz des Herrn Generals VON BISMARK. Es zieht sich nämlich längs dieses Ufers eine fast ununterbrochene Reihe von Hügeln, meistens sehr nahe am Flufsbette. Diese meistens mit Nadelholz bewachsenen Sandhügel, die ich von 50 bis 160 Fufs Höhe fand, barometrisch gemessen[1]), ruhen auf einer Thonschicht, die man an einigen Stellen zu Tage ausgehend findet; sie streicht stellenweise in einer Höhe von einigen Fufs über dem Wasserspiegel. Die Tagewasser, die durch den Sand dringen, sammeln sich auf diesem Lager. An einigen Stellen, wo die Schicht horizontal und frei zu Tage ragt, siekert das Wasser beständig, aber ohne sich zu einer Quelle zu sammeln. Bei anhaltendem Frost bedecken sich diese Strecken mit einer kontinuirlichen Reihe von Eisstalagmiten, indem das in zu geringer Menge hervorquellende Wasser bereits nahe am Entstehungspunkte gefriert und durch unausgesetzten Zuflufs grofse aneinandergereihete Eiszapfen bildet; in der Regel findet man aber diese Stellen schon im nächsten Jahre durch das Ueberstürzen des Sandes wieder bedeckt. Wo aber das Thonlager eine Mulde bildet, da ziehen sich die hindurchsiekernden Tagewasser zusammen, und fliefsen aus Winter und Sommer mit gleicher Wassermenge und mehr oder weniger konstanter Temperatur«.

Die 3 Quellen am linken Ufer der Havel sind:

1. Die Quelle auf der DROSEDOW'schen Wiese am Ende der Teltower Vorstadt.
2. Die ungefafste Quelle an der Havel zwischen Potsdam und Templin.
3. Die Templiner Quelle.

Alle 3 Quellen fliefsen nur wenige Fufs über dem Spiegel der Havel aus. Das Becken, in welches die Templiner Quelle ausfliefst, liegt nach BERGHAUS' Bestimmung 89′ über dem Meere. Ich möchte diese Bestimmung für etwas zu niedrig halten: denn die mittlere Höhe der Havel an der Langenbrücke bei Potsdam ist 90′, die Quellen werden etwas höher ausfliefsen, zwischen 90 und 100′; wir dürfen daher 95′ wohl als die gemeinschaftliche Höhe der 3 Quellen annehmen.

[1]) Diese Höhen sind Höhen über dem Spiegel der Havel oder über den Quellen. Die Meereshöhen sind also 140 bis 250 Fufs.

Da nun ERMAN die Wärme der Quellen bei Potsdam in 95 und 101′ Höhe beobachtete und GRONAU in Berlin die Luftwärme in 125′ Höhe, so beträgt der Unterschied der Höhe, in welcher beide Arten von Beobachtungen angestellt wurden, nur 30′. Dieser Höhenunterschied ist nicht grofs genug, um die unmittelbare Vergleichung der Berliner Luftwärmebeobachtungen mit den Potsdamer Quellwärmebeobachtungen zu verbieten, wir werden ihn daher vernachlässigen und den Angaben der Quellwärme die gleichzeiten Angaben der Luftwärme hinzufügen.

ERMAN stellte seine Beobachtungen mit der gröfsten Genauigkeit an. Seine Thermometer, von SCHAFFRINSKY mit vieler Sorgfalt construirt, stimmten mit dem WAHLENBERG'schen überein [1]), waren mit Mikroskop, Mikrometerschraube und Nonius versehn und gestatteten eine unmittelbare genaue Ablehnung von 0°.05 R. ERMAN beobachtete monatlich 1mal, sogut es ihm seine Zeit erlaubte um die Mitte des Monats. Er hat nicht die einzelnen Jahrgänge seiner Beobachtungen mitgetheilt (mit Ausnahme des letzten Jahres 1819), sondern nur den mehrjährigen Durchschnitt der Monate und des Jahres; er suchte in der Veränderung nur das Beharrende, nämlich das mehrjährige, womöglich vieljährige Mittel. Nach diesen Vorbemerkungen kommen wir zu den Beobachtungen selbst. Wir betrachten zuerst die auf dem linken Havelufer hervorkommenden Quellen und zwar in der Reihenfolge, in welcher man dieselben von Potsdam aus erreicht.

1. Die Quelle auf der Drosedow'schen Wiese am Ende der Teltower Vorstadt.

Diese Quelle entspringt an den westlichen Abhängen des Brauhausberges. »Da der Hügelzug sich grade an dieser Stelle vom Stromufer mehr entfernt, als weiter herunter nach Templin zu, und eine Unterbrechung erleidet, durch welche die Landstrafse geht, so hat

[1]) WAHLENBERG hatte sein Thermometer im Winter 1807-1808 selbst graduirt nach einem DOLLOND'schen, welches dem Baron HERMELIN gehörte. Mit diesem DOLLOND'schen stimmte WAHLENBERG's Thermometer, als es fertig war, genau überein. (Ich mufs hier beiläufig bemerken, dafs WAHLENBERG in dem seltsamen Mifsverständnifs befangen war, sein Thermometer nach seiner Körperwärme graduirt zu haben, als ob er den Grad seiner Körperwärme hätte wissen können, ohne ihn an einem zuverlässigen fertigen Thermometer — welches in diesem Falle kein anderes als das DOLLOND'sche gewesen sein wird — gemessen zu haben! WAHLENBERG hatte also den obern Fundamentalpunkt seiner Scale im Grunde nicht von seinem Körper, sondern von dem DOLLOND'schen Instrument entnommen. GILBERT's Annal. Bd. 41. S. 117).

das Wasser eine ziemliche Strecke in einer sehr geringen Tiefe unter der Kunststrafse und dem Boden eines Ackers und eines Stückes Wiese zum Theil in einer unterirdischen Röhrenleitung zu laufen, ehe es seinen Ausflufs nahe an der Havel erreicht, wo es als ein sehr angenehmes Trinkwasser benutzt wird. Es folgt daraus, dafs die an sich nicht wasserreiche Quelle von den Veränderungen der atmosphärischen Temperatur bedeutend affizirt wird und an derselben zweimal Theil nimmt, einmal beim Niederschlag aus der Atmosphäre und dann nahe an ihrem Ausflufs«. Aus dieser Beschreibung Erman's geht hervor, dafs bei dieser Quelle durch das Fliefsen des Wassers in einer Leitung die jährliche Veränderungsscale vergröfsert und das Mittel dem Luftmittel angenähert sein wird [1]).

	6 Jahre 1814-19		Das Jahr 1819	
	Luft	Quelle	Luft	Quelle
Januar	— 1°.25	6°.99	1°.13	6°.70
Februar	0. 36	7. 28	2. 25	7. 21
März	3. 00	7. 94	4. 76	7. 94
April	8. 03	8. 83	9. 54	8. 83
Mai	12. 73	10. 98	15. 03	11. 10
Juni	17. 34	12. 10	19. 90	12. 81
Juli	18. 11	13. 08	20. 45	14. 15
August	17. 21	13. 38	20. 44	14. 13
September	13. 75	11. 91	15. 50	11. 91
October	7. 39	11. 25	8. 04	10. 50
November	2. 91	9. 21	2. 30	8. 94
December	— 1. 26	7. 33	— 3. 66	6. 63
Jahr	8. 13	10. 02	9. 64	10. 07
Kältest. Mon.	— 1. 26	6. 99	— 3. 66	6. 63
Wärmst. Mon.	18. 11	13. 38	20. 45	14. 15
Unterschied	19. 37	6. 39	24. 11	7. 52

Im Einzeljahr 1819 war der Unterschied des kältesten und wärmsten Monates der Quelle 7°.52. Bei dieser Gröfse der Schwankung ist nach Bd. I, 323. das Jahresmittel aus monatlich 1 Beobachtung nicht recht zuverlässig, zumal da der Beobachter ausdrücklich bemerkt,

[1]) Berghaus berichtet, dafs die Quelle auf der Drosedow'schen, jetzt Simonschen Wiese im Jahre 1839 nicht mehr vorhanden war. Ich kann hinzufügen, dafs ich am 20 Januar 1847 in Potsdam war, um die Erman'schen Quellen aufzusuchen, dafs aber die genannte Quelle nicht zu finden war. Vermuthlich wird die Quelle jetzt näher ihrem Ursprunge zum Privatgebrauch benutzt.

dafs er in diesem Jahre die Mitte der Monate nicht genau einzuhalten im Stande war. Im 6jährigen Mittel haben sich die kleinen Unrichtigkeiten, welche in den einzelnen Jahresmitteln vorgekommen sein können, ohne Zweifel vollkommen ausgeglichen, und 10°.02 ist für das genau richtige 6jährige Mittel dieser Quelle zu halten [1]). Der Wärmegang der Drosedow'schen Quelle in den 6jährigen Monatsmitteln hat die gröfste Aehnlichkeit mit dem Wärmegang des Hafsborn im 5jährigen Durchschnitt (I, 447). Beim Hafsborn war der kälteste Monat der Januar, der wärmste der August und der Unterschied beider betrug 5°.97 bei 19°.66 Unterschied in der Luft. Die vorliegende Quelle ist im Januar am kältesten, im August am wärmsten, Unterschied 6°.39, bei 19°.37 Unterschied in der Luft. Das Mittel der Drosedow-schen Quelle mufs dem Luftmittel angenähert sein und die Annäherung mufs in jedem der 6 Jahre eine Erniedrigung gewesen sein. Beim Hafsborn (I, 449) betrug die Gröfse der Annäherung in jedem Jahre durchschnittlich 0°.36. Wir können meiner Meinung nach durchaus nicht umhin, bei der Drosedow'schen Quelle eine mindestens ebensogrofse Annäherung anzunehmen. Das Jahresmittel dieser Quelle würde also, wenn es unentstellt wäre, die Höhe 10°.4 haben. Die »Ravensberger Sprudelquelle«, welche wir im folgenden § durch die Beobachtungen von Berghaus kennen lernen werden, ist unzweifelhaft durch die Erdwärme erhöht. Ihre Temperatur ist 10°.0. Jede Quelle derselben Gegend, welche ebensowarm oder wärmer ist, mufs daher für eine Geotherme erklärt werden. Die Frage ist nun, ob die Behauptung, dafs die Drosedow'sche Quelle durch die Wärme des Erdinnern erhöht sei, sich durch die Höhe des Brauhausberges rechtfertigen läfst? Kann Meteorwasser, welches an der Oberfläche dieses Berges eindringt und am Fufse desselben in etwa 100' Meereshöhe als Quelle hervorkommt, durch sein Herabsinken in der Masse des Berges einer Temperaturerhöhung durch die Wärme des Erdinnern theilhaftig werden? Allerdings. Die Ebene von unveränderlicher Temperatur liegt im Sandboden unter unsern Breiten in etwa 70' Tiefe. Nun besitzen wir folgende Höhenbestimmungen vom Brauhausberge:

Die höchste Kuppel, der lange Berg genannt	273'
Die Vier-Linden-Höhe	240
Die Freitreppe des Belvedere	207

[1]) Bei Erman ist, wahrscheinlich in Folge eines Schreibfehlers, der sich aber im Texte wiederholt, 8°.10 R. als 6jähriges Mittel angegeben, während das Mittel aus den 12 Monaten 8°.0166 R. oder 10°.02 C. ist.

Wir brauchen also nicht einmal anzunehmen, daſs das Wasser unserer Quelle von den höchsten Punkten des Berges herabkomme. Wenn es nur aus einer durchschnittlichen Meereshöhe von 207′ hervorkommt, so kann es schon bis zu einer senkrechten Tiefe von 107′ in den Berg hinabgesunken sein, also 37′ tiefer als die unveränderliche Ebene liegt, und folglich einer Temperaturerhöhung durch die Erdwärme theilhaftig werden. Da nun einerseits die Möglichkeit, daſs am Fuſse des Brauhausberges eine durch die Erdwärme erhöhete Quelle hervorkomme, nicht zu leugnen ist, andrerseits aber die Behauptung, daſs das Mittel unserer Quelle, wenn es unentstellt wäre, wenigstens 10°.4 sein würde, mit Nothwendigkeit aus bekannten Thatsachen folgt, so ist die Annahme, daſs die erste Quelle, die wir durch Erman's Beobachtungen bei Potsdam kennen lernen, eine meteorologisch-geologische mit angenähertem Mittel sei, eine wohlbegründete [1]).

2. Die ungefaſste Quelle an der Havel zwischen Potsdam und Templin.

Diese Quelle »flieſst ganz frei heraus ohne alle Einfassung, die Thonschicht geht hier etwas unter das Niveau des Bodens, so daſs das Wasser einen sprudelnden Strahl bildet, den man an den Bewegungen des Sandes am Boden des kleinen Beckens deutlich wahrnimmt. Bei der Geringfügigkeit der Quelle ist es um so wichtiger, die Kugel des Thermometers genau bis in den Sandstrudel zu halten. Die Umgebungen der Quelle haben eine sehr kräftige Vegetation; das Becken derselben ist meistens dicht bewachsen mit mehreren Wasserpflanzen, es ist angenehm, dieselben mitten im Winter grünend zu finden, sowie man selbst zu dieser Jahreszeit lebendige Frösche und Insekten aller Art darin findet. Wegen dieser üppigen Vegetation könnte es manchmal schwer fallen, diese Quelle wiederzufinden und von unzählig vielen andern Stellen zu unterscheiden, wo das Wasser, wie oben gesagt worden, vom Fuſse des Hügels aus sich nach der Havel ergieſst, ohne jedoch sich in Quellen anzusammeln. Ich bemerke daher für den, dem es etwa darum zu thun wäre, sie aufzusuchen, daſs man sie grade am Fuſse des steilsten und höchsten Hü-

[1]) Bei näherer Untersuchung hat sich also ergeben, daſs die Bd. I. S. 341 Anmerkung ausgesprochene vorgefaſste Meinung, die Gegend von Berlin sei zu flach, um meteorologisch-geologische Quellen hervorzubringen, irrig war. Es giebt bei Potsdam schon Hügel, welche hoch genug sind, um in ihrer Masse einen Kern von unveränderlicher Temperatur zu enthalten. In diese Hügel ragt »das Erdinnere« schon ein wenig hinein.

gels dieser Uferstrecke findet, und zwar 895 Schritt vom Eingange des Templins« [1]).

	3 Jahre 1817-1819		Das Jahr 1819	
	Luft	Quelle	Luft	Quelle
Januar	1°.16	9°.71	1°.13	9°.68
Februar	1. 76	9. 71	2. 25	9. 71
März	4. 01	9. 70	4. 76	9. 63
April	7. 44	10. 06	9. 54	10. 13
Mai	14. 00	10. 18	15. 03	10. 25
Juni	18. 83	10. 38	19. 90	10. 44
Juli	18. 91	10. 50	20. 45	10. 50
August	18. 29	10. 69	20. 44	10. 94
September	15. 48	10. 63	15. 50	10. 63
October	7. 06	10. 15	8. 04	10. 00
November	3. 59	9. 70	2. 30	9. 65
December	— 1. 91	9. 70	— 3. 66	9. 69
Jahr	9. 05	10. 09	9. 64	10. 10
Kältest. Mon.	— 1. 91	9. 70	— 3. 66	9. 63
Wärmst. Mon.	18. 91	10. 69	20. 45	10. 94
Unterschied	20. 82	0. 99	24. 11	1. 31

Bei der Kleinheit der Wärmeschwankung dieser Quelle ist auch das aus 12 Beobachtungen gewonnene Mittel des Einzeljahres 1819 für richtig zu halten. Da diese Quelle ungefafst ist und der Unterschied des kältesten und wärmsten Monates nur 1° beträgt, so müssen wir das Mittel 10°.09 für ganz unentstellt erklären. Wenn wir bedenken, dafs das Mittel in dem warmen Jahre 1819 nicht höher war als im 3jährigen Durchschnitt 1817-19, so müssen wir vermuthen, dafs bei dieser unentstellten, aus Sandboden hervorkommenden Quelle ungeachtet ihrer Magerkeit die Veränderlichkeit des Mittels äufserst klein sein wird. Auch diese Quelle ist aus dem bei der vorhergehenden angeführten Grunde für erhöht durch die Erdwärme im Mittel zu halten und die Höhe des Hügels läfst diese Annahme zu. Nach Erman's

[1]) Berghaus fand diese Quelle 1839 und auch später theils versumpft, theils intermittirend, daher für eine zusammenhängende Reihe von Beobachtungen nicht mehr geeignet. Am 20 Januar 1847 lag der Schnee 3-6" hoch und die Havel war mit Eis bedeckt. Wir schritten (mein Freund du Bois-Reymond begleitete mich) die vorgeschriebenen 895 Schritt vom Eingange des Templin auf dem Rande der Havel ab und fanden eine sumpfige Stelle, an welcher man an ein paar Punkten eine schwache Bewegung des sehr seichten Wassers bemerkte. Die höchste Temperatur, welche ich erlangen konnte, war 9°.2.

Messung liegt der höhste Punkt des Hügelzuges an der Havel, unter welchem die Quelle grade hervorkommt, 160′ über der Havel. Nehmen wir die mittlere Mächtigkeit der Schicht, welche das Meteorwasser zu durchsinken hat, auch nur zu 100′ an, so gelangt das Meteorwasser schon eine Strecke in das beständig temperirte Erdinnere hinab. Hier stöfst es auf die horizontale, nur etwas gegen die Havel zu geneigte Thonschicht und nun fliefst es aus der Tiefe gegen den Fufs des Hügels ab. Alles Wasser hat in der Tiefe denselben Wärmegrad, den wir = 10°.1 setzen können, angenommen. Die Wärmeänderungen, welche die Quelle im Laufe des Jahres zeigt, kann das Wasser also nur während seines Rücklaufes aus der Tiefe an die Oberfläche und bei seiner Annäherung an die Ausflufsstelle durch Mittheilung von den äufsern Bodenschichten erhalten haben. Der Wärmegang dieser Quelle ist sehr sonderbar und der erste dieser Art, der uns vorkommt. Nach dem November sinkt die Temperatur nicht mehr, sondern bleibt bis zum März einschliefslich unverändert auf der Höhe 9°.7. Die Novembertemperatur erscheint als das Minimum, weil die weitere Erniedrigung ausbleibt. Wir bemerken also, dafs die Temperatur dieser Quelle durch die Winterkälte der Luft keine Erniedrigung, wohl aber durch die Sommerwärme der Luft eine Erhöhung erfährt. Diese Bemerkung wird durch die Ravensberger Quelle bestätigt, bei welcher diese Erscheinung noch schärfer ausgeprägt ist.

3. Die Templiner Quelle.

Diese Quelle fliefst am südwestlichen Ufer der Havel gegen NO. aus, am Fufse eines etwas steilen, mit Bäumen bestandenen Hügels, dessen höchster Punkt nach Berghaus 208′ über dem Meere liegt. Sie ist gefafst. »Die Ausflufsröhre giebt in 12 Sekunden 36 Unzen eines sehr reinen Wassers; aber mindestens eine gleiche Menge, wo nicht sogar eine doppelte rieselt nebenbei aus freien nicht gefafsten Adern«. Die ausfliefsende Wassermenge ist zu allen Jahreszeiten gleich. Die gemauerte Brunnenstube liegt in dem Abhange, so jedoch, dafs ihre äufsere Wand der Luft frei ausgesetzt ist. In dem Gewölbe der Brunnenstube befindet sich zufolge der Beschreibung Erman's ein Luftloch, »wahrscheinlich um das Stocken im Innern des Kessels zu verhindern und das Wasser reiner an Geschmack zu erhalten. Die Menge des im Kessel sich ansammelnden Wassers beträgt kaum einen halben Kubikfufs, beiläufig geschätzt« [1]).

[1]) Es leidet keinen Zweifel, dafs zu Erman's Zeit das Wasser durch das Ausflufsrohr ununterbrochen und ungehindert ausströmte. In neuerer Zeit geht

	6 Jahre 1814-19 Luft	Quelle	Das Jahr 1819 Luft	Quelle
Januar	— 1°.25	8°.80	1°.13	8°.60
Februar	0. 36	8. 83	2. 35	8. 83
März	3. 00	9. 13	4. 76	9. 09
April	8. 03	9. 25	9. 54	9. 19
Mai	12. 73	9. 81	15. 03	9. 75
Juni	17. 34	10. 32	19. 90	10. 31
Juli	18. 11	10. 31	20. 45	10. 31
August	17. 21	10. 41	20. 44	10. 61
September	13. 75	10. 31	15. 50	10. 31
October	7. 39	9. 85	8. 04	9. 94
November	2. 91	9. 64	2. 30	9. 63
December	— 1. 26	8. 99	— 3. 66	9. 00
Jahr	8. 13	9. 64	9. 64	9. 63
Kältest. Mon.	— 1. 26	8. 80	— 3. 66	8. 60
Wärmst. Mon.	18. 11	10. 41	20. 25	10. 61
Unterschied	19. 37	1. 61	24. 11	2. 01

Das Mittel des Einzeljahres 1819 ist bei der Kleinheit der jährlichen Wärmeänderung der Quelle für richtig zu halten. Wir bemerken, daſs in diesem Jahre das Luftmittel dem Quellmittel zufällig genau gleich war, und daſs das Quellmittel in dem warmen Jahre 1819 nicht höher war als im 6jährigen Durchschnitt. Auch bei dieser Quelle scheint, obgleich sie in eine Brunnenstube gefaſst ist, die Veränderlichkeit des Mittels sehr klein zu sein. Vergleichen wir das 6jährige Mittel mit dem vieljährigen Luftmittel (8°.76), so finden wir daſs die Templiner Quelle im vieljährigen Durchschnitt 0°.88 wärmer ist als die Luft. Wir fragen nun zunächst, ob wir annehmen dürfen, daſs das Mittel dieser Quelle eine erniedrigende Annäherung an das Luftmittel erfahren hat oder ob es für unentstellt zu halten ist? Eine Annäherung kann zu Stande kommen sowohl durch einen oberflächlichen Verlauf als durch die Fassung; in beiden Fällen muſs aber auch eine Vergröſserung des Unterschiedes des kältesten und wärmsten Monates eingetreten sein: denn die Annäherung des Mittels an

der Besitzer mit dem geringen Wasservorrath, den diese Quelle liefert, sehr sparsam um. Ich fand am 20 Januar 1847 die ¾ Zoll weite eiserne Ausfluſsröhre durch einen hölzernen Zapfen verschlossen, der jedesmal ausgezogen wird, wenn man Wasser braucht. Durch eine solche Anstauung in der Brunnenstube wird das Wasser im Januar natürlich in seiner Temperatur erniedrigt. Ich erreichte nur 7°.0, obgleich ich das Thermometer mehrere Minuten in den vollen Strahl hielt.

das Luftmittel entsteht erst durch ein engeres Anschliefsen des Wärmeganges der Quelle an den Wärmegang der Luft. Da nun bei der Templiner Quelle der Unterschied des kältesten und wärmsten Monates nicht gröfser als 1°.61 ist, so haben wir allen bisherigen Erfahrungen zufolge keinen Grund, das Mittel für merklich entstellt durch Annäherung zu halten. Mit demselben Rechte, mit welchem wir behaupten, dafs das Mittel der Drosedow'schen Quelle stark angenähert ist, weil nämlich die Schwankung 6°.39 beträgt, mit demselben Rechte müssen wir behaupten, dafs das Mittel der Templiner Quelle wenig oder gar nicht angenähert ist, weil nämlich die Schwankung nur 1°.61 beträgt.

Wir haben nun 2 Quellen, welche in geringer Entfernung von einander in derselben Meereshöhe hervorkommen und deren Mittel wir beide für unentstellt erklärt haben: die ungefafste Quelle an der Havel und die Templiner. Jene hat 10°.09, diese nur 9.64, ist also 0°.45 weniger warm. Dieser Unterschied ist zu erklären; er erklärt sich ganz ungezwungen dadurch, dafs die ungefafste Quelle an der Havel durch die Wärme des Erdinnern erhöht ist, die Templiner Quelle aber nicht. Das Wasser, welches die Templiner Quelle speist, sinkt nicht unter die Ebene von unveränderlicher Temperatur in das sogenannte Erdinnere hinab, sondern hält sich während seines ganzen Verlaufs innerhalb der Erdkruste von veränderlicher Temperatur, welche wir Boden nennen. Jeder Punkt des Bodens ist aber im Mittel niedriger temperirt als das unter dem Boden gelegene Erdinnere. Nehmen wir z. B. an, dafs das Meteorwasser, welches die Templiner Quelle speist, nur bis zu 40′ Tiefe einsinkt, ehe es seinen Rücklauf an die Oberfläche antritt, mit andern Worten, dafs die Schicht der Templiner Quelle nur 40′ Mächtigkeit hat, so versteht es sich von selbst, dafs diese Quelle eine geringere Mittelwärme haben mufs als eine Geotherme. Vermöge der Höhe des Hügels über der Templiner Quelle — der höchste Punkt liegt etwa 110′ über dem Ausflufs der Quelle — wäre es allerdings möglich, dafs am Fufse dieses Hügels eine durch die Erdwärme erhöhete Quelle hervorkäme; wir sind aber deshalb nicht genöthigt anzunehmen, dafs das Meteorwasser wirklich bis zu 110′ Tiefe einsinkt, sondern haben völlige Freiheit uns vorzustellen, dafs das Wasser schon z. B. in 40′ Tiefe auf eine undurchlassende Schicht stöfst und auf derselben gegen die Oberfläche abfliefst. Die im Vergleich mit der vorhergehenden Quelle niedrige Temperatur der Templiner Quelle rechtfertigt diese Vorstellung. Wir können alle diejenigen Quellen, deren sämmtliche Zuflüsse sich nur innerhalb des

Bodens bewegen, mit dem unverfänglichen Namen Bodenquellen belegen im Gegensatz zu den Geothermen, deren Wasser in das Erdinnere hinabgesunken ist, ehe es den Rücklauf an die Oberfläche antritt. Die Templiner Quelle ist eine Bodenquelle.

Wir kommen auf diese Weise zu einer von der ERMAN'schen abweichenden Ansicht über die Bedeutung der Quellen bei Potsdam und Berlin. ERMAN stellte Quellwärmebeobachtungen an um »die Bodenwärme« von Berlin kennen zu lernen. Man wufste damals noch nicht, dafs jeder tiefere Bodenpunkt im Jahresmittel wärmer ist, hatte sich auch noch nicht deutlich gemacht, dafs es nothwendig ist, eine untere Grenze des Bodens anzunehmen. Man setzte (wie ich schon in der Einleitung bemerkt habe) die Bodenwärme als eine bestimmte, keine Verschiedenheit in sich schliefsende Gröfse der Luftwärme gegenüber. Fand man nun bei verschiedenen Quellen derselben Gegend Mittel von verschiedener Höhe, so kam man in die Verlegenheit, ein Mittel für die richtige Angabe der Bodenwärme, die übrigen aber für unrichtige erklären zu müssen. Für welches Mittel sollte man sich entscheiden? WAHLENBERG war der Meinung, dafs diejenige Quelle, deren Wärmeänderung im Jahre die kleinste sei, die Bodenwärme am richtigsten angebe; er hatte zugleich bei Upsala gefunden, dafs die Quellen von kleiner Wärmeänderung ein hohes Mittel zu haben pflegen. Als er nun durch Beobachtung gefunden hatte, dafs die Wärmeschwankung des Gesundbrunnens bei Berlin nur etwa 0°.3 betrug, erklärte er daher die Temperatur des Gesundbrunnens für eine vortreffliche Angabe der Bodenwärme. Nun fand aber ERMAN mehrere Jahre später die Ravensberger Quelle bei Potsdam, diese hatte, wie wir sogleich sehn werden, eine noch kleinere Wärmeänderung, nämlich nur 0°.13, dabei war sie etwa 0°.4 wärmer als der Gesundbrunnen. Natürlich traute nun ERMAN der Ravensberger Quelle mehr als dem Gesundbrunnen. Zur Ravensberger Quelle (10°.04) gesellte sich die »Ungefafste an der Havel« (10°.09) und die Drosedow'sche Quelle (10°.02). Zum Gesundbrunnen, dessen Mittel sich ungefähr zu 9°.55 schätzen liefs, gesellte sich die Templiner Quelle mit 9°.64. Auf die Angabe der Drosedow'schen Quelle legte ERMAN der Leitung wegen weniger Gewicht. Die Temperaturen der (ungefafsten) Ravensberger Quelle und der Ungefafsten an der Havel hielt er aber für eine »authentische« Angabe der Bodenwärme der Gegend von Berlin, welche sich demnach zwischen 10°.0 und 10°.1 stellte. Sobald ERMAN sich für 10°.0 bis 10°.1 als die richtige Angabe der Bodenwärme entschieden hatte, mufste er die durch den Gesundbrunnen und die

Templiner Quelle gelieferte Angabe für unrichtig halten. Er dachte sich nun, dafs die Mittel der beiden letztgenannten Quellen durch örtliche Bedingungen der Ausflufsstellen fehlerhaft geworden, nämlich erniedrigt wären. Von der Templiner Quelle suchte er wahrscheinlich zu machen, dafs das Wasser derselben in Folge der Lage der Brunnenstube gegen Norden und der die Brunnenstube umgebenden Nässe, also durch fehlende Besonnung und durch Verdunstung beständig eine kleine Wärmeentziehung in der Brunnenstube erleide (die im Mittel 0°.4 betragen würde). Beim Gesundbrunnen sollte die Erniedrigung des Mittels durch die im Brunnenhäuschen stattfindende Verdunstung entstehn. Ich halte diese Vermuthungen Erman's für den am wenigsten gelungenen Theil seiner Abhandlung. Es scheint mir, dafs er dieselben nur nothgedrungen gemacht hat; es war ihm Bedürfnifs, an den Angaben der Templiner Quelle und des Gesundbrunnens einen Fehler zu finden um die für unzweifelhaft gehaltene Voraussetzung von der Einen Bodenwärme aufrecht halten zu können.

Meinen von dem Erman'schen verschiedenen Standpunkt habe ich bereits dargelegt. Ich habe zwingende Gründe, Quellmittel aus der Gegend von Potsdam von 10°.0 und darüber für erhöht durch die Wärme des Erdinnern zu halten. Finde ich nun in derselben Gegend Quellmittel von niedrigerm Wärmegrad, so werde ich dadurch nicht in Verlegenheit gesetzt, diese Quellmittel sind vielmehr grade was ich suche; es sind Angaben der Durchschnittswärme einer gewissen Bodenschicht. Von meinem Standpunkte ist also die Templiner Quelle eine Bodenquelle und ich fühle keine Nöthigung anzunehmen, dafs das Mittel derselben durch eine Störung an der Ausflufsstelle eine irgend erhebliche Erniedrigung erfahren habe.

4. Die Ravensberger Quelle, ungefafst.

Diese Quelle, von welcher Erman erst im Jahre 1818 Kunde erhielt, fliefst eine Stunde südlich von Potsdam unmittelbar am letzten östlichen Absatze der Ravensberge gegen einen sumpfigen Elsenbruch in 101' Meereshöhe aus. Von der Quelle aus liegt das Dorf Bergholz in SO., das Dorf Langerwisch in S. z. O. (Berghaus). Sie zeichnet sich durch eine für eine magere Quelle beispiellose Wärmebeständigkeit aus. Erman sagt: »Die fast absolute Unveränderlichkeit ist um so merkwürdiger, da die Quelle an sich nicht sehr wasserreich ist, und die Geringfügigkeit des Hügels, aus dem sie unmittelbar entspringt, keine beschützende Tiefe des unterirdischen Ganges verspricht. Aber in einer nicht grofsen Entfernung von ihr habe ich doch durch

Barometermessung einen Hügel von 233'.4 aufgefunden [1]), an dessen Fuſs ein kleiner See sich bildet, der sogenannte Teufelssee. Das Torfmoor und der sumpfige Boden des ganzen Reviers zeigen übrigens, daſs eine sehr groſse Menge atmosphärischen Niederschlages sich nach dieser Stelle hinzieht, so daſs es begreiflich wird, wie der absolut geringe Antheil derselben, der als Quelle fast ebenseitig zum Vorschein kommt, doch fast absolut unabhängig sein könne von dem Wechsel der Jahreszeiten« .... »Der Zufluſs von dem 233' hohen Hügel ist nicht wahrscheinlich, theils wegen seiner Entfernung, theils wegen des Sees, der den Niederschlag dieser Kuppe empfängt«. Nach ERMAN's Meinung wird also die Ravensberger Quelle gebildet durch einen kleinen Bruchtheil der Meteorwasser, welche sich im östlichen Abhange der Hügel gegen einen sumpfigen Grund hinabziehn. Die kleine Wassermenge, welche die Quelle bildet, muſs, nachdem sie sich von der Hauptmasse abgesondert hat, auf sehr kurzem Wege zu Tage kommen [2]).

21 Monate April 1818 bis December 1819.

	Luft	Ravensberger Quelle
Januar	1°.13	10°.00
Februar	2. 25	10. 00
März	4. 76	10. 00
April	9. 34	*10. 00
Mai	14. 54	10. 00
Juni	19. 07	10. 05
Juli	20. 01	10. 05
August	18. 56	10. 13
September	15. 08	*10. 13
October	7. 93	10. 10
November	2. 34	10. 05
December	— 2. 59	10. 00
Jahr	9. 37	10. 04
Kältest. Mon.	— 2. 59	10. 00
Wärmst. Mon.	20. 21	10. 13
Unterschied	22. 60	0. 13

[1]) Man könnte an den Lois-Berg denken, dessen Höhe BERGHAUS 238'.5 fand. Es ist aber viel wahrscheinlicher, daſs ERMAN auch hier nicht die Meereshöhe, sondern die Höhe über der Quelle meint, daſs diese Höhe folglich der Meereshöhe 233'.4 + 100'.8 = 334' entspricht. In diesem Falle wird der Gr. Ravensberg gemeint sein, der nach BERGHAUS' zahlreichen Messungen 329' hoch ist. Diese Frage ist übrigens unwichtig, da ERMAN die Vermuthung, die Quelle möchte von diesem Hügel herzuleiten sein, sofort mit guten Gründen beseitigt.

[2]) BERGHAUS erzählt, daſs die Quelle im Frühling 1844 auf königlichen Befehl in ein Becken gefaſst und dadurch zu weitern Beobachtungen untauglich ge-

Zur Beobachtung so kleiner Wärmeänderungen, wie diese Quelle sie zeigt, waren allerdings die besondern Vorrichtungen an den Erman-schen Thermometern nicht überflüssig. Erman beobachtete von April 1818 bis December 1819, in beiden Jahren fiel aber die Septemberbeobachtung aus, sodafs nur in 19 Monaten wirklich beobachtet ist. Ich habe den September mit *10.13 interpolirt, da dies ganz unbedenklich geschehn kann. Für den April habe ich *10°.00 anstatt 10.05 angenommen, weil Erman selbst die Temperatur dieses Monates in Folge eines Beobachtungsfehlers im April 1818 für zu hoch hält. »Diese Beobachtung, sagt Erman, war die erste, die ich anstellte bei dieser Quelle und unbekannt, wie ich es noch war, mit den Schwierigkeiten der Lokalität, mufste sie in einer sehr ungünstigen Stellung gebückt im Sumpfe vorgenommen werden. Seitdem habe ich jedesmal durch Anhäufung von Reisern bessere Vorkehrung getroffen, und ich kann für die folgenden Beobachtungen besser einstehn. Ich glaube daher, dafs diese Quelle von December bis Mai konstant auf 8°.00 R. bleibt«. Die vorliegende Quelle ist ebensogewifs durch die Erdwärme erhöht, wie es die »Ravensberger Sprudelquelle« von Berghaus ist (welche ich für identisch mit der von Erman beobachteten halte). Bei dieser Quelle wiederholt sich mit grofser Entschiedenheit der auffallende Wärmegang, den wir bei der ungefafsten Quelle an der Havel bemerkt haben. Nach dem December keine weitere Wärmeerniedrigung. Ein halbes Jahr hindurch herrschte die Temperatur 10°.00. Die Winterkälte hat keine Macht über diese Quelle, während dieselbe, aus der Erdtiefe kommend, sich der Ausflufsstelle am Fufse des Hügels nähert. Die Sommerwärme der Luft wirkte noch eine kleine Erhöhung, die im August 0°.13 betrug. Die Beobachtungen von Berghaus, zu denen wir uns jetzt wenden, klären die Temperaturverhältnisse dieser Quelle näher auf.

§ 68. Berghaus' Quell- und Brunnenwärmebeobachtungen bei Potsdam.

Die Luftwärmebeobachtungen, welche zur Beurtheilung der Berghaus'schen Quell- und Brunnenwärmebeobachtungen dienen können, sind folgende. An sämmtlichen Monatsmitteln ist die Correction

macht wurde. Ich fand am 20 Januar 1847 in einer steinernen Einfassung eine trübe Wassermasse, in der nicht die geringste Bewegung zu bemerken war. Zu- und Abflufs müssen also in einiger Tiefe unter der Oberfläche stattfinden. Temperatur an der Oberfläche 7°.3.

zum wahren angebracht. Wir erinnern uns, dafs für das Jahresmittel diese Correction Null ist.

Berlin, Mittel aus den täglichen Extremen corrigirt.

	1. Jahr, Dec. 1839-40	2. Jahr, Dec. 1840-41	3. Jahr, Dec. 1841-42	4. Jahr, Dec. 1842-43	5. Jahr, Dec. 1843-44
December	— 0.37	— 4.72	3.52	2.38	3.94
Januar	— 2.69	— 2.59	— 4.25	0.43	— 1.33
Februar	0.42	— 5.44	0.09	2.67	— 1.60
März	3.51	4.36	4.39	1.86	1.35
April	8.37	9.72	6.56	9.01	9.06
Mai	14.02	17.20	15.00	11.55	14.76
Juni	18.02	16.72	17.14	16.57	16.57
Juli	19.43	17.72	18.04	18.58	16.15
August	18.05	18.13	22.05	19.60	16.14
September	14.47	15.25	15.05	13.73	14.98
October	10.22	11.72	8.17	9.28	9.80
November	3.72	4.72	0.26	5.56	4.48
Jahr	8.93	8.57	8.84	9.27	8.69
Kältst. Mon.	— 2.69	— 5.44	— 4.25	0.43	— 1.33
Wärmst. M.	19.43	18.13	22.05	19.60	16.57
Unterschied	22.12	23.57	26.30	19.17	17.90

	5 Jahre, Dec. 1839-44	4 Jahre, Dec. 1839-43	3 Jahre, Dec. 1840-43
December	0°.95	0°.20	0°.39
Januar	— 2. 09	— 2. 28	— 2. 14
Februar	— 0. 77	— 0. 56	— 0. 89
März	3. 09	3. 53	3. 54
April	8. 54	8. 42	8. 43
Mai	14. 51	14. 44	14. 58
Juni	17. 00	17. 11	16. 81
Juli	17. 98	18. 44	18. 11
August	18. 79	19. 46	19. 93
September	14. 70	14. 62	14. 68
October	9. 84	9. 85	9. 72
November	3. 75	3. 57	3. 51
Jahr	8. 86	8. 90	8. 89
Kältest. Mon.	— 2. 09	— 2. 28	— 2. 14
Wärmst. Mon.	18. 79	19. 46	19. 93
Unterschied	20. 88	21. 74	22. 07

Man sieht, dafs die Veränderlichkeit des Jahresmittels der Luft in dem 5jährigen Zeitraume December 1839-44 gering war. Die Mittel der einzelnen Jahre entfernten sich nur wenig vom vieljährigen Mittel (8°.76). Wir werden also keine Gelegenheit haben zu erfahren, wie sich die Mittel der Quellen und Brunnen bei Potsdam in sehr kalten und in sehr warmen Jahren stellen. Die Kenntnifs der gleichzeitigen Luftwärme ist aber deswegen keineswegs überflüssig: denn der Wärmegang der Quellen und Brunnen wird in mehreren Fällen in dem Wärmegang der Luft in den Monatsmitteln seine Erklärung finden.

Herr BERGHAUS hat theils von August 1839 theils von April 1840 an die Wärme mehrerer Quellen und Senkbrunnen bei Potsdam mehrere Jahre hindurch beobachtet und mir die Monatsmittel zur Bearbeitung gütigst überlassen. Die von BERGHAUS beobachteten Quellen sind die Ravensberger (an deren Stelle es zu BERGHAUS' Zeit 3 Quellen gab) und die Templiner. Die Quellen wurden in jedem Monat regelmäfsig 3mal, zuweilen und namentlich in den Sommermonaten auch öfter gemessen. Es scheint, dafs die Beobachtung der Senkbrunnen nicht seltener stattgefunden hat, doch besitze ich darüber keine ausdrückliche Angabe. »Die Thermometer, welche zur Anwendung kamen, waren von GREINER jun. in Berlin und stimmten unter sich überein. Bis auf halbe Grade nach der R. sowohl als C. Scale getheilt, konnten Zehntheile des Grades nach langer Uebung genau geschätzt werden«. Die Beobachtungen sind in der RÉAUMUR'schen Scale abgelesen; ich habe sie in C. übertragen.

Sämmtliche Beobachtungen von BERGHAUS leiden an einem Uebelstande, welcher von vornherein durch eine Vermuthung beseitigt werden mufs, wenn diese Beobachtungen mit den ERMAN'schen vergleichbar werden sollen. Sie sind, um es kurz zu sagen, alle ½° C. niedriger als die ERMAN'schen. Entweder hat sich also die Wärme der Quellen und des Bodens bei Potsdam in den 2 Jahrzehnten 1820-1840 um soviel erniedrigt, oder die Thermometer, deren sich BERGHAUS bediente, standen ½° C. zu niedrig. Sollte Jemand im Ernst an die Wirklichkeit der ersten Möglichkeit glauben, so könnte man seine Meinung durch die Hinweisung auf den Gesundbrunnen bei Berlin entkräften, dessen Temperatur sich in 40 Jahren keineswegs erniedrigt hat (§ 69). Ein so aufserordentliches Ereignifs, wie die Erniedrigung der mittlern Durchschnittswärme des Bodens um ½° C. müfste doch wohl Berlin so gut wie Potsdam betroffen haben. Nein, die Thermometer müssen ½° C. zu niedrig gestanden haben. Da die Veränderung des Nullpunktes, welche ursprünglich richtige Thermometer mit der Zeit erleiden können, stets eine Erhöhung desselben ist, so ist die Vermuthung, dafs die Thermometer ursprünglich richtig gewesen seien, unstatthaft: denn diese Thermometer stehn zu niedrig. Die vortreffliche Arbeit der Greiner'schen Instrumente ist weltbekannt, aber ein Versehn kann auch dem Besten begegnen. Die Scale wird an den Röhren dieser beiden Thermometer aus Versehn ½° C. zu niedrig befestigt worden sein (vielleicht auch 1° C. zu niedrig, dann müfsten wir aber annehmen, dafs bei beiden Thermometern übereinstimmend der Nullpunkt sich vor dem Beginn der Beobachtungen um ½° C. erhöht habe. Während der Dauer der Beobachtungen scheint keine Veränderung des Nullpunktes stattgefunden zu haben). Ich besitze selbst eine Probe eines solchen Versehens. Unter 12 kleinen Thermometern zur Quellenbeobachtung, welche der alte J. G. Greiner jun. mir im Januar 1852 machte, fand ich eines, bei dem der Nullpunkt 1° zu tief stand. Hätte ich dies Thermometer ungeprüft in Gebrauch genommen, so würden alle mit demselben angestellten Beobachtungen 1° zu niedrig ausgefallen sein. Die Thermometer, mit denen Herr Berghaus beobachtete, sind übrigens noch vorhanden. Meine Absicht, sie zu prüfen, ist durch einen nicht vorherzusehenden Umstand vereitelt worden; ich zweifle aber nicht, dafs Herr Berghaus selbst diese Prüfung noch nachträglich vornehmen und das auch jetzt noch interessante Ergebnifs derselben bekannt machen wird. Meine Annahme, dafs die Beobachtungen von Berghaus genau ½° C. zu niedrig sind, stützt sich auf die Vergleichung der Ravensberger Quelle von Erman mit der Ravensberger Sprudelquelle von Berghaus. Die Wintertemperatur dieser Quelle, ich meine die Temperatur, auf welcher sie sich die 6 Monate December bis Mai unverändert hält, war nach Erman 10°.00. Berghaus giebt diese Temperatur bei der Ravensberger Sprudelquelle beständig = 9°.50 an. Nach Erman's Beobachtungen war das Jahresmittel 10°.04, nach Berghaus war das Mittel des Jahres December 1841-42 9°.54, also ebenfalls 0°.5 niedriger. Die Templiner Quelle hat nach Erman im 6jährigen Durchschnitt 1814-19 das Mittel 9°.64, nach Berghaus' Beobachtungen ist das 5jährige Mittel December 1839-44 9°.23, also 0°.41 niedriger. Die Vergleichung der Beobachtungen an der Templiner Quelle ist aber viel weniger zuverlässig, als die Vergleichung der Beobachtungen an der höchst beständigen Ravensberger. Ich nehme es also als ausgemacht an, dafs alle Beobachtungen von Berghaus der Correction + 0°.50 C. bedürfen.

Die Reihen der Monatsmittel habe ich in meteorologische Jahre geordnet und die übrigbleibenden Bruchstücke von Jahrgängen vernachlässigt. Für die 3 Ravensberger Quellen findet man diese von mir zur Berechnung der mehrjährigen Mittel nicht benutzten Bruchstücke neben den ganzen Jahrgängen abgedruckt. Für die Templiner Quelle und die 3 Senkbrunnen stelle ich die Bruchstücke hier zusammen. Zwischen dem vordern und hintern Bruchstücke liegen, wie man sieht, bei der Templiner Quelle und dem Senkbrunnen in BERGHAUS' Garten 5 vollständige Jahrgänge, bei den beiden andern Senkbrunnen 4 vollständige Jahrgänge.

		Quelle	Senkbrunnen.		
		Templiner	in BERGHAUS' Garten	vor HOFFMANNS Keller	vor BERGHAUS' Remise
1839	August	10°.12	11°.25	10°.00	10°.00
	September	10. 00	11. 25	9. 69	9. 65
	October	10. 19	11. 13	9. 77	9. 65
	November	9. 44	10. 31	9. 75	9. 69
1843	December			9. 29	9. 51
1844	Januar			8. 62	9. 19
	Februar			8. 92	9. 05
	März			9. 00	9. 69
	April			9. 29	9. 77
	Mai			9. 48	9. 81
	Juni			9. 54	9. 80
	Juli			9. 76	9. 95
1844	December	8. 47	9. 56		
1845	Januar	8. 21	8. 70		
	Februar	8. 02	7. 23		
	März	8. 39	7. 16		
	April	9. 04	7. 13		
	Mai	9. 55	8. 91		
	Juni	10. 06	9. 61		
	Juli	10. 16	10. 35		

I. Die Quellen.

Wir beginnen unsere Betrachtung mit den Ravensberger Quellen. Als Berghaus im August 1839 die Ravensberger Quelle aufsuchte, um regelmäfsige Temperaturbeobachtungen zu beginnen, fand er an der Stelle der alten Erman'schen Quelle, welche bekanntlich ohne alle Fassung war [1]), eine Quelle, die ihr Wasser vermittelst einer kurzen hölzernen Zuleitungsröhre in das ein paar Fufs tiefer liegende Elsenbruch ergofs. Berghaus nennt diese Quelle die Röhrenquelle, um sie von den beiden im März 1840 dicht unter ihr neu entstandenen Quellen zu unterscheiden. »Im März 1840 bildeten sich zwei neue Ergüsse in dem Bruche selbst: es sprudelte nämlich von da an erstlich das Wasser etwa einen Viertelzoll hoch aus der Tiefe, und zweitens quoll es am Fufs einer Erle hervor. Diesen Ergufs habe ich Baum- und jenen Sprudelquelle genannt«. »Die Beobachtung der Sprudelquelle, sagt Berghaus weiter, war mit einigen Schwierigkeiten verknüpft: das Thermometer wurde in den Sprudel gesenkt und, nachdem es in der Regel eine Viertelstunde darin gestanden hatte, bei senkrechter Stellung abgelesen, was wegen der tiefen Lage des Instrumentes und der unreinen Beschaffenheit der Umgebungen für den Beobachter grofse Unbequemlichkeiten hatte und zur Vermeidung der Parallaxe seine gröfste Vorsicht in Anspruch nahm«. Die Röhrenquelle ist von August 1839 an gemessen, im April 1840 kam die Beobachtung der beiden andern Quellen hinzu. Alle 3 Quellen wurden ohne Unterbrechung gemessen bis April 1844, wodurch die im vorigen § erwähnte Begebenheit aller weitern Beobachtung ein Riegel vorgeschoben wurde. Offenbar ist die Röhrenquelle mit der alten Ravensberger Quelle von Erman nicht vergleichbar, letztere ist aber im März 1840 in der Sprudelquelle wieder hervorgekommen. Wir stellen diese daher voran.

[1]) Erman a. a. O. S. 388 sagt von der ungefafsten Quelle an der Havel und von der Ravensberger: »Ohne alle Röhrenleitung, unmittelbar der Erde entspringend, gestatten sie das Eintauchen des Thermometers in den eben entstehenden Wassersprudel«.

1. Die Ravensberger Sprudelquelle.

	1840.	December 1840-41.	December 1841-42.	December 1842-43.	1843. 44.
December		9°.50	9°.50	9°.50	9°.50
Januar		9. 50	9. 50	9. 50	9. 50
Februar		9. 50	9. 50	9. 50	9. 50
März		9. 50	9. 50	9. 75	9. 50
April	9°.50	9. 50	9. 50	9. 63	9. 50
Mai	9. 50	9. 50	9. 50	9. 69	
Juni	9. 50	9. 50	9. 50	9. 63	
Juli	9. 50	9. 50	9. 57	9. 56	
August	9. 50	9. 50	9. 62	9. 56	
September	9. 50	9. 50	9. 69	9. 56	
October	9. 50	9. 50	9. 62	9. 62	
November	9. 50	9. 50	9. 50	9. 50	
Jahr		9. 50	9. 54	9. 58	
Kältest. Mon.		9. 50	9. 50	9. 50	
Wärmst. Mon.		9. 50	9. 69	9. 75	
Unterschied		0. 00	0. 19	0. 25	

Die merkwürdigen Eigenschaften dieser Quelle konnten durch Erman's Mittheilungen über ihre Temperatur nicht vollständig erkannt werden, weil Erman's Beobachtungsreihe (von April 1818 bis December 1819) zu kurz war und besonders deswegen, weil Erman nicht die einzelnen Monatsbeobachtungen, sondern für die 9 Monate April bis December den Durchschnitt der Beobachtungen aus 2 Jahren mittheilte. Wir verdanken Herrn Berghaus eine ununterbrochene Reihe von Monatsmitteln, welche 4 Jahre und 1 Monat umfafst. Wenn wir an diesen Beobachtungen die Correction + 0°.50 anbringen, so zeigt sich, dafs die Wintertemperatur 10°.00, welche Erman fand, in allen 4 von Berghaus beobachteten Wintern unverändert vorhanden war. Auch der ungewöhnlich strenge Frost des Winters 1840-41 (Mittel — 4°.25) war nicht im Stande, diese Temperatur zu erniedrigen. Berghaus traf im April 1840 die Wintertemperatur an, es folgte aber in diesem Jahre keine sommerliche Erhöhung, ebensowenig im folgenden Jahre December 1840-41; die Temperatur 9°.50 (+ 0°.50) blieb 2 Jahre und 3 Monate unbeweglich dieselbe. Es bedurfte einer so ungewöhnlichen Hitze, wie sie im Sommer 1842 eintrat, um eine Erhöhung im Gange dieser Quelle hervorzubringen. Die Mittel der Luftwärme waren

Juni	17°.14
Juli	18. 04
August	22. 05
Sommer	19. 08

Nicht der ganze Sommer war ungewöhnlich heifs. Der Juni war kühl und vermuthlich war die erste Hälfte des Juli ebenso. Nur die zweite Hälfte des Sommers war übermäfsig warm. Wer erinnert sich nicht des August 1842 und des trefflichen Rheinweins den er hervorbrachte? Das Mittel dieses August übertraf um 3°.91 das 24jährige Mittel 1822-45 (S. 75). Der Gang der Luftwärme im Juli liegt uns nicht vor, aber die Hitze mufs schon wenigstens von der Mitte dieses Monates an grofs gewesen sein: denn das Julimittel der Quelle zeigte schon einen Zuwachs von 0°.07, im August hatte die Quelle 9°.62, im September erreichte sie die höchste Wärme 9°.69, im November war sie aber schon wieder auf ihrem gewöhnlichen Winterstande angelangt. Es ist schade, dafs Erman nicht die Beobachtungen des Jahres 1819 von denen des Jahres 1818 gesondert mitgetheilt hat, sonst würde sich vielleicht herausstellen, dafs die sommerliche Erhöhung der Temperatur, welche nach Erman von Juni bis November dauerte, nur aus dem Jahre 1819 stammt, dessen ganzer Sommer ungewöhnlich heifs war:

1819	Juni	19°.90
	Juli	20. 45
	August	20. 44
	Sommer	20. 26

Dieser Sommer übertraf die mittlere Sommerwärme der 24 Jahre 1822-45 um 1°.91, während die Wärme des Sommers 1818 nichts Ungewöhnliches darbot. Aus Berghaus Beobachtungen erhellt, dafs eine gewöhnliche Sommerwärme die Temperatur der Sprudelquelle garnicht erhöht: denn sonst hätte im Sommer 1840 und 1841 eine Erhöhung sich einstellen müssen. — In dem 3. Jahre, dessen Beobachtungen vollständig vorliegen, erlitt der Wärmegang der Sprudelquelle während der 8 Monate März bis October Störungen, welche nur durch das Eindringen von wildem Wasser erklärt werden können. Dieses wilde Wasser mufste aus gröfserer Tiefe kommen als das gewöhnliche Wasser der Quelle. Das höher temperirte Wasser mufste im März in gröfster Menge in den Lauf der Quelle eindringen: denn im März hatte die Quelle die höchste Temperatur; in den folgenden Monaten bis Ende October scheint die Menge unregelmäfsig geschwankt zu haben. Mit Ende October war die Störung vorüber. Die folgenden 6 Monate von November 1843 bis April 1844 war wieder Alles in der gewohnten Ruhe und Ordnung.

Die Unveränderlichkeit der Temperatur, welche diese Quelle von April 1840 bis Juni 1842 behauptete, zwingt uns zu der Annahme, dafs das Wasser, welches sie speist, aus dem beständig temperirten Erdinnern hervorkomme, folglich in seiner Temperatur durch die Wärme des Erdinnern erhöht sei. Die Quelle brachte ein paar Jahre hindurch die Temperatur der Erdtiefe, aus welcher sie hervorkommt, unverändert zu Tage. Wie kam nun die kleine Erhöhung im Sommer und Herbst 1842 zu Stande? Darf man sich vorstellen, dafs die ungewöhnliche Luftwärme einmal a u s n a h m s w e i s e in die Tiefe, in welcher in gewöhnlichen Jahren gar keine Wärmeschwankung mehr vorkommt, hinabgedrungen sei und dem dort befindlichen Wasser die kleine Temperaturerhöhung mitgetheilt habe? Die Unhaltbarkeit dieser Vorstellung wird auf der Stelle klar, sobald man bedenkt, wie spät dieser Voraussetzung zufolge die Temperaturerhöhung der Quelle hätte eintreten müssen. Um noch unter die unveränderliche Ebene, welche in gewöhnlichen Jahren im Sandboden in 70′ Tiefe zu denken ist, hinabzudringen, hätte das Maximum der Luftwärme doch wenigstens 6 Monate gebraucht. Wir finden aber, dafs die Wärmeerhöhung der Quelle schon im Juli anfing, im September, also 1 Monat nach dem Maximum der Luftwärme, ihr Maximum erreichte und um Ende October völlig vorüber war. Das Wasser der Quelle kann seine Erhöhung also nur während seines Rücklaufes aus der Tiefe an die Oberfläche erhalten haben, indem die hohe Luftwärme in die äufserste Schicht des Abhanges, aus welchem die Quelle hervorkommt, eingedrungen war. Wir kommen genau zu derselben Voraussetzung, welche wir in Marienberg bei den durch die Erdwärme erhöheten Quellen gemacht haben. Wenn eine solche Quelle noch Wärmeveränderungen im Laufe des Jahres zeigt, so bringt sie dieselben nicht aus der Erdtiefe mit, sondern die Veränderungen sind dem Wasser, während es sich auf seinem Rücklauf aus der Tiefe der Oberfläche nähert, durch die obersten Bodenschichten mitgetheilt. Die Sprudelquelle giebt keine Bodenwärme an sondern Erdwärme; die Angabe der Erdwärme war in den 4 Monaten Juli bis October 1842 nur ein wenig durch die Wärme der obersten Bodenschicht modificirt.

Die Ravensberger Sprudelquelle, welche uns für identisch gilt mit der Ravensbergsr Quelle von Erman, giebt die Grundlage ab für die richtige Beurtheilung der ungefafsten Quelle an der Havel und der Quelle auf der Drosedow'schen Wiese. Auch diese beiden Quellen mufs man folgerichtig für Geothermen erklären. Der Wärmegang der Drosedow'schen Quelle kommt nicht in Betrag, weil er durch die Leitung dem Wärmegang der Luft so bedeutend angenähert ist. Aber der Wärmegang der ungefafsten Quelle an der Havel und der Wärmegang der Ravensberger Quelle (letzterer sowohl nach ERMAN's als nach BERGHAUS' Beobachtung) zeigen übereinstimmend das sehr auffallende Ausbleiben der Temperaturerniedrigung im Winter. — Was den regellosen Wärmegang der Sprudelquelle im 3. Jahre betrifft, so liegt es auf der Hand, dafs eine Störung durch den Einflufs von wärmerem wildem Wasser eingetreten ist. Das Maximum im März ist auf keine Weise aus meteorischer Einwirkung abzuleiten, ebensowenig die Wärmeschwankungen in den folgenden Monaten. — Ich habe es für überflüssig gehalten, für die Sprudelquelle den 3jährigen Durchschnitt der Monatsmittel zu berechnen. Die Durchschnittszahlen würden nichts lehren, während die einzelnen Jahrgänge jeder in seiner Eigenthümlichkeit lehrreich sind.

2. Die Ravensberger Baumquelle.

	1840.	December 1840-41.	December 1841-42.	December 1842-43.	1843. 44.	3 Jahre Dec. 1840-43
December		8°.46	8°.62	8°.25	8°.14	8°.44
Januar		8. 19	7. 94	8. 25	8. 12	8. 13
Februar		8. 00	8. 06	8. 11	8. 01	8. 06
März		8. 28	8. 19	8. 00	8. 12	8. 16
April	8°.75	8. 52	8. 56	8. 12	8. 48	8. 40
Mai	9. 00	9. 25	9. 11	9. 13		9. 16
Juni	9. 50	9. 19	9. 21	9. 31		9. 24
Juli	9. 72	9. 87	9. 90	9. 81		9. 86
August	9. 88	10. 26	10. 73	10. 29		10. 43
September	9. 80	10. 63	11. 10	10. 50		10. 74
October	9. 50	9. 87	9. 25	9. 75		9. 62
November	9. 38	9. 12	9. 36	8. 25		8. 91
Jahr		9. 14	9. 17	8. 98		9. 10
Kältest. Mon.		8. 00	7. 94	8. 00		8. 06
Wärmst. Mon.		10. 63	11. 10	10. 50		10. 74
Unterschied		2. 63	3. 06	2. 50		2. 68

Von der Baumquelle wissen wir, dafs sie gleichzeitig mit der Sprudelquelle im März 1840 entstand und am Fufse einer Erle quoll. Die Sprudelquelle ist völlig ungefafst und ihr Mittel ist 9°.50 + 0°.50 = 10°.0 (oder wenn man will 9°.54 + 0°.50 = 10°.04). Die Baumquelle, welche dicht neben der Sprudelquelle hervorkommt, ist ebenfalls völlig ungefaſst, ihr Mittel ist aber nur 9°.10 + 0°.50 = 9°.60, also 0°.4 niedriger. Ist die Sprudelquelle eine Geotherme, so ist die Baumquelle eine Bodenquelle. Diese beiden Quellen stehn in demselben Verhältniſs zu einander, wie die Ungefaſste an der Havel und die Templiner Quelle. Das Mittel 9°.60 stimmt auch sehr nahe mit dem 6jährigen Mittel der Templiner Quelle, welches Erman 9°.64 fand. Die Baumquelle ist frei von jeder Fassung und flieſst gegen Osten aus. Man kann also gegen das Mittel dieser Quelle auch nicht einmal den Schatten eines Verdachtes erheben, daſs es fehlerhaft werde durch Bedingungen, welche an der Ausfluſsstelle beständig wärmeerniedrigend wirken. Eine andere Frage ist, ob nicht das Mittel der Baumquelle für etwas angenähert durch oberflächlichen Verlauf zu halten sei, da der Unterschied des kältesten und wärmsten Monates die Gröſse von 2°.68 hat. Ich habe nichts dagegen, wenn Jemand annehmen will, daſs das Wasser die letzte Strecke seines unterirdischen Weges recht nahe der Oberfläche verläuft und daſs das Mittel im 3jährigen Durchschnitt z. B. 0°.1 höher ausgefallen sein möchte, wenn das Wasser in einer auf die Oberfläche senkrechtern Richtung zu Tage käme. Diese Frage scheint mir aber eine ziemlich müſsige zu sein: denn es ist klar, daſs die Bodenquellen, welche in gleicher Meereshöhe hervorkommen, im Mittel nicht gleich warm zu sein brauchen. Eine Bodenquelle, deren Schicht 50′ mächtig ist, wird ein höheres Mittel haben als eine Bodenquelle, deren Schicht nur 30′ mächtig ist. Die wärmste Bodenquelle wird diejenige sein, deren Wasser genau die ganze Dicke des Bodens (welche bei Potsdam etwa 70′ beträgt), durchsinkt, ehe es den Rücklauf an die Oberfläche antritt. Nur wenn wir Beobachtungen über eine Quelle bei Potsdam besäſsen, von welcher wir nachweisen könnten, daſs sie grade die ganze Dicke des Bodens durchsinkt, nur dann würden wir im Stande sein, von dem unentstellten Mittel die durch oberflächlichen Verlauf angenäherten Mittel zu unterscheiden. Das Mittel derjenigen Quelle, welche die ganze Kruste, die wir Boden nennen, durchsunken hätte, würde das unentstellte sein und die aus minder mächtigen Schichten hervorkommenden Quellen würden in ihren Mitteln als angenähert durch oberflächlichen Verlauf bezeichnet werden können. Wir kennen eine solche Normalquelle für Potsdam nicht, wir wissen nur, daſs ihr Mittel niedriger als die beständige Temperatur der Sprudelquelle (10°.0) sein muſs und werden zeigen, daſs es höher als das Mittel des Gesundbrunnens (9°.6) zu erwarten ist. Wir beschränken uns also darauf, die Baumquelle, da sie ungefaſst ist, einfach eine

Bodenquelle zu nennen und lassen uns in keine nähere Bestimmung über den Grad ihrer etwaigen Annäherung ein. Sobald aber eine Bodenquelle irgend eine Fassung hat, z. B. durch eine Brunnenstube oder durch eine Röhrenleitung ausfliefst, so haben wir zu untersuchen, ob durch diese künstlichen Vorrichtungen eine Annäherung des Mittels bewirkt ist. Bei der Templiner Quelle fanden wir es nicht wahrscheinlich, dafs die Brunnenstube eine irgend erhebliche Entstellung des Mittels hervorgebracht hat, weil der Unterschied des kältesten und wärmsten Monates nur 1°.61 grofs war; dagegen werden wir sogleich bei der »Röhrenquelle« sehn, dafs die Röhre eine kleine Annäherung des Mittels zur Folge hatte.

Ueber den Einflufs des Wärmeganges der Luft auf den Wärmegang der Baumquelle ist Folgendes zu bemerken: Im 1. Jahre, December 1840-41, war der Februar der letzte von 3 Frostmonaten; in diesem Jahre war der Februar der kälteste Monat der Quelle. Im 2. Jahre war die Quelle im Januar am kältesten, der auch in der Luft recht kalt war. Im 3. Jahre hatte kein Monat eine Mittelwärme unter Null. Der März war aber kälter als der Februar; in diesem Jahre finden wir die Quelle im März am kältesten. In allen 3 Jahren war die Luft im August, die Quelle im September am wärmsten. Die aufserordentliche Hitze des August 1842 wirkte deutlich erhöhend auf den September der Quelle.

3. Die Ravensberger Röhrenquelle.

	1839	Decemb. 1839-40	Decemb. 1840-41	Decemb. 1841-42	Decemb. 1842-43	1843.44	4 Jahre, Dec. 1839-43
December		8.53	8.09	8.88	8.00	8.35	8.38
Januar		8.04	7.62	8.00	7.63	7.92	7.82
Februar		8.00	7.56	7.81	7.98	7.79	7.84
März		7.50	7.81	7.94	8.44	7.88	7.92
April		8.44	8.08	8.38	8.00	8.06	8.25
Mai		8.90	9.00	8.98	8.95		8.96
Juni		9.61	8.98	9.56	9.37		9.38
Juli		10.00	10.09	10.55	10.21		10.21
August	10.12	10.19	10.37	10.74	10.35		10.41
September	10.12	10.00	10.37	11.15	10.55		10.52
October	10.12	9.52	9.75	9.61	10.06		9.74
November	9.38	9.22	9.00	9.82	8.37		9.10
Jahr		9.00	8.89	9.29	8.99		9.04
Kältest. Mon.		7.50	7.56	7.81	7.63		7.82
Wärmst. Mon.		10.19	10.37	11.15	10.35		10.52
Unterschied		2.69	2.81	3.34	2.72		2.70

Von der Röhrenquelle besitzen wir 4 vollständige Jahrgänge. Der 1. dieser 4 Jahrgänge fehlt bei den beiden vorhergehenden Quellen. Das Mittel der Röhrenquelle mufs durch das, wenn auch nur kurze Leitungsrohr dem Luftmittel ein wenig angenähert sein. Die Annäherung betrug 0°.06, wenn wir das 4jährige Mittel der Röhrenquelle mit dem 3jährigen der ungefafsten Baumquelle vergleichen. Der Unterschied des kältesten und wärmsten Monates ist bei beiden Quellen nahe gleich grofs; derselbe würde sich bei längerer Beobachtung für die Röhrenquelle wohl noch etwas gröfser herausstellen. Der kälteste Monat war im 1. Jahre der März, im 2. und 3. der Februar, im 4. der Januar. Der wärmste Monat war 2mal der August und 2mal der September. Es versteht sich von selbst, dafs auch diese Quelle im September 1842 bei weitem am wärmsten war.

4. Die Templiner Quelle.

	1. Jahr, Dec. 1839-40	2. Jahr, Dec. 1840-41	3. Jahr, Dec. 1841-42	4. Jahr, Dec. 1842-43	5. Jahr, Dec. 1843-44	5 Jahre, Dec. 1839-44
December	8°.75	8°.03	9°.00	6°.81	7°.94	8°.11
Januar	8. 19	8. 10	8. 25	8. 12	8. 16	8. 16
Februar	8. 63	7. 81	8. 25	8. 12	8. 20	8. 20
März	8. 56	8. 12	8. 31	8. 12	8. 25	8. 27
April	9. 00	9. 12	9. 12	8. 38	8. 87	8. 90
Mai	9. 44	9. 72	9. 37	9. 50	9. 50	9. 51
Juni	10. 02	9. 29	10. 25	9. 88	9. 85	9. 86
Juli	10. 06	9. 88	10. 38	10. 10	10. 10	10. 10
August	10. 50	10. 28	11. 75	10. 66	10. 68	10. 77
September	10. 31	10. 38	11. 38	10. 50	10. 53	10. 62
October	9. 70	9. 71	9. 06	9. 38	9. 61	9. 49
November	9. 15	9. 19	7. 88	8. 79	8. 94	8. 79
Jahr	9. 36	9. 14	9. 42	9. 03	9. 22	9. 23
Kältest. Mon.	8. 19	7. 81	8. 25	6. 81	7. 94	8. 11
Wärmst. Mon.	10. 50	10. 38	11. 75	10. 66	10. 68	10. 77
Unterschied	1. 31	2. 57	3. 50	3. 85	2. 74	2. 66

Die Brunnenstube der Templiner Quelle scheint seit Erman's Zeit nicht verändert zu sein. Berghaus sagt: »Die Beobachtung dieser Quelle hat keine Schwierigkeit, es sei denn, dafs das Halten des Thermometers in der Röhrenöffnung während einer Viertelstunde etwas anstrengend und ermüdend ist. Stellen wir die Ergebnisse von Erman und Berghaus nebeneinander (letztere mit der Correction + 0°.50), so erhalten wir Folgendes:

	6 Jahre 1814-19	5 Jahre Decemb. 1839-44
Mittel	9°.64	9°.73
Kältest. Mon.	8. 80	8. 61
Wärmst. Mon.	10. 41	11. 27
Unterschied	1. 61	2. 66

Die Luftwärme war:

Mittel	8°.13	8°.86
Kältest. Mon.	— 1. 26	— 2. 09
Wärmst. Mon.	18. 11	18. 79
Unterschied	19. 37	20. 88

Wir bemerken, dafs die Ergebnisse von Berghaus in 2 Punkten von den Ergebnissen von Erman abweichen. Der Unterschied des kältesten und wärmsten Monates ist von 1°.61 bei Erman auf 2°.66 bei Berghaus vergröfsert und dabei hat sich das mehrjährige Mittel um 0°.09 höher gestellt. Wie kann sich der Unterschied des kältesten und wärmsten Monates vergröfsern, wenn die Brunnenstube dieselbe geblieben ist? Wir werden zu der Vermuthung gedrängt, dafs schon vor dem Beginn der Berghaus'schen Beobachtungen der oben erwähnte Gebrauch eingeführt war, die Ausflufsröhre der Quelle mit einem hölzernen Zapfen verstopft zu halten, um das Wasser sich in der Brunnenstube anstauen zu lassen. Dadurch mufs das Wasser im Winter erkältet, im Sommer erwärmt werden, und es wird dem Beobachter schwer werden, diese Entstellung der Temperatur des ausfliefsenden Wassers ganz zu beseitigen, wenn er auch das Thermometer lange in den Wasserstrahl hält. Wir müssen nun erwarten, dafs die eingetretene Vergröfserung der jährlichen Schwankung eine Annäherung des Mittels an das Luftmittel, also eine Erniedrigung des Quellmittels herbeiführen werde, finden aber im Gegentheil eine Erhöhung. Läfst sich eine Erklärung dieser sonderbaren Erscheinung finden? Wenn wir die absolute Höhe des kältesten und wärmsten Monates der Quelle bei Berghaus und bei Erman vergleichen, so fällt es uns auf, dafs die Erniedrigung des kältesten Monats viel kleiner war als die Erhöhung, welche der wärmste Monat erfahren hat. Der kälteste Monat ist bei Berghaus nur 0°.19 niedriger als bei Erman, der wärmste Monat ist aber bei Berghaus 0°.86 höher als bei Erman. Da nun die Vergröfserung der jährlichen Schwankung vielmehr durch

Erhöhung des wärmsten als durch Erniedrigung des kältesten Monates zu Stande kam, so mufste in diesem besondern Falle die genannte Vergröfserung auch eine Erhöhung des Mittels herbeiführen. Die Erhöhung des wärmsten Monates der Quelle kann zum Theil auf die höhere Sommerwärme der Luft, welche in dem Berghaus'schen Zeitraume herrschte, zurückgeführt werden. Es bleibt aber noch ein Rest von Dunkelheit übrig, den mir der Leser nicht verdenken möge. Der Bearbeiter fremder Beobachtungen ist nicht immer im Stande, Alles zu erklären. Das kann nur der Beobachter, und auch nur dann, wenn er sich schon während des Beobachtens selbst die Erforschung der Ursachen angelegen sein läfst. Soviel scheint mir gewifs: irgend ein Umstand, den wir im Allgemeinen als eine Veränderung in der Fassung der Quelle bezeichnen können — sei es, dafs man die Röhre mit dem Zapfen verstopfte, sei es, dafs eine uns unbekannt gebliebene Umänderung mit der Brunnenstube vorgenommen war — hat in dem Berghaus'schen Zeitraume entstellend auf den Wärmegang der Templiner Quelle gewirkt: denn sonst hätte der Unterschied des kältesten und wärmsten Monates nicht so bedeutend gröfser werden können. Diese Quelle hat bei Berghaus andere Eigenschaften als bei Erman. Wir werden daher am sichersten gehn, wenn wir uns allein an die Ergebnisse der Erman'schen Beobachtungen halten. — Ueber die Einwirkung des Wärmeganges der Luft auf den Wärmegang der Quelle bemerken wir Folgendes: Der kälteste Monat der Quelle war 2mal der December, 2mal der Januar, 1mal der Februar. Der wärmste Monat war 4mal der August, 1mal der September. Auch im Sommer 1842 war der wärmste Monat der Quelle schon der August, ein Beweis, dafs die Sommerhitze sehr rasch erhöhend auf die Brunnenstube und das in derselben sich ansammelnde Wasser wirkte. Sehr sonderbar ist die ungewöhnliche Wärmeerniedrigung der Quelle im November und besonders im December 1842. Das Novembermittel liegt 0°.91, das Decembermittel sogar 1°.30 unter dem 5jährigen. Die Kälte der Quelle im December 1842 bewirkte, dafs im 5jährigen Durchschnitt der December der kälteste Monat wurde, während ohne diese Unregelmäfsigkeit der Januar der kälteste gewesen wäre. Es ist wahr, dafs das Novembermittel der Luft (0°.26) ganz ungewöhnlich niedrig war, es mufs in der zweiten Hälfte des Monats schon scharf gefroren haben, aber dieser Umstand ist doch keine hinreichende Erklärung für die Wärmeerniedrigung der Quelle und es ist zu vermuthen, dafs in den genannten beiden Monaten die Einwirkung der Lufttemperatur auf den Inhalt der Brunnenstube eine aufsergewöhnliche, uns unbekannt gebliebene Erleichterung (z. B. durch eine Beschädigung der Brunnenstube) erfahren hat, zumal da die Ravensberger Röhrenquelle und der Senkbrunnen in Berghaus' Garten keine ähnliche Erniedrigung zeigen.

Veränderlichkeit des Mittels der von Berghaus beobachteten Quellen.

Die Templiner Quelle.

5jähriges Luftmittel 8°.86		Abweichung vom 5jährigen Mittel	5jähriges Quellmittel 9°.23		Abweichung vom 5jährigen Mittel
1. Jahr	8°.93	+ 0°.07	1. Jahr	9°.36	+ 0°.14
2. »	8. 57	— 0. 29	2. »	9. 14	— 0. 09
3. »	8. 84	— 0. 02	3. »	9. 42	+ 0. 19
4. »	9. 27	+ 0. 41	4. »	9. 03	— 0. 20
5. »	8. 69	— 0. 17	5. »	9. 22	— 0. 01

Absolute Veränderlichkeit des Mittels in den 5 Jahren:

Luft		Quelle	
Wärmst. Jahr (4.)	9°.27	Wärmst. Jahr (3.)	9°.42
Kältest. Jahr (2.)	8. 57	Kältest. Jahr (4.)	9. 03
Unterschied	0. 70	Unterschied	0. 39

Es ist schon oben bemerkt worden, dafs wir keine Gelegenheit haben zu erfahren, wie ein sehr kaltes oder ein sehr warmes Jahr der Luft auf die Quellen und Brunnen wirkt. Was die Schwankungen des Mittels der Templiner Quelle betrifft, so stellt sich mit Deutlichkeit nur heraus, dafs das Mittel entschieden am höchsen war in einem Jahre, in welchem die 2. Hälfte des Sommers ungewöhnlich heifs war. Die Mittelwärme des kältesten Jahres erscheint unzuverlässig, weil der unregelmäfsig kalte December dieses Mittel herabdrückte. Die absolute Veränderlichkeit des Mittels in den 5 Jahren = 0°.39 scheint daher auch zu grofs ausgefallen zu sein. Wahrscheinlich wäre das 2. Jahr (wie bei der Ravensberger Röhrenquelle) das kälteste geblieben, wenn nicht die Störung im December 1842 dazwischengekommen wäre. Dann hätte die absolute Veränderlichkeit des Mittels in den 5 Jahren nur 0°.28 betragen. Es ist unzweifelhaft, dafs die Veränderlichkeit des Mittels dieser Quelle zu Erman's Zeit noch kleiner war. Das Jahr 1819 hatte einen sehr warmen Sommer und doch war die Quelle in diesem Jahre nur ebensowarm wie im Durchschnitt der 6 Jahre 1814-19. Da sich zu Berghaus' Zeit die jährliche Schwankung vergröſsert hatte, so muſs damit auch die Veränderlichkeit des Mittels gröſser geworden sein.

Die Ravensberger Röhrenquelle.

4jähriges Luftmittel 8°.90		Abweichung vom 4jährigen Mittel	4jähriges Quellmittel 9°.04		Abweichung vom 4jährigen Mittel
1. Jahr	8°.93	+ 0°.03	1. Jahr	9°.00	— 0°.04
2. »	8. 57	— 0. 33	2. »	8. 89	— 0. 15
3. »	8. 84	— 0. 06	3. »	9. 29	+ 0. 25
4. »	9. 27	+ 0. 37	4. »	8. 99	— 0. 05

Absolute Veränderlichkeit des Mittels in den 4 Jahren:

Luft		Quelle	
Wärmst. Jahr (4.)	9°.27	Wärmst. Jahr (3.)	9°.29
Kältestes Jahr (2.)	8. 57	Kältestes Jahr (2.)	8. 89
Unterschied	0. 70	Unterschied	0. 40

Das wärmste Jahr war wiederum dasjenige, welches die auſserordentliche Hitze in der zweiten Hälfte des Sommers hatte, das kälteste Jahr war dasjenige, welches sich durch strengen Frost in den 3 Wintermonaten auszeichnete. Beides ist nicht befremdend bei einer Quelle, deren Mittel durch ein Leitungsrohr dem Luftmittel etwas angenähert ist. Absolute Veränderlichkeit in den 4 Jahren 0°.40.

Die Ravensberger Baumquelle.

3jähriges Luftmittel 8°.89		Abweichung vom 3jährigen Mittel	3jähriges Quellmittel 9°.10		Abweichung vom 3jährigen Mittel
1. Jahr	8°.57	— 0°.32	1. Jahr	9°.14	+ 0°.04
2. »	8. 84	— 0. 05	2. »	9. 17	+ 0. 07
3. »	9. 27	+ 0. 38	3. »	8. 98	— 0. 12

Absolute Veränderlichkeit des Mittels in den 3 Jahren:

Luft		Quelle	
Wärmst. Jahr (3.)	9°.27	Wärmst. Jahr (2.)	9°.17
Kältestes Jahr (1.)	8. 57	Kältestes Jahr (3.)	8. 98
Unterschied	0. 70	Unterschied	0. 19

Wir erinnern uns, daſs das 1. Beobachtungsjahr dieser Quelle dem 2. der beiden vorhergehenden entspricht. Diese ungefaſste Bodenquelle hat das wärmste Jahr gemein mit den beiden vorhergehenden, das kälteste Jahr aber mit der Templiner. Das wärmste Jahr der Luft war das kälteste der Baumquelle. Diese Quelle war im 3. Jahre in den beiden Monaten März und April kälter als im 1. und 2. Jahre. Die Erklärung fehlt. Absolute Veränderlichkeit in den 3 Jahren 0°.19.

Die Ravensberger Sprudelquelle.

Fragt man nach der Veränderlichkeit des Mittels dieser durch die Wärme des Erdinnern erhöheten Quelle, so ist die Antwort: In einem Jahre, welches sich durch eine ganz ungewöhnliche Hitze in der 2. Hälfte des Sommers auszeichnete, war das Mittel 0°.04 höher als gewöhnlich. Gewöhnlich d. h. in der grofsen Mehrzahl der Jahre scheint das Mittel absolut unveränderlich zu sein, indem die Temperatur der Quelle in der grofsen Mehrzahl der Jahre überhaupt unveränderlich ist.

Alle 4 Quellen, sowohl die 3 Bodenquellen als die 1 Geotherme, haben das mit einander gemein, dafs sie am wärmsten waren im Jahre December 1841-42 in Folge der Augusthitze dieses Jahres. Dieselbe brauchte aber, um den Wärmegang der Quellen und dadurch auch das Mittel über das Gewöhnliche zu erhöhen, nur in die obern Bodenschichten einzudringen. Dies ist bei der Betrachtung der Ravensberger Sprudelquelle handgreiflich deutlich geworden (S. 116): denn bei dieser Quelle fiel das Maximum schon in den September, bei der Baumquelle und der Röhrenquelle desgleichen und bei der Templiner sogar schon in den August.

II. Die Senkbrunnen.

Das Haus und der Garten des Herrn Berghaus in Potsdam, Teltower Vorstadt, liegen am nördlichsten Abhange des Brauhausberges, und hier liegen auch die 3 Senkbrunnen, deren Temperatur Berghaus mehrere Jahre hindurch beobachtet hat. Die beiden Senkbrunnen vor Berghaus' Remise und vor Hoffmann's Keller liegen an der Strafse in 124′ Höhe. Der Senkbrunnen in Berghaus' Garten (welcher sich am Abhange hinaberstreckt) liegt aber nur 98′ über dem Meere, also in gleicher Höhe mit den Quellen. Da die mittlere Höhe der Havel 90′ beträgt, so wird dieser Senkbrunnen wohl Grundwasser enthalten, welches von der Havel her durch den Sandboden dringt, und der Wasserspiegel wird nicht tiefer als 8′ unter der Erdoberfläche liegen. Wie es sich mit den beiden andern Senkbrunnen verhält, kann ich nicht angeben. Leider fehlt bei allen 3 Brunnen die Angabe sowohl der Tiefe, in welcher der Wasserspiegel unter der Erdoberfläche sich befindet, als auch der Höhe der Wassersäule selbst. Da alle 3 Brunnen nicht Pumpbrunnen sondern Senkbrunnen sind, so ist es wahrscheinlich, dafs die atmosphärische Luft zu dem Brunnenschachte freien Zutritt hat. Es ist aber auch möglich, dafs die Brunnen mit einem Holzdach versehn sind, in welchem sich eine Thür befindet. Auch über diesen Punkt bleiben wir im Ungewissen. Ungeachtet dieser Mängel in den Angaben habe ich es für meine Pflicht gehalten, die Erörterung der Temperaturverhältnisse dieser Brunnen zu versuchen, erstens weil die Beobachtungen gleichzeitig sind mit Quellwärmebeobachtungen in derselben Gegend und zweitens weil 2 von den Brunnen eine meines Wissens bis jetzt nicht gekannte Eigenthümlichkeit im Wärmegang der Brunnen (2 Maxima als Regel) zeigen. Wir beginnen mit demjenigen Brunnen, welcher an den Wärmeänderungen der Luft am meisten Antheil nimmt und dessen Mittelwärme am niedrigsten ist.

1. Der Senkbrunnen in Berghaus' Garten.

	1. Jahr, Dec. 1839-40	2. Jahr, Dec. 1840-41	3. Jahr, Dec. 1841-42	4. Jahr, Dec. 1842-43	5. Jahr, Dec. 1843-44	5 Jahre, Dec. 1839-44
December	10°.00	8°.50	9°.25	9°.40	9°.45	9°.32
Januar	9. 00	8. 44	8. 75	8. 58	8. 67	8. 69
Februar	7. 50	6. 88	7. 31	7. 21	7. 25	7. 23
März	7. 00	6. 94	7. 38	7. 10	7. 12	7. 11
April	7. 50	6. 56	7. 06	7. 40	7. 14	7. 13
Mai	9. 06	8. 50	8. 77	8. 79	8. 77	8. 78
Juni	9. 50	9. 69	9. 60	9. 60	9. 59	9. 60
Juli	10. 31	10. 38	10. 38	10. 36	10. 35	10. 36
August	10. 75	10. 87	10. 91	10. 94	10. 94	10. 88
September	11. 06	11. 12	11. 15	11. 13	11. 13	11. 12
October	11. 00	11. 06	11. 05	11. 06	11. 06	11. 05
November	10. 32	10. 34	10. 35	10. 32	10. 33	10. 33
Jahr	9. 42	9. 11	9. 33	9. 32	9. 32	9. 30
Kältest. Mon.	7. 00	6. 56	7. 06	7. 10	7. 12	7. 11
Wärmst. Mon.	11. 06	11. 12	11. 15	11. 13	11. 13	11. 12
Unterschied	4. 06	4. 56	4. 09	4. 03	4. 01	4. 01

Vergleichen wir die Mittel der gleichnamigen Monate in den 5 Jahren, so fällt uns eine grofse Beständigkeit der einzelnen Mittel besonders von Juni bis December, also im Sommer und Herbst auf. Wie gering ist die Veränderung des Junimittels! Wie nahe stimmen alle 5 Novembermittel überein! Die Winter- und Frühlingsmittel sind etwas veränderlicher. Sehen wir aber von den beiden ersten Jahren ab, so finden wir in den letzten 3 Jahren auch die Winter- und Frühlingsmonate recht beständig in ihrem Wärmegrade. — Die äufsersten Wärmegrade der Luft dringen auffallend langsam in die Wassersäule des Brunnens hinab, von der wir doch Grund haben anzunehmen, dafs ihr Spiegel nur 8′ unter der Erdoberfläche steht. Der kälteste Monat war 3mal der März, 2mal der April, im 5jährigen Durchschnitt der März mit 7°.11, jedoch war der April nur 0°.02 wärmer. Die kleinste Wärme wird also im vieljährigen Durchschnitt Ende März eintreten. Der wärmste Monat war in allen 5 Jahren der September, jedoch war der October im 5jährigen Durchschnitt nur 0°.07 kühler als der September. Die gröfste Wärme wird also durchschnittlich in der 2. Hälfte des September eintreten. Unterschied des kältesten und wärmsten Monats 4°.01. Das Decembermittel ist im 5jährigen Durchschnitt dem Jahresmittel gleich. Die 5 Monate Januar bis Mai liegen unter dem Jahresmittel, die 6 Monate Juni bis November über demselben. Das 5jährige Mittel ist 9°.30.

Ueber den Wärmegang des Brunnens in den Monatsmitteln der einzelnen Jahre ist Folgendes zu bemerken: Die hohe Temperatur des Brunnens im Winter des 1. Jahres weifs ich nur durch eine ergänzende Vermuthung zu erklären. Als eine Nachwirkung des recht warmen Herbstes 1839 ist sie nicht zu betrachten: denn im November 1839 (S. 112) erhob sich die Temperatur des Brunnens schon nicht mehr über das Gewöhnliche, indem sie nur 10°.31 betrug. Wir müssen daher wohl annehmen, dafs im December und Januar eine Schneedecke die Wärmeabgabe des Bodens an die Luft gehemmt hat. — Das 2. Jahr ist ausgezeichnet durch den strengen Frost der 3 Wintermonate. Der Winterfrost wirkte entschieden erkältend auf den Brunnen bis Ende April. In den 3 Monaten Februar bis April stand die Temperatur des Brunnens unter 7°, was in keinem der übrigen Jahre vorkam. — Im 3. Jahre vermissen wir gänzlich die erhöhende Einwirkung der Augusthitze, die so entschieden bei allen 4 Quellen hervortrat. Im 4. und 5. Jahre erfolgt die Senkung und Hebung der Brunnenwärme in der gröfsten Uebereinstimmung und Regelmäfsigkeit.

Die Veränderlichkeit des Mittels läfst sich bei diesem Brunnen leicht überblicken. Das 1. Jahr war entschieden das wärmste, das

2. entschieden das kälteste, die 3 übrigen waren mittelwarm. (In diesem Punkte stimmen alle 3 Brunnen überein).

Brunnen No. 1.

Wärmst. Jahr (1.)	9°.42
Kältestes Jahr (2.)	9. 11
Unterschied	0. 31

Das hohe Mittel des 1. Jahres war die Folge der nur durch eine Vermuthung erklärten hohen Wärme des Brunnens in den 3 Wintermonaten. Das niedrige Mittel des 2. Jahres war die Folge der bedeutenden Erniedrigung, welche die Winterkälte der Luft in der Temperatur des Brunnens während der 5 Monate December bis April bewirkte. Absolute Veränderlichkeit in den 5 Jahren 0°.31.

2. Der Senkbrunnen vor HOFFMANN's Keller.

	1. Jahr, Dec. 1839-40	2. Jahr, Dec. 1840-41	3. Jahr, Dec. 1841-42	4. Jahr, Dec. 1842-43	4 Jahre, Dec. 1839-43
December	9°.81	8°.62	9°.31	9°.31	9°.26
Januar	9. 06	8. 31	8. 69	8. 68	8. 69
Februar	9. 06	8. 87	8. 81	8. 94	8. 92
März	9. 06	9. 00	8. 94	9. 00	9. 00
April	9. 19	9. 38	9. 29	9. 29	9. 29
Mai	9. 38	9. 57	9. 46	9. 47	9. 47
Juni	9. 44	9. 62	9. 54	9. 55	9. 53
Juli	9. 69	9. 74	9. 75	9. 72	9. 73
August	10. 00	9. 94	9. 99	10. 00	9. 98
September	9. 69	9. 62	9. 67	9. 69	9. 67
October	9. 94	9. 69	9. 83	9. 80	9. 82
November	9. 81	9. 77	9. 77	9. 76	9. 77
Jahr	9. 51	9. 34	9. 42	9. 43	9. 43
Kältest. Mon.	9. 06	8. 31	8. 69	8. 68	8. 69
Wärmst. Mon.	10. 00	9. 94	9. 99	10. 00	9. 98
Unterschied	0. 94	1. 63	1. 30	1. 32	1. 29

Bei diesem und den folgenden Brunnen fehlt das 5. Jahr. Da aber das 5. Jahr sich bei dem 1. Brunnen als ein gemäſsigtes, mittleres gezeigt hat, so lassen sich die 4jährigen Mittel der beiden letzten Brunnen mit dem 5jährigen des 1. Brunnens ganz gut vergleichen. Der 2. Brunnen ist wärmer als der 1. und der Unterschied des kältesten und wärmsten Monates ist bedeutend kleiner. Auch dieser

Brunnen war im 1. Jahre am wärmsten, im 2. Jahre am kältesten und in den beiden folgenden Jahren mittelwarm. Unterschied des kältesten und wärmsten Jahres 0°.17. Die kleinste Wärme trat in allen 4 Jahren schon im Januar, die gröfste Wärme im August ein. Es ist sehr auffallend, dafs in diesem Brunnen die äufsersten Wärmegrade so rasch eintreten, da wir soeben erst gesehn haben, dafs in dem vorigen Brunnen der März der kälteste und der September der wärmste Monat ist. Diese Schwierigkeit läfst sich meiner Meinung nach lösen, wenn wir annehmen, dafs der Brunnen vor Hoffmann's Keller unbedeckt, der Brunnen in Berghaus Garten aber mit einem Dach versehn ist. Aufserdem bietet aber der Wärmegang dieses Brunnens eine Merkwürdigkeit dar, welche wir nie bei einer Quelle gefunden haben. Nachdem in allen 4 Jahren der August der wärmste Monat gewesen ist, hebt sich die Wärme des Brunnens im October wieder und bildet ein zweites kleineres Maximum, an dem der November noch mit Theil hat. Im 2. Jahre war der November sogar noch etwas wärmer als der October. Die 4jährigen Durchschnittswerthe stellen diese merkwürdige Erscheinung sehr gut dar:

Juli	9°.73
August	9. 98
September	9. 67
October	9. 82
November	9. 77

Man sieht, dafs der November in Folge des 2. Maximums noch etwas wärmer als der Juli ist. Die Erklärung dieses zweifachen Maximum bietet sich ungezwungen dar. Im Juli und August wirkt die erwärmte Luft durch unmittelbare Berührung auf den Wasserspiegel des Brunnens und theilt der obersten Wasserschicht, in welche der Schöpfeimer eingesenkt wird, die höchste Wärme des Jahres mit. Diese Erhöhung der Temperatur verschwindet wieder im September. Mittlerweile dringt aber das Maximum allmälig durch Mittheilung in die tiefern Bodenschichten ein, welche die im Brunnenschacht stehende Wassersäule umfassen, und nun entsteht im October eine zweite Wärmeerhöhung, welche von dem umgebenden Boden dem Wasser mitgetheilt ist. Zuerst wirkt die höchste Luftwärme unmittelbar auf den Wasserspiegel, zum zweiten Male mittelbar, durch den Boden. — Im 4jährigen Durchschnitt liegen in diesem Brunnen die 5 Monate December bis April unter dem Jahresmittel, die 7 Monate Mai bis November über demselben; das Maimittel ist aber nur 0°.04 höher als das Jahresmittel.

Ueber den Wärmegang des Brunnens in den Monatsmitteln der einzelnen Jahre ist Folgendes zu bemerken: In den ersten Monaten des 1. Jahres finden wir, ähnlich wie beim vorigen Brunnen, eine Höhe der Temperatur, welche sich nicht erklären läfst, wenn wir nicht eine dicke Schneedecke während eines grofsen Theils des Winters voraussetzen. In Folge der hohen Temperatur der 4 Monate December bis März wurde dieses Jahr das wärmste. — Im 2. Jahre drückte die Winterkälte der Luft die Temperatur der 3 Wintermonate des Brunnens so herab, dafs das 2. Jahr dadurch das kälteste wurde. Im 3. Jahre vermissen wir auch bei diesem Brunnen sowohl im 1. als im 2. Maximum jede Spur der aufserordentlichen Augusthitze der Luft. Diese Thatsache ist hier besonders befremdend, weil wir so eben erst die Vermuthung ausgesprochen haben, der Brunnen vor Hoffmann's Keller werde offen, der Brunnen in Berghaus Garten dagegen mit einem Dach versehn sein.

3. Der Senkbrunnen vor Berghaus' Remise.

	1. Jahr, Dec. 1839–40	2. Jahr, Dec. 1840–41	3. Jahr, Dec. 1841–42	4. Jahr, Dec. 1842–43	4 Jahre, Dec. 1839–43
December	9.63	9.37	9.50	9.53	9.51
Januar	9.46	9.56	9.51	9.50	9.51
Februar	9.46	9.50	9.50	9.49	9.49
März	9.50	9.50	9.50	9.51	9.50
April	9.62	8.31	8.97	9.00	8.98
Mai	9.69	9.00	9.35	9.36	9.35
Juni	9.69	9.75	9.73	9.67	9.71
Juli	9.88	9.94	9.98	9.94	9.94
August	9.75	9.94	9.96	9.90	9.89
September	9.56	9.62	9.70	9.61	9.62
October	9.79	9.62	9.71	9.69	9.70
November	9.88	9.78	9.76	9.79	9.80
Jahr	9.66	9.49	9.60	9.58	9.58
Kältst. Mon.	9.46	8.31	8.97	9.00	8.98
Wärmst. M.	9.88	9.94	9.98	9.94	9.94
Unterschied	0.42	1.63	1.01	0.94	0.96

Die Temperaturverhältnisse dieses Brunnens schliefsen sich den Temperaturverhältnissen des vorhergehenden recht gut an. Das Mittel $= 9^{\circ}.58$ ist höher, der Unterschied des kältesten und wärmsten Monats

$=$ 0°.96 kleiner als bei No. 2. Das 1. Jahr ist das wärmste, das 2. das kälteste, Unterschied 0°.17, wie bei No. 2. Der kälteste Monat ist in 3 Jahren sehr entschieden der April (nur im 1. Jahre der Januar). In den 4 Monaten December bis März hält sich die Wärme dieses Brunnens ziemlich gleich hoch, im April fällt sie aber im 4jährigen Durchschnitt um die bedeutende Gröfse von 0°.52 gegen den März ab; der Mai liegt noch 0°.33 unter dem Jahresmittel, erst der Juni erhebt sich über dasselbe. Im Sommer und Herbst hat unser 3. Brunnen die beiden Maxima wie der 2., sie treten aber noch weiter auseinander. Das 1. Maximum erscheint schon im Juli (Juli oder August, darauf kommt wenig an), das 2. Maximum folgt aber erst im November. Der October ist schon wärmer als der September, aber der November ist noch 0°.1 wärmer als der October. Das Decembermittel liegt übrigens schon wieder unter dem Jahresmittel. Unter dem Mittel liegen die 6 Monate December bis Mai, über dem Mittel die 6 Monate Juni bis November. Die Erklärung des zweifachen Maximums ist dieselbe wie beim vorigen Brunnen, wir müssen nur annehmen, dafs der Wasserspiegel von No. 3 tiefer unter der Oberfläche liegt als der Wasserspiegel von No. 2. Denn diejenige Bodenschicht, in welcher die höchste Wärme erst im November eintritt, mufs etwas tiefer liegen als diejenige, in welcher sie im October eintritt.

Ueber den Wärmegang des Brunnens in den Monatsmitteln der einzelnen Jahre ist noch zu bemerken: Im 1. Jahre zeichnen sich freilich die 4 Monate December bis März durch keine ungewöhnlich hohe Temperatur mehr aus, wie noch bei No. 2 der Fall war, es fehlt aber in diesem Jahre das gewöhnliche entschiedene Minimum im April. Das Minimum, und zwar ein sehr gemäfsigtes, hatte schon im Januar und Februar geherrscht. Der April blieb 0°.64 über seinem 4jährigen Mittel, der Mai blieb 0°.34 über seinem 4jährigen Mittel. Nun ist $0.64 + 0.34 = 0.98$ und $\frac{0.98}{12} = 0.08$. Das Mittel des 4jähr. Zeitraumes ist 9.58, das Mittel des 1. Jahres 9°.66, also 0.08 höher. Die Erhöhung des Mittels im 1. Jahre entstand mithin lediglich dadurch, dafs dem April und Mai ihre gewöhnliche niedrige Temperatur fehlte und dies Fehlen der gewöhnlichen Erniedrigung deutet auf eine Bedingung hin, die in den eigentlichen Wintermonaten dieses Jahres die Wärmeabgabe der obern Bodenschichten an die Luft hemmte. Wir werden also zum dritten Male auf die Annahme einer schützenden Schneedecke während eines grofsen Theils des 1. Winters geführt. — Das 2. Jahr beginnt mit einem Decembermittel, welches niedriger ist

9*

als das Januarmittel, ohne dafs man die Ursache davon einsieht. Die strenge Winterkälte der Luft macht sich im Brunnen erst im April, aber nun auch sehr nachdrücklich fühlbar. Die niedrige Temperatur des Brunnens im April und Mai drückte das Jahresmittel unter das Gewöhnliche herab. — Im 3. Jahre war der Brunnen im Juli, August und September ein klein wenig wärmer als im 4jährigen Durchschnitt. Wie kommt es aber, dafs nur dieser Brunnen eine wenn auch nur kleine Einwirkung der grofsen Hitze erfuhr, da wir doch zu der Annahme gezwungen sind, dafs sein Wasserspiegel tiefer unter der Erdoberfläche liegt, als der Wasserspiegel der beiden andern? Das Novembermaximum weifs nichts mehr von der grofsen Hitze.

Bemerkungen über die Temperaturverhältnisse der 3 Senkbrunnen.

Die in den vorstehenden Beobachtungsreihen enthaltenen Temperaturverhältnisse der 3 Senkbrunnen lassen sich ziemlich gut verstehn und die Verschiedenheiten, welche die 3 verschiedenen Brunnen in ihren Temperaturverhältnissen zeigen, lassen sich ziemlich befriedigend erklären, sobald man einige allgemein bekannte Ergebnisse der Bodenwärmemessungen an eingegrabenen Thermometern zu Grunde legt. Sobald man weifs, dafs die mittlere Wärme des Bodens mit der Tiefe zunimmt, dafs die Gröfse der jährlichen Wärmeschwankung mit der Tiefe abnimmt und dafs die äufsersten Wärmegrade der Luft zu tiefern Bodenpunkten später hinabdringen, so erkennt man sofort, dafs diese Sätze auf die 3 vorliegenden Senkbrunnen ihre Anwendung finden und dafs die Wasserspiegel der 3 Brunnen in verschiedenen Tiefen unter der Erdoberfläche liegen müssen. Der Spiegel von No. 1 mufs der oberflächlichste sein, der von No. 2 wird tiefer liegen, der von No. 3 am tiefsten. Wie lassen sich aber die Eintrittszeiten der gröfsten Wärme in den 3 Brunnen mit der Annahme vereinigen, dafs der Wasserspiegel von No. 1 der Oberfläche näher liegt als der von No. 2, und wie verhält sich das zweifache Maximum von No. 2 und 3 zu dem einfachen Maximum von No. 1? Wir können uns hier durch die zulässige Vermuthung helfen, dafs der 1. Brunnen mit einem Dach versehn ist, welches die unmittelbare Einwirkung der heifsen Sommerluft auf den Wasserspiegel hemmt und dafs aus diesem Grunde diesem Brunnen das Juli- oder Augustmaximum der beiden andern fehlt [1]).

[1]) Es ist sehr zu wünschen, dafs Herr Berghaus eine vollständige Beschreibung der von ihm mit solcher Ausdauer gemessenen Brunnen bekannt machen und etwaige Irrthümer in meinen ergänzenden Vermuthungen berichtigen möge. Es wird dann jedem Leser leicht sein, sich die Verhältnisse zurecht zu legen.

Die höchste Luftwärme wird durch Mittheilung durch den Boden schon in der 2. Hälfte des September in die Tiefe hinabgedrungen sein, in welcher der Wasserspiegel von No. 1 liegt. Sie erreicht die Tiefe von No. 2 erst im October, die von No. 3 im November. Das Maximum des 1. Brunnens entspricht dem 2. Maximum der beiden andern. Die Reihe in den Eintrittszeiten der gröfsten Wärme der 3 Brunnen wäre also hergestellt. Die in der folgenden Uebersicht dargestellten Ergebnisse hängen bei jedem Brunnen untereinander zusammen und gemeinschaftlich von der Tiefe ab, in welcher sich der Wasserspiegel unter der Erdoberfläche befindet.

Brunnen	4 bis 5jähr. Mittel	Unterschied des kältst. und wärmst. M.	Absolute Veränderlichkeit des Mittels	Monat des (2.) Maximums
No. 1	9°.30	4°.01	0°.31	Septemb.
No. 2	9. 44	1. 29	0. 17	Octob.
No. 3	9. 58	0. 96	0. 17	Novemb.

Der Wasserspiegel von No. 1 liegt am nächsten unter der Oberfläche, deswegen ist sein Mittel das niedrigste, die jährliche Schwankung die gröfste, die Veränderlichkeit des Mittels ebenfalls die gröfste und die Eintrittszeit der gröfsten Wärme die früheste. Der Wasserspiegel von No. 2 liegt tiefer, deswegen u. s. w. In der Lage des wärmsten und kältesten Jahres stimmten alle 3 Brunnen überein, und es hat sich herausgestellt, dafs die Ursachen, welche das 1. Jahr zum wärmsten und das 2. Jahr zum kältesten machten, für alle 3 Brunnen dieselben waren. Die Wirkung entfaltete sich beim 3. Brunnen nur später im Jahre, erst im April und Mai [1]).

Ich wünsche die Aufmerksamkeit des Lesers noch besonders auf einen Punkt zu lenken, in welchem die Temperaturverhältnisse der Brunnen sich sehr deutlich von den Temperaturverhältnissen der Quellen unterscheiden und ebenso deutlich den Temperaturverhältnissen des Bodens, soweit dieselben durch Beobachtungen an eingegrabenen Thermometern erkannt sind, anschliefsen. Im I. Bande S. 248 habe ich die gangbare Meinung widerlegt, dafs die äufsersten und mittlern Wärmegrade einer Quelle desto später eintreten werden, je gröfser

[1]) Wir müssen aber auch an die Punkte erinnern, die uns dunkel geblieben sind. Nicht recht verständlich ist uns die Thatsache, dafs die Augusthitze des J. 1842 ohne Wirkung auf die Brunnen blieb. Ferner ist Mehreres im Eintritt der kleinsten Wärme unklar. Warum haben der 2. und 3. Brunnen nicht auch 2 Minima, da sie doch 2 Maxima haben? Wie kommt es, dafs die kleinste Wärme im 2. Brunnen schon im Januar eintrat, also 3 Monate früher als im 3. Brunnen?

die Tiefe ist, aus welcher die Quelle hervorkommt, indem ich geltend machte, dafs keine veränderliche Quelle die Wärme einer bestimmten Bodentiefe angiebt, sondern dafs die veränderliche Quelle nur die Durchschnittswärme einer Bodenmasse (von meistens unbestimmter Mächtigkeit) angeben kann. Die Vorstellung, welche sich in Beziehung auf die Quellen als irrig erwiesen hat, erweist sich bei den Brunnen als richtig. Die Brunnen geben wirklich die Temperatur einer bestimmten Bodentiefe an (und werden dies um so genauer thun, je besser sie verdeckt sind). In den Brunnen treten daher auch die äufsersten Wärmegrade desto später ein, je tiefer der Wasserspiegel unter der Oberfläche liegt. Das Zustandekommen eines 2. Maximums in No. 2 im October und in No. 3 im November sowie der Eintritt des Minimums in No. 3 im April sind Thatsachen, welche die directe Abhängigkeit des Wärmeganges des Brunnens von dem Wärmegange einer bestimmten Bodentiefe (der Tiefe, in welcher der Wasserspiegel steht) in einer von Störung freien Weise darstellen. Wir haben in No. 3 einen Brunnen kennen gelernt, in welchem die äufsersten Wärmegrade, weil sie durch die Wärmegrade einer ziemlich tief gelegenen Bodenschicht bedingt werden, ganz regelmäfsig erst im April und November eintreten. Wir kennen aber keine Quelle, bei welcher so späte Eintrittszeiten die Regel wären. Das Maximum im November ist bei einer Quelle noch nicht dagewesen, es würde auch nur unter ganz eigenthümlichen örtlichen Verhältnissen möglich sein.

§ 69. Der Gesundbrunnen bei Berlin.

Nachdem wir die in der Gegend von Potsdam beobachteten Quellen und Brunnen durchgenommen haben, müssen wir auch noch die unter dem Namen des Gesundbrunnen bekannte etwas eisenhaltige Quelle bei Berlin kennen lernen, auf deren Temperatur Wahlenberg durch seine Beobachtungen im J. 1811 und 1812 die Aufmerksamkeit der Berliner Physiker lenkte. Die erste geschichtliche Erwähnung dieser Quelle ist vom Jahre 1701 [1]). Auf dem linken Pankeufer lag damals eine Mühle und der Müller bediente sich des Wassers der dicht daneben hervorkommenden Quelle zum Hausgebrauch. König Friedrich I forderte auf der Jagd bei dem Müller einen Trunk Wasser. Man gab

[1]) Siehe die kleine Schrift von Ch. F. Bellermann Die St. Paulsgemeine vor Berlin. Kurze Beschreibung derselben und ihres Grundes und Bodens. Berlin 1836.

ihm von dem Wasser der Quelle und der König bemerkte den Eisengehalt. Im J. 1757 liefs sich der Arzt Dr. H. W. Behm die Quelle nebst einem daneben gelegenen Landstriche mit Holzung von Friedrich II schenken, um ein Badehaus neben der Quelle zu bauen und grofse Garten- und andere Anlagen zu machen. Behm brachte im J. 1758 »die Quelle unter ein besonderes Brunnenhäuschen« und ich bin geneigt zu glauben, dafs die Fassung der Quelle, wie sie noch jetzt vorhanden ist, von Behm herrührt, also — abgesehn von zeitweise nöthig gewordenen Ausbesserungen — schon nahe an 100 Jahr alt ist [1]).

In der Beschreibung des Gesundbrunnens folge ich theils Erman, theils eigener Anschauung. Die Quelle liegt $^1/_4$ Stunde in NNW. von Berlin, vor dem Rosenthaler Thore, auf dem linken Ufer der Panke, hart am untern Rande einer grofsen, sanftgeneigten moorigen Wiese. Erman sagt: »Ihr Wasser erhält sie wahrscheinlich aus der Tiefe dieses Moorgrundes, denn nach dieser Richtung sollen die unterirdischen Röhren liegen; welches jedoch nur auf der Aussage eines alten Zimmermanns beruht, der in seiner Jugend bei der Anlegung derselben arbeitete. So unglaublich wie es klingt, so ist es mir doch unmöglich gewesen, bei den Besitzern dieses Brunnens irgend ein Archivstück oder auch nur eine mündliche Tradition aufzufinden über die lokalen Verhältnisse der Quelle und über die Richtung und Tiefe, aus der sie gespeist wird. Die unbeträchtlichen Erhöhungen des Bodens (denn Hügel darf man sie kaum nennen, obgleich sie auf topographischen Karten unter der Benennung von Brunnenkuppe bezeichnet sind) liegen südlich von der Wiese gegen Berlin zu und scheinen das Tagewasser herzugeben, welches aus der Einfassung des Brunnens hervorquillt.« Für Jeden, der sich an dem Orte selbst umsieht, kann kein Zweifel darüber obwalten, dafs das Wasser von der moorigen Wiese herkommt, obgleich man bei der eigenthümlichen Art, auf welche die Quelle geleitet und gefafst ist, nicht sehen kann, von welcher Seite das unterirdische horizontale Zuleitungsrohr kommt. Man sieht nämlich weiter nichts, als dafs das Wasser in dem nur flach ausgehöhlten Grunde einer Muschel von massivem Sandstein aus senkrechter Tiefe hervorquillt. Wie tief die senkrecht stehende Röhre hinabreicht (bis sie vermuthlich unter einem rechten Winkel in die horizontale Richtung übergeht), weifs ich nicht anzugeben. Erman

[1]) Behm nannte seine Besitzung den Friedrichsgesundbrunnen, vom J. 1799 an wurde der Ort der Königin Luise zu Ehren das Luisenbad genannt. Die Benennung Gesundbrunnen ist die gewöhnlichste.

spricht von einigen Fufs. Die Röhrenöffnung im Grunde der Muschel ist 2 bis 2½ Zoll weit. Die Muschel befindet sich in der Mitte eines sechseckigen Wasserbehälters von etwa 7′ Durchmesser. Ueber den Rand der Muschel fliefst das Wasser in den Behälter ab. Der Wasserbehälter ist mit einem Häuschen überbaut, das gröfstentheils aus Glasfenstern besteht. Um die Temperatur der Quelle zu erhalten, mufs man von dem Rande des Wasserbehälters aus wenigstens mit einem Fufse auf den Rand der Muschel treten und das Thermometer in die Oeffnung der senkrecht aufsteigenden Röhre möglichst tief hinabsenken. Die Ablesung ist äufserst unbequem und wie mir scheint auch unsicher, wenn das Thermometer nicht dergestalt mit einer Hülse von Blech umgeben ist, dafs man die Kugel im Wasser emporheben und so das Thermometer rasch vor das Auge bringen kann. Die Meereshöhe der Quelle schlage ich auf höchstens 100′ an. Die Quelle ist viel wasserreicher als eine der Potsdamer, was man schon aus der Weite der Röhre abnehmen kann.

Man hat sich damit begnügt, durch Wahlenberg's und Erman's Beobachtungen die Kleinheit der jährlichen Wärmeänderung des Gesundbrunnens kennen zu lernen, aber Niemand hat sich die Mühe gegeben, auch nur einen vollständigen Jahrgang von Beobachtungen zu liefern. Ich habe diesem Mangel abzuhelfen gesucht, indem ich bei meinem Besuch des Gesundbrunnens am 26 Januar 1847 Herrn Prediger Bellermann, seit 1835 Pfarrer der am Gesundbrunnen erbauten Paulskirche, die regelmäfsige Beobachtung der Quelle empfahl. Herr Bellermann hat meiner Bitte mit der freundlichsten Bereitwilligkeit entsprochen. Er verschaffte sich von seinem Freunde Herrn Director August ein Greiner'sches Thermometer nach Réaumur, dessen Grade in Fünftel getheilt waren und welches mit einem Blechfutteral der soeben angedeuteten Art versehn war. Herr Bellermann beobachtete von März 1847 an monatlich 1mal in der Mitte des Monates. Leider zerbrach nach der Januarbeobachtung 1848 das Thermometer und es gelang dem Beobachter erst zum Juni ein zweites Greiner'sches Thermometer, welches dem ersten ganz gleich eingerichtet war, zu erhalten. Dadurch entstand eine Lücke von 4 Monaten. Dann wurden die Beobachtungen ununterbrochen fortgesetzt bis Januar 1850, wo auch das zweite Thermometer schadhaft wurde. Auf diese Weise ist nur das Jahr Dec. 1848–49 ganz vollständig erhalten worden. Ich selbst habe nur 1 zuverlässige Beobachtung beizutragen. Am 26 Jan. 1847 fand ich 7°.7 R. = 9°.63 C. Hier folgen sämmtliche zu meiner Kenntnifs gekommene Beobachtungen: von Wah-

LENBERG [1]) 9, von ERMAN [2]) 8, von BELLERMANN 31, mit der 1 von mir zusammen 49.

	WAHLENBERG				ERMAN		
1811	August	27	9°.7	1814	März	14	9°.50
	Sept.	7	9. 7		April	1	9. 38
	»	29	9. 7		Sept.	28	9. 63
	Octob.	29	9. 7	1815	Febr.	19	9. 44
	Decemb.	7	9. 7		Mai	30	9. 50
1812	Januar	9	9. 7	1817	Mai	14	9. 44
	Februar	13	9. 5		Octob.	30	9. 69
	März	14	9. 5	1818	Mai	7	9. 31
	April	1	9. 4				

BELLERMANN

	1846-47	1847-48	1848-49	1849-50
December		9°.38	9°.44	9°.38
Januar		9. 63	9. 50	9. 25
Februar			9. 38	
März	9. 63		9. 44	
April	9. 25		9. 31	
Mai	9. 75		9. 50	
Juni	9. 81	9. 63	9. 50	
Juli	9. 88	9. 75	9. 63	
August	9. 88	9. 75	9. 75	
September	9. 75	9. 63	9. 69	
October	9. 81	9. 69	9. 69	
November	9. 75	9. 63	9. 56	
Jahr			9. 53	
Kältest. Mon.	9. 25		9. 31	
Wärmst. Mon.	9. 88	9. 75	9. 75	
Unterschied	0. 63		0. 44	

WAHLENBERG fand die Temperatur des Gesundbrunnens vom 27 August 1811 bis zum 9 Januar 1812 unverändert. Dies scheint

[1]) GILBERT's Ann. Bd. 41. S. 160.
[2]) a. a. O. S. 381 f.

ein seltener Fall gewesen zu sein: denn nach BELLERMANN's Beobachtungen sank die Temperatur von Mitte Aug. 1847 bis Mitte Jan. 48 um 0°.25, von Aug. 48 bis Jan. 49 um 0°.25, von Aug. 49 bis Jan. 50 sogar um 0°.50. Man könnte fragen, ob auch BELLERMANN's Instrumente so richtig und seine Ablesungen so zuverlässig waren wie WAHLENBERG's und ERMAN's? Wir haben Grund, in BELLERMANN's Beobachtungen Vertrauen zu setzen. Vergleichen wir z. B. alle bekannten Septemberbeobachtungen, so finden wir eine nahe Uebereinstimmung

1811	Sept.	7, 29	9°.7	WAHLENBERG
1814	»	28	9. 63	ERMAN
1847	»	15	9. 75	BELLERMANN
48	»	»	9. 63	»
49	»	»	9. 69	»

Aus dieser Uebereinstimmung sind wir zu schliefsen berechtigt, dafs die Wärme des Gesundbrunnens im September in verschiedenen Jahren sehr nahe gleich hoch ist. Die Uebereinstimmung der neuern mit den ältern Messungen macht es aber auch höchst wahrscheinlich, dafs die beiden Thermometer BELLERMANN's ebenso genau richtig waren wie das WAHLENBERG'sche und das ERMAN'sche. Hat aber BELLERMANN im September richtig beobachtet, so wird er auch in den andern Monaten richtig beobachtet haben. Kurz, wo die neuern Beobachtungen von den alten abweichen, haben wir keinen Grund, Beobachtungsfehler zu vermuthen, sondern wirkliche kleine Verschiedenheiten der Jahrgänge. Im Jahre Dec. 1848–49 wurde die kleinste Wärme im April gefunden, die gröfste Wärme im August, Unterschied 0°.44, Jahresmittel 9°.53. Die 7 Monate December bis Juni lagen unter dem Mittel, die 5 Monate Juli bis November über dem Mittel.

Um ein Jahresmittel zu erhalten, welches unbedenklich für ein vieljähriges genommen werden kann, habe ich alle Beobachtungen ohne Unterschied zu den folgenden Monatsmitteln mitwirken lassen. Aus dem Monat December sind 4 Beobachtungen bekannt, 1 von WAHLENBERG und 3 von BELLERMANN, Mittel 9°.48 u. s. w. Mit Ausnahme des September, dessen 6 Beobachtungen nur 5 Jahre vorstellen, hat kein Monat 2 Beobachtungen aus demselben Jahre. Die 5 Octoberbeobachtungen sind aus 5 verschiedenen Jahren, ebenso ist es bei allen übrigen Monaten.

Gesundbrunnen bei Berlin

	Mehrjährige Mittel	Zahl der Beobachtungen
December	9°.48	4
Januar	9. 54	5
Februar	9. 44	3
März	9. 52	4
April	9. 34	4
Mai	9. 50	5
Juni	9. 65	3
Juli	9. 75	3
August	9. 77	4
September	9. 68	6
October	9. 72	5
November	9. 65	3
Jahr	9. 59	49
Kältest. Mon.	9. 34	
Wärmst. Mon.	9. 77	
Unterschied	0. 43	

Das auf diese Weise erhaltene vieljährige Mittel 9°.59 ist 0°.06 höher als das Mittel des Einzeljahres Dec. 1848–49. Der Unterschied des kältesten und wärmsten Monates ist derselbe wie im Einzeljahre. Der kälteste Monat ist entschieden der April, der wärmste ist der August. Die 6 Monate December bis Mai liegen unter dem Jahresmittel, die 6 Monate Juni bis November liegen über demselben. Der Wärmegang des Gesundbrunnens zeigt zwischen December und April eigenthümliche Schwankungen; dieselben finden sich ebenso im Einzeljahre Dec. 1848–49 wie im mehrjährigen Durchschnitt. Wir bemerken auch, dafs sowohl im mehrjährigen Durchschnitt als in den Jahren 1847 und 1848 der October wieder etwas wärmer war als der September. Auf die Erklärung dieser kleinen Schwankungen können wir nicht eingehn.

Da die Quelle mit einer Leitung und Fassung versehn ist, so entsteht die Frage, ob diese künstlichen Vorrichtungen eine Annäherung des Mittels an das Luftmittel hervorgebracht haben? Diese Frage ist mit einem entschiedenen Nein zu beantworten, weil die Wärmeschwankung der Quelle ungeachtet der Leitung und Fassung eine sehr kleine geblieben ist. Wenn wir berücksichtigen, dafs das Wasser durch die Leitung gezwungen ist, aus senkrechter Tiefe emporzusteigen, so müssen wir vielmehr der Meinung sein, dafs das Wasser durch diese eigenthümliche Anlage gegen die Einwirkung der äufsersten Wärmegrade der Luft geschützt wird. Ebenso unwahrscheinlich ist die Vermuthung Erman's, die Temperatur des Gesundbrunnens möchte durch die im Brunnenhäuschen stattfindende Verdunstung beständig eine kleine Wärmeentziehung und dadurch eine fehlerhafte Erniedrigung des Mittels erfahren. Ein Wasserstrahl von 2–2½ Zoll Durchmesser, der ununterbrochen senkrecht aus dem Boden emporquillt und in welchen man das Thermometer möglichst tief eintaucht, wird gewifs nicht afficirt durch die im Brunnenhäuschen stattfindende Verdunstung. Der Gesundbrunnen ist ganz einfach eine Bodenquelle und wir haben ebensowenig Grund, bei dieser Quelle irgendwelche Fehlerhaftigkeit des Mittels in Folge der Fassung anzunehmen wie bei der Templiner Quelle (nach Erman) und der ungefafsten Ravensberger Baumquelle. Wir haben also bei Potsdam und Berlin 3 Bodenquellen kennen gelernt, deren Mittel frei von künstlicher Annäherung an das Luftmittel ist. Die Mittel dieser 3 Quellen stimmen nahe überein:

Templiner Quelle (Erman)	6 Jahre	9°.64	9°.61
Ravensb. Baumquelle	3 Jahre	9. 60	
Gesundbrunnen bei Berlin	viele J.	9. 59	

Das Mittel 9°.61 ist 0°.85 höher als das vieljährige Luftmittel (8°.76).

In der Umgebung des Gesundbrunnens befindet sich kein Punkt, dessen Höhe über dem Ausflufsort der Quelle die Gröfse von 70′ erreicht. Wir müssen aber die Dicke des ganzen Bodens in dieser Gegend zu 70′ annehmen (siehe unten). Das Wasser des Gesundbrunnens kann also nicht den ganzen Boden durchsunken haben, ehe es in der Richtung gegen die Oberfläche abfliefst. Das Mittel 9°.59 oder 9°.6 kann daher nicht die mittlere jährliche Durchschnittswärme des ganzen Bodens ausdrücken, sondern nur die Durchschnittswärme einer minder mächtigen Schicht. Das Mittel einer Quelle, deren Wasser genau die ganze Dicke des Bodens durchsunken hätte, ist demgemäfs höher als 9°.6 zu erwarten. Da nun die Mittel der Templiner Quelle und der Baumquelle sehr nahe mit dem Mittel des Gesundbrunnens übereinstimmen, so kennen wir bei Potsdam und Berlin keine Bodenquelle, welche auf den Namen einer Normalquelle in dem oben (S. 118) gedachten Sinne Anspruch machen dürfte.

§ 70. Nothwendige Umbildung unserer bisherigen Grundansicht. Ueber die Temperaturverhältnisse der aus Sandboden hervorkommenden Quellen.

Wir haben in den vorhergehenden drei §§ den weitläuftigen uns überlieferten Stoff von Quell- und Brunnenwärmebeobachtungen bei Potsdam und Berlin nach Kräften zu ordnen gesucht. Der Leser wird bemerkt haben, dafs ich mich bei dieser Arbeit der Anwendung vorgefafster, von Marienberg mitgebrachter Meinungen möglichst enthalten habe und es mufs aufgefallen sein, dafs ich nicht mehr von »rein meteorologischen«, sondern von »Bodenquellen« gesprochen habe. Diese Neuerung erfordert eine Rechtfertigung.

Wir sind hiermit an die Stelle gekommen, welche mir die passendste zu sein scheint, um eine nothwendig gewordene Umänderung unserer Grundansicht vorzunehmen. Es ist dem Leser bekannt, dafs ich bei der Anstellung meiner Beobachtungen in Marienberg von der Voraussetzung ausgegangen bin, die Temperaturverhältnisse der Quellen müfsten vom meteorologischen Standpunkte aus erklärt werden, ohne von Anfang an auf das Gefüge des Bodens, aus welchem die Quellen hervorkommen, Rücksicht zu nehmen. Zwei Meteore können durch ihren Wärmegrad Veränderungen in dem Wärmegang der Quellen bewirken: die Luft und das Meteorwasser. Durch die Buch'sche Ansicht bestimmt, war ich von vorn herein geneigt, die Einwirkung der Luftwärme auf die Temperaturveränderungen der Quellen gering anzuschlagen, die Einwirkungen der Regentemperatur aber für sehr grofs zu halten. Diese Meinung erhielt durch die Beobachtungen an der Mühlthalquelle (und durch die Bruchstücke des Wärmeganges von 15 Quellen bei Gräfenberg) die schlagendste Bestätigung. Ich fand ferner, dafs die Abweichungsgröfse des Mittels meiner Musterquelle vom Luftmittel in jedem der 5 Beobachtungsjahre von der Regenvertheilung abzuhängen schien, dergestalt dafs diese Abweichungsgröfse sich in jedem Jahre aus dem Regenüberschufs des überwiegenden Drittels nach einer empirischen Formel sehr nahe richtig berechnen liefs. Es wurde mir nicht völlig klar, dafs die Marienberger Endergebnisse wesentlich mitbedingt worden waren durch das Gefüge des Felsbodens, aus welchem die beobachteten Quellen hervorkommen. Die §§ 42 und 43, in welchen nach 3jähriger, und § 60, in welchem nach 5jähriger Beobachtung die Ergebnisse über die Quellwärme und die Bodenwärme zusammengestellt sind, zeigen deutlich, dafs ich den

Ergebnissen meiner Marienberger Beobachtungen eine allgemeine Gültigkeit für alle Orte der Erdoberfläche zuschrieb, das Gefüge des Bodens fortwährend für ein durchaus untergeordnetes Moment haltend. Die Zeit von anderthalb Jahren, welche seit der Beendigung der Arbeit über Marienberg verflossen ist, und die während dieser Zeit vorgenommene Beschäftigung mit Quellwärmebeobachtungen aus andern Gegenden haben allmälig eine richtigere Einsicht in mir zur Reife gebracht. Ich schreibe dies im Februar 1854. Als ich die Beobachtungen aus England bearbeitete (Aug. und Sept. 1852), war ich noch ganz erfüllt von dem Glauben an die allgemeine Gültigkeit meiner Folgerungen aus den Marienberger Beobachtungen. Selbst das bedenkliche Ergebnifs einer Anwendung der Marienberger Formel zur Berechnung des Quellmittels in 10 aufeinanderfolgenden Jahren bei Gosport, dafs nämlich die absolute Veränderlichkeit des unentstellten Quellmittels die Gröfse von 2°.90 haben sollte, vermochte nicht, mich aus der Fassung zu bringen. Ich begann gleich darauf die Bearbeitung der Schwedischen Beobachtungen, welche mich überzeugte, dafs die Anwendbarkeit der in Marienberg gewonnenen Ansichten auf dieses Land höchst zweifelhaft sei. Als ich etwa 14 Monate später, im November 1853, das XIV. Kapitel beendigte, war ich freilich bei der Unvollständigkeit des Stoffes ebenso wenig im Stande, die zum Vorschein gekommenen Widersprüche zu lösen, aber ich hegte doch schon die stille Hoffnung, dafs das Studium der norddeutschen Ebene, wo ich nach eigener Anschauung urtheilen konnte, mir neues Licht bringen würde. Diese Hoffnung ist in Erfüllung gegangen. Die Sache verhält sich einfach so:

Um die Beurtheilung und Erklärung der Temperaturverhältnisse der Quellen in irgend einer Gegend vom meteorologischen Standpunkte aus unternehmen zu können, mufs man vorher das Gefüge des Bodens berücksichtigt haben; man mufs wissen, ob der Boden aus Fels oder aus Sand besteht. Besteht der Boden aus Fels, so hat er Spalten, dann kann das Meteorwasser, indem es in den Spalten hinabsinkt, seine Temperatur rasch und tief in den Boden einführen. Die Wirkung der Temperatur der Meteorwasser auf die Veränderungen der Quell- und Bodenwärme eilt dann der Wirkung der Luftwärme, welche durch Mittheilung in der Masse des Bodens geschieht, voran. Dann entstehn nicht allein im Wärmegang der Quellen jene vorübergehenden Erniedrigungen und Erhöhungen, die wir in Marienberg und in Gräfenberg kennen gelernt haben, sondern die Abweichungsgröfse des Quellmittels vom Luftmittel kann auch durch die Regenvertheilung gebildet werden und die absolute Höhe des Quellmittels in jedem Jahre von den absoluten Regenmengen der Monate der beiden entgegengesetzten Drittel abhängen. Bei den Quellen aus Felsboden beherrscht die Einwirkung der Temperatur der Meteorwasser die Einwirkung der Luftwärme. Bei den Quellen aus Sandboden verhält sich die Sache grade umgekehrt. Besteht der Boden aus Sand, so hindert das dichte Gefüge desselben das Meteorwasser am raschen Hindurchsinken und zwingt dasselbe, seine Temperatur sogleich beim Eintritt in die obersten Schichten mit der Temperatur dieser Schichten vollständig auszugleichen. Das Meteorwasser sinkt so langsam in die Tiefe, dafs die Luftwärme durch Mittheilung rascher hinabdringt. Dadurch erhält die Einwirkung der Luftwärme auf die Boden- und Quellwärme überall die Oberhand über die Einwirkung der Temperatur der Meteorwasser. Die letztgenannte Einwirkung scheint sogar gänzlich zu verschwinden: denn bei Quellen aus Sandboden hängt die Abweichungsgröfse des Quellmittels vom Luftmittel von der Regenvertheilung gar nicht mehr ab. Wir können uns von der völligen Unanwendbarkeit der Marienberger Formel auf Potsdam und Berlin leicht überzeugen. Wir wissen (S. 86), dafs nach 17jähriger Beobachtung des Regens in Berlin nur die 4 Monate Mai bis August den Ueberschufs haben. Sowohl der September als der October haben schon etwas weniger als 8⅓ %, die 4 Monate des warmen Drittels haben nur 35.22 = 33.33 + 1.89 %. Dividiren wir 1.89 durch 8, so erhalten wir 0.24. Nach dieser Berechnung müfste das unentstellte Quellmittel im vieljährigen Durchschnitt nur 0°.24 höher sein als das Luftmittel, folglich genau 9°.0 betragen. Nun lehrt aber die Beobachtung, dafs 3 Quellen, welche höchst wahrscheinlich nicht einmal die ganze Dicke des Bodens durchsunken haben, schon übereinstimmend 9°.61* warm sind. Hier herrschen also Verhältnisse, welche von den in Marienberg gefundenen gründlich verschieden sind, und die Ursache dieser Verschiedenheit liegt im Gefüge des Sandbodens. Alles kommt auf den Grad der Durchgängigkeit des Bodens für das Meteorwasser an. Ist der Boden ein Felsboden mit Spalten, so ist der Regen und seine Temperatur dasjenige Meteor, welches die Veränderungen der Quell- und Bodenwärme beherrscht. Hat der Boden das dichte Gefüge des Sandes, so ist die Luftwärme dasjenige Meteor, welches allein die Veränderungen der Boden- und Quellwärme bedingt.

Man wird also die Lehre von den Temperaturverhältnissen der Quellen damit anfangen müssen, dafs man Gebirgsquellen und Quellen der Ebene unterscheidet. In dieser Unterscheidung ist meines Erachtens endlich der Schlüssel gefunden, welcher das Verständnifs der Temperaturverhältnisse aller veränderlichen Quellen öffnen wird. Man ist auch nur wenn man diese Unterscheidung macht im Stande, die verschiedenen über die Temperaturverhältnisse der Quellen bekannt gemachten Beobachtungen und Ansichten zu verstehn und jedem Schriftsteller gerecht zu werden. Alle Schriftsteller über unsern Gegenstand, mich selbst nicht ausgenommen, sind in den Fehler der Einseitigkeit verfallen. Wahlenberg und alle seine Anhänger gingen von den beschränkten Kenntnissen aus, die sie aus Beobachtungen an Quellen der Ebene (bei Upsala und Berlin) geschöpft hatten; sie übertrugen die Ergebnisse der Beobachtungen an Quellen des Sandbodens und die Voraussetzungen, welche sich mit diesen Ergebnissen verträglich gezeigt hatten, unbedenklich auf die Gebirgsquellen. Es konnte mir daher nicht schwer werden, sobald ich einige Jahrgänge von Beobachtungen an Bergquellen besafs, meinen Vorgängern Thatsachen entgegenzustellen (§ 31), welche sie von der Unbedachtsamkeit ihres Verfahrens überzeugen mufsten. Ich verfiel dann aber in die entgegengesetzte Einseitigkeit, indem ich von dem Marienberger Standpunkte aus, der ganz und gar auf Beobachtungen an Bergquellen beruhete, die Temperaturverhältnisse der Quellen und des Bodens in allen Gegenden zu construiren versuchte. Es fehlte eben die Einsicht, dafs in der Ebene sich Alles anders verhält. Die Buch'sche Ansicht, der ich in § 43 eine so warme Lobrede gehalten habe, enthält mit allen Erweiterungen und Bestätigungen, die sie durch mich erhalten haben mag, doch nur die Hälfte der Wahrheit. Meine Beobachtungen und meine Erklärungen des Beobachteten bleiben in ihrem Werthe unverändert; es ist aber meine Pflicht, die Gültigkeit der allgemeinen Folgerungen, welche ich aus den Beobachtungen gezogen habe, auf ihr rechtes Maafs zurückzuführen. Ich stelle daher diejenigen Sätze aus dem I. Bande, welche einer Beschränkung bedürfen, hier zusammen:

I. Sätze über die Quellwärme, die nur von Quellen aus Felsboden, nicht von Quellen aus Sandboden gelten.

S. 356. »Der erste welcher sich anhaltend beobachtend und nachdenkend mit den Temperaturverhältnissen der Quellen beschäftigte, mufste nun nothwendig die naturgemäfse Eintheilung der Quellen aufstellen, welche ich aufgestellt habe u. s. w.« Ja, wenn der Beobachter auf Felsboden safs. Sitzt er auf Sandboden, so wird er eine andere Eintheilung der Quellen naturgemäfs finden. Wenigstens kann er den Begriff der rein meteorologischen Quelle, wie er von uns bestimmt ist, nicht gebrauchen.

S. 154. 332. 518. Rein meteorologische Quellen sollen solche sein, bei welchen der Unterschied des Mittels mit dem Luftmittel durch die Regenvertheilung bedingt ist. Unentstellt habe ich das Mittel derjenigen rein meteorologischen Quelle genannt, welche den gröfsten, kraft der Regenvertheilung des Jahres möglichen Unterschied ihres Mittels mit dem Luftmittel zeigt. Quellen dieser Art giebt es aus Sandboden gar nicht, weil bei Quellen aus Sandboden die Abweichungsgröfse des Mittels vom Luftmittel von der Regenvertheilung des Jahres überhaupt gar nicht abhängt.'

S. 168. »Man braucht nun nicht mehr nach Italien zu gehn, um sich zu überzeugen, dafs bei vorherrschender Winterregenmenge das Mittel der Quelle niedriger ausfällt als das Luftmittel; das 1. Beobachtungsjahr in Marienberg liefert den Beweis. Man braucht nicht mehr nach Schweden zu gehn, um sich zu überzeugen, dafs das Mittel der Quelle bei vorherrschender Sommerregenmenge höher ausfällt als das Luftmittel; die 4 folgenden Beobachtungsjahre in Marienberg liefern den Beweis.« Dabei ist zu bemerken, dafs man von Marienberg auf Italien nur dann schliefsen darf, wenn man weifs, dafs man es dort auch mit Quellen aus Felsboden zu thun hat, und dafs man von Marienberg auf Upsala gar nicht schliefsen darf, weil die Quellen bei Upsala im Flachlande und zwar aus Sandboden hervorkommen.

S. 338 habe ich ein Verfahren empfohlen, wodurch man in andern Gegenden die rein meteorologischen Quellen mit unentstelltem Mittel auffinden soll. Dies soll nämlich durch die Anwendung der Marienberger Formel geschehn. Bei Quellen in bergigen Gegenden ist dies Verfahren immerhin anzuwenden, aber in Flachländern fällt es ganz weg, weil die rein meteorologischen Quellen dort überhaupt wegfallen. Man wird in der sarmatischen Ebene mit der Berechnung nach der Marienberger Formel nicht glücklicher sein als wir in der norddeutschen Ebene gewesen sind. Unsre Berechnung des unentstellten Quellmittels für Berlin und Potsdam im vieljährigen Durchschnitt ergab nur 9°.0, d. i. wenigstens 0°.61 zu wenig (S. 140). In einzelnen Jahren ist die Fehlerhaftigkeit des Ergebnisses noch viel auffallender. Nach Schneider's Beobachtungen in Berlin war die mittlere Luftwärme des Jahres Dec. 1849–50 (corr.) 8°.21. In diesem Jahre herrschte ausnahmsweise der Regenantheil des kalten Drittels vor. Die 4 Monate December bis März hatten 39.11 = 33.33 + 5.78 %

der Jahresmenge. $\frac{5.78}{8}$ ist 0.72. Das Quellmittel müfste hiernach 8.21 — 0.72 = 7°.49 gewesen sein. Die Berechnung fällt also über 2° zu niedrig aus: denn diejenigen Bodenquellen, deren Mittel keine künstliche Annäherung an das Luftmittel erfahren hat, machen in ihrem Mittel nur sehr kleine Schwankungen um den Werth 9°.61.

S. 443 habe ich Vermuthungen über die in andern Gegenden zu erwartende Veränderlichkeit des Mittels der rein meteorologischen Quellen ausgesprochen. Damit diese Vermuthungen zutreffen, mufs man auch stillschweigend voraussetzen, dafs die Durchgängigkeit des Bodens für das Meteorwasser in jenen Gegenden ebenso grofs sei wie im Rhein. Grauwackengebirge.

II. Sätze über die Bodenwärme, die nur vom Felsboden, nicht vom Sandboden gelten.

S. 129. Der »Beweis, dafs der Einflufs starker Sommerregen die Einwirkung der Luftwärme durch Mittheilung auf die Bildung der Bodenwärme überwiegt« und (S. 144) der »Beweis, dafs im Winter die Meteorwasser auf die Veränderung sowohl der Quellwärme als der Bodenwärme einen Einflufs ausüben, welcher die Einwirkung der Luftwärme durch Mittheilung entschieden überwiegt«, diese beiden Beweise gelten nur vom Felsboden, nicht vom Sandboden. Dies versteht sich nach der kurz vorhergegangenen Erörterung über das Gefüge des Sandbodens im Gegensatz zu dem Gefüge des Felsbodens (ebendas. S. 123-126) eigentlich schon von selbst. Ueberhaupt fehlt es im I. Bande nicht an treffenden Bemerkungen über das Gefüge des Sandbodens und die Wirkung dieses Gefüges auf die Verbreitung der Wärme im Sandboden: steht doch S. 360 wörtlich »ein sehr fein vertheilter Aggregatzustand des Bodens (Sandboden) wird das Meteorwasser hindern, rasch hindurchzusinken und der Einwirkung der Luftwärme durch Mittheilung voranzueilen«; aber zu solchen richtigen Vordersätzen fehlt überall der Schlufs, es fehlt die Voraussicht, dafs demzufolge die Quellen aus Sandboden in ihren Endergebnissen gründlich verschieden sein werden von den Quellen aus Felsboden.

S. 348. »Es ist jetzt ganz klar, dafs wenigstens überall wo der Boden aus Fels besteht, folglich Spalten hat, also überall in bergigen Gegenden der Regen seine Temperatur tiefer in den Boden einführt als die trockene Luftwärme die ihrige. Ueberall in solchen Gegenden wird die untere Gränze des Bodens d. h. die Gränze, bis zu welcher hinab Temperaturveränderungen im Laufe des

Jahres in der Erdkruste vorgehn, von der Regentemperatur gebildet; dann kommt die beständige Temperatur des Erdinnern.« Ich habe schon beim Schreiben selbst die Gültigkeit dieses sehr wichtigen Satzes auf den Felsboden beschränkt. Für den Sandboden mufs die alte Ansicht geltend sein, dafs die untere Gränze von dem Eindringen der äufsersten Wärmegrade der Luft durch Mittheilung in der Masse des Bodens abhänge.

S. 350. »Die Abweichungsgröfse der mittlern Bodenwärme von der mittlern Luftwärme ist also überall auf der Erde keine Function der geographischen Lage, sondern eine Function der Regenvertheilung.« Für bergige Gegenden ist dieser Satz ganz richtig, aber im Sandboden ist die Regenvertheilung unwirksam.

S. 357 f. Was über die Tiefe gesagt ist, in welcher sich die Ebene von unveränderlicher Temperatur unter verschiedenen Breiten befinden wird, läfst sich auch nur vom Felsboden aufrecht halten.

S. 358-60 ist Zweifel erhoben gegen die Zuverlässigkeit solcher Bodenwärmemessungen an eingegrabenen Thermometern, bei denen man die Einwirkung des Regens von den Thermometerkugeln abzuhalten bemüht gewesen ist. Dieser Zweifel ist jetzt natürlich bei mir viel schwächer geworden: denn die meisten Bodenwärmemessungen an eingesenkten Thermometern sind in der Ebene (in Gartenland oder im Sande) gemacht, und solchen Beobachtungen habe ich schon damals (S. 360) das Zugeständnifs gemacht, dafs sie wohl brauchbar sein würden. Ich setze folglich auch wieder mehr Vertrauen in die auf diese Beobachtungen gegründeten Berechnungen der Tiefe, in welcher die unveränderliche Ebene liegen wird. Nach Quetelet's Berechnung ist diese Tiefe bei Brüssel 75', nach Forbes' Berechnung [1]) bei Edinburg im Sandboden 72'. Von diesem Ergebnifs habe ich an mehreren Stellen der vorhergehenden §§ schon stillschweigend Gebrauch gemacht, indem ich annahm, dafs die Temperaturveränderungen der Atmosphäre in den märkischen Sand etwa 70' tief eindringen.

Lesen wir jetzt Buch's Meinungen über die Boden- und Quellwärme vom J. 1828 wieder durch, so fällt uns nunmehr die Einseitigkeit der Auffassung, der Mangel an Unterscheidung zwischen Sandboden und Felsboden und die dadurch entstehende Verwirrung

[1]) 72' ist das Ergebnifs der Rechnung nach der Beobachtung des 1. Jahres allein (Dove's Repert. Bd. 3. S. 308). Die Berechnung nach 5jähriger Beobachtung ergab nur 66'.6. Siehe Trans. of the Roy. Soc. of Edinb. Vol. XVI. Part II. p. 209 (1846).

sofort in die Augen. Buch erklärt die Voraussetzung für falsch, »dafs die Luftwärme in den Boden durch Mittheilung in der Masse selbst, welche diesen bildet, eindringe.« Diese Voraussetzung ist aber für das dichte Gefüge des Sandbodens vollkommen richtig, falsch ist sie nur für den Felsboden wegen der Durchgängigkeit desselben für das Meteorwasser. Wenn Buch dann weiter bemerkt, dafs das Eindringen der äufsersten Wärmegrade der Luft in den Boden »fast nur allein von dem Eindringen der atmosphärischen Wässer abhängen könne, durch welche die Temperatur so schnell durch den Boden und in die Tiefe verbreitet wird, dafs die unmittelbare Einwirkung durch Mittheilung sehr bald und in weniger Tiefe überwogen und völlig unkenntlich gemacht werden mufs«, so ist diese Bemerkung vom Felsboden vollkommen richtig, vom Sandboden aber ebenso unrichtig. Wie viel Zank wäre vermieden, wenn man von Anfang an Felsboden und Sandboden, Gebirgsquellen und Quellen der Ebene unterschieden hätte!

Nachdem wir zu der Einsicht gekommen sind, dafs wir nach den im I. Bande niedergelegten Marienberger Beobachtungen nur die Temperaturverhältnisse der einen Hälfte aller veränderlichen Quellen, nämlich der Gebirgsquelle oder Quellen aus Felsboden, zu beurtheilen unternehmen dürfen, ist es nunmehr unsere Aufgabe, zur Kenntnifs der Temperaturverhältnisse der Quellen der Ebene oder Quellen aus Sandboden Beiträge zu liefern.

Eintheilung der Quellen des Sandbodens bei Potsdam und Berlin.

Ich habe schon beim Durchnehmen der einzelnen Quellen in den vorhergehenden drei §§ eine mit den sich darbietenden Thatsachen verträgliche allgemeine Ansicht über die Quellen des Sandbodens bei Potsdam und Berlin auszubilden versucht, die ich hier im Zusammenhange wiederholen will. Nach Erman's Beobachtungen allein kam ich nicht zur Klarheit; erst die nähere Bekanntschaft mit der Ravensberger Sprudelquelle, deren Temperatur Berghaus 2¼ Jahr hindurch unverändert fand, setzte mich in den Stand, eine wie mir scheint haltbare Eintheilung der Quellen dieser Gegend aufzustellen. Die Quellen, welche sich in Marienberg meiner Beobachtung darboten, liefsen sich in 2 natürliche Gruppen theilen:

1) solche, deren Wasser in das beständig temperirte Erdinnere hinabgesunken ist, ehe es seinen Rücklauf an die Oberfläche antritt, deren Temperatur demzufolge im Mittel eine Erhöhung durch die

Wärme des Erdinnern erfahren hat. Diese Quellen nannte ich meteorologisch-geologische (und, falls sie völlig unveränderlich wären, rein geologische).

2) solche, deren Wasser ganz innerhalb der Kruste von veränderlicher Temperatur, die wir Boden nennen, verläuft (I, 215). Diese Quellen nannte ich rein meteorologische und gab ihnen ein negatives und ein positives Merkmal (I, 154): ich glaubte annehmen zu dürfen, dafs ihre Temperatur im jährlichen Durchschnitt weder durch die Erdwärme noch durch die Bodenwärme erhöht, sondern ausschliefslich meteorischen Ursprungs sei; und ich fand, dafs die Abweichungsgröfse des Mittels dieser Quellen vom Luftmittel durch die Regenvertheilung des Jahres bedingt werde.

Für die Eintheilung der Quellen in diese beiden Gruppen diente ausgesprochenermafsen (I, 518) als Grund »die Entstehung der Abweichungsgröfse des Quellmittels vom Luftmittel«. Dieser Eintheilungsgrund war eigentlich mehr ein gewünschter (tendenziöser), als ein streng erwiesener. Einfacher und unverfänglicher wäre es gewesen, als Eintheilungsgrund für die Marienberger Quellen die Tiefe anzugeben, bis zu welcher das Wasser hinabgesunken ist, ehe es seinen Rücklauf an die Oberfläche antritt. Entweder hält sich das Wasser während seines ganzen Verlaufs nur im Boden d. h. in der Erdkruste von veränderlicher Temperatur (rein meteorologische Quellen); oder es ist in das unter dem Boden gelegene, in seiner Temperatur unveränderliche, aber nach der Tiefe zu wärmer werdende Erdinnere hinabgesunken gewesen (meteorologisch-geologische und rein geologische Quellen).

An die Untersuchung der Mark Brandenburg ging ich nun mit der vorgefafsten Meinung, dafs die Gegend zu flach sei, um Quellen zu liefern, deren Temperatur durch die Wärme des Erdinnern erhöht sei, ich meinte, dafs Geothermen (unter diesem gemeinschaftlichen Namen will ich die meteorologisch-geologischen und die rein geologischen Quellen verstehn) nicht vorkommen würden. Sobald ich von den Beobachtungen der Sprudelquelle nähere Einsicht genommen hatte, sah ich mich genöthigt, diese Meinung aufzugeben: denn wie soll es zugehn, dafs eine Quelle 2¼ Jahr hindurch nicht die geringste Wärmeänderung zeigt, wenn das Wasser nicht durch sein Verweilen in einer Erdtiefe von unveränderlicher Temperatur den Wärmegrad dieser Tiefe angenommen hat? Die Sprudelquelle ist gewöhnlich eine rein geologische Quelle, im Sommer 1842 war sie eine meteorologisch-geologische, unter allen Umständen ist sie eine Geotherme. In der

Sprudelquelle war also ein fester Ausgangspunkt für die Beurtheilung der übrigen Quellen gewonnen. Da die beharrliche Temperatur der Sprudelquelle 10°.00 war, so mufsten alle Quellen derselben Gegend, welche im Mittel ebenso warm oder wärmer waren, ebenfalls für Geothermen erklärt werden. Diese sind: die Ravensberger Quelle von Erman, die wir für identisch mit der Sprudelquelle halten dürfen (10°04); die Ungefafste an der Havel (10°.09); die Drosedow'sche (10°.02, künstlich erniedrigt). Nun entstand die Frage, ob die nothgedrungene Annahme, dafs die genannten Quellen Geothermen seien, mit anderweitig bekannten Thatsachen nicht im Widerspruch stehe. Wie hoch sind die Hügel, an deren Fufse Geothermen hervorkommen sollen? Und kennen wir mit einiger Sicherheit die Dicke, welche der Boden unter unsern Breiten hat, wenn er aus Sand besteht? In Betreff des letzten Punktes haben wir uns an die oben angeführte Berechnung von Forbes halten und die Dicke der Erdkruste von veränderlicher Temperatur in der Mark Brandenburg zu etwa 70′ annehmen müssen. Sobald also der Sandhügel, an dessen Fufs eine Quelle hervorkommt, sich in seiner mittlern Höhe mehr als 70′ über die Ebene erhebt, ist die Möglichkeit gegeben, dafs die Quelle eine Geotherme sei. Wir haben aber sowohl für die Drosedow'sche Quelle als für die Ungefafste an der Havel nachgewiesen, dafs das Meteorwasser, welches in diesen Quellen zu Tage kommt, eine Schicht durchsunken haben kann, deren mittlere Mächtigkeit mehr als 70′ beträgt; und das ist alles was wir brauchen. Im Sandboden sinkt das Meteorwasser freilich sehr langsam aber doch unausgesetzt in die Tiefe, bis es ein Hindernifs findet. Man denke sich einen Sandhügel, dessen breite Kuppe sich 160′ über seine Grundfläche erhebt, und am Fufse dieses Hügels eine Quelle. Durchsinkt das Meteorwasser nahezu die ganze Mächtigkeit des Hügels, ehe es ein sanft geneigtes Thonlager trifft, auf welchem es gegen einen Punkt des Fufses des Hügels zu Tage geleitet wird, so sinkt es an einigen Punkten nahe an 90′ tief in das Erdinnere hinab, es mufs also als Geotherme zu Tage kommen. Durchsinkt dagegen das Meteorwasser nicht die ganze Mächtigkeit des Hügels, stöfst es schon z. B. in durchschnittlich 40′ Tiefe unter der Oberfläche auf eine undurchlassende Schicht, die es nach aufsen abführt, nun so wird das Wasser nicht als Geotherme sondern als Bodenquelle hervorkommen. Es kommt lediglich auf die Tiefe an, bis zu welcher das Wasser zufällig einzusinken im Stande gewesen ist, ehe es gegen die Oberfläche abgeleitet wird, ob es als Geotherme oder als Bodenquelle hervorkommen soll.

Der Eintheilungsgrund ist also für die Quellen aus Sandboden derselbe wie für die Quellen aus Felsboden, nämlich die Tiefe, bis zu welcher das Meteorwasser unter die Erdoberfläche hinabgesunken ist, ehe es seinen Rücklauf gegen die Oberfläche antritt, um als Quelle zu Tage zu kommen. Entweder hält sich das Wasser während seines ganzen Verlaufes nur innerhalb der Erdkruste von veränderlicher Temperatur, die wir Boden nennen [1]): dann ist die Quelle eine Bodenquelle; oder es ist in das unter dem Boden gelegene Erdinnere hinabgesunken gewesen: dann ist die Quelle eine Geotherme. Den rein meteorologischen Quellen aus Felsboden entsprechen also im Sandboden die Bodenquellen. Da der Begriff der Bodenquellen der weitere ist, so müssen wir erklären, dafs die rein meteorologischen Quellen auch Bodenquellen sind, sie sind die Bodenquellen des Felsbodens, die durch den eigenthümlichen Bau des Felsbodens ganz eigenthümliche Eigenschaften erhalten. Wir werden aber auch künftig, wenn wir von Bodenquellen ohne nähere Bestimmung reden, nur die Bodenquellen aus Sandboden im Sinne haben.

Die Annahme von Bodenquellen in flachhügeligen Gegenden bedarf keiner Rechtfertigung. Vielmehr wird man von jeder Quelle, welche sich in solchen Gegenden etwa noch vorfindet, so lange voraussetzen müssen, dafs sie eine Bodenquelle sei, als man nicht zwingende Gründe hat, sie für eine Geotherme zu erklären.

In der Sprudelquelle ist ein fester Ausgangspunkt zur Erkennung

[1]) Uebrigens sehn wir jetzt deutlich ein, dafs die Erdkruste von veränderlicher Temperatur, wenn sie aus Fels besteht, eine andere Dicke haben mufs als wenn sie aus Sand besteht; wenigstens fehlt uns jede Berechtigung, aus der Dicke des Sandbodens auf die Dicke des Felsbodens zu schliefsen. In den Sand dringen die Wärmeveränderungen der Luft durch Mittheilung in der Masse des Bodens ein, und es ist aus Forbes' Beobachtungen und Berechnungen wahrscheinlich, dafs die jährlichen Wärmeveränderungen der Luft unter unsern Breiten nicht tiefer als 70′ in den Sand hinabreichen. In den Felsboden, sobald er in dem Grade zerklüftet ist wie die Grauwacke bei Marienberg und das krystallinisch-schiefrige Urgebirge bei Gräfenberg, führt das Meteorwasser seine Temperatur tiefer hinab als die Luft die ihrige; die untere Gränze des Felsbodens wird von der Temperatur der Meteorwasser gebildet. Der Felsboden (das Wort Boden stets im meteorologischen Sinne genommen) kann und wird daher unter Umständen dicker sein als der Sandboden, und das S. 359 des I. Bandes ausgesprochene Mifstrauen erscheint jetzt, da wir mit Bewufstsein Sandboden und Felsboden unterscheiden, insofern als gerechtfertigt, als es durchaus nicht gestattet sein kann, die Ergebnisse, welche man im Sandboden durch Beobachtungen an eingegrabenen Thermometern über die Tiefe, in welcher die unveränderliche Ebene liegen wird, erhalten hat, auf den Felsboden zu übertragen.

auch der Bodenquellen der Gegend von Potsdam und Berlin insofern gefunden, als wir wissen, dafs jede Bodenquelle im Mittel niedriger als 10°.00 sein mufs. Wir haben 3 Quellen kennen gelernt, deren Mittel frei von künstlicher Annäherung an das Luftmittel ist und welche in dem Werthe 9°.6 als mehrjährigem Mittel sehr nahe übereinstimmen. Für eine dieser Quellen, den Gesundbrunnen, giebt es einen positiven Beweis, dafs sie nichts anderes als eine Bodenquelle sein kann. Denn in ihrer Umgebung befindet sich kein Punkt, welcher die Höhe von 70′ über der Ausflufsstelle erreichte. In der norddeutschen Ebene kann aber eine Quelle, welche keine Schicht von 70′ Mächtigkeit über sich hat, nur eine Bodenquelle sein. Es ist zugleich klar, dafs das Mittel des Gesundbrunnens, weil derselbe aus einer Schicht entspringt, deren Mächtigkeit geringer als 70′ ist, nicht die mittlere jährliche Durchschnittswärme des ganzen Bodens, sondern nur die einer minder mächtigen Schicht ausdrücken kann. Da die mittlere Jahreswärme des Bodens mit der Tiefe zunimmt, so mufs das mehrjährige Mittel einer Bodenquelle desto niedriger sein, je dünner die Schicht der Quelle ist. Es wird also an demselben Orte und in derselben Meereshöhe Bodenquellen von verschiedener Höhe des Jahresmittels geben können. Eine Normal-Bodenquelle würde man diejenige nennen, von welcher man nachzuweisen im Stande wäre, dafs sie genau die ganze Dicke des Bodens durchsunken hat. Wir haben schon S. 118 bemerkt, dafs wir eine solche Normalquelle für die Gegend von Potsdam und Berlin nicht kennen, dafs es demzufolge gerathen ist, die Untersuchung, ob ein oder das andere Mittel durch oberflächlichen Verlauf der Quelladern angenähert sei, ganz fallen zu lassen, dafs uns folglich für die Bodenquellen dieser Gegend nur die bei allen Quellen ohne Unterschied anwendbare Untersuchung übrig bleibt, ob durch irgend welche künstliche Vorrichtungen an der Ausflufsstelle eine Annäherung des Mittels an das Luftmittel bewirkt worden ist.

Wir haben überhaupt 3 Quellen bei Potsdam gefunden, bei denen eine künstliche Entstellung des Mittels stattgefunden hat: 1) die Drosedow'sche Quelle ist durch die Leitung erniedrigt. 2) die Röhrenquelle ist durch die Röhre ein wenig erniedrigt; diese Quelle ist auch deswegen entbehrlich, weil neben ihr eine ähnliche aber ungefafste, die Baumquelle, beobachtet ist. 3) die Templiner Quelle zu Berghaus' Zeit. Die Ergebnisse der Beobachtung aus jenem Zeitraume sind nicht völlig verständlich. Wir vernachlässigen daher das Mittel aus den Berghaus'schen Beobachtungen und halten uns an die unverdächtigen Beobachtungen von Erman. Nach Ausschliefsung dieser 3 Quellen bleiben uns folgende übrig:

Quellen bei Berlin und Potsdam, welche von künstlicher Entstellung des Mittels frei sind.

Name der Quelle	Zahl der Jahre	Mittel	Unterschied des kältest. u. wärmst. Monats	Abweichung des Mittels vom vieljährigen Luftmittel
I. Bodenquellen				
Gesundbrunnen bei Berlin	viele	9°.59	0°.43	+ 0°.83
Ravensberger Baumquelle	3	9. 60	2. 68	+ 0. 84
Templiner Quelle (Erman)	6	9. 64	1. 61	+ 0. 88
II. Geothermen				
Ravensberger Sprudelquelle	2¼	10. 00	0. 00	+ 1. 24
Dieselbe	1	10. 04	0. 19	+ 1. 28
Dieselbe unter dem Namen Ravensb. Quelle (Erman)	1¾	10. 04	0. 13	+ 1. 28
Ungefafste an der Havel . .	3	10. 09	0. 99	+ 1. 33

Diese kleine Uebersicht enthält in einem möglichst gereinigten Zustande die Ergebnisse der vorhandenen Beobachtungen.

Zwei Bemerkungen.

Ehe ich weiter gehe, wünsche ich 2 Punkte in dem Verfahren der ältern Physiker ausdrücklich für gerechtfertigt durch die Erfahrung zu erklären. Wahlenberg und Erman dachten gar nicht daran, zur Erläuterung der Temperaturverhältnisse der von ihnen beobachteten Quellen die Regenmessungen zu benutzen. Ich habe ihnen diese Vernachlässigung früher stets als einen Fehler angerechnet, mich jetzt aber selbst überzeugt, dafs für die Quellen des Sandbodens bei Upsala und Potsdam durch die Vernachlässigung der Berücksichtigung der Regenvertheilung nichts versäumt ist, weil diese Quellen sich an die Regenvertheilung nicht kehren. Zweitens fiel es den ältern Physikern gar nicht ein, das Quellmittel eines Jahres mit dem Luftmittel desselben Jahres zu vergleichen, sondern sie bezogen das Quellmittel unmittelbar auf das vieljährige Luftmittel. Auch dies Verfahren ist bei Quellen des Sandbodens ganz in der Ordnung, weil die Veränderlichkeit des Mittels bei diesen Quellen sehr klein ist. Bei der Baumquelle war die absolute Veränderlichkeit des Mittels in 3 Jahren 0°.19;

beim Gesundbrunnen möchte sie auch in einer langen Reihe von Jahren wohl kaum die Gröfse 0°.2 erreichen; von der Templiner Quelle dürfen wir überzeugt sein, dafs die Veränderlichkeit des Mittels in den 6 Erman'schen Jahren die Gröfse 0°.2 nicht erreichte. Was lernen wir, wenn wir erfahren, dafs die Templiner Quelle im Durchschnitt der 6 Jahre 1814–19 1½° wärmer war als die Luft, in dem Einzeljahre 1819 aber ebenso warm wie die Luft? Die Vergleichung der Quellmittel mit den gleichzeitigen Luftmitteln erklärt nichts. Wichtig ist nur das Ergebnifs, dafs das Mittel der Templiner Quelle Jahr aus Jahr ein etwa 0°.88 höher ist als das vieljährige Luftmittel. Ueberhaupt sind alle Quellen dieser Gegend ohne Unterschied wärmer als das vieljährige Luftmittel. Die 3 Bodenquellen sind nahe übereinstimmend 9°.61 warm, also 0°.85 wärmer als die Luft; die 2 Geothermen sind 10°.00 bis 10°.09 warm, also 1°.24 bis 1°.33 wärmer als die Luft.

Wie ist das Quellmittel im Stande, sich höher zu halten als das Luftmittel im vieljährigen Durchschnitt?

Uns tritt hier ein Gedanke wieder nahe, den wir schon im I. Bande in ernsthafte Erwägung genommen haben und den wir jetzt gar nicht mehr abweisen können. Die althergebrachte Gewohnheit der Physiker, das Luftmittel als das Erstgegebene zu betrachten und das Quellmittel als von dem Luftmittel abweichend zu denken, fördert das Verständnifs der Sache viel weniger als die umgekehrte Auffassung thut. Da das Quellmittel in der norddeutschen Ebene sehr kleine Schwankungen macht, das Luftmittel ebendaselbst aber in einer langen Jahresreihe wenigstens 4 ganze Grade auf und nieder schwankt, so ist es naturgemäfser, sich das Quellmittel als das Erstgegebene und das Luftmittel als von dem Quellmittel abweichend zu denken. Wenn wir sagen, die Templiner Quelle sei im 6jährigen Durchschnitt 1½° wärmer gewesen als die Luft und im Einzeljahre 1819 ebenso warm wie die Luft, so erregen wir durch diese Ausdrucksweise die irrige Vorstellung, als habe sich das Quellmittel im 6jährigen Durchschnitt 1½° über das Luftmittel erhoben, während es sich in Wirklichkeit in allen 6 Jahren so gut wie gar nicht von der Stelle gerührt hat. Die richtige Vorstellung entsteht nur, wenn wir sagen, das Luftmittel habe sich im Durchschnitt der 6 Jahre 1½° unter das Quellmittel erniedrigt, letzteres habe aber dessenungeachtet seine gewöhnliche Höhe behauptet. Wir müssen uns fortan von der Herrschaft der alten Ausdrucksweise ganz befreien. Es ist streng genommen nicht wahr, dafs das Quellmittel sich bald über das Luftmittel erhebt, bald unter das Luftmittel erniedrigt; sondern das Luftmittel erhebt sich bald über das Quellmittel, bald sinkt es unter dasselbe herab, ohne dafs das Quellmittel sich viel daran kehrt. Auch für die Vergleichung beider Mittel im vieljährigen Durchschnitt ist daher der richtige Ausdruck der, dafs in der norddeutschen Ebene das Luftmittel sich regelmäfsig unter das Quellmittel erniedrigt; und unsere Erklärung wird die richtigste Fassung erhalten, wenn wir die Frage so stellen: Wie ist das Quellmittel im Stande, sich höher zu halten als das Luftmittel im vieljährigen Durchschnitt?

Da wir es mit Quellen aus Sandboden zu thun haben, so reducirt sich die Erklärung der Quellwärme auf die Erklärung der Bodenwärme. Bei Quellen aus Sandboden kommen keine vorübergehende sondern nur stetige Veränderungen der Quellwärme vor, und wir haben uns schon im I. Bande klar gemacht, dafs alle stetigen Wärmeveränderungen einer Quelle durch Veränderungen der Bodenwärme vermittelt sind, dafs sie gleichzeitig und gleichmäfsig auch im Boden vorgegangen sind. Das Einzige, was wir stets festhalten müssen, um uns vor Fehlschlüssen zu bewahren, ist, dafs wir den Wärmegrad einer veränderlichen Quelle niemals mit Sicherheit für den Wärmegrad einer bestimmten Tiefe nehmen können, sondern dafs die Quellwärme die Durchschnittswärme einer gewissen Bodenschicht darstellt. Wir können daher auch den Wärmegang einer Quelle nicht für die Anzeige des Wärmeganges einer bestimmten Bodentiefe nehmen.

Wenn nun im Uebrigen die Erklärung der Quellwärme auf die Erklärung der Bodenwärme zurückzuführen ist, so fragen wir: Wie kommt es, dafs in der norddeutschen Sandebene der Boden, obgleich die Luft mit der Oberfläche desselben beständig in unmittelbarer Berührung steht, eine Eigenwärme behauptet, welche die mittlere Luftwärme im vieljährigen Durchschnitt ungefähr um 1° übertrifft? [1]) Die nächste Antwort auf diese Frage lautet so: In Gegenden, in welchen die Luftwärme im Winter unter den Gefrierpunkt sinkt, wirkt die Luftwärme nicht in allen Jahreszeiten in gradem Verhältnifs zu ihrer Höhe auf den Boden. Der Boden giebt an die unter den Frostpunkt erkaltete Atmosphäre schwerer und langsamer Wärme ab, als er im Sommer von der höher erwärmten Atmosphäre Wärme annimmt. Bedienen wir uns der bequemern Ausdrucksweise des gewöhnlichen

[1]) Ich sage »ungefähr um 1°« weil 0°.85 zu wenig und 1°.24 zu viel sein würde. Der Leser wird bemerken, dafs ich hier unter mittlerer Bodenwärme das Jahresmittel der Durchschnittswärme des ganzen Bodens verstehe. Siehe I, 355.

Lebens, so sagen wir, dafs der Boden die Winterkälte unvollständiger annimmt als die Sommerwärme. Dieser Erfahrungssatz ist zuerst von WAHLENBERG in GILBERT's Ann. Bd. 41. S. 127 angedeutet worden. Eine gelegentliche Bestätigung desselben hat sich mir beim Studium der 3 ersten Jahre der Luisenquelle (I, 258-261) ergeben. S. 261 des I. Bandes steht wörtlich: »Das übereinstimmende Ergebnifs der vorstehenden Bemerkungen ist also, dafs die Sommerwärme der Luft in gradem Verhältnifs ihrer Stärke, dafs die Winterkälte der Luft aber, sobald sie unter den Frostpunkt sinkt, nicht in gradem Verhältnifs ihrer Stärke in die obern Bodenschichten und dadurch in die meteorologisch-geologischen Quellen eindringt.« Wir haben ferner beim Durchnehmen der Potsdamer Quellen die Bemerkung gemacht, dafs es der Winterkälte sehr schwer zu werden scheint, in den Sandboden einzudringen. Wir fanden zuerst bei der Ungefafsten Quelle an der Havel (S. 102), dafs die Temperatur dieser Quelle durch die Winterkälte der Luft keine Erniedrigung, wohl aber durch die Sommerwärme der Luft eine Erhöhung erfährt. Die Ravensberger Quelle nach ERMAN zeigte diesen auffallenden Wärmegang noch schärfer (S. 108). Desgleichen die Sprudelquelle, die wir für eine und dieselbe mit der vorhergehenden halten (S. 114). — Gegen die Thatsache, dafs der Boden die Winterkälte unvollständiger annimmt als die Sommerwärme, hat meines Wissens Niemand Einsprache erhoben. Es fragt sich aber, wie diese Erscheinung zu erklären ist. Gewöhnlich begnügt man sich damit, der von LEOPOLD v. BUCH in Umlauf gesetzten Erklärung beizupflichten, dafs das Meteorwasser das Hauptmittel ist, wodurch die Temperatur der Atmosphäre in den Boden eingeführt wird, dafs aber während des Winterfrostes kein Tropfen Wasser in den Boden eindringen kann, der Boden also aus Mangel an Meteorwassereinflufs warm bleibt. Ich habe im I. Bande durchweg diese Erklärung angewendet, und mit Recht, weil ich es mit Felsboden zu thun hatte, in den das Meteorwasser leicht und rasch eindringt. Offenbar darf ich aber bei der Erörterung der Temperatur des Sandbodens von dieser Erklärung gar keinen Gebrauch mehr machen, weil ich überzeugt bin, dafs das Meteorwasser in den Sandboden so langsam einsinkt, dafs die Einwirkung der Luftwärme durch Mittheilung ihm in allen Jahreszeiten zuvorkommt. Sobald der Boden aus Sand besteht, wird die selbstständige Einwirkung der Temperatur des Meteorwassers auf die Veränderungen der Bodenwärme zu nichts, und die Einwirkung der trockenen Luftwärme durch Mittheilung in der Masse des Bodens bleibt allein übrig. Wir müssen uns also nach einer andern Erklärung für die Thatsache umsehn, dafs auch der Sandboden die Winterkälte unvollständiger annimmt als die Sommerwärme. Man kann 3 Ursachen anführen:

1) Die Schneedecke, welche sich im nordöstlichen Deutschland und noch regelmäfsiger in Polen, Rufsland und Schweden allwinterlich über den Boden legt und Monate lang liegen bleibt, verringert sehr bedeutend die Wärmeabgabe des Bodens an die Atmosphäre. Buch hat gegen diesen von Wahlenberg aufgestellten Erklärungsgrund unter anderm geltend gemacht, dafs im höhern Norden die Schneedecke dünner werde. Diese Bemerkung ist richtig; die Schneedecke allein mag zur Erklärung der Erscheinung nicht überall ausreichen, aber wo eine Schneedecke von gehöriger Dicke liegt, da ist sie unläugbar ein höchst wirksamer Schutz des Bodens (und der Quellen) gegen Wärmeverlust.

2) Ångström hat in Lamont's Annal. f. Meteor. u. Erdmagnet. Heft IX. S. 187 die Bemerkung gemacht, dafs durch das Gefrieren des Bodens die Leitungsfähigkeit desselben verändert werden müsse. Niemand hat meines Wissens untersucht, ob die Veränderung eine Vergröfserung oder eine Verringerung ist. Falls die Leitungsfähigkeit verringert wird, ist der Winterfrost an und für sich als eine Ursache des Wärmerbleibens des Bodens zu betrachten.

3) Endlich ist es möglich, dafs der Boden im Winter, während er an die kältere Atmosphäre Wärme abgiebt, von dem unter ihm liegenden höher temperirten Erdinnern Wärme mitgetheilt erhalte. Ich weifs wohl, dafs es für Ketzerei gilt, wenn man behauptet, dafs der Erdkörper noch fortwährend Wärme verliere; ich will auch nicht leichthin über einen sehr schwierigen Gegenstand absprechen; der gesunde Menschenverstand erlaubt mir aber nicht, in Abrede zu stellen, dafs zu Ende des Winters und im Frühling eine Wärmeabgabe von Seiten des Erdinnern an den kältern Boden stattfinden könne, ja müsse. Möchte doch ein Physiker und Mathematiker von Fach diese Frage mit Berücksichtigung der vorhandenen Bodenwärmemessungen recht gründlich erörtern.

Auf ein weiteres Eingehn in die im Vorstehenden angegebenen Erklärungen mufs ich als auf ein meine Kräfte übersteigendes Unternehmen verzichten. Ich begnüge mich damit, die concrete Thatsache festzuhalten, dafs die positive Abweichung der mittlern Bodenwärme von der mittlern Luftwärme in inniger Verbindung steht mit der Dauer des Winterfrostes, indem nämlich der Boden die Winterkälte nicht so vollständig annimmt wie die Sommerwärme. Die Thatsache ist an und für sich schon wichtig und für die Erweiterung unserer Ansichten fruchtbar, wie aus dem Folgenden erhellt.

Folgerungen aus der Thatsache, dafs der Boden die Winterkälte der Luft nicht so vollständig annimmt wie die Sommerwärme.

Da der Boden die Winterkälte der Luft nicht so vollständig annimmt wie die Sommerwärme, so mufs die Temperatur desselben in Gegenden, deren Lufttemperatur alljährlich unter den Gefrierpunkt sinkt, im Jahresmittel höher bleiben als die Lufttemperatur, und zwar mufs die mittlere Bodenwärme die mittlere Luftwärme um so mehr übertreffen, je länger an dem Orte die Luftwärme alljährlich unter dem Gefrierpunkte verweilt. Was von der mittlern Bodenwärme gilt, das gilt auch von der mittlern Quellwärme. Es erscheint daher wichtig, die Dauer des Winterfrostes an denjenigen Orten zu beachten, an denen man die mittlere Wärme der Bodenquellen untersucht. Wenn man für einen Ort die Berechnung der mittlern Temperatur jedes Tages im Jahre im vieljährigen Durchschnitt besitzt, so kann man aus dem Verzeichnifs dieser eintägigen Mittel die durchschnittliche Dauer des Winterfrostes an dem Orte unmittelbar ersehn. Dove hat in den Temperaturtafeln. Berlin, 1848. 4. S. 68 die vorhandenen Verzeichnisse dieser Art zusammengestellt. Ich entnehme diesen Verzeichnissen die durchschnittliche Dauer des Winterfrostes d. h. die Zahl der Tage, deren Mittelwärme ununterbrochen unter Null liegt, für folgende 4 Orte. Die Berechnung ist für Berlin, Petersburg und Archangel von Mädler, für Danzig von Westphal ausgeführt.

Durchschnittliche Dauer des Winterfrostes.

Berlin	110 Jahre	17 Dec.	—	26 Jan.	40 Tage
Danzig	81 »	6 Dec.	—	13 März	98 »
Petersburg	26 »	9 Nov.	—	9 April	152 »
Archangel	18½ »	24 Octob.	—	16 April	175 »

Bei einer 40tägigen Dauer des Winterfrostes ist in der Gegend von Berlin der Boden etwa 1° wärmer als die Luft im vieljährigen Mittel. In Danzig dauert der Winter schon über 3 Monate, der Boden und die Bodenquellen werden also dort in noch höherm Grade wärmer bleiben als die Luft. In Petersburg dauert der Winter 5 Monate, in Archangel beinahe ein halbes Jahr: an diesen Orten wird die positive Abweichung der Boden- und Quellwärme von der Luftwärme noch erheblicher sein.

Als ich im Winter 1844-45 die Schriften über Quellwärmebeobachtungen zum erstenmale durchnahm, machte ich für mich die Bemerkung, dafs nicht allein bei Berlin und Königsberg, sondern, nach den Bruchstücken der Beobachtungen bei Petersburg, Moskau, Kasan und Slatoust (A. Erman im Nachtrage zu Kämtz Lehrbuch Bd. 2) zu urtheilen, auch in Rufsland die Quellen wärmer seien als die Luft, und zwar so, dafs die Gröfse, um welche das Quellmittel das Luftmittel übertrifft, mit der östlichen Länge zunimmt. Nahm man die Thatsache für hinlänglich erwiesen an (streng erwiesen ist sie nicht), so schien sie sich nach der Buch'schen Ansicht sehr gut erklären zu lassen: denn das Zunehmen der relativen Gröfse des Quellmittels in der Richtung von West nach Ost fiel zusammen mit dem Zunehmen der Verhältnifszahl des Sommerregens in derselben Richtung. Anfangs meinte ich, etwas Neues gefunden zu haben, lernte aber bald nachher Kämtz »Vorlesungen« kennen und überzeugte mich, dafs Kämtz schon nicht allein die Thatsache bemerkt, sondern auch dieselbe Erklärung gegeben hatte. Der Ausspruch von Kämtz ist von mir im I. Bande S. 9 aufser dem Zusammenhange und ebendaselbst S. 167 im Zusammenhange mitgetheilt. Derselbe lautet: »Entfernen wir uns in dem nördlich von den Alpen gelegenen Theile Europas von den Küsten des Meeres, so werden die Quellen wärmer als die Luft, und zwar wird der Unterschied desto bedeutender, je tiefer wir ins Innere des Landes gehn.« Ich habe dann mehrere Jahre der Vorstellung gehuldigt, als ob das Quellmittel durch den Sommerregen über das Luftmittel erhöht würde, bis mir endlich beim Nachdenken über den 3. Jahrgang der Mühlthalquelle (I, 164 f.) die Unhaltbarkeit dieser Vorstellung klar wurde. Ueber die Abweichungsgröfse des Mittels der Mühlthalquelle vom Luftmittel im 3. Jahre sagte ich (I, 165): »Man drückt sich also richtiger aus, wenn man sagt, dafs das Jahresmittel der Luft hauptsächlich durch die Januarkälte unter das Jahresmittel der Quelle erniedrigt wurde, als wenn man sagt, dafs das Jahresmittel der Quelle hauptsächlich durch den Regenüberschufs der 4 Monate Juli bis October über das Jahresmittel der Luft erhöht wurde.« Obgleich ich damals Gebirgsquellen und Quellen der Ebene noch nicht mit Bewufstsein unterschied, so konnte ich doch schon ebendas. S. 178 zeigen, dafs in östlichern, flachen, regenärmern Gegenden eine active Erhöhung der Quellwärme durch den Einflufs des Sommerregens gar nicht vorkommen werde. In dem vorliegenden II. Bande bin ich weiter gegangen. Bei den Quellen des Sandbodens habe ich eine selbstständige Einwirkung der Temperatur der Meteorwasser auf den Wärmegang der Quellen, mithin eine Abhängigkeit der Abweichungsgröfse des Quellmittels vom Luftmittel von der Regenvertheilung im Jahre gänzlich in Abrede gestellt; ich habe ferner die hergebrachte Ausdrucksweise, dafs das Quellmittel sich über das Luftmittel erhöhe oder unter das Luftmittel erniedrige, als eine irreleitende verworfen. Die soeben als wahrscheinlich bezeichnete Thatsache, dafs in Europa nördlich von den Alpen die Gröfse, um welche das Quellmittel das Luftmittel übertrifft, mit der östlichen Länge zunimmt, bedarf nun sowohl eines andern Ausdrucks als einer andern Erklärung. Schon bei Berlin erniedrigt sich das Luftmittel unter das Quellmittel, und der richtige Ausdruck ist, dafs die Gröfse, um welche das Luftmittel sich unter das Quellmittel erniedrigt, mit der östlichen Länge zunimmt. Die richtige Erklärung ist, dafs die zunehmende Erniedrigung des Luftmittels unter das Quellmittel durch die verlängerte Dauer und die gröfsere Strenge des Winterfrostes entsteht. Wir wissen, dafs der Boden und die Quellen den Winterfrost unvollständiger annehmen als die Sommerwärme. Je länger an einem Orte der Winterfrost dauert, desto tiefer sinkt also das Luftmittel unter das Mittel der Boden- und Quellwärme hinab. Uns kommen hier die Bemerkungen zu Statten, welche ich im I. Bande S. 37-40 »über das verschiedene Verhalten der Winter- und Sommertemperaturen auf der nördlichen Halbkugel sowohl mit zunehmender Breite als mit zunehmender östlicher Länge« gemacht habe. Ich nehme aus jenen Bemerkungen folgende Angaben:

	Winter	Sommer	Jahr	
London	4°.2	17°.1	10°.4	
Brüssel	2. 3	18. 2	10. 2	
Berlin	— 0. 6	17. 5	8. 6	(richtiger 8°.8)
Königsberg	— 3. 3	15. 9	6. 2	
Petersburg	— 7. 9	15. 4	3. 5	
Moskau	— 10. 3	16. 8	3. 6	
Kasan	— 14. 5	17. 1	2. 1	
Statoust	— 16. 8	15. 2	— 0. 2	

Gehn wir von Berlin (8°.8) in östlicher Richtung bis nach Slatoust am Ural (— 0°.2), so finden wir, dafs die mittlere Jahreswärme der Luft um 9°.0 abnimmt. Das Sinken der mittlern Luftwärme auf dieser Strecke kommt aber nicht etwa durch eine gleichmäfsige Abnahme der Sommer- und der Wintertemperatur, sondern durch ein sehr rasches, einseitiges Sinken der Wintertemperatur zu

Stande: denn während in Slatoust der Sommer nur 2°.3 kühler ist als in Berlin, ist der Winter daselbst 16°.2 kälter als in Berlin. Wir dürfen unbedenklich annehmen, dafs die Strenge des Frostes im sogenannten Winter, d. h. in den 3 Monaten December, Januar, Februar, an einem Orte im Verhältnifs steht mit der Dauer der Frostzeit überhaupt. Wenn ein Ort eine niedrigere Wintertemperatur hat als ein anderer, so wird er auch eine längere mittlere Dauer der ganzen Frostzeit haben. Da wir wissen, dafs der sogenannte Winter in Slatoust viel strenger ist als in Berlin, so können wir auch gewifs sein, dafs die durchschnittliche Dauer der ganzen Frostzeit in Slatoust viel länger ist als in Berlin. Je mehr man sich von Berlin entfernt und dem Ural nähert, desto länger und strenger wird der Winterfrost, und dieser Umstand hat eine doppelte Wirkung: er bewirkt nicht allein die zunehmende Erniedrigung des Luftmittels an sich, sondern auch die zunehmende Erniedrigung des Luftmittels unter das Quellmittel (nicht allein die absolute, sondern auch die relative Erniedrigung des Luftmittels). Früher, als ich noch auf dem Standpunkte der Buch'schen Ansicht stand, hielt ich es für meine Aufgabe, die Zunahme der relativen Höhe des Quellmittels mit zunehmender östlicher Länge zu erklären. Die in derselben Richtung stattfindende Zunahme der Verhältnifszahl des Sommerregens gab einen Schein von Erklärung, der sich aber bei näherer Untersuchung als trügerisch erwies. Nunmehr war es unsere Aufgabe, die Abnahme der relativen Höhe des Luftmittels mit zunehmender östlicher Länge zu erklären, und wir haben diese Erklärung in der in derselben Richtung stattfindenden Zunahme der Dauer und Strenge des Winterfrostes gefunden. Völlig ausreichend ist diese Erklärung für die Quellen der Ebene. Wenn es sich um Gebirgsquellen handelt, reicht die Erklärung nicht ganz aus. Bei den Gebirgsquellen kann der Sommerregen, wenn er in hinreichender absoluter Menge fällt, activ erhöhend auf den Wärmegang der Quelle wirken und dadurch zur Vergröfserung des Abstandes des Quellmittels vom Luftmittel etwas beitragen. Wir haben uns aber schon bei der Untersuchung der Mühlthalquelle im I. Bande von S. 164 an überzeugt, dafs der Regenüberschufs des überwiegenden Drittels im günstigsten Falle nur den kleinern Theil der Abweichungsgröfse des Luftmittels vom Quellmittel macht, und dafs derjenige Zeitraum des Jahres, in welchem wegen Regenmangels die Quellwärme einer grofsen Abweichung der Luftwärme nicht folgen kann, für die Entstehung der Abweichungsgröfse des Luftmittels vom Quellmittel der bei weitem wichtigere ist. Man sehe die erste Hälfte des § 29 S. 170-178, ferner S. 377. 405. 427.

Wir sind nun im Stande, drei verschiedene Wahrnehmungen unter einem Gesichtspunkte zusammenzufassen.

1) Buch hat im J. 1812, auf Wahlenberg's Beobachtungen auf der langgestreckten Ostküste von Schweden gestützt, die Bemerkung gemacht [1]), dafs die mittlere Wärme des Bodens und der Quellen die mittlere Luftwärme um so mehr übertrifft, je weiter man nach Norden hinaufgeht. Reist man von Berlin aus, so sind die Hauptorte, die man in dieser Richtung trifft, Carlskrona, Upsala, Umeå und Torneå (am nördlichen Ende des bottnischen Meerbusens). Ich habe schon in § 65 gesagt, dafs ich die bemerkte Thatsache ungeachtet der Mangelhaftigkeit der Nachweisung für vollkommen richtig halte. Jetzt können wir noch Folgendes hinzufügen: Die Quellen, welche man auf dem angegebenen Wege findet, sind Quellen der Ebene, und es ist nicht anzunehmen, dafs die Temperatur der in den Boden eindringenden Meteorwasser eine selbstständige Einwirkung auf die Temperatur dieser Quellen ausübe. Die Erscheinung ist also ganz dieselbe wie die in der Richtung von Berlin nach Slatoust wahrgenommene. Der berichtigte Ausdruck für die Thatsache ist, dafs die Gröfse, um welche das Luftmittel sich unter das Mittel der Boden- und Quellwärme erniedrigt, mit der nördlichen Breite zunimmt. Die Zunahme dieser Gröfse ist eine Folge der zunehmenden Dauer und Strenge des Winterfrostes. Dieser Umstand bewirkt sowohl die absolute als die relative Erniedrigung des Luftmittels. Im I. Bande S. 37 f. ist schon gezeigt worden, dafs die Abnahme der mittlern Luftwärme mit zunehmender nördlicher Breite (z. B. von Bukarest nach Haapakyla oberhalb Torneå) vielmehr durch das Abnehmen der Wintertemperatur als durch das Abnehmen der Sommertemperatur entsteht.

2) Kämtz hat im J. 1840 die Bemerkung gemacht, dafs die mittlere Quellwärme die mittlere Luftwärme um so mehr übertrifft, je tiefer wir in dem nördlich von den Alpen gelegenen Theile Europas ins Innere des Landes gehn. Die Bedeutung dieser (keineswegs streng erwiesenen aber ohne Zweifel richtigen) Wahrnehmung ist im Vorhergehenden erörtert. Es kommt so ziemlich auf dasselbe heraus, ob wir von Berlin nach Torneå oder nach Archangel oder nach Slatoust gehn. Alle 3 Richtungen sind mehr oder weniger nordöstlich, und im Nordosten von Berlin liegen die längsten und strengsten Winter.

3) Daubrée in Strasburg hat im J. 1849, auf Beobachtungen im Rheinthal und in den Vogesen gestützt, die schon im I. Bande

[1]) Gilbert's Ann. Bd. 41. S. 161. Siehe auch Pogg. Ann. Bd. 12. S. 403.

§ 39 angeführte Bemerkung gemacht, dafs die Gröfse, um welche die mittlere Quellwärme die mittlere Luftwärme übertrifft, mit der Höhe zunimmt. Obgleich diese Beobachtung Gebirgsquellen betrifft, bei denen der Sommerregen durch unmittelbare Erhöhung des Wärmeganges der Quellen zur Vergröfserung des Abstandes des Quellmittels vom Luftmittel etwas beitragen kann, so fällt sie doch zum gröfsern Theile unter denselben Gesichtspunkt, wie die beiden vorhergehenden Wahrnehmungen, welche Quellen der Ebene betreffen. Je höher man in den Bergen aufsteigt, desto tiefer wird das Luftmittel sich unter das Quellmittel erniedrigen, weil die Länge des Winterfrostes mit der Höhe zunimmt, und es Thatsache ist, dafs (aus mehreren Ursachen) der Boden und die Quellen die Winterkälte der Luft nicht so vollständig annehmen wie die Sommerwärme. Ich habe schon Bd. I. S. 310 mich des Ausdrucks bedient, je höher der Beobachtungsort sich über das Meer erhebe, desto nordischer werde das Klima.

Wenn man sagt, dafs in der Richtung von Berlin gegen Norden, in der Richtung von Berlin gegen Osten und in der Richtung der senkrechten Erhebung die Gröfse, um welche das Luftmittel sich unter das Quellmittel erniedrigt, zunimmt, so sagt man eben dadurch aus, dafs in jeder dieser 3 Richtungen das Quellmittel langsamer abnimmt als das Luftmittel.

Schlufsbemerkungen über die Herkunft der Bodenwärme bei Berlin.

Nur wenn man die Sache ganz einseitig und ausschliefslich vom geologischen Standpunkte ansieht, kann man sich folgender Schlufsfolgerung hingeben: Es ist Thatsache, dafs die Erdwärme nicht erst von der unveränderlichen Ebene an abwärts zunimmt, sondern dafs eine Wärmezunahme im Jahresmittel überall, wo man Beobachtungen an eingegrabenen Thermometern gemacht hat, schon innerhalb des Bodens von der Oberfläche bis zur unveränderlichen Ebene hinab gefunden worden ist. Schon ein paar Fufs unter der Oberfläche ist die Temperatur der Erde höher als die Lufttemperatur im vieljährigen Durchschnitt, und die Temperatur nimmt nach der Tiefe stetig zu. Wenn wir nun wissen, dafs die Temperatur des Erdkörpers in einem frühern Zeitraume viel höher war als sie jetzt ist, und zwar bis an die Oberfläche hin, so werden wir zu der Meinung gedrängt, dafs die Gröfse, um welche noch jetzt die Bodenwärme die vieljährige mittlere Luftwärme übertrifft, von der Eigenwärme des Erdkörpers herrührt, dafs der Ueberschufs der Bodenwärme über die Luftwärme im vieljährigen Durchschnitt Erdwärme ist.

Diese Meinung müssen wir zum gröfsten Theile wieder aufgeben, sobald wir die Einwirkungen berücksichtigen, welche die atmosphärische Wärme im Umlauf des Jahres auf den Boden ausübt. Ungefähr ein halbes Jahr, von Mitte Februar bis Mitte August, erhält die oberste Schicht des Sandbodens bei Berlin einen Wärmezuwachs aus der Atmosphäre, theils durch Einstrahlung, theils durch Leitung. Im folgenden Halbjahre, in welchem die Luftwärme im Sinken begriffen ist, von Mitte August bis Mitte Februar, giebt die oberste Bodenschicht Wärme an die Atmosphäre zurück. Bleibt nun im Winter unter dem Schutze der Schneedecke der Boden wärmer als man bei der Niedrigkeit der Lufttemperatur erwarten sollte, so ist die im Boden zurückbleibende Wärme nicht Eigenwärme des Erdkörpers, sondern ein Rest von der im vorhergehenden Halbjahre in den Boden eingedrungenen atmosphärischen Wärme. Ich lege Gewicht auf die im I. Bande S. 419-424 gegebene Nachweisung, dafs das rasche Steigen der Wärme der Mühlthalquelle vom 30 April bis zum 23 Mai und das langsame Fallen der Wärme der Mühlthalquelle vom 21 October bis Mitte December dem Steigen und Fallen der Luftwärme genau proportional waren. Was in den genannten Zeiträumen von der Quellwärme gilt, gilt auch von der Bodenwärme. Bis zum 15 December ist also gar kein Gedanke daran, dafs die Wärmeabgabe des Bodens an die Luft verzögert sein sollte durch die Wärmezufuhr, die der Boden aus der Erdtiefe erhalten hätte. Ich lege ferner Gewicht auf die so eben vorgenommene Zusammenstellung, aus welcher deutlich hervorgeht, dafs die Gröfse, um welche die Bodenwärme die Luftwärme übertrifft, von der Dauer des Winterfrostes, also von einem meteorologischen Vorgange abzuhängen scheint. Aber dessenungeachtet ist und bleibt der Gegenstand unklar. Es ist nicht erwiesen, dafs die Bodenwärme nur und ausschliefslich aus der Atmosphäre herrührt. Die Unterscheidung von Boden und Erdinnern besteht nur in unserer Vorstellung. In der Wirklichkeit ist kein Absatz, keine Abgränzung zwischen beiden. Der Boden geht unmittelbar in das beständig und höher temperirte Erdinnere über. Wie ist es möglich, dafs er von dem höher temperirten Erdinnern gar keine Wärme mitgetheilt erhalte? Ich glaube daher, dafs der Ueberschufs der Bodenwärme über die Luftwärme bei Berlin zum gröfsern Theile atmosphärischen Ursprungs ist, dafs aber ein kleinerer Theil desselben von der Eigenwärme des Erdkörpers herrührt.

Nichts ist bequemer, als die Annahme, zu welcher ich mich im I. Bande von vornherein stillschweigend geneigt habe, und für welche auch im Verlauf der Untersuchung ein strenger Beweis nicht geliefert ist, dafs nämlich die mittlere Wärme der rein meteorologischen Quellen und folglich auch die mittlere Bodenwärme rein meteorischen Ursprungs sei, und dafs die Eigenwärme des Erdkörpers erst von der unveränderlichen Ebene an abwärts sich wirksam erzeige. Nur bei dieser Annahme ist eine durchgreifende Eintheilung der Quellen möglich. So wünschenswerth nun auch eine durchgreifende Eintheilung ist, so ist doch das erste Erfordernifs einer Eintheilung, dafs sie richtig sei. Für Berlin ist es mir, wie gesagt, höchst wahrscheinlich, dafs die Bodenwärme, wenn auch nur zum kleinern Theil, von der Eigenwärme des Erdkörpers herrührt. Mit der Eintheilung in Bodenquellen und Geothermen ist dann sehr wenig genützt: denn wenn die Bodenquellen in ihrer mittlern Jahrestemperatur einen Antheil Erdwärme besitzen, so bilden Geothermen und Bodenquellen keinen Gegensatz mehr. Die Summe unseres Wissens über die Quellen der Gegend von Berlin beschränkt sich dann auf dieses: Sie sind alle im Jahresmittel wärmer als das vieljährige Luftmittel. Der Ueberschufs des Mittels über das Luftmittel ist desto gröfser, je mächtiger die von dem Meteorwasser durchsunkene senkrechte Schicht ist, mit andern Worten, je tiefer unter der Oberfläche das Wasser hervorkommt.

Es ist offenbar nöthig, dafs wir die Meinung gänzlich aufgeben, als könnten wir aus den wenigen genauen und vollständigen Beobachtungen der Quellwärme, die es bis jetzt giebt, allgemein gültige Gesetze für alle Gegenden der Erde ableiten. Die Bodenbeschaffenheit (ich meine das Gefüge, den Bau des Bodens) spielt eine sehr wichtige Rolle, welche erst durch den Gegensatz des Felsbodens bei Marienberg und des Sandbodens bei Berlin von uns bemerkt worden ist. Die Annahme, dafs die mittlere Bodenwärme rein meteorischen Ursprungs sei, kann für Marienberg und für Gegenden, welche aus ähnlichem Felsboden bestehn, der Wahrheit nahe kommen; aber für Berlin ist sie weit weniger wahrscheinlich. Man bedenke auch, dafs die verschiedenen Arten von Felsboden eine grofse Mannigfaltigkeit des Gefüges nach der Verschiedenheit der geognostischen Formationen darbieten. Der Umstand, dafs eine Quelle überhaupt aus Felsboden entspringt und eine Bodenquelle zu sein scheint, ermächtigt uns also noch nicht zu der Voraussetzung, dafs sie alle die an der Mühlthalquelle in Folge von Regeneinflufs beobachteten Erscheinungen zeigen müsse. Man mufs erst von sehr verschiedenen Gegenden, besonders von verschiedenen Gebirgsformationen, sehr genaue Beobachtungen der Quellwärme, man mufs ferner eine äufserst sorgfältige kritische Bearbeitung der Bodenwärmemessungen erhalten, ehe man im Stande sein wird, eine umfassende Classification aufzustellen. Vor der Hand kann man weiter nichts thun als ganz vorurtheilsfrei prüfen, welchen Grad von Genauigkeit die in der Literatur vorhandenen Quellwärmemessungen haben, und ob sie so beschaffen sind, dafs sich überhaupt aus ihnen etwas folgern läfst. Ich will diese mühsame Arbeit zunächst für die norddeutsche Ebene, dann für das bergige Deutschland fortsetzen. Für Italien werde ich den Vortheil haben, Beobachtungen erörtern zu können, die ich selbst gemacht habe.

Nachträglicher Einwurf gegen die Annahme von Geothermen unter den Potsdamer Quellen.

Ich habe nachträglich eine Bemerkung gemacht, mit welcher meine Meinung, dafs unter den Potsdamer Quellen sich Geothermen befinden, unverträglich ist. Nach S. 133 sind die mehrjährigen Mittel der von Berghaus bei Potsdam beobachteten Senkbrunnen 9°.30, 9°.43, 9°.58. Bringen wir an diesen Mitteln die Correction + 0°.50 an, deren die angewandten Thermometer nach S. 111 bedürfen, so erhalten wir 9°.80, 9°.93, 10°.08.

Senkbrunnen	Zahl der Jahre	Mittel corr.	Unterschied des kältest. u. wärmsten Monats	Abweichung des Mittels vom vieljährigen Luftmittel	Bemerkungen
No. 1 in Berghaus' Garten	5	9°.80	4°.01	+ 1°.04	liegt am oberflächlichsten
No. 2 vor Hoffmann's Keller	4	9. 93	1. 29	+ 1. 17	tiefer
No. 3 vor Berghaus' Remise	4	10. 08	0. 96	+ 1. 32	noch etwas tiefer

Sind dies wirklich die Mitteltemperaturen der 3 Senkbrunnen, so ist weder die Ravensberger Sprudelquelle trotz ihrer Wärmebeständigkeit, noch die Ungefafste an der Havel eine Quelle, welche unter der unveränderlichen Schicht hervorkommt, sondern alle auf S. 153 verzeichneten Quellen ohne Ausnahme sind Bodenquellen, und sie unterscheiden sich von einander nur durch die gröfsere oder geringere Mächtigkeit der Bodenschicht, die sie durchsunken haben. Der 1. Senkbrunnen, dessen Wasserspiegel offenbar der Oberfläche sehr nahe liegt, ist schon 9°.80 warm, also 0°.2 wärmer als unsere 3 sogenannten Bodenquellen. Wir haben 9°.80 als die mittlere Durchschnittswärme des ganzen Bodens angenommen und diese demzufolge um 1° höher angeschlagen als das vieljährige Luftmittel. Diese Annahme ist unvereinbar mit der Thatsache, dafs der 1. Senkbrunnen die Mittelwärme 9°.80 hat: denn die Tiefe dieses Brunnens mufs viel geringer sein als 70'. Man kann selbst von dem 3. Senkbrunnen dreist behaupten, dafs die Tiefe weniger als 70' betragen wird. Die Ungefafste Quelle an der Havel hat das Mittel 10°.09, der Unterschied des kältesten und wärmsten Monates ist 0°.99, die Abweichung des Mittels vom vieljährigen Luftmittel ist + 1°.32. Man sieht, dafs diese Werthe aufserordentlich nahe mit denen des 3. Senkbrunnens übereinstimmen. Die Ungefafste Quelle an der Havel wird also ebenso wenig eine Geotherme sein, wie der 3. Senkbrunnen unter die unveränderliche Ebene hinabreicht [1]). Wir müssen noch einmal dringend um die Veröffentlichung genauer Messungen der Tiefe der 3 Brunnen bitten. So wie die Sache jetzt liegt, komme ich aus der Verwirrung nicht heraus. Man erkläre doch die Wärmebeständigkeit der Sprudelquelle, wenn sie keine Geotherme sein soll! Es mufs sich wohl unter den Thatsachen, welche ich benutzt habe, um die Temperaturverhältnisse der Quellen bei Berlin und Potsdam zu beurtheilen, eine oder die andere falsche befinden, oder es sind Mifsverständnisse und schiefe Auffassungen von meiner Seite vorgefallen. Ich mufs scharfsinnigern Männern und der Zukunft die Aufklärung dieses Gegenstandes überlassen, und mich mit der Zuversicht trösten, dafs ungeachtet der Unklarheit, welche in den Einzelnheiten zurückbleibt, einige nützliche allgemeine Gesichtspunkte gewonnen sind.

[1]) Später ist mir jedoch eingefallen, dafs die Jahresmittel dieser Senkbrunnen, wenigstens des 2. und 3., nicht unmittelbar vergleichbar sind mit den Jahresmitteln der Quellen. Die Mittel des 2. und 3. Brunnens sind offenbar, im Vergleich mit den Quellmitteln, künstlich erhöht in Folge des 2fachen Maximums, welches in ihrem Wärmegange alljährlich eintritt. Man kann mit den Folgerungen aus der Brunnentemperatur auf die Quellentemperatur gar nicht vorsichtig genug sein. Betrachtet man die Mittel der Senkbrunnen als annähernde Angaben der Mittelwärme derjenigen Bodentiefe, in welcher der Spiegel des Brunnens steht, so mufs man dieselbe Einschränkung gelten lassen. Ist kein Schacht in den Boden getrieben, ist der Boden unaufgebrochen, so erfährt er in der gedachten Tiefe nur 1 Maximum.

§ 71. Nizze's Quellwärmebeobachtungen bei Stralsund.

Stralsund.

Br. 54° 19′
Oestl. L. 10° 47′
Höhe 48 Fufs.

Herr Director Nizze hat die Quelle des sogenannten Gesundbrunnens vor dem Knieper Thore bei Stralsund 10 Jahre hindurch beobachtet. Sowohl die Luftwärme- als die Quellwärmebeobachtungen von Nizze sind in Dove's Bericht in fol. 1851. p. XLI veröffentlicht.

Die Beobachtungen der Luftwärme sind in der Höhe von 48′ über dem Nullpunkt des Pegels angestellt. Sie umfassen 20 Jahre und 4 Monate von 1828-1848, April. Die Beobachtungsstunden waren 8. 2. 10. Wir wissen, dafs die Stunden 6. 2. 10 ein nahezu richtiges Mittel liefern. Das Mittel aus 8. 2. 10 mufs also zu hoch sein. Die stündlichen Beobachtungen des Director Hess in Stettin setzen uns in den Stand, das Mittel aus den Stralsunder Beobachtungen mit Sicherheit zu berichtigen. Dove hat in demselben Bericht p. X die Correctionstafel für Stettin bekannt gemacht. Nach dieser Tafel erhalte ich für das Mittel aus 8. 2. 10 folgende Correction in °R.

Januar	— 0°.11 R.
Februar	— 0. 14
März	— 0. 19
April	— 0. 39
Mai	— 0. 62
Juni	— 0. 50
Juli	— 0. 54
August	— 0. 45
September	— 0. 29
October	— 0. 23
November	— 0. 07
December	— 0. 11
Jahr	— 0. 30

Alle im Folgenden vorkommenden Angaben der Luftwärme sind also berichtigte.

Luftwärme in Stralsund. Mittel aus 8. 2. 10, nach Stettin zu wahren verbessert. 20 Jahre u. 4 Mon. 1828-1848, April.

Januar	— 2°.03
Februar	— 0. 56
März	2. 29
April	6. 78
Mai	11. 69
Juni	15. 74
Juli	17. 35
August	17. 21
September	14. 15
October	9. 33
November	4. 16
December	0. 76
Jahr	8. 08
Kältest. M.	— 2. 03
Wärmst. M.	17. 35
Unterschied	19. 38

Ich habe aufserdem das Mittel der 9 meteorologischen Jahre Dec. 1838-1847 berechnet. Es ist 8°.00, kommt also dem Mittel aus 20 Jahren und 4 Monaten sehr nahe. Regenbeobachtungen sind in Stralsund erst seit 1851 gemacht, sie können also nicht in Betrag kommen.

Da ich den Gesundbrunnen zweimal besucht habe, will ich versuchen, eine Beschreibung desselben zu geben. Besser wäre freilich eine Beschreibung von einem genauen Kenner der Gegend. Wenn man der gepflasterten Strafse folgt, welche vom Knieper Thore nach Norden geht, hat man zur Linken den grofsen Knieper Teich, zur Rechten liegen mehrere ausgedehnte Gärten, deren Erdboden sehr sanft gegen die in einiger Entfernung anstehende See abfällt. Die gepflasterte Strafse ist über die höchsten Punkte gelegt; die Meereshöhe derselben schätze ich aber nur auf etwa 50-60'. Die Quelle entspringt in einem Garten am rechten Abhange der gepflasterten Strafse und ihr Ursprung ist sehr merkwürdig wegen seiner äufserst geringen Höhe unter dem Fahrdamm. Die Brunnenstube liegt nur einige 30 Schritt vom Fahrdamm entfernt und höchstens 18' tiefer als der Fahrdamm. Meine Frage, ob nicht diese Quelle eine Durchsickerung des Knieper Teiches sein könne, wurde von Herrn Nizze, dessen Urtheile ich das meinige unterordnen mufs, mit Bestimmtheit verneint. Hier entspringt also allem Anschein nach eine beständig fliefsende Quelle aus Sandboden nur 18' unter den höchsten Punkten, von welchen Zuflüsse zu ihr möglich sind. Die Quelle liegt auf dem »Spielplatz« in einer kleinen Brunnenstube etwa 4' unter dem Rasen. Ein unterirdisches Leitungsrohr führt das Wasser 17 Schritt (etwa 40') weit, bis es durch einen eisernen Rohrkopf ausfliefst. Der Rohrkopf hat etwa 2" Weite, das Wasser füllt denselben aber lange nicht aus. Es ist ein wenig eisenhaltig, daher der Name Gesundbrunnen. Der Gesundbrunnen ist also eine sehr oberflächlich entspringende Quelle. Die Beobachtungen sind am Ende einer 2-4' tief liegenden und 40' langen Leitung gemacht.

Die jährliche Schwankung mufs durch die Leitung vergröfsert und das Mittel dem Luftmittel angenähert sein. Die Beobachtungen sind monatlich 1mal angestellt. A. a. O. findet man die einzelnen Jahrgänge. Die 10jährigen Mittel sind folgende:

Gesundbrunnenquelle, 10 Jahre u. 4 Mon. 1838-1848 [1]).

Januar	6°.98
Februar	7. 11
März	7. 40
April	8. 14
Mai	9. 00
Juni	9. 52
Juli	9. 88
August	10. 13
September	9. 71
October	9. 19
November	8. 26
December	7. 53
Jahr	8. 58
Januar	6. 98
August	10. 13
Unterschied	3. 15

In den 10 Jahren und 4 Monaten sind die 9 vollständigen meteorologischen Jahre Dec. 1838-47 enthalten. Das Mittel aus diesen 9 Jahren ist 8°.57 [2]).

Der kälteste Monat der Quelle ist der Januar, der wärmste der August, die kleinste und gröfste Wärme der Quelle pflegt also fast gleichzeitig mit der kleinsten und gröfsten Wärme der Luft einzutreten. Der Unterschied des kältesten und wärmsten Monates der Quelle ist 3°.15 grofs. Diese Gröfse ist bei einer so oberflächlich entspringenden Quelle eine mäfsige zu nennen. Vergleichen wir das Quellmittel aus 10 Jahren und 4 Monaten mit dem Luftmittel aus 20 Jahren und 4 Monaten, so finden wir die Quelle 0°.50 wärmer als die Luft. Vergleichen wir das Quellmittel aus den 9 Jahren mit dem Luftmittel aus denselben 9 Jahren, so finden wir die Quelle 0°.57 wärmer als die Luft. Beide Unterschiede stimmen also nahe genug überein. Da wir uns für einen entscheiden müssen, so wollen wir annehmen, dafs 0°.57 dem Unterschied im vieljährigen Durchschnitt am nächsten kommt. Es ist merkwürdig, dafs eine so sehr oberflächlich entspringende Quelle, deren Mittel noch dazu durch eine Leitung ein wenig angenähert ist, ihre höhere Mittelwärme der Lufttemperatur gegenüber so selbstständig behauptet. Wir müssen vermuthen, dafs bei Stralsund unter 54° 19′ Br. die Schneedecke sich schon, mit seltenen Ausnahmen, allwinterlich über den Boden legt.

Da die Temperatur der Quelle nur 1mal monatlich beobachtet ist, und wir aufserdem über die Schnee- und Regenfälle gar keine

[1]) Im J. 1847 fehlt der März und im J. 1848 endigen die Beobachtungen mit Mai.

[2]) Den März 1847 habe ich bei der Berechnung des 9jährigen Mittels mit °7.50 interpolirt.

Nachrichten besitzen, so können wir uns auf eine Erörterung des Wärmeganges der Quelle in den einzelnen Jahren nicht einlassen. Wir dürfen aber die einzelnen Jahresmittel für richtig halten und müssen die seltene Gelegenheit benutzen, um die Gröfse der Veränderlichkeit des Mittels dieser Quelle in dem 9jährigen Zeitraum zu untersuchen. Ich habe daher für die Luft und die Quelle die Mittel der einzelnen 9 Jahre December 1838-47 berechnet.

Abweichungen der einzelnen Jahre der Luft und der Quelle vom 9jährigen Mittel.

	9jähriges Luftmittel 8°.00	Abweichung vom 9jährigen Mittel	9jähriges Quellmittel 8°.57	Abweichung vom 9jährigen Mittel
Dec. 1838-39	7°.84	— 0°.16	8°.66	+ 0°.09
39-40	7. 36	— 0. 64	8. 60	+ 0. 03
40-41	7. 37	— 0. 63	8. 29	— 0. 28
41-42	8. 34	+ 0. 34	8. 72	+ 0. 15
42-43	8. 56	+ 0. 56	8. 63	+ 0. 06
43-44	7. 81	— 0. 19	8. 61	+ 0. 04
44-45	6. 91	— 1. 09	8. 44	— 0. 13
45-46	9. 75	+ 1. 75	8. 64	+ 0. 07
46-47	8. 10	+ 0. 10	8. 56	— 0. 01

Absolute Veränderlichkeit des Luftmittels und des Quellmittels in den 9 Jahren.

Luft		Quelle	
Wärmstes Jahr (8.)	9.75	Wärmstes Jahr (4.)	8.72
Kältestes Jahr (7.)	6.91	Kältestes Jahr (3.)	8.29
Unterschied	2.84	Unterschied	0.43

Das kälteste Jahr der Luft war das Jahr December 1844-45 in Folge der sehr ungewöhnlichen Kälte des Februar (— 5.49) und der beispiellosen Kälte des März (— 4.41). Bekanntlich fielen zu Ende Februar auch ungeheure Schneemassen. In diesem Jahre war die Quelle allerdings auch kälter als gewöhnlich, aber nur um 0°.13. Das folgende Jahr, December 1845-46, war das wärmste der Luft. Es war 1°.75 wärmer als das 9jährige Mittel. In diesem Jahre war die Quelle nur 0°.07 wärmer als im 9jährigen Mittel. Die beiden äufsersten Jahre der Quelle liegen weiter vorn in der Reihe. Die Quelle war im Jahre December 1840-41 entschieden am kältesten.

Der Winter dieses Jahres war kalt und der Sommer kühl; etwas Näheres können wir zur Erklärung nicht beibringen. Das folgende Jahr, December 1841-42, war das wärmste der Quelle. Ich stelle die monatlichen Mittel der Luft und die Beobachtungen der Quelle nebeneinander. .

Jahr December 1841-42.

	Luft	Quelle
December	3°.49	8°.0
Januar	— 3. 66	7. 6
Februar	0. 23	7. 7
März	3. 89	8. 0
April	5. 75	8. 5
Mai	13. 40	9. 0
Juni	15. 39	9. 5
Juli	16. 09	9. 6
August	21. 00	10. 0
September	14. 95	9. 8
October	8. 09	9. 0
November	1. 44	7. 9
Jahr	8. 34	8. 72
Januar	— 3. 66	7. 6
August	21. 00	10. 0
Unterschied	24. 66	2. 4

Von der ungewöhnlich hohen Wärme des August 1842 (welche genau übereinstimmte mit der Wärme des August 1846) ist in der Temperatur der Quelle nichts zu bemerken. Die Augustbeobachtung blieb sogar unter dem 9jährigen Augustmittel. Das Quellmittel dieses Jahres wurde dadurch das höchste, dafs die Temperatur der Quelle in den 5 Monaten December bis April entschieden über der mittlern lag (ohne dafs man in den gleichzeitigen Monatsmitteln der Luft die Erklärung dafür findet). Wir müssen uns einfach mit der Thatsache begnügen, dafs in dem 9jährigen Zeitraum weder das kälteste noch das wärmste Jahr der Quelle zusammenfiel mit dem kältesten und wärmsten Jahre der Luft und dafs der gröfste Unterschied der Jahresmittel der Quelle 0°.43 betrug.

Abweichung des Luftmittels vom Quellmittel in jedem der 9 Jahre.

Nachdem wir noch im vorigen § wiederholt darauf gedrungen haben (S. 154), dafs man das Luftmittel als vom Quellmittel abweichend denken solle (und nicht das Quellmittel vom Luftmittel), wollen wir diesen Grundsatz endlich einmal zur Anwendung bringen. Nun bilden die Quellmittel der einzelnen Jahre die 1. Reihe, die Luftmittel die 2. Reihe und die 3. giebt die Gröfse an, um welche das Luftmittel vom Quellmittel abwich.

	Quelle	Luft	Abweichung des Luftmittels
Dec. 1838-39	8°.66	7°.84	— 0°.82
39-40	8. 60	7. 36	— 1. 24
40-41	8. 29	7. 37	— 0. 92
41-42	8. 72	8. 34	— 0. 38
42-43	8. 63	8. 56	— 0. 07
43-44	8. 61	7. 81	— 0. 80
44-45	8. 44	6. 91	— 1. 53
45-46	8. 64	9. 75	+ 1. 11
46-47	8. 56	8. 10	— 0. 46
9 Jahre	8. 57	8. 00	— 0. 57

Wir finden, dafs in 8 Jahren unter 9 das Luftmittel sich beständig unter das Quellmittel erniedrigte, aber in sehr verschiedenem Grade. Im 5. Jahre war die Luft nur 0°.07 kälter als die Quelle, im 2. und 7. Jahre ging die Erniedrigung bis 1°.24 und 1°.53. Im 8. Jahre trat der ungewöhnliche Fall ein, dafs das Luftmittel sich 1°.11 hoch über das Quellmittel erhob, ohne dafs das Quellmittel dieser Erhebung folgen konnte. Wir sehn, dafs das Quellmittel weder im 7. Jahre der Erniedrigung noch im 8. Jahre der Erhöhung des Luftmittels bedeutend nachgab. Es war im 7. Jahre nur 0°.13 niedriger als im 9jährigen Durchschnitt, im 8. Jahre nur 0°.07 höher als im 9jährigen Durchschnitt, während die Luft im 7. Jahre 1°.09 niedriger, im 8. Jahre aber 1°.75 höher war als im 9jährigen Durchschnitt. Von einem zum andern Jahre bewegte sich das Quellmittel von 8.44 auf 8.64 (0°.20), das Luftmittel von 6.91 auf 9.75 (2°.84). Die grofsen Abweichungen des Luftmittels vom Quellmittel im 7. und 8. Jahre kamen also nicht etwa durch grofse Veränderungen des Quellmittels, sondern fast gänzlich durch die grofse Veränderlichkeit des Luftmittels zu Stande, und man fafst das Sachverhältnifs nur dann richtig auf, wenn man das beharrlichere Quellmittel als das Erstgegebene und das veränderliche Luftmittel als das Zweitgegebene betrachtet. Hat man es mit einer Quelle wie die vorliegende zu thun, die aus Sandboden entspringt, so mufs man sich vorstellen, dafs die

Temperatur der die Quelle speisenden Meteorwasser schon in der obersten Bodenschicht von etwa 2-3 Fuſs Mächtigkeit sich mit der Temperatur des Bodens ausgleicht und von nun an, beim langsamen tiefern Hinabsinken, von der Bodenwärme vollständig bewältigt wird. Die Bodenwärme ist, wenn der Boden aus Sand besteht, eine träge, sich sehr langsam ändernde Gröſse. Die Quellwärme fällt aber bei den Quellen des Sandbodens (mit gewissen früher geltend gemachten Einschränkungen) mit der Bodenwärme zusammen. Fragen wir nun, wie es kommt, daſs die Boden- und Quellwärme bei Stralsund sich schon in einer Schicht von so geringer Mächtigkeit im 9jährigen Durchschnitt 0°.57 höher hält als die Luftwärme, so müssen wir dies Ergebniſs gröſstentheils der winterlichen Schneedecke zuschreiben, welche die Wärmeabgabe des Bodens an die Luft auf eine sehr wirksame Weise hemmt.

Diese Betrachtungsweise scheint mir für die Quellen des Sandbodens die naturgemäſse, vom gesunden Menschenverstand geforderte zu sein. Bei den Marienberger Quellen ist mir eine ganz andere Betrachtungsweise als die naturgemäſse erschienen. Ich stand damals auf dem Standpunkte L. v. Buch's und hielt die Abweichungsgröſse des Quellmittels vom Luftmittel für bedingt durch die Regenvertheilung des Jahres. Jetzt sehe ich die Möglichkeit vor mir, mich von der Buch'schen Ansicht ganz frei zu machen; ich werde im folgenden § versuchen, eine Betrachtungsweise aufzustellen, welche sowohl für die Quellen des Felsbodens als für die Quellen des Sandbodens Gültigkeit hat.

Um mit der Stralsunder Quelle fertig zu werden, wiederhole ich kurz die Thatsachen, welche sich durch die Untersuchung derselben herausgestellt haben.

Die Gesundbrunnenquelle bei Stralsund ist eine sehr oberflächlich entspringende Bodenquelle und auſserdem durch eine Leitung in ihrem Mittel dem Luftmittel ein wenig angenähert. Dessenungeachtet beträgt, 9jähriger Beobachtung zufolge, der Unterschied des kältesten und wärmsten Monates nur 3°.15, das Jahresmittel der Quelle hält sich durchschnittlich 0°.57 höher als das Luftmittel und die absolute Veränderlichkeit des Mittels war in den 9 Jahren nur 0°.43, während die absolute Veränderlichkeit des Luftmittels 2°.84, also das 6.60fache betrug; auch fielen das kälteste und wärmste Jahr der Quelle nicht zusammen mit dem kältesten und wärmsten Jahre der Luft.

§ 72. Der Verfasser befreit sich vollständig von der Buch'schen Ansicht und giebt den rein meteorologischen Standpunkt auf. Folgerungen.

Die Frage nach der Wärme der Quellen ist von Anfang an, d. i. schon von Roebuck und Heberden, schief aufgefafst worden. Die Quellwärme ist nicht als ein selbstständiger Gegenstand der Untersuchung hingestellt, sondern man hat sie von jeher auf die Luftwärme bezogen. Sind die Quellen ebenso warm wie die Luft, sind sie kälter als die Luft, sind sie wärmer als die Luft an demselben Orte, das ist der Gedanke, der sich beständig wiederholt, wenn von der Quellwärme die Rede ist. Buch hat die Frage genommen wie er sie vorfand und sich eine Lösung ausgedacht, durch welche die absolute Höhe des Quellmittels durch Vermittelung eines Zwischengliedes abhängig erscheint von der absoluten Höhe des Luftmittels. Er wollte die Quellwärme vom Standpunkte der Luftwärme aus durch Vermittelung der Regenvertheilung im Jahre erklären. Dieser Gedanke ist von mir schärfer gefafst und weiter ausgebildet worden, er hat auch durch die einzelnen Jahrgänge der Marienberger Beobachtungen einen blendenden Schein von Bestätigung erhalten. Das ganze Unternehmen, aus der Luftwärme die Quellwärme herleiten und endlich sogar berechnen zu wollen, ist aber ein verfehltes, in einem Irrthum begründetes, weil bei diesem Unternehmen die Bodenwärme als selbstständige Gröfse gänzlich vergessen, weil dieselbe als gar nicht vorhanden angenommen ist. Ich habe schon S. 164 unten die Annahme gerügt, der ich von vornherein stillschweigend gehuldigt habe, dafs die mittlere Wärme der sogenannten rein meteorologischen Quellen und folglich auch die mittlere Bodenwärme ausschliefslich meteorischen Ursprungs sei. Diese Annahme ist nicht zu rechtfertigen. Wir können gar nicht umhin, die Bodenwärme als eine selbstständige Gröfse anzuerkennen, die nicht allein durch atmosphärische Einwirkungen gemacht wird. Ich habe ferner in meiner Vorstellung zwei Dinge nicht unterschieden, deren Unterscheidung mir jetzt wesentlich nöthig zu sein scheint. Ueber den Plan der Untersuchung liest man Bd. I. S. 10 Folgendes: »Alle Veränderungen der Quellwärme sind meteorischen Ursprungs. Darüber sind Alle einig. Die Gesetze der Quellwärme können daher nur vom meteorologischen Standpunkte aus erforscht werden. Nach der alten Ansicht giebt es nur ein Meteor, welches die Veränderungen der Quellwärme hervorbringt: die Luftwärme.

Nach der Buch'schen Ansicht giebt es 2 Meteore, welche die Veränderungen der Quellwärme hervorbringen: die Luftwärme und die Wärme der in die Erdoberfläche eindringenden Meteorwasser, und zwar soll die Temperatur der Meteorwasser ein so überwiegendes Moment sein, dafs von der Vertheilung der Meteorwasser im Jahre die Abweichungsgröfse des Quellmittels vom Luftmittel abhängt.« Es ist ganz richtig, dafs alle Veränderungen, welche die Wärme der Quelle im Laufe des Jahres erfährt, meteorischen Ursprungs sein müssen, aber die mittlere Quellwärme setzt sich doch nicht lediglich zusammen aus allen Veränderungen, welche im Wärmegrade der Quelle vorgehn, sondern es mufs eine Grundlage vorhanden sein, an welcher die Veränderungen vorgehn. Diese Grundlage der Quellwärme ist in der Bodenwärme gegeben. Die Bodenwärme ist (mit den bekannten von uns sorgfältig untersuchten Abweichungen und Einschränkungen) gleich der Quellwärme.

Wie und wodurch die Abweichungsgröfse des Quellmittels vom Luftmittel (oder vielmehr des Luftmittels vom Quellmittel) in jedem einzelnen Jahre zu Stande kommt, das lernt man erst, nachdem man vorher eine andere Art von Abweichungsgröfsen kennen gelernt hat. Das Studium dieser andern Art von Abweichungsgröfsen erfordert eine Reihe von Jahren, deren geringste Zahl man wohl auf 5 anschlagen mufs. Man mufs sich ein mehrjähriges Mittel der Quelle durch Beobachtung verschaffen und die Abweichungsgröfsen der Mittel der einzelnen Jahre vom mehrjährigen Mittel bestimmen. Zugleich mufs man die Luftwärme beobachten, um die Abweichungsgröfsen der einzelnen Jahre vom mehrjährigen Mittel zu erhalten. Es handelt sich also darum, die Gröfse der Veränderlichkeit des Quellmittels einerseits und des Luftmittels andrerseits kennen zu lernen. Wir wollen uns nun noch einmal die Ergebnisse ansehn, die wir durch die Beobachtung der Mühlthalquelle in dieser Beziehung erhalten haben.

Abweichungen der einzelnen Jahre der Mühlthalquelle und der Luft vom 5jährigen Mittel.

5jähriges Quellmittel 10°.07		Abweichung vom 5jährigen Mittel	5jähriges Luftmittel 9°.41		Abweichung vom 5jährigen Mittel
1. Jahr	10°.02	— 0°.05	1. Jahr	11°.22	+ 1°.81
2. »	10. 10	+ 0. 03	2. »	8. 42	— 0. 99
3. »	9. 94	— 0. 13	3. »	9. 39	— 0. 02
4. »	10. 07	0. 00	4. »	9. 32	— 0. 09
5. »	10. 25	+ 0. 18	5. »	8. 72	— 0. 69

Absolute Veränderlichkeit des Mühlthalquellmittels und des Luftmittels in den 5 Jahren.

Quelle		Luft	
Wärmstes Jahr (5.)	10°.25	Wärmstes Jahr (1.)	11°.22
Kältestes Jahr (3.)	9. 94	Kältestes Jahr (2.)	8. 42
Unterschied	0. 31	Unterschied	2. 80

Wir haben das 5jährige Mittel dieser Quelle = 10°.07 gefunden und die ganze Gröfse, um welche sich das Mittel in den einzelnen 5 Jahren veränderte, = 0°.31. Die Quelle sank in ihrem kältesten Jahre 0°.13 unter das 5jährige Mittel hinab und erhob sich in ihrem wärmsten Jahre 0°.18 über dasselbe. Für die kleinen Verschiedenheiten, welche die absolute Höhe des Quellmittels in den einzelnen Jahren darbot, oder für die Abweichungsgröfse des Quellmittels eines gegebenen Jahres vom 5jährigen Mittel haben wir die Erklärung in den absoluten Regenmengen gewisser Monate gefunden. Die Beobachtung hat gelehrt, dafs kleine Regenmengen in Monaten des kalten und grofse Regenmengen in Monaten des warmen Drittels das Mittel über das Gewöhnliche erhöheten und dafs grofse Regenmengen in Monaten des kalten und kleine Regenmengen in Monaten des warmen Drittels das Mittel unter das Gewöhnliche erniedrigten. Im Vergleich mit der kleinen Veränderlichkeit des Quellmittels war die des Luftmittels in den 5 Jahren sehr grofs; sie betrug 2°.80. Im 1. Jahre war die Luft ungewöhnlich warm, das Mittel wich 1°.81 nach oben ab. Im folgenden Jahre war das Mittel recht niedrig, es wich 0°.99 nach unten ab u. s. w. Das wärmste und das kälteste Jahr der Quelle fielen nicht zusammen mit dem wärmsten und kältesten Jahre der Luft.

Kann man nun noch von einer Abweichungsgröfse des Quellmittels vom Luftmittel in den einzelnen Jahren reden? Nein, man kann nur noch von der Abweichungsgröfse des L u f t m i t t e l s vom Q u e l l m i t t e l reden. Nachdem man die Beharrlichkeit des Quellmittels und die grofse Beweglichkeit des Luftmittels kennen gelernt hat, sieht man ein, dafs die Abweichungen des Luftmittels vom Quellmittel in den einzelnen Jahren zum bei weitem gröfsten Theile durch die grofsen Abweichungen zu Stande kommt, die das Luftmittel des Jahres von seinem eigenen mehr- oder vieljährigen Mittel macht. Der einzig richtige Ausdruck für die Beziehung, welche in den einzelnen Jahren zwischen dem Luftmittel und dem Quellmittel aufgestellt werden kann, ist also folgender:

Abweichung des Luftmittels vom Quellmittel in jedem der 5 Jahre und im 5jährigen Durchschnitt.

	Mühlthalquelle	Luft	Abweichung
1. Jahr	10°.02	11°.22	+ 1°.20
2. »	10. 10	8. 42	— 1. 68
3. »	9. 94	9. 39	— 0. 55
4. »	10. 07	9. 32	— 0. 75
5. »	10. 25	8. 72	— 1. 53
5 Jahre	10. 07	9. 41	— 0. 66

Im 1. Jahre erhob sich das Luftmittel ungewöhnlicher Weise sehr hoch über das Quellmittel, in den übrigen 4 Jahren sank es mehr oder weniger unter das Quellmittel hinab. Letzteres ist das gewöhnliche Verhalten, das Luftmittel sinkt regelmäfsig unter das Quellmittel hinab. Siehe auch Bd. I. S. 427.

Woher kommt es aber, dafs die Quellwärme im Jahresmittel so wenig beweglich ist? Das kommt von der Bodenwärme, mit der sich die Quellwärme identificirt. Alle Meteore, welche zur Speisung der Quelle beitragen, gleichen (abgesehn von bekannten Ausnahmen, deren Wirkung sich übrigens auch in den Jahresmitteln ausgleicht) beim Durchsinken durch den Boden ihren Wärmegrad mit den Wärmegraden der Bodenschichten aus, die Wärme der Meteorwasser wird gleich der Bodenwärme. Das Jahresmittel der Quellwärme kann nicht veränderlicher sein als das Jahresmittel der Bodenwärme ist.

Wir können die hergebrachte Meinung, die ich bis gegen das Ende des § 28 unbedenklich festgehalten habe, dafs das Quellmittel sich durch Vermittelung der Regenvertheilung im Jahre vom Luftmittel ableiten lasse, nun endlich ganz abschütteln. Dieser Meinung liegt wieder einmal eine stillschweigend gemachte Voraussetzung zum Grunde, nämlich die jetzt als irrig erwiesene Voraussetzung, dafs die Beweglichkeit des Quellmittels sehr grofs sei. Hat denn das 1. Beobachtungsjahr in Marienberg wirklich erwiesen, dafs das Vorherrschen des Regenantheils des kalten Drittels das Mittel der Mühlthalquelle 1°.20 unter das Luftmittel hinabdrückte? Hat das 2. Beobachtungsjahr erwiesen, dafs das Vorherrschen des Regenantheils des warmen Drittels das Mittel der Mühlthalquelle 1°.68 über das Luftmittel hinauftrieb u. s. w.? Keineswegs ist diese ganz oberflächliche Vorstellung durch jene Beobachtungen erwiesen. Die Beobachtung hat gelehrt, dafs im 1. Jahre bei der gegebenen Luftwärme und den gegebenen Regenmengen der einzelnen Monate das Quellmittel 0°.05 unter seiner gewöhnlichen Höhe blieb; ferner dafs im 2. Jahre bei der gegebenen Luftwärme und den gegebenen Regenmengen der einzelnen Monate das Quellmittel sich 0°.03 über seine gewöhnliche Höhe erhob u. s. w. in den folgenden Jahren. Die Meteore, ich meine die Lufttemperatur und die Regentemperatur, waren also nur im Stande, sehr kleine Bewegungen im Quellmittel hervorzubringen. Das Quellmittel blieb sich nahezu gleich, während das Luftmittel ziemlich grofse Sprünge machte. Die grofse Veränderlichkeit des Luftmittels bewirkte nun in den verschiedenen Jahren grofse Abweichungen des Luftmittels vom Quellmittel theils nach oben theils nach unten [1]). Das ist das wirkliche Ergebnifs der vorurtheilsfreien, nüchternen Beobachtung.

Ich betrachtete aber damals, als ich das VII. Kapitel ausarbeitete, meine Beobachtungen nicht vorurtheilsfrei, sondern durch die Brille der Buch'schen Ansicht. Was Buch vermuthet hatte, traf ja zu. In einem Jahre mit vorherrschendem Winterregen war die Quelle bedeutend kälter als die Luft gefunden, in den übrigen Jahren herrschte die Sommerregenmenge vor und die Quelle war wärmer als die Luft gefunden (I, 95. 97. 100). Es war nicht erwiesen, dafs der Ueberschufs des Winterregens das Quellmittel unter das Luftmittel erniedrigt hatte, es war auch nicht erwiesen, dafs der Ueberschufs des Sommerregens das Quellmittel über das Luftmittel in die Höhe trieb. Es sah aber doch bei oberflächlicher Betrachtung so aus, und die Thatsache, dafs die Buch'sche Vermuthung (zufällig) eingetroffen war, hemmte zeitweilig das weitere Nachdenken. Nun kam noch hinzu, dafs ich auf jenes seltsame Zahlenverhältnifs stiefs, welches ich die Marienberger Formel genannt habe. Dies schien eine neue, wenn auch unbegreifliche, Bestätigung der Buch'schen Ansicht zu sein. Mehr als alles andere hat mich aber damals der Umstand in dem Buch'schen Irrthum befestigt, dafs das ungewöhnlich warme Jahr December 1845-46 zugleich ein Jahr mit vorherrschendem Winterregen war.

[1]) Wir kennen nun schon durch Beobachtung 3 Fälle, in denen das Luftmittel sich bedeutend dadurch über das Quellmittel erhob, dafs es sich über sein eigenes vieljähriges Mittel erhob. 1) Die Mühlthalquelle im Jahre Dec. 1845-46, Abweichung des Luftmittels vom Quellmittel + 1°.20. 2) Die Gesundbrunnenquelle bei Stralsund in demselben Jahre, Abweichung des Luftmittels + 1°.11. 3) Die Quelle *A* bei Colinton im Jahre Mitte August 1827-28, Abweichung des Luftmittels + 1°.34.

Wäre in Marienberg ein sehr warmes Jahr mit vorherrschendem Sommerregen vorgekommen, so wäre der Irrthum, welcher der Buch'schen Meinung zum Grunde liegt, dafs nämlich das Quellmittel sehr veränderlich ist, sogleich ans Licht getreten. Wir haben in Gosport eines der berühmten warmen Jahre mit vorherrschendem Regenantheil des warmen Drittels gefunden. Das Jahr December 1821-22 hatte dort 12°.37 und das Jahresmittel lag 1°.41 höher als das 10jährige Mittel. In diesem Jahre blieb der Regenantheil des kalten Drittels unter 33⅓ %, der Regenantheil des warmen Drittels betrug aber 37.37 %, also gut 3 % mehr als 33⅓. Hätte ein solches Verhältnifs in Marienberg im 1. Beobachtungsjahre stattgefunden oder stattfinden können, so wäre die Buch'sche Voraussetzung, dafs nun das Quellmittel sich höher als das Luftmittel stellen würde, ganz zuverlässig durch die Beobachtung widerlegt worden. Die Erwartung, dafs das Quellmittel sich noch ein paar Zehntel über 11°.22 erheben würde, hätte sich als völlig irrig erwiesen: denn das Quellmittel würde sich höchstens nur etwa 0°.1 über die gewöhnliche Höhe von 10°.07 erhoben haben. Da aber in dem ungewöhnlich warmen 1. Jahre der Winterregen vorherrschte, so blieb der Irrthum, der in der stillschweigenden Annahme einer grofsen Veränderlichkeit des Quellmittels liegt, unaufgedeckt. Derselbe Irrthum liegt auch den Rechnungen und der schematischen Figur zum Grunde, welche ich im I. Bande S. 433-440 unter der Ueberschrift »Verhalten der nichtperiodischen Wärmeveränderungen der Mühlthalquelle gegenüber den nichtperiodischen Wärmeveränderungen der Luft« gegeben habe. S. 436 habe ich behauptet, das Quellmittel würde im 1. Jahre 11°.22 + 0°.66 = 11°.88 betragen haben, wenn in diesem Jahre die Regenvertheilung dieselbe gewesen wäre wie im 5jährigen Durchschnitt u. s. w. in den folgenden Jahren. Diese Behauptung kann man nur aufstellen, wenn man dem Quellmittel eine beliebige Gröfse der Bewegung zuschreibt (das Quellmittel mufs dann grade so beweglich sein wie das Luftmittel), und letzteres kann man wiederum nur dann thun, wenn man aufser Acht läfst, dafs die Bodenwärme als eine selbstständige Gröfse anzuerkennen ist, dafs die Quellwärme sich mit der Bodenwärme identificirt und dafs folglich das Quellmittel nicht veränderlicher sein kann als das Mittel der Bodenwärme. Endlich ist die naturwidrige Annahme von der grofsen Beweglichkeit des Quellmittels auch zum Vorschein gekommen in den Versuchen, die ich gemacht habe, nach der Marienberger Formel in andern Gegenden die Abweichungsgröfse des Quellmittels vom Luftmittel zu berechnen (Gosport. Berlin).

Es ist dem Leser bekannt, dafs ich schon im I. Bande mich nicht blind der Betrachtung der Dinge vom Buch'schen Standpunkte aus hingegeben habe. Ich habe aber meine Zweifel durch eine speculative Untersuchung selbst wieder beschwichtigen zu können gemeint (§ 29). Durch Kämtz' Darstellung war die Buch'sche Ansicht bei den Meteorologen populär geworden. Vielleicht ist es auch förderlich für das Verständnifs meines Buches, dafs der grofse Vorrath der von mir beschafften neuen Beobachtungen erst einmal von dem hergebrachten Standpunkte aus dargestellt und übersichtlich geordnet worden ist. Hätte ich mich nicht so fest in die Buch'sche Meinung verrannt gehabt, so mufste ich wenigstens nach Beendigung der 5 Marienberger Jahre, sobald ich mir die Abweichungen der einzelnen Jahresmittel der Mühlthalquelle und der Luft vom 5jährigen Mittel in einer Uebersicht vorlegte, das Sachverhältnifs durchschauen. Ich habe es leider erst jetzt begriffen, nachdem ich mir von einer zweiten Quelle, der Stralsunder, die entsprechenden Uebersichten (S. 171 und 173) vor Augen gelegt hatte.

Ich sage mich nun hiermit förmlich von der Theilnahme an der Buch'schen Ansicht los. Versicherungen, wie sie im I. Bande vorkommen, z. B.

S. 14. »Ich glaube die Buch'sche Ansicht, dafs die Abweichungs-»gröfse des Quellmittels vom Luftmittel von der Regenvertheilung »in der Jahresperiode abhängen müsse, wenigstens für meinen »Beobachtungsort Marienberg im Rheinischen Grauwackengebirge »als vollständig richtig erwiesen zu haben«

und die fast wörtliche Wiederholung dieser Behauptung auf S. 519 sind das Ergebnifs einer vorurtheilsvollen und oberflächlichen Betrachtung und ich nehme sie, da ich zu reiferer Einsicht gekommen bin, zurück. Ich gestehe auch, dafs mir die Marienberger Formel keinen Eindruck mehr macht. Da sie wie eine Zauberformel auftritt, ich meine da sie unbegreiflich ist, so kann sie auf Geltung in der Wissenschaft keinen Anspruch machen. Ich halte dieses Zahlenverhältnifs für ein neckisches Spiel des Zufalls, das man auf sich beruhen lassen mufs.

Wir müssen noch einige Bemerkungen hinzufügen, um uns recht deutlich zu machen, wie gründlich und vollständig der Standpunkt, von welchem der ganze I. Band gearbeitet ist, überwunden ist. Ich habe den Versuch gemacht, die Temperaturverhältnisse der Quellen vom meteorologischen Standpunkte aus zu ordnen, auf den Buch sich und mich gestellt hatte, und mich schon auf dem Titel zu diesem

Standpunkte bekannt. Nachdem ich die Untersuchung in dieser Richtung sowohl für die Quellen des Felsbodens als für die des Sandbodens so ziemlich durchgeführt habe (sie ist wenigstens für beide Arten von Quellen so weit gediehen, dafs man absehn kann was sie leistet), so stellt sich nun heraus, dafs eine unerklärte Gröfse übrig bleibt: die Bodenwärme, mit welcher die Quellwärme sich identificirt. Indem wir dies aussprechen, erklären wir unsern bisherigen Standpunkt für bereits aufgegeben. Die Temperaturverhältnisse auch der oberflächlichen Quellen lassen sich aus atmosphärischen Elementen allein nicht construiren. Die Quellwärme wird nicht in der Atmosphäre gebildet, sondern im Boden; wir verlassen daher den Standpunkt in der Atmosphäre und müssen uns von jetzt an in den Boden, oder vielmehr in die Quelle selbst versetzen. Die Gedankenverbindung, welche uns zur Aenderung unseres Standpunktes nöthigte, ist folgende. Der Boden reicht unserer Begriffsbestimmung zufolge bis zur Ebene von unveränderlicher Temperatur. Die Annahme, dafs die Temperatur des ganzen Bodens auch in der Höhe des Mittels von meteorischen Einwirkungen gebildet werde und dafs die Wirkung der Eigenwärme des Erdkörpers erst von der unveränderlichen Ebene abwärts plötzlich anfange, diese Annahme ist eine willkürliche, gar nicht zu rechtfertigende. Die Erdwärme mufs zur Bildung der Bodenwärme mitwirken und zwar, je tiefer der Punkt im Boden liegt, desto mehr. Da die Bodenwärme durch Einwirkungen von zwei Seiten her, von unten und von oben, gebildet wird, wir aber bis jetzt nicht haben ermitteln können, wie viel auf die Einwirkung von unten kommt, so sind wir bis auf Weiteres genöthigt, die Bodenwärme als eine gegebene selbstständige Gröfse anzuerkennen. Dieselbe Selbstständigkeit müssen wir aber der Quellwärme zuerkennen, weil die Quellwärme sich mit der Bodenwärme identificirt. Wir müssen behaupten, dafs die Erdwärme, welche in der Bodenwärme enthalten ist, zur Bildung der Höhe des Mittels der Quellwärme beiträgt. Nachdem wir dies eingeräumt haben, dafs nämlich die Höhe des Mittels der Quellwärme nicht von den Meteoren allein gebildet wird, so tritt nun im Uebrigen die meteorologische Untersuchung in ihr volles Recht ein, denn alle periodischen Wärmeveränderungen der Quellen sind Wirkungen von Meteoren. Nun treten zwei Fälle ein. Entweder die Quelle entspringt aus Sandboden. Dann scheint die Luftwärme das einzige Meteor zu sein, welches, indem es die Bodenwärme verändert, auch die Quellwärme verändert. Dieser Fall ist der einfachere. Oder die Quelle entspringt aus Felsboden. Dann bewirkt nicht allein die Luftwärme, sondern auch der Wärmegrad der Meteorwasser Wärmeveränderungen in der Quelle und im Boden. Dieser Fall ist der zusammengesetztere; wir haben in Marienberg und in Gräfenberg Gelegenheit gehabt ihn zu beobachten und zu zergliedern und ich darf diese Zergliederung auch noch jetzt für ein brauchbares Stück Arbeit halten.

Der Unterschied unserer frühern und unserer jetzigen Ansicht ist also dieser. Früher nahmen wir an, Quell- und Bodenwärme würden lediglich durch die Einwirkung der Meteore gebildet und die Quellwärme sei eine abhängige, durch Rechnung aus der Luftwärme abzuleitende Gröfse. Jetzt erkennen wir an, dafs die Bodenwärme, die Luftwärme und die Temperatur der Meteorwasser zur Bildung der Quellwärme zusammenwirken, und nennen die Quellwärme insofern eine selbstständige Gröfse, als es nicht möglich ist, sie durch Rechnung aus andern bekannten Gröfsen abzuleiten. Die Bodenwärme nämlich, in welcher ein Antheil Erdwärme steckt, ist für uns noch keine bekannte Gröfse. So lange wir von der Bodenwärme nicht mehr wissen, können wir die Quellwärme nicht construiren. Wir müssen die Quellwärme also als etwas Gegebenes selbstständig für sich untersuchen und sie in die erste Linie stellen, die Luftwärme in die zweite.

Ich freue mich, dafs ich noch Zeit und Kraft gehabt habe, die Irrthümer, die ich so eifrig gepflegt hatte, mit eigener Hand auszurotten. Es war hohe Zeit: denn meine Kräfte sinken rasch und ich werde wenig mehr schreiben (Ende August 1854, das Folgende im September).

Folgerungen.

Es drängen sich mir noch einige weitere Folgerungen auf, welche ausgesprochen sein wollen.

Mit dem Begriff der rein meteorologischen Quellen ist es nun rein aus. Wir können nicht umhin anzunehmen, dafs in jedem Quellmittel, und wenn die Quelle noch so oberflächlich verläuft, ein, wenn auch noch so kleiner, Antheil Erdwärme steckt. Müssen wir dies annehmen, so ist nicht abzusehn, was uns die Unterscheidung von rein meteorologischen und meteorologisch-geologischen oder, wie ich sie in § 70 nannte, von Bodenquellen und Geothermen noch ferner nützen soll (dies ist schon S. 165 bemerkt). Es ist ferner nicht abzusehn, was uns die begriffsmäfsige Abtrennung des Bodens vom Erdinnern noch ferner nützen soll. Bodenwärme und Erdwärme bilden für uns jetzt keinen qualitativen Gegensatz mehr [1]). Wir werden also alles Erdwärme nennen müssen. Die Erdwärme fängt unmittelbar unter der Erdoberfläche an. Bis zu einer gewissen Tiefe erleidet die Erdwärme Veränderungen im Umlauf des Jahres in Folge atmosphärischer Einwirkungen, weiter hinab hört die periodische Schwankung ganz auf. Die Erdwärme nimmt im Jahresmittel zu mit der Tiefe und zwar schon unmittelbar von der Erdoberfläche an. In 6′ Tiefe unter der Erdoberfläche ist die Mittelwärme höher als in 3′ Tiefe. Die Wärmezunahme der Erde setzt sich über die unveränderliche Ebene hinab bis zu einer ungemessenen Tiefe fort.

Und die Quellen? Was hat die nüchterne Beobachtung an denjenigen Quellen gelehrt, die wir bis jetzt in diesem Buche geprüft haben? Die Beobachtung in Marienberg hat folgende Reihe 5jähriger Mittel geliefert. In dieser Reihe ist nur die Temperatur der höher gelegenen Michelsquelle durch eine wahrscheinliche Rechnung auf die Meereshöhe der 4 übrigen Quellen zurückgeführt (I, 305 und 511). Die übrigen 4 Quellen entspringen in gleicher Meereshöhe und diese Höhe weicht von der Höhe des Beobachtungsortes für die Luftwärme so wenig ab, dafs die Mittel der Quellen mit dem Luftmittel unmittelbar vergleichbar sind (I, 70). Die Temperatur der Michelsquelle kann aber auch ganz wegfallen, ohne dafs die Beweiskraft der Reihe geschwächt wird.

	5jährige Mittel
Luft.	9°.41
Michelsquelle (red.) . .	9. 74
Hafsborn	9. 88
Mühlthalquelle . . .	10. 07
Luisenquelle	11. 16
Orgelborn	11. 42

Wir haben uns im I. Bande klar gemacht, dafs das Jahresmittel nicht die Mittelwärme einer bestimmten Erdtiefe angiebt, sondern die mittlere jährliche Durchschnittswärme derjenigen Erdschicht, welche die Meteorwasser durchsunken und durchlaufen haben, um als Quelle

[1]) Wir definiren natürlich nach wie vor den Boden als die Erdkruste, soweit periodische Wärmeveränderungen in derselben vorgehn; wir schreiben aber der mittlern Durchschnittswärme dieser Kruste nicht mehr einen ausschliefslich atmosphärischen Ursprung zu. Wir werden uns auch in Zukunft noch der Benennung »Bodenquellen« bedienen dürfen, verstehn aber darunter weiter nichts als Quellen, welche ganz innerhalb der Erdkruste von veränderlicher Temperatur verlaufen.

wieder hervorzukommen. Wir haben ferner durch eine eingehende Untersuchung der Oertlichkeit der Quellen gezeigt, dafs die Schicht der Michelsquelle die dünnste ist und dafs die Schicht der übrigen Quellen an Mächtigkeit zunimmt in der Reihenfolge, in welcher die Quellen aufgeführt sind (I, 330 und 345). WAHLENBERG hat schon aus den Beobachtungen seiner 3 Quellen bei Upsala gefolgert, dafs die Quellen desto wärmer sind, je tiefer sie hervorkommen. Ich habe diesen Satz nur im Ausdruck berichtigt (die Quellen sind desto wärmer, je dicker ihre Schicht ist), in der Sache aber durch meine Beobachtungen bestätigt [1]). — Da nun die Beobachtung der Quellen bei Upsala und Marienberg gelehrt hat, dafs das Mittel einer Quelle desto höher ist, je mächtiger ihre Schicht ist oder, um den gangbaren etwas ungenauen Ausdruck zu gebrauchen, je tiefer unter der Oberfläche das Wasser hervorkommt, so ist durch Quellwärmebeobachtungen bestätigt, was wir schon anderweitig über die Erdwärme wissen, dafs sie mit der Tiefe zunimmt.

Und wie verhält sich die mittlere Luftwärme im mehr- oder vieljährigen Durchschnitt zu der mittlern Wärme der Quellen? Die Beobachtungen, welche wir bis jetzt durchgenommen haben, gehören alle dem nördlichen Europa an, sie reichen nur bis zu 50° Br. (Marienberg) herab. In Marienberg war die Luftwärme im 5jährigen Durchschnitt noch 0°.33 niedriger als das Mittel der äufserst oberflächlichen Michelsquelle und 0°.47 niedriger als das des Hafsborn. — Ueber die Quellen bei Colinton ist Folgendes zu bemerken. Das 20jährige wahre Luftmittel bei Edinburg in 225′ Meereshöhe ist 8°.18. Die Quelle *A* kommt in 344′, die Quelle *B* in 248′ Höhe über Hochwasser bei Springfluthen hervor. Das vieljährige Luftmittel für die beiden Quellen wird also niedriger sein als 8°.18. In dem warmen Jahre Mitte August 1827-28 war das Mittel der Quelle *A* 8°.70, das der Quelle *B* 8°.74. Das Luftmittel ist also im vieljährigen Durchschnitt etwa 0°.7 niedriger, als das Mittel der Quellen in dem genannten warmen Jahre war. — Die alleroberflächlichste Quelle bei Upsala hatte im Jahre December 1809-10 5°.58. Das Luftmittel für Upsala ist allerhöchstens zu 5°.1 anzunehmen, es ist also noch 0°.5 niedriger. — Bei Stralsund haben wir im vorigen § gesehn, dafs im 9jährigen Durchschnitt das Luftmittel noch 0°.57 niedriger war als das Mittel der ungemein oberflächlichen Quelle. — Bei Potsdam und Berlin fanden

[1]) Alle übrigen bis jetzt besprochenen Beobachtungen beweisen diesen Satz nicht ganz streng. Auf die Potsdamer Quellen haben wir denselben als einen bereits bekannten angewendet.

wir die kälteste Quelle, den Gesundbrunnen, 9°.59 warm und das vieljährige Luftmittel 8°.76, also 0°.83 niedriger. — In den beiden folgenden §§ werden wir auch bei Königsberg und in Warschau die Erfahrung machen, dafs die Luft entschieden kälter ist als die Quellen.

Ueberall im nördlichen Europa, wo wir die Wärme der Quellen und der obersten Erdschicht untersucht haben, haben wir also die Quell- und Erdwärme höher gefunden als die Wärme der auf der Erdoberfläche ruhenden Atmosphäre. Es ist nun aber grade an dieser Stelle sehr wichtig, dafs wir uns der S. 154-163 vorgenommenen Zusammenstellung erinnern, aus welcher deutlich hervorgeht, dafs die Gröfse, um welche die Quellwärme die Luftwärme übertrifft, im nördlichen Europa nicht an allen Orten dieselbe ist, sondern in der Richtung von Südwest gegen Nordost zunimmt (natürlich stets unter der Voraussetzung, dafs die Quellen an den verschiedenen Orten aus Erdschichten von gleicher Dicke hervorkommen). Es leidet nicht den geringsten Zweifel, dafs das Wachsen des Ueberschusses in dieser Richtung gröfstentheils eine meteorologische Ursache hat, nämlich die in derselben Richtung wachsende Dauer des Winterfrostes und der Schneedecke. Alles was wir zugegeben haben ist, dafs der Ueberschufs des Quellmittels über das Luftmittel auch bei den oberflächlichen Quellen zu einem ganz kleinen Theile wohl geologischen Ursprungs sein müsse. In jedem der Quellmittel, die wir im Vorstehenden angeführt haben, mag ein kleiner Antheil Erdwärme stecken.

Das ist meine jetzige Meinung über die bis jetzt studirten Quellen. Folgt nun aus dieser Meinung, dafs überall auf der Erde die mittlere Quellwärme wenigstens etwas höher liegen müsse als das vieljährige Luftmittel, dafs unter keinem Himmelsstrich eine gewöhnliche Quelle ebenso kalt sein könne wie die Luft, geschweige denn kälter? Ich verwahre mich gegen diese und alle weitern Folgerungen. Es könnte sich doch wohl ereignen, dafs der kleine Antheil Erdwärme, den ich in unsern nordeuropäischen Quellen gutwillig anerkannt habe, in Ländern, wo es gar keinen Winterfrost und gar keine Schneedecke giebt und wo aller Regen in den kältern Monaten fällt, von diesen meteorischen Momenten überwältigt würde. Aber auch dies wage ich nicht mit Zuversicht zu behaupten. Prophezeien darf nur, wer ein allein und allgemein richtiges Princip besitzt. Im I. Bande war ich in dem guten Glauben, ein solches zu besitzen, deshalb prophezeiete ich. Jetzt verzichte ich auf alles Vorhersagen. Man schaffe Beobachtungen, aber gute und vollständige, aus denen sich etwas schliefsen läfst, dann werden wir oder Andere eine naturgemäfse Erklärung aufzustellen versuchen.

Es wird uns erst nach und nach klar, wieviel wir mit der Marienberger Begriffsbestimmung und Eintheilung der Quellen aufgegeben haben. Es giebt für uns nun, auch aus Felsboden, keine Normalquelle mehr, die als Maafs für die übrigen dienen könnte. Wir unterscheiden nur noch Quellen aus dünnern und Quellen aus dickern Erdschichten. Hiermit fällt auch für die Quellen aus Felsboden die Vorstellung der Annäherung eines Quellmittels an das Luftmittel durch oberflächlichen Verlauf weg. Die oberflächlichsten Quellen sind die kältesten, das Jahresmittel derselben ist aber kein entstelltes zu nennen. Nur wenn es eine gesetzliche Gröfse des Abstandes des Quellmittels vom Luftmittel gäbe (wie es nach der Marienberger Theorie der Fall war), nur dann könnte man das Mittel einer oberflächlichern Quelle ein durch Annäherung an die Luftwärme entstelltes nennen. Es bleibt also für alle Quellen ohne Unterschied nur die künstliche Entstellung des Mittels übrig, durch Leitung und Fassung.

Im I. Bande S. 346 haben wir die nach den damaligen Voraussetzungen richtige Vorschrift gegeben, man dürfe, wenn man die Quellmittel von verschiedenen Orten mit einander vergleichen wolle, nur rein meteorologische unentstellte Mittel, oder Mittel deren Annäherung an das Luftmittel gleich grofs sei, zur Vergleichung verwenden. Der Gedanke, welcher dieser Vorschrift zum Grunde liegt, ist und bleibt richtig, es ist der Gedanke, dafs alle Vergleichung der Höhe der Quellmittel von verschiedenen Orten stets im klimatologischen Interesse unternommen wird. Man will wissen, inwieweit das von dem Klima des Ortes *A* verschiedene Klima des Ortes *B* verändernd auf das Quellmittel an dem Orte *B* gewirkt hat. Da wir nun wissen, dafs an einem und demselben Orte die Quelle aus der dickern Erdschicht wärmer ist als die Quelle aus der dünnern Erdschicht, so hat unsere Vergleichung der Quellmittel von verschiedenen Orten nur dann einen Sinn, wenn die Quellen aus Schichten von gleicher Mächtigkeit hervorkommen. Dies ist unsere Grundregel. Es wird ferner rathsam sein, dafs man im Allgemeinen den oberflächlichern Quellen beider Orte den Vorzug gebe vor den tief hervorkommenden. Die oberflächlichen Quellen sind überall vorherrschend klimatische, die tiefern überwiegend geologische. Diese Benennungen sind allgemein verständlich. Je oberflächlicher eine Quelle hervorkommt, desto geringfügiger ist der Antheil Erdwärme, den ihr Mittel enthalten kann, desto ausschliefslicher ist die Höhe des Mittel das Erzeugnifs des Klimas des Ortes. Je tiefer eine Quelle hervorkommt, desto mehr ist ihr Mittel durch die Erdwärme erhöht. Will man die

Quellmittel von verschiedenen Orten mit einander vergleichen, so wähle man also 2 Quellen, die nicht zu tief hervorkommen. Unerläfslich ist aber unter allen Umständen, wenn die Vergleichung ein streng richtiges Ergebnifs liefern soll, dafs die Schichten beider Quellen gleiche Mächtigkeit haben. Der uns verloren gegangene qualitative Gegensatz der rein meteorologischen und meteorologisch-geologischen Quellen hat also durch den, allerdings nur quantitativen, Gegensatz der vorherrschend klimatischen und überwiegend geologischen Quellen seinen Ersatz gefunden [1]). Von den Marienberger Quellen müssen wir die Michelsquelle, die Hirschkopfquelle, den Hafsborn und die Mühlthalquelle zu den vorherrschend klimatischen zählen, den Orgelborn mit der Luisenquelle und den Salzbrunnen zu den überwiegend geologischen.

Es läfst sich nicht in Abrede stellen, dafs die Berücksichtigung der Regenvertheilung für die Erforschung der Temperaturverhältnisse der Quellen überhaupt nicht mehr den Grad von Wichtigkeit hat, den wir derselben im ganzen I. Bande und noch im XIII. u. XIV. Kapitel beigelegt haben. Denn unsere alte Meinung, dafs die Abweichungsgröfse des Quellmittels vom Luftmittel des Jahres durch die Regenvertheilung bedingt werde, hat sich nicht allein für die Quellen des Sandbodens, sondern jetzt, in Folge der richtig verstandenen Marienberger Beobachtungen, auch für die Quellen des Felsbodens als irrig erwiesen [2]). Indefs dürfen wir das Marienberger Ergebnifs auch nicht garzusehr verallgemeinern. Unser Beobachtungsort liegt in der Zone des beständigen Regens (§ 13). Für diese Zone haben die sehr sorgfältigen Beobachtungen an der Mühlthalquelle allerdings erwiesen, dafs der Regen in den einzelnen Jahren höchstens nur die kleinen Abweichungsgröfsen der einzelnen Jahresmittel vom Gewöhnlichen d. i.

[1]) Die vorherrschend klimatischen Quellen würden ebenso richtig »vorherrschend meteorologische« genannt werden, die Benennung »vorherrschend klimatische oder klimatologische« ist aber bezeichnender, weil wir unter Klima den Inbegriff der meteorologischen Erscheinungen verstehn, wie er dem gegebenen Orte eigenthümlich ist.

[2]) In § 70 war ich freilich zu der Einsicht gekommen, dafs bei den Quellen des Sandbodens die Abweichungsgröfse des Quellmittels vom Luftmittel von der Regenvertheilung des Jahres garnicht abhängt; ich war damals aber noch fest der Meinung, dafs die Quellen des Felsbodens sich in dieser Abhängigkeit befänden. Erst in diesem § haben wir den Fortschritt gemacht, zu erkennen, dafs bei den Quellen des Felsbodens ebensowenig wie bei denen des Sandbodens die Abweichungsgröfse des Quellmittels vom Luftmittel durch die Regenvertheilung des Jahres gebildet wird.

vom vieljährigen Mittel hervorbringen kann. Wir wollen uns nicht beeilen, dies Ergebnifs auch auf die Zone des entschiedenen Winterregens auszudehnen, weil aus dieser Zone Beobachtungen nach Marienberger Art nicht vorhanden sind. Für ganz Mitteleuropa ist jedoch das an der Mühlthalquelle erhaltene Ergebnifs mafsgebend, dafs nämlich, wenn die Quelle aus Felsboden, und nicht zu tief hervorkommt, der Regen in den einzelnen Jahren die angegebene Wirkung ausüben kann. Kommt aber die Quelle aus Sandboden hervor, so scheinen alle uns bekannt gewordenen Beobachtungen übereinstimmend zu lehren, dafs der Regen gar keine Wirkung mehr auf die Veränderungen des Quellmittels auszuüben im Stande ist, und dafs diese sehr kleinen Veränderungen nur noch als Wirkungen der Luftwärme anzusehn sind. — Als ich gleichzeitig mit meinen Quellwärmebeobachtungen Regenmessungen anstellte, hatte ich einen doppelten Zweck. Erstens und hauptsächlich wünschte ich, die Regenvertheilung des Jahres genau zu erhalten, um dann prüfen zu können, ob die Abweichungsgröfse des Luftmittels vom Quellmittel mit der Regenvertheilung im Verhältnifs stände. Dieser Zweck ist jetzt weggefallen. Zweitens wollte ich erfahren, ob nicht der Regeneinflufs selbstständige Veränderungen im Wärmegange der Bergquellen hervorbrächte. Dieser Zweck ist vollkommen erreicht. Der Wärmegang der Mühlthalquelle konnte nur durch gleichzeitige Regenmessungen befriedigend erklärt werden, und wo man in Zukunft Gebirgsquellen beobachten wird, wird es stets von besonderem Interesse sein, durch gleichzeitige Regenmessungen die etwa vorkommenden ähnlichen Störungen des Wärmeganges zu erläutern. Mir scheint es, dafs man nicht einmal bei Beobachtungen des Wärmeganges der Quellen aus Sandboden die Regenmessungen jetzt schon weglassen soll. Denn erstens giebt es noch an keiner Quelle aus Sandboden eine genaue Darstellung ihres Wärmeganges unter gleichzeitiger Beobachtung der Regenmengen, und zweitens ist es bei sehr oberflächlich hervorkommenden Quellen, z. B. bei der Stralsunder, denn doch sehr möglich, dafs z. B. das Eindringen des Thauwassers in den Boden kleine Wärmeveränderungen in ihnen hervorbringt. Erst wenn mehrere Jahrgänge genauer Beobachtungen übereinstimmend ein verneinendes Ergebnifs geliefert hätten, würde man bei den Beobachtungen der Quellen aus Sandboden berechtigt sein, die gleichzeitigen Regenmessungen wegzulassen. Man soll daher auch in Zukunft, wo man Quellenwärmebeobachtungen anstellt, gleichzeitig den Regen messen. Ebenso halte ich für die Fortsetzung dieser Bearbeitung die Regel aufrecht, dafs wir, wenn es an den Orten, wo Quelltemperaturen zu untersuchen sind, Regenbeobachtungen giebt, von den Ergebnissen derselben Kenntnifs zu nehmen haben.

Mit den gleichzeitigen Luftwärmebeobachtungen geht es uns ähnlich wie mit den gleichzeitigen Regenmessungen. Der nächste Zweck, zu welchem ich die Luftwärme gleichzeitig mit der Quellwärme mafs, war, die Abweichungsgröfse des Quellmittels vom Luftmittel im einzelnen Jahre zu bestimmen. Dieser Zweck ist nicht mehr vorhanden. Wir sprechen überhaupt nicht mehr von der Abweichungsgröfse des Quellmittels vom Luftmittel, und was die Abweichungsgröfse des Luftmittels vom Quellmittel betrifft, so interessirt uns dieselbe viel weniger im einzelnen Jahre als im mehr- oder vieljährigen Durchschnitt. Dies gilt jetzt ebenso von den Quellen aus Felsboden wie von den Quellen aus Sandboden. Ich setze den Fall, dafs Jemand an einem Orte, dessen mittlere Luftwärme schon aus einer längeren Jahresreihe von Beobachtungen auf zuverlässige Weise bekannt ist, den Entschlufs fafst, eine Quelle z. B. 3 Jahre hindurch monatlich 3mal zu beobachten, und dafs die Absicht des Beobachters nur die ist, durch seine 3jährige Bemühung ein Quellmittel zu erhalten, welches er dem vieljährigen nahezu gleichsetzen kann. Braucht dieser Beobachter gleichzeitig die Luftwärme zu messen? Nein, er kann das vorgefundene ältere Luftmittel zur Vergleichung mit seinem Quellmittel benutzen, um die Abweichungsgröfse des Luftmittels vom Quellmittel im vieljährigen Durchschnitt richtig zu bestimmen. Ebenso ist es kein Unglück (wie ich früher meinte), dafs zu A. Ermans Quellwärmebeobachtungen bei Königsberg vom J. 1826 und zu Merians Beobachtungen in Basel vom J. 1821 die Luftwärme nicht gleichzeitig beobachtet ist. In Königsberg giebt es frühere, in Basel spätere Beobachtungen der Luftwärme, deren Mittel man zur Vergleichung mit dem Quellmittel benutzen kann. Wer also weiter nichts erfahren will, als die Abweichungsgröfse des Luftmittels vom Quellmittel im vieljährigen Durchschnitt, der kann sich, falls es schon gute Luftwärmebeobachtungen am Orte giebt, mit diesen begnügen. Sobald es aber auf eine genaue Erforschung des Wärmeganges einer Quelle ankommt, versteht es sich von selbst, dafs man die gleichzeitige Beobachtung des Wärmeganges der Luft garnicht entbehren kann. Vor mir hat Niemand Gelegenheit gehabt, die Abhängigkeit des Wärmeganges der Quellen von dem Wärmegange der Luft (und von den Regenmengen) mit der wünschenswerthen Genauigkeit im Einzelnen zu untersuchen. Durch diesen Theil der Marienberger Beobachtungen ist der Kenntnifs der Temperaturverhältnisse der Quellen ein neues, interessantes Feld eröffnet. Da meine Beobachtungen aber alle an Quellen aus Grauwacke angestellt sind, so ist es für die Erweiterung unserer Kenntnisse vom Wärmegange der Quellen sehr wünschenswerth, dafs an Quellen aus andern Gebirgsarten Beobachtungen in ähnlicher Vollständigkeit angestellt und ebenfalls graphisch dargestellt werden.

Nachdem wir uns auf unserm neuen Standpunkte schon ein wenig umgesehn und mit der Bedeutung desselben vertrauter gemacht haben, können wir nun in der Bearbeitung der vorhandenen Quellenbeobachtungen fortfahren. Unser Gegenstand ist derselbe wie früher: Erforschung der Temperaturverhältnisse der veränderlichen, und unter diesen vorzugsweise der sogenannten kalten Quellen. Finden wir an einem Orte eine Reihe Quellenwärmebeobachtungen, aus denen sich ein Jahresmittel ziehen läfst, so ist unsere nächste Aufgabe, durch Vergleichung des mehr- oder vieljährigen Luftmittels des Ortes mit dem Quellmittel die Gröfse zu bestimmen, um welche das Luftmittel vom Quellmittel abweicht. Je genauer das Luftmittel berechnet ist, desto besser. Ist gar kein Luftmittel vorhanden und läfst sich dasselbe auch nicht annähernd richtig schätzen, so kann von einer Beurtheilung des Quellmittels überhaupt nicht die Rede sein. Wir haben ferner zu untersuchen, wie weit die Abweichungsgröfse des Luftmittels vom Quellmittel sich durch das Klima des Ortes erklären läfst. Zu diesem Zwecke ist uns die Kenntnifs des Wärmeganges der Luft, wenigstens in den Monatsmitteln, nöthig. Wir müssen wissen, ob an dem Orte überhaupt Winterfrost vorkommt, und, wenn dies der Fall ist, die Zahl der Monate kennen, deren Mittelwärme unter dem Gefrierpunkt zu liegen pflegt. Unsere Kenntnifs von der Einwirkung des Klimas auf die Gröfse der Abweichung des Luftmittels vom Quellmittel beschränkt sich beinahe ganz auf die, allerdings sehr wichtige, Thatsache, dafs überall wo Winterfrost vorkommt, das Luftmittel im negativen Sinne vom Mittel auch der oberflächlichsten Quellen abweicht, und dafs die Gröfse der Erniedrigung des Luftmittels unter das Quellmittel mit der Dauer des Winterfrostes und der Schneedecke wächst[1]). Endlich ist es von der gröfsten Wichtigkeit, wenn wir die Mächtigkeit der Quellenschicht genau oder auch nur annähernd er-

[1]) Dafs wir noch nicht mehr über die Einwirkung des Klimas wissen, als diese Thatsache, darf uns nicht befremden: denn alle Orte, an welchen wir bis jetzt die Quellwärmeverhältnisse zu untersuchen Gelegenheit hatten, haben den Grundzug des Klimas mit einander gemein, dafs an ihnen ein kürzerer oder längerer Winterfrost herrscht.

fahren können. Ist der Beobachter im Stande gewesen und hat er daran gedacht, diese Angabe zu machen, so wird dies als eine besondere Gunst des Schicksals zu betrachten sein. — Wie weit wir mit diesen Hülfsmitteln in der Unterscheidung der vorherrschend klimatischen von den überwiegend geologischen Quellen kommen, mufs die Erfahrung lehren. Je entschiedener eine Quelle geologisch ist, desto weniger Interesse hat sie für uns, weil bekanntlich Quellen, deren Temperatur durch die Erdwärme bedeutend erhöht ist, an sehr vielen Orten der Erde gefunden werden und das Auftreten derselben nicht von klimatischen Bedingungen, sondern von der Tiefe abhängt, aus welcher sie hervorkommen.

Ich werde den noch in diesem § nachdrücklich erneuerten Vorsatz, in Zukunft die Abweichungsgröfse des Luftmittels vom Quellmittel (und nicht die des Quellmittels vom Luftmittel) durch das Vorzeichen, welches ich dem Unterschiede der beiden Gröfsen gebe, auszudrücken, in Ausübung bringen, jedoch nur für alle diejenigen Quellen, die ich für vorherrschend klimatisch halte. Sobald wir erklären müssen, dafs eine Quelle in ihrem Mittel bedeutend durch die Erdwärme erhöht ist, fordert das natürliche Gefühl, dafs wir das Quellmittel durch das Vorzeichen des Unterschiedes als positiv über das Luftmittel erhöht auch wirklich darstellen. Wenn uns also überwiegend geologische Quellen vorkommen, so werden wir nach wie vor sagen, sie seien so und so viel wärmer als die Luft.

Zum Schlufs noch ein Wort über den Unterschied, welcher zwischen meiner und der Bischof'schen Ansicht besteht. Wenn ich auch nicht mehr im Stande bin, Herrn Bischof den meteorologischen Standpunkt als den einzig richtigen zu empfehlen, so bin ich doch noch sehr weit entfernt von Bischofs einseitig geologischem Standpunkte. Nach Bischof bringt jede Quelle, welche die mittlere Luftwärme am Orte ihres Hervorkommens, wenn auch nur um einen Grad oder noch weniger, übertrifft, Wärme aus dem Erdinnern herauf und ist demzufolge eine Therme zu nennen. Bischof mufs also die 0°.57, um welche das Mittel der Gesundbrunnenquelle bei Stralsund das Luftmittel übertrifft, für ein Erzeugnifs der Erdwärme erklären, während ich behaupte, dafs der Winterfrost und die Schneedecke, also klimatische Ursachen, auf die in § 70 näher erörterte Weise den gröfsten Theil dieses Ueberschusses machen, und nur zugebe, dafs ein kleinster Antheil Erdwärme in demselben steckt. Für Bischof ist die Stralsunder Quelle eine Therme, für mich eine vorherrschend klimatische Quelle. Bischof behauptet ferner, dafs wenn eine Quelle im Mittel kälter als die Luft gefunden werden sollte, sie Kälte von nahe liegenden hohen Bergen herabbringen werde. Ich finde die Meinung, dafs Meteorwasser durch Herabsinken in hohen Bergen keinen Wärmezuwachs erleiden werde, jetzt noch gerade so verwerflich wie früher, weil ich der Ansicht huldige, dafs die Chthonisothermen in den Bergen ansteigen. Meteorwasser, welches langsam in einem hohen Berge herabsickert, tröpfelt und rinnt, mufs einen Wärmezuwachs erfahren (u. s. w. I, 216). Ich erwarte erst Beobachtungen, aus denen unzweifelhaft hervorgeht, dafs es Quellen von gewöhnlicher Entstehungsart giebt, deren Mittel niedriger liegt als das vieljährige Luftmittel am Orte ihres Hervorkommens, mit andern Worten, über deren Mittel sich das Luftmittel regelmäfsig erhebt ohne dafs das Quellmittel ihm folgen kann. Auf die Vergleichung des Luftmittels mit dem Quellmittel in den einzelnen Jahren kommt es nicht mehr an.

§ 73. A. Ermans Quellwärmebeobachtungen bei Königsberg und bei Frankfurt a. d. O.

Königsberg.

Br. 54° 13′
Oestl. L. 18° 10′
Höhe 68 Fufs.

Luftwärme.

Es giebt in Königsberg 24 ältere Jahre Luftwärmebeobachtungen vom Pfarrer Sommer und 5 neue Jahre von Dr. Luther. Ueber den Werth der Beobachtungen von Sommer kommt man nur dann ins Klare, wenn man die einzige kurze Mittheilung nachliest, welche Bessel im Jahre 1823 in Schumacher's Astron. Nachr. Bd. 2 S. 26 darüber gemacht hat. Das Barometer von Sommer hing 29.6 Pariser Fufs über dem mittlern Stande des Pregelflusses, an welchem Königsberg liegt, das Thermometer wird sich also 31.6 = 32′ über dem Pregelstande befunden haben. Die mittlere Höhe des Flusses mufs nahe übereinstimmen mit der mittlern Höhe der Ostsee. Sommer beobachtete also die Luftwärme in nahezu 30′ Meereshöhe. Die Höhe 68′, welche man für Königsberg angegeben findet, ist vermuthlich die Höhe der Sternwarte. Ueber Sommers Beobachtungszeiten berichtet Bessel wie folgt: »Die Thermometerbeobachtungen sind im Sommer um 6 Uhr Morgens gemacht, in allen Jahreszeiten um 10 Uhr

Abends; im Winter ist um Morgen der tiefste Stand, zu allen Jahreszeiten aber um Mittag der höchste abgewartet; fand kein Maximum statt, so fällt die Morgenbeobachtung im Winter auf 8 Uhr, die Mittagsbeobachtung stets auf 2 Uhr.« Die Beobachtungen umfassen die Jahre 1799-1822. Von den Ergebnissen ist weiter gar nichts mitgetheilt als die von SOMMER berechnete Reihe der 5tägigen Mittel im 24jährigen Durchschnitt. Um das 24jährige Mittel nach SOMMER zu erhalten, mufs man also die 5tägigen Mittel summiren und die Summe durch 73 dividiren. Das 24jährige Mittel ist 5°.045 R., nicht mehr und nicht weniger, also 6°.31 C. Wir müssen uns nun erst über die Beobachtungszeiten verständigen und dann von dem Mittel die Correction nach Stettin anbringen. Die Angabe über die Beobachtungsstunden verstehe ich so, dafs SOMMER das Minimum und das Maximum zu beobachten trachtete und aufserdem die Temperatur regelmäfsig um 10 Uhr Abends aufzeichnete[1]). Welchen Grad von Richtigkeit hat nun das Mittel aus Minimum, Maximum und 10 Uhr Abends? Ich finde nach den stündlichen Beobachtungen in Stettin, dafs dies Mittel 0°.16 R. = 0°.20 C. zu niedrig ist. Das berichtigte Mittel ist folglich 6.31 + 0.20 = 6°.51. Der Pfarrer SOMMER hat also die 24 Jahre 1799-1822 in Königsberg die Luftwärme in nahezu 30′ Meereshöhe beobachtet und das 24jährige Mittel, nach Stettin berichtigt, ist 6°.51.

Die Beobachtungen von LUTHER umfassen die 5 Jahre 1848-52 und sind in DOVE's Bericht in 8. vom Jahre 1853 S. 31 und in den Nicht period. Aenderungen V, 95 mitgetheilt. Da an letzterer Stelle die Höhe 68′ angegeben ist, so müssen wir wohl annehmen, dafs LUTHER in dieser Höhe beobachtet. Die Stunden sind 6. 2. 10., das 5jährige Mittel ist 5°.60 R. = 7°.00 C. Die Correction des Mittels aus 6. 2. 10. ist nach Stettin + 0°.09 R. = + 0°.11 C., folglich das berichtigte 5jährige Mittel in Königsberg 7°.11. Vereinigt man die beiden Mittel, das 24jährige und das 5jährige, und die beiden Meereshöhen mit Rücksicht auf die Zahl der Jahre, so erhält man das berichtigte 29jährige Mittel in 36′ Meereshöhe für Königsberg = 6°.61.

Aus der SOMMER'schen Reihe der 5tägigen Mittel kann man abnehmen, dafs die durchschnittliche Dauer des Winterfrostes in Königs-

[1]) Sonderbarer Weise hat keiner von den Physikern, welche SOMMER's Beobachtungen angeführt haben, seine Leser von den eigenthümlichen Beobachtungszeiten in Kenntnifs gesetzt. In DOVE's Temperaturtafeln S. 29 finde ich zuerst die irrige Angabe, die Stunden seien 7. 2. 9.

berg 3⅔ Monat beträgt, beinahe vom 1 December bis zum 20 März, also 110 Tage. In Danzig ist die entsprechende Gröfse nur 98 Tage, in Petersburg 152.

Regen.

Regenbeobachtungen sind in Königsberg erst auf Anregung des meteorologischen Institutes unternommen. Sie umfassen die 6 Jahre 1848-53. Dove hat in dem Bericht über die Regenmengen im Preufsischen Staate vom Jahre 1854 S. 30 die monatlichen Mittel des 6jährigen Zeitraumes in Pariser Linien bekannt gemacht. Ich füge die Berechnung in Zoll und die Verhältnifsmengen hinzu.

Regen in Königsberg, 6 Jahre 1848-1853.

	Linien	Zoll	Procente
Januar	18‴.20	1″.52	5.94 %
Februar	26. 02	2. 17	8.49
März	17. 39	1. 45	5.67
April	13. 52	1. 13	4.42
Mai	16. 20	1. 35	5.28
Juni	32. 38	2. 70	10.56
Juli	26. 07	2. 17	8.49
August	40. 34	3. 36	13.14
September	33. 56	2. 80	10.95
October	32. 02	2. 67	10.44
November	27. 49	2. 29	8.96
December	23. 59	1. 96	7.66
Jahr	306. 78	25. 57	100.00
Winter	67. 81	5. 65	22.09
Frühling	47. 11	3. 93	15.37
Sommer	98. 79	8. 23	32.19
Herbst	93. 07	7. 76	30.35

Wir bemerken, dafs die Jahresmenge in Königsberg mit der Jahresmenge in Marienberg übereinstimmt. Die 5 Monate Juni bis October haben den Ueberschufs. Der Juliantheil wird sich bei fortgesetzter Beobachtung vielleicht noch vergröfsern.

Die Julienthaler Quelle bei Königsberg.

Unter dem Titel »Zur Temperatur des Bodens für Königsberg« hat Herr A. Erman in Pogg. Ann. Bd. 11 S. 297 (1827) eine kleine

Reihe von Beobachtungen an der zu diesem Zwecke aufgesuchten Julienthaler Quelle bekannt gemacht und erörtert. Es fehlen freilich 4 Monate zu einem Jahre; Herr Erman hat aber seine Beobachtungen so sorgfältig angestellt und die Eigenthümlichkeiten der Quelle so gut beschrieben, dafs wir uns diesen Beitrag zu unserer Untersuchung nicht entgehn lassen dürfen. Ich schreibe den Bericht über die »Quellen bei Königsberg« wörtlich ab.

»So wenig auch die Gegend von Königsberg zu den wasserarmen gezählt werden dürfte, so gehören doch, wegen fast durchaus ebener Gestalt des Bodens, zu Temperaturbestimmungen brauchbare Quellen zu den selteneren Erscheinungen. — In der Nähe des Strandes geben zwar die Dünenreihen häufigere Quellen, aber leider sind diese von der Stadt zu sehr entfernt, um regelmäfsige Beobachtungen zu erlauben.«

»Auf den weit ausgedehnten Wiesen in der unmittelbaren Nähe der Stadt sind sehr häufig kleine Wasseransammlungen das Zeichen beständig abfliefsender Tagewasser: immer aber sind diese der Stagnation an der Luft zu sehr ausgesetzt, um zu unserm Zwecke dienen zu können; so geschah es, dafs nur eine brauchbare Quelle das Resultat vielen vergeblichen Suchens war. Sie befindet sich in einer kleinen Schlucht, welche, eingeschnitten in das etwa 60′ über dem Pregel erhabene Plateau, am nördlichen Ufer des Flusses, einen Theil des Wassers des Oberteiches zum Pregel führt und unter dem Namen von *Julienthal* bekannt ist. — An dem Punkte, wo die Quelle ausfliefst, deutet schon eine ziemlich reichliche Vegetation auf stärkere Ansammlung der Tagewasser, denen eine am Boden der Schlucht ausgehende feste Lettenschicht Gelegenheit giebt, sich zu sammeln. — Der Ausflufs, obgleich nicht sehr reichlich, war fast ganz constant während der neun (?) Monate, in denen ich ihn zu beobachten Gelegenheit hatte.«

»Erst unterhalb der sehr bestimmten Ausflufsöffnung wird das Wasser in einem gezimmerten Becken gesammelt: das Thermometer konnte daher immer, fern von jedem künstlichen Einflusse, in eine förmliche Röhre gesenkt werden, welche das Wasser in der festen Lettenschicht sich ausgewaschen hat. — Die Wände der Schicht unmittelbar über der Quelle mögen etwa 50′ über derselben erhaben sein: und auch von dort erstreckt sich das Plateau, dessen Ränder sie sind, mit gleichbleibender Höhe weiter nach Norden.«

»Eine andere sehr brauchbare Quelle, die unter ähnlichen Bedingungen besteht, fand ich leider erst wenige Tage vor der Abreise in der Nähe des Dorfes *Lauten;* sie wird einem folgenden Beobachter eine sehr schöne Controlle für die Julienthaler Quelle darbieten; denn es steht zu erwarten, dafs wegen gröfsern Wasserreichthums ihre jährlichen Variationen in engere Gränzen eingeschlossen sein werden als die der letzteren.« —

Wir erhalten hierdurch über die Julienthaler Quelle folgende ganz bestimmte Angaben. Die Quelle ist ungefafst und fliefst über einer Lettenschicht in ungefähr 10′ Höhe über dem Pregel aus. Die Mächtigkeit der Schicht, in welcher die Meteorwasser herabsinken um die Quelle zu speisen, beträgt etwa 50′. Wir haben es also sicher mit einer vorherrschend klimatischen Quelle zu thun. Die Beobachtungen sind mit einem genau berichtigten Thermometer gemacht. Sie beginnen am 22 October 1826 und sind bis Mai jeden Monat an demselben Tage wiederholt worden. Es scheint, dafs Herr Erman dann abreisen mufste [1]. Es fehlen daher die 4 Monate Juni bis September, die durch Rechnung ergänzt sind.

Julienthaler Quelle.

1826	Octob.	22	9.°68
	Nov.	»	8. 88
	Dec.	»	8. 08
1827	Januar	»	7. 24
	Februar	»	6. 78
	März	»	6. 53
	April	»	7. 08
	Mai	»	7. 33
	Juni	»	*8. 10
	Juli	»	*8. 90
	August	»	*9. 58
	Sept.	»	*9. 88
	Jahr		8. 17
	März		6. 53
	Septemb.		*9. 88
	Untersch.		*3. 35

Da ich in der höhern Mathematik nicht bewandert bin, so kann ich keine gelehrte Beurtheilung über die vorgenommene Berechnung der 4 fehlenden Beobachtungen abgeben. Ich mufs also, was ich von dieser Berechnung halte, auf ungelehrte Weise von meinem Erfahrungsstandpunkte aus sagen. Ich glaube gern, dafs Herr Erman in diesem besondern Falle der Richtigkeit so nahe gekommen ist, dafs man das Jahresmittel 8°.17, auf welches ich allein Gewicht lege, für brauchbar halten darf, so lange es noch keine vollständigere Beobachtungen für Königsberg giebt. Der Gefahr, bedeutende Fehler zu machen, ist Herr Erman durch einen Zufall glücklich entgangen, ich meine den Umstand, dafs die Quelle, für welche er seine Berechnung ausführte, aus Sandboden und nicht aus Felsboden entsprang. Denn wenn er es mit einer Quelle aus Fels-

[1]) Ich erinnere mich von Herrn Dove gehört zu haben, dafs die Quelle bald nachher durch Erdarbeiten verschüttet worden und verschwunden ist.

boden zu thun gehabt hätte, so hätten die Meteorwasser grade in den fehlenden Monaten in dem Wärmegange derselben Störungen hervorbringen können, an denen die Grundvoraussetzung der Rechnung »dafs die Temperaturvariationen einer Quelle an ein continuirlich wirkendes Gesetz gebunden sind« hätte scheitern müssen.

Das Mittel einer vorherrschend klimatischen Quelle sei also für Königsberg 8°.17. Das berichtigte 29jährige Luftmittel ist 6°.61. Abweichung des Luftmittels — 1°.56. Das Luftmittel sinkt alljährlich etwa 1°.56 unter das Quellmittel hinab. Obgleich die Quellenschicht nur 50′ dick ist, hält sich die Quelle 1°.56 wärmer als die Luft. Der Winterfrost und die Schneedecke dauern etwa 3½ Monat. Da wir bei Berlin das Mittel des Gesundbrunnens besitzen, dessen Schicht weniger als 70′ dick ist, so können wir wenigstens einigermafsen der strengen Vorschrift des vorigen § genügen, dafs Quellen von verschiedenen Orten, um mit einander vergleichbar zu sein, aus Schichten von gleicher Dicke hervorkommen müssen. In Berlin sinkt das Luftmittel (8°.76) alljährlich 0°.83 unter das Mittel des Gesundbrunnens (9°.59) hinab. Dauer des Winterfrostes 47 Tage. Der Winterfrost und die Schneedecke dauern in Königsberg 2 Monate länger als in Berlin. Wenn nun die Abweichungsgröfse des Luftmittels vom Mittel einer vorherrschend klimatischen Quelle bei Berlin nur — 0°.83, bei Königsberg aber — 1°.56 beträgt, so mufs man dieses Zunehmen der Abweichungsgröfse in der Richtung gegen NO. doch wohl auf Rechnung des Klimas setzen.

Wer mehr über die Wärme der Quellen bei Königsberg erfahren will, mufs neue Beobachtungen anstellen. Die Quelle bei *Lauten* wird doch nicht auch verschwunden sein. Es wäre zu wünschen, dafs einer der Physiker in Königsberg sich die Mühe gebe, diese Quelle einige Jahre zu beobachten.

Herr A. Erman hat im Jahre 1847 die Güte gehabt, mir handschriftlich die folgenden Beobachtungen und Bestimmungen mitzutheilen, eine Quelle auf dem Gute *Rosengarten*[1]) bei Frankfurt a. d. O. betreffend.

[1]) *Rosengarten* wird von der Berlin-Frankfurter Eisenbahn durchschnitten und gehört jetzt Herrn Gustav Loebbecke aus Braunschweig, Besitzer des Rittergutes Marienborn bei Helmstädt.

Breite des Ortes	52° 20′ 33″	durch viele Reihen v. Sonnenhöhen.
Länge (Ost. v. Paris)	12° 8′ 57″	desgl. und durch Zeitübertragungen von Berlin.
Höhe über dem Meere	281 P. F.	Barometrische Vergleichung mit Berlin.
Höhe über der Oder an der Frankfurter Brücke	215 P. F.	Barometrische Vergleichung mit dem Oderspiegel.

»Die erste Art Höhenangabe ist sicherer als die zweite.«

Ausflufs der Quelle 1838 Juni 7 1 Berliner Quart in 7.133 Secunden.
1839 Mai 25 1 » » » 5.306 »

Die Temperaturbeobachtungen, im ganzen 10, vertheilen sich auf die 5 Jahre 1837-41 und sind, nach der Reihenfolge der Tage des Jahres geordnet folgende:

1840	Januar	7	8°.85
»	April	19	6. 23
»	»	25	6. 60
1839	Mai	25	7. 44
1838	Juni	7	7. 83
1839	»	17	8. 53
1837	Juli	16	9. 68
1839	August	2	10. 95
»	October	10	10. 95
1841	»	18	10. 30

Nachdem Herr Erman noch im Jahre 1827 seine Quellwärmebeobachtungen bei Königsberg veröffentlicht hatte, trat derselbe im Frühling des folgenden Jahres seine grofse Reise nach Sibirien an. Er stellte auf der Durchreise durch das europäische Rufsland von Anfang Mai bis Ende August 1828 Beobachtungen über die Temperatur der Quellen und des Bodens an, wo sich Gelegenheit dazu bot. Im September traf er im Ural mit Herrn Kupffer zusammen, der erst durch dies persönliche Zusammentreffen eine Anregung zu ähnlichen Beobachtungen erhielt. Es ist Pflicht, diesen Umstand hervorzuheben, weil Herr Kupffer ihn in seiner Isogeothermenabhandlung, die schon am 18. Februar 1829 fertig war, verschwiegen hat. Ich ersuche den Leser, die sehr verständliche Erklärung des Herrn Erman über diesen Punkt im Nachtrage zu Kämtz Lehrbuch der Meteorologie Band 2 S. 577 (1832) nachzulesen.

Die Untersuchung der Quellen im europäischen Rufsland würde sich sehr bequem der Untersuchung der Quellen in der norddeutschen

Ebene anschliefsen. Die Beobachtungen aus Rufsland sind aber bis jetzt zu vereinzelt und unvollständig, als dafs es sich der Mühe verlohnen könnte, eine Bearbeitung derselben zu versuchen [1]). Später, wenn es erst mehr Beobachtungen dieser Art in Rufsland giebt, werden einheimische und mit der Oertlichkeit der Quellen persönlich bekannte Gelehrte mit Erfolg eine Bearbeitung unternehmen.

§ 74. Anhang zum XV. Kapitel: Quellwärmebeobachtungen in Warschau.

Warschau.

Br. 52° 13'.
Oestl. L. 18° 42'.
Höhe 351 Fufs.

Die Beobachtungen der Luftwärme in Warschau schöpfe ich aus Dove's Nicht periodischen Aenderungen IV, 152 und V, 61. 78. Die Luftwärme wird seit dem Jahre 1826 oder 1827 auf der Sternwarte beobachtet und zwar 4mal täglich, um 6. 10. 4. 10^h. Dove giebt a. a. O. V, 78 die Monatsmittel im Durchschnitt der 25 Jahre 1827-1851 aus den genannten Stunden. Da ich den Werth dieser Stundenverbindung nicht kannte, so habe ich nach den 2jährigen stündlichen Beobachtungen in Prag [2]) die Correctionsgröfsen berechnet und dieselben gefunden wie folgt:

Januar	— 0°.01 R.	Juli	— 0°.16 R.
Februar	+ 0. 03	August	— 0. 08
März	+ 0. 05	September	+ 0. 01
April	+ 0. 03	October	— 0. 01
Mai	— 0. 05	November	0. 00
Juni	0. 00	December	+ 0. 04
		Jahr	— 0°.01

[1]) Kürzlich hat Herr Dove die Güte gehabt, mir einige Jahrgänge Quellwärmebeobachtungen aus Warschau handschriftlich mitzutheilen. Nur diese werde ich im folgenden § zu beurtheilen versuchen. Wir werden aber auch an diesem Beispiele sehn, wie wenig Sicheres wir aus fremden Beobachtungen zu schliefsen im Stande sind, wenn die Beobachter sich auf die Mittheilung der nackten Zahlen beschränken und uns keine Beschreibung der Eigenthümlichkeit der Quelle und der Oertlichkeit geben.

[2]) Die Correctionstafel für Prag siehe bei Dove Tägliche Veränderungen der Temperatur. Separatabdruck S. 32.

Die Stundenverbindung 6. 10. 4. 10 ist also für Prag und, das dürfen wir annehmen, auch für Warschau eine sehr gute. Das Jahresmittel hat unmittelbar den Werth des wahren Mittels.

Luftwärme 25 Jahre 1827-1851 aus 6. 10. 4. 10.

Januar	— 4°.69 R.	=	— 5°.86 C.
Februar	— 2. 45		— 3. 06
März	0. 51		0. 64
April	6. 04		7. 55
Mai	10. 91		13. 64
Juni	14. 09		17. 61
Juli	14. 95		18. 69
August	14. 49		18. 11
September	10. 97		13. 71
October	6. 48		8. 10
November	1. 16		1. 45
December	— 1. 97		— 2. 46
Jahr	5. 87		7. 34
Januar	— 4. 69		— 5. 86
Juli	14. 95		18. 69
Unterschied	19. 64		24. 55

Die Höhenangabe 351′ bezieht sich wahrscheinlich auf die Sternwarte, ist also wohl für die Meereshöhe des Thermometers zu nehmen. Wie hoch über dem Boden das Thermometer hing, ist nicht angegeben. Wir haben das vieljährige Mittel in Königsberg 6°.56 gefunden, bemerken also, dafs es in Warschau 0°.78 oder $^3/_4$° wärmer ist. Es ist wärmer, obgleich Warschau in runder Zahl 300′ höher liegt als Königsberg. Der Längenunterschied beider Orte ist gering. Königsberg liegt aber 2 $^1/_2$° südlicher. Die Gröfse des Unterschiedes des kältesten und wärmsten Monates (24°.55) zeigt schon einen Ort im Continentalklima an.

Die Beobachtungen des Regens und der Quellwärme verdanke ich handschriftlicher Mittheilung des Herrn Dove, der die Quellwärmebeobachtungen aus der Gazeta Polska gesammelt hat. Der Regen ist nach Millimetern gemessen, ich habe daher die nöthigen Uebertragungen hinzugefügt. Zu den Quellwärmebeobachtungen hat sich der mir unbekannte Urheber eines hunderttheiligen Thermometers bedient.

Regen in Warschau, 11 Jahre 1841-1851.

	Millimeter	Zoll	Procente
Januar	28.68	1.06	4.95 %
Februar	26.20	0.97	4.53
März	37.90	1.40	6.54
April	32.35	1.19	5.56
Mai	44.12	1.63	7.62
Juni	58.38	2.16	10.09
Juli	90.04	3.33	15.56
August	65.72	2.43	11.36
September	49.24	1.82	8.50
October	67.13	2.48	11.60
November	48.80	1.80	8.41
December	30.69	1.13	5.28
Jahr	579.25	21.40	100.00
Winter	85.57	3.16	14.76
Frühling	114.37	4.22	19.72
Sommer	214.14	7.92	37.01
Herbst	165.17	6.10	28.51

In Königsberg hatten wir 25 ½ Zoll jährlich, hier haben wir nur 21 ½ Zoll. Die Beobachtungsreihen sind freilich kurz, aber das Ergebnifs, dafs in Warschau weniger Regen fällt, ist doch sicher genug, weil der Ort im Binnenlande liegt. In den 6 Monaten December bis Mai, also in den Jahreszeiten Winter und Frühling, sind die Regenantheile klein. Die 6 Monate Juni bis November oder die Jahreszeiten Sommer und Herbst haben den Ueberschufs. Der Sommerantheil ist das 2 ½fache des Winterantheils.

Von der »Quelle hinter dem Palast Kasimir« besitze ich 4 Jahrgänge Beobachtungen, von der »Quelle im Belvederegarten« 1 Jahrgang.

Warschau. Quelle hinter dem Palast Kasimir.

	1841	1842	1843	1844	Mittel
Januar	7°.59		8°.39	8°.3	8°.09
Februar	7. 00	8°.5	8. 37		7. 96
März	6. 88	8. 0	8. 39	7. 8	7. 77
April	7. 13	8. 3	8. 25	8. 5	8. 04
Mai	7. 71	8. 3	8. 41	8. 3	8. 18
Juni	8. 00	9. 1	9. 00	8. 9	8. 75
Juli	9. 25	9. 4	9. 44	9. 3	9. 35
August	9. 75	9. 3			9. 52
September	9. 51	9. 4	9. 75	9. 5	9. 54
October	9. 50	9. 3	9. 25	9. 4	9. 36
November		9. 0	9. 19	9. 1	9. 10
December	9. 07	8. 6	8. 62	8. 4	8. 67
				Jahr	8. 69
				März	7. 77
				September	9. 54
				Unterschied	1. 77

Im 1. Jahre fehlt der November, im 2. der Januar, im 3. der August, im 4. der Februar und August. Das mehrjährige Mittel ist also aus 3 Jahren und 7 Monaten gezogen. Ob monatlich 1mal oder mehrmal beobachtet ist, erfahren wir nicht. Im 1. und 3. Jahre scheint mehr als 1mal monatlich beobachtet zu sein. Von der Fassung der Quelle ist nichts gesagt. Wir vermissen ferner die genaue Angabe über Meereshöhe der Quelle und wissen daher nicht ob das Quellmittel unmittelbar vergleichbar ist mit dem Luftmittel. Wir fragen auch vergebens, ob die Quelle aus Sandboden hervorkommt oder ob der Hügel aus Fels besteht, ferner wie dick die Quellenschicht ist. Endlich würde es zu unserer Beruhigung gereichen, wenn wir die ausdrückliche Versicherung hätten, dafs das Thermometer für die Quelle mit dem Thermometer für die Luft verglichen sei. Alle diese Dinge müfsten wir wissen, um mit Sicherheit urtheilen zu können. Im mehrjährigen Durchschnitt ist der kälteste Monat der März, der wärmste der September; der August kommt aber dem September sehr nahe. Der Unterschied des kältesten und wärmsten Monats beträgt im mehrjährigen Durchschnitt nur 1°.77. Aus der Lage der äufsersten Monate und der Kleinheit des Unterschiedes läfst sich ver-

muthen, dafs, wenn die Quelle eine Fassung hat, die Fassung doch nur eine geringfügige Annäherung des Quellmittels an das Luftmittel verursacht. Das Jahresmittel 8°.69 ist daher wahrscheinlich unentstellt. Das vieljährige Luftmittel ist 7°.34. Abweichung des Luftmittels vom Quellmittel — 1°.35. Dies Ergebnifs ist nicht ganz sicher weil wir nicht wissen, um wieviel die Quelle unter dem Beobachtungsort der Luftwärme liegt. Beträgt der Höhenunterschied z. B. 60', so wird schon eine Reduction des Luftmittels erforderlich. Es ist aber sehr wahrscheinlich, dafs auch diese Quelle eine vorherrschend klimatische ist. Vom Gesundbrunnen bei Berlin wissen wir, dafs seine Schicht weniger als 70' Mächtigkeit hat. Von der Julienthaler Quelle bei Königsberg wissen wir, dafs ihre Schicht etwa 50' dick ist. Wüfsten wir, dafs die Schicht der Warschauer Quelle nahezu dieselbe Dicke hat, so könnten wir mit Fug und Recht die Quell- und Erdwärme in Warschau mit der bei Berlin und Königsberg vergleichen. Da über die Quelle in Warschau diese Angabe fehlt, so hat die Vergleichung nicht die wünschenswerthe Sicherheit.

Warschau. Quelle im Belvederegarten.

1841

Januar	5°.10	Juli	12°.00
Februar	4. 75	August	12. 25
März	3. 96	September	10. 63
April	6. 00	October	10. 89
Mai	7. 80	November	9. 44
Juni	9. 38	December	7. 81
		Jahr	8. 33
		März	3. 96
		August	12. 25
		Unterschied	8. 29

Aus der Gröfse der jährlichen Schwankung läfst sich vermuthen, dafs die Beobachtungen am Ende einer Leitung gemacht sind. Aber selbst diese bescheidene Vermuthung ist unsicher: denn wir kennen die Michelsquelle bei Marienberg und die Quelle von Lassbybackar bei Upsala.

XVI. Kapitel.

Die Schweiz und das bergige Deutschland.

Weder aus Oesterreich noch aus Baiern noch aus Würtemberg ist mir ein einziger Jahrgang Quellwärmebeobachtungen bekannt[1]. Die wenigen Beobachtungen, welche wir durchzunehmen haben, liegen im Rheinthal und der nächsten Umgebung desselben. Die Schweiz ist in der Uebersicht vorangestellt, weil wir uns zuerst mit den Beobachtungen in Basel und Pruntrut beschäftigen werden. Den Elsafs und Lothringen ziehe ich zu Deutschland. Nur aus diesen ehemals deutschen Provinzen giebt es Quellwärmebeobachtungen; das ganze übrige Frankreich liefert uns nichts Beachtenswerthes.

§ 75. P. Merian's Quellwärmebeobachtungen in Basel.

Basel.

Br. 47° 31'.
Oestl. L. 5° 15'.
Höhe 831 Fufs[2].

Die ältesten Quellwärmebeobachtungen im Rheinthal sind von Merian im Jahre 1821 in Basel gemacht und unter folgendem Titel gedruckt: »Abhandlung über die Wärme der Erde in Basel von Peter Merian, Dr. der Philos. und Prof. der Physik und Chemie. Eine akademische Einladungsschrift. Basel, gedruckt bei August Wieland, Universitäts-Buchdrucker. 1823. 4. 15 SS.«. Diese kleine Schrift ist nicht im Buchhandel. Der Herr Verfasser hatte die Güte, mir dieselbe im Januar 1846 auf meine Bitte zu schicken. Ich verdanke Herrn Merian auch die Mittheilung der Regenbeobachtungen in den 10 Jahren 1835-1844.

[1]) Die Beobachtungen an den Laufbrunnen der botanischen Gärten in Stuttgart und Tübingen, welche einige Zeit für Quellwärmebeobachtungen gegolten haben, sind ganz unbrauchbar.

[2]) Dies ist die Höhe des Beobachtungsortes der Luftwärme. Der Nullpunkt des Rheinpegels bei Basel liegt 764' über dem Meere (Berghaus Grundrifs der Geographie. Breslau, 1843. Hülfstafeln S. 81). Merian beobachtet in 67' Höhe über dem Nullpunkte des Pegels (Neue Denkschrift der schweizerischen naturforschenden Gesellschaft. Band II. Neuchatel 1838.) 764 + 67 = 831. Thurmann (siehe unten) giebt genau dieselbe Höhe für Basel an (270 Meter = 831'.3).

Luftwärme.

Die Beobachtungen der Luftwärme sind im Jahre 1826 von Merian begonnen und von 1829 an beständig am Registerthermometer gemacht. Der Beobachtungsort ist der 2. Stock des Hauses No. 58 in der St. Johann Vorstadt und liegt in der soeben angegebenen Höhe. Die einzelnen Jahrgänge findet man in den Dove'schen Abhandlungen. Die 20jährigen Mittel 1829-1848 sind daselbst V, 136 berechnet.

Basel 20 Jahre 1829-1848.
Tägliche Extreme.

Januar	— 1°.13
Februar	1. 50
März	5. 00
April	9. 25
Mai	14. 13
Juni	17. 38
Juli	18. 87
August	18. 38
September	14. 75
October	10. 00
November	5. 00
December	0. 87
Jahr	9. 50
Januar	— 1. 13
Juli	18. 87
Unterschied	20. 00

Da das Jahresmittel aus den täglichen Extremen nur ausnahmsweise richtig, in der Regel aber zu hoch ist, so ist letzteres höchst wahrscheinlich auch in Basel der Fall. Es giebt in Deutschland stündliche Beobachtungen an 8 Orten, alle liegen aber so weit von Basel entfernt, dafs ich keinen einzelnen als Norm für Basel herauszugreifen wage. Ich werde daher aus den 8 Correctionen das Mittel nehmen.

Correction des Jahresmittels aus den täglichen Extremen.

Kremsmünster	— 0°.08 R.
Prag.	— 0. 22
Mühlhausen (Prov. Sachsen)	— 0. 22
Halle	— 0. 14
Göttingen	— 0. 30
Salzuflen	— 0. 02
Berlin	0. 00
Stettin	— 0. 15
Mittel für Deutschland	— 0. 14 R. = — 0°.18 C.

Das wahrscheinlich richtigste 20jährige Mittel ist daher in Basel 9°.32; wir werden diesen Werth für das wahre Mittel nehmen. In der Höhe des Jahresmittels und in der Gröfse des Unterschiedes des kältesten und wärmsten Monates kommt Basel nahe überein mit Marienberg (soviel man aus 5 Jahren am letztern Orte schliefsen kann). Beide Orte liegen im Rheinthal; der Beobachtungsort der Luftwärme liegt in Basel 530′ höher als in Marienberg. Dafür liegt Basel aber 2° 43′ südlicher.

Regen.

Regenbeobachtungen sind seit dem Jahre 1835 gemacht. Der Regen ist an der Erdoberfläche gemessen und der Schnee durch Schmelzen in Wasser verwandelt.

Regen in Basel.

10 Jahre.

	1835.	1836.	1837.	1838.	1839.	1840.	1841.	1842.	1843.	1844.
Januar	0".59	2".235	0".773	1".507	1".603	0".750	2".801	2".109	3".417	1".893
Februar	1. 17	0. 791	2. 201 (Februar und März)	1. 603	2. 282	0. 300	2. 103	1. 147	1. 123	1. 556
März	0. 85	1. 603		1. 611	1. 681	0. 000	0. 246	0. 934	0. 151	0. 764
April	0. 85	2. 284	0. 756	0. 553	2. 702	0. 349	1. 965	0. 405	0. 405	0. 352
Mai	2. 05	1. 285	1. 120	1. 733	2. 555	2. 505	0. 600	0. 257	1. 792	1. 355
Juni	0. 83	2. 597	1. 950	1. 281	1. 863	3. 002	2. 100	0. 183	2. 023	0. 947
Juli	2. 59	0. 720	4. 663	0. 565	1. 077	5. 286	1. 954	0. 525	3. 116	3. 605
August	2. 05	2. 457	1. 468	3. 235	2. 252	1. 323	2. 880	1. 103	1. 134	3. 479
September	1. 97	3. 555	1. 720	1. 873	3. 403	4. 607	2. 653	3. 182	0. 477	1. 178
October	3. 48	1. 498	1. 280	3. 612	1. 825	5. 403	1. 706	1. 054	0. 919	1. 473
November	2. 00	5. 324	2. 445	3. 284	5. 707 (November und December)	5. 234	1. 927	3. 425	0. 785	1. 974
December	1. 24	4. 504	2. 642	0. 673		2. 813	2. 932	3. 363	1. 632	2. 132
Jahr	19. 67	28. 853	21. 018	21. 530	26. 950	31. 578	23. 867	17. 687	16. 974	20. 708

10 Jahre 1835-44.

	Zoll	Procente
Januar	1".77	7.7 %
Februar	1. 32	5.8
März	0. 89	3.9
April	1. 06	4.6
Mai	1. 53	6.7
Juni	1. 68	7.3
Juli	2. 41	10.5
August	2. 14	9.4
September	2. 46	10.7
October	2. 23	9.8
November	2. 93	12.8
December	2. 48	10.8
Jahr	22. 90	100.0
Winter	5. 57	24.3
Frühling	3. 48	15.2
Sommer	6. 23	27.2
Herbst	7. 62	33.3

Die durchschnittliche Jahresmenge ist 23". Jeder der 6 Monate Januar bis Juni hat weniger als 8⅓ %, jeder der 6 Monate Juli bis December mehr als 8⅓ %, der trockenste Monat ist der März, der nasseste der November. In der Vertheilung auf die Jahreszeiten zeigt sich, dafs der Frühling entschieden die trockenste und der Herbst die nasseste Jahreszeit ist. Nächst dem Herbst hat der Sommer den meisten Regen. Wir finden also hier, an der äufsersten südwestlichen Ecke von Deutschland, einen Ort, an welchem die Herbstmenge vorherrscht. In Strasburg herrscht noch die Sommermenge vor.

Strasburg 16 Jahre.

Winter	16.0 %
Frühling	23.6
Sommer	34.1
Herbst	26.3

Die Quellen in Basel.

Von der Bodenbeschaffenheit in Basel giebt Merian eine musterhafte Beschreibung, welche ich hier nebst andern Angaben wörtlich folgen lasse und der besondern Aufmerksamkeit des Lesers empfehle.

»Das Thal des Rheins in den nächsten Umgebungen von Basel ist mit mächtigen Ablagerungen von gerollten Steinen erfüllt, welche in allmäliger Abstufung, in verschiedenen Entfernungen vom Hauptflusse mehr oder minder weit fortsetzende, von kleinen Flüssen und Bächen durchschnittene Ebenen bilden. Auf einer solchen Ebene, deren mittlere Erhebung über den Strom im Durchschnitt etwa 80 Pariser Fuſs betragen mag, liegt Groſs-Basel, am linken Ufer des an dieser Stelle von N. nach NW. fortflieſsenden Rheines. Hier wird die Gerollebene in der Richtung von Süden nach Norden von dem Thale eines kleinen Flusses, des Birsigs, durchschnitten, welcher beim Steinenthor in die Stadt eintritt, dieselbe ungefähr in ihrer Mitte durchschneidet, unterhalb der Rheinbrücke in den Rhein sich ergieſst und durch die Austiefungen, welche in den Geröllablagerungen an seinen beiden Ufern entstanden sind, zu den vielen Unebenheiten im Innern der Stadt die hauptsächlichste Veranlassung giebt. Ein schwach nordöstlich gegen den Rhein einfallendes Lager von Mergel und Letten bildet die Unterlage der Gerölle. Es geht vor dem Steinenthor, ungefähr eine Viertelstunde südlich vom Rheine, im Thale des Birsigs zu Tage aus, zeigt sich etwas tiefer im Innern der Stadt, wo es z. B. beim Graben der Fundamente der neuen Brücke über den Birsig angetroffen worden ist, und scheint im Rheinbette an einigen Stellen entblöſst zu liegen. So hat man es beim Aufführen der Rheinmauer am St. Alban-Schwibbogen vorgefunden und es soll den Pfeilern der Rheinbrücke als Unterlage dienen.«

»In dieser Beschaffenheit des Erdbodens müssen wir den Grund der vielen innerhalb der Mauern von Basel selbst hervorsprudelnden Quellen suchen. Die durch die losen Geröllablagerungen hindurchsinternden atmosphärischen Wasser treffen in einer gewissen Tiefe auf jene ihnen undurchdringliche Grundlage, deren sanfte Neigung sie gegen den Rhein hinführt. Wo daher die Einschnitte der Thäler des Birsigs oder des Rheins die lettenartige Unterlage der Oberfläche der Erde nahe bringen, müssen die längs derselben sich fortbewegenden Gewässer als Quellen zum Vorschein kommen. Es ist dies vorzüglich der Fall längs dem westlichen Ufer des Birsigs, weil auf dieser Seite das Lettenlager dem Flusse zufällt; auf dieser Seite sind daher meines Wissens 7 Quellen am Orte ihres Ursprungs eingefaſst worden, welche Basel mit einem vortrefflichen, das ganze Jahr hindurch sich kühl erhaltenden Wasser versehen. Eine achte, auf gleiche Weise benutzte Quelle liegt auf dem rechten Ufer des Birsigs, eine neunte am Ufer des Rheins im östlichen Theile der Stadt. Vielleicht flieſsen noch mehrere minder bedeutende Quellen unbenutzt dem Birsig oder dem Rheine zu. Auf der rechten Rheinseite, in Klein-Basel, fehlen die Quellen, weil das Lettenlager tiefer liegt und vom Rheine, und also auch von den weniger mit Geröllen überdeckten Stellen abfällt.«

.... »die entferntesten der oben erwähnten 9 Quellen, die am Herbrigberge und die des St. Albanthals, liegen weniger als eine Viertelstunde von einander ab.« ....

»Wie bereits erwähnt worden, sind die Quellen alle an Ort und Stelle gefafst und liegen deswegen beinahe alle in, zum Theil nicht unbeträchtlichen Vertiefungen. Der künstlich durch Röhren ihnen gegebene Ausflufs liegt folglich der Stelle ihres eigentlichen Hervorkommens sehr nahe, und ich glaubte mich daher überheben zu können, sie an letzterer zu beobachten, welches grofse, vielleicht kaum zu überwindende Schwierigkeiten nach sich gezogen haben würde. Ich bediente mich bei allen Beobachtungen des gleichen Quecksilber-Thermometers, mit hunderttheiliger, auf Glas selbst geätzter Scale, von Herrn Loos in Darmstadt verfertigt, von dessen Güte, namentlich von der richtigen Lage des Nullpunktes, ich mich zu wiederholten Malen überzeugt hatte. Das Thermometer wurde in einem gewöhnlichen Trinkglase so lange unter die Röhre gehalten, bis seine Temperatur keine Aenderung mehr erlitt. Ich glaube, dafs die einzelnen Beobachtungsfehler sich nicht über 0°.1 C. belaufen können. Zur Erhaltung einer zuverlässigen Mitteltemperatur hielt ich eine Beobachtung, um die Mitte eines jeden Monats angestellt, für hinreichend und die erhaltenen Angaben berechtigen auch hiezu vollkommen. Um ungestörter den Beobachtungen obliegen zu können, wählte ich die Nachtzeit und konnte ungefähr innerhalb einer Stunde eine jede der verschiedenen Quellen der Reihe nach besichtigen.« —

Die Beobachtungen an den verschiedenen Quellen sind der Reihe nach verzeichnet, indem die dem Ausflusse des Birsigs zunächst liegenden Quellen zuerst aufgeführt wurden.

Beobachtungstage und -stunden.

1821					1821				
13 Jan.	½11	bis	½12	Nachts	18 Juli	10	bis	11	Nachts
15 Febr.	11	-	12	»	18 Aug.	10	-	11	»
16 März	½11	-	½12	»	14 Sept.	10	-	11	»
14 April	10	-	11	»	13 Oct.	10	-	11	»
20 Mai	10	-	11	»	14 Nov.	½11	-	½12	»
15 Juni	10	-	11	»	13 Dec.	10	-	11	»

Ueber die einzelnen Quellen macht der Verfasser folgende nähere Angaben:

1. Lochbrunnen am Herbrigberg. Schwache Quelle am linken Ufer des Birsigs, in einer beträchtlichen Vertiefung am Fufse des Herbrigberges.

2. Lochbrunnen bei der Post. Ziemlich reichhaltige Quelle am linken Ufer des Birsigs in einer Vertiefung am Fufse des Todtengäfschens.

3. Brunnen hinter der Schol. Nicht sehr reichhaltige Quelle unfern des linken Ufers des Birsigs, in einer nicht sehr bedeutenden Vertiefung am Fufse des Imbergäfschens.

4. Kornmarkt-Brunnen. Aeufserst reichhaltige Quelle unweit der vorigen, am linken Ufer des Birsigs in einer Vertiefung freier liegend als alle übrigen.

5. Gerberbrunnen. Sehr reichhaltige Quelle am linken Ufer des Birsigs, in einer bedeutenden Vertiefung am Fufs des Gerberberges.

6. Blömli's Brunnen. Nicht sehr reichhaltige Quelle, auf dem rechten Ufer des Birsigs in einer geringen Vertiefung am Fufse des Steinenberges.

7. St. Albanthal-Brunnen. Aeufserst reichhaltige Quelle, an einem steilen Abhange gegen den Rhein.

Basel, 7 Quellen im Jahre 1821. Beobachter P. Merian.

	1. Herbrigb.	2. Post	3. Schol	4. Kornmarkt	5. Gerber	6. Blömli's	7. Albanthal
Januar	7°.2	8°.7	8°.9	8°.7	9°.5	8°.7	10°.0
Februar	6. 0	8. 0	8. 4	8. 2	9. 4	8. 3	10. 0
März	6. 0	8. 4	8. 6	8. 5	9. 3	7. 8	9. 7
April	6. 4	8. 9	9. 0	9. 0	9. 3	8. 2	9. 9
Mai	8. 0	9. 4	9. 1	9. 1	9. 3	9. 0	9. 6
Juni	8. 6	9. 7	9. 3	9. 4	9. 3	9. 7	9. 9
Juli	9. 3	9. 9	9. 6	9. 7	9. 4	10. 0	9. 8
August	10. 1	10. 1	9. 8	9. 9	9. 4	10. 8	10. 0
September	11. 4	11. 1	11. 0	10. 8	10. 1	12. 0	10. 6
October	11. 3	10. 5	10. 5	10. 5	10. 0	11. 8	10. 7
November	10. 0	9. 7	9. 8	9. 8	9. 8	10. 8	10. 5
December	9. 2	9. 7	9. 7	9. 7	9. 8	10. 0	10. 2
Jahr	8. 6	9. 5	9. 5[1]	9. 4	9. 6	9. 8	10. 1
Kältest. Mon.	6. 0	8. 0	8. 4	8. 2	9. 3	7. 8	9. 6
Wärmst. Mon.	11. 4	11. 1	11. 0	10. 8	10. 1	12. 0	10. 7
Unterschied	5. 4	3. 1	2. 6	2. 6	0. 8	4. 2	1. 1

[1]) Bei Merian steht 9°.6, die 12 Beobachtungen ergeben aber 9°.5.

Um der Beurtheilung näher zu kommen, müssen wir uns folgende Fragen beantworten:

1. Ist der Höhenunterschied der 7 Quellen von Einfluſs auf die Höhe der Mittel? Gewiſs nicht. Der Höhenunterschied ist viel zu gering. Die kälteste Quelle No. 1 kommt auch grade in geringerer Höhe über dem Rhein als No. 2-6 hervor, da sie der Einmündung des Birsigs in den Rhein zunächst liegt.

2. Ist der Höhenunterschied des spätern Beobachtungsortes der Luftwärme und der Orte der Quellen so gering, daſs er die Vergleichung der Quellmittel mit dem Luftmittel nicht stört? Dies ist wahrscheinlich, weil wir wissen, daſs der Höhenabstand des Thermometers für die Luftwärme von dem Nullpunkt des Pegels 67′ beträgt. Rechnen wir z. B. 17′, um vom Nullpunkt des Pegels auf die Höhe des Rheinufers zu kommen, nehmen wir ferner an, daſs die Orte der Quellen durchschnittlich 20′ über dem Rheinufer liegen, so bleiben uns von den 67′ noch 30 übrig, um welche der Beobachtungsort der Luftwärme die durchschnittliche Höhe der Quellen übertreffen mag. Näheres und Bestimmteres kann ich aus der Ferne nicht sagen.

3. Ist das Jahresmittel einer jeden der 7 Quellen durch monatlich 1 Beobachtung für richtig bestimmt zu halten? Bei Quellen, deren Unterschied des kältesten und wärmsten Monates mehr als 3° beträgt, ist nach § 40 das Jahresmittel aus 12 Beobachtungen, auch wenn dieselben genau am 15. angestellt sind, um 1 bis 2 Zehntel unsicher. Hiernach k a n n das Mittel von No. 1 und das von No. 6 1 bis 2 Zehntel zu hoch oder zu niedrig bestimmt sein. Die Mittel der übrigen Quellen sind wohl für ganz richtig bestimmt zu halten.

4. Ist eine oder die andere Quelle in Folge der Leitung und Fassung für angenähert zu halten? Wir wissen es von keiner, können es auch kaum von irgend einer behaupten, da Merian sagt, die Quellen seien alle an Ort und Stelle d. h. an ihrem Ursprunge gefaſst. Möglich wäre eine Annäherung bei No. 6, dem Blömli's Brunnen. Ich glaube wir verlieren nichts, wenn wir diesen Brunnen ganz vernachlässigen. Möglich ist eine Annäherung auch beim Lochbrunnen am Herbrigberg; diese Quelle ist die schwächste und ihre jährliche Schwankung ist die gröſste. Die übrigen 5 Quellen sind gewiſs unentstellt.

Nach diesen Vorbereitungen kommen wir zu dem Wenigen, das wir zur Beurtheilung und Erklärung der vorliegenden Beobachtungen zu sagen haben.

Mit dem St. Albanthal-Brunnen wird man am leichtesten fertig. Diese Quelle ist wärmer als alle übrigen und 0°.8 wärmer als das vieljährige Luftmittel. Sie wird also aus der gröfsten Tiefe hervorkommen, oder ihre Schicht wird die mächtigste sein. Man mufs auch von dieser Quelle annehmen, dafs sie nur aus der Geröllschicht entspringt und auf dem Lettenlager verläuft. Denn das Lettenlager wurde nach MERIAN's Bericht beim Aufführen der Rheinmauer am St. Alban-Schwibbogen vorgefunden. Die Quelle kommt aber an einer entschieden höher gelegenen Stelle hervor. Es ist also gar kein Grund zu der Annahme vorhanden, dafs das Wasser tiefer, als das Lettenlager liegt, hervorkomme. Die Schicht von gerollten Steinen ist aber in der Gegend der St. Albanvorstadt ohne Zweifel bedeutend mächtiger als auf der linken Seite des Birsigs.

Auf dem linken Ufer des Birsigs liegen nebeneinander 4 Quellen, welche augenscheinlich eine zusammengehörige Gruppe bilden.

	Mittel
Lochbrunnen bei der Post .	9°.5
Brunnen hinter der Schol .	9. 5
Kornmarkt-Brunnen . . .	9. 4
Gerberbrunnen	9. 6
Gemeinsames Mittel . .	9. 5

Da das vieljährige Luftmittel 9°.3 ist, so scheint dasselbe nur 0°.2 niedriger zu stehn als das Mittel dieser 4 offenbar vorherrschend klimatischen Quellen. Wir kennen freilich die Gröfse der Veränderlichkeit des Mittels der Quellen nicht, wissen also nicht, ob das Mittel sich im mehrjährigen Durchschnitt nicht vielleicht 0°.1 oder selbst 0°.2 höher stellen wird. Es ist aber ziemlich wahrscheinlich, falls die mittlere Luftwärme nicht noch eine erniedrigende Berichtigung erfährt, dafs die Gröfse, um welche das Luftmittel alljährlich unter das Mittel dieser Quellen herabsinkt, kleiner ausfallen wird, als wir dieselbe bis jetzt in irgend einem Falle bei nördlicher gelegenen Quellen gefunden haben. Das Luftmittel stand 0°.33 niedriger als das Mittel der äufserst magern Michelsquelle, deren jährliche Schwankung im 5jährigen Durchschnitt 10° beträgt; es stand 0°.47 niedriger, als das Mittel des durch eine Leitung angenäherten Hafsborn, dessen jährliche Schwankung im 5jährigen Durchschnitt die Gröfse von 6° erreicht. Die Luft war im 9jährigen Durchschnitt 0°.57 kälter als der Gesundbrunnen bei Stralsund, dessen Schicht allem Anschein nach höchstens 18′ Mächtigkeit hat. Und hier finden wir die Luft nur

0°.2 kälter als wasserreiche Quellen, deren jährliche Schwankung nur etwa 2°.5 beträgt. Die hier obwaltenden Verhältnisse sind also auffallend verschieden von allem bisher Beobachteten. Es ist sehr wünschenswerth, dafs diese Verhältnisse durch einige Jahrgänge neuer und in gröfserer Zahl angestellter Beobachtungen noch schärfer festgestellt und erforscht werden mögen. Wir haben es hier mit Quellen aus Felsboden zu thun. Die Meteorwasser sinken durch die »losen Geröllablagerungen« mit viel gröfserer Raschheit in die Tiefe, als durch den Sand der norddeutschen Ebene. Entstehn bei diesem Hinabsinken auch vorübergehende Wärmeveränderungen in Folge von Regeneinflufs? Diese Frage kann nur nach aufmerksamer Beobachtung beantwortet werden. Je gröfser der Durchmesser der einzelnen Geröllstücke ist, desto wahrscheinlicher ist das Vorkommen vorübergehender Wärmeänderungen, je kleiner, desto unwahrscheinlicher. Man mufs auch die Dicke der Geröllschicht an allen Punkten, an denen sich die Gelegenheit dazu bietet, messen oder wenigstens schätzen, und es wird nicht überflüssig sein, wenn der Höhenunterschied des Beobachtungsortes der Luftwärme und einer oder der andern Quelle näher bestimmt wird. Endlich ist es unerläfslich, falls Herr Merian seine Thermometer lange nicht geprüft hat, worüber mir nichts bekannt ist, dafs das Maximum- und Minimum-Thermometer, welches zur Beobachtung der Luftwärme dient, sehr genau geprüft werde: denn vor einer fehlerhaften Höhe des Luftmittels müfsten wir doch vor allen Dingen gesichert sein.

Wir dürfen nicht vergessen, dafs die Lufttemperatur in Basel doch immer noch einen Monat unter dem Gefrierpunkte liegt und dafs, wenn auch in gewöhnlichen Wintern der Schnee nicht lange liegen bleibt, doch in strengen Wintern »ein einigermafsen bedeutender und länger andauernder Schnee fällt.« Auf diese Umstände fufse ich, wenn ich vermuthe, dafs dort auch die oberflächlichen Quellen noch einige Zehntel wärmer bleiben werden als die Luft. Je kleiner der Unterschied wird, desto gröfsere Sorgfalt mufs man aber auf die Bestimmung der Mittel verwenden.

Endlich kommen wir zu dem grofsen Stein des Anstofses, dem Lochbrunnen am Herbrigberg. Diese Quelle war 0°.9 kälter als die 4 vorgenannten, schon sehr niedrig temperirten Quellen. Das Mittel 8°.6 ist auch 0°.7 niedriger als das Luftmittel, das wir bis jetzt doch für ein gut bestimmtes halten müssen. Die Annahme, das Quellmittel werde 0°.1 bis 0°.2 zu niedrig bestimmt sein, es sei vielleicht im Jahre 1821 8°.8 gewesen, ändert im Grunde nichts. Die

Quelle bleibt immer noch $^{1}/_{2}$° kälter als die Luft. Werden mehrjährige Beobachtungen (monatlich 3, am 5. 15. 25.) eine gröfsere Veränderung in der Höhe des Mittels ergeben? Diese Frage können wir annähernd beantworten, indem wir eine der Marienberger Quellen zum Mafsstabe der Beurtheilung nehmen. Wir können nur den Hafsborn nehmen, dessen jährliche Schwankung 6° beträgt. Die Abweichungen der einzelnen Jahre des Hafsborn von 9°.88, dem 5jährigen Mittel, waren folgende:

1. Jahr	10°.42	+ 0°.54
2. »	9. 57	— 0. 31
3. »	9. 54	— 0. 34
4. »	9. 99	+ 0. 11
5. »	9. 87	— 0. 01

Gesetzt, der Lochbrunnen sei im Mittel des Jahres 1821 richtig bestimmt, das Mittel sei aber in ähnlicher Weise wie das Hafsbornmittel im 3. Jahre vom Gewöhnlichen abgewichen, so erhalten wir als mögliches mehrjähriges Mittel des Lochbrunnens 8°.9. Das reicht noch nicht hin, um das Mittel des Lochbrunnens mit dem Luftmittel in das richtige Verhältnifs zu bringen. Man mufs nicht wegdeuten wollen, was klar vor Augen liegt. Es wird nicht gelingen, das Mittel dieser Quelle auch nur auf 9°.0 hinaufzuschrauben. Es fragt sich nur, wie die niedrige Temperatur der Quelle zu erklären ist. Merian sagt ganz einfach: »Der einzige Umstand, welcher einigermafsen diesen Unterschied erklären möchte, ist die zwischen hohen Häusern versteckte Lage der Quelle in einer bedeutenden Vertiefung am Fufse eines ziemlich steilen Hügels. Es ist diese Lage allerdings geeignet, die Sonnenstrahlen von der Quelle zu entfernen und die schwerere kältere Luft längere Zeit als an andern Orten gefangen zu halten; es ist aber schwer zu entscheiden, ob die um einen vollen Grad niedrigere Temperatur aus diesem Grunde allein erklärt werden kann.« (Merian schätze die Luftwärme für Basel zu 9°.6). Später, in den 30ger Jahren, kam Bischof dazu [1]) mit der Anfrage, ob die niedrige Temperatur des Lochbrunnens am Herbrigberg vielleicht von den benachbarten Höhen des Jura herrühren möchte? Merian erwiderte, dafs diese Vermuthung sich durch die Localität nicht rechtfertigen lasse. Merian hatte aber mittlerweile die im Jahre 1830 veröffentlichten Beobachtungen Forchhammer's auf den Faröern kennen gelernt,

[1]) Wärmelehre S. 50.

welcher im Mai 1821, als das Schmelzen des Schnees noch nicht ganz beendigt war, die aus Schuttansammlungen entspringenden Quellen durchschnittlich kälter fand, als die in gleicher Höhe aus festem Gestein hervorkommenden. MERIAN scheint damals gegen BISCHOF geäufsert zu haben, dafs es sich mit der niedrigen Temperatur des Lochbrunnens ähnlich verhalten möge. Ich glaube nicht, dafs MERIAN diese Anführung eines ähnlichen Falles für eine wirkliche Erklärung der niedrigern Temperatur seiner Quelle hat gelten lassen wollen: denn diese Erklärung ist bei näherer Betrachtung wirklich ganz unzureichend. Ich zweifle nicht an der Richtigkeit der FORCHHAMMERschen Wahrnehmung. Die Erklärung liegt auch nahe genug. In die Geröll- und Schuttmassen drang das Thauwasser leichter ein als in festes Gestein, es sank auch viel rascher durch diese Massen hindurch als durch geschichtetes Gestein, kam also aus jenen als Quelle kälter hervor als aus diesem. Nun giebt es aber in Basel gar keine verschiedene Arten von Felsboden, aus denen die Quellen ihren Ursprung nehmen, wir wissen vielmehr, dafs alle Quellen ohne Unterschied aus einer und derselben Geröllschicht entspringen. Wie kann man nun die auffallend niedrige Temperatur einer einzigen durch den Umstand erklären wollen, dafs sie aus einer Geröllschicht entspringt? Daraus entspringen sie ja alle. Was das Eindringen der Meteorwasser in die Erdoberfläche betrifft, so geschieht dasselbe offenbar nur in solchen Gegenden sehr leicht und rasch, wo das Geröll wirklich zu Tage liegt, was man doch in Basel und der nächsten Umgebung nicht annehmen darf. Die Strafsen und Plätze der Stadt werden gepflastert sein und in den Gärten und Feldern wird das Geröll von einer Lage Dammerde bedeckt sein. — Es kann meiner Meinung nach keine andere Erklärung für die niedrige Temperatur des Lochbrunnens geben als eine ganz örtliche, sich auf die Lage desselben beziehende. Ich glaube, dafs MERIAN mit seiner ersten Erklärung auf dem rechten Wege war, man mufs nur noch weiter gehn.

Ich frage: Ist es denn durchaus nothwendig, die Ursache der Anomalie in der Quelle zu suchen? Kann die Ursache nicht auch in der Luftwärme und deren mangelhafter Bestimmung liegen? Wenn diese Vermuthung richtig ist, so ist die ganze Anomalie nur eine scheinbare. Wenn wir sagen, in Basel sei eine Quelle im Mittel etwa 0°.7 kälter gefunden als das vieljährige Luftmittel, so setzen wir dabei unter andern Dingen zweierlei voraus: 1) dafs die Luftwärme an MERIAN's Wohnung vollkommen richtig bestimmt sei (dafs nämlich der Beobachtungsort frei sei von künstlicher Temperaturerhöhung durch zurückgestrahlte Wärme, und nicht zu sehr geschützt gegen die Winde, dafs die Nullpunkte des Maximum- und des Minimum-Thermometers sich nicht erhöht haben und dafs die von uns angebrachte Correction des Mittels nicht zu klein sei); 2) setzen wir voraus, dafs das am 2. Stock des Hauses No. 58 gefundene Luftmittel auch für das Loch am Herbrigberge genau richtig sei. Die eine dieser Voraussetzungen ist so unsicher wie die andere. Ich bemerke nur zu 2), dafs die Gegend am Herbrigberge und die Lage der Quelle zwischen den hohen Häusern und in dem tiefen Loche eine local erkältete zu sein scheint, indem für die Sonnenstrahlen wenig Raum dort bleibt und die Gegend vielleicht gegen nördliche Winde vorzüglich offen ist. So lange nicht durch regelmäfsige Luftwärmebeobachtungen in der Vertiefung am Herbrigberge selbst der positive Beweis geführt ist, dafs die mittlere Luftwärme dort ebenso hoch steht wie an Merian's Wohnung, so lange wird es uns freistehn, anzunehmen, dafs es in jenem Loche Jahr aus Jahr ein bedeutend kälter ist als an Merian's Wohnung. Die ganze Frage kann nur durch Untersuchungen an Ort und Stelle endgültig entschieden werden und ich werde mich sehr gern durch die Baseler Naturforscher eines Bessern belehren lassen. Bis dies geschehn sein wird, nehme ich an, dafs die mittlere Luftwärme am Orte des Hervorkommens der Quelle selbst nur 8°.5 ist. Das vieljährige Mittel der Quelle sei etwa 8°.7. Dann bleibt der Lochbrunnen am Herbrigberg im Mittel wärmer als die Luft im vieljährigen Durchschnitt, und stimmt in dieser Hinsicht mit allen übrigen Quellen in Basel überein. Wir werden in Rom 2 sehr schwache Quellen kennen lernen, welche im Jahresmittel zusammen 0°.83 kälter waren als die nächste Quelle, die sich zur Vergleichung mit ihnen eignet. Die eine dieser beiden kalten Quellen liegt in einer bedeutenden Vertiefung im Forum am Fufs des Capitolinischen Hügels; die andere, noch magerer, liegt in einem finstern Felsenkeller, in welchem die Luft zieht. Hier ist gewifs auch die Luft local erkältet, und da das Gebiet der Quellen sehr klein ist, so nehmen sie an der Kälte des Ortes Theil. Etwas anders ist es mit wasserreichen Quellen, die weiter herkommen; solchen wird wohl ein local erkälteter Ort des Hervorkommens nichts verschlagen.

Die kleine Schrift von Merian habe ich schon früher stets mit Vergnügen gelesen wegen der Umsicht und Sachkenntnifs, mit welcher sie gearbeitet ist. Jetzt, nachdem ich alte Vorurtheile abgelegt habe, bemerke ich mit besonderem Interesse, dafs Merian schon im Jahre 1823 neben andern Meinungen, die ich nicht theile, die Grundansicht ausgesprochen hat, zu deren Annahme ich mich genöthigt gesehn habe. MERIAN ist der erste unter den Schriftstellern über Quellentemperatur, der die Wärmezunahme der Erde mit der Tiefe kennt und aus dieser wichtigen Thatsache Folgerungen zieht. Er hat auch WAHLENBERG's Abhandlungen sehr aufmerksam gelesen, denn er sagt: »Die Erde kann im Sommer weit besser an den Veränderungen der Luftwärme theilnehmen als im Winter, wo nicht selten eine bedeutende, die Wärme schlecht leitende Schneehülle sie bedeckt, und wo die durchsickernden Wasser, welche die Temperatur der Oberfläche ins Innere überzuführen streben, häufig fehlen. Da aber im Sommer der Einflufs der Luft auf die Erde erwärmend, im Winter erkältend ist, so folgt daraus, dafs an Orten, wo ein strenger Winter sehr lange anhält, die mittlere Wärme der äufsersten Hülle des Bodens höher ausfallen mufs als die der Luft.« Weiter unten heifst es: »Wir sind also in Ungewifsheit, wieviel an der beobachteten höhern Mitteltemperatur die eigene Wärme der Erde selbst, wieviel der schützende Schnee des Winters Antheil hat.« Endlich: »Wenn aber die eigene Wärme der Erde auf die Mitteltemperatur der Quellen einen Einflufs äufsern mufs, so scheinen die jährlichen Temperaturveränderungen blofs von der veränderlichen Lufttemperatur herzurühren.« Das ist ganz unser jetziger Standpunkt.

§ 76. THURMANN's Quellwärmemessungen in und bei Pruntrut. Blick auf die übrige Schweiz.

J. THURMANN, Verfasser eines »Essai de phytostatique appliqué à la chaîne du Jura. 2 Voll. Berne 1849«, hat Quellwärmemessungen in und bei Pruntrut (Porrentruy) gemacht, die ich im »Annuaire météorologique de la France pour 1850« p. 258 ff. als Auszug mitgetheilt finde.

Die Stadt Pruntrut liegt im östlichen Jura, Canton Bern, Breite ungefähr 47° 25′, Länge 4° 45′, Meereshöhe 450^{m} = 1385′. Basel liegt Breite 47° 31′, Länge 5° 15′, Meereshöhe 831′. Man kann also sagen, dafs Pruntrut fast unter derselben Breite wie Basel und ungefähr ½ Grad gegen Westen von Basel liegt. Es liegt aber 554′ höher, schon »mitten in den Tannen«, während in Basel noch Wein gebaut wird. Die Felsart, aus welcher die Quellen entspringen, ist der dichte Jurakalk. Die Beuchire-Quelle entspringt in der Stadt selbst, die Pâquis-Quelle (le Pâquis) einige Minuten vor der Stadt aus einem gröfstentheils entwaldeten und mit Aeckern bedeckten Abhange, die Bonne-Fontaine ebenfalls einige Minuten vor der Stadt aus einer völlig bewaldeten Bergmasse (*elle sort d'un massif portlandien entièrement boisé*). Von der Fassung und dem Wasserreichthum ist keine Rede. Wahrscheinlich sind die Quellen wasserreich. Thurmann mafs monatlich 1mal (ob an demselben Tage, ist nicht gesagt); er tauchte das Thermometer mehrere Male ein und nahm das Mittel aus den verschiedenen Ablesungen. (Dies läfst vermuthen, dafs er den Stand ablas, während die Kugel sich aufser dem Wasser befand, sonst ist es nicht möglich, verschiedene Ablesungen zu erhalten.) Das Thermometer war nach Réaumur [1]) getheilt und genau berichtigt. Bei der Kleinheit der jährlichen Wärmeänderung der Quellen sind die Jahresmittel als zuverlässig zu betrachten, ungeachtet der bemerkten Mängel der Methode. Die Quellen sind die 3 bürgerlichen Jahre 1846, 1847, 1848 hindurch gemessen. Luftwärmebeobachtungen giebt es nicht. Dieser Mangel bekümmert Herrn Thurmann nicht. Der Leser wird aber wohl mit mir der Meinung sein, dafs eine wenigstens annähernd richtige Bestimmung des Luftmittels unser nächstes Bedürfnifs ist. Wir können diese Bestimmung von der für Basel ableiten. Wenn die mittlere Luftwärme von Basel mit 9°.32 richtig bestimmt ist, so wird die Annahme von 8°.0 für Pruntrut, das schon in den Tannen liegt, gewifs nicht zu niedrig sein. Wir nehmen hiermit an, dafs die mittlere Luftwärme von Basel bis Pruntrut um 1° für 420' Erhebung abnimmt.

Wir betrachten zuerst die Beuchire-Quelle, welche in der Stadt liegt.

1) Um hinter diesen Umstand zu kommen, mufs man die betreffende Stelle im Original Bd. I S. 54 nachlesen. Wer den Aufsatz nur im Annuaire kennt, wird durch eine Zweideutigkeit des Ausdrucks zu dem Glauben verleitet, dafs das Thermometer ein 100theiliges gewesen sei. Die Beobachtungen sind erst zum Zweck der Veröffentlichung im Annuaire aus R. auf C. übertragen. In den Zahlenreihen, wie sie das Annuaire giebt, habe ich einige kleine Abweichungen der Jahresmittel von den wirklichen Mitteln aus den Monatsbeobachtungen gefunden und die Jahresmittel nach den Monatsbeobachtungen corrigirt. Die Berichtigungen sind:

Beuchire	1848	nicht	10°.22	sondern	10°.24
Pâquis	1846	»	10. 80	»	10. 81
Bonne Font.	1846	»	9. 83	»	9. 86
	1848	»	9. 84	»	9. 87

Ferner ist das Mittel aus allen 9 Jahrgängen nicht 10°.26 sondern 10°.27. Mancher Leser findet die Berichtigung so kleiner Unrichtigkeiten vielleicht überflüssig, sie ist auch nicht von Belang, ich dulde aber in meinem Buche wissentlich keine Zahlenreihe, die auch nur die geringste arithmetische Ungereimtheit enthält.

1. Die Beuchire-Quelle.

	1846	1847	1848
Januar	9°.94	9°.63	9°.88
Februar	9. 94	9. 63	10. 00
März	10. 27	9. 88	10. 00
April	10. 15	9. 75	10. 00
Mai	10. 31	10. 25	10. 25
Juni	10. 21	10. 50	10. 38
Juli	10. 45	10. 38	10. 63
August	10. 88	10. 63	10. 63
September	11. 00	10. 75	10. 63
October	11. 08	10. 63	10. 38
November	10. 41	10. 63	10. 13
December	10. 00	10. 00	10. 00
Jahr	10. 39	10. 22	10. 24
Kältest. Mon.	9. 94	9. 63	9. 88
Wärmst. M.	11. 08	10. 65	10. 63
Unterschied	1. 14	1. 02	0. 75

3jähriges Mittel 10°.28.

Das Mittel dieser Quelle übertrifft im 3jährigen Durchschnitt das vermuthliche vieljährige Luftmittel um 2°.28, die Quelle scheint also schon eine beträchtliche Erhöhung durch die Erdwärme erfahren zu haben, Glücklicherweise fallen die Beobachtungen THURMANNS in die Zeit unserer Luft- und Quellwärmebeobachtungen in Marienberg; auch er hat in den beiden contrastirenden Jahren 1846 und 1847 beobachtet. Dieser Umstand giebt unserer Beurtheilung der Beuchire-Quelle einen hohen Grad von Sicherheit. Denn es leidet nicht den geringsten Zweifel, dafs auch in Pruntrut das Jahr 1846 ein sehr warmes, das Jahr 1847 ein kaltes und das Jahr 1848 ein gemäfsigtes war [1]). Sollte nun unter den 7 Marienberger Quellen sich keine finden, welche in ihren Temperaturverhältnissen Aehnlichkeit mit der Beuchire hat? Ich setze die Beobachtungen des Orgelborn aus den 3 genannten bürgerlichen Jahren hierher, damit der Leser sich auf

[1]) Die Mittel der 3 bürgerlichen Jahre 1846, 1847, 1848 waren in Marienberg (aus den Monatsmitteln) 10°.57, 8°.64, 9°.58. Der Unterschied der Mittel des 1. und 2. Jahres wird nur in Pruntrut nicht ganz so grofs gewesen sein wie in Marienberg, weil nach der Höhe zu die Veränderlichkeit des Luftmittels abnimmt, indem alle Extreme sich abstumpfen.

die bequemste Weise von der merkwürdigen Aehnlichkeit der Beuchire mit dem Orgelborn überzeuge.

Orgelborn bei Marienberg.

	1846	1847	1848
Januar	11°.2	11°.05	10°.85
Februar	11. 15	10. 8	10. 85
März	11. 4	10. 9	10. 9
April	11. 45	11. 2	11. 2
Mai	11. 55	11. 55	11. 45
Juni	11. 85	11. 6	11. 65
Juli	11. 85	11. 65	11. 75
August	11. 9	11. 8	11. 75
September	11. 95	11. 7	11. 65
October	11. 8	11. 5	11. 55
November	11. 45	11. 25	11. 2
December	11. 25	11. 0	11. 25
Jahr	11. 57	11. 33	11. 34
Kältest. Mon.	11. 15	10. 80	10. 85
Wärmst. M.	11. 95	11. 80	11. 75
Unterschied	0. 80	1. 00	0. 90

3jähriges Mittel 11°.41.

Das Mittel des Orgelborn übertrifft im 3jährigen Durchschnitt das mehrjährige Luftmittel um 2°.00. Die jährliche Schwankung der Beuchire beträgt beinahe 1°, ebenso die des Orgelborn. Das Mittel der Beuchire war im 1. Jahre entschieden am höchsten, die Mittel des 2. und 3. Jahres waren bis auf 0°.02 gleich. Dasselbe eigenthümliche Verhalten ist uns vom Orgelborn bekannt, bei dem wir es näher erläutert haben. Bei der Beuchire waren im Jahre 1846 die Monatsmittel vom Januar bis October höher als im Jahre 1847. Dieselbe Erscheinung haben wir beim Orgelborn, nur noch vollständiger, gefunden, indem sie sich auf alle Monate des Jahres erstreckte (Taf. XI). Nur ein Monat machte in dieser Reihe eine Ausnahme. Wir erinnern uns, dafs in dem kalten Jahre 1847 der Mai ungewöhnlich warm war und dafs in Folge davon der Orgelborn in diesem Mai denselben Wärmegrad erreichte, wie im Jahre 1846. Um dieselbe Zeit, vielleicht ein wenig später, mufs auch in Pruntrut die Lufttemperatur bedeutend gestiegen sein. Die Wirkung davon war, dafs die Quelle im Juni 1847 wärmer wurde als im Juni 1846. — Die Beuchire mufs wasserreich sein, sie wird eine Fassung haben, aber keine Leitung, sie übertrifft das Luftmittel um mehr als 2°, kurz sie ist für Pruntrut was der Orgelborn für Marienberg.

Bis jetzt haben wir unter den auswärtigen Quellen eigentlich nur die Gräfenberger durch unsere Beobachtungen in Marienberg erläutern können. Die Gräfenberger Quellen entspringen aus zerklüftetem Felsboden und erleiden in Folge von Regeneinfluſs ähnliche Störungen ihres Wärmeganges, wie die Mühlthalquelle bei Marienberg. Seitdem haben wir nirgends mit Sicherheit ähnliche Verhältnisse erkannt. Alles was uns in Schweden und der norddeutschen Ebene von Quellen vorgekommen ist, fügte sich wenig oder garnicht den Marienberger Erfahrungen, es waren lauter Quellen aus Sandboden. Es gewährt uns daher eine lebhafte Befriedigung, sobald wir ins Gebirge eingetreten sind, sofort eine Quelle anzutreffen, für deren Verständniſs wir aus den Marienberger Beobachtungen einmal wieder Nutzen ziehen können. Diesmal handelt es sich nicht um eine jener oberflächlichen Quellen, wie die Mühlthalquelle und die Gräfenberger sind, wir haben eine der tiefer hervorkommenden vor uns, die wir überwiegend geologische nennen. Wir wenden uns jetzt zur Pâquis-Quelle, von der wir wissen, daſs sie einige Minuten von der Stadt aus einem gröſstentheils entwaldeten und mit Aeckern bedeckten Abhange entspringt.

2. Die Pâquis-Quelle.

	1846	1847	1848
Januar	10°.00	10°.00	10°.25
Februar	9. 88	9. 88	9. 38
März	10. 00	10. 00	9. 53
April	10. 30	9. 88	9. 63
Mai	10. 63	10. 63	10. 25
Juni	10. 93	10. 75	10. 63
Juli	11. 25	11. 25	11. 00
August	11. 68	11. 25	11. 50
September	11. 88	11. 50	11. 50
October	11. 63	11. 38	11. 25
November	11. 13	11. 38	10. 75
December	10. 38	10. 25	10. 38
Jahr	10. 81	10. 68	10. 50
Kältest. Mon.	9. 88	9. 88	9. 38
Wärmst. M.	11. 88	11. 50	11. 50
Unterschied	2. 00	1. 62	2. 12

3jähriges Mittel 10°.66.

Diese Quelle ist 2°.66 wärmer als die Luft im vieljährigen Durchschnitt. Wir schliefsen daraus, dafs sie aus etwas gröfserer Tiefe hervorkommt, als die Beuchire. Es fällt auf, dafs der Pâquis, obgleich er wärmer ist als die Beuchire, eine gröfsere jährliche Schwankung hat. Dieselbe beträgt beinahe 2°, genauer 1°.91 im 3jährigen Durchschnitt. Eine solche Vergröfserung der Schwankung kann entstehen dadurch, dafs das Wasser unmittelbar vor dem Orte seines Hervorkommens schon eine Strecke in der Nähe der Oberfläche fliefst, oder auch durch die Fassung in Form eines offenen Brunnens. In beiden Fällen wird die Einwirkung der Veränderungen der Luftwärme auf die Veränderungen der Quellwärme vergröfsert. Wir können auch den Pâquis durch einen auffallend ähnlichen Fall aus Marienberg erläutern. Der Salzbrunnen bei Salzig ist wärmer als der Orgelborn, aber seine jährliche Schwankung ist gröfser als die des Orgelborn. Der Salzbrunnen ist ein offener Brunnen, während der Orgelborn mit einer Brunnenstube übermauert ist. In der Gröfse der Erhöhung des Mittels über das Luftmittel und in der Gröfse der jährlichen Schwankung stimmt der Pâquis sehr nahe mit dem Salzbrunnen überein. Der Salzbrunnen (I, 491) war im 5jährigen Durchschnitt 12°.12 warm, also 2°.71 wärmer als die Luft und die jährliche Schwankung betrug, im 5jährigen Durchschnitt 1°.91. Der Pâquis verhält sich also zur Beuchire, wie der Salzbrunnen zum Orgelborn. — Auch die Pâquis-Quelle war im 1. Jahre am wärmsten. Sie war aber im 3. Jahre kälter als im 2. Wir sind nicht genau genug unterrichtet, um eine Erklärung der Höhen des Mittels in diesen 2 Jahren geben zu können.

3. Die Bonne-Fontaine.

Diese Quelle kommt am Fufse einer ganz bewaldeten Bergmasse hervor. Ob die Bonne-Fontaine höher liegt als die beiden andern Quellen, ist nicht gesagt. Wahrscheinlich ist es nicht, da sie (ebenso wie der Pâquis) nur einige Minuten von der Stadt entfernt sein soll.

	1846	1847	1848
Januar	9°.38	9°.38	9°.38
Februar	9. 38	9. 38	9. 68
März	9. 50	9. 75	9. 53
April	9. 63	9. 63	9. 88
Mai	9. 68	10. 00	9. 75
Juni	10. 00	10. 00	10. 00
Juli	10. 13	10. 00	10. 00
August	10. 43	10. 00	10. 13
September	10. 30	10. 13	10. 63
October	10. 18	10. 00	10. 00
November	10. 13	10. 00	9. 88
December	9. 63	9. 75	9. 63
Jahr	9. 86	9. 84	9. 87
Kältst. Mon.	9. 38	9. 38	9. 38
Wärmst. M.	10. 43	10. 13	10. 63
Unterschied	1. 05	0. 75	1. 25

3jähriges Mittel 9°.86.

Diese Quelle ist 1°.86 wärmer als die Luft im vieljährigen Durchschnitt. Ihr Mittel bleibt 0°.42 unter dem der Beuchire und 0°.80 unter dem des Pâquis. Es leidet keinen Zweifel, dafs auch das Mittel der Bonne-Fontaine schon eine beträchtliche Erhöhung durch die Erdwärme erhalten hat. Wir müssen uns immer wieder ins Gedächtnifs zurückrufen, dafs wir auf unserm jetzigen Standpunkte von keiner Quelle, deren Mittel die Luftwärme übertrifft, mehr behaupten dürfen, sie sei ganz frei von Erhöhung des Mittels durch die Erdwärme. Es handelt sich immer nur um ein weniger oder mehr von Erhöhung durch die Erdwärme. Man kann leicht zeigen, dafs es bei Pruntrut Quellen geben kann, die viel oberflächlicher entspringen als die Bonne-Fontaine und deren Mittel demzufolge niedriger sein mufs. Wir haben das Luftmittel für Pruntrut zu 8°.0 geschätzt und dürfen annehmen, dafs diese Stadt in 1385′ Meereshöhe im vieljährigen Durchschnitt schon 2 Monate haben wird, deren Mittel unter dem Gefrierpunkte liegen. Ein ganz ähnliches Verhalten ist uns von Stralsund durch Beobachtung bekannt. Das 20jährige Luftmittel ist daselbst 8°.08, das Mittel eines 9jährigen Zeitraumes haben wir genau 8°.0 gefunden, 2 Monatsmittel liegen unter Null. Eine sehr oberflächlich entspringende Quelle bei Stralsund war nur im im 9jährigen Durchschnitt 0°.57 wärmer als die Luft. Was bei Stralsund beobachtet worden ist,

ist vermöge der Dauer des Winterfrostes und der Schneedecke auch bei Pruntrut möglich, mit andern Worten, das Klima von Pruntrut macht schon Quellen möglich, die nur etwa 0°.6 wärmer sind als das vieljährige Luftmittel. Wenn wir nun eine Quelle antreffen, deren Mittel das Luftmittel um 1°.86 übertrifft, so sind wir genöthigt, sie für überwiegend geologisch zu erklären: denn die Dauer des Winterfrostes und der Schneedecke ist in Pruntrut, ebenso wie in Stralsund, nicht lang genug, um eine so grofse Erhöhung des Quellmittels zu bewirken.

Wenn nun die 3 Quellen in gleicher Höhe hervorkommen, wie ist dann die Verschiedenheit in der Höhe ihrer Mittel zu erklären. Ganz einfach durch die Annahme, dafs die durchschnittliche Mächtigkeit der Quellenschicht bei dem Påquis (10.66) am gröfsten, bei der Beuchire (10.28) etwas kleiner und bei der Bonne-Fontaine (9.86) noch kleiner ist, oder dafs die 1. Quelle am tiefsten, die 2. weniger tief und die 3. noch weniger tief hervorkommt. Diese Erklärung stützt sich auf alle von uns bisher gemachten Studien. Indefs hat Thurmann eine Vermuthung in Beziehung auf die Höhe des Mittels der Bonne-Fontaine ausgesprochen, die ich nicht ganz von der Hand weisen möchte. Er meint, diese Quelle sei deshalb kälter als die andern, weil sie aus dem Schatten des Waldes hervorkomme. Der alleinige Grund der niedrigern Temperatur dieser Quelle ist dieser Umstand nun ganz sicher nicht, aber etwas Wahres könnte doch wohl an Thurmanns Meinung sein. In Marienberg habe ich keine Gelegenheit gehabt, eine Quelle in oder aus einem Walde, der diesen Namen verdient, zu beobachten, uns ist auch sonst kein Jahrgang von Beobachtungen an einer Waldquelle bekannt geworden, die Bonne-Fontaine ist die erste Quelle dieser Art, die uns vorkommt. Wir müssen daher in der Beurtheilung vorsichtig sein. In den Temperaturen dieser Quelle fallen uns ein paar merkwürdige Erscheinungen auf, vor allem die fast völlige Gleichheit des Mittels in den 3 Jahren. Was will es sagen, dafs das Mittel im 1. Jahre 0°.02 höher war, als im 2.? Der Umstand, dafs das Mittel selbst in dem warmen Jahre 1846 sich nicht über das Gewöhnliche erhob, beweist, dafs der Ausflufsort der Quelle für die Einwirkung der atmosphärischen Temperatur sehr schwer zugänglich sein mufs. Diese Bemerkung wird bestätigt durch den späten Zeitpunkt, um welchen in der Bonne-Fontaine die erhöhete Luftwärme des Jahres 1846 bemerkbar wurde. Obgleich der ungewöhnlich warme Zeitraum schon im 1. Drittel des November 1845 seinen Anfang genommen hatte, blieb die Wärme der Quelle doch bis Mitte

Juni, also 7 Monate hindurch auf der gewöhnlichen Höhe [1]). Erst in den 5 Monaten Juli-November tritt eine kleine Erhebung über das Gewöhnliche ein. Nun denke man sich, dafs Beobachtungen der Luftwärme in einem Walde z. B. in 10′ Höhe über dem Boden angestellt werden. Welche Abweichung von den im Freien in derselben Höhe erhaltenen Ergebnissen wird man finden? Im Walde eine sehr grofse Abstumpfung der Extreme und höchst wahrscheinlich auch eine Erniedrigung des Jahresmittels. Denn die aufserordentliche Menge von Feuchtigkeit, welche im Walde in den Moosen, die den Erdboden und die Stämme überziehn und in den Nadeln und Blättern der Bäume hängen bleibt, mufs durch Unterhaltung der Verdunstung eine Temperaturerniedrigung im Jahresmittel bewirken. Wenn es wahr ist, dafs eine Gegend durch Entwaldung viel trockner und etwas wärmer wird, so mufs man schliefsen, dafs im Walde die mittlere Luftwärme niedriger ist, als in gleicher Höhe im Freien. Ich halte es also für möglich, dafs eine Waldquelle eine kleine örtliche Erniedrigung des Jahresmittels in Folge der Erniedrigung des Luftmittels erfahre. Nur um ein Beispiel zu geben will ich einmal annehmen, dafs die Bonne-Fontaine im 3jährigen Durchschnitt 10°.0 oder 10°.1 warm gewesen wäre, wenn sie, unter gleichen Verhältnissen der Höhe und Tiefe, aus einem nur ganz dünn bewachsenen Abhange hervorkäme. Dies beiläufig.

Das Hauptergebnifs unserer Untersuchung der Temperaturen der 3 von Thurmann beobachteten Quellen scheint mir vollkommen sicher zu sein. Die Beobachtung ergab folgende Mittel und folgende Erhöhungen über das wahrscheinliche Luftmittel des Ortes:

	3jähriges Mittel	Abweichung vom Luftmittel
Bonne-Fontaine	9°.86	+ 1°.86
Beuchire	10. 28	+ 2. 28
Pâquis	10. 66	+ 2. 66

Nachdem wir das Luftmittel annähernd bestimmt und unsere Marienberger Erfahrungen sowie die Stralsunder Beobachtungen zu Rathe gezogen haben, hat es sich klar herausgestellt, dafs die vorliegenden Quellen alle 3 überwiegend geologische sein müssen. Solche Quellen interessiren den Klimatologen freilich weniger, es ist aber un-

[1]) Wir dürfen freilich nicht übersehen, dafs auch der Pâquis in den ersten 3 Monaten des Jahres 1846 nur grade ebenso warm war wie in den ersten 3 Monaten des Jahres 1847.

erläfslich, dafs er sie genau kenne, um sie nicht fälschlich für vorherrschend klimatische zu nehmen.

Ich habe nun über die Verirrungen Thurmann's zu berichten. Dieser Mann unternimmt es, über Jahresmittel von Quellen zu urtheilen, ohne sich um die mittlere Luftwärme des Ortes zu kümmern und ohne dem Grund- und Hauptsatze, ohne welchen man keinen Schritt vorwärts thun kann, — ich meine die Thatsache, dafs die Erdwärme mit der Tiefe zunimmt — den allergeringsten Einflufs auf seine Erörterungen zu gestatten. Thurmann hat nur ein Ziel im Auge und auf dieses geht er blindlings los. Er wünscht zu beweisen, dafs die Oberflächenbeschaffenheit des Bodens und ganz besonders die physikalische Beschaffenheit der Bodenmasse einen wichtigen Einflufs auf die Höhen der Quellmittel ausüben. Da nun die 3 Pruntruter Quellen aus einer und derselben Felsart entspringen, so bleibt für Thurmann zur Erklärung der verschiedenen Höhe des Mittels dieser Quellen nur die Berücksichtigung der Oberflächenbeschaffenheit des Bodens übrig. Ich habe bereitwillig zugegeben, dafs in der Behauptung Thurmann's, die Bonne-Fontaine sei die kälteste, weil sie aus dem Schatten des Waldes hervorkommt, ein Theilchen Wahrheit sein mag, und meine Meinung über diesen Punkt bestimmter dahin ausgesprochen, dafs die Bonne-Fontaine in Folge ihres Ursprungs aus einem Walde eine kleine örtliche Erniedrigung des Mittels erleiden könne (ohne deshalb aufzuhören, durch die Erdwärme im Mittel bedeutend erhöht zu sein); aber ich verwahre mich gegen die Behauptung, zu welcher Thurmann dann übergeht, dafs der Pâquis in Folge seiner freien Lage das höchste Mittel habe. Ich möchte doch wissen, wie bei einer mittlern Luftwärme von etwa 8°.0 die »freie Lage« es anfangen soll, das Mittel des Pâquis auf 10°.66 zu bringen ohne Mitwirkung der Erdwärme. An dieser Stelle merkt der Leser zuerst zu seiner gröfsten Befremdung, dafs Thurmann auf die Wärmezunahme der Erde mit der Tiefe nichts zu geben scheint. Dieser Verdacht erhält sofort die vollste Bestätigung. Thurmann stellt nämlich eine Vergleichung zwischen der Wärme der Baseler und der Wärme der Pruntruter Quellen an und verfährt dabei auf folgende ihm eigenthümliche Weise. Die 7 von Merian erhaltenen monatlichen Reihen werden zu einer mittlern zusammengerechnet, die 7 Jahresmittel zum gemeinsamen Mittel; dies ist 9°.42. Ebenso werden die 3 × 3 in Pruntrut erhaltenen Reihen zu einer mittlern vereinigt, die 9 Jahresmittel zum gemeinsamen Mittel; dies ist 10°.27. Nachdem somit die Quellen an jedem der beiden Orte in ein Bündel zusammengefafst sind, findet Thurmann die merkwürdige Thatsache, dafs die Pruntruter Quellen wärmer sind als die Baseler. Was kann ein vernünftiger Mensch aus diesem Befunde anderes folgern, als dafs die Pruntruter Quellen aus bedeutend gröfserer Tiefe hervorkommen, als die Baseler, zumal da sie trotz ihrer um 554′ höhern Lage, noch 0°.85 wärmer sind? THURMANN zieht diese Folgerung nicht; er hält sich an die verschiedene Beschaffenheit des Bodens an beiden Orten. Die Baseler Quellen, sagt er, entspringen aus »Lehm«, der theils rein theils mit Kies vermischt ist, und aus Ablagerungen von Kieseln; diese Bodenmasse ist porös und hygroskopisch, sie wird vom Wasser durchdrungen und hält sich feucht. Die Pruntruter Quellen entspringen aus compactem Jurakalk, der weder porös noch hygroskopisch ist und daher trocken bleibt. Wirken nun gleiche Mengen atmosphärischer Wärme auf den Kalkstein und auf den Lehm, so mufs der Kalkboden einen höhern Wärmegrad erreichen als der Lehmboden, weil letzterer erst eine beträchtliche Menge Wärme verbraucht um sich austrocknen zu lassen. »Aus diesen Erwägungen möchte sich wohl die wichtige Thatsache ergeben, dafs, unter übrigens ganz gleichen Bedingungen, der Boden, wenn er aus dichten Felsarten besteht, wahrscheinlich eine höhere mittlere Wärme erreicht, als wenn er aus porösen und hygroskopischen Felsarten besteht«. Hiermit hat THURMANN seinen Hauptstreich geführt. Der Leser kann nun nicht umhin den Schlufssatz hinzuzudenken, dafs die Pruntruter Quellen wärmer sein werden als die Baseler, weil der Felsboden bei Pruntrut in der Nähe der Oberfläche eine höhere mittlere Jahreswärme erreicht, als in Basel. — Diese Erklärung der verschiedenen Höhe der Quellmittel ist sicher die oberflächlichste, die man sich ausdenken kann.

THURMANN führt dann noch einen grofsen Vorrath anderweitiger Beobachtungen ins Feld. Es sind sämmtlich Einzelmessungen an Quellen aus verschiedenen Höhen (welche sehr ungefähr in runden Zahlen geschätzt sind) aus verschiedenen Gegenden des Jura, ferner aus dem Schweizer Becken, den Alpen, den Vogesen, dem Schwarzwalde und der Schwäbischen Alp. THURMANN findet in diesen Beobachtungen eine Bestätigung seines Satzes, dafs die Quellen aus porösen und hygroskopischen Bodenarten kälter zu sein scheinen als Quellen aus dichtem Gestein. Für den strengen Forscher beweist dieser Wust von Beobachtungen wenig und keineswegs das, was THURMANN sich denkt.

Was hat THURMANN bewiesen? Er beginnt seine Abhandlung mit dem Satze, der Wärmegrad der Quellen sei eine wichtige k l i m a t o l o g i s c h e Gröfse, es bleibt ihm aber verborgen, dafs die Temperaturen seiner 3 Pruntruter Quellen viel mehr g e o l o g i s c h e n als klimatologischen Ursprungs sind. Es ist ihm begegnet, überwiegend geologische Quellen für vorherrschend klimatische zu nehmen, ein Mifsgriff, der stets, besonders im Gebirge, die gröbsten Fehlschlüsse gebären mufs. Thurmann hat eine leise Ahnung seines Schicksals gehabt, denn er sagt am Schlufs der Eingangsworte, dafs die Untersuchung der Temperaturverhältnisse der Quellen etwas sehr Schwieriges sei, *et qu'il est facile, non seulement d'observer d'une manière insuffisante, mais de tirer des conclusions fausses.* Die Wahrheit dieses Satzes hat Thurmann gründlich bewiesen, weiter aber nichts.

Wir müfsten in der Kenntnifs der Temperaturverhältnisse der Quellen viel weiter sein als wir sind, um mit Erfolg an die Untersuchung der Frage gehn zu können, die Herrn Thurmann vorschwebt. Dafs die Wärmecapacität und das Leitungsvermögen des Gesteins zur Bildung der Höhe des Quellmittels mitwirken werde, ja müsse, ist schon von andern Forschern ausgesprochen, und wenn Thurmann sich mit Behauptungen dieser Art im Allgemeinen begnügt hätte, so würde dagegen nichts zu erinnern sein.. Er meinte aber, die Gröfse dieser Einwirkung bestimmen, die Frage quantitativ beantworten zu können. Darin liegt der Unverstand, denn das ist nicht möglich. Ich will nur eine Hauptschwierigkeit andeuten, die sich der Ausführung dieses Unternehmens entgegenstellt. Wir wissen, dafs die Vergleichung von Quellmitteln an verschiedenen Orten erst dann einen Sinn hat, wenn man nachweisen kann, dafs die Schichten der Quellen gleiche Mächtigkeit haben. Es wird also darauf ankommen, die absolute Mächtigkeit der Schichten zweier Gebirgsquellen zu bestimmen. Diese Bestimmung ist unausführbar. Man denke sich zwei Quellen, deren Meereshöhe genau übereinstimmend 1300′ sei und welche beide einen Bergrücken über sich haben, der sich genau 800′ über dem Orte ihres Hervorkommens erhebt. Haben wir nun eine Gewähr dafür, dafs die durchschnittliche Mächtigkeit der Schichten beider Quellen gleich sei? Nein. Die obersten Zuflüsse der Quelle *A* kommen vielleicht wirklich aus 800′ Höhe herab, während die höchsten Zuflüsse der Quelle *B* nur 500 oder 400′ hoch herabkommmen. Die Zuflüsse von *A* sinken vielleicht recht mitten in der Masse des Bergrückens herab, während die Zuflüsse von *B* nirgends tiefer als 100 bis 150′ unter der Oberfläche verlaufen. Die durchschnittliche Mächtigkeit der Quellenschicht *A* kann also sehr verschieden sein von der durchschnittlichen Mächtigkeit der Quellenschicht *B*, wenn auch beide Quellen Bergabschnitte von gleicher Höhe über sich haben. Gesetzt nun auch, es sei gelungen, die nothwendige Voraussetzung, dafs für die beiden zu vergleichenden Quellen alle übrigen Bedingungen mit Ausnahme der geognostischen Formation völlig gleich sein müssen, für die andern Bedingungen zu erfüllen, so wird sich doch die wichtigste Bedingung, dafs die Schichten beider Quellen gleiche Mächtigkeit haben müssen, nicht mit Sicherheit verwirklichen lassen.

Blick auf die übrige Schweiz.

Aus der übrigen Schweiz giebt es nur Einzelmessungen an Quellen in verschiedenen Höhen. Die ältesten hat Buch zu Anfang dieses Jahrhunderts angestellt und im Jahre 1802 in der Bibl. brit. Band 19 S. 261 bekannt gemacht. Gilbert hat diese Beobachtungen im Jahre 1806 im 24. Bande seiner Annalen noch einmal veröffentlicht. Darauf kam Wahlenberg im Sommer 1812. Seine Messungen sind in seinem Werke »De vegetatione et climate in Helvetia septentrionali. Turic. 1813« mitgetheilt und bei Kämtz als Auszug zu finden. Es soll ferner auch Messungen von Horner geben. Gewifs ist, dafs Unger und Heer dergleichen gemacht haben. Die neuesten mir bekannten sind die von Thurmann. Einen kleinen Beitrag kann ich auch liefern. Ich bitte den Leser zu beachten, dafs meine Aufforderungen an Bekannte und Freunde, auf ihren Reisen Quellwärmebeobachtungen für mich zu sammeln, in die Jahre 1845 und 1846 fallen (siehe die Vorrede). Damals glaubte ich noch, aus solchen Einzelmessungen manche wichtige Folgerung ziehen zu können. Man weifs, dafs ich jetzt viel weniger Werth auf Beobachtungen dieser Art lege. Ich will aber doch, um nichts umkommen zu lassen, die Messungen des Prinzen von Württemberg in den Alpen für den Liebhaber hier mittheilen. Zu diesen Messungen diente ein richtig befundenes Thermometer nach C. von Artaria in Genf.

Quellwärmemessungen in den Schweizer Alpen

vom Prinzen W. v. Württemberg. Sommer 1847.

Datum 1847	Ort	Temp. der Quelle	Lage gegen	Höhe ungefähr	Bemerkungen
24 Juli	Oberhalb Leuk im Wallis, dicht an der Strafse in das Leukerbad	9°.0	S.	2770′	Sehr starke, reine Quelle mit 4 ganz gleich warmen Armen, aus einer steilen Kalkschieferwand. An einer durch ihre Hitze bekannten Stelle des Wallis.
24 Juli	Im Leukerbad, kleine Quelle an der Promenade	4. 8	S.	4360	Aus dem Rasen, der den südlichen Abhang des Hügels bildet, auf dem das Bad liegt.
25 Juli	Im Oeschinnenthal bei Kandersteg, 3 Qq.				Alle drei Quellen kommen aus dem mit Rasen bedeckten Schutthaufen einer alten Moräne und sind durch ein Thal von dem See getrennt.
	1. Starke Quelle gleich unter dem See	5. 15	W.	4600	
	2. Schwache dicht daneben . .	5. 6	dsgl.		
	3. Sehr starke 40 Fufs davon . .	5. 2	dsgl.		
30 Juli	Unter dem Liedelhorn über dem Oberaarglätscher	2. 1	S.	7300	Die Quelle kommt aus dem Grase. Ich mafs sie im Nebel nach 3tägigem Regen.
28 Juli	Auf der Wengeralp, fast oben	2. 4	O.	6400	Fast aus dem Gipfel eines freistehenden Hügels. Kommt aus Glimmerschiefer, der mit Gras überwachsen ist. Temperatur der Luft 20°.
1 Aug.	Im Labedunnerthal, einem kleinen westlichen Seitenthal der obern Tosath . . .	4. 8	O.	4000? höchstens	Unter einem Granitblock auf einer sumpfigen Wiese.
31 Juli	Im Eginnenthal, einem Seitenthal des obersten Wallis.	2. 9	O.	etwa 5000	Sehr stark, unter einem Gneifsblocke.
31 Juli	Am Nordende des Griesglätschers oberhalb der Eginnenquelle.	1. 1	N.	7000	Starke Quelle aus einer von Eis u. Schnee freien Glimmerschieferwand. Temperatur der Luft 1 Uhr Nachmittags 22°.5.
14 Aug.	Am Hospital auf dem Bernhard, 1000 Fufs unter dem Hospiz .	1. 1	NO.	6300	Dicht am Wege, unter einer Felswand. Aus Gneifs.

Früher stellte man Einzelmessungen an Gebirgsquellen in verschiedenen Höhen an, um die Abnahme der Bodenwärme, ja sogar der mittlern Bodenwärme mit der Höhe kennen zu lernen. In § 31 habe ich gezeigt, dafs dies Mittel nicht zum Ziele führt. Wir lassen die Bodenwärme bei Seite und fragen nur: Was kann heutiges Tages ein denkender Mann erfahren wollen dadurch, dafs er die Quellen in verschiedenen Höhen hinsichtlich ihres Wärmegrades mit einander vergleicht? Wir antworten: Die Erforschung des Abnahmeverhältnisses der Quellwärme mit der Höhe wird lediglich in klimatologischem Interesse unternommen. Das Klima ändert sich mit der Höhe. Indem man die Quellwärme eines höher gelegenen Ortes mit der eines tiefer gelegenen vergleicht, will man erfahren, ob und wie weit das Klima des höher gelegenen Ortes verändernd auf die Quellwärme und die Abweichung der Luftwärme von der Quellwärme gewirkt hat. Die Vorschrift, welche wir in § 72 über die Vergleichung der Quellwärme an verschiedenen Orten überhaupt gegeben haben, gilt auch für Quellen in verschiedenen Höhen. Erstlich versteht sich von selbst, was dort gar nicht besonders hervorgehoben ist, dafs man nur Mittel mit Mittel vergleichen soll. Zweitens mufs man Quellen haben, von denen man vorauszusetzen berechtigt ist, dafs der Antheil Erdwärme, den ihr Mittel enthalten mag, bei beiden nahezu gleich ist. Das ist der Sinn der Forderung, dafs die Schichten der zu vergleichenden Quellen gleiche Mächtigkeit haben sollen. Wir haben schon oben gezeigt, dafs sich diese Forderung im Gebirge nicht mit Sicherheit erfüllen läfst. Um so nöthiger ist es, dafs wir das Klima beider Orte näher kennen zu lernen suchen, um uns wenigstens die annähernde Sicherheit zu verschaffen, dafs wir gleichartige Quellen und zwar vorherrschend klimatische mit einander vergleichen. Vergleichen wir eine vorherrschend klimatische Quelle der untern Station mit einer überwiegend geologischen der obern Station, so fällt unsere Bestimmung des Abnahmeverhältnisses zu langsam aus. Machen wir den umgekehrten Fehler, so erhalten wir die Abnahme zu rasch. Es ist also klar, dafs sowohl auf der untern als auf der obern Station vollständige Beobachtungen einige Jahre hindurch angestellt werden müssen. Unter vollständigen Beobachtungen ist die Beobachtung der Luftwärme, die Regenmessung und die Beobachtung mehrerer Quellen, womöglich in der Höhe des Beobachtungsortes der Luftwärme, zu verstehn. Gesetzt in Basel (830') und in den 4 im Schweizer Becken gelegenen Städten Neuchatel (1350'), Genf (1220'), Bern (1790') und Zürich (1250') würden die Luftwärme, der Regen und die Wärme mehrerer

Quellen regelmäfsig gemessen, so könnten diese 5 Orte als untere Stationen dienen. Man müfste dann zu jeder derselben eine obere errichten. Die zu Basel gehörige würde im nördlichen Jura, die zu Neuchatel und Genf gehörigen Stationen würden hoch an den östlichen Abhängen des Jura zu stiften sein. Bern und Zürich sind vielleicht nicht so günstig gelegen, um als untere Stationen für die Alpen dienen zu können. Ich kann in dieser Beziehung keine Vorschläge machen, da ich die Schweiz nicht aus eigener Anschauung kenne. Man wird aber verstehn, was ich meine. Ich will nur sagen, dafs es wünschenswerth ist, dafs die untere Station und die dazu gehörige obere an derselben Seite des Gebirges liegen. Ich würde es auch nicht für vortheilhaft halten, wenn man Stationen errichtete, deren Höhenunterschied sehr bedeutend wäre, z. B. 4000 bis 6000′. Das Beste, was man bei hohen Bergen haben könnte, wäre eine Reihe von Stationen übereinander, die z. B. je 1500′ von einander abständen. Ich halte es für überflüssig, diese Andeutungen weiter auszuführen. Ich wollte nur angeben, wie man verfahren mufs, wenn man über die Abnahme der Quellwärme mit der Höhe möglichst richtige Kenntnisse erlangen will.

§ 77. Daubrée's Quellwärmemessungen im Rheinthal, in der Vogesenkette und am Kaiserstuhl.

Daubrée (*ingénieur des mines, professeur à la faculté des sciences de Strasbourg*) hat im Jahre 1849 eine kleine Abhandlung unter dem Titel »Mémoire sur la température des sources dans la vallée du Rhin, dans la chaine des Vosges et au Kaiserstuhl« veröffentlicht [1]), welche unsere aufmerksame Beachtung in Anspruch nimmt, obgleich der Verfasser nur Einzelbeobachtungen an Quellen in verschiedenen Höhen und aus verschiedenen Felsarten zu bieten hat. Als Ingenieur und Geognost von Fach brachte Daubrée Vorkenntnisse zur Beurtheilung der Quellentemperaturen mit, die jeder Beobachter dieser Temperaturen sich wünschen sollte; man mufs anerkennen, dafs er seine Beobachtungen mit viel mehr Umsicht und wissenschaftlichem Takt gesammelt und erörtert hat als seine Vorgänger auf diesem Felde gethan haben. Es ist daher unsere Pflicht, Daubrée's Ergebnisse sorgfältig zu prüfen, um zu entscheiden, was wir uns davon anzueignen im Stande sind und was wir zurückweisen müssen.

[1]) Annal. des Mines, IVme Série, Tome XV, Paris 1849. p. 459-473.

DAUBRÉE wünschte durch seine Messungen einige der Einflüsse kennen zu lernen, die zur Bildung des Wärmegrades einer Quelle zusammenwirken. Wie wirkt die Tiefe, in welcher der die Quelle speisende Behälter liegt? Wie wirkt die Natur und Lagerung des umgebenden Gesteins? Wie wirkt die Erhebung über das Meer? Dies sind die Fragepunkte, die DAUBRÉE vorzugsweise ins Auge faſste. — Alle Beobachtungen sind in verschiedenen Jahren vor 1849 mit einem sehr genauen hunderttheiligen Thermometer gemacht, an welchem sich die Zehntel schätzen lieſsen. Sie sind in dem folgenden Verzeichniſs zusammengestellt, welches man aufmerksam durchgehn muſs, weil es der Stoff ist, aus welchem DAUBRÉE seine kurz gefaſsten Ergebnisse zieht. Zu diesem Verzeichnisse sind einige Vorbemerkungen nöthig. 1) Der Verf. hat nicht alle Messungen ohne Unterschied in das Verzeichniſs aufgenommen, sondern denjenigen Quellen den Vorzug gegeben, von denen er wegen ihres Wasserreichthums vermuthen zu dürfen glaubte, daſs ihre Wärmeänderung im Jahre nur einige Zehntel betragen werde, daſs man also durch eine Einzelbeobachtung dem Mittel sehr nahe komme. Von denjenigen Quellen unserer Gegenden, die aus geschichtetem Gestein entspringen und die zu Tage kommen, ohne sich mit oberflächlichen Wassern zu mischen, behauptet DAUBRÉE ohne Umstände, daſs ihre Schwankung eben nicht gröſser sei[1]). Viel veränderlicher in ihrer Temperatur sind nach DAUBRÉE die Quellen, welche aus Diluvial- und Tertiärsand entspringen, und deren »Behälter« in nur geringer Tiefe liegen[2]). Zu den veränderlichern ge-

[1]) Die Voraussetzung, daſs die Wärmeänderung der beobachteten Quellen sehr klein sei, ist nothwendig für alle diejenigen, welche aus Einzelmessungen Schlüsse ziehn wollen, sie ist und bleibt aber unzuverlässig. Es ist in den meisten Fällen nicht möglich, einer Quelle anzusehn, ob ihre Schwankung ½ oder 1 oder 1½° betragen wird.

[2]) DAUBRÉE geht ohne Zweifel zu weit, wenn er zu allen Quellen, auch den oberflächlichen, sich stillschweigend einen eigenen Behälter hinzudenkt, aus dem die Quelle gespeist wird. Erwägt man die geringe Wassermenge und besonders den Wärmegang unserer 4 vorherrschend klimatischen Quellen in Marienberg, so muſs man die Vorstellung zurückweisen, als ob das Wasser für jede derselben sich erst in einem unterirdischen Becken sammle, ehe es zu Tage kommt. Die Wasser dieser Quellen flieſsen ohne Aufenthalt in einem Zuge, Adern bildend, durch das Gestein hindurch. Fände das Wasser der Mühlthalquelle einen Ruhepunkt, an dem es verweilte, so würde es nach starken Sommer- und Winterregen seine Temperatur mit der des Gesteins auszugleichen Zeit haben und keine vorübergehende Wärmeänderungen zeigen. Anders ist es mit den tiefer hervorkommenden Quellen, unsern überwiegend geologischen. Für diese ist die Annahme von Behältern, aus denen sie gespeist werden, gerechtfertigt, und ich

hören auch solche, die Durchsickerungen von Flüssen sind. Eine Reihe Quellen, die ihre Speisung aus der Moder erhalten, hatte Daubrée zwischen Bischwiller und Sufflenheim zu beobachten Gelegenheit. Sie sind sehr wasserreich, schwanken aber dessenungeachtet zwischen 8°.5 und 12°.5, also 4°. Daubrée schlofs also die Quellen, welche er aus irgend einem Grunde für zu veränderlich hielt, von dem Verzeichnifs aus. 2) Alle verzeichneten Quellen sind unmittelbar am Orte ihres Hervorkommens gemessen. Die Möglichkeit der Entstellung der Temperatur durch eine Fassung ist also entfernt. 3) Der Verfasser hat auf die Bestimmung und Schätzung der Höhen offenbar grofse Sorgfalt verwendet, denn der Unterschied von 2 aufeinander folgenden Höhen beträgt manchmal nur 5 Meter. Indem ich die Meter in Fufs übertrug, habe ich die Angaben in Fufs stets von 5 zu 5 Fufs abgerundet, um eine wenigstens ebenso grofse Genauigkeit herzustellen. Für 300^m = 923'.4 setze ich 925', für 330^m = 1015'.77 setze ich 1015' u. s. w.

Quellwärmemessungen in verschiedenen Höhen im Rheinthal und in Lothringen von Daubrée.

Ort	Höhe ungefähr	Temp. der Quelle	Felsart	Bemerkungen
Quelle des Rauschendwasser bei Niederbronn	555'	10°.6	Bunter Sandstein	
Verschiedene Brunnen in Lichtenthal bei Baden . .	555?	10. 6	Rother Sandstein	Diese Brunnen sind 36-60' tief.
Quellen bei Lichtenthal bei Baden	555?	10. 6	desgl.	
Quelle im Walde von Frohret bei Niederbronn	570	10. 5	Bunter Mergel	
Starke Quelle im Thale von Dossenheim, beim Zellerhof.	585	10. 5	Vogesensandstein	Diese Quellen liegen in einem Thale der Vogesenkette.
Andere starke Quelle daneben	600	10. 5	desgl.	
Quelle zu Niederbronn am östlichen Ende der Stadt	600	10. 3	Muschelkalk	

habe sie selbst im I. Bande gemacht. Denn von diesen müssen oder dürfen wir wenigstens annehmen, dafs die sie speisenden Wasser durch längeres Verweilen in einer bestimmten Erdtiefe die beständige Temperatur dieser Tiefe erhalten, die sie, mit geringen Schwankungen zwischen Winter und Sommer, Jahr aus Jahr ein an die Oberfläche bringen. Wir würden uns aber einer Uebertreibung hingeben, wollten wir diese Vorstellung auch auf die oberflächlichen Quellen ausdehnen.

Ort	Höhe ungefähr	Temp. der Quelle	Felsart	Bemerkungen
Quelle zu Wimenau.	615′	10°.6	Vogesensandstein	Auch diese Quelle kommt in einem Thale der Vogesenkette hervor.
Quellen zu Kintzheim . . .	615	10. 7	An einer Berührungsstelle des Muschelkalkes mit Granit	
Quellen in der Umgebung von Lembach	645	10. 2	Muschelkalk	
Quellen von Bonnefontaine, Gemeinde Altwiller. . . .	660	10. 3	Bunter Mergel	Diese Qq. gelten für mineralisch.
Quelle unten in der Stadt Buxwiller (Fischpfuhl). .	675	10. 5	Unterer Oolithenkalk	
Quelle zu Weiterswiller . .	690	10. 5	Vogesensandstein	
Quellen von Orschwiller . .	693	10. 7	Granit	
Quelle zu Avenheim	710	10. 8	Keuper	
Salzquelle von Diemeringen	710	10. 6	Unterer Muschelkalk	Zu Gorze bei Metz kommen 2 starke Quellen in derselben Höhe (ungefähr 710′) hervor. Diese sind 9°.8 und 10°.0 warm.
Andere Salzquelle ebendas.	710	10. 1	desgl.	
Quelle im Weiler Graufftbal bei Eschburg	740	10. 3	Vogesensandstein	
Quelle am Fuſs des Bastberges bei Buxwiller. . .	800	10. 3	Süſswasserkalk	
Quelle zu Wingen bei Lembach	800	10. 2	Bunter Sandstein	
Quelle zu Niederhaslach . .	830	10. 3	Unterer Muschelkalk	
Quelle zu Durstell	845	10. 1	Muschelkalk	
Der »Sandbrunnen«, westlich vom Klingenthal . .	860	10. 2	Vogesensandstein	
Quelle zu Siewiller.	860	10. 1	Muschelkalk	
Quelle zu Högen	860	9. 6	Vogesensandstein	
Quelle zu Marienbronn bei Lobsann.	890	9. 4	desgl.	Diese Quelle kommt auf dem Ausgehenden (?) einer Verwerfungskluft im Vogesensandstein hervor [1]).
Quelle zu Erlenhof bei Thal	890	9. 0	desgl.	
Quelle zu Honcourt bei Villé	925	9. 5	Uebergangsschiefer	

[1]) Cette source sort sur la faille terminale du grès des Vosges. Als Temperatur dieser Quelle steht gedruckt 0°.4; ich habe 9°.4 gesetzt als das Wahrscheinliche.

Ort	Höhe ungefähr	Temp. der Quelle	Felsart	Bemerkungen
Quelle zu Neufbois	925′	9°.1	Rother Sandstein	
Der »Teufelsbrunnen« im Walde von Villé	985	9. 7	desgl.	
Quelle bei Petersbach	1015	9. 4	Muschelkalk	
Quelle zu Meifsengotte . . .	1110	8. 6	Uebergangsgebirge	
Quelle der Moder zu Moderfeld	1155	8. 6	Vogesensandstein	
Quelle am Fufse des nördlichen Abhanges der Hohkönigsburg	1200	8. 6	Kohlenformation	
Quelle des Bergwerks von Grandfontaine bei Framont in den Vogesen	1460	8. 0	Uebergangskalk	Eine der stärksten Quellen der ganzen Gegend.
Andere Quellen am Fufse der Hohkönigsburg	1695	7. 6	Vogesensandstein	
Hochwaldquelle, wo es nach dem Feuerfelde hinaufgeht	1850	7. 5	Granit	
Andere Quelle nicht weit von der vorigen	1910	7. 2	Syenit	
Die reiche Quelle, welche aus dem Stollen von Terlingoutte bei Framont hervorkommt	1940	7. 1	Uebergangssandstein	
Quelle am Fufs des Climont	2155	7. 1	Vogesensandstein	
Andere Quelle am Fufs des Climont	2310	6. 4	desgl.	
Quelle des Schöfferlagers am Hohwald	2400	7. 2	Granit	
Quelle 1 Kilometer südlich vom Försterhause zur Rothlach (Feuerfeld) . . .	2525	6. 1	Syenit	
Quelle der Katzmatt (Feuerfeld)	2615	6. 5	Diorit	
Quelle der Magel (Feuerfeld)	2710	6. 6	Granit	
Quelle des Försterhauses zur Rothlach (Feuerfeld) . . .	2830	5. 8	Granit	

1. Mit Recht macht DAUBRÉE auf die nahe Uebereinstimmung aufmerksam, welche die ersten 20 Quellen des Verzeichnisses in ihrer Temperatur zeigen. Diese Quellen liegen theils in der Ebene, theils in den niedrigen Hügeln des Elsafs und in den Thälern am Fufs des

Schwarzwaldes und der Vogesen in Höhen von 555 bis 800′ und zwischen 48¼ und 49° Br. Sie entspringen aus geschichtetem Gestein von verschiedenen Formationen: der Tertiärformation, der Juraformation, dem Trias, dem Vogesensandstein und dem rothen Sandstein. Die Oberflächengestalt an dem Orte ihres Hervorkommens und ihre Lage gegen den Horizont ist ebenfalls verschieden. Die beobachteten Quellen hatten aber alle eine Temperatur zwischen 10°.1 und 10°.8. Die mittlere Höhe dieser Quellen ist 653′ und ihr durchschnittlicher Wärmegrad 10°.5. Daubrée fügt hinzu, dafs die grofse Wassermasse (*nappe d'eau*), welche den Kies des Rheinthals tränkt, in Strasburg nach Beobachtungen in den Jahren 1846 und 1847 eine Mittelwärme von etwa 10°.2 besitze, also etwas niedriger temperirt sei als die eigentlichen Quellen [1]).

2. Zu der Abnahme der Quellwärme mit der Höhe übergehend, spricht Daubrée als das Ergebnifs seiner Beobachtungen aus, dafs dieselbe keine gleichmäfsige ist. In der Ebene des Rheinthals und im Hügellande zwischen 555 und 860′ Höhe nimmt die Quellwärme nur langsam ab, in dem Verhältnifs von 1° für mehr als 600′. Kommt man dann an die steilen Abhänge von 860 bis 1110′ Höhe, so wird die Abnahme rascher, sie beträgt 1° für 370′. Von 1110′ aufwärts bis 2830′ ist das Abnahmeverhältnifs wie in der Ebene und im Hügellande: 1° auf mehr als 600′ (genau 1° auf 200ᵐ oder 616′). Da uns das Verzeichnifs der Beobachtungen vorliegt, so können wir nachsehn, wie Daubrée zu diesen Ergebnissen gekommen ist. In 555′ Höhe befindet sich die Quelle des Rauschendwasser bei Niederbronn = 10°.6. In 860′ Höhe haben wir 3 Quellen von verschiedener Temperatur, nämlich 10°.2, 10°.1 und 9°.6. Daubrée hat nicht das Mittel aus diesen 3 Beobachtungen genommen (was 1° für 508′ ergeben haben würde), sondern nach Gutdünken die Quelle zu Siewiller = 10°.1 als die richtige Quelle für 860′ Höhe gewählt. Diese ist

[1]) Unter den hier angedeuteten Messungen kann ich mir nichts anderes als Messungen der Brunnenwärme denken. Ich finde, dafs 14 Jahrgänge Brunnenwärmemessungen, welche Herrenschneider in Strasburg in der sehr geringen Tiefe von 16′ unter dem Erdboden anstellte (1815-1823 und 1831-1835), genau dasselbe Mittel 10°.2 ergeben. Strasburg liegt nur 450′ hoch. Wenn nun das Mittel der Brunnenwärme in Strasburg in 450′ Höhe 10°.2 ist, so soll die Mittelwärme der eigentlichen Quellen in 653′ Höhe 10°.5 betragen, also noch 0°.3 höher sein? Das ist gar nicht glaublich. Es wird uns hier zuerst fühlbar, dafs wir noch nicht recht wissen, welcher Art denn die Quellen eigentlich sind, die Daubrée für sein Verzeichnifs ausgewählt hat. Vorherrschend klimatisch wird man sie wohl nicht nennen können. Wir kommen auf diesen Punkt zurück.

0°.5 kälter als die Quelle des Rauschendwasser und liegt 305′ höher. Hiernach nimmt die Quellwärme zwischen diesen beiden Höhenpunkten in dem Verhältnifs von 1° auf 610′ ab. Die zweite Bestimmung, dafs die Abnahme von 860-1110′ Höhe 1° für 370′ betragen soll, läfst sich aus den Angaben des Verzeichnisses nicht ableiten. Der Unterschied der beiden Höhen ist 250′. In 1110′ Höhe haben wir nur die eine Quelle zu Meifsengotte = 8°.6. In 860′ Höhe haben wir aber wieder die Wahl zwischen den 3 Temperaturen 10°.2, 10°.1 und 9°.6, also für 250′ Erhebung eine Temperaturabnahme nach Belieben von 1°.6 oder 1°.5 oder 1°.0. Die Temperaturabnahme zwischen 860 und 1110′ Höhe ist also noch rascher als sie nach Daubrée's Ausspruch erscheint, sie beträgt mindestens 1° für 250′. Durch diese Berichtigung wird der Sinn des Daubrée'schen Ergebnisses nicht beeinträchtigt, sondern noch geschärft. Gegen die Bestimmung für die dritte Höhenstufe ist nichts einzuwenden. Die Quelle zu Meifsengotte in 1110′ Höhe hat 8°.6, die Quelle beim Försterhause zur Rothlach in 2830′ Höhe hat 5°,8. Auf dieser Strecke von 1720′ wird die Quellwärme 2°.8 niedriger, also 1° für 614′.

3. Nachdem der Verfasser unter 1. und 2. die Quellwärme für sich betrachtet hat, wendet er sich zur Vergleichuug der mittlern Quellwärme mit der mittlern Luftwärme. Die mittlere Quellwärme hat er für 653′ Höhe zu 10°.5 berechnet. Die mittlere Luftwärme bestimmt er nach folgenden Angaben, von denen die für Carlsruhe, Basel und Freiburg aus Walchner Handbuch der Geognosie. 2. Aufl. S. 188 geschöpft sind.

	Höhe	Luftwärme
Strasburg	443′	9°.8
Carlsruhe	363	10. 32
Basel	800	9. 62
Freiburg	862	9. 75
im Durchschnitt	617′	9°.87 oder 9.9

Da der Höhenunterschied von 653 und 617′ nur 36′ ist, so darf man wohl annehmen, dafs die mittere Luftwärme 9°.9 auch für die Höhe der Quellen Gültigkeit hat. Auf diese Weise findet Daubrée, dafs seine Quellen 0°.6 wärmer sind als die Luft. Gegen dies Ergebnifs ist zu erinnern, dafs die aus Walchner entlehnten Temperaturen alle 3 zu hoch sind und dafs namentlich die Bestimmung für Freiburg ganz unzuverlässig ist [1]). Ich setze mehr Vertraun in folgende Bestimmung:

[1]) Siehe Mahlmann in Dove's Repertorium Bd. 4 S. 69 (wo durch ein Versehn Freiburg »in Würtemberg« steht).

Strasburg	450′	9°.8
Basel	830	9. 3
im Durchschnitt	640′	9°.55

Die Höhe 640′ ist nur 13′ kleiner als 653, was gar kein Unterschied ist, und in dieser Höhe ist die Luftwärme gewifs nicht höher als 9°.55. Da nun die Quellen 10°.5 haben, so sind sie 0°.95 oder, in runder Zahl, 1° wärmer als die Luft. Es drängt sich uns hier wieder die Frage auf, wie die Quellen zu benennen sein mögen, die Daubrée für sein Verzeichnifs ausgesucht hat. Daubrée suchte nach Quellen, deren Wasserreichthum ihn zu der Annahme berechtigte, dafs ihre Schwankung nur einige Zehntel betragen werde. Er liefs einerseits die oberflächlichern Quellen fort, deren Schwankung ihm zu grofs vorkam, andrerseits schlofs er auch, wie wir unten sehn werden, diejenigen aus, die er wegen ihres Ursprungs aus Verwerfungsspalten für Thermen hielt. Ich möchte die Daubrée'schen Quellen weder für vorherrschend klimatische noch für überwiegend geologische erklären; wenn sie etwa 1° wärmer sind als die Luft, so dürfen wir annehmen, dafs dieser Ueberschufs zur Hälfte Wirkung des Klimas, zur Hälfte Wirkung der Erdwärme ist, dafs also die Quellen zwischen den vorherrschend klimatischen und den überwiegend geologischen die Mitte halten [1]). — »Der Ueberschufs der Quellwärme über die Luftwärme, sagt der Verf., scheint mit der Höhe zu wachsen, wie es bekanntlich auch mit zunehmender Breite der Fall ist. So ist z. B. zu St. Blasien auf dem Schwarzwalde in 2374′ Höhe die Luftwärme 5°.20; die mittlere Temperatur der Quellen ist aber in dieser Höhe 6°.8, sie übertrifft folglich die Luftwärme um 1°.6.« Die Bestimmung der Luftwärme hat Daubrée seiner Angabe zufolge aus Walchner. Ich habe in den mir zu Gebote stehenden Werken vergeblich nach Luftwärmebeobachtungen zu St. Blasien gesucht. Die Bestimmung der Quellwärme für die Höhe von St. Blasien scheint der Verfasser aus seinen Beobachtungen in den Vogesen abgeleitet zu haben. Die zweite Quelle am Fufse des Climont in 2310′ Höhe zeigte 6°.4, die Quelle des Schöfferlagers am Hohwald in 2400′ Höhe 7°.2; dies giebt im Mittel 6°.8 für 2355′ Höhe. Dieser Beweis durch die Beobachtung

[1]) Uns ist in Basel eine Quelle vorgekommen, welche in ähnlicher Weise zwischen den Gegensätzen der vorherrschend klimatischen und überwiegend geologischen Quellen in der Mitte zu stehn scheint; ich meine den St. Albanthal-Brunnen, eine äufserst reichhaltige Quelle, deren Schwankung nur 1°.1 betrug, und die im Mittel 0°.8 wärmer war als das vieljährige Luftmittel.

läſst sehr viel zu wünschen übrig; man müſste vor allen Dingen erfahren, worauf sich die Bestimmung der mittlern Luftwärme stützt. — Der Verfasser nimmt mit BUCH an, daſs die Abweichungsgröſse des Quellmittels vom Luftmittel in den verschiedenen Klimaten durch die Regenvertheilung im Jahre gebildet werde, und fügt (mit DOVE im Repertorium Bd. 3 S. 321) die Bemerkung hinzu, daſs in Ländern mit Winterfrost die Wärme des die Quellen speisenden Wassers aus einem doppelten Grunde höher wird als die Luftwärme, einerseits nämlich, weil die gröſste Wassermenge in den wärmsten Monaten fällt, andrerseits weil das in den kältern Monaten fallende Wasser mit einer höhern Temperatur eindringt, als die der Wintermonate ist. DAUBRÉE sagt noch ausdrücklich, daſs also in Gebirgen, in denen alljährlich viel Schnee fällt, die Quellwärme mit der Höhe langsamer abnehmen werde als die Luftwärme. — Endlich wundert sich der Verfasser darüber, daſs die aus geschichtetem Gestein hervorkommenden Quellen jener Gegend die Luftwärme nur um die geringe Gröſse von 0.°6 bis 1°,6 übertreffen. Aus dieser Thatsache glaubt er folgern zu müssen, daſs die in den Boden eindringenden Meteorwasser ihre Temperatur bis zu einer ziemlichen Tiefe hinab verbreiten, daſs jedoch die Behälter, aus denen die Quellen gespeist werden, im Allgemeinen in nur geringer Tiefe liegen (*sont généralement peu profonds*). — Es würde überflüssig sein, wollte ich gegenüber verschiedenen im Vorstehenden von DAUBRÉE ausgesprochenen Ansichten hier meinen jetzigen Standpunkt von neuem darlegen. Dies ist oben S. 158-163 und in § 72 zur Genüge geschehn.

4. DAUBRÉE hat diejenigen Quellen des Rheinthals, von denen er vermuthete, daſs sie die mittlere Luftwärme am Orte ihres Hervorkommens um mehr als 2° überträfen, besonders zusammengestellt. Alle diese Quellen haben das mit einander gemein, daſs sie, bei Verwerfung der Gesteinschichten, aus Dislocationsspalten entspringen. DAUBRÉE fand im Departement Niederrhein folgende Quellen dieser Gruppe:

	Höhe	Temperatur
Die Quelle zu Küttolsheim.	675′	11°.8
» » der Papierfabrik zu Reichshoffen. .	615	13. 5
» » zu Châtenois	555	14. 7
» » zu Soultz-les-Bains.	530	16. 2
» » zu Niederbronn	600	17. 2
» » der Papierfabrik zu Wasselonne . .	645	17. 5

Diese Quellen sind nach Daubrée ebensowohl Thermen wie die schon seit langer Zeit bekannten Quellen der Hube, die von Erlenbaden, Badenweiler, Baden-Baden, Wildbad und andern Orten. Diese warmen Quellen kommen alle aus tiefen Spalten hervor.

Hiermit habe ich die Beobachtungen und Ansichten Daubrée's darzulegen mich bemüht (mit Ausnahme der Messungen am Kaiserstuhl, welche einen kleinen Abschnitt für sich bilden. Siehe unten); es fragt sich nun, ob etwas und was durch diese Beobachtungen gewonnen ist? Soviele Ausstellungen wir auch im Einzelnen an Daubrée's Weise der Beobachtung und seinen Annahmen zu machen gehabt haben, so müssen wir doch Daubrée das Verdienst zuschreiben, zwei richtige Gedanken zuerst ausgesprochen und für einen derselben auch Beobachtungen von großer Wahrscheinlichkeit beigebracht zu haben. Beide Sätze betreffen das Abnahmeverhältniß der Quellwärme mit der Höhe.

1. Man wußte vor Daubrée, daß die mittlere Luftwärme an steilen Abhängen rascher abnimmt als an sanft ansteigenden, aber Niemand hatte vor ihm, auf Beobachtungen gestützt, ausgesprochen, daß dasselbe von der Abnahme der mittlern Quellwärme gilt. Auch der strengste Beurtheiler kann nicht so weit gehn, den Einzelmessungen, welche Daubrée in seinem Verzeichniß vereinigt hat, allen und jeden Werth abzusprechen. Durch die Ausschließung, welche Daubrée nach zwei Seiten hin übte, scheint es ihm gelungen zu sein, eine Auswahl von einigermaßen gleichartigen (aus gleicher Tiefe hervorkommenden) Quellen, wenigstens in der Mehrzahl, zu erhalten. So lange wir dies annehmen, haben die Werthe des Verzeichnisses Beweiskraft für das Abnahmeverhältniß der Quellwärme mit der Höhe. Von Wichtigkeit ist auch der Umstand, daß die Veränderung im Abnahmeverhältniß, welche sich aus den Beobachtungen ergiebt, nicht klein, sondern auffallend groß ist. Nachdem die Abnahme der Quellwärme im Hügellande bis zu 860′ Höhe nur 1° auf 508′ oder gar auf 610′ betragen hat, wird sie an den steilen Abhängen zwischen 860 und 1110′ Höhe so rasch, daß sie mindestens 1° auf 250′ beträgt.

2. hat Daubrée den Satz ausgesprochen, daß in unsern Klimaten der Ueberschuß der Quellwärme über die Luftwärme mit der Höhe zunehmen, daß folglich die Quellwärme langsamer abnehmen werde als die Luftwärme. Die zur Erläuterung beigebrachten Beobachtungen sind unzuverlässig, aber der Gedanke ist in sich richtig, und das ist auch etwas.

Es fragt sich, ob die Ergebnisse über die Abnahme der Quellwärme mit der Höhe, welche ich aus FORCHHAMMER's Beobachtungen auf den Faröer und aus meinen Beobachtungen bei Marienberg abgeleitet habe, sich mit DAUBRÉE Ergebnissen vereinigen lassen. Nachdem ich mit Hülfe der FORCHHAMMER'schen Beobachtungen gezeigt hatte, dafs die Abnahme der mittlern Quellwärme in gröfsern Höhen langsamer wird, und diese Wahrnehmung für ein allgemeines Gesetz erklärt hatte, glaubte ich (Bd. I S. 313) DAUBRÉE's Beobachtungen als unzuverlässig zurückweisen zu müssen, weil nämlich aus ihnen die von mir geforderte Verlangsamung der Abnahme der Quellwärme in gröfsern Höhen nicht hervorging. Jetzt sehe ich wohl, dafs DAUBRÉE's Ergebnifs sich mit meiner Behauptung vereinigen läfst. Der Satz, dafs die Abnahme der Quellwärme sich in gröfsern Höhen verlangsamt, ist allgemein gültig, unter der Voraussetzung nämlich, dafs auf der ganzen Höhenstrecke die Abhänge denselben Grad von Steilheit haben. Es ist wohl möglich, dafs auf den Faröer diese Bedingung verwirklicht ist, weil das »Kohlenlager«, dessen Quellen FORCHHAMMER untersuchte, nach allen Seiten hin senkrecht ins Meer abfällt. Sobald aber ein Wechsel in der Steilheit der Abhänge eintritt, wie es an den Vogesen der Fall ist, wird gröfsere Steilheit eine örtliche Abänderung, wenn man will, Störung in dem Abnahmegesetz hervorbringen. Durch Störungen aus örtlichen Ursachen wird die Gültigkeit des Gesetzes nicht aufgehoben. Aufserdem mufs ich auch nicht vergessen, dafs ich, was die Steilheit der Abhänge betrifft, durch meine eignen Beobachtungen im Rheinischen Grauwackengebirge zu demselben Ergebnifs gekommen bin, wie DAUBRÉE in den Vogesen. Nach 5jähriger Beobachtung und nach der zuverlässigsten Berechnung ergab sich (I, 513), dafs die Abnahme der Quellwärme mit der Höhe in der Höhenzone von 300-600′ betrug:

an dem steilen Abhange des Hirschkopf	1°	für 236′
in dem sanfter ansteigenden Michelsthal	1	für 353.

Ich fügte hinzu: »Die Vergleichung der beiden Abnahmeverhältnisse zeigt deutlich, dafs die Raschheit der Abnahme der mittlern Quellwärme vor Allem durch die Steilheit der Abhänge bedingt wird. In demselben Gebirge und in derselben Höhenzone nimmt die mittlere Quellwärme an steilen Bergen rascher, an sanftansteigenden Bergen langsamer ab.« Wenn nun aus DAUBRÉE's Beobachtungen in den Vogesen zu folgen scheint, dafs an den steilen Abhängen derselben in der Höhenzone von 860-1110′ die Abnahme mindestens 1° für 250′

beträgt, so stimmt dies Ergebniſs mit unsern Marienberger Ergebnissen aufs beste überein.

Fragt man uns, ob DAUBRÉE's Beobachtungen noch sonst etwas lehren, so müssen wir mit Nein antworten. So lange man nicht die mittlere Luftwärme am Orte des Hervorkommens der Quelle genau kennt und so lange man nicht an einem und demselben Orte mehrere Quellen von verschiedener Höhe des Mittels jahrelang aufmerksam beobachtet hat, so lange ist man nicht im Stande, sich haltbare Ansichten über die Temperaturverhältnisse der Quellen im Groſsen und Ganzen zu bilden. Ohne jene Grundlage verfällt man nothwendig in willkürliche Annahmen. Von den Temperaturverhältnissen der oberflächlichsten Quellen sieht DAUBRÉE ganz ab [1]). Die Quellen, die er sich für sein Verzeichniſs ausgewählt hat, hielt er für die gewöhnlichen oder eigentlichen, ohne einen Beweis für seine Meinung zu liefern; in diesen Quellen nimmt er offenbar noch gar keine Erhöhung durch die Erdwärme an, sie sollen den Ueberschuſs von 0°.6 bis 1°.6 über die Luftwärme klimatischen Einflüssen (der Regenvertheilung und dem Eindringen der Temperatur der Meteorwasser bis in eine gewisse Tiefe) verdanken. Erst wenn eine Quelle um mehr als 2° die mittlere Luftwärme am Orte ihres Hervorkommens übertrifft, soll sie eine Therme sein. Lauter unerwiesene und unerweisbare Annahmen.

Ueber die Quellen am Fuſs des Kaiserstuhls und die Ursache ihrer höhern Temperatur.

Auf dem rechten Rheinufer, 2 geographische Meilen nordwestlich von Freiburg, erhebt sich aus der Ebene des Rheinthals ein einzelner Basaltstock, der Kaiserstuhl genannt. Der höchste Punkt dieser Basaltmasse liegt 1720′ über dem Meere und 1170′ über der Ebene (welche sich folglich am Fuſse des Kaiserstuhls in 550′ Meereshöhe befindet). Der gröſste Durchmesser des Kaiserstuhls beträgt 15000 Meter d. i. reichlich 2 geographische Meilen. Am Fuſs dieser Bergmasse kommen viele Quellen hervor. Neben dem Sundgau (wo die Quellen aus dem obern Tertiärsand entspringen) ist dies die quellenreichste Gegend, welche DAUBRÉE im Rheinthal kennt. Ebenso fand der

[1]) Ich habe dem Verfasser vielleicht Unrecht gethan, indem ich ihn S. 234 Anmerkung beschuldigte, auch den oberflächlichen Quellen — ich dachte an die 4 vorherrschend klimatischen in Marienberg — eigene Behälter zugeschrieben zu haben. Denn von solchen Quellen weiſs DAUBRÉE überhaupt nichts.

Graf Mandelslohe die zahlreichen Basaltspitzen in Württemberg durch schöne Quellen ausgezeichnet. Wir übergehen die mineralogische Beschreibung des Basaltes, der in dem Basalt eingeschlossenen Kalkmasse und der Veränderungen, welche der Basalt im Kalk hervorgebracht hat, und halten uns an das über die Entstehung der Quellen Gesagte. Der Basaltfels, sagt Daubrée, ist nicht allein fein zerspalten, sondern an manchen Stellen ist auch die Masse selbst wegen ihres erdigen Zustandes für das Wasser durchgängig. Die Meteorwasser dringen also mit Leichtigkeit ein. Viele der Quellen sind sehr wasserreich, sie kommen im Grunde der kleinen Thäler und in den Verzweigungen derselben hervor. Besonders zahlreich sind die Quellen an der Gränze des Basalt und Löfs, welcher letztere dem tiefern Hinabsinken des Wassers eine Art Wehr entgegensetzt. Sie kommen bald aus der einen, bald aus der andern Felsart zwischen 615 und 860′ Höhe hervor, keine höher als 300′ über der Ebene. Die Wassermenge dieser Quellen verändert sich wenig vom Winter zum Sommer; ihre Temperatur wird daher auch nur sehr kleinen Schwankungen unterliegen. Die Temperaturen von 20 Quellen sind in folgendem Verzeichnifs zusammengestellt (im demselben befinden sich 2mal 3 Quellen von gleicher Temperatur). Die Höhen sind nicht besonders angegeben, weil sie alle zwischen 615 und 860′ liegen. Zur 3. Spalte ist zu bemerken, dafs diejenigen Quellen, deren Ursprung nicht näher bezeichnet ist, alle an der Gränze zwischen dem Basalt und Lofs hervorkommen.

Temperatur einiger Quellen aus dem Basaltstock des Kaiserstuhls (Baden).

Ort der Quelle	Temperatur	Felsart
Die Quelle des Kleinthals, 3000′ nordwestlich von Ihringen	13°.2	
Andere Quelle in demselben Thale	12. 5	Löfs
Drei Quellen in dem kleinen Thale nördlich von Ihringen	14. 5	
Quelle des kleinen Thales im Norden (*sic*) von Ihringen, Amt Ziegel	11. 6	
Eine andere starke Quelle im Norden von Ihringen	13. 1	
Quelle im Amte Himmelburg neben einer einzelnen Wohnung	13. 1	
Das sogen. Sauerwasser, 600′ westlich von der vorigen	12. 3	
Quelle in Zwarenbach, 9000′ von Ihringen . . .	12. 7	
Quelle des Brunnthals	11. 6	

Ort der Quelle	Temperatur	Felsart
Quelle des Mühlthals	12°.0	Basalt
Quelle zu Wasenweiler	13. 1	Basalt
Badequelle in Oberschaffhausen	12. 7	
Andere Quelle bei demselben Dorfe	12. 7	
Drei Quellen im Grunde eines kleinen Thales bei Oberschaffhausen, Amt Monisohl?	10. 8	
Quelle des Dorfes Vogtsburg	10. 4	Basalt
Quelle des kleinen Thals von Vogtsburg, beim Badloch	18. 1	Gränze des Basaltes und des krystallinischen Kalksteins.

Schlieſsen wir die letzte Quelle aus, welche viel wärmer ist, so finden wir, daſs der Wärmegrad der übrigen verschieden ist von 10°.4 bis 14°.5. Die Durchschnittstemperatur dieser 19 Quellen ist 12°.47 = 12°.5 (nicht 12°.4. Zählt man 19 Quellen, so muſs man auch aus 19 Temperaturen das Mittel nehmen), und diese Quellen liegen in durchschnittlich 740′ Höhe. Wir haben die mittlere Luftwärme für 640′ Höhe zu 9°.55 bestimmt. Für 740′ Höhe dürfen wir dieselbe zu 9°.4 annehmen. Die Durchschnittswärme der Quellen am Fuſse des Kaiserstuhls übertrifft also um etwa 3°.1 die mittlere Luftwärme, der kleinste Ueberschuſs ist 1°.0, der gröſste 5°.1. Alle diese Quellen (vielleicht mit Ausnahme der kältesten) werden folglich überwiegend geologische oder rein geologische sein.

Wie ist die hohe Temperatur dieser Quellen zu erklären? Nach Daubrée's Meinung auf folgende Weise: Bekanntlich kommen in der Nachbarschaft vulcanischer Gebirgsmassen häufig warme Quellen vor. Bei Neuffen in Würtemberg hat man beobachtet, daſs in einem von Basaltmassen durchsetzten Boden die Wärmezunahme nach der Tiefe ungemein rasch ist, indem sie 1° auf 32′ beträgt. Diese vulcanischen Massen scheinen in der Tiefe noch nicht gehörig abgekühlt zu sein, und mit dem Basalt des Kaiserstuhls möchte es sich wohl ähnlich verhalten. Die Quellen am Fuſs des Kaiserstuhls sind wärmer, weil die Behälter, aus denen sie gespeist werden, eine höhere Temperatur haben als alle in geschichteten Felsarten in derselben Meereshöhe gelegenen Behälter.

Da wir überzeugt sind, daſs die Flächen gleicher Erdwärme überall in den Bergen aufsteigen, so werden wir Daubrée's Hypothese so lange für überflüssig halten, als unsere Hypothese zur Erklärung der Erscheinungen ausreicht. Wir erklären die höhere Temperatur der Quellen des Kaiserstuhls wie wir die höhere Temperatur unsers Orgelborn erklärt haben. Die Meteorwasser, welche an der Oberfläche des Kaiserstuhls eindringen, erhalten beim Herabsinken in der Masse des Berges von der Erdwärme den Wärmezuwachs mitgetheilt, mit dem sie am Fufse wieder hervorkommen. Daubrée führt an einer andern Stelle an, nach Arago's Bestimmung betrage die Wärmezunahme der Erde nach der Tiefe 1° auf 62 bis 91'. Wir werden uns bei unserer Wahrscheinlichkeitsrechnung innerhalb dieser Gränzen halten. Zunächst müssen wir zu bestimmen suchen, wie warm eine vorherrschend klimatische Quelle (also eine solche, in welcher wir den Antheil Erdwärme möglichst klein anzunehmen berechtigt sind) in 1720' Meereshöhe sein mag (dies ist die höchste Höhe des Kaiserstuhls). Daubrée fand in den Vogesen eine Quelle am Fufs der Hohkönigsburg in 1695' Höhe 7°.6 warm. Nehmen wir an, dafs diese Quelle, gleich den meisten übrigen des Verzeichnisses, schon etwa $\frac{1}{2}$° wärmer war als eine gewöhnliche überwiegend klimatische Quelle, so können wir das Mittel einer überwiegend klimatischen Quelle in 1720' Höhe = 7°.1 setzen. Die Frage ist nun, ob Wasser, welches mit der Temperatur 7°.1 in 1720' Höhe in den Basalt des Kaiserstuhls eindringt, vermöge der bekannten Zunahmeverhältnisse der Erdwärme mit der Tiefe schon allein durch sein Hinabsinken in der Masse des Berges bis zu 740' Höhe bis auf 18°.1 erwärmt werden kann? Der Höhenabstand ist 980', die erforderliche Wärmezunahme 11°.0. Nun findet sich, dafs die Erdwärme im Kaiserstuhl nur 1° für 89' zuzunehmen braucht, damit das Wasser, welches am höchsten Punkte eindringt, in 740' Höhe mit der Temperatur der wärmsten Quelle = 18°.1 hervorkomme, denn $\frac{980}{89}$ ist 11.0. Ich behaupte nicht, dafs die Temperatur der wärmsten Quelle sich nur auf diese Weise bilden könne. Diese Quelle kann ja auch durch hydrostatischen Druck aus der Tiefe unter dem Löfs hervorkommen. Ich habe nur die Möglichkeit zeigen wollen, dafs die Quelle sich auf die angegebene Weise bilde. Wenn aber die wärmste Quelle sich auf die angegebene Weise bilden kann, so werden die weniger warmen Quellen von 14°.5 abwärts sich auf ähnliche Weise bilden können. Je kühler eine der übrigen 19 Quellen erscheint, desto oberflächlicher und kürzer haben wir uns den ganzen Verlauf des Wassers im Basaltberge zu denken. Es ist von selbst klar, dafs auch sehr viel von der wagerechten Tiefe des Berges, aus welcher das Wasser hervorfliefst, abhängen mufs. Denken wir uns, dafs verschiedene Quellen in mehr oder weniger wagerechter Richtung aus der Tiefe des Berges an die Oberfläche kommen, und dafs die Länge des Weges, den das Wasser zurückzulegen hat, beziehungsweise 400, 300, 200, 100, 50′ beträgt, so wird die Quelle, welche aus der gröfsten wagerechten Tiefe kommt, den gröfsten, und die Quelle, welche aus der kleinsten wagerechten Tiefe kommt, den kleinsten Wärmezuwachs von Seiten der Erdwärme erhalten. Meiner Meinung nach sind also die aus dem Basaltstock des Kaiserstuhls hervorkommenden Quellen deswegen wärmer, als die aus den geschichteten Gesteinen des Schwarzwaldes und der Vogesen in derselben Meereshöhe hervorkommenden Quellen, weil das eigenthümliche Gefüge des Basaltes den Meteorwassern in demselben tiefer hinabzusinken gestattet, als in den geschichteten Gesteinen derselben Gegend. Die Spalten zwischen den nur wenige Zoll im Durchmesser haltenden Parallelepipeden, aus denen der ganze Basaltfels besteht, lassen das Meteorwasser leicht in die Tiefe sinken und es fliefst erst da seitlich zu Tage ab, wo der Basalt auf geschichtetem Gestein aufsteht, welches eine undurchlassende Fläche bildet.

§ 78. Bischof's Quellwärmemessungen bei Bonn und in verschiedenen Höhen des Siebengebirges.

Herr Argelander hat im Jahre 1848 angefangen, die Luftwärme auf der Sternwarte in Bonn für das meteorologische Institut zu beobachten. Es sind erst 2 Jahrgänge bekannt gemacht. Von einer Bestimmung der mittlern Luftwärme für Bonn kann also nicht die Rede sein. Als Bischof seine Quellwärmebeobachtungen anstellte, gab es gar keine Luftwärmebeobachtungen in Bonn. Es ist jedoch zu bemerken, dafs für den Zweck, zu welchem Bischof beobachtete, die Kenntnifs des vieljährigen Mittels der Luftwärme in Bonn nicht unmittelbar erforderlich schien.

Die folgenden Höhenbestimmungen sind theils durch das geometrische Nivellement des Rheins, theils durch kleinere, an jenes sich anschliefsende geometrische Nivellements gewonnen [1]):

[1]) Sie sind ausgezogen aus von Dechen Die Höhenmessungen in der Rheinprovinz. In den Verhandlungen des naturhistorischen Vereins der preufsischen Rheinlande und Westphalens, Jahrgang 1851. S. 95-129. Siehe auch von Dechen Geognostische Beschreibung des Siebengebirges. In denselben Verhandlungen, Jahrgang 1852. S. 289.

Die Nullpunkte der beiden Pegel zu Bonn, des am Rheinthor und des am Krahnen	134′
Wasserstandszeichen vom 27 Februar 1784 in der ersten Fahrgasse zu Bonn, oberhalb der Eisbreche, auch Kopf genannt	173
Endpunkt des Hauptschienenweges am Bahnhof der Bonn-Cölner Eisenbahn zu Bonn	173
Poppelsdorfer Allee am Bahnhofe	170
Fufsboden des Zimmers in der Sternwarte in der Ecke, Platz des stationären Barometers	190.34

Bischof hat eine Anzahl Quellen theils auf dem linken Rheinufer von Poppelsdorf bis Godesberg, theils auf dem rechten Rheinufer in verschiedenen Höhen des Siebengebirges die 12 Monate September 1834-35 hindurch beobachtet [1]). Er mafs monatlich einmal, ohne sich streng an die Mitte des Monates zu halten. Bischof's Hauptzweck war, Jahresmittel der Quellwärme in verschiedenen Höhen des Siebengebirges zu erhalten, um zu untersuchen, ob diese Mittel wohl als zuverlässige Anzeigen der mittlern Bodenwärme in den entsprechenden Höhen gebraucht werden könnten [2]).

Wir betrachten zuerst die Quellen auf dem linken Rheinufer von Poppelsdorf bei Bonn bis Godesberg. Der Verfasser zählt 7 Quellen, wir schliefsen aber den Brunnen im chemischen Laboratorium in Bonn und die Mineralquelle in Godesberg (einen Eisensäuerling) als nicht streng zu unserm Gegenstand gehörend aus, behalten also 5 Quellen übrig. Dieselben entspringen am Abhange des zur Braunkohlenformation gehörigen Vorgebirges, welches sich von Poppelsdorf bis Godesberg hinzieht. Die Meereshöhe dieser Quellen ist nicht angegeben. Wir werden uns wohl nur wenig vom Richtigen entfernen, wenn wir dieselbe zu 210′ annehmen. Ueber die Quelle bei Dottendorf bemerkt der Verfasser, dafs sie ihr Wasser augenscheinlich von der Höhe des Vorgebirges her erhalte und sehr oberflächlich entspringen müsse, wie auch die Gröfse ihrer Wärmeänderung zeige. Ueber die 4 andern Quellen fehlt jede nähere Nachricht.

[1]) Wärmelehre S. 230.

[2]) Bischof fand das Ergebnifs aus verschiedenen Gründen durchaus unbefriedigend.

		1. Quelle bei Poppelsdorf	2. Andere Quelle bei Poppelsdorf	3. Quelle zwischen Kessenich u. Dottendorf	4. Quelle bei Dottendorf	5. Süfse Quelle bei Godesberg
1834	(August)	.	.	(10°.63)	(11°.75)	.
	September	11°.25	11°.25	10. 75	12. 25	11°.75
	October	11. 25	11. 25	11. 06	11. 75	10. 50
	November	9. 38	10. 12	10. 50	10. 50	9. 75
	December	9. 31	10. 00	10. 31	9. 75	9. 13
1835	Januar	9. 25	9. 75	10. 38	9. 44	8. 12
	Februar	9. 06	9. 50	10. 06	8. 75	*8. 81
	März	9. 00	9. 44	9. 63	8. 00	9. 50
	April	9. 25	9. 63	9. 75	8. 25	9. 75
	Mai	9. 75	9. 88	9. 75	8. 50	10. 38
	Juni	10. 12	10. 25	9. 81	9. 50	10. 50
	Juli	11. 00	10. 75	10. 13	10. 75	11. 00
	August	11. 38	11. 00	10. 37	11. 25	10. 75
	Jahr	10. 00	10. 23	10. 21	9. 89	10. 00
	Kältest. Mon.	9. 00	9. 44	9. 63	8. 00	8. 12
	Wärmst. Mon.	11. 38	11. 25	11. 06	12. 25	11. 75
	Unterschied	2. 38	1. 81	1. 43	4. 25	3. 63

Bei einem Besuche in Bonn zu Ende December 1845 habe ich versucht, die vorstehenden 5 Quellen aus eigener Anschauung kennen zu lernen. Ob es mir gelungen ist, dieselben Quellen aufzufinden, weifs ich nicht gewifs. Was ich fand, ist folgendes.

	Temperatur am 31 Dec. 1845
1. Bei Poppelsdorf das sogen. Pützchen [1]), ein offener Brunnen, aber von einer Nische halb bedeckt, 3½' tief	9°.4
2. Ferner bei Poppelsdorf das »Riesenpützchen« mit einem Häuschen überbaut, das nur eine seitliche niedrige Oeffnung hat	10. 3
3. Zwischen Kessenich und Dottendorf im Gehölz das »Sonnenpützchen«, ganz offen, einige Fufs tief . .	10. 25
4. Bei Dottendorf in der Probstschen Anlage eine Quelle aus einer gemauerten Wand durch eine eiserne Röhre hervorkommend (Jahreszahl 1720)	9. 6
5. Süfse Quelle bei Godesberg über der Mühle als offener Brunnen gefafst, 3½' tief.	9. 6

[1]) Das Volk nennt dort alle kleinen offenen Brunnen Pützchen (*puteus*?).

Die 3 letzten Quellen waren trübe. Es hatte in den vorhergehenden Tagen bei stürmischem Südwest unmäfsig geregnet. Vergleichen wir die von mir am 31 December erhaltenen Wärmegrade mit den Decembermessungen von Bischof, so findet sich, dafs wenigstens No. 1, 3, 4 sehr befriedigend übereinstimmen.

Jedermann weifs, dafs das Jahr 1834 aufserordentlich warm war. Wir haben daher zu beachten, ob bei einer oder der andern der 5 Quellen die Hitze der Luft eine ungewöhnliche Erhöhung im September und October hervorbrachte. Bei der 1. ist diese Vermuthung unbegründet, denn der August 1835 war wärmer als der September 1834. Bei der 2. finde ich auch nichts zu erinnern, denn es ist ganz in der Ordnung, wenn der September $\frac{1}{4}^{\circ}$ wärmer ist als der August. Die 3., von welcher wir eine Augustbeobachtung vom Jahre 1834 haben, scheint in den 3 Monaten August, September, October ungewöhnlich warm gewesen zu sein. Wahrscheinlich ist ihr Jahresmittel über das Gewöhnliche etwas erhöht. Bei der 4. und 5. Quelle ist mein Urtheil unsicher; im Zweifel nehme ich an, dafs die Jahresmittel nur wenig vom Gewöhnlichen abweichen. Wir erhalten folglich als einiges Vertrauen verdienend die folgenden 4 Jahresmittel in 210′ Höhe:

Quelle bei Poppelsdorf.	10°.00
Andere Quelle bei Poppelsdorf . .	10. 23
Quelle bei Dottendorf	9. 89
Süfse Quelle in Godesberg . . .	10. 00
im Durchschnitt	10. 03

Wir wenden uns nun zu den Quellen im Siebengebirge. Die folgenden Höhenbestimmungen sind ebenfalls aus der v. Dechen'schen Sammlung entnommen. Die zahlreichen von Herrn v. Dechen veröffentlichten Höhenbestimmungen im Siebengebirge rühren von ihm selbst und von mehreren seiner Freunde her. Die hier folgenden sind höchst wahrscheinlich von Herrn Bischof ausgeführt. Sie sind, wie alle übrigen Höhen in der Rheinprovinz, Pariser Fufs und vom Nullpunkt des Pegels in Amsterdam aus gerechnet [1]). Bischof hat 11 Quellen im Siebengebirge beobachtet. Da er aber 2 derselben (die

[1]) In Bischof's *Wärmelehre* S. 230 sind die Höhen der Quellen »über Königswinter« angegeben; diese sind durchgehends 190′ niedriger als die Meereshöhen. Seltsamer Weise findet sich ebendas. S. 233 die abweichende Angabe, die Höhen seien Höhen über dem Brunnen des chemischen Laboratoriums in Bonn. Wir können nichts thun, als uns an die Veröffentlichung vom Jahre 1851 halten.

Quelle am Quegstein, oberhalb der Wintermühle und die Quelle ebenda, aus der Spalte eines Sandsteins) mit Recht als unbrauchbar verworfen hat, so zählen wir von vorn herein nur die folgenden 9:

Ort der Quelle	Höhe	Felsart
1. Quelle oberhalb Rhöndorf, am Fufs des Drachenfels	218′	Trachyt
2. Quelle am Quegstein, unterhalb der Wintermühle.	351	Braunkohlensandstein, sehr zerklüftet
3. Quelle »Kunterbrunnen«	472	Trachyt-Conglomerat
4. Quelle an der Bronner Spitze	542	?
5. Bergbrunnen an der Wolkenburg	542	Trachyt-Conglomerat
6. Quelle am Fuchsschwanz, östlich des Rückens von der Rosenau nach dem Stenzelberg . .	655	Trachyt
7. Quelle im Taubenort am Abhange des Wasserfalles	741	Trachyt-Conglomerat und Trachyt
8. Quelle an der Usseroth- oder Ausrott-Wiese am Lohrberg	789	Trachyt
9. Quelle an der Gierscheid-Wiese am Lohrberg	942	Trachyt

Für Königswinter finde ich u. a. folgende Höhen:

Königswinter, Nummerstein oberhalb Mäurers Garten (geometrisch) . . . . 159′
Königswinter an der Thür der Kirche (barom.) 174
Königswinter, Haus No. 239, der Strafse gleich (barom.) . . 171

Es fehlt an jeder geordneten Beschreibung der Quellen. Die Angaben über die Felsart, aus welcher sie entspringen, habe ich aus zerstreuten Bemerkungen bei Bischof und aus v. Dechen's Geognostischer Beschreibung des Siebengebirges zu schöpfen versucht. Der Kunterbrunnen und der Bergbrunnen an der Wolkenburg kommen in engen Schluchten hervor; jener treibt den Sand am Grunde des Beckens ein wenig in die Höhe. Nur die 1. Quelle liegt im Rhöndorfer Thale, alle übrigen liegen im Wintermühlen- oder Mittelbachthale, welches bei Königswinter ausmündet und zwischen dem Oelberge (1429′) und dem Lohrberge (1355′) beim Margarethenkreuz (1027′) beginnt. Der untere Theil der Abhänge dieses Thals besteht gröfstentheils aus Trachyt-Conglomerat, über welchem sich erst die Rücken und Pyramiden der festen Gesteine erheben. Nur nach oben hin treten die Trachytmassen enger zusammen und die Conglomerate bilden nur flache Schalen an den Abhängen, ohne eine Bedeutung für die Oberflächengestaltung zu behalten. — Ich lasse hier die Beobachtungen selbst folgen. Die Februarmessung ist bei allen Quellen des Mittelbachthales ausgefallen und vom Verf. interpolirt. Von der 1. Quelle ist auch eine Beobachtung im September 1835 = 11°.00 vorhanden.

	1. Quelle bei Rhöndorf 218′	2. Q. unterhalb der Wintermühle 351′	3. Kunterbrunnen 472′	4. Bronner Spitze 542′	5. Wolkenburg 542′	6. Stenzelberg 655′	7. Taubenort 741′	8. Usseroth 789′	9. Gierscheid 942′
1834 September	11°.38	10°.50	10°.75	10°.12	10°.75	10°.38	9°.13	12°.50	9°.00
October	11. 50	10. 50	10. 75	10. 12	10. 75	10. 00	9. 25	12. 37	9. 25
November	11. 12	10. 00	10. 25	9. 81	10. 25	9. 25	8. 75	9. 37	8. 25
December	11. 00	9. 88	10. 25	9. 75	10. 12	8. 75	8. 75	8. 87	8. 13
1835 Januar	10. 75	9. 38	10. 12	9. 63	9. 75	8. 38	8. 75	8. 64	7. 94
Februar	10. 50	*9. 38	*9. 94	*9. 44	*9. 46	*8. 31	*8. 31	*7. 94	*7. 65
März	10. 38	9. 38	9. 75	9. 25	9. 19	8. 25	7. 88	7. 25	7. 37
April	10. 25	9. 38	9. 75	9. 25	9. 25	8. 25	8. 00	7. 62	7. 37
Mai	10. 25	9. 62	9. 88	9. 37	9. 50	8. 62	7. 75	7. 62	7. 50
Juni	10. 38	9. 75	10. 00	9. 63	9. 81	9. 00	8. 25	9. 00	7. 75
Juli	10. 69	9. 87	10. 00	9. 63	10. 00	9. 38	8. 50	10. 25	8. 13
August	10. 88	9. 87	10. 06	9. 75	10. 12	9. 50	8. 63	11. 25	8. 19
Jahr	10. 75	9. 79	10. 12	9. 65	9. 91	9. 00	8. 50	9. 39	8. 04
Wärmst. Mon.	10. 25	9. 38	9. 75	9. 25	9. 19	8. 25	7. 75	7. 25	7. 37
Kältest. Mon.	11. 50	10. 50	10. 75	10. 12	10. 75	10. 38	9. 25	12. 50	9. 25
Unterschied	1. 25	1. 12	1. 00	0. 87	1. 56	2. 13	1. 50	5. 25	1. 88

Bei der Quelle oberhalb Rhöndorf fällt die Höhe des Mittels auf. Sie ist 0°.72 wärmer als die in derselben Meereshöhe hervorkommenden 4 Quellen auf dem linken Rheinufer. Bischof giebt eine gute Erklärung dieser Erscheinung, indem er sagt: »Berücksichtigt man die Localität ihres Ursprungs, so verschwindet sogleich das Auffallende. Sie kommt nämlich unmittelbar am östlichen Fuſse des dort ungemein steil ansteigenden Drachenfels hervor. Zieht sich ihr Lauf auch nur einige (?) hundert Fuſs horizontal, oder doch weniger ansteigend, als der Abhang des Berges, fort, so kann das Ende dieses Laufes leicht hundert Fuſs unter der Bergfläche liegen. Sie kommt also, im Verhältniſs zum Berge, wahrscheinlich aus gröſserer Tiefe, als irgend eine der übrigen Quellen. Sie bringt daher eine höhere Temperatur aus der innern Masse des Berges mit und ist mithin eine Therme, obgleich sie gewiſs keine hydrostatisch aufsteigende Quelle ist.« Ich bin mit dieser Erklärung vollkommen einverstanden, die Quelle No. 1 ist für mich eine überwiegend geologische. Wenn nur nicht derselbe Gelehrte, sobald ihm ein Quellmittel zu niedrig vorkommt — dies begegnet ihm garnicht selten [1]) — stets und sofort mit der Behauptung bei der Hand wäre, die Quelle werde wohl Kälte von dem nächsten steilen Berge herabbringen! Die Quelle an der Usseroth-Wiese (No. 8) weicht durch die Gröſse ihrer Schwankung bedeutend von den übrigen Quellen ab, und ist offenbar in Folge der hohen Temperatur im September und October 1834 im Mittel ungewöhnlich hoch. Sie paſst daher nicht zur Vergleichung mit den übrigen Quellen. Es bleiben also nur 7 Quellen, No. 2-7 und No. 9, zur weitern Beurtheilung übrig. Ich habe es für meine Pflicht gehalten, Bischof's Beobachtungen aufmerksam zu prüfen, weil diese Beobachtungen einzig in ihrer Art sind. Es giebt sonst nirgends einen Jahrgang gleichzeitiger Beobachtungen so vieler Quellen in verschiedenen Höhen desselben Gebirges, und es wird wohl nicht sobald ein Anderer sich einer ähnlichen Mühe unterziehen. Um so verdrieſslicher ist es, die Ueberzeugung zu gewinnen, daſs die Beobachtungen durch den ungeschickt gewählten Anfangszeitpunkt verdorben sind. Wäre Bischof

[1]) Bekanntlich ist uns bei der geflissentlichen Prüfung aller vorhandenen Quellwärmebeobachtungen in Groſsbrittannien, Schweden, der Schweiz und Deutschland (die Marienberger Beobachtungen einbegriffen) keine Quelle vorgekommen, die im Mittel kälter war als das vieljährige Luftmittel am Orte ihres Hervorkommens. Die einzige scheinbare Ausnahme, der Lochbrunnen am Herbrigberg in Basel, bedarf noch der nähern Untersuchung.

mit dem geringsten meteorologischen Tact begabt, so hätte er die aufserordentliche Hitze vorübergehen lassen und seine Beobachtungen z. B. im December 1834 begonnen. Er hätte dann die Aussicht gehabt, ein ziemlich gewöhnliches Jahr der Luft- und Quellwärme zu erhalten. So aber läfst es sich nicht verkennen, dafs die Mittel aller 7 Quellen mehr oder weniger zu hoch ausgefallen sind. Es läfst sich aber nicht bestimmen, wieviel jedes Mittel erhöht ist, zumal da mehrere unter diesen Quellen auch noch durch die Erdwärme einen zu bedeutenden Wärmezuwachs erhalten zu haben scheinen, um mit den übrigen vergleichbar zu sein. Die Quellen No. 2–5 geben daher ohne Zweifel die Abnahme der mittlern Quellwärme mit der Höhe viel zu langsam an. Es bleiben uns nur die Quellen 6, 7 und 9 als etwas mehr Vertraun verdienend übrig. Als unterer Ausgangspunkt dient uns das Mittel 10°.03 in 210′ Höhe. Von da nimmt die mittlere Quellwärme ab

bis zu	655′	Höhe	in dem	Verhältnifs	von	1°	für	422′
» »	741	»	» »	»	»	1	für	347
» »	942	»	» »	»	»	1	für	368

Vergleichen wir bei jeder der 3 Quellen die Temperatur des August 1835 mit der des September 1834, so gewinnen wir die feste Ueberzeugung, dafs im Jahre September 1834–35 die Mittel der 3 Quellen über das Gewöhnliche erhöht waren, dafs folglich das Abnahmeverhältnifs der Quellwärme mit der Höhe zu langsam erhalten ist.

Es ergiebt sich also aus Bischof's Beobachtungen vom Jahre September 1834–35 mit ziemlicher Wahrscheinlichkeit, dafs im Mittelbachthale des Siebengebirges zwischen 210 und 942′ Meereshöhe die mittlere Quellwärme rascher als in dem Verhältnifs von 1° für 368′ abnimmt. Wenn ich bedenke, dafs die mittlere Quellwärme im Michelsthale bei Marienberg zwischen 300 und 600′ Höhe in dem Verhältnifs von 1° für 353′ abnimmt, so ist mir das soeben ausgesprochene Ergebnifs vollkommen glaublich, zumal wenn ich voraussetze, dafs der Grad von Steilheit, mit welcher das Michelsthal und das Mittelbachthal ansteigen, für beide Thäler durchschnittlich gleich ist.

Der Wunsch, aus den Bischof'schen Beobachtungen doch wenigstens einen kleinen Gewinn für die Wissenschaft abzuleiten, darf uns aber nicht zu weit führen. Wir erinnern daher daran, dafs die vorstehende Schlufsfolgerung auf der stillschweigenden Voraussetzung beruht, dafs sowohl das Mittel 10°.03 in 210′ Höhe als das Mittel

8°.04 in 942' Höhe vorherrschend klimatischen Quellen angehören, einer Voraussetzung, die nicht erwiesen ist und die sich erst annähernd erhärten lassen würde, wenn man von beiden Stationen mehrjährige Beobachtungen der Luftwärme hätte. Ich brauche nicht zu wiederholen, was ich Seite 232 f. gesagt habe. Es wird auch wohl Niemand sich die Mühe geben, an der Gierscheid am Lohrberg eine Station für die Beobachtung der Luftwärme und die Wärme der in derselben Höhe aufzufindenden Quellen zu errichten. Wir sind also einmal wieder bei unserm Grundsatze angekommen, dafs ohne eine genaue Kenntnifs der Luftwärme die Beurtheilung der Quellwärme und namentlich die Vergleichung der Wärme der Quellen in verschiedenen Höhen unsicher ist.

Nachträglich ist mir noch eine sehr willkommene Angabe über die Luftwärme in Bonn vorgekommen. In den Verhandlungen des naturhistorischen Vereins der preufs. Rheinlande und Westphalens, Jahrg. 11, Heft 4, S. IX findet sich eine von Herrn Argelander herrührende Mittheilung über seine Luftwärmebeobachtung in den 6 Jahren 1848-53. (Die Beobachtungen sind am Registerthermometer in 190'Höhe angestellt.) Die mittlere Temperatur der 5 Jahre 1848-52 war 7°.71 R. = 9°.64 C., das Jahr 1853 hatte aber nur 6°.83 R. = 8°.54 C. Vermuthlich kommt 9°.64 dem vieljährigen Luftmittel näher, als 9°.46. Eine Correction wegen der Beobachtungszeiten an diesen Mitteln anzubringen, ist mifslich, da in Salzuflen das Mittel aus den täglichen Extremen keiner Correction bedarf. Wir wollen einmal annehmen, die beiden genannten Mittel seien richtig bestimmt. Da wir das Mittel einer vorherrschend klimatischen Quelle bei Bonn in 210' Höhe zu 10°.03 bestimmt haben, so ergiebt sich, dafs das vieljährige Luftmittel sich daselbst etwa 0°.39 oder 0°.4 bis höchstens 0°.57 oder 0°.6 über das Quellmittel erhebt, ein Ergebnifs, welches mir sehr befriedigend zu sein scheint. Es ist höchst erfreulich zu sehn, wie dem Mangel an guten Luftwärmebeobachtungen jetzt an so vielen Stelllen abgeholfen wird.

§ 79. Beobachtungen, welche besser ungedruckt bleiben. — Studien über den Lauf der Chthonisothermen. — Rüge einer Irrlehre.

1. Beobachtungen, welche besser ungedruckt bleiben.

Ich habe auf Reisen in Deutschland manche Einzelmessung an Quellen, vorzüglich Gebirgsquellen, angestellt. Die letzte Hälfte des Juni 1852 brachte ich in Harzburg (Nordrand des Harzes, Mündung des Radauthals) zu. Wo man Quellen findet, läfst man das Messen nicht, wenn man sich auch sagen mufs, dafs wenig dabei herauskommen wird. Ich wurde in diesem Falle noch besonders dazu ermuntert durch das mit vieler Liebe gearbeitete Werk von W. Lachmann Nivellement des Herzogthums Braunschweig und des Harzgebirges. Braunschweig 1851, welches ich bei meinen Wirthen in Harzburg vorfand. Aus diesem Werke liefsen sich sowohl die Felsarten, aus denen die benachbarten Quellen entspringen, mit Bestimmtheit, als auch die Höhen theils mit grofser, theils mit genügender Genauigkeit entnehmen. Ich habe damals 11 Quellen in Höhen von 812 bis 1560′ einige Male beobachtet, die Quellen genau beschrieben und verschiedene mehr oder weniger scharfsinnige Bemerkungen hinzugefügt. Beinahe 6 Jahre früher, im Spätherbst 1844, auf der Rückreise von Gräfenberg habe ich in mehreren Wasserheilanstalten die Quellen gemessen. Die meisten Quellen fand ich in der Umgebung von Elgersburg. Der Ort liegt 1600′ hoch und man steigt von da in 2 Stunden zum Hauptgebirgsstock des Thüringer Waldes (die Schmücke in 2840′ Höhe) auf. Meine Messungen erhielten eine ansehnliche Vermehrung durch die Güte meines verehrten Collegen des Herrn Dr. Piutti, Directors der Anstalt, der im folgenden Jahre Reihen von Beobachtungen anstellte, welche die Monate April bis Juli, bei 3 Quellen auch schon den März umfassen. Damals gedachte ich, diese Beobachtungen mit verschiedenen daraus gezogenen Folgerungen später zu veröffentlichen. Als andere von mir besuchte Wasserheilanstalten nenne ich Ilmenau und Liebenstein, ebenfalls im Thüringer Walde, Kreischa bei Dresden, die Schweizermühle in der Sächsischen Schweiz und Tieffenbach in Böhmen. Auch die Temperatur einiger Mineralquellen habe ich gelegentlich bestimmt z. B. in Homburg an der Höhe und Pyrmont und zuletzt im Sommer 1853 in Reinerz, Charlottenbrunn, Altwasser und Obersalzbrunn, sämmtlich in Schlesien. Die Höhen liefsen sich wohl für den gröfsern Theil der genannten Quellen mit ziemlicher Sicherheit herbeischaffen, aber die Luftwärme ist für keine einzige bestimmt. Indem ich jetzt den ganzen Vorrath wieder durchsehe, halte ich es für das beste, ihn ungedruckt zu lassen. Nachdem ich mir soviel redliche und, wie ich hoffe, am Ende auch erfolgreiche Mühe gegeben habe, unsere Begriffe über die Temperaturverhältnisse der Quellen aufzuklären, würde es mir schlecht anstehn, wollte ich eine Menge Einzelbeobachtungen zu Markte bringen, aus denen ich selbst bei dem jetzigen Stande meiner Kenntnisse nichts Sicheres zu folgern weifs und die höchstens einen oder den andern

Leser zum Rathen verführen könnten. Mit Einzelbeobachtungen ist's nicht gethan. Wer heutiges Tages zur Erweiterung unserer Kenntnisse von den Temperaturverhältnissen der deutschen Quellen Beiträge liefern will, mufs mit Jahrgängen von Beobachtungen kommen und mit Luftwärmebeobachtungen dazu, wenn deren nicht sehr gute am Orte der Quelle bereits vorhanden sind [1]).

2. Studien über den Lauf der Chthonisothermen.

An mehreren Stellen der vorstehenden Untersuchungen habe ich das Bedürfnifs gefühlt, über die Richtung, in welcher in den Bergen die Wärmezunahme nach der Tiefe zu messen ist, und über den wirklichen Stand der Lehre von den Chthonisothermen mich näher zu unterrichten. Man nannte mir das III. Kapitel in NAUMANN's Geognosie Bd. I S. 41–76 als eine bündige Zusammenstellung unserer Kenntnisse über die Erdwärme [2]). Ich verdanke dem NAUMANN'schen Werke § 25 die Kenntnifs dessen, was schon CORDIER über diesen Gegenstand gedacht hat, die Erinnerung an die Aeufserungen POGGENDORFF's vom Jahre 1836 und die Hinweisung auf eine Bemerkung von HERSCHEL vom Jahre 1837; übrigens werde ich auf BISCHOF als den eigentlichen Begründer einer Lehre vom Lauf der Chthonisothermen zurückgewiesen.

Schon CORDIER erkannte im Jahre 1823, dafs die unterirdische Wärme in den Bergen etwas heraufrückt und überhaupt eine der Configuration des Terrains einigermafsen entsprechende Vertheilung beobachtet; er stellte daher die Regel auf, dafs bei Beobachtungen in Bergwerken die Temperatur jeder unterirdischen Station mit der des Oberflächenpunktes ihrer Verticale verglichen werden müsse.

POGGENDORFF, der von Anfang an die in- und ausländischen Untersuchungen über die Wärmezunahme der Erde nach der Tiefe aufmerksam verfolgt hat, forderte im Jahre 1836 in seinen Annalen Bd. 38 S. 600 f., dafs in Abhängen die Wärmezunahme nicht senkrecht auf den Horizont, sondern senkrecht auf den Abhang ermittelt werden müsse, und behauptete, dafs die Flächen gleicher Bodenwärme,

[1]) Was die Messungen der deutschen Mineralquellen betrifft, so erlaube ich mir bei dieser Gelegenheit zu bemerken, dafs man den Brunnenärzten wenig Glauben schenken kann, wenn sie in ihren Schriften die Versicherung geben, die Temperatur ihrer Quellen bleibe das ganze Jahr unverändert. Wenn die Brunnenärzte sich die Mühe geben wollten, ihre Quellen auch nur ein Jahr hindurch monatlich 1mal zu messen, so würden sie sich überzeugen, dafs die kalten und die kühlen Mineralquellen in der Regel noch Wärmeänderungen erleiden.

[2]) C. F. NAUMANN Lehrbuch der Geognosie, Bd. 1, mit 360 Figuren in Holzschnitt. Leipzig 1850.

bei der unregelmäfsigen Gestalt der Oberflächenerhebung, bis zu einer gewissen Tiefe einen unregelmäfsigen Verlauf haben müssen. »Wenn die Erdoberfläche vollkommen eben und horizontal ist, sagt Poggendorff, hat die Bestimmung des Orts, welcher einer beobachteten Temperatur angehört, von Seiten der Theorie nicht die geringste Schwierigkeit; er wird hier natürlich durch seinen lothrechten Abstand von der Oberfläche festgestellt. Wenn aber die Oberfläche eine schiefe Ebene darstellt, wenn das Bohrloch auf dem mehr oder weniger stark geneigten und unregelmäfsig geformten Abhang einer Anhöhe niedergetrieben wird: von wo ab müssen da eigentlich die Tiefen gezählt werden? Handelt es sich überhaupt alsdann noch um senkrechte Tiefen und nicht vielmehr um Perpendikel auf der Erdoberfläche? In der Voraussetzung einer sphärischen oder sphäroidischen Gestalt der Erdoberfläche, einem Fall, welchen die Wärmetheorie bisher allein betrachtete, gehören die Flächen gleicher Bodenwärme offenbar auch Sphäroiden an; wenn aber, wie wirklich, die Erdoberfläche eine ganz unregelmäfsige Gestalt besitzt, so müssen nothwendig die isogeothermen Flächen, bis zu einer gewissen Tiefe, ebenfalls an dieser Unregelmäfsigkeit theilnehmen, und zwar desto mehr, je näher sie der Erdoberfläche liegen.«

Im Jahre 1837 wurde es von Bischof und Herschel bestimmter ausgesprochen, (das Folgende sind Naumann's Worte) dafs die chthonisothermen Flächen, welche tiefer im Erdinnern ellipsoidisch sind, näher gegen die Erdoberfläche eine der Reliefform derselben entsprechende Umgestaltung erleiden und unter den Erhöhungen des Landes convexe, unter den Vertiefungen desselben concave Stellen erhalten müssen. Was Herschel's Antheil an dieser Lehre betrifft, so ist derselbe in dem vorstehenden Ausspruche Naumann's erschöpfend dargestellt. Herschel hat nämlich die Flächen gleicher Erdwärme nicht etwa zum Gegenstand einer besondern Untersuchung gemacht, sondern sich über dieselben nur ganz gelegentlich in einem Briefe an Lyell geäufsert, in welchem er allgemeine Gedanken über die Umbildungen der festen Erdkruste darlegt. Der Brief ist am Cap der guten Hoffnung den 20. Februar 1826 geschrieben und im London & Edinburg phil. magazine Bd. 11 S. 212 ff., vom Jahre 1837, (nicht Bd. 9!) im Auszuge mitgetheilt.

Offenbar hat Bischoff seine Gedanken über den Lauf der Chthonisothermen ganz selbstständig zur Reife gebracht. Dieselben sind im XVII. Kapitel seiner »Wärmelehre« Seite 172-198 zu einer Lehre entwickelt. Ich glaube dem Leser einen angenehmen Dienst zu erweisen, indem ich hier aus der ziemlich langwierigen Untersuchung einen Auszug folgen lasse, in welchem ich mich bemüht habe, die Hauptthatsachen und den Gang der Nachweisungen kurz zusammenzustellen. Die wenigen von mir hinzugefügten Bemerkungen sind unerheblich.

Die Chthonisothermen oder Flächen gleicher Erdwärme laufen in der Ebene der Erdoberfläche parallel. Was werden sie aber thun, wenn sie an einen Berg kommen. Werden sie in ihrer frühern Richtung, also parallel der Grundfläche des Berges, unter derselben fortlaufen, oder werden sie, sich nach oben krümmend, ansteigen, um unter dem Abhange der entgegengesetzten Seite wieder abzusteigen? Im ersten Fall darf der Wärmegrad im Innern des Berges an der Grundfläche nicht höher sein als die Bodenwärme draufsen am Fufs des Berges ist; im zweiten Falle mufs die Temperatur steigen, je mehr man sich, in wagerechter Richtung eindringend, der Mitte des Berges nähert.

Es giebt Beobachtungen, welche beweisen, dafs die Temperatur im Innern hoher Berge bedeutend höher steht als in gleicher Höhe in der Kruste derselben, dafs also der zweite Fall wirklich stattfindet. Ich stelle eine Beobachtung von Boussingault voran, die sich bei Bischof nur gelegentlich angeführt findet, weil ich sie für diejenige halte, welche den unmittelbarsten Beweis liefert. Diese Beobachtung giebt nämlich die Zunahme der Erdwärme in fast horizontaler Richtung an. Das erzführende Gebirge von Marmato ist so steil, dafs man es als eine enorme Wand aus porphyrartigem Syenit betrachten kann. In verschiedenen Höhen dringt man in sein Inneres durch Stollen. In einem dieser Stollen, 4494′ über dem Meere, ist die mittlere Temperatur am Eingang 20° und es findet nach dem Innern eine Temperaturzunahme von 1° auf eine Länge von ungefähr 102′ statt. Boussingault sagt »ungefähr«, weil diese Zunahme nicht regelmäfsig ist, sondern sich nach der Dicke des über dem Stollen befindlichen Felsens richtet, gleichsam nach dem Relief der Oberfläche des Gebirges variirt. Die Bergleute befinden sich schon in einer Atmosphäre, deren Temperatur sich der am Meere (27°.5) nähert. — Nach einer Beobachtung von Humboldt befinden sich die Arbeiter in den Gruben von Guanaxuato in Mexico (unter 21° 15′ N. Br.) in einer Tiefe von 1607′ in einer Atmosphäre von 36°.75. Diese Wärme übertrifft die des Aequators am Meere um 9°.25, obgleich dieser Punkt in 4617′ Höhe über dem Meere liegt. Im Innern des Berges nimmt also die Temperatur mit der Höhe weder in demselben

Verhältnifs wie in der Luft, noch in demselben Verhältnifs wie in der Kruste des Berges ab, sondern das Innere des Berges ist in beträchtlichen Höhen noch bedeutend wärmer als der Erdboden am Fufse des Berges. — Boussingault fand die mittlere Bodentemperatur in der Hacienda del Rodeo in 4128′ Höhe über dem Meere 20°, Humboldt in der Mina del Purgatorio in Peru, ungefähr 11200′ über dem Meere und nahe in gleicher Breite, 19°.6. Die Chthonisotherme von 20° steigt also von jenem Orte bis zu diesem um 7072′ an. — Ein Aufsteigen der Chthonisothermen in Gebirgen von geringerer Höhe ergiebt sich auch aus Beobachtungen, die in der Schweiz angestellt sind. In dem Bohrloche zu Pregny bei Genf fand man 680′ unter der Oberfläche und 511′ über dem Meere eine Temperatur von 17°.25. Dieselbe Temperatur fand Saussure in der Grube zu Bex 677′ unter Tage und ungefähr 2300′ über dem Meere. Die Chthonisotherme von 17°.25 steigt also von Genf bis Bex, welches in gleicher Breite liegt, um ungefähr 1789′ an.

Ich leugne nicht, dafs einer oder der andere der im Vorstehenden angegebenen Werthe der Kritik einen Angriffspunkt bietet, wodurch die Beweiskraft geschwächt werden kann. Es wird aber nicht gelingen, die Beweiskraft aller wegzustreiten. Im Allgemeinen thun diese Beobachtungen empirisch dar, dafs die Chthonisothermen in den Bergen wirklich ansteigen.

Es entsteht nun die Frage, von welchen Bedingungen die Neigung der Chthonisothermen gegen den Horizont in den Bergen abhängt? Sie wird abhängen von der Neigung des Bergabhanges, von dem Abnahmeverhältnifs der mittlern Luftwärme mit der Höhe und von dem Zunahmeverhältnifs der Erdwärme nach der Tiefe. Wenn man die Tiefe unter der Erdoberfläche bestimmen will, sagt Bischof, in welcher die Temperatur um 1° zugenommen hat, so kann man sie entweder in senkrechter Richtung gegen den Horizont oder in senkrechter Richtung gegen die äufsere Erdfläche messen. Auf einer horizontalen Ebene fallen beide Richtungen zusammen, hier ist also keine Unterscheidung nöthig. Anders verhält es sich aber in den Bergen. Eine einfache Betrachtung zeigt indefs, dafs die Richtung, nach welcher die Temperaturzunahme in den Bergen gemessen wird, nicht auf dem Horizont, sondern auf der geneigten Fläche des Berges senkrecht stehn müsse. Denken wir uns den äufsersten Fall, nämlich einen senkrechten Bergabsturz, so ist klar, dafs die Lufttemperatur auf diesen senkrechten Abhang wie auf jeden andern Theil der Erdoberfläche einwirkt und dafs die Wärmezunahme nach der Tiefe in diesem Abhange in wagerechter Richtung in den Berg hinein (also senkrecht auf den senkrechten Abhang) bestimmt werden mufs. (Wir haben diesen äufsersten Fall schon auf empirischem Wege kennen gelernt) [1]). Was sich an einem Berge, der einen senkrechten Absturz bildet, am anschaulichsten zeigt, wird auch bei mehr oder weniger gegen den Horizont geneigten Bergflächen gelten. Wir denken uns 1) einen kegelförmigen Berg, dessen Seitenflächen 30° Neigung gegen den Horizont haben. In der Richtung, die auf der Seitenfläche senkrecht steht, wird die Wärmezunahme mit derselben Raschheit erfolgen, wie in der Ebene, sie wird z. B. 1° für 92′ betragen. Dringen wir aber von der Spitze aus senkrecht gegen den Horizont in den Berg ein, so werden wir etwas tiefer steigen müssen, ehe wir 1° Temperaturzunahme finden. Die Berechnung lehrte in einem gegebenen Falle, dafs in dieser Richtung die Wärme erst für 101′.9 um 1° abnahm. Wir denken uns 2) eine Hochebene, die in einen sanft geneigten Abhang abfällt. In dem Abhange wird die Wärme langsamer zunehmen, wenn man senkrecht gegen den Horizont, als wenn man senkrecht gegen die Fläche des Abhanges eindringt. In der Hochebene nimmt, in einer gewissen Entfernung vom Rande, die Wärme in demselben Verhältnifs zu wie in der Ebene. In einem von Bischof gesetzten Falle ergab die Rechnung, dafs man sich nur 24′.7 vom Rande des Abhanges zu entfernen brauchte, um in der Hochebene die normale Zunahmegeschwindigkeit anzutreffen. Wir denken uns 3) einen Berg von unregelmäfsiger Oberflächengestalt. In einem solchen mufs der Lauf der Chthonisothermen ebenfalls ein unregelmäfsiger sein; derselbe läfst sich aber durch Rechnung unschwer bestimmen.

Es ist also klar, dafs die Zunahmegeschwindigkeit der Wärme nach der Tiefe in Abhängen, wenn man senkrecht gegen den Horizont eindringt, stets langsamer sein wird, als in der Ebene, und dafs die Langsamkeit desto gröfser wird, je gröfser der Winkel ist, den der Abhang gegen den Horizont macht. Am langsamsten wird die Erdwärme zunehmen in hohen Spitzen, etwas rascher in scharf geschnittenen Kegelbergen, wieder ein wenig rascher in Bergen von Glockenform, noch rascher in breiten Kuppen und flachen Rücken; unter Hochebenen endlich wird, wie schon bemerkt wurde, die Zunahmegeschwindigkeit ebenso rasch sein wie unter der Ebene.

[1]) Die Fälle, deren im Folgenden gedacht wird, hat Bischof durch Figuren und trigonometrische Ableitungen erläutert, welche ich a. a. O. S. 178-183 nachzusehn bitte. Die folgenden Umschreibungen werden hoffentlich auch verständlich sein.

Hiernach scheint es mir nicht zweifelhaft zu sein, wie die Tiefe eines Bohrlochs zu messen sein wird, welches in einem Abhange niedergetrieben ist. Gesetzt, das Bohrloch habe bei 500′ Tiefe die Grundfläche des Berges erreicht, so mufs von diesem Punkte aus ein Perpendikel auf die geneigte Ebene des Abhanges gezogen werden. Das Perpendikel ist die kürzere Linie, die Länge betrage 400′. Man darf voraussetzen, dafs in der Richtung des Perpendikels die Wärmezunahme in demselben Verhältnifs stattfindet wie von der Grundfläche des Berges an abwärts. Als äufsere Temperatur wird man also die mittlere Bodenwärme desjenigen Punktes nehmen müssen, in welchem das Perpendikel den Abhang trifft, und die Tiefe des Bohrlochs von der Oberfläche bis zur Grundfläche des Berges, welche in der That 500′ beträgt, wird man mit nur 400′ in Rechnung bringen dürfen. Dann hat man die Störung, welche durch den Abhang entstanden ist, entfernt. Der Fall ist dann derselbe, als wenn das Bohrloch in der Ebene niedergetrieben wäre.

Wenn eine Quelle am Fufse eines Abhanges mit erhöheter Temperatur hervorkommt, und wir berechnen wollen, ob das Meteorwasser wohl durch blofses Herabsinken in dem Abhange oder in der Masse des Berges den Temperaturzuwachs von Seiten der Erdwärme mitgetheilt erhalten haben kann, so haben wir nun gelernt, dafs im Abhange das Zunahmeverhältnifs der Erdwärme in senkrechter Richtung auf den Horizont stets langsamer anzunehmen ist als in der Ebene. Nimmt die Erdwärme in der Ebene für 92′ um 1° zu, so nimmt sie in einem sanftgeneigten Abhange vielleicht für 100′, in einem stärker geneigten erst für 110′ Tiefe um 1° zu [1]).

Sowie die Chthonisothermen in den Bergen sich nach oben biegen, so biegen sie sich umgekehrt unter dem Meere, den Seen und unter den Gletschern nach unten. Wir können uns füglich mit der Anführung eines Beispiels begnügen. Zwischen zwei Punkten von gleicher Wärme, von denen der eine am Ufer eines Sees, der andere unter dem Seegrunde liegt, mufs, wenn der See einige Tiefe hat, ein bedeutender Abstand stattfinden. Wir haben schon oben die sehr zuverlässigen Beobachtungen in dem Bohrloch zu Pregny bei Genf

[1]) Naumann bedient sich für die Tiefe, für welche die Erdwärme um 1° zunimmt, eines abgekürzten Ausdrucks, der wohl verdiente, allgemeiner angenommen zu werden. Er nennt diejenige Tiefe, welche einem Grade Temperaturzunahme entspricht, die geothermische Tiefenstufe oder kurzweg die Tiefenstufe. In dem obigen Falle würden wir sagen: Ist die Tiefenstufe in der Ebene 92′, so wird sie in den Abhängen 100 bis 110′ grofs sein.

erwähnt, in welchem man in 680′ Tiefe die Temperatur 17°.25 fand. Diese Tiefe liegt nahe in dem gleichen Niveau mit dem Seegrunde bei Genf. De la Bèche fand die Temperatur des Sees am Grunde, mithin auch die des Seegrundes 6°.38. Nimmt die Temperatur unter dem Seegrunde in demselben Verhältnifs zu wie in jenem Bohrloch, so liegt der Punkt unter dem Seegrunde, welcher die Temperatur 17°.25 hat, 979′ unter dem Tiefsten des Bohrlochs [1]).

Bischof beschliefst seine lehrreichen Nachweisungen über die Hebungen und Senkungen der Flächen gleicher Erdwärme durch die bekannte Rechnung, welche zeigt, dafs die Leucker Quellen ihre hohe Temperatur (51°.9) durch blofses Herabsinken der Meteorwasser in der Masse des Balm-Horn erhalten haben können, dafs also die Entstehung der Thermen nicht immer ein hydrostatisches Aufsteigen aus der Tiefe voraussetzt. Von einem Gegner der Bischof'schen Lehre habe ich wohl behaupten hören, wenn die Chthonisothermen in den Bergen wirklich aufstiegen, so müfste man am Fufse hoher Berge lauter heifse Quellen hervorkommen sehn. Ich sehe wirklich nicht ab, worauf diese übertriebene Behauptung sich stützen soll. Offenbar können am Fufse eines hohen Berges Quellen jeder uns bekannten Art hervorkommen, von den überwiegend klimatischen Quellen, deren Mittel das Luftmittel nur um einige Zehntel übertrifft, bis zu den heifsen Quellen. Die Gröfse, um welche das Quellmittel das Luftmittel übertrifft, hängt ja hauptsächlich von der Tiefe ab, bis zu welcher es dem Meteorwasser zufällig (d. h. vermöge des Gefüges des Gesteins) möglich war, unter die Oberfläche hinabzusinken, ehe es den Rücklauf an die Oberfläche antritt. Mich dünkt, dieser Satz müsse durch die vorstehenden Nachweisungen über die Chthonisothermen für Jedermann noch an Anschaulichkeit gewonnen haben. Finden wir am Fufse eines hohen Berges eine kleine bescheidene Quelle, wie die Michelsquelle, so wird die nähere Untersuchung, falls sie möglich ist, lehren, dafs das Wasser vielleicht nur aus 80′ Höhe herabkommt und nirgend tiefer als 15′ in senkrechter Richtung auf den Abhang in die Kruste des Berges eindringt. Finden wir andere Quellen, deren Mittel das Luftmittel um 0°.5 bis 1°.0 bis 1°.50 übertreffen, so können wir gar nicht umhin, anzunehmen, dafs die Speisung derselben schon tiefer in die veränderliche Kruste des Berges und vielleicht schon über dieselbe hinaus eingedrungen ist; und so werden wir Schritt für Schritt weiter geführt zu den

[1]) Nach den genauesten Angaben bei Bischof S. 250 f. erhalte ich 999′.

heifsen Quellen. Nur für eine Art von Quellen finde ich keinen Platz. Quellen, die Kälte aus der Höhe herabbringen und deshalb am Orte ihres Hervorkommens kälter sein sollen als die Luft, können sich unter gewöhnlichen Verhältnissen gar nicht bilden, sie sind nur in Bischof's Einbildungskraft vorhanden. Wir denken uns in 1200′ Höhe über dem Fufse unsers hohen Berges eine kleine Quelle, welche nicht tiefer als 25′ unter der Oberfläche hervorkommen soll, und eine ganz ähnliche Quelle am Fufse des Berges. Die obere Quelle sei im Mittel 3°.3 kälter als die untere. Gelänge es, die obere Quelle sehr rasch herabzuführen, so hätte man am Fufse des Berges eine Quelle, die Kälte aus der Höhe mitbrächte. Es gelingt aber nicht, die Quelle rasch herabzuführen. Die Quelle wird überhaupt nur in dem Falle aus 1200′ Höhe herabkommen können, wenn sie bis zu einer viel gröfsern Tiefe unter dem Abhange in den Berg eindringt, und in diesem Falle mufs sie eine höhere Temperatur erhalten. Damit sie nicht zu warm werde, müssen wir also eine sehr geringe Tiefe festsetzen. Es ist mir gar nicht glaublich, dafs die Quelle, wenn sie nirgend tiefer als 25′ senkrecht auf den Abhang gerechnet) unter die Oberfläche dringen soll, aus 1200′ Höhe herabkommen kann. Nachdem sie ihren Weg angetreten hat, wird sie sehr bald Gelegenheit finden und genöthigt sein, aus so geringer Tiefe nach aufsen zu entweichen, sie wird folglich niemals den Fufs des Berges erreichen. Gesetzt den Fall, es gelänge ihr wirklich, sich die ganze Höhe von 1200′ bis an den Fufs, stets in der geforderten Oberflächlichkeit bleibend, herabzuschlängeln, so würde sie unten nicht mehr zu kalt ankommen, sondern sie würde ihre Temperatur auf dem ganzen Wege mit der Temperatur des durchsunkenen Bodens ausgeglichen haben, und am Fufse des Berges nichts als eine gewöhnliche überwiegend klimatische Quelle sein. Es bleibt also dabei, man kann nicht zwei Herren dienen, man kann aus hohen Bergen nicht zugleich warme und zu kalte Quellen unter gewöhnlichen Verhältnissen entstehn lassen. Bei Bischof scheinen helle und verworrene Stunden zu wechseln. Seine Lehre von den Chthonisothermen halte ich in Ehren; *caetera quis nescit?*

3. Rüge einer Irrlehre.

Als Meteorolog darf ich schliefslich nicht unterlassen, auf einen Irrthum aufmerksam zu machen, den Naumann als ausgemachte Wahrheit vorträgt. Im Lehrbuch der Geognosie Bd. I. S. 43 heifst es: »Indem wir uns also von der Oberfläche, wo die jährlichen Temperaturwechsel im höchsten Grade stattfinden, bis zu 60 oder 80′ Tiefe begeben, erreichen wir diejenige Tiefenschicht, in welcher alle Variationen der Temperatur aufhören, und folglich das ganze Jahr hindurch eine und dieselbe constante Temperatur herrscht. Eine sehr wichtige sich hierbei aufdrängende Frage ist nun offenbar: wie grofs denn diese constante Temperatur der Tiefe für jeden Beobachtungsort sei? Die Antwort darauf lautet, dafs sie im allgemeinen ebensogrofs ist, als die Mitteltemperatur des Beobachtungsortes. Da nun die Mitteltemperatur wesentlich durch die Einwirkung der Sonne bestimmt wird, so mufs auch die constante Temperatur der Tiefe durch die solare Erwärmung bedingt, und folglich an verschiedenen Orten, nach Maafsgabe ihrer geographischen Breite, ihrer absoluten Höhe und anderer klimatischen Bedingungen, verschieden befunden werden.« Hierzu und hiergegen sagt NAUMANN nun freilich in einer Anmerkung: »Obgleich gewöhnlich kleine Differenzen zwischen der mittlern Temperatur der Luft und des Bodens vorkommen, so können wir doch hier von ihnen absehn«; eine so unmafsgeblich vorgetragene Einschränkung macht aber auf den Leser keinen Eindruck, im Gedächtnifs des Lesers bleibt allein der Satz haften: Nach NAUMANN ist die Temperatur der unveränderlichen Ebene unter jedem Orte gleich der mittlern Luftwärme des Ortes. Man sieht es diesem Irrthum schon von weitem an, dafs KUPFFER der Vater desselben sein mufs. In der Isogeothermenabhandlung [1]) sagt KUPFFER Folgendes: »Ich habe die Vertheilung der Bodenwärme auf der Oberfläche der Erde (oder vielmehr in einer Tiefe von 25 Meter« — als ob das gleichbedeutend wäre! — »als ein allgemeines Naturgesetz darzustellen gesucht« u. s. w. Dieser Satz ist durchaus nicht hinreichend begründet durch die ebendas. S. 173 vorgetragenen unsichern Bemerkungen, die auf die Bestimmung der Tiefe der unveränderlichen Ebene zu 25 Meter abzielen, sondern KUPFFER hätte der strengen Wahrheit gemäfs sich folgendermafsen aussprechen müssen: »Ich hätte freilich gern für alle Orte die Temperatur der unveränderlichen Ebene zum Bau meiner Isogeothermen benutzt; da dieselbe aber streng genommen für keinen Ort zu haben war, so habe ich mich mit Angaben behelfen müssen, die sämmtlich aus der Erdkruste von veränderlicher Temperatur entnommen sind. Diese Angaben sind Einzelmessungen der Bodenwärme, Einzelmessungen der Brunnenwärme, Einzelmessungen der Quellwärme. Für 3 Orte

[1]) POGGENDORFF's Annalen Bd. 15. S. 184.

(Berlin, Königsberg, Upsala) habe ich jedoch Jahresmittel der Quellwärme benutzen können. Ich mufs zugeben, dafs meine Temperaturen weder der unveränderlichen Tiefe noch der Oberfläche angehören. Ich glaube nicht, dafs Kupffer jenen Satz geschrieben hat, um den Leser zu verwirren; wie er da steht, wirkt der Satz aber thatsächlich wie ein Taschenspielerkunststück, das ganz geeignet ist, unkundige Leser irre zu führen. Liest ein Belehrung suchender Geognost, der zufällig von Meteorologie nichts versteht, den Satz, so merkt er sich an, dafs nach dem Ausspruch des berühmten Kupffer die Temperatur der unveränderlichen Ebene in etwa 25 Meter oder 77′ Tiefe gleichzusetzen ist der Temperatur an der Oberfläche. Da dieser Satz für den Geognosten äufserst bequem ist, so hält er ihn fest, die Irrlehre ist fertig und wird durch geognostische Handbücher verbreitet. Wir wissen von der Temperatur der unveränderlichen Ebene wenig, aber das steht denn doch für jeden, der die vorhandenen unmittelbaren Messungen der Bodenwärme durchstudirt hat, fest, dafs die Temperatur der unveränderlichen Ebene überall höher ist als die mittlere Luftwärme des Ortes. Das ist die richtige Lehre. Der Ueberschufs mag wohl nur an wenigen Orten weniger als 1° betragen, in der Regel scheint er sich auf 1 bis 2°, an einigen Orten auch noch höher zu belaufen. Kaum hat Naumann seinen irrigen Lehrsatz aufgestellt, so beeilt er sich auch schon, die wichtige Folgerung daraus zu ziehn, dafs auch die constante Temperatur der Tiefe durch die solare Erwärmung bedingt werde. Da haben wir also wieder die willkürliche Behauptung von dem ausschliefslich meteorischen Ursprunge der Bodenwärme, der wir im I. Bande gehuldigt und die wir im II. Bande als unhaltbar aufgegeben haben. Ich glaube nicht, dafs ein denkender Geognost bei der Behauptung beharren wird, dafs die Wirkung der Eigenwärme des Erdkörpers sich aufwärts genau bis zur unveränderlichen Ebene erstrecken und hier plötzlich scharf abgeschnitten sein soll.

Man kann diejenigen Geognosten, welche über die Temperaturverhältnisse der veränderlichen Erdkruste (Bodenwärme und Quellwärme) sprechen wollen, wirklich gar nicht dringend genug bitten, das Studium der Meteorologie wenigstens so weit zu treiben, dafs sie sich in der Lehre von der Luftwärme ein sicheres Urtheil zutraun dürfen. Sie laufen sonst Gefahr, sobald sie genöthigt sind, Thatsachen aus der Meteorologie zu entlehnen, die Beute des ersten besten Schwätzers zu werden oder unbrauchbare Luftmittel für richtige zu nehmen. Dagegen gestehe ich aus voller

Ueberzeugung den Geognosten das Recht zu, von den Meteorologen, die sich mit der Untersuchung der Quellwärme beschäftigen wollen, zu verlangen, dafs sie sich mehr als bisher geschehn ist mit der Geognosie vertraut machen, damit sie von dem Gefüge der verschiedenen Boden- und Felsarten Anschauungen gewinnen und die Einwirkung beurtheilen können, welche der Bau des Bodens auf den Lauf der eindringenden Meteorwasser ausüben wird. Ich bin überzeugt, dafs es den Geognosten und den Bergleuten ein Leichtes sein wird, zu meinem Buche eine Menge wichtiger Bemerkungen und Erläuterungen hinzuzufügen, die mir entgangen sind, weil mir die nöthigen geognostischen Erfahrungen fehlen.

XVII. Kapitel.

Italien.

---

§ 80. Einleitung.

Wir haben dem nördlichen Europa lebewohl gesagt und uns in das Klima von Italien und zwar gradezu nach Rom begeben. Nachdem ich in der Vorrede die angenehme Pflicht erfüllt habe, denjenigen Personen zu danken, welche meine wissenschaftlichen Bemühungen in Rom gefördert haben, bin ich nun auch meinen deutschen Lesern schuldig, ihnen einige sachliche Mittheilungen über den vernachlässigten Zustand zu machen, in welchem ich dort den Zweig der exacten Wissenschaften gefunden habe, der uns beschäftigt.

Wenn die Beobachtung der Quellwärme an einem Orte von Nutzen für die Wissenschaft werden soll, so ist, wie wir schon vielfach erfahren haben, das Vorhandensein gewisser Vorarbeiten erforderlich, ohne welche aus den Quellwärmemessungen allein wenig zu folgern ist. Man bedarf zweckmäfsig angestellter und genau berechneter meteorologischer Beobachtungen, man bedarf ferner genauer Höhenbestimmungen. Beide Vorbedingungen fand ich in Rom nur sehr mangelhaft erfüllt. Für Meteorologie, Klimatologie und Pflanzengeographie hat dort Niemand das geringste Interesse. Im nördlichen Europa ist ein Hauptantrieb zur Anstellung und Bearbeitung meteorologischer Beobachtungen von den Botanikern ausgegangen, welche der Pflanzenkunde ein neues Gebiet, die Pflanzengeographie, hinzufügten (Humboldt, Wahlenberg, Schouw). Die Pflanzengeographie stützt sich vorzugsweise auf Beobachtungen der Lufttemperatur und Höhenbestimmungen. Es giebt aber in Rom keine Botaniker; ich will nur eine sehr naheliegende Ursache dieser Erscheinung anführen. Die Römer sind überhaupt grofse Freunde des Stillsitzens, und die Naturstudien sind noch immer grofsentheils in den Händen der Geistlichen, welche aus der Gewohnheit der sitzenden Lebensweise nicht herausgehn, zum Theil auch nicht herausgehn können. Eine Gesellschaft von Stillsitzenden kann aber keine Botaniker hervorbringen. Durch das Interesse für die Pflanzenkunde ist also Niemand in Rom zur Anstellung von meteorologischen Beobachtungen getrieben worden, und man kann dreist behaupten, dafs es bis auf den heutigen Tag noch keine Beobachtungen dieser Art in Rom geben würde, wenn solche nicht zufällig durch einen Antrieb von Deutschland aus schon im vorigen Jahrhundert angeregt worden wären. Der Mathematiker und Astronom Giuseppe Calandrelli, ein höchst zuverlässiger Mann, begann die meteorologischen Beobachtungen im Jahre 1782 [1]). Leider veranlafsten ihn die Umstände, die Instrumente 6 Jahre später auf die neuerbaute Sternwarte des Collegium Romanum zu bringen, wo sie sich in 100′ Höhe über dem Erdboden befanden und noch befinden. Ich nehme keinen Anstand, diese Höhe für die Anstellung meteorologischer Beobachtungen so lange eine unsinnige zu nennen, als die Saaten nicht in 100′ Höhe über den Feldern reifen und die Heerden nicht in 100′ Höhe über den Triften weiden. Die Beobachtungen sind seitdem ohne Unterbrechung gewohnheitsmäfsig fortgesetzt, auch von den Jesuiten, die im Jahre 1824 in das Collegium Romanum, ihr altes Eigenthum, wieder eingesetzt wurden. Soviel ich weifs, ist es nie einem Einheimischen eingefallen, von diesen Beobachtungen ein Stück zu berechnen, um Aufklärungen über das Klima von Rom zu gewinnen. Die Luftwärme ist für den 20jährigen Zeitraum 1811-1830 von Schouw berechnet worden; die übrigen 50 Jahre harren noch der Bearbeitung [2]). Bekanntlich hat Schouw sein über mein Lob

[1]) Da ich im Folgenden meine geringe Achtung vor den römischen Gelehrten im Allgemeinen ausspreche, so erwähne ich ausdrücklich, dafs ich Calandrelli als einen kundigen und unverdrossenen Mann hochschätze. Was Calandrelli in seinem Fache beobachtet und gerechnet hat, ist sicherlich so gut gemacht, wie es sich unter den gegebenen Umständen machen liefs. Siehe § 81.

[2]) Das Mittel der 10 Jahre 1782-1791 habe ich vernachlässigt, weil die Luftwärme in diesem Jahrzehnt in zwei verschiedenen Höhen beobachtet ist. Siehe § 81.

erhabenes Werk über das Klima von Italien im Jahre 1839 in französischer Sprache herausgegeben, damit die Gelehrten aller Völker, besonders aber die Italiäner selbst im Stande wären es zu verstehn. Ich kann versichern, dafs Niemand im Collegium Romanum das Werk besafs oder den Inhalt desselben kannte. Ganz ebenso ging es den übrigen römischen Gelehrten. Einer, der alte Professor A. Cappello, wufste von dem Dasein des Buches. Mich dünkt, diese Thatsache ganz allein reicht hin zu beweisen, dafs die Theilnahme der Römer für die Witterungskunde gleich Null ist. Ich füge übrigens aus freien Stücken hinzu, dafs ich es keinem Astronomen verdenke, wenn er erklärt, sich mit meteorologischen Beobachtungen und Untersuchungen nicht befassen zu wollen; es ist nur zu beklagen, dafs die alte mifsliche Gewohnheit, aus Mangel an andern Beobachtern den Bewohnern hochgebauter Sternwarten die Witterungsbeobachtungen als Nebenbeschäftigung aufzubürden, in Italien noch in voller Blüthe steht; ich bedaure ganz besonders für Rom, dafs es dort keinen Liebhaber der Physik giebt, der auf seinem Landhause meteorologische Beobachtungen anstellt und die Beobachtungen auf dem Collegium Romanum entbehrlich macht, indem er sie durch bessere ersetzt.

Die Höhenbestimmungen liegen in Rom nicht weniger im Argen als die meteorologischen Beobachtungen. Besonders erregt es den Unwillen des Deutschen, wenn er sieht, wie die besten Gelegenheiten, zu ganz genauen Bestimmungen zu gelangen, aus gänzlichem Mangel an Wifsbegierde unbenutzt geblieben sind. Eine vollkommen genaue Höhenbestimmung möglichst vieler Punkte der römischen Hügel und Thäler würde nicht allein dem Naturforscher, sondern noch mehr dem Alterthumsforscher willkommen sein. Nun giebt es seit dem Jahre 1744 am Tiberufer in Rom mehrere Punkte, deren Höhe durch geometrisches Nivellement vom Meere her bestimmt ist. Es ist aber in den 110 Jahren, die seitdem verflossen sind, Niemand in den Sinn gekommen, diese Punkte am Tiberufer zur Nivellirung der Höhe auch nur eines einzigen der römischen Hügel zu benutzen. Noch heute mufs, wer nach den Höhen der römischen Hügel fragt, sich mit trigonometrischen und barometrischen Messungen behelfen, welche vortrefflich sein können, aber für sich allein in keinem einzelnen Falle die Gewähr der Richtigkeit bieten. Es giebt in Rom eine päpstliche Schule zur Ausbildung von Civilingenieuren. Die Lehrer und Zöglinge dieser Schule hätten zu ihrer Uebung längst alles nivelliren können, was es in Rom und der Umgegend irgend zu messen giebt. Die Geschichte meldet aber nur eine Verwendung dieser Art, welche im Jahre 1820 stattgefunden hat, als der thätige Venturoli Director war. Damals wurde eine Anzahl Punkte auf dem Forum und am Corso bis zur Porta del Populo hin von den Ingenieurschülern nivellirt. Um dieselbe Zeit, 1820 und 1821, haben die Schüler auch Pläne des ganzen Laufes der beiden Hauptwasserleitungen, der Acqua Vergine und der Acqua Felice, aufnehmen müssen. Bei der Aufnahme dieser Pläne ist eine kleine Unterlassung begangen worden, die mich mehr überrascht hat als alle andern in Rom bemerkten Unterlassungssünden. Schon ehe ich nach Rom kam, schmeichelte ich mir mit der Hoffnung, die Höhen der Quellen der grofsen Wasserleitungen würden sehr genau bekannt sein oder doch sich leicht ermitteln lassen, indem ich als sich von selbst verstehend voraussetzte, dafs die Fallhöhe der Leitungen von den Quellen bis zum Eintritt des Wassers in die Stadt bekannt wäre. Ich habe die Erfahrung machen müssen, dafs dergleichen Voraussetzungen in Rom nicht an ihrem Platze sind. Die alten Bestimmungen über die Fallhöhe der Wasserleitungen scheinen im Strom der Zeiten versunken zu sein. Der Architekt der städtischen Wasserleitungen kennt weder die Fallhöhe der Acqua Vergine noch die Fallhöhe der Acqua Felice; bei Gelegenheit der Aufnahme der Pläne in den Jahren 1820 und 1821 hat man nicht daran gedacht, durch ein gleichzeitig angestelltes Nivellement diese Lücke auszufüllen. Unmittelbar nachdem die Pläne aufgenommen waren, scheint einer der Professoren der Ingenieurschule, Barlocci, diesen Mangel gefühlt zu haben; er bemühte sich, denselben durch Barometermessungen zu ersetzen.

Diese wenigen Bemerkungen aus meiner beschränkten Erfahrung (zu denen im folgenden § noch mehrere hinzukommen) zeigen dem Leser, wie sehr man sich irrt, wenn man mit deutschen Voraussetzungen zu den römischen Gelehrten kommt. Den eigenen Arbeiten derselben — ich spreche von den eingebornen Römern der Neuzeit — fehlt es, mit den allerseltensten Ausnahmen, an Urtheil und Methode. Bei den fremden Geschichts- und Alterthumsforschern, die in Rom arbeiten, herrscht genau dieselbe Klage über die in ihr Fach schlagenden Leistungen der Römer. Mangel an Methode kennzeichnet sie alle. Nur in Einem hat man in Rom Methode: in der Pflege der Unwissenheit; dies erklärt, wefshalb sie überall sonst vermifst wird. Der nordische Gelehrte thut daher am besten, wenn er in Rom gar keine Beihülfe durch vorhandene Untersuchungen der Einheimischen erwartet: dann kann er noch hie und da durch ungehoffte Beiträge überrascht werden. Ueberhaupt sollte jeder gebildete Deutsche, der genöthigt ist, aus irgend einem Grunde längere Zeit in Rom zu leben, sich recht lebhaft vergegenwärtigen, dafs er sich unter ein Volk begiebt, welches im allgemeinen Verfall begriffen und schon halb wieder in Barbarei versunken ist.

Glücklicher Weise giebt es aber von Auswärtigen manches treffliche Werk über römische Gegenstände, und ich nenne mit dankbarer Anerkennung 2 Originalarbeiten, welche von wesentlichem Nutzen für mich gewesen sind. »Brocchi dello stato fisico del suolo di Roma« hat die verwickelten geognostischen Verhältnisse der Stadt Rom und der römischen Ebene so klar und überzeugend entwickelt, dafs man kein Geognost von Fach zu sein braucht, um den hohen Werth dieser Untersuchung zu erkennen. Kein Naturforscher wird das Buch studiren, ohne die lebhafteste Befriedigung über die musterhafte Methode und die Sicherheit der gewonnenen Ergebnisse zu empfinden [1]. — »J. H. Westphal Die römische Kampagne in topographischer und antiquarischer Hinsicht dargestellt. Nebst einer Karte der römischen Kampagne und einer Wegekarte des alten Latium. Berlin, Nicolaische Buchhandlung. 1829. 4.« Wer irgend etwas in der römischen Ebene und den angränzenden Gebirgen zu suchen hat, kann sich der sichern Führung des braven Westphal überlassen, der Alles selbst untersucht und die Wege mit der gröfsten Sorgfalt gezeichnet hat. Auch die Ausstattung des Buches und der Karten ist vorzüglich.

Es scheint mir hier der passendste Ort zu sein, um die Zurückführung der römischen Meilen und des in Rom gebräuchlichen Längenmafses auf Pariser Fufs mitzutheilen [2]) und ein paar allgemeine Bemerkungen über den Bau der Wasserleitungen zu machen. Bekanntlich war die altrömische Meile = 1000 passus oder Doppelschritten. Ich will die altrömische und die neurömische Meile durch die Schreibart unterscheiden. Unter Millie bitte ich den Leser stets die altrömische, unter Miglie die neurömische Meile zu verstehn.

Die altrömische Millie (*millium*) ist lang	4529 P. F.
die neurömische Miglie (*il miglio* oder *millio*) ist lang	4585 » »
also 56′ länger als die alte;	

[1]) Ich wurde ganz irre in meiner Meinung über die Begabung der römischen Gelehrten, solange ich Brocchi für einen Römer hielt. Man mufs aber wissen, dafs Brocchi ein Mailänder war.

[2]) de Prony Description hydrographique et historique des marais pontins. Paris, 1822. 4. p. 99 Anmerkung und Tafel zu p. 434. Ferner p. 438. — Bunsen Beschreibung der Stadt Rom. Band I p. 41–44. — Westphal Die römische Kampagne p. 2 Anmerkung und p. 50.

die gemeine italiänische Miglie ist lang 5710 P. F.
also 1125′ länger als die neurömische.

74 ½ neurömische Miglien gehn auf 1 Aequatorialgrad.

60 gemeine italiänische Miglien gehn auf 1 Aequatorialgrad.

Seit der Napoleonischen Herrschaft ist freilich das Metermafs das amtliche in Rom geblieben, im gewöhnlichen Verkehr rechnet man aber nach dem römischen Architektenpalm (*palmo* = Spanne).

1 *palmo* = 12 *oncie*, 1 *oncia* = 5 *minuti*

1 Palm = 0.678 Pariser Fufs. Die Unze (*oncia*) ist also in Rom ein Längenmafs, 1 Unze = 8 ¼ Pariser Linien. »Eine Unze Wasser« hat eine ganz besondere Bedeutung. Man versteht darunter ein Rohr von 1 Unze Durchmesser, durch welches das Wasser ununterbrochen ausfliefst [1]). Auf diese Weise ist die Unze die Einheit geworden, welche man in Rom bei der Vertheilung des Wassers der Aquäducte zum Grunde legt. Z. B. der Privatmann *A.* erhält aus einem gewissen Castell (Wasserbehälter) 3 Unzen Wasser nach seiner Wohnung. Das heifst, er erhält eine Röhre, deren Durchschnitt gleich ist den vereinigten Durchschnitten von 3 Unzenröhren.

Die römischen Wasserleitungen alter wie neuer Zeit sind in ihrem Bau verschieden von den kleinen Wasserleitungen, welche mir in Deutschland vorgekommen sind. Wir pflegen das Wasser in geschlossenen, in den Boden eingegrabenen Röhren von Blei, Eisen, gebranntem Thon oder Holz zu führen. Die Römer vermeiden dies so lange sie irgend können. Ihre Leitungen sind gemauerte und cämentirte Stollen, in denen das Wasser frei fliefst, so dafs es Luft über sich hat. Die Stollen liegen entweder in der Erde oder sind auf Bögen über der Erde geführt. Damit die Luft nie durch Anstauung den Stollen gefährlich werden könne, sind von Strecke zu Strecke Löcher in der gewölbten Decke angebracht, durch welche die Luft nach oben entweichen kann. Liegt der Stollen unter der Erde, so nehmen die Luftlöcher die Form von schornsteinähnlichen Schachten an, welche über der Erde in kleine 4seitige Pyramiden endigen (Wetterschächte der Bergleute). An den Pyramiden erkennt der Wanderer den unterirdischen Lauf der Leitungen. Ein mittelalterlicher Schriftsteller nannte die Wasserleitungen, deren Bögen noch jetzt durch ihre Trümmer die Campagna zieren, sehr bezeichnend »schwebende Bäche«. Sixtus V. hat in der Nähe der Stadt die hohen Bögen der Aqua Claudia für

[1]) Diese Begriffsbestimmung ist vielleicht nicht genau richtig, sie reicht aber für unsere Bedürfnisse aus.

seine Leitung benutzt und die Acqua Felice kommt noch heute als schwebender Bach nach Rom. Nachdem die Acqua Felice bei Porta Maggiore in die Stadt eingetreten ist, geht sie als Stollen bis zum Mosesbrunnen an Piazza Termini. Aus dem Castell daselbst gehn natürlich verschiedene Röhren ab, die Hauptmasse des Wassers läuft aber in Stollen bis zum Castell auf Monte Cavallo weiter, und erst hier löst sich der Stollen in eine Menge dicker und dünner Bleiröhren auf. Von hier aus gehn auch die grofsen Röhren, in denen das Wasser auf das Capitol steigt; dazu war der hydrostatische Druck vom Quirinal aus erforderlich. Soviel ich habe bemerken können, liegen auch die Bleiröhren unter dem Strafsenpflaster nicht fest im Erdreiche wie bei uns, sondern wiederum in gemauerten Gängen (oder Stollen, ital. *forma*, franz. *galerie*). Sie liegen darin entweder frei auf dem Boden oder werden durch eiserne Gabeln schwebend erhalten. Ueberall hat man sich bemüht, die Einrichtung so zu treffen, dafs man mit möglichster Leichtigkeit an den Ort etwaiger Durchrinnungen gelangen kann.

Ich habe die Untersuchungen über Italien im Jahre 1853 ausgearbeitet, mit Ausnahme des § 85, der erst im Jahre 1854 geschrieben werden konnte. Italien ist also vor Deutschland von mir bearbeitet worden. Dieser Umstand machte wiederholte Umarbeitungen an einigen Stellen in Italien nöthig. Jetzt ist Alles in Ordnung d. h. im Einklang mit § 72.

§ 81. Höhenbestimmungen in Rom und der Umgegend.

Da es an einer kritischen Bearbeitung der Höhenbestimmungen in Rom und der Umgegend gänzlich fehlt, so bin ich genöthigt gewesen, die einzelnen Arbeiten über diesen Gegenstand aufzusuchen und zu prüfen. Nach vieler, stellenweise höchst verdriefslicher Mühe ist es mir gelungen, die sichere Grundlage aufzuweisen, auf welcher einige wenige aber für uns sehr wichtige Höhenbestimmungen in Rom ruhen. Diese Grundlage ist in 2 Originalwerken enthalten, welche meinen Landsleuten unbekannt geblieben sind. Das erste ist das Tibernivellement von Chiesa & Gambarini vom Jahre 1744, das zweite sind Calandrelli's *Opuscoli* vom Jahre 1803. Letztere sind freilich von verschiedenen Deutschen gelesen, aber zu flüchtig. Die Eintheilung der Höhenbestimmungen ergiebt sich von selbst. Es sind geometrische, trigonometrische und barometrische. Unsere nächste Obliegenheit ist, einen Auszug aus dem Werke von Chiesa & Gambarini zu geben.

I. Höhenbestimmungen durch geometrisches Nivellement.

1. Chiesa & Gambarini.

Clemens XII hatte im Jahre 1732 unter der Leitung des sachkundigen Manfredi den Lauf der Tiber von Ponte Nuovo, 5 Miglien unterhalb Perugia, bis herab zur Einmündung der Nera nivelliren lassen, um zu erfahren, ob sich diese Strecke schiffbar machen liefse. Die Nivellementsarbeit dauerte vom 26 October bis zum 3 December. Die Ingenieure hielten den Wasserstand, den sie am 26 October fanden, während der ganzen Arbeit fest. Sie fanden den ganzen Fall des Tiberspiegels auf der 75 Miglien langen Strecke von Ponte Nuovo bis zur Einmündung der Nera = 364 Fufs (bei Chiesa & Gambarini p. 107).

Nach der Ueberschwemmung des Jahres 1742 liefs dann Benedict XIV die Ingenieure Chiesa & Gambarini aus Bologna kommen und durch dieselben im Jahre 1744 das Nivellement der Tiber von der Einmündung der Nera abwärts bis zum Meere vollenden. Chiesa & Gambarini beabsichtigten ihrem Werke, auf dessen Titel sie nicht genannt sind: *Delle cagioni e de' rimedj delle inondazioni del Tevere. Roma. 1746. fol.*, zwei Profile *A* und *B* und sieben mit I-VII bezeichnete Pläne beizugeben, welche, sowohl die Profile als die Pläne, im Texte des Buches beschrieben sind. Der Nullpunkt, über welchem sie die Höhen bestimmten, ist der Wasserstand des Mittelmeeres an den Tibermündungen zur Ebbezeit. Die gewöhnliche Fluth erhebt sich daselbst nur 1 Fufs über den Ebbestand. Also von dem Ebbestand des Meeres geht die Horizontallinie der Profile aus. Das Profil *A* umfafste den Tiberlauf von der Einmündung der Nera bis Malpasso, eine Strecke von 67 ½ Miglien (die Osteria di Malpasso liegt auf dem linken Tiberufer an der Via Salara 7 ½ Miglien nördlich von Rom, beinahe 5 Miglien oberhalb der Einmündung des Teverone in die Tiber). Chiesa & Gambarini fanden, dafs die Tiber auf dieser Strecke 117 Fufs Fall hat. Sie bestimmten auch die Meereshöhe eines festen Punktes, auf welchen Manfredi das untere Ende seines Nivellements bezogen hatte. Dieser feste Punkt war die Schwelle des Stalles in der Wohnung des Fährmannes unterhalb der Mündung der Nera. Diese Schwelle lag 174′ über dem Meere. Das Profil *B* umfafste den

Tiberlauf von Malpasso bis zum Meere, eine Strecke von beinahe 40 Miglien, auf welcher die Tiber bei dem niedrigen Wasserstande vom 3 August 1744 35'.26 Fall hatte. Der Wasserstand vom 3 Aug. war auf dem ganzen Profile *B* festgehalten. Die Verfasser legen in ihrer Beschreibung den gröfsten Werth auf dieses Profil als das Hauptstück ihrer Arbeit. Sieht man nun die Kupfertafeln an, so macht man die befremdende Entdeckung, dafs die Profile *A* und *B* gar nicht als besondere Blätter veröffentlicht sind, was doch Chiesa & Gambarini bei der Abfassung ihres Berichtes ganz sicher vorausgesetzt haben. Man findet auch nicht die Tafeln I-VII, sondern man findet anstatt derselben 5 gröfsere Tafeln, sämmtlich ohne Numerirung, und eine kleinere, einen Tiberdurchschnitt darstellend, welchen ich im Buche nicht erwähnt gefunden habe. Unter den 5 gröfsern Tafeln scheint nur eine, die in der Beschreibung die VII. genannt ist, in der Gröfse der Originalzeichnung gestochen zu sein. Sie stellt den Lauf der Tiber in Rom von Porto di Ripetta bis Porto di Ripa Grande bei dem niedrigen Wasserstande vom 20 December 1744 dar. Die Tafeln I-V, welche den Lauf der Tiber vom Einflufs der Nera bis zum Meere enthielten, sind in 4 zusammengezogen, was kein Unglück ist, und die VI. Tafel, welche eine Uebersichtskarte des Tiberlaufes vom Einflufs der Nera bis zum Meere war, ist ganz weggelassen, wogegen auch nichts zu erinnern ist, weil man sich aus den vorliegenden 4 Tafeln selbst, wenn man sie aneinanderklebt, diese Uebersichtskarte machen kann. Die beiden grofsen Profile *A* und *B* sind nun unten auf diesen 4 Tafeln zusammengedrängt, und durch diese Zusammendrängung sind in der allerwichtigsten Strecke, nämlich im Profil des Tiberlaufes in Rom selbst, die Ziffern so klein und undeutlich geworden, dafs manche Angaben, welche unmittelbar aus dem Profil entnommen werden sollten, sich durchaus nicht mit Sicherheit daraus entnehmen lassen. Das Profil *B*, so wie Chiesa & Gambarini es gezeichnet hatten, enthielt unter vielen andern Dingen die Meereshöhen der Mündungen der Cloaken, ferner die Meereshöhen, welche die verschiedenen grofsen Ueberschwemmungen in Rom erreicht hatten, durch ein Nivellement der Wasserstandszeichen an 6 verschiedenen Punkten der Stadt gesammelt. Einer dieser 6 Punkte war die Einfahrt des Palastes Serlupi, auf deren rechter Wand der Wasserstand vom Jahre 1598 bezeichnet ist. Die Angabe dieses Punktes, dessen Höhe besonders wichtig gewesen wäre, weil er in der Nachbarschaft des Collegium Romanum liegt, ist in dem gestochenen Profil ganz weggelassen; und was die Mündung der allerwichtigsten Cloake, der Cl. maxima, betrifft, so ist es mir wenigstens unmöglich, die Meereshöhe derselben aus dem Profile herauszulesen [1]). Diesem Uebelstande wäre leicht abzuhelfen gewesen, wenn man diejenige Strecke des Profiles *B*, welche den Tiberlauf in Rom darstellt, in gröfserm Maafsstabe auf einem besondern Blatte gegeben, oder auch nur in das geräumige Profil auf Tafel VII die zahlreichen Höhenangaben in Rom aus dem Profile *B* eingetragen hätte. Man hat aber weder das Eine noch das Andere gethan. Es ist unglaublich, dafs Chiesa & Gambarini zu dieser Verstümmelung ihrer Arbeit ihre Zustimmung gegeben haben sollten. Die wackern Ingenieure waren ohne Zweifel schon längst bezahlt und wieder nach Hause geschickt, und irgend ein Prälat ordnete in seiner Weisheit den Stich der Tafeln für die amtliche Herausgabe an.

Ich habe die folgenden Meereshöhen des Tiberspiegels am 3 August 1744 sämmtlich aus den Angaben, welche sich im Texte des Werkes von Chiesa & Gambarini befinden, berechnet. Die meisten dieser Höhen sind auch bei Schouw p. 48 angegeben, der sie von Litta's *Nuova Carta degli Stati Pontificj meridionali. Milano 1820.* entlehnt hat. Die Rechnung von Litta stimmt nicht überall genau mit der meinigen überein; ich kann versichern, dafs die meinige richtig ist. Das Mafs, dessen sich Chiesa & Gambarini bedienten, ist der römische Architektenpalm. Manfredi, dessen Ergebnisse sich bei Chiesa & Gambarini p. 107 verzeichnet finden, theilte die Unze in 12 Theile anstatt in 5.

Was nun die Meereshöhe der beiden festen Punkte in Rom, nämlich des steinernen Uferrandes am Hafen der Ripetta und des innern Bogenrandes der Cloaca maxima beim Ausflufs in die Tiber betrifft, so habe ich mich hinsichtlich der Bestimmung des erstern auf G. Calandrelli, hinsichtlich der Bestimmung des letztern auf die päpstlichen Ingenieure im Jahre 1820 und 21 verlassen dürfen. Beide, sowohl Calandrelli als die genannten Ingenieure, haben selbst nivellirt und es war ihnen ein Leichtes, falls sich ihnen die Höhe ihres Ausgangspunktes nicht mit unzweifelhafter Deutlichkeit aus dem Werke von Chiesa & Gambarini ergab, diese Höhe durch ein kleines Nivellement von einem naheliegenden und deutlich bestimmten Punkte aus selbst auszumitteln.

[1]) Ich habe später gefunden, dafs die Klage über die Unbrauchbarkeit dieser Haupttafel des Werks bei den Kennern desselben allgemein ist.

Meereshöhen des Tiberspiegels am 3 August 1744.

Chiesa & Gambarini.	Par. F.
Beim Austritt aus Rom	14'.09
An der Mündung der Cloaca maxima [1]	15. 04
Am Hafen der Ripetta in Rom	18. 27
Beim Eintritt in Rom	19. 00
Bei Ponte Molle	22. 49
An der Einmündung des Teverone	26. 90
Bei Malpasso	35. 26
Bei Ponte Felice 81'.92 mehr, also	117. 18
An der Einmündung der Nera 34'.97 mehr, also . . .	152. 15
Manfredi.	
An der Einmündung der Paglia 152'.86 mehr, also . .	305. 01
Im untern Ende der Schleuse unterhalb Ponte di Cuti (nicht Ponte Acuto) 119'.71 mehr, also	424. 72
An der Einmündung des Nestore 51'.18 mehr, also. . .	475. 90
Bei Ponte Nuovo, 5 Miglien unterhalb Perugia, 40'53 mehr, also	516. 43

Der Fall der Tiber in Rom selbst beträgt also 4'.91 oder nahe 5 Fuſs.

Man darf die vorstehenden Höhen nicht mit den mittlern Höhen verwechseln. Wir werden sogleich aus den Mittheilungen Calandrelli's ersehn, daſs der sehr niedrige Wasserstand vom 3 August 1744 an der Hafentreppe der Ripetta in Rom 3' 11" = 4' unter dem wahren mittlern Wasserstande daselbst lag. Wir müssen also jeder der vorstehenden Höhenangaben 4' hinzufügen, um die Höhen des wahren mittlern Tiberstandes zu erhalten, eine Berichtigung, welche für die Tiberhöhen in Rom selbst keineswegs unerheblich ist.

[1]) Die Meereshöhe, welche die Tiber an der Mündung der Cloaca maxima am 3 August 1744 hatte, ist in der Beschreibung nicht unmittelbar angegeben, sie läſst sich aber aus folgenden Angaben leicht bestimmen. Beim Austritt aus Rom an Ripa Grande war sie 14'.09. Von Ponte quattro capi (Ponte Fabrizio) bis Ripa Grande hat die Tiber 1'.43 Fall. Denken wir uns die Strecke von Ponte quattro capi bis Ripa grande in 3 gleiche Theile getheilt, so liegt die Mündung der Cloaca maxima ungefähr am Ende des 1. Drittels, also wird an der Mündung der Cloaca maxima der Wasserstand am 3 August 1744 $1'.43 \times \frac{2}{3} = 0'.95$ höher gewesen sein als bei Ripa Grande. Nun ist $14'.09 + 0'.95 = 15'.04$.

Wahre mittlere Höhe des Tiberstandes über dem Meere.

Beim Austritt aus Rom	18′
An der Mündung der Cloaca maxima (genau 18′.96) . .	19
Am Hafen der Ripetta in Rom (genau 22′.17)	22
Beim Eintritt in Rom	23
Bei Ponte Molle	26
An der Einmündung des Teverone	31
Bei Malpasso	39
Bei Ponte Felice	121
An der Einmündung der Nera	156
An der Einmündung der Paglia	309
Im untern Ende der Schleuse unterhalb Ponte di Cuti .	429
An der Einmündung des Nestore	480
Bei Ponte Nuovo, 5 Miglien unterhalb Perugia	520

2. G. Calandrelli.

Wir kommen nun zur Bestimmung der Meereshöhe des steinernen Uferrandes unter der Hafentreppe der Ripetta durch Calandrelli [1]). Die Hafentreppe der Ripetta ist im Jahre 1704 gebaut und scheint seitdem unverändert geblieben zu sein. Diese Treppe ist nicht in einer Flucht gebaut, sondern sie besteht aus 7 Abtheilungen und jede derselben aus 3 Stufen. Unter jeder der 7 Abtheilungen befindet sich ein Absatz, dessen Ebene nicht ganz wagerecht sondern gegen den Fluſs zu ein wenig geneigt ist. Der 7. oder letzte Absatz, auf welchem die 21. d. i. die unterste Stufe der ganzen Treppe ruht, ist etwa 10 Fuſs breit und die sanft geneigte Ebene desselben wird durch einen wagerechten Rand von Travertinquadern begränzt, der senkrecht gegen den Fluſs abfällt. Calandrelli fand nun in den 80er Jahren des vorigen Jahrhunderts durch Vergleichung des Profils von Chiesa & Gambarini mit dem Tiberdurchschnitt beim Hafen der Ripetta, daſs

[1]) Giuseppe Calandrelli e Andrea Conti (pubblici professori dell' Università Gregoriana nel Collegio Romano). Opuscoli astronomici e fisici. Roma, 1803. 4. presso il Salomone. p. 51. Dies Buch enthält zwei für uns wichtige Abhandlungen von Calandrelli: Sulla Elevazione del piano della Specola e delle principali colline di Roma sopra il livello del mare p. 49–73 und Estratto di osservazioni meteorologiche dal 1782 al 1801 p. 104–152. (Die Gregorianische Universität welche im Collegio Romano ihren Sitz hat, ist von Gregor XIII. im Jahre 1583 für die Jesuiten gestiftet. Nach Aufhebung des Ordens war Calandrelli Professor der Mathematik an derselben und vom Jahre 1787–1824 auch Director der Sternwarte. Er starb 1827, 80 Jahr alt.)

die Fläche des steinernen Uferrandes des letzten Absatzes der Ripetta genau 23'.5 über dem Meere liegt. Die Beweisstelle steht pag. 51 und lautet: »*paragonando il profilo e la sezione al porto di Ripetta si trova, che l'ultimo scalino del porto, ovvero il confine del settimo ripiano, scendendo dalla strada verso il fiume, e sotto di cui communemente scorre il Tevere, ha il suo piano elevato palmi 34 onc. 3, (che sono piedi 23. pol. 6 prossimamente) sopra la liniea orizzontale condotta dal mare. Partendo da questo punto fisso etc.*« Wer die Hafentreppe der Ripetta darauf ansieht, kann diese Stelle nicht mifsverstehn. Der *confine del settimo ripiano* ist wörtlich der Rand des 7. Absatzes, der noch 10 Fufs weiter als die unterste Treppenstufe gegen den Flufs vortritt. Nicht die Fläche der untersten Stufe der Hafentreppe, sondern die Fläche des steinernen Uferrandes unter der Hafentreppe der Ripetta hat Calandrelli 23'.5 hoch gefunden dies ist die erste Bestimmung eines festen Punktes am Tiberufer, welche zu einigen weitern Höhenbestimmungen benutzt ist. Der Nullpunkt des Pegels, an welchem damals der Wasserstand an der Hafentreppe der Ripetta beobachtet wurde [1]), lag 3' 6" tiefer, also in 20' Meereshöhe. Die Wasserstände über diesen Nullpunkt wurden positiv gerechnet, die Wasserstände unter demselben negativ. Es herrschte nämlich damals die Annahme, dieser Nullpunkt sei die mittlere Tiberhöhe, man nannte den Nullpunkt auch die angenommene mittlere Tiberhöhe (*altezza media scelta*). Calandrelli wandte das einzig richtige Mittel zur Prüfung dieser Meinung an, indem er die wirkliche mittlere Tiberhöhe aus einer hinreichend langen Beobachtungsreihe bestimmte. Nachdem der Wasserstand am Pegel der Ripetta vom Jahre 1784-1791 täglich aufgezeichnet war, berechnete Calandrelli das 8jährige Mittel und fand, dafs die wahre mittlere Tiberhöhe nicht 3' 6", sondern nur 1' 4" unter dem steinernen Uferrand am Hafen der Ripetta, mithin 2' 2" über der vermeintlichen mittlern Tiberhöhe liegt also nicht in 20' sondern in 22' 2" = 22'.17 Meereshöhe. Da nun am 3. August 1744 der Tiberspiegel am Hafen der Ripetta nur 18'.27 über dem Meere lag, so bedarf dieser Wasserstand einer Berichtigung von + 3'.9 oder nahe + 4', um der wahre mittlere zu werden, welche Berichtigung ich schon oben angebracht habe [2]).

[1]) ebend. p. 109.

[2]) Es ist auffallend, dafs Calandrelli's Bestimmung der wahren mittlern Tiberhöhe unbeachtet geblieben ist. Bunsen, Beschreibung der Stadt Rom, Bd. I S. 34. 38., sagt, die mittlere Höhe der Tiber bei Ripetta sei nach Calandrelli

Durch ein Nivellement von dem gewonnenen festen Punkte am Hafen der Ripetta aus bestimmte CALANDRELLI die Meereshöhe zweier für ihn besonders interessanter Punkte in Rom [1]). Er sagt darüber kurz aber völlig klar a. a. O.: *Partendo da questo punto fisso e sopra di questo livellando i piani della Chiesa di S. Pietro e di S. Ignazio, si è trovata l'elevazione del piano di S. Pietro sopra il livello del mare piedi 92. pol. 9; ed il piano della Chiesa di S. Ignazio elevato sopra il livello del mare piedi 61. pol. 8* [2]).

20', während CALANDRELLI grade die Unrichtigkeit dieser Meinung bewiesen hat. Noch viel irriger ist BUNSEN's Angabe, die mittlere Höhe der Tiber bei Ponte Rotto sei nach CHIESA & GAMBARINI 14'.2. Da die mittlere Tiberhöhe an der Mündung der Cloaca maxima 19' ist, wie ich S. 278 Anmerkung und S. 279 gezeigt habe, und Ponte Rotto dicht oberhalb dieser Mündung liegt, so ist die mittlere Tiberhöhe bei Ponte Rotto gleichfalls 19', also 4'.8 höher als BUNSEN angiebt. Irrig ist ferner die Rechnung, wonach BUNSEN für die Tiber in Rom 6'.8 Fall erhält. Der Fall in Rom ist 4'.9. So haben CHIESA & GAMBARINI es gefunden und genau so nimmt es LINOTTE nach ihnen an. Offenbar hat BUNSEN bei seiner Zusammenstellung der Höhenpunkte in und um Rom das Werk von CHIESA & GAMBARINI nicht selbst studirt, sonst würden einem so gewiegten Gelehrten solche Ungenauigkeiten nicht begegnet sein. Ich erlaube mir bei dieser Gelegenheit noch folgende Bemerkungen zur Erläuterung der Abweichungen meiner Höhenangaben von denen bei BUNSEN. Die von den Ingenieuren der päpstlichen Ingenieurschule nivellirten Höhen (welche BUNSEN unter de' VECCHI's Namen stellt) waren auf die innere Bogenhöhe der Mündung der Cloaca maxima als Nullpunkt bezogen; die Meereshöhe dieses Punktes war zu 17'.6 (nicht 17'.7) angegeben. Im folgenden Jahre wurde diese Angabe zu 18'.2 berichtigt. Alle Höhenangaben, welche bei BUNSEN unter de' VECCHI's Namen stehn, bedürfen also einer ganz kleinen Erhöhung. Die aus BROCCHI Suolo Romano entnommenen Barometermessungen von SCHOUW bedürfen ebenfalls einer Berichtigung, welchen ihr Urheber ihnen im Climat de l'Italie gegeben hat. Endlich sind die Barometermessungen, welche BUNSEN dem SCARPELLINI zuschreibt, Beobachtungen von BUCH, zu denen der Abt SCARPELLINI die correspondirenden gemacht hat.

[1]) Dafs CALANDRELLI im Nivelliren praktisch geübt war, beweist schon seine Ausmessung des Tiberdurchschnittes am Hafen der Ripetta am 1. Januar 1783, deren Ergebnifs in den Opuscoli mitgetheilt ist.

[2]) Bei Gelegenheit des Nivellements nach der Kirche S. Ignazio bestimmte CALANDRELLI auch die Meereshöhe der Schulzimmer im Erdgeschofs des Collegium Romanum zu 60'.93 = 61'; ferner die Meereshöhe des Wasserstandszeichen vom Jahre 1598 in der Einfahrt des Palastes Serlupi zu 63'.0. Der Palast Serlupi liegt in der Via del Seminario (No. 113), welche vom Pantheon nach dem Collegium Romanum führt. Da CHIESA & GAMBARINI bereits im Jahre 1744 die Meereshöhe des Wasserstandszeichens in diesem Palaste durch Nivellement bestimmt hatten, so würde CALANDRELLI nur die kurze Strecke von 150 Schritt von der Einfahrt des Palastes bis zur Hauptthür der Kirche S. Ignazio zu nivelliren gehabt haben, wenn das Ergebnifs von CHIESA & GAMBARINI nicht durch die über-

Mit Zugrundelegung des Tibernivellements von Chiesa & Gambarini hat also Calandrelli folgende Meereshöhen in Rom bestimmt, und zwar die beiden letzten durch geometrisches Nivellement:

Nullpunkt des (damaligen) Pegels am Hafen der Ripetta	20'.0
Wahre mittlere Tiberhöhe daselbst	22. 2
Steinerner Uferrand unter der Hafentreppe	23. 5
Fufsboden der Kirche S. Ignazio	61. 7
Fufsboden der Peterskirche	92. 8

Wir werden unten sehn, dafs Calandrelli durchaus methodisch und untadelhaft zu Werke ging, indem er dann weiter die Höhenbestimmung der Sternwarte des Collegium Romanum und der meteorologischen Instrumente daselbst unmittelbar an die durch geometrisches Nivellement gefundene Höhe des Fufsbodens der Kirche S. Ignazio anschlofs.

Ehe ich weitergehe, will ich erst berichten, wie ich den Pegel am Hafen der Ripetta im Jahre 1853 gefunden habe. Die Tiber fliefst am Hafen der Ripetta von Nord nach Süd. Das nördliche Ende der Hafentreppe liegt also stromaufwärts, man kann es daher auch das obere nennen. Am nördlichen Ende der Treppe befindet sich der Pegel, er ist in Meter und Centimeter getheilt und der gedachte Nullpunkt ist der Meeresspiegel, offenbar die passendste Wahl des Nullpunktes, die man treffen konnte. Der Pegel endigt nach unten schon mit $7^m.40$, am nördlichen Ende der letzten Treppenstufe und etwas tiefer als diese Stufe, deren Fläche in $7^m.89 = 24'.3$ Meereshöhe liegt. Ich war neugierig zu sehn, ob der steinerne Uferrand auch nach der Angabe des jetzigen Pegels in 23'.5 d. i. $7^m.63$ Meereshöhe liegt. Man kann die Höhe desselben nicht unmittelbar am Pegel ablesen, weil der Pegel neben der letzten Treppenstufe zu Ende geht. Man mufs also die Neigung der Ebene des 7. Absatzes messen. Ein mir befreundeter Architekt hatte die Güte, dies mittelst der Setzwaage zu thun, als der 7. Absatz endlich Ende April vom Wasser wieder frei geworden war. Er fand den steinernen Uferrand des 7. Absatzes $0^m.20 = 0'.6$ niedriger liegend als den obern Rand, auf welchem die untere Fläche der letzten Treppenstufe ruht. Nach dem jetzigen Pegel liegt nun die untere Fläche der letzten Treppenstufe $7^m.67 = 23'.6$ über dem Meere, folglich der steinerne Uferrand am

mäfsige Verkleinerung ihres Profils *B.* beim Stich verloren gegangen wäre. So mufste Calandrelli sein Nivellement von der Hafentreppe der Ripetta beginnen.

Hafen der Ripetta 23'.0 über dem Meere, also, da wir uns an CALANDRELLI's Bestimmung halten müssen, einen halben Fuſs zu niedrig. Man sieht hieraus, wenn ich die angeführte Beweisstelle bei CALANDRELLI richtig verstanden habe, daſs bei der Setzung des jetzigen Pegels nicht mit sehr groſser Genauigkeit zu Werke gegangen wurde; der Fehler ist aber geringfügig. Der Pegel mag 20–30 Jahre alt sein.

3. Ingenieure der päpstlichen Ingenieurschule.

Ein zweiter fester Punkt am Tiberufer, dessen Meereshöhe aus dem Nivellement von CHIESA & GAMBARINI abgeleitet ist, und welcher als Ausgangspunkt für weitere Höhenbestimmungen gedient hat, ist die innere Bogenhöhe der Cloaca maxima an ihrer Mündung in die Tiber. Lehrer an der päpstlichen Ingenieurschule bestimmten, wie es scheint im Jahre 1821 oder 1822 [1]), die Höhe desselben nach CHIESA & GAMBARINI zu 18'.19 = 18'.2. Nun wissen wir, daſs die wahre Tiberhöhe an der Mündung der Cloake 19'.0 ist. Folglich liegt die innere Bogenhöhe der Mündung 0'.8 unter der mittlern Tiberhöhe. — Um dieselbe Zeit machte LINOTTE [2]), Director der hydraulischen Arbeiten im Kirchenstaate, eine Untersuchung über die Fall- und Maſsverhältnisse der Cloaca maxima und fand bei dieser Gelegenheit durch Nivellement, daſs die innere Bogenhöhe der Cloaca maxima bei S. Giorgio 4'.05 höher liegt als die innere Bogenhöhe an der Mündung. Die innnere Bogenhöhe der Cloaca maxima bei S. Giorgio liegt hiernach genau in 18'.19 + 4'.05 = 22'.24 Meereshöhe [3]).

Nachdem wir diese beiden Höhenbestimmungen vorausgeschickt haben, nämlich

Innere Bogenhöhe der Cloaca maxima an der Mündung in die Tiber	18'.2
Innere Bogenhöhe der Cloaca maxima bei S. Giorgio .	22. 2

folgt hier ein Auszug aus dem Nivellement der päpstlichen Ingenieurschüler vom Jahre 1820 [4]):

[1]) Ricerche geometriche ed idrometriche fatte nella scuola degl' ingegneri pontificj d'acque e strade l'anno 1821. Milano 1822. 4to. p. 59. Nota. Die Mittheilung dieses Heftes verdanke ich Herrn Professor SERENI.

[2]) Notizie sul Tevere im Giornale Arcadico di scienze lettere ed arti. Roma, 1822. T. XIV. p. 161–210. Man sehe p. 201.

[3]) Nicht 21'.2 wie bei BUNSEN S. 35 steht.

[4]) Ricerche geometriche fatte nella scuola degl' ingegneri pontificj l'anno 1820. Roma. Stamperia Camerale. 4to. p. 50.

Pflaster unter dem Bogen des Janus Quadrifrons . . .	37′
Pflaster des Clivus Capitolinus an der Ecke der 3 Säulen	53
Pflaster unter dem Bogen des Septimius Severus . . .	45
Innere Bogenhöhe der Marrana an ihrer Mündung in die Tiber	23
Innere Bogenhöhe der Bastion beim Eintritt der Marrana in die Stadt	88
Pflaster neben dem Fufs der Trajanssäule	47
Fufsboden der Vorhalle des Pantheon	35. 6
Dach des Mundlochs der Cloake an der (südöstlichen) Ecke des Collegium Romanum	48. 2
Pflaster neben dem Fufse der Antoninssäule	51
Schwelle der Porta del Populo	50. 0

Hieran schliefst sich eine Bestimmung des Herrn Lanciani, welche derselbe mir mitzutheilen die Güte hatte:

Wasserspiegel im Behälter der Acqua Vergine oberhalb der Piazza d'Espagna	60′.

Der eigentliche Aquäduct der Acqua Vergine endigt, nachdem er den Monte Pincio tief unter der Villa Medici durchsetzt hat, in einen Wasserbehälter (*bottino*) in der Nähe des obern Randes der Piazza d'Espagna. Dieser Behälter liegt am Ende einer kleinen Sackgasse, Vicolo del Bottino genannt. Lanciani fand durch Nivellement von der Schwelle der Porta del Populo aus, dafs der Wasserspiegel in dem Behälter gewöhnlich 10′.34 höher liegt, als die Schwelle der Porta del Populo, also in 60′.34 oder 60′ Meereshöhe.

Weitere Höhenbestimmungen durch geometrisches Nivellement sind mir nicht bekannt. Wir werden nun, ehe wir zu den trigonometrischen und barometrischen Höhenbestimmungen übergehn, erst die Höhen der Sternwarte des Collegium Romanum kennen lernen müssen.

II. Ueber die Höhe der Sternwarte des Collegium Romanum und der meteorologischen Instrumente daselbst.

Die trigonometrischen Beobachtungen zur Bestimmung verschiedener Höhen in Rom sind auf der Sternwarte des Collegium Romanum angestellt. Zu den meisten barometrischen Höhenbestimmungen sind die correspondirenden Beobachtungen ebendaselbst gemacht; endlich ist diese Sternwarte der meteorologische Beobachtungsort in Rom.

Wir werden daher, indem wir die Höhe der Sternwarte untersuchen, zugleich die Höhen der meteorologischen Instrumente über dem Meere und über dem Erdboden erörtern.

Bei dieser Untersuhung haben wir weiter nichts zu thun, als der sichern Führung G. CALANDRELLI's streng zu folgen (a. a. O. p. 49 ff. und p. 104 ff.) CALANDRELLI hatte die Meereshöhe des Fufsbodens der Kirche S. Ignazio durch geometrisches Nivellement vom Hafen der Ripetta her bestimmt, und da die Kirche S. Ignazio innerhalb des Collegium Romanum liegt, so war es CALANDRELLI ein Leichtes, die Höhe irgend welcher Punkte im Collegium Romanum von dem Fufsboden der Kirche aus durch unmittelbare Messung genau zu finden. Es unterliegt keinem Zweifel, dafs er diese Messungen mit der gröfsten Sorgfalt angestellt hat.

Als die Manheimer Gesellschaft Beobachter in Italien suchte, übernahmen in Bologna MATTEUCCI, in Padua TOALDO und in Rom CALANDRELLI die Verpflichtung zu regelmäfsigen Beobachtungen. Im Jahre 1781 stellte CALANDRELLI die aus Manheim erhaltenen Instrumente auf und am 1 Januar 1782 begannen die Beobachtungen [1]). (Das Barometer aus Manheim wurde erst seit 1784 regelmäfsig beobachtet.) Wir müssen 3 Zeiträume der meteorologischen Beobachtungen im Collegium Romanum unterscheiden. Die ersten 6 Jahre 1782-1787 befanden sich die Instrumente in geringerer Höhe als später: denn das Collegium Romanum hatte in diesem ersten Zeitraume noch keine Sternwarte. Das Barometer, welches in der Vorhalle des Museum Kircherianum hing, befand sich 46′ über dem Fufsboden der Kirche S. Ignazio, also 108′ über dem Meere. Das Thermometer, gegen Norden aufgehängt, befand sich 58′ über dem Fufsboden der Kirche, also 120′ über dem Meere. Der Regenmesser war in 83′ Höhe über dem Fufsboden der Kirche, also 145′ über dem Meere aufgestellt.

In den Jahren 1786 und 1787 wurde auf dem Collegium Romanum eine kleine Sternwarte errichtet, ein schmaler thurmähnlicher Aufsatz in der Nähe der südöstlichen Ecke des grofsen Gebäudes. Die Sternwarte besteht aus 3 übereinander liegenden Zimmern, die durch eine neben ihnen aufsteigende Wendeltreppe verbunden werden.

[1]) Die ersten 10 Jahre hindurch machte CALANDRELLI selbst die Beobachtungen, dann übernahm CONTI dieselben und später half dabei der Assistent IGNAZIO CALANDRELLI, Neffe von GIUSEPPE. Beide CALANDRELLI und die Professoren CONTI und RICCHEBACH mufsten im Jahre 1824 das Collegium Romanum verlassen, da die Jesuiten in dasselbe wiedereingesetzt wurden.

Das oberste dieser 3 Zimmer war von Anfang an ausschliefslich zu astronomischen Beobachtungen bestimmt. Calandrelli fand, dafs der Fufsboden desselben 114′ 10″ über dem Fufsboden der Kirche liegt. Die Meereshöhe dieses Fufsbodens ist also 61′ 8″ + 114′ 10″ = 176′.5 = 177′ Dies ist Calandrelli's *piano della specola,* von diesem Standpunkte aus machte er im Jahre 1802 seine trigonometrischen Höhenbestimmungen der römischen Hügel. Das mittlere der 3 Zimmer ist dasjenige, in und an welchem Calandrelli von Anfang des Jahres 1788 an die Barometer- und Thermometerbeobachtungen machte. Dies Zimmer ist das meteorologische Beobachtungszimmer geblieben bis zum Jahre 1824 einschliefslich. Endlich haben die Jesuiten, nachdem ihnen im Jahre 1824 das Collegium Romanum wieder übergeben war, im Jahre 1825 die meteorologischen Instrumente stillschweigend in das unterste der 3 Zimmer, welches auch das Bibliothekzimmer genannt wird, gebracht und hier befinden sich die Instrumente noch jetzt [1]).

Wir fragen zunächst, in welchen Höhen sich die meteorologischen Instrumente in dem zweiten Zeitraume, von 1788-1824, befanden, nachdem Calandrelli sie am Schlufs des Jahres 1787 auf die Sternwarte gebracht hatte. Von dem Gefäfs des zu den regelmäfsigen Beobachtungen dienenden Manheimer Barometers sagt Calandrelli, es befinde sich einer genauen Bestimmung zufolge (*esattamente determinato*) 101′ 6″ 7‴ über dem Fufsboden der Kirche, folglich, da dieser Fufsboden 61′ 8″ über dem Meere liegt, genau in 163′.22 oder 163′ Meereshöhe. Das Thermometer wurde an dem nördlichen Fenster desselben mittlern Zimmers befestigt und befand sich an seiner neuen Stelle 45′ höher als früher, also in 165′ Meereshöhe. Der Regenmesser endlich wurde noch höher, auf dem Dach der Sternwarte aufgestellt und befand sich in 198′ Meereshöhe. Wir erhalten also folgende Höhen:

Collegium Romanum 1788-1824.	über dem Meere
Barometer	163′
Thermometer	165
Regenmesser	198

[1]) Ich sage »stillschweigend«, weil ich diese Veränderung des meteorologischen Beobachtungsortes in keiner Schrift angezeigt gefunden habe. Selbst Schouw scheint man bei seinem zweiten Besuche in Italien im Jahre 1829-30 von dieser mittlerweile vorgenommenen Aenderung nicht in Kenntnifs gesetzt zu haben: denn er erwähnt derselben im Cl. de l'Ital. mit keiner Sylbe. Das Weitere s. unten.

Wir werden wenig irren, wenn wir die Höhe des Pflasters des innern Hofes, auf welches man aus den nördlichen Fenstern der Sternwarte senkrecht hinabsieht, gleich der Höhe des Fufsbodens der Kirche S. Ignazio setzen. Ziehn wir 62' von jeder der vorstehenden Höhen ab, so erhalten wir folgende Höhen über dem Erdboden

	über dem Erdboden
Barometer	101'
Thermometer	103 [1])
Regenmesser	136

Obgleich Calandrelli keinen Grund hatte, an der Genauigkeit seiner Bestimmung der Meereshöhe seines Barometers zu 163'.22 zu zweifeln, so trieb ihn doch wissenschaftliche Neugier, dieselbe Höhe auch durch Barometerbeobachtung zu bestimmen (a. a. O. p. 53). Sowohl am 14 Mai 1789 als am 6 Mai 1790 beobachtete er ein genau verglichenes Barometer an der Meeresküste bei Fiumicino, während ein Gehülfe gleichzeitig das Barometer der Sternwarte beobachtete. Beide Beobachtungen, nach Deluc's Methode berechnet, gaben übereinstimmend die Höhe 161'. Calandrelli fand eine so nahe Uebereinstimmung der Barometermessung mit der geometrischen Bestimmung sehr befriedigend, es fiel ihm aber gar nicht ein, von nun an die Bestimmung 161' der Bestimmung 163' vorzuziehn, sondern er betrachtete nach wie vor 163' als die Meereshöhe seines Barometers. Den klaren Beweis dafür liefert eine Stelle der erst im Jahre 1802 geschriebenen vierten Abhandlung der Opuscoli p. 106, wo Calandrelli sagt, die Meereshöhe des Barometers der Sternwarte sei 163'. Ich kann es daher nur für einen Flüchtigkeitsfehler von Conti und Ricchebach halten, wenn sie 1824 sagten [2]), das Barometer der Sternwarte befinde sich den Beobachtungen Calandrelli's zufolge in 161' Meereshöhe, und diese Höhe ihren eigenen trigonometrischen Höhenbestimmungen zum Grunde legten. Sie sagen, das Barometer sei 2' 7" 9''' oder 2'.6 über dem Fufsboden aufgehängt und bestimmen die Höhe des Fufsbodens hiernach zu 158'.5 (sollte 158'.4 heifsen). Conti und Ricchebach hätten sagen müssen, das Barometer der Sternwarte befinde sich nach Calandrelli's Bestimmung genau in 163'.22

[1]) Hiernach ist die Angabe bei Schouw Climat de l'Ital. Suppl. p. 145 zu berichtigen, welcher die Höhe des Thermometers über dem Erdboden nur 70' schätzte.

[2]) Posizione geografica de' principali luoghi di Roma e de' suoi contorni. Roma 1824. 4. p. 98.

Meereshöhe; was also für den Fufsboden des mittlern Zimmers der Sternwarte die Meereshöhe 163'.2 — 2'.6 = 160'.6 giebt. — Ich glaube auch, dafs Schouw keine eigene minder zuverlässige Versuche, die Höhe des Barometers der Sternwarte zu bestimmen, gemacht hätte, wenn er die alte Bestimmung Calandrelli's genau gekannt hätte. Schouw glaubt sich an die beiden Bestimmungen halten zu müssen, welche er im Climat de l'Ital. Suppl. p. 21 Anmerkung unter 1) und 2) aufführt. Unter 1) steht eine Bestimmung von Conti, wonach das Barometer der Sternwarte sich 156' hoch befinden soll. Diese Angabe ist also wiederum verschieden von der Angabe 161', welche derselbe Conti an dem soeben angeführten Orte als die richtige bezeichnet hatte. Unter 2) ist das Ergebnifs von vergleichenden Beobachtungen angefüht, welche Schouw im August 1829 in Livorno angestellt hatte und nach welchen er die Höhe des Barometers des Collegium Romanum zu 159' berechnete. Dabei ist zu erinnern, dafs im Jahre 1829 das Barometer der Sternwarte schon in dem tiefer gelegenen Zimmer beobachtet wurde und dafs man Herrn Schouw auf diese Veränderung des Beobachtungsortes nicht aufmerksam gemacht hatte. Schouw nahm nun 158' als zwischen 156 und 159 in der Mitte liegend für die gesuchte Höhe. Diese Bestimmung kann offenbar gegen die alte von Calandrelli nicht aufkommen. Ich finde sogar bei Schouw in derselben Anmerkung eine Angabe, welche Calandrelli's Bestimmung vollkommen bestätigt, wenn eine barometrische Bestimmung überhaupt fähig ist, eine geometrische zu bestätigen. Es heifst daselbst:

4) *d'après une mesure barometrique du 27 Mai 1818* [1]) *la différence entre l'observatoire et le plancher de l'Eglise à S. Ignazio est de*	101 p.
Le plancher de l'Eglise est d'après Conti [2]) *au dessus de la mer de*	62
	163

Da haben wir also genau die alte Calandrelli'sche Bestimmung = 163'. Diese ist auch in der That von Niemand angefochten worden. Sie war nur in Vergessenheit gerathen.

Wir haben nun zu untersuchen, in welchen Höhen sich die meteorologischen Instrumente der Sternwarte seit dem Jahre 1825

[1]) Diese Beobachtung scheint von Schouw selbst gemacht zu sein.

[2]) Soll wohl Calandrelli heifsen.

befinden. Es herrscht jetzt in Rom die Meinung, dafs die Witterungsbeobachtungen auf der Sternwarte des Collegium Romanum in 48^m.7 = 150′ Meereshöhe gemacht werden. Man kann diese Angabe täglich im Giornale di Roma als eine amtliche lesen. Ich finde sie zuerst in einem Hefte vom Jahre 1843, betitelt *Annali dell' Osservatorio astronomico diretto dai patri della Compagnia di Gesù nel Collegio Romano. Vol. I.*, welches eine Zusammenstellung der Witterungsbeobachtungen von 1782-1842 enthält. Director der Sternwarte war damals der Pater De Vico. Auf der letzten Seite dieses Heftes findet sich die Bemerkung, die Meereshöhe der Instrumente sei 47^m.73 = 150′.0, wodurch also der Leser zu dem Glauben verleitet wird, dafs die Instrumente sich von 1782 an unverändert in derselben Höhe befunden haben und dafs diese Höhe genau 150′ betrage. Wir wissen schon, dafs diese Angabe für die beiden ersten Zeiträume unrichtig ist und ich werde zeigen, dafs sie es auch für den 3. Zeitraum, seit 1825, ist. Der Pater P. A. Secchi, welcher nach der letzten Revolution gegen Ende 1849 zum Director der Sternwarte ernannt wurde und, da er kein Römer ist, mit den frühern Zuständen derselben unbekannt war, huldigte selbst beinahe 2 Jahre hindurch der Meinung, dafs die meteorologischen Instrumente sich stets in demjenigen Zimmer befunden hätten, in welchem er sie vorfand, nämlich in dem untersten. Erst im Laufe des Jahres 1851 fiel ihm in dem mittlern Zimmer die Spur eines Barometers auf, das an der Wand befestigt gewesen war und endlich erfuhr er im März 1853, da ich um Aufklärung der Sache bat, von einem ältern Bewohner des Collegiums, dafs die Instrumente schon im Jahre 1825 aus dem mittlern in das unterste Zimmer gebracht worden sind. Es war nun ein Leichtes, die wirkliche Höhe, in welcher sich die Instrumente befinden, zu bestimmen, da die Höhe, in welcher sich das Gefäfs des alten Calandrelli'schen Barometers befand, genau bekannt ist und 163′.22 beträgt. Herr Secchi hat auf meine Bitte die Güte gehabt, die nöthigen Abstände sorgfältig zu messen. Hiernach beträgt:

1. im mittlern Zimmer die Höhe, in welcher sich das alte Barometer über dem Fufsboden befand, 0^m.837 = 2′.6. Man sieht, dafs diese Angabe übereinstimmt mit der von Conti & Ricchebach vom Jahre 1824.

2. zwischen dem mittlern und untersten Zimmer der Höhenunterschied der Fufsböden 8′.04.

3. im untersten Zimmer die Höhe des jetzigen Barometers über dem Fufsboden 2′.32 und die Höhe des aufsen am Fenster befestigten Thermometers über dem Fufsboden 4′.22.

Wir erhalten also im untersten Zimmer der Sternwarte folgende Höhen:

Collegium Romanum seit 1825

	über dem Meere	über dem Erdboden ungefähr
Barometer	154'.9 = 155'	93'
Thermometer	156. 8 = 157	95
Regenmesser	unverändert	unverändert
Fufsboden des Beobachtungszimmers	152. 6 = 153	91

Sowohl das Barometer als das Thermometer hängen also seit 1825 8' tiefer als früher.

Ich habe den Leser ungern mit diesen Einzelheiten behelligt, aber die Verwirrung in den Angaben forderte eine Aufklärung und es kam darauf an, zu zeigen, dafs die Aufklärung sich mit Sicherheit geben läfst, sobald man den Arbeiten CALANDRELLI's die gebührende Aufmerksamkeit schenkt [1]).

III. Trigonometrische Höhenbestimmungen.

1. G. CALANDRELLI.

Nachdem CALANDRELLI die Höhe des Fufsbodens der Kirche S. Ignazio durch Nivellement vom Hafen der Ripetta aus = 62' gefunden und darauf die Höhe seiner Sternwarte, d. h. des obersten Zimmers derselben zu 177' bestimmt hatte [2]), machte er im Jahre 1802 von der Sternwarte aus die folgenden trigonometrischen Höhenbestimmungen der Römischen Hügel:

[1]) Die jetzt gangbare Meinung von 150' Meereshöhe entstand vermuthlich auf folgende Weise: Im untersten Zimmer hängt ein Barometer, welches jetzt aufser Gebrauch ist (es ist das alte Manheimer) und an welches ein Zettel angeklebt ist mit der Inschrift, die Höhe dieses Zimmers sei 150'. Ich vermuthe, dafs der ungenannte Urheber dieser Inschrift bei CONTI & RICCHEBACH a. a. O. p. 98 die Angabe gelesen hatte, der Fufsboden des mittlern Zimmers liege 158'.5 über dem Meere (die wirkliche Höhe ist 160'.6; siehe oben). Er fand nun, dafs der Fufsboden des untern Zimmers 8' tiefer lag, also in 150'.5 Höhe. Dies giebt mit Vernachlässigung der 0'.5 die runde Summe 150'.

[2]) Die Angabe von BUCH (Geognostische Beobachtungen auf Reisen II. 318) »Nach vielen Barometerbeobachtungen steht das Barometer auf der Specola des Collegio Romano 176 Par. F. über Fiumicino am Meere« ist ein Flüchtigkeitsfehler. Der Leser ist genau davon unterrichtet, dafs das Barometer im mittlern Zimmer der Sternwarte 163' über dem Meere hing und dafs der Fufsboden des obersten Zimmers 176'.5 = 177' hoch liegt.

	über dem Meere
Aventin Fufsboden der Kirche S. Alessio	146′
Janiculus Fufsboden der Kirche S. Pietro in Montorio .	185
Höchster Hügel des Janiculus über der Acqua Paola .	297
Marsfeld Fufsboden der Vorhalle des Pantheon	43 [1])
Vatican Fufsboden der Peterskirche.	93 [2])
Hügel beim grofsen Thurm über der Münze	240
Monte Mario Höhe an der Stelle, auf welcher das Gartenhaus der Villa Madama steht.	410
Pincio Fufsboden der Kirche S. Trinità	150
Fufsboden des Gartenhauses der Villa Ludovisi . . .	204
Quirinal Hof des päpstlichen Palastes	148
Fufsboden der Kirche S. Maria degli Angeli	170
Esquilin Fufsboden der Kirche S. Maria Maggiore. . .	177
Viminal » » » S. Lorenzo in Panisperma	160
Celius » » » S. Giovanni in Laterano .	158
» » » » S. Stefano Rotondo . .	144
Palatin » » » S. Bonaventura. . . .	160
Capitolin » » » S. Maria d'Ara Caeli . .	151

2. Conti & Ricchebach.

Die folgenden Bestimmungen von Conti & Ricchebach haben geringeres Interesse für uns, weil sie fast überall die Spitzen der Gebäude und nicht den Erdboden betreffen. Indessen können sie doch hie und da bei der Schätzung einer Höhe leiten.

Conti & Ricchebach haben vor dem Jahre 1824 trigonometrisch die Meereshöhe der Signale bestimmt, welche ihnen bei ihren geographischen Ortsbestimmungen gedient hatten. Sie bezogen ihre Höhenbestimmungen auf den Fufsboden des mittlern Zimmers der Sternwarte, dessen Höhe sie zu 158′.5 (2′.1 zu niedrig) annahmen. Die Ergebnisse sind in dem angeführten Werke p. 99 und 117 verzeichnet, wie folgt:

[1]) Dies Ergebnifs ist zufolge dem Nivellement der Ingenieurschüler reichlich 7′ zu hoch. Boch's Angabe a. a. O., dafs diese Höhenbestimmung Calandrelli's auf Barometerbeobachtung beruhe, ist irrig.

[2]) Es scheint, dafs Calandrelli nicht eher geruht hat, bis seine Winkelbeobachtungen so scharf waren, dafs er genau dasselbe Ergebnifs erhielt, welches er in Betreff dieses Punktes durch geometrisches Nivellement erhalten hatte.

	über dem Meere
Wetterfahnen auf den Thürmen der Kirche S. Trinità auf dem Pincio	260'.3
Spitze des Thurmes der Niobe in Villa Medici	245. 2
Fufsboden der Galerie des Gartenhauses der Aurora in Villa Ludovisi	255. 2
Wetterfahne auf dem Gartenhause der Aurora	287. 4
Spitze des Wappens über Fontana Trevi [1])	150. 8
Wetterfahnen auf dem Palast der Villa Patrizi	297. 3
Kreuz auf der Façade der Fontana Termini	255. 4
Kreuz auf der Uhr des päpstlichen Palastes auf dem Quirinal . .	293. 5
Kreuz auf der Kuppel der Certosa	280. 6
Kreuz des Glockenthurms von S. Maria Maggiore	368. 3
Spitze der Loggia des Palastes Cimarra	234. 7
Spitze des Thurmes von S. Martino	254. 5
Spitze des Frontispiz von S. Croce in Gerusalemme	242. 2
Kreuz auf dem Glockenthurm von S. Pietro in Vincoli	228. 0
Spitze des Thurmes von S. Caterina	264. 5
Spitze der Statue des Heilandes auf S. Giovanni in Laterano . .	324. 0
Spitze der Tribune der Santi Quattro	195. 3
Höchster Punkt des Colosseums	219. 0
Spitze der Kuppel von S. Stefano Rotondo	229. 4
Kreuz auf dem Glockenthurm von S. Giovanni bei Porta Latina .	202. 2
Kreuz auf der Kuppel von S. Luca	210. 7
Höchster Punkt des Grabmals der Cecilia Metella	228. 8
Kreuz auf der Façade von S. Bonaventura	197. 6
Kreuz der Statue auf dem Glockenthurm des Capitols	290. 6
Kreuz auf dem Glockenthurm von S. Alessio	243. 7
Höchster Punkt des Monte Testaceo	153. 0
Wetterfahne auf dem Gartenhause der Vigna Negroni	227. 8
Spitze des Frontispiz der Fontana der Acqua Paola	305. 9
Wetterfahne auf dem Gartenhause der Villa Torlonia vor Porta S. Pancrazio	335. 9
Spitze der Façade des Gartenhauses der Villa Lante	277. 3
Wetterfahne auf dem Casaletto von S. Pio V.	328. 0
Kreuz auf dem Glockenthurm von S. Onofrio	227. 4
Spitze der Kuppel der Rotonda (Pantheon)	178. 5
Kreuz auf der Kuppel der Peterskirche [2])	497. 5

[1]) Diese Bestimmung ist viel zu hoch.

[2]) Calandrelli fand durch geometrisches Nivellement den Fufsboden 92'.8
Fontana, der die Peterskirche mit grofser Sorgfalt ausgemessen hat, fand die Spitze des Kreuzes über dem Fufsboden der Kirche 407. 8
Ganze Meereshöhe 500. 6
Diese Bestimmung scheint mir die zuverlässigste zu sein. Erhöhen wir das Ergebnifs von Conti & Ricchebach um 2'.1, so erhalten wir 499'.6. Das Ergebnifs

	über dem Meere
Spitze der Statue auf dem Castel S. Angelo	218'.0
Fufsboden des Landhauses der Villa Mellini auf Monte Mario . .	408. 4
Kreuz auf der Kuppel von S. Carlo am Corso	266. 8
Brustwehr der Loggia auf dem Landhause Poniatowsky	195. 4

Bei Conti & Ricchebach finden wir aufserdem folgende

Höhenbestimmungen an den Gränzen der Campagna und im Albanergebirge.

Spitze des Glockenthurmes auf Monte Soratte	2205'.5
Höchster Punkt des Monte Gennaro	3955. 8
Spitze des Glockenthurms von S. Francesco in Tivoli	872. 0
Spitze des Glockenthurms der Kirche von Castel S. Pietro über Palestrina	2445. 1
Spitze des Glockenthurmes des Domes in Palestrina	1628. 6
Spitze des Thurmes des Palast Borghese auf Monte Compatri .	2200. 3
Spitze der Tribune der Kirche von Monte Porzio	1460. 4
Kreuz auf der Façade des Domes von Frascati	1145. 9
Spitze des Gartenhauses auf der Ruffinella	1523. 4
Höchster Punkt von Rocca di Papa	2338. 1
Spitze des Glockenthurmes von Grotta Ferrata	1127. 5
Spitze des Monte Cavo, wo das Kloster steht . . .	2938. 2
Spitze der Vorderseite des Domes von Marino.	1210. 3
Kreuz auf der Kuppel der Kirche von Castel Gandolfo	1461. 6
Spitze des Glockenthurmes des Domes von Albano	1307. 1
Spitze des Thurmes von Pratica	407. 5

IV. Barometrische Höhenbestimmungen.

Für die Stadt Rom giebt es einige alte Barometermessungen von G. Shuckburgh (Philos. Trans. 1777. p. 594) und einige neuere von Schouw (Cl. de l'Ital. Suppl. p. 26. 36. 37). Shuckburgh hatte gute Instrumente und war im Beobachten und Rechnen geübt. Ein Umstand schwächt aber das Vertrauen zu den von ihm in Rom erhaltenen Meereshöhen: die correspondirenden Beobachtungen wurden in Rom am Tiberufer gemacht und Shuckburgh nahm die Meereshöhe des Tiberspiegels in Rom zu 31 Pariser Fufs an, ohne diese Annahme zu begründen. Er hatte bei seinen Beobachtungen auch nicht sowohl

von Conti & Ricchebach stimmt also mit den vereinigten Ergebnissen von Fontana und Calandrelli ganz vortrefflich überein.

die Absicht, die Meereshöhen möglichst richtig zu erhalten, als die Absicht, den Höhenunterschied des obern und untern Beobachtungsortes genau zu berechnen. Der Vollständigkeit wegen theile ich die Ergebnisse von Shuckburgh mit, natürlich in Pariser Fuſs.

1. Shuckburgh's Barometermessungen vom Jahre 1775 oder 1776.

	über dem Meere
Janiculus höchster Punkt desselben nahe der Villa Spada	275′
Aventin nahe der Priorei von Malta	141
Forum nahe dem Bogen des Septimius Severus, wo der Boden 22′ erhöht ist	63
Palatin Fuſsboden des Kaiserpalastes	156
Celius nahe der Leitung der Aqua Claudia	148
Sohle des Canals der Aqua Claudia	195
Esquilin Fuſsboden der Kirche S. Maria Maggiore . .	175
Capitolin Westliches Ende des Trapejischen Felsens . .	142
Kloster S. Clara in der Strada dei Specchi	56
Quirinal Fuſsboden der Karthäuserkirche (S. Maria degli Angeli)	163
Pincio Garten der Villa Medici	186
Vatican Spitze des Kreuzes auf der Peterskirche [1]) . .	499. 2
Basis des Obelisken vor der Kirche	60

Auſserhalb Rom hat Shuckburgh noch 2 Höhen bestimmt:

Spitze des Monte Soratte	2131
Spitze des Monte Velino	7879

2. Schouw's Messungen im Jahre 1818 und 1819.

Celius Fuſsboden der Kirche S. Stefano Rotondo . . .	138
» » » » S. Giovanni in Laterano .	161
» » » » S. Croce in Gerusalemme .	148

[1]) Shuckburgh machte seine Beobachtung auf einer Stelle, welche seiner Angabe zufolge 46′.9 unter der Spitze des Kreuzes lag. Diese 46′.9 addirte er dem Ergebniſs seiner Rechnung hinzu, und erhielt so die ganze Höhe = 499′.2. In englischen Fuſs ist die ganze Höhe bei Shuckburgh 532′. Brocchi, der einige der Shuckburgh'schen Bestimmungen mittheilt, sagt freilich ausdrücklich, er habe die englischen Fuſs in pariser verwandelt; man findet aber, daſs die Höhenangaben der Peterskirche und des Monte Soratte von ihm aus Versehn doch in englischen Fuſs gelassen sind. Ebenso bei Bunsen, der aus Brocchi schöpfte. Auch bei Buch sind die Messungen von Shuckburgh sehr ungenau mitgetheilt.

		über dem Meere
Esquilin	Fufsboden der Kirche S. Maria Maggiore, Mittel aus 2 Beobachtungen	188′
	Villa Negroni, Wall des Servius Tullius	212
	Villa Negroni Statue der Roma	245
Quirinal	Villa Aldobrandini, Fläche des Gartens	190
	Ebendaselbst, höchster Punkt des Bosquettes	169
	Garten Colonna	182
	Monte Cavallo, Pflaster neben den Colossen	185
	Hof des päpstlichen Palastes	190
	Garten Barberini	211
	Trajanssäule, Pflaster neben derselben	59 [1]
	Trajanssäule Höhe des Capitells	173
	Nach einer andern Beobachtung	174

Die vorstehenden Höhen sind unter der Voraussetzung berechnet, dafs die Meereshöhe des Barometers der Sternwarte 158′ war. Da das Barometer in Wirklichkeit 163′ hoch hing, so darf man jede der vorstehenden Angaben um 5′ erhöhen.

3. Noch einige Bestimmungen in Rom und der Umgegend von verschiedenen Urhebern.

Im Jahre 1821 hat Barlocci, Professor an der päpstlichen Ingenieurschule, die Meereshöhen einiger Punkte der römischen Wasserleitungen barometrisch bestimmt [2]. Die correspondirenden Beobachtungen sind nicht auf der Sternwarte gemacht, sondern wahrscheinlich an einem Punkte, dessen Meereshöhe den Ingenieuren durch geometrisches Nivellement genau bekannt war. Die Höhe von Ponte Lucano unter Tivoli ist mir vom Herzog von Rignano handschriftlich mitgetheilt; derselbe hat diese Bestimmung mit einem Aneroid-Barometer von Dent im Jahre 1852 gemacht. Correspondirende Beobachtung auf der Sternwarte. Ich habe das Ergebnifs der Rechnung, welches 119′ ist, um 5′ erhöht, weil das Barometer der Sternwarte nicht in 150′, sondern in 155′ Höhe hängt. — Schliefslich füge ich 3 eigene Bestimmungen vom 5 April 1853 hinzu. Das Nähere über meine Barometermessungen folgt unten beim Albanergebirge.

[1]) Das Pflaster neben der Trajanssäule liegt dem geometrischen Nivellement zufolge nur 47′ hoch.

[2]) Ricerche geometriche ed idrometriche fatte nella scuola degl' ingegneri pontificj d'acque e strade l'anno 1821. Milano 1822. 4. p. 58.

Leitung der Acqua Vergine		
Wasserspiegel des Behälters an der Piazza d'Espagna, in welchen der Aquäduct endigt	57' [1]	Barlocci
Hauptquellen der Acqua Vergine bei Salone unter dem Hügel	80	Barlocci
Ponte Lucano über den Teverone unterhalb Tivoli, 16 Miglien von Rom, Pflaster auf der Brücke	124	Hzg. v. Rignano
Leitung der Acqua Felice		
Wasserspiegel des Behälters hinter Fontana Termini, in welchen der Aquäduct endigt	160	Barlocci
Wasserspiegel des Teiches (*rifolta*) bei Pantano	190	Barlocci
Die höchsten Quellen gegenüber der Osteria della Colonna links von der Via Labicana	649	Barlocci
Dieselben Quellen	637	Hallmann
Osteria della Colonna an der Via Labicana Höhe der Landstrafse vor der Osterie	694	Hallmann
Quelle bei der Osteria di S. Cesario, Höhe des Ausflusses	823	Hallmann

§ 82. Geognostische Beschaffenheit des Bodens von Rom.

Der Anfang einer gründlichen Erforschung der geognostischen Verhältnisse des römischen Bodens ist im Sommer 1798 von dem damals 24jährigen L. v. Buch gemacht [2]. Vollendet ist die Aufklärung dieser Verhältnisse aber erst durch den beharrlichen Fleifs des vortrefflichen Brocchi [3]. Bunsen hat das Verdienst, Fr. Hoffmann

[1] Diese Höhe ist seitdem durch geometrisches Nivellement von Herrn Lanciani zu 60' bestimmt. Siehe oben.

[2] L. v. Buch Geognostische Beobachtungen auf Reisen durch Deutschland und Italien Bd. II. Berlin. 1809. enthält S. 5-66 die »geognostische Uebersicht der Umgegend von Rom«. Dieser Band war schon im Jahre 1806 gedruckt.

[3] G. Brocchi Dello stato fisico del suolo di Roma. Memoria per servire d'illustrazione alla carta geognostica di questa città. Con 2 tav. in rame. Roma 1820. Die geognostische Karte ist dem Buche nicht beigegeben, sie war schon früher unter dem Titel Carta fisica del suolo di Roma (ohne Jahreszahl) erschienen. Brocchi's Karte hat dem »geognostischen Bilde von Rom«, welches dem Bunsen'schen Werke beigegeben und ohne Zweifel unter Fr. Hoffmann's Leitung entworfen ist, zum Vorbilde gedient.

zu einer klaren und vollständigen Zusammenstellung der Ergebnisse der Untersuchungen von Buch und Brocchi veranlafst zu haben, welche unter dem Titel »die Beschaffenheit des römischen Bodens« in der Beschreibung der Stadt Rom Bd. I S. 45-81 im Jahre 1831 erschienen ist. Die geognostischen Verhältnisse Roms sind soweit aufgeklärt, dafs wir im Stande sind, die Ergebnisse ganz kurz in folgenden Sätzen zusammenzufassen:

1. Zur Zeit, als die erste Erhebung der aus dichtem Kalkstein bestehenden Apenninenkette schon stattgefunden hatte — der Apenninenkalk gehört der Juraformation, theilweise auch wohl der Kreide an —, bedeckte das alte Meer noch den römischen Boden bis zu mehr als 2000 Fufs Höhe über dem jetzigen Meeresspiegel. Aus dem Meere setzte sich zuerst eine Schicht von bläulichgrauem Thonmergel ab und darauf ein gelblicher kieselig-kalkiger Sandstein, der an den meisten Stellen jedoch nur loser Sandgries (*sabbione*) ist. Diese beiden ältesten Grundlage des römischen Bodens bilden die Hauptmasse des Vatican und Janiculus auf dem rechten Tiberufer, und es ist höchst wahrscheinlich, dafs dieselbe bläulich graue Thonmergelschicht sich auch unter den Hügeln des linken Tiberufers und der Campagne hinzieht. Unter dem Capitolin ist sie von Brocchi thatsächlich nachgewiesen.

2. Nachdem die beiden genannten Schichten in den subapenninen Gegenden aus dem Meere abgelagert waren, begann erst die Thätigkeit der Vulcane, deren Erzeugnisse jetzt als Tuffbänke den römischen Boden bedecken. Diese Vulcane waren entweder unterseeische oder doch solche, deren Auswurfstoffe ins Meer fielen. Die Tuffmassen, welche die Hügel des linken Tiberufers in Rom und die Hügel der Campagne bilden, unterscheiden sich von Lava wesentlich dadurch, dafs sie nicht in geschmolzenem Zustande geflossen sind. Der Tuff ist ein Gemenge von Schlacken, Lapillo [1]), Sand und Asche, welche Stoffe ins Meer gefallen, und fern von den Kratern, durch die sie ausgeworfen wurden, in Form von Bänken aus dem Wasser abgesetzt sind. Dies gilt nicht allein von den 3 Tuffarten, welche Brocchi unterscheidet, dem erdigen, Bröckel- und Steintuff, sondern selbst vom Peperin, in den der Steintuff allmälig übergeht; auch dieser ist ein aus dem Meere abgelagertes vulcanisches Gemengestein. Lavaströme entquollen den Kratern erst, als die Ränder bereits eine gewisse Festigkeit erhalten hatten und über die Meeresfläche emporragten.

[1]) Lapillo nennes die Italiäner eine poröse bimsteinähnliche Lava.

3. Als die Vulcane erloschen waren, das Meer sich schon weiter zurückgezogen hatte und hohe Massen von süfsem Wasser aus den Apenninen theils sich langsam dem Meere zuwälzten, theils in Landseen stockten, bildete sich das jüngste Gestein der römischen Ebene, der Travertin (*lapis tiburtinus*). Er ist ein chemischer Niederschlag des kohlensauren Kalkes, den die süfsen Gewässer der Vorzeit in einem Ueberschufs von Kohlensäure aufgelöst enthielten, und der sich niederschlug, wenn dieser Ueberschufs in die Atmosphäre entwich. Noch jetzt bildet sich Travertin im Teverone bei Tivoli, wo dieser Flufs das Gebirge verläfst. In der Vorzeit setzte die Tiber bis nach Rom hinein Travertinmassen ab. Den Beweis liefert die Travertinbank, welche Brocchi am Aventin in 90 Fufs Höhe über dem jetzigen Tiberspiegel fand. Andere Süfswasserbildungen, welche sich auf dem linken Tiberufer in Rom und oberhalb Rom den Hügeln von vulcanischem Tuff angelagert finden, sind Kalktuff, sandiger Mergel und Thon.

Bei dieser Beschaffenheit des Bodens von Rom läfst sich mit grofser Wahrscheinlichkeit die Art und Weise angeben, wie die zahlreichen Quellen in Rom auf dem rechten und auf dem linken Tiberufer sich bilden. Auf dem rechten Ufer bestehen der Vatican und Janiculus zum gröfsten Theile aus den beiden obengenannten Meeresbildungen. Die Meteorwasser durchsinken die obere Schicht, den kieselig-kalkigen Sandgries, werden aber am tieferen Eindringen durch die undurchlassende Thonmergelschicht verhindert und fliefsen auf dieser Schicht als Quellen am Fufse der Abhänge hervor [1]). Dieselbe Thonmergelschicht bildet höchstwahrscheinlich die gemeinschaftliche Unterlage der Hügel auf dem linken Tiberufer. Der Bröckeltuff, aus dem die Hügel bestehn, kann vermöge seines porösen Gewebes das Wasser nicht aufhalten, es sinkt in den Tuffmassen und in den Rissen zwischen denselben hinab. An der untern Gränze der Tuffhügel sammelt es sich an und fliefst entweder als Quellwasser aus oder wird aus Brunnen als Grundwasser emporgezogen. Durch viele Messungen der Tiefe der Brunnen auf dem linken Tiberufer fand Brocchi, dafs die Brunnen desto tiefer getrieben werden müssen, je höher der gegebene Punkt des Hügels liegt. Das Wasser findet sich erst in der Höhe der Fläche, auf welcher die Tuffhügel ruhen.

[1]) Diese Erklärung hat schon Buch bei der Beschreibung der grofsen Thongruben vor Porta Cavalleggieri gegeben a. a. O. S. 16. — Von der Villa Pamfili aus hat man eine sehr schöne Ansicht des Durchschnittes der beiden mächtigen Schichten in den Thongruben. Aus dieser Entfernung gesehn setzt sich der gelbe Sandstein von dem blaugrauen Thonmergel scharf ab.

Nach der soeben geschilderten Beschaffenheit des römischen Bodens dürfen wir vermuthen, dafs die am Fufse der Hügel hervorkommenden Quellen die Eigenschaften von Quellen der Ebene haben werden. Das Regenwasser durchsinkt eine oberste durchlassende Schicht, sei diese Schicht nun der Sandgries des Vatican und Janiculus oder der Bröckeltuff der Hügel des linken Tiberufers, und fliefst auf einer darunter liegenden undurchlassenden Schicht ab. Dieser Boden hat offenbar mehr Aehnlichkeit mit dem Sande der Potsdamer Hügel als mit dem Felsboden von Marienberg.

§ 83. Beschreibung der Quellen in Rom und in der Campagne[1]).

Als Führer zu den Quellen in Rom kann einer der verschiedenen Stadtpläne dienen, welche man überall in Rom kauft. Bei weitem der schönste ist die *Pianta topografica di Roma, dalla direzione generale del censo, anno 1842,* aber zu grofs um in der Tasche getragen zu werden. Die Wege zu den Quellen nahe bei Rom sieht man völlig deutlich auf der *Carta topografica del Suburbano di Roma, desunta dalle mappe del nuovo censimento e trigonometricamente delineata nella proporzionedi 1 a 15000 per ordine dell' Eño e Rño Principe Signore Cardinale Gio. Francesco Falzacappa, presidente del censo, nell' anno 1839.* Für die entferntern Quellen dient Westphal's Karte der römischen Kampagne.

I. Quellen in Rom.

A. auf dem rechten Tiberufer, am Vatican und Janiculus.

Am Vatican

Acqua di S. Damaso.

Im Vaticanischen Palaste befindet sich im Hofe di S. Damaso (auch Hof des Bramante und Hof delle Logge genannt) und zwar unter dem Porticus an dem nordnordwestlichen Rande des Hofes ein

[1]) Die Beschreibung der Quellen in Rom und in der Campagne ist das erste, was ich nach meiner Rückkehr von Italien ausarbeitete; (die kritische Bearbeitung der Höhen war schon in Rom gröfstentheils fertig geworden) ich wünschte die Frische der Eindrücke zu benutzen. Ich erwarte aber nicht, dafs der Leser die Beschreibung aller der kleinen Quellen in Rom und nahe bei Rom schon hier aufmerksam durchlese. Diese Quellen erhalten erst Interesse, wenn man in § 85 die regelmäfsigen Temperaturbeobachtungen kennen gelernt hat. Anders verhält es sich mit der zweiten Hälfte des § 83, die mit der Acqua Vergina anfängt. Diese hat an und für sich ein höheres Interesse.

Laufbrunnen, welcher (nebst ein paar andern Laufbrunnen des Palastes) von einer besondern, außerhalb des Palastes entspringenden Quelle, der Acqua di S. Damaso, gespeist wird. Die Inschrift über dem Laufbrunnen unter dem Porticus sagt, daß Innocenz X. im Jahre 1649 die jetzige Leitung machen ließ. Das Rohr dieses Laufbrunnen ist nur 6 Linien weit und die Leitung kommt reichlich ³/₄ Miglien weit her. Am 5. Februar 1853 besuchte ich in Gesellschaft des Herrn Lanciani die Quelle. Der Weg dahin geht aus der Porta Cavalleggieri zur Rechten die Via Aurelia entlang. Der Ort, wo die Quelle entspringt, soll S. Antonino heißen. Der Ursprung liegt zur Linken der Landstraße, 150 Schritt vor dem ersten Meilensteine zu, zwischen der Landstraße und dem hier zu Tage liegenden (für den Vatican bestimmten) Arm des Aquäductes der Paola. Ohne Führer findet man die Stelle nicht, man hat auch die Hülfe der Brunnenwärter nöthig um den runden Stein abheben zu lassen, der den Brunnen deckt, in dessen Tiefe das Wasser nach der bestimmten Versicherung der Wärter quellen soll. Ich fand den Brunnen bis zum Wasserspiegel 17 Fuß tief, das Wasser mochte etwa 2 Fuß tief sein, ich konnte wegen der Dunkelheit nicht deutlich sehn, wie tief der Becher, in welchem ich das Thermometer hinabließ, einsank bis er Grund fand. Temperatur am 5. Februar 14°.5. Das Wasser soll von hier aus in einem kleinen Aquäduct d. h. in einem gemauerten Stollen gegen NO. auf die Peterskirche und den Vaticanischen Palast zu fließen. Ungefähr in der Mitte der Strecke vom Ursprung bis zur Peterskirche geht der Aquäduct unter der Heerstraße durch. Die Wärter hoben an dieser Stelle einen viereckigen Deckstein auf und ich konnte durch einen 10 Fuß tiefen Schacht den Becher in das Wasser einsenken, welches so seicht floß, daß es den Becher kaum bedeckte. Hier erhielt ich zu meiner Befremdung 15°.8, also 1°.3 mehr als am Ursprunge. Die Wärter behaupteten freilich, daß außer der Acqua di S. Damaso keine andere Quelle in den kleinen Aquäduct einflösse, wie kann aber im Februar ein Wasser an irgend einer Stelle der Leitung wärmer sein als am Ursprunge? Die Temperatur des Wasserstrahls unter dem Porticus am Hofe di S. Damaso fand ich am 11. Februar 14°.35. Die Dünne des Wasserstrahls und der unaufgeklärte Widerspruch der Beobachtung 15°.8 in der Leitung mit der Beobachtung 14°.5 am Ursprunge bestimmten mich, diese Quelle nicht weiter zu berücksichtigen, und ich habe das Vorstehende überhaupt nur mitgetheilt, um die Acqua di S. Damaso nicht unerwähnt zu lassen.

Acqua delle Api.

Diese Quelle entspringt am Vaticanischen Hügel am östlichen Rande des Gartens des Belvedere. Der Vaticanische Hügel besteht, wie wir oben gesehen haben, aus kieselig-kalkigem Sandgries, der auf bläulichem Mergel liegt. Brocchi sagt, dafs dieser Sandgries im Garten des Belvedere zu sehn sei. Es versteht sich also von selbst, dafs das Wasser kalkhaltig sein mufs.

Die Brunnenstube, in welcher das Wasser von den gemauerten Wänden herabträufelt und dieselben mit weifsem Tropfstein (kohlensaurem Kalk) überzieht, liegt völlig verborgen zwischen hohen Mauern. Der Eingang zu derselben befindet sich an der Westseite des Hofes des Belvedere unter dem Porticus, der zu einer Wagenremise führt. Am 11. Februar 1853 wurde mir die Eingangsthür geöffnet. Man gelangt durch einen schmalen Gang von etwa 6 Schritt Länge ungefähr in die Mitte der langen Seite der Brunnenstube, welche die Form eines Troges hat. Das Wasser steht in derselben etwa 8 Zoll tief, sie ist etwa 2½ Fufs breit, aber man sieht bei dem Kerzenlicht, welches allein den Raum erhellt, weder zur Linken noch zur Rechten das Ende. Der Brunnenwärter bezeichnete mir draufsen an der Wand des Porticus den Anfangs- und Endpunkt der Brunnenstube und ich fand die Länge derselben 58 meiner Schritte d. i. 145 Fufs. Temperatur in der Brunnenstube 15°.0. Die jetzige Einrichtung der Brunnenstube rührt wahrscheinlich von Gregor XVI her: denn die Inschrift über der Eingangsthüre sagt, dafs dieser Papst im 9. Jahre seiner Regierung, also im Jahre 1840, die Acqua delle Api mittelst eines von der Acqua Paola getriebenen Druckwerkes bis oben in den Vaticanischen Palast, 201 Fufs hoch, habe heben und von da durch das ganze Gebäude habe vertheilen lassen. Am nördlichen Ende der Brunnenstube ist aus derselben der unter dem Namen Acqua delle Api bekannte Trinkbrunnen abgeleitet, dessen Wasser unter dem Porticus aus einem 8 Linien weiten Rohre gegen Osten ausfliefst. Dieser Trinkbrunnen hat den Namen delle Api erhalten von den Bienen, welche über demselben in Stein gehauen sind. Die Quelle wurde nämlich im Jahre 1637 im Garten des Belvedere aufgefunden unter Urban VIII, der als ein Barberini Bienen in seinem Familienwappen führte und die Fassung des Trinkbrunnens machen liefs. An diesem Bienenbrunnen, also ganz nahe an der Brunnenstube, sind die regelmäfsigen Beobachtungen der Temperatur der Quelle gemacht [1]). —

[1]) Der Leser wird bemerken, dafs die Temperatur am 11. Februar 1853 hier 15°.1 war, während sie in der Brunnenstube nur 15°.0 gefunden wurde. Der

Ein entfernterer Laufbrunnen ist im Jahre 1697 von dieser Quelle abgeleitet. Er liegt an der der Porta Angelica zugekehrten Ecke der Kirche S. Maria della Grazie und hat reichlich 1 Zoll Durchmesser. Ich fand die Temperatur desselben am 19. Februar 1853 14°.9. — Was die Meereshöhe der Brunnenstube betrifft, so schätze ich dieselbe nach aufmerksamer Betrachtung der Oertlichkeit etwa 15 Fufs niedriger als die Höhe des Fufsbodens der Peterskirche, welche nach Calandrelli's Bestimmung 93 Fufs beträgt. Ich nehme hiernach etwa 80′ als die Meereshöhe der Acqua delle Api an.

Also die Acqua delle Api entspringt in 80′ Meereshöhe am östlichen Abhange des Vaticanischen Hügels aus kalkhaltigem Sande, der auf bläulichem Mergel liegt und die Messungen an dem bekannten Laufbrunnen geben zuverlässig das richtige Jahresmittel der Quelle selbst.

Am Janiculus
Quelle der Acqua Pia,

gewöhnlich Acqua della Fontana del Porto Leonino genannt, vor Porta Cavalleggieri. Von Porta Cavalleggieri gehen 3 Strafsen aus, eine links an der Stadtmauer hin, eine rechts an der Stadtmauer hin und die dritte gradeaus gegen Süden. Schlägt man diese gegen Süden gehende Strafse ein, so hat man zur Linken den Janiculus, zur Rechten die Hügel des Vaticanus. Zu beiden Seiten des Weges liegen Ziegelbrennereien. 670 Schritt vom Thore bemerkt man in dem Abhange zur Linken der Strafse eine Thür, welche zur Brunnenstube der Acqua Pia führt. Man steigt eine schmale Treppe von 6-8 Stufen hinab und findet hier bei Kerzenlicht die gut geschützte Brunnenstube. Das Wasser quillt am Fufse des Westabhanges des Janiculus. Die Meereshöhe wird reichlich 100′ betragen. Temperatur am 5. Februar 1853 15°.15. Die Quelle ist 7-8 Unzen stark. Das Wasser fliefst in dem Abhange neben der Strafse in einem gemauerten Stollen bis zur Porta Cavalleggieri und speist hier den ersten Laufbrunnen, welcher am Thore für den Hinaustretenden zur Linken liegt und eine

Umstand, dafs die Temperatur am Ausflufs ein wenig höher war, als in der Brunnenstube, ist nicht so befremdend, wie es auf den ersten Blick scheint, wenn man bedenkt, dafs die Brunnenstube 145′ lang ist und dafs in einer Brunnenstube von solcher Länge wohl kleine Temperaturverschiedenheiten vorkommen können. Ich folge der Angabe des Brunnenwärters indem ich berichte, dafs dieser Laufbrunnen aus der langen Brunnenstube abgeleitet ist; übrigens ist es ja auch möglich, dafs er von einer besondern Ader gespeist wird. Jedenfalls ist der Bienenbrunnen ein günstiger Ort zur Beobachtung der Temperatur einer Quelle am Vatican.

Unze stark ist. Ich fand die Temperatur dieses Laufbrunnens am 7. Februar 14°.85, also nur 0°.3 niedriger als in der Brunnenstube. Am Thore tritt das Wasser wahrscheinlich in eine Röhrenleitung ein. Es speist einige Laufbrunnen in der Stadt und im neuen Flügel des Hospitals di S. Spirito. Der letzte von der Acqua Pia versehene Laufbrunnen ist die Fontana del Porto Leonino. Temperatur am 7. Februar 12°.0.

Die regelmäfsigen Beobachtungen der Temperatur sind an dem Laufbrunnen an Porta Cavalleggieri gemacht. Da der Beobachtungsort 670 Schritt vom Ursprunge entfernt liegt, so läfst sich nicht mit Sicherheit darauf rechnen, dafs das erhaltene Mittel unentstellt sei.

Die Quelle heifst Pia von Pius IV, welcher sie im Jahre 1565 nach Porta Cavalleggieri leiten liefs. Clemens XI erneuerte den Laufbrunnen im Jahre 1713.

Acqua Lancisiana.

Wenn man aus dem Palast Salviati tritt, bemerkt man zur Linken in einer Vertiefung einen Laufbrunnen, dessen Rohr reichlich 1 Zoll weit ist und dessen Wasser in stets vollem Strahle mit grofser Heftigkeit herausstürzt. Dieser Laufbrunnen wird von derjenigen Quelle gespeist, welche den Gelehrten unter dem Namen der Acqua Lancisiana bekannt ist. Der Laufbrunnen ist an dieser Stelle erst unter Pius VIII im Jahre 1830 angelegt. Die Inschrift über demselben sagt ungenauer Weise, die Quelle liege am Vaticanischen Hügel, während sie ganz sicher am Janiculus liegt (Vatican und Janiculus werden manchmal nicht unterschieden). In der Angabe des Ortes der Quelle folge ich bewährten Schriftstellern, wie Brocchi, und dem Plane des obern Theils der Leitung, welchen Herr Lanciani mir mitzutheilen die Güte hatte und welcher wahrscheinlich um das Jahr 1830 gezeichnet ist. Die Quelle ist völlig unzugänglich und der Ort derselben läfst sich freilich nach dem gezeichneten Plane genau finden, man sieht sich aber an diesem Orte vergebens nach irgend einem Merkmale um (z. B. einem Decksteine), durch welches das Vorhandensein der Quelle unter der Oberfläche angezeigt würde. — Die Quelle liegt am östlichen Abhange des Janiculus, und zwar am Fufse der Anhöhe von S. Onofrio. Brocchi Suolo di Roma p. 62 sagt: *Nasce alla bassa falda del Gianicolo appiè della salita di S. Onofrio.* Steigt man von der Via Longara aus die Via di S. Onofrio (auch Via di Salita di S. Onofrio genannt) hinauf und hat man von der untern linken Ecke aus 60 Schritt (= 150 Fufs) zurückgelegt, so befindet man sich zwischen den Hausnummern 7 und 8 und an derjenigen Stelle des Pflasters der Via di S. Onofrio, unter welcher dem Plane zufolge die Quelle liegt. Der gemauerte Stollen, in welchem das Wasser fliefst, läuft aber nicht in der Via di S. Onofrio hinab, sondern macht einen Umweg hinter der rechten Seite dieser Strafse weg und durch das unterste Stück der Via del Bastioni di S. Spirito. Der erste Beweis von der Gegenwart der Leitung ist ein runder Deckstein in der Via de' Bastioni di S. Spirito; 150 Fufs unterhalb dieses Steines liegt in der Via Longara an der Ecke des Stalles von S. Spirito ein viereckiger Deckstein. Vom Ursprunge bis zu dem viereckigen Decksteine hat der Stollen eine Strecke von 370 Fufs zurückgelegt. An dieser Stelle geht er in zwei Röhrenleitungen über. Die eine führt die gröfsere Hälfte des Wassers nach dem Hospital di S. Spirito, die andere führt die kleinere Hälfte in der Via Longara hinab zu dem Laufbrunnen links in der Tiefe vor dem Palast Salviati. Die Entfernung des Laufbrunnens von dem viereckigen Decksteine an der Ecke des Stalles von S. Spirito ist 170 meiner Schritte oder 425 Fufs. Der ganze Weg, den das Wasser vom Ursprunge bis zum Laufbrunnen, an welchem die Temperatur beobachtet ist, zurückgelegt, beträgt also 795, in runder Summe 800 Fufs. Fea sagt [1]) die Quelle liefere über 10 Unzen Wasser und der Laufbrunnen werde durch mehr als 4 Unzen gebildet, was mir richtig zu sein scheint. Von dem Laufbrunnen aus liegt die Quelle in West-Nord-West. Die Meereshöhe derselben schätze ich auf etwa 80 Fufs, ohne die Genauigkeit der Schätzung verbürgen zu können.

Petroni, Leibarzt Gregor's XIII um das Jahr 1580, scheint die Quelle zuerst erwähnt zu haben. Zur Zeit des päpstlichen Leibarztes Lancisi hiefs sie Acqua della Fontanella. Lancisi erwähnt sie in seinem Buche *De nativis deque adventitiis romani caeli qualitatibus 1710* als Aqua ad ripam Tiberis. Clemens XI liefs sie im Jahre 1720 auf Lancisi's Betrieb fassen und ins Hospital di S. Spirito herableiten. Die Anlage des Laufbrunnens, an welchem die Temperatur gemessen ist, rührt erst, wie schon erwähnt wurde, aus dem Jahre 1830 her.

Ich darf nicht verschweigen, dafs dem Plane zufolge der Stollen, der das Wasser der Acqua Lancisiana in die Via Longara hinabführt, noch eine andere Quelle aufnimmt, welche ich bei keinem Schriftsteller auf eine unzweideutige Weise erwähnt gefunden habe. Man sieht auf dem Plane, dafs der Aquäduct etwas oberhalb des erwähnten

[1]) Carlo Fea Storia degli Acquedotti Romani. Roma, 1832. 4. p. 325.

runden Decksteines eine die Via de' Bastioni di S. Spirito herabkommende Nebenleitung aufnimmt. Die Quelle dieses Nebenarms ist nicht angegeben, sondern liegt über die Gränze des Planes hinaus. Herr Lanciani wufste mir über diese zweite Quelle nichts zu sagen und ein Beamter des Hospitals di S. Spirito, an den ich mich um Auskunft wandte, versprach mir zweimal, sich zu erkundigen, hat aber nicht Wort gehalten. Wir müssen also den Ursprung dieser zweiten Quelle auf sich beruhen lassen und uns damit begnügen zu wissen, dafs die am Fufse der Anhöhe von S. Onofrio hervorkommende Quelle jedenfalls die Hauptquelle ist.

Die beiden Quellen in der Villa Corsini.

Die Villa Corsini liegt auf dem rechten Tiberufer an dem nordöstlichen Abhange des Janiculus, dessen höchste Punkte hier 250 bis 270 Fufs über dem Meere liegen mögen. Sie erstreckt sich gegen Süden bis an die Fontana dell' Acqua Paola und die Porta di S. Pancrazio. Die Villa wird im Westen durch die Stadtmauer begränzt. Oberhalb der grofsen Platanen, unter denen der von der Acqua Paola gespeiste Springbrunnen springt, kommt die obere der beiden Quellen hervor in einer Grotte, zu welcher der Zugang durch eine hölzerne Thür verschlossen ist. Das Wasser quillt aber nicht an dieser Stelle, sondern kommt im Berge in einem gemauerten Stollen aus der Gegend der Porta di S. Pancrazio her. Die Quelle flofs am 26 Februar 1853 ungeachtet der vorausgegangenen sehr regenreichen Wochen nur dünn. Temperatur 14°.6. Die Höhe ist gewifs höher als die des Thermometers des Collegium Romanum. Diese Quelle scheint mir ihrer Magerkeit wegen sich wenig zu regelmäfsigen Beobachtungen zu empfehlen. Man würde auch zu jeder Beobachtung eines Wärters bedürfen, der die Thür aufschliefst.

Die untere Quelle liegt für den Hinaufsteigenden rechts unterhalb des Springbrunnens. Eine eiserne Gitterthür verschliefst den Zugang zu dem unterirdischen gemauerten Behälter, dessen Temperatur ich an demselben Tage nur 10°.8 fand. In diesem Behälter steht das Wasser etwa 2 Fufs tief. An der Oberfläche fliefst es in eine Röhre, welche es den Berg hinabführt. Ich konnte in dem niedrigen und dunkeln Raume nichts quellen sehn. Das Wasser steht hier offenbar zu lange der Einwirkung der Luft ausgesetzt. Diese Quelle ist also zur Beobachtung nicht geeignet.

Acqua Innocenziana.

Die Acqua Innocenziana entspringt am Janiculus am Fufs der Salita di S. Pietro in Montorio. Wenn man die Via di Porta di S. Pancrazio hinansteigt, da wo sie die Südseite der Piazza di S. Pietro in Montorio bildet, so bemerkt man zur Linken eine Viehtränke, welche durch zwei aus der Mauer hervorkommende Laufbrunnen, 1 und 2 Unzen stark, gespeist wird. Diese beiden Laufbrunnen sind die Acqua Innocenziana, deren Brunnenstube einige Schritte höher hinauf im Berge liegt. Der Zugang zu derselben ist durch eine in der Mauer befindliche hölzerne Thür verschlossen. Ist die Thür geöffnet, so tritt man in einen schmalen Gang und trifft in demselben ungefähr in 3 Schritt Tiefe ein kleines Becken, in welchem die aus der Tiefe des Berges hervorkommende geringe Wassermenge sich sammelt. Die Quelle kommt aus dem gegen NNW. gekehrten Abhange der Anhöhe von S. Pietro in Montorio hervor. Der Abhang ist an dieser Stelle nicht mit Häusern besetzt, sondern mit Bäumen und Büschen bewachsen. Ich fand die Temperatur in der Brunnenstube am 5 Februar 1853 15°.35, während der nur wenige Schritte entfernte erste Laufbrunnen nur 14°.0 zeigte. Die Meereshöhe ist schwer zu schätzen, höchstens 100 Fufs. — Die kleine Quelle wurde im Jahre 1682 unter INNOCENZ XI gefunden, gefafst und nach diesem Papste benannt. Siehe ALB. CASSIO I. p. 398.

B. Auf dem linken Tiberufer, am Palatin, Capitolin und Quirinal.

Am Palatin

Acqua di S. Giorgio.

Wenn man bei S. Giorgio in Velabro so tief wie möglich bei niedrigem Tiberstande zur Cloaca maxima hinabgestiegen ist, sieht man an diesem von Schmutz und Moder starrenden Orte in das trübe Wasser der Cloaca eine klare reiche Quelle schräg von der linken Seite her einfliefsen. Man befindet sich hier, von hohen Mauern rings umgeben, an der tiefsten Stelle von Rom. Da der innere Bogenrand der Cloaca, den man vor Augen hat, 22′.24 über dem Meere liegt, so kann man die Meereshöhe, in welcher die Acqua di S. Giorgio hervorkommt, mit Sicherheit = 20 Fufs setzen. Ueber der Quelle bekleidet eine starke Mauer von 25-30 Fufs Höhe einen senkrechten Abhang. In dem Mauerwerk befindet sich unten eine dunkele Kluft, in welcher sich der Ursprung der Quelle zu verlieren scheint. Man kann von aufsen nicht sehn, ob das Wasser in der Tiefe der Kluft quillt, oder aus einem Stollen hervorfliefst. Läfst man aber einen Diener in die Kluft hineinsteigen und ein Licht darin anzünden, so sieht man, dafs die Quelle nicht etwa weiter hergeleitet ist, sondern am Fufse des felsenähnlichen Mauerwerks hervordringt. Sie quillt am westlichen Fufse des Palatin, der aus Tuff besteht und dessen höchste Punkte 160 Fufs über dem Meere liegen. Das Wasser ist völlig rein, ohne irgend einen Beigeschmack, und fliefst in einem raschen Strome, der etwa ½ Fufs tief und 1½ Fufs breit ist, in die Cloake ein.

Wir wissen aus der Untersuchung der Höhen in Rom, dafs das Wasser der Cloake nur bei niedrigem Tiberstande ungehindert in die Tiber ausfliefst, indem der innere Bogenrand der Mündung nur 18'.2 über dem Meere liegt, während der mittlere Tiberstand an dieser Stelle schon 19' über dem Meere liegt. Sobald die Tiber steigt, bildet das rasch vorbeiströmende Wasser derselben vor der Cloakenmündung gleichsam eine Mauer, welche den Eintritt des Wassers der Cloake in das Tiberbett ganz oder fast ganz absperrt. Das Wasser der Cloake, zusammen mit dem Wasser unserer Quelle, stauet sich also bei S. Giorgio an zu der jeweiligen Höhe des Tiberstandes. Von Anfang December 1852 bis Mitte Januar 1853 konnte ich die Temperatur der Quelle von S. Giorgio ohne alle Umstände messen, indem ich das Thermometer im Becher in den Strom hineinhielt. Als ich die Quelle am 30 Januar besuchte, fand ich den Spiegel derselben schon um etwa 2 Fufs erhöht. Das Thermometer wurde nun in einem Becher festgebunden und an einem Bindfaden bis auf den Grund der Quelle möglichst nahe dem Ursprung eingesenkt. Den ganzen Februar hindurch stand das Wasser 10-15-20 Schritt über den Ort der Quelle hinaus, so dafs man gar nicht ankommen konnte. Am 21 Februar bemerkte ich, dafs bei der fortdauernden Anstauung der Cloake das Quellwasser in ein paar kleinen Adern an einer etwa 10 Fufs höhern Stelle aus der Mauer hervordrang. Ich fand die Temperatur dieser Adern 15°.9 und habe keinen Anstand genommen, die Messung vom 21 Februar wie eine gewöhnliche Messung der Quelle zu verzeichnen, weil die Temperatur mit der vom 30 Januar genau übereinstimmte. Am 14 März endlich war die Quelle soweit wieder frei, dafs eine Messung durch Einsenkung des Bechers mit dem Thermometer gemacht werden konnte. In der zweiten Hälfte des März und im April traten noch mehrere hohe Anstauungen des Wassers ein, sie dauerten aber nicht lange. Ich machte die folgenden Messungen stets durch Einsenkung des Thermometers auf den Grund und verordnete, dafs auch nach meiner Abreise beständig so gemessen werden sollte.

Am Capitolin

Kleine Quelle im Carcer Tullianus.

Zu dieser Quelle steigt man 55 Stufen unter der Kirche S. Giuseppe hinab. Sie liegt im südöstlichen Abhange des Capitolinischen Hügels, vom Licht völlig, von der Luft nicht ganz abgeschlossen, in etwa 47′ Meereshöhe. Sie ist in ein rundes steinernes Loch von beinahe 1′ Weite und 1½′ Tiefe gefafst und steht in demselben stets in gleicher Höhe. Die Führer behaupten, den unterirdischen Abflufs des Wassers kenne man nicht. Es scheint sich sehr langsam zu erneuern, schmeckt aber ganz rein. Bei einem der spätern Besuche bemerkte ich im Fufsboden eine Reihe weifser Steine, welche von dem Rande der Fassung in östlicher Richtung auf eine in der Wand befindliche niedrige hölzerne Thür zulaufen, offenbar Decksteine einer Rinne. Ich liefs die Thür aufriegeln, kroch mit einem Lichte hinein und befand mich nun in einem gewöhnlichen Wasserleitungsstollen von Mannshöhe. Den Boden des Stollens bildete eine steinerne Rinne, welche zollhoch mit Moder bedeckt war. 10 bis 20 Schritt weiter fand ich stehendes Wasser in der Rinne. Das Ende des Stollens konnte ich nicht absehn. Offenbar ist dies der alte Abzugscanal der Quelle gewesen in einem frühern Zeitraume, in welchem sie reichlicher geflossen sein wird. Jetzt sickert das wenige Wasser, welches aus dem Becken abfliefst, vermuthlich durch die Steinritzen der Fassung. Diese Quelle ist die magerste, welche mir jemals vorgekommen ist.

Kleine Quelle am Bogen des Septimius Severus.

Diese Quelle kommt am südöstlichen Fufse des Capitolin hervor, hart an der alten Via sacra, 15–20′ tiefer als das jetzige Pflaster liegt, an einem schattigen Orte. Sie ist in Form eines viereckigen offenen Brunnens gefafst, welcher 3 Fufs Seite und nur 8–10 Zoll Tiefe hat. Eine unter einem Winkel von etwa 30° aufgerichtete Steinplatte bildet ein Schutzdach über ihr. Das Wasser fliefst an einer Stelle des südwestlichen Randes ununterbrochen aus und schmeckt vollkommen rein. Der Spiegel dieser Quelle liegt etwa 8 Fufs tiefer, als das alte Pflaster unter dem Bogen des Septimius Severus. Letzteres liegt, geometrischem Nivellement zufolge, 45′ hoch, folglich beträgt die Meereshöhe der Quelle 37′. Der höchste Punkt des Capitolins über der Quelle ist der Fufsboden der Kirche Ara Caeli in 151′ Meereshöhe.

Am Quirinal

Acqua di S. Felice.

Diese Quelle, welche mit der Acqua Felice nichts gemein hat, entspringt am Westabhange des Quirinal und bildet im Terzo Cortile di S. Felice einen Laufbrunnen von nur 8 Linien Weite (1 Unze). An diesem Laufbrunnen ist die Temperatur der Quelle regelmäfsig beobachtet. Das Wasser fliefst grade gegen Westen aus. Der Eingang zum dritten Hofe des heil. Felix ist in der Via della Dataria No. 18, die erste Thür links für denjenigen, der vom Monte Cavallo herabkommt. Eine irrige Meinung über die Herkunft dieses Wassers findet sich bei Alberto Cassio (*Corso dell' Acque antiche e moderne.* 2 Bände in 4. Rom, 1756. 1757) I, 342. Dieser Schriftsteller behauptet, es komme von der Consulta an der Piazza di Monte Cavallo her. Als unter Clemens XII (1730–40) der Grund zu den Gebäuden der Consulta gelegt wurde, habe man dort eine starke, in westlicher Richtung fliefsende Quelle gefunden. Dies sei der Ursprung der Acqua di S. Felice. P. Carpi [1]) (*Esame fisico-chimico delle acque potabili di Roma. Roma, 1831. 8. p. 28*) sagt dagegen, das Wasser tröpfele von dem Gewölbe und den Wänden einer Grotte herab und sammele sich in einem kleinen Behälter, der den Laufbrunnen speise. Ich habe am 10 Februar 1853 mit den Leuten des Herrn Martinucci den mehrfach verschlossenen Ursprung der Quelle besucht und Carpi's Angabe genau richtig befunden. Man tritt in eine von Westen her in den Bröckeltuff des Berges gehauene Grotte und sieht hier bei Kerzenschein mit Verwunderung die ganze Quelle sich bilden. Die Grotte mag 25 Fufs tief, 12 Fufs hoch und 12 Fufs breit sein. Das Wasser schwitzt aus den Tuffwänden, rinnt in Tropfen an denselben herab, steht am Boden in kleinen sehr seichten Pfützen und sammelt sich endlich nahe der Thür in einem kleinen gemauerten, mit einem Decksteine versehenen Behälter. Hiermit ist die Quelle fertig: denn einzig und allein aus dieser Brunnenstube wird der beständig fliefsende Laufbrunnen gespeist. Ich fand am 10 Februar 1853 die Temperatur in der Brunnenstube 15°.65, am Ausflufs im Terzo Cortile nur 15°.3. Die Leitung ist etwa 120′ lang und liegt 50′ lang dicht unter dem Pflaster eines Hofes, wodurch sich bei der Magerkeit der Wasserader

[1]) Carpi ist Professor der Mineralogie an der römischen Universität. Die Broschüre ist nicht im Buchhandel.

die Wärmeabnahme von 0°.35 auf dem kurzen Wege erklärt. — Ich bin geneigt zu glauben, dafs diese Quelle erst entstanden ist, nachdem die Grotte in den Tuff gehauen war. Der Regen, welcher auf dem Monte Cavallo fällt, hat über der Höhle nur eine Erd- und Tuffschicht von 15-20 Fufs Mächtigkeit zu durchsinken. Es würde sich so nahe unter den höchsten Punkten des Quirinal noch gar keine Quelle bilden, wenn nicht das durch den Bröckeltuff filtrirende Meteorwasser auf seinem Wege in die Tiefe eine Höhle anträfe, an deren Wänden es herablaufen und auf deren Fufsboden es zusammenrinnen müfste. Ich erinnere mich von meinem gelehrten Freunde Bethmann gehört zu haben, die Etrusker hätten die Kunst besessen, aus scheinbar trockenen Bergen Quellen hervorzulocken, indem sie Gänge und Höhlen in die Berge hineintrieben [1]). — Schouw hat die Höhe des innern Hofes des Quirinalischen Palastes zu 190 Fufs bestimmt und der Ausflufs der Acqua di S. Felice liegt einer ziemlich zuverlässigen Schätzung zufolge etwa 53 Fufs tiefer, also in 137′ Meereshöhe. Die Brunnenstube mag 10′ höher liegen, also 147′, oder in runder Zahl 150′ über dem Meere.

Es giebt am Quirinal noch wenigstens 2 Quellen, die genannt zu werden verdienen.

Die Acqua del Grillo, welche im Hofe des ehemaligen Palastes del Grillo lief, wurde als Trinkwasser sehr hoch geschätzt. Der Palast heifst jetzt Fiorino. Es fliefst aber im Hofe desselben kein Wasser mehr. Das Wasser ist schon vor mehreren Jahren verkauft und nach einem andern Orte hingeleitet. Wohin? wufste mir Niemand zu sagen.

Die Acqua Sallustiana entspringt wahrscheinlich in der Gegend, wo der Quirinal und der Pincio zusammenstofsen. Der Ursprung ist völlig unzugänglich und die Stelle desselben nicht einmal genau bekannt. Das Wasser fliefst in einer Leitung von unbekanntem Alter der Piazza Barberini zu und wird in der Nähe derselben in mehreren Häusern aus tiefen Brunnen emporgezogen, wie Fea richtig angiebt. In dem Hause No. 2 der Via Felice sah ich am 28 Januar 1853 das Wasser in seinem Stollen im Grunde eines etwa 40′ tiefen Brunnens vorbeifliefsen. Das frisch emporgezogene Wasser hatte 14°.25.

[1]) Späterer Zusatz: Wer mit Aufmerksamkeit liest, was Ernst Curtius in seiner lehrreichen Abhandlung *über städtische Wasserbauten der Hellenen*, Archäolog. Zeitung 1847, von der Pirene in Corinth und der Kallirrhoe in Athen sagt, mufs sich zu der Ansicht neigen, dafs die Griechen früher als ein italisches Volk jene Kunst verstanden haben.

II. Quellen nahe bei Rom:

Die Quellen im Caffarellathale von Acqua santa bis zum kleinen Casale della Caffarella, ferner der Sauerbrunnen bei Ponte Molle und die Quellen der Abbadia delle Tre Fontane.

Das Thal, welches die Gelehrten Almothal oder Egerienthal nennen, heifst jetzt nicht anders als Valle della Caffarella, weil es von Acqua santa abwärts fast ganz von der Tenuta della Caffarella eingenommen wird [1]). Der Bach Almo, jetzt vom Volke Aquataccio genannt, welcher sich dicht unterhalb Rom in die Tiber ergiefst, entspringt ungefähr in der Mitte zwischen Rom und Albano, 7 Miglien von Rom, bei Torre di Mezza Via rechts von der Via Appia nuova, welche von Porta S. Giovanni ausgeht. Das sehr flache Thal des Almo wird von solchen niedrigen und unzusammenhängenden Tuffhügeln gebildet, wie sie überall in der römischen Ebene zum Vorschein kommen. Es erstreckt sich in der Richtung von SO. nach NW. bis zum kleinen Casale della Caffarella, welches 1 ½ Miglien von Porta S. Giovanni entfernt ist. Unterhalb dieses Casale biegt sich der Bach ein Achtel nach Links und fliefst nun in der Richtung von O. nach W. an Porta S. Sebastiano und Porta S. Paolo vorüber der Tiber zu.

Die mittlere Höhe der Tiber bei ihrem Austritt aus Rom ist 18′. Das Bett des Almo mag beim grofsen Casale della Caffarella und bei der Grotte der Egeria 40-45′, bei Acqua santa 50-55′ über dem Meere liegen und hiernach mögen die Quellen in 50-65′ Höhe hervorkommen. In einiger Entfernung vom linken Thalgehänge des Almo gegen SW. liegt das Grabmal der Cäcilia Metella am Ende des bekannten Lavastromes, der sich vom Albanergebirge dorthin erstreckt. Die Tuffhügel zwischen Acqua santa und dem grofsen Casale zu beiden Seiten des Almo mögen 100-150′ Meereshöhe haben.

In dieser sehr flach hügeligen Gegend kommen 7 Quellen, meistens schwache Säuerlinge, in der Höhe der Thalsohle des Almo hervor, 3 am rechten und 4 am linken Thalgehänge. Die folgenden Temperaturen sind alle im December 1852 beobachtet. Man findet

[1]) Die nähere Umgegend von Rom, der sogenannte *ager romanus*, ist in 416 gröfsere Grundstücke getheilt, welche Tenuten heifsen und jede einen Beinamen haben, z. B. Tenuta della Caffarella. Das zu einer Tenuta gehörige Wirthschaftsgebäude heifst Casale. Auf der Tenuta della Caffarella befinden sich zwei Wirthschaftsgebäude, ein grofses und ein kleines Casale.

die Quellen am leichtesten, wenn man von der obersten, der Acqua santa, ausgeht.

1. Die Quelle der Acqua santa. Die Badeanstalt Acqua santa liegt 2½ Miglien von Porta S. Giovanni, rechts von der Via Appia nuova am rechten Thalgehänge des Almo. Eine Marmorsäule bezeichnet die Stelle, an welcher der Fahrweg nach Acqua santa von der Heerstrafse abgeht. Das Wasser entspringt unter dem Hauptgebäude im Grunde von 2 gemauerten Schachten, welche 10′ tief sind und vollkommen gut verdeckt gehalten werden. Im Sommer wird es aus diesen Schachten heraufgepumpt, um zu Bädern zu dienen, im Winter fliefst es aus dem Grunde der Schachte gegen SWW. ab und kommt 30 Schritt von da in einem tiefer gelegenen Nebengebäude aus 2 Röhren hervor. Ich liefs in einen der beiden Schachte eine Leiter stellen und einen Arbeiter mit einem Lichte hinabsteigen und war verwundert, am Grunde nur eine äufserst geringe Menge Wasser zu bemerken. Von den beiden Röhren im Nebengebäude, welche 1 Zoll Weite haben, war die eine ganz trocken, und der Wasserstrahl, der aus der andern langsam flofs, füllte nur ½ der Oeffnung. Auf die Frage, wie mit einer so geringen Wassermenge Bäder gegeben werden könnten, erhielt ich die Antwort, das Wasser quelle im Sommer stets viel reichlicher als im Winter, im Sommer fliefse es aus beiden Röhren in vollem Strahle aus. Ich fand die Temperatur am Ausflufs am 15 December 17°.4
31 December 16. 95

Das Wasser ist entschieden sauer und wird auch als Sauerwasser in Kruken nach Rom verkauft. — Neben Acqua santa fliefst der Almo durch ein grofses sumpfiges Rohrfeld. Oberhalb desselben findet man eine steinerne Brücke, über welche man auf das linke Thalgehänge des Almo gelangt, auf welchem die 4 nächsten Quellen hervorkommen. Alle 4 fliefsen gegen NO. oder N. aus, 2 derselben sind gefafst, 2 ungefafst.

2. Die gefafste Quelle zwischen Acqua santa und dem Hain der Egeria. Wenn man am Saume des Rohrfeldes hingehend an die untere westliche Ecke desselben gekommen ist, bemerkt man einen von 3 Seiten (Nord, Nordost, Südost) ummauerten Vorsprung. In der Mitte der Grundlinie der nordöstlichen Seite kommt ein Laufbrunnen hervor, der in einen steinernen Trog, zur Tränkung des Viehes, fliefst. Ich fand ihn reicher als die Quelle der Acqua santa und nur sehr leicht säuerlich. Am 31 December 17°.05.

3. Die ungefafste Quelle zwischen dem Hain und der Grotte der Egeria kommt unterhalb alten Mauerwerks im Gestrüpp am Fufse des Abhanges hervor. Sie ist reicher als die vorige und rasch fliefsend. Am 31 December 17°.55. Ein wenig säuerlich.

4. Die Quelle der Egeria oder der Laufbrunnen in der Grotte der Egeria. Die Grotte der Egeria ist in einen Tuffhügel hineingebauet und gegen NNO. offen. Tritt man in dieselbe ein, so bemerkt man im Grunde unter der liegenden Statue 3 marmorne Wasserrinnen. Nur aus der für den Hinzutretenden linken Rinne strömt Wasser mit Macht hervor, die mittlere und die rechte sind trocken.

3	December	17°.35
15	December	17. 35
31	December	17. 1

Steigt man in die Nische über der Statue und leuchtet man mit einem Licht in das Loch, welches sich hier im Mauerwerk befindet, so bemerkt man, dafs das Wasser von der linken Seite hergeflossen kommt. Aus der linken, d. h. östlichen Wand der Grotte fliefst auch an einer Stelle wildes Wasser aus. Klettert man an dieser Stelle etwas hinauf und steckt man den Kopf so tief wie möglich in ein hier befindliches Loch des Mauerwerks, so sieht man, dafs alles Wasser in einem gemauerten Stollen links hergeflossen kommt, und am Ende des etwa 10 Schritt langen Stollens sieht man schwaches Tageslicht von oben einfallen. Geht man nun aus der Grotte hinaus und besteigt man den Abhang an der östlichen Seite derselben, so bemerkt man in der Mitte einer Einsenkung die 4eckige 3′ lange und 2′ breite Oeffnung eines gemauerten Schachtes, der etwa 15′ tief sein mag und durch welchen das Tageslicht in den von ihm ausgehenden Stollen fällt. Im Grunde sieht man das Wasser quellen und rinnen. Man kann auch die Höhe und Breite des Stollens schätzen, die Höhe beträgt etwa 4 Fufs, die Breite 2 Fufs. Nachdem ich diese Quelle an der Ostseite der Grotte gefunden hatte, stieg ich den Abhang an der Westseite der Grotte hinan, um nachzusehn, ob nicht auch von dieser Seite früher eine Leitung Wasser in die Grotte geführt hätte. Ich fand in der That einen 3-4′ tiefen und halb verschütteten Schacht, von dem aber ganz deutlich ein Stollen nach der Grotte hingeht. Ich vermuthe, dafs in frühern Zeiten auch hier eine kleine Quelle geflossen ist und dafs, wenn das Wasser im Grunde der Grotte von beiden Seiten zusammenflofs, alle 3 noch jetzt vorhandenen Rinnen dadurch gefüllt wurden. Die Erbauer der Grotte scheinen dieselbe grade an diese Stelle gelegt zu haben, um das Wasser beider

Quellen, sowohl der östlichen als der westlichen, gemeinschaftlich benutzen zu können. Das Ganze wird wohl eine Trink- und Badeanstalt gewesen sein. Das Wasser ist leicht säuerlich. Ich bin nicht der Einzige, der diese Bemerkung gemacht hat. Fea sagt p. 330: *Il sapore è di un leggerissimo acidulo; e leggerissima è l'acqua.*

5. Die ungefafste Quelle 660 Schritt thalabwärts von der Grotte der Egeria. Geht man den Fahrweg von der Grotte der Egeria thalabwärts, so kommt man an einem ersten Tuffhügel vorbei, aus dem keine Quelle kommt. Der zweite Tuffhügel liefert aber genau in der angegebenen Entfernung an der Nordseite an einer Stelle, wo die Felsen zu Tage stehn, eine reiche Quelle, welche unter dem nur 5 Schritt breiten Fahrwege zur rechten Hand rasch hervorfliefst. Sie ist leicht säuerlich wie die 3 vorgenannten und als Getränk äufserst angenehm. Selbst das Vieh weifs dies zu schätzen. Ich sah eine jener prächtigen Kühe, die den Winter hindurch im Caffarellathal weiden, näher und näher an die Ausflufsöffnung herantreten und die Schnauze möglichst tief unter den Fahrweg hineinschieben, um das köstliche Nafs in gröfster Reinheit zu schlürfen.

3	December	17°.7
15	»	17. 7
31	»	17. 6

Weiter habe ich am linken Thalgehänge keine Quelle mehr gefunden. Es befinden sich aber am rechten Thalgehänge noch 2 Laufbrunnen, welche ohne allen Zweifel das Wasser ganz nahe liegender Quellen ausführen. Beide sind auf dem Kadasterplane des Suburbanum angegeben und »Fonte« benannt. Grade gegenüber der 5. Quelle liegt am rechten Thalgehänge das grofse Casale della Caffarella. Die Sohle des Almothales ist an dieser Stelle reichlich 300 Schritt breit, was man auf dem Fahrwege, welcher von der 5. Quelle quer hinüber zum Casale führt, leicht abmessen kann. Von der 5. Quelle bis zum Almo sind 210 Schritt und vom Almo bis zum Laufbrunnen vor dem Casale sind 100 Schritt. Das Casale lehnt sich hart an einen Tuffhügel des rechten Gehänges.

6. Der Laufbrunnen vor dem grofsen Casale della Caffarella. Auf dem sehr flachen Abhange vor dem Hause liegt niedriges Mauerwerk fest auf und aus diesem ragt ein Bleirohr von 1 Zoll Weite hervor. Aus diesem Rohre schiefst Wasser in stets vollem Strahle in einen grofsen Trog zur Tränke für das Vieh gegen Süden hervor.

6	December	16°.5
15	»	16. 5
31	»	16. 35

Ich darf nicht verschweigen, dafs diese Quelle für meinen Geschmack gar nichts Säuerliches hat.

7. Der Laufbrunnen vor dem kleinen Casale della Caffarella. Schlägt man vom grofsen Casale den Weg nach Porta S. Giovanni ein, so bemerkt man nach einigen hundert Schritten rechts über dem Wege das kleine Casale und links unter dem Wege, da wo das Thalgehänge in die Thalsohle übergeht, einen kleinen Laufbrunnen, der bei meinem ersten Besuche aus einem Marmorrohr von nur 6 Linien Weite träge flofs. Daneben befindet sich noch eine mit einer antiken Maske versehene Oeffnung, aus welcher gar nichts flofs. Die bei weitem gröfste Menge des hier quellenden Wassers wird offenbar von einem grofsen runden gemauerten Waschtroge aufgenommen, der sich an den Abhang anlehnt. Man sieht aber nicht, wo das Wasser in denselben einfliefst, der Zuflufs mufs also wohl unter dem Wasserspiegel stattfinden. Der Laufbrunnen ist bei der Schadhaftigkeit seiner Leitung so mager, dafs er schwerlich die Mühe der regelmäfsigen Beobachtung lohnen möchte. Ausflufs gegen SSW. Das Wasser ist ebenfalls gar nicht säuerlich.

6	December	16°.3
15	»	16. 25
31	»	15. 8

Sowohl aus Porta S. Sebastiano als aus Porta S. Giovanni führt ein Weg ins Caffarellathal. Ich habe zum regelmäfsigen Besuch der 4 letztgenannten Quellen den Weg durch Porta S. Giovanni als den kürzern vorgezogen. Genau beim 1. Meilensteine der Via Appia nuova verläfst man die Landstrafse und schlägt den rechts abgehenden Fahrweg ein. Dieser Weg läuft die ersten 120 Schritt grade auf einen Gartenthorweg zu, biegt aber vor demselben links ab und führt zwischen Gärten und Hecken hin ins Caffarellathal. Auf diesem Wege gelangt man zuerst zum kleinen Casale, dann zum grofsen; darauf durchschreitet man das Thal und findet dem grofsen Casale grade gegenüber am linken Gehänge die Quelle No. 5. Von dieser Quelle 660 Schritt aufwärts liegt die Grotte der Egeria. — Den Weg durch Porta S. Sebastiano hat Westphal genau beschrieben. In geringer Entfernung vom Thore trifft man den Almo und etwas weiter zur Linken die Kirche *Domine quo vadis.* Bei dieser etwas über $^1/_4$ Miglie vom Thor entfernten Kirche geht rechts oder fast grade aus ein

Weg ab, die Via Ardentina. Wenige Schritte weiter links kommt der Hauptweg mit einer Biegung in die grade auf das alte Aricia zugehende Richtung und hier geht links ein kleiner Fahrweg ab, der in das Caffarellathal führt. Verfolgt man diesen Weg, so gelangt man zuerst zur Quelle No. 5 und hat grade gegenüber am rechten Gehänge das grofse Casale u. s. w. — Will man nur die Quelle der Egeria besuchen, so kann man durch die Porta S. Sebastiano auf einer gepflasterten Strafse bis nahe an den sogenannten Bacchustempel fahren, von welchem aus man dann zur Grotte der Egeria hinabsteigt.

Ich will noch 2 Quellen kurz beschreiben, welche ich ebenfalls im December 1852 besucht habe. Beide entspringen auf dem linken Tiberufer, die eine oberhalb, die andere unterhalb Rom. Die eine ist der bekannte kleine Sauerbrunnen bei Ponte Molle.

Die Acquacetosa bei Ponte Molle liegt 2 Miglien nördlich von Porta del Populo auf dem linken Tiberufer, etwa 20 Minuten von Ponte Molle entfernt. Sie ist eine sehr schwache Quelle, deren Ursprung durch eine dicke Wand von Travertinquadern völlig vermauert ist. Man steigt in eine Vertiefung hinab und in dieser kommen aus der Steinwand 3 kleine Röhren, jede nur 6 Linien weit, hervor, aus denen das Wasser träge fliefst. Am 10 December war an dem für den Hinzutretenden linken Ausflufs die Temperatur 16°.8, am mittlern 16°.1 und am rechten 16°.0. Am 29 Januar fand ich links 14°.3, Röhre $^3/_4$ voll, in der Mitte 15°.3, Röhre ganz voll, rechts 13°.0, Röhre $^1/_2$ voll. Das Wasser fliefst gegen O. aus und entspringt am östlichen Rande einer weiten Wiese, über welcher sich ein Hügel von etwa 190′ Meereshöhe erhebt. Dieser Hügel besteht nicht aus vulkanischem Tuff, sondern aus Kalktuff. Die Meereshöhe der Quelle läfst sich mit hinlänglicher Wahrscheinlichkeit zu 43′ schätzen. Da die Tiber bei Ponte Molle eine mittlere Höhe von 26′, beim Einflufs des Teverone von 31′ hat, so hat sie bei der Acquacetosa etwa 28 und die Quelle liegt ungefähr 15′ über dem mittlern Tiberstande.

Die Quellen der Abbadia delle Tre Fontane. Die Abbadia liegt 3 Miglien südlich von Porta S. Paolo. Nachdem man 2 Miglien vom Thore bei der Paulskirche vorbeigekommen ist, bleibt die Hauptstrafse, welche nach Ostia führt, zur Rechten am Fufse der Hügel auf dem Tiberufer, die Strafse nach Ardea aber steigt links die Tuffhügel hinan. Diese Strafse senkt sich jedoch bald ebenso tief wieder hinab in ein einsames von Tuffhügeln umgebenes Thal, in welchem man zur Linken 3 dicht nebeneinander stehende Kirchen gewahrt. Der Fuſsboden dieser Kirchen ist sehr feucht, in der mittlern, welche etwas weiter zurück liegt und S. Paolo alle Tre Fontane heiſst, werden 3 gefaſste Quellen gezeigt. Diese Quellen liegen in einer Reihe an der dem Eingang entgegengesetzten Wand der Kirche. Man tritt nämlich in der Mitte der einen Langseite in die Kirche ein und hat den Altar zur Rechten. Die dem Altar zunächst liegende Quelle liegt am höchsten, die mittlere einige Fuſs tiefer und die linke wiederum einige Fuſs tiefer. Die 3 Wasserbehälter sind so ummauert, daſs man nur von der Seite durch eine fensterähnliche Oeffnung, wenn man den Arm tief hineinsteckt, mit dem Becher das Wasser erreichen kann. Die Tiefe konnte ich mit meinem Spazierstock messen. Das Wasser stand im rechten Behälter $1\frac{1}{2}$, im mittlern $2\frac{1}{2}$, im linken $1\frac{1}{2}$ Fuſs hoch. Die Temperatur war am 7. December rechts 16°.2, in der Mitte 16°.0, links 15°.75. Da der 2. Behälter tiefer und der 3. noch etwas tiefer liegt, und die Temperatur im December so regelmäſsig vom 1. zum 3. abnimmt, so kann man sich der Vermuthung nicht erwehren, daſs man wohl nur eine einzige Quelle vor sich hat, die in einen 2. und 3. Behälter abgeleitet ist. Auf meine Frage, wohin das Wasser abflieſse, antwortete der Mönch, das wisse man nicht. Die Römer kannten diese Quellen und nannten sie *Aquae Salviae*. Dieser Umstand hat die christliche Sage nicht abgehalten, die Quellen erst durch ein Wunder beim Tode des Apostels Paulus entstehn zu lassen. An der Stelle, wo der Altar steht, heiſst es, wurde Paulus enthauptet, das Haupt flog zu Boden, und unter den Sprüngen desselben entsprangen die drei Quellen. Die Mönche der Abtei wissen, daſs die 3 Quellen vom Altar abwärts an Wärme etwas abnehmen und der mich führende sah mit Befriedigung seine Behauptung durch mein Thermometer bestätigt, lieſs sich auch den Befund schriftlich mittheilen. Die Sage erklärt nämlich diese kleine Wärmeabnahme so: die 1. Quelle ist die wärmste, weil das Haupt noch am meisten Blut und Wärme hatte, bei der 2. und 3. Berührung des Bodens war das Haupt kühler, daher entsprangen kühlere Quellen.

Die Höhe der Abbadia über dem Meere mag 40′ betragen.

Andrea Bacci, Arzt in Tivoli, der vor dem Jahre 1563 *De Thermis* schrieb, und den später Sixtus V zu seinem Leibarzte machte, zählt die Tre Fontane zu den Säuerlingen (Andreae Bacci *de Thermis* libri VII. Römische Ausgabe vom Jahre 1622. p. 336). Ich habe nichts Säuerliches an dem Wasser geschmeckt.

III. Entferntere Quellen:

Quellen der Acqua Vergine und der Acqua Felica. Quelle bei der Osteria di S. Cesario.

1. Acqua Vergine. Nachdem ich die zu meiner Kunde gekommenen kleinen Quellen in der Nähe von Rom beschrieben habe, gehen wir weiter in der Campagna zu den reichen altberühmten Quellen der Acqua Vergine, denselben, welche der Schwiegersohn des Kaiser Augustus, Marcus Agrippa im Jahre 21 vor Chr. nach Rom leitete [1]) und deren nie getrübter Strom in ungeschwächter Fülle nun schon seit nahe 19 Jahrhunderten die niedrig gelegenen Gegenden der Stadt tränkt. Die Quellen der Acqua Vergine liegen 8 Miglien gegen ONO. von Rom auf dem linken Teveroneufer bei dem Casale von Salone. Der Weg dahin, welcher sich bei trocknem Wetter recht gut fahren läfst, ist folgender: Man fährt aus Porta Maggiore, schlägt aber nicht die Hauptstrafse, sondern die sogleich beim Thore links abgehende alte Via Pränestina ein. Nachdem man etwa 3 Miglien auf derselben zurückgelegt hat, geht links ein ungepflasterter Verbindungsweg zur alten Via Collatina ab, auf welcher man noch etwa 5 Miglien zu machen hat. Ist man ungefähr 8 Miglien von der Stadt entfernt, so geht ein Fahrweg links zum Casale von Salone ab. Sobald man das Casale in einiger Entfernung vor sich liegen sieht, bemerkt man hart rechts unter dem Wege eine Mauer, welche die runde gewölbte Cisterne schützt, zu welcher die von den nahen 3 Hauptquellen kommende Hauptleitung anschwillt. Der Ort ist auch dadurch ausgezeichnet, dafs links über dem Wege sich ein Tuffhügel erhebt, auf dem ein viereckiger schräg abgestumpfter Thurm steht. Hier unter dem Hügel liefs Agrippa das Wasser fassen. Man irrt sich aber, wenn man glaubt, dafs die Fassung der Quellen der Wasserleitungen in Italien zu Gunsten wifsbegieriger Naturforscher eingerichtet ist; im Gegentheil, wenn Alles in Ordnung ist, sind die Quellen und die Anfänge der Leitungen ganz und gar vermauert, ohne Thür, so dafs durchaus nicht daran zu kommen ist [2]). Das Gemäuer sieht nur grade soweit aus dem Boden hervor, dafs man den Ort der Quellen erkennen und den Lauf der Leitung verfolgen kann. Die 3 Hauptquellen, welche

[1]) Ein Mädchen auf dem Felde zeigte durstigen Soldaten Agrippa's diese Quellen, wie FRONTIN erzählt. Daher der Name *Aqua Virgo*, Jungfernwasser.

[2]) Eine rühmliche Ausnahme macht die hübsche und allen Zwecken entsprechende Fassung der Quellen von Colognole, welche in neuester Zeit nach Livorno geleitet sind.

gegen Norden und aus Tuff hervorkommen, liegen dicht neben einander etwa 78 Schritt rechts von der Cisterne unter dem Hügel. An der entgegengesetzten Seite der Cisterne kommt die Leitung wieder hervor und tritt dann nach wenigen Schritten sogleich in den Hügel selbst ein. Glücklicher Weise fand ich bei meinem ersten Besuche am 19 December 1852 ein Loch von 1 Fuſs Durchmesser im Gewölbe der Leitung zwischen der Cisterne und dem Hügel. Durch dieses Loch sah ich in 4 Fuſs Tiefe den Strom rasch vorüberflieſsen und konnte die Temperatur genau messen. Das Loch lag 87 Schritt von der äuſsersten der 3 Hauptquellen entfernt, der Strom ist an dieser Stelle 6 Fuſs breit und reichlich 2½ Fuſs tief, der Querschnitt hat also einen Flächeninhalt von 15 □Fuſs. Ich senkte an einer Schnur einen thönernen Henktopf, in welchen das Thermometer hineinhing, auf den Grund des Wassers, lieſs den Topf mehrere Minuten dort ruhen und zog ihn herauf. Das Thermometer zeigte 15°.15. Bei der Dicke des Stromes ist die an dieser Stelle erhaltene Temperatur genau für die der Quellen selbst zu halten. Als ich am 1. April 1853 in Begleitung eines Brunnenwärters, den mir Herr Lanciani mitgegeben hatte, die Quellen zum zweiten Male besuchte, fand ich das Loch zugemauert, konnte also an dieser Stelle die Temperaturbeobachtung nicht wiederholen. Diesmal half folgender Umstand, auf den mich der Wärter aufmerksam machte. Von der Cisterne geht in nördlicher Richtung ein 30 Schritt langer Abzugscanal aus, durch welchen das Wasser in einen Graben hinein abgelassen werden kann, wenn vorzunehmende Ausbesserungen im Aquaeduct die Ausleerung desselben nöthig machen. In 27 Schritt Entfernung von der Cisterne befindet sich in dem Gewölbe des Canals eine Oeffnung, durch welche ich das Thermometer, in dem Becher befestigt, in das anscheinend ruhig stehende Wasser einsenken konnte. Am Grunde kann das Wasser übrigens nicht ganz ruhig stehn, weil am Ende des Abzugscanals eine Röhre zur Speisung von 2 Laufbrunnen, deren jeder 1 Zoll weit ist, für eine einige hundert Schritt entfernte Viehtränke abgeht. Ich fand die Temperatur am Grunde d. h. in 3 Fuſs Tiefe unter der Oberfläche 15°.15, wie am 19 December.

Durch die beiden Messungen vom 19 December und 1 April halte ich die mittlere Jahreswärme der Hauptquellen der Acqua Vergine für hinlänglich festgestellt. Die ganze jährliche Wärmeänderung einer so reichen Quelle wird höchstens ein paar Zehntel betragen. Man kann 15°.15 auch unbedenklich für das vieljährige Mittel nehmen.

Was die Meereshöhe der Quellen betrifft, so dürfen wir uns an die Barometerbestimmung von Barlocci halten, der 80′ erhielt. Da Barlocci's Höhenbestimmung des untern Endes des Aquäducts = 57′ nur 3′ von der Wahrheit abwich, wie wir oben gesehn haben, so scheint mir auch diese Bestimmung Barloci's Vertrauen zu verdienen.

Die nächste Frage, welche sich jedem denkenden Besucher dieser Quellen aufdrängt, ist die nach der Herkunft der Wassermasse, die hier mitten in der Ebene so gut in trocknen wie in nassen Jahren und zu allen Zeiten des Jahres überreich quillt. Dafs die winzigen Tuffhügel, mit denen die Ebene besäet ist, das Wasser nicht liefern können, sagt sich jedes Kind, denn diese Hügel erheben sich nur etwa 50-80′ über die Ebene. Das Wasser kann also nur entweder von den Apenninen oder vom Albanergebirge kommen. Zwei Gründe beweisen, dafs es vom Albanergebirge kommen mufs: 1) die sanfte Abdachung der Ebene der Campagne vom Nordrande des Albanergebirges gegen den Teverone. Man braucht nur die Westphal'sche Karte zur Hand zu nehmen, um diese Abdachung aus dem Lauf der Regenbäche zu ersehn. Die Entfernung der Quellen vom Fufs des Gebirges beträgt 6-7 Miglien und die Quellen liegen vom Albanergebirge in NNW. 2) Die Reinheit des Wassers von kohlensaurem und schwefelsaurem Kalk. Die Kalkmenge, welche die Acqua Vergine führt, ist so gering, dafs das Wasser nie die geringste Spur von Sinter weder im Aquäduct noch in den Röhren absetzt, während alle im Alterthume aus den Apenninen (Teveronethal) hergeleiteten Wasser die Wände der Leitungen mit dicken Krusten von Sinter überzogen. Ein so kalkfreies und überhaupt so reines Wasser, wie die Acqua Vergine [1]), kann gar nicht aus den Kalkbergen der Apenninen, sondern es mufs aus dem vulcanischen Tuff kommen, der sich an so vielen Stellen des Nordrandes des Albanergebirges abgesetzt hat.

Also: die Hauptquellen der Acqua Vergine entspringen in der Campagne auf dem linken Teveroneufer ungefähr 6 Miglien vom Nordrande des Albanergebirges, von welchem sie ohne Zweifel herkommen. Sie kommen aus Tuff hervor, fliefsen gegen Norden aus und bilden einen raschfliefsenden Strom von 15 □ Fufs Querschnitt. Ihre mittlere Jahreswärme ist sehr nahe 15°.15, ihre Meereshöhe etwa 80′.

Der im Vorstehenden beschriebene Ursprung der Acqua Vergine war bis um die Mitte des vorigen Jahrhunderts der einzige. Nach dem Jahre 1744 erhielt unter Benedict XIV die Acqua Vergine noch eine nicht zu verachtende Verstärkung durch die Zuleitung einer Quelle

[1]) Siehe die Analyse am Ende dieses §.

oder vielmehr eines Quellencomplexes, welcher (dem Plane zufolge) 400 Meter nordwestlich von den alten Hauptquellen und näher dem Casale von Salone liegt. Dieser Quellencomplex war den Alten bekannt und hiefs *rivus Herculaneus.* Plinius (Hist. Nat. Lib. 31. Cap. 3. Sect. 25.) sagt, nachdem er erwähnt hat, dafs M. Agrippa die *Aqua Virgo* nach Rom geleitet: *Juxta est Herculaneus rivus, quem refugiens Virginis nomen obtinuit.* Dieser lakonische Satz, in welchem man zu *refugiens* wohl *aquaeductus* hinzuzudenken hat, damit das Subject nicht fehle, ist vermuthlich so zu verstehen: In der Nähe liegt auch die Herculanische Quelle, die man aber in den Aquäduct nicht mit aufnahm, welcher dadurch den ausschliefslichen Namen *Aqua Virgo* behauptete. Im Jahre 1744 fand man indefs, dafs diese Quellen ebenso rein seien, wie die Vergine. Sie wurden daher mit grofsen Kosten gefafst und später in die Leitung eingeführt. Siehe Fea p. 10. 11.[1]). Ich habe bei beiden Besuchen diese Quellen völlig unzugänglich gefunden. Höchst wahrscheinlich ist ihre Temperatur gleich der der alten Hauptquellen.

Nach der Vereinigung der beiden Arme, des südöstlichen alten und des nordwestlichen neuern, geht die Leitung unter die Erde und kommt erst bei Bocca di Leone an der Via Collatina, 3¾ Miglien von Rom, auf eine kurze Strecke wieder zu Tage. Hier ist ein Laufbrunnen unmittelbar aus dem Aquäduct abgeleitet. Ich fand die Temperatur desselben am 19. December 15°.0, am 1. April 14°.95. Am 1. April öffnete mir der Wärter das Häuschen, welches bei Bocca di Leone über den Aquäduct gebaut ist. Ich sah das vollkommen klare Wasser im Aquäduct fliefsen und überzeugte mich mit eigenen Augen, dafs der raschfliefsende Strom reichlich 6 Fufs tief und beinahe 4 Fufs breit ist, was also einen Querschnitt von 24 Quadratfufs giebt. Ich senkte das Thermometer im Becher auf den Grund und erhielt 14°.95, wie draufsen am Laufbrunnen. Aus diesen Beobachtungen folgt in Beziehung auf die im vorigen Jahrhundert neu hinzugeleiteten Quellen

[1]) Fabretti, de aquaeductibus veteris Romae, nennt auf seinen Karten zu p. 6 und p. 130 unstatthafter Weise den Bach, auf dessen linkem Ufer die sämmtlichen Quellen hervorkommen, rivus Herculaneus, während Plinius mit rivus Herculaneus nothwendig eine Quelle hat bezeichnen wollen. Der Bach ist (dem Plane zufolge) der Fosso di Ponte Nono d. i. der Bach, welcher vom Ponte di Nono der Via Pränestina herkommt. Ponte di Nono ist eine alte Brücke beim ehemaligen 9. Meilenstein der Via Pränestina. Ferner legt Fabretti die Via Collatina an die linke Seite der Quellen, während sie nach Westphal's Untersuchungen zur rechten derselben hinlief. Der Leser braucht zu seiner Orientirung nichts weiter als die Westphal'sche Karte.

zweierlei: 1) dafs der von ihnen gelieferte Strom einen Querschnitt von etwa 9 Quadratfufs haben mufs; 2) dafs ihre Temperatur der Temperatur der alten Hauptquellen gleich zu setzen ist, wenigstens erlauben die Temperaturbeobachtungen am Laufbrunnen von Bocca di Leone vom 19 December und vom 1 April diese Annahme. Beide Male war das Wasser hier ein wenig kälter als 15°.15, das eine Mal um 0°.15, das andere Mal um 0°.20.

Von Bocca di Leone aus konnte die Leitung nicht grades Weges auf die Stadt zugeführt werden; der ganze Rand der Stadt von Porta Maggiore bis Porta Salara liegt zu hoch, um eine Wasserleitung einzulassen, die an der Quelle nur 80′ Meereshöhe hat. Man entschlofs sich nun kurz und gut, den Pincio zu durchbohren, zwischen der jetzigen Porta Salara und Porta del Populo, und gelangte dadurch in diejenige Gegend der Stadt, welche jetzt den obern Rand des spanischen Platzes bildet. Hier endigt der Aquäduct in 60′ Meereshöhe. Ich habe am 12 Februar, von Herrn Lanciani geführt, die merkwürdige Stelle besucht, wo die Leitung in der Tiefe des Pincio in die Stadt eintritt. Der Eingang zu dem unterirdischen Treppengange ist auf der Hausflur der Villa Medici. Von der Hausflur tritt man in einen Keller, von dem Keller aus führt ein kurzer aber schon stark geneigter Weg an das obere Ende der Treppe. Man steigt 114 Stufen hinab und steht am Strome der munter vorbeifliefsenden Aqua Vergine. Ich fand die Temperatur mittelst Einsenkung des Bechers 14°.9. Von dieser Stelle ist ein Schacht senkrecht in die Höhe getrieben, der im Garten der Villa Medici zu Tage kommt und als Brunnen benutzt wird. Von der Villa Medici geht der Aquäduct grades Wegs zu dem mehrerwähnten Behälter im Vicolo del Bottino am obern Rande des Spanischen Platzes. Hier endigt er, d. h. hier theilt er sich in zwei Arme. Der rechte geht zum Spanischen Platze und der Via de' Condotti, der linke endigt im Castell [1]) hinter der Façade der Fontana Trevi. Von der Meereshöhe des Wasserspiegels im Castell der Fontana Trevi kann ich nur sagen, dafs sie zwischen 60 und 55′ betragen wird, mehr ganz sicher nicht. Die Temperatur im Castell fand ich am 16 Februar 14°.9. Draufsen am Laufbrunnen, meinem gewöhnlichen Beobachtungsorte der Fontana Trevi, erhielt ich an demselben Tage nur 14°.8. Dieser Laufbrunnen liegt für den die Façade Ansehenden an der äufsersten weit vorspringenden Ecke der

[1]) Die Alten nannten die Behälter, in welche die Leitungen endigten, *castella*.

Brustwehr der rechten Seite. Er hat 1 Zoll Weite und das Wasser stürzt aus ihm wie wüthend hervor.

Das Wasser kommt 14 Miglien weit her, so lang ist die Leitung vermöge des Umwegs, den sie macht. Es fliefst fast diesen ganzen Weg unter der Erde. Da das Wasser von der Quelle bis zum Ausflufs an Fontana Trevi im Winter 0°.35 Wärme verlor, indem es an der Quelle 15°.15 und an Fontana Trevi 14°.8 hatte, so läfst sich vermuthen, dafs es im Sommer auf demselben Wege um 0°.35 erhöht werden wird, also z. B. im August mit 15°.50 bei Fontana Trevi ausfliefst. Die ganze Wärmeänderung im Jahre wird also beim Ausflufs in Rom nur 0°.70 betragen. Ich stelle die Beobachtungen, welche ich an dem genannten Laufbrunnen gemacht habe, hier noch einmal zusammen:

1852	December	22	14°.85
1853	Januar	19	14. 9
	Februar	16	14. 8
	März	17	14. 85
	April	3	14. 9
	»	16	14. 9

2. Acqua Felice. Sixtus V hat seinen Zweck, den Esquilin, Viminal, Quirinal und Capitolin wieder mit fliefsendem Wasser zu versehn, durch die Schöpfung der Acqua Felice, die er in weniger als 3 Jahren erzwang (1585-87), allerdings erreicht und sich dadurch ein bleibendes Verdienst um die höher gelegenen Theile der Stadt erworben [1]). Die Beschaffenheit und die Fassung der Quellen dieser Leitung läfst aber sehr viel zu wünschen übrig, und in der Eile hat man die Anlegung eines Schlammbeckens (*piscina limaria*) versäumt, welches grade für dieses Wasser ein dringendes Erfordernifs gewesen wäre, wenn es leidlich rein in Rom ankommen sollte. Ich habe bei dem Studium der Ursprünge dieser Leitung Zeit und Mühe verloren, weil brauchbare Quellwärmemessungen dabei nicht herausgekommen sind. Die Hauptquellen liegen nämlich im Grunde eines grofsen offenen Teiches, der sogenannten *rifolta di Pantano,* der mit Wasserpflanzen angefüllt ist und von Fröschen wimmelt. Die Temperatur dieser Quellen läfst sich also nicht beobachten. Aufserdem erhält die Leitung noch Verstärkungen durch eine grofse Zahl

[1]) Auch der Pincio und die Villa Borghese und Albani erhalten ihr Wasser von der Acqua Felice.

kleiner Quellen, deren Ursprünge sämmtlich unzugänglich sind und in sehr verschiedenen Höhen liegen. Man erhält daher auch am Ende der ganzen Leitung, an Fontana Termini in Rom, Temperaturen, welche nicht als die einer einzigen Quelle gelten können, sondern ein Gemisch von Temperaturen vieler Quellen aus ganz verschiedenen Höhen sind. Einige nähere Nachrichten über diese Wasserleitung dürften dessenungeachtet dem Leser willkommen sein.

Die Ursprünge der Acqua Felice liegen sämmtlich zur Linken der alten Via Labicana, 14-16 Miglien östlich von Rom. Die alte Via Labicana ist die Hauptstrafse, welche von Porta Maggiore ausgeht [1]). Ist man auf dieser Strafse 12-13 Miglien weit gekommen, so mufs man vor dem Monte Falcone links ab querfeldein gehn, den Schachten der Leitung der Acqua Felice folgend. Man geht so lange (gut 1 Miglie), bis man an den Teich von Pantano kommt, welcher die nördliche Ecke eines ganzen Netzes von Leitungen bildet. Der Teich liegt am Westabhange flacher Lavahügel. Am südlichen Ende desselben tritt das Wasser in eine grofse völlig vermauerte Cisterne (*bottino*) und von dieser geht die Hauptleitung in südlicher Richtung aus. Geht man ihr nach, so bemerkt man nach einigen hundert Schritten einen ersten Nebenarm, der von der linken Seite unter einem rechten Winkel in die Hauptleitung einmündet. Dieser erste Nebenarm führt das Wasser mehrerer, wie es scheint nicht sehr entfernter Quellen. Noch ein paar hundert Schritte weiter kommt ein zweiter Nebenarm, ebenfalls von der Linken, und tritt unter einem spitzen Winkel in die Hauptleitung ein. Dieser zweite Nebenarm kommt im Thal Marchetta herunter und scheint sämmtliche höher gelegene Quellen zu vereinigen. Das Thal Marchetta zieht sich von dem Teiche aus gegen SO. hinter dem Monte Falcone bis in die Nähe der Osteria della Colonna 2 Miglien lang hinauf und die allerobersten Quellen liegen hier am westlichen Rande flacher Lavahügel. Auf Westphal's Karte ist die Acqua Felice nur bis zum Teiche geführt. Den Monte Falcone sieht man nicht, weil Berge unter 500′ Höhe

[1]) Das alte Labicum ist das heutige Colonna. Die Strafse führt auch über Zagarolo nach Palestrina und war schon zu Sixtus V Zeit der gewöhnliche Weg nach Palestrina, wefshalb sie auch in der Inschrift an Fontana Termini *Via Praenestina* genannt ist. Die alte Via Pränestina war schon damals verlassen. Die Inschrift lautet: Sixtus V Pont. Max., Picenus, aquam ex agro Columnae Via Praenestina sinistrorsum multarum collectione venarum ductu sinuoso a receptaculo Mil. XX, a capite XXII adduxit Felicemque de nomine ante pontificatum dixit. Coepit pont. ann. I., absolvit III., MDLXXXVII.

nicht gezeichnet sind. Auf FABRETTI's Karte zu p. 6 ist aber der hochherabkommende zweite Nebenarm gut angegeben. Ich bin dem Laufe dieses Nebenarmes nicht selbst nachgegangen. Am 20 December 1852 suchte ich den Teich auf und bemühete mich, den Lauf der Hauptleitung und den Eintritt der Nebenarme zu erkennen. Ich sah später bei Herrn LANCIANI den Plan und liefs mich dann am 5 April 1853 von der Osteria della Colonna aus durch einen Brunnenwärter an den Ort der obersten Quellen führen, um die Beobachtung ihrer Höhe zu machen. Die Osteria della Colonna liegt an der Via Labicana 16 Miglien von Rom hart rechts an der Strafse. Ich fand die Meereshöhe dieses Punktes 684'. Geht man von der Osterie zu dem Orte der höchsten Quellen, so bemerkt man, dafs dieser ein wenig tiefer liegt. BARLOCCI erhielt 649', ich 637'. Das Mittel = 643' darf man für eine gute Bestimmung dieser Höhe nehmen. — BARLOCCI hat aufserdem die Höhe des untern Endes des Aquäductes hinter Fontana Termini zu 160' und die Höhe des Teiches von Pantano zu 190' angegeben. Diesen beiden Ergebnissen kann ich keinen Glauben schenken, ich halte sie aus folgenden Gründen für zu niedrig: Es giebt 3 Höhenbestimmungen, die man als Ausgangspunkte nehmen kann, um die Höhe des Wasserspiegels im Castell hinter Fontana Termini zu schätzen und nach jeder dieser 3 Bestimmungen liegt der Wasserspiegel entschieden höher als 160'. 1) CALANDRELLI fand trigonometrisch den Fufsboden der Kirche S. Maria degli Angeli 170' hoch; der genannte Wasserspiegel liegt aber höher als dieser Fufsboden. 2) SCHOUW fand barometrisch das Pflaster des Monte Cavallo neben den Colossen 185' hoch; der genannte Wasserspiegel liegt aber höher als dieses Pflaster: denn das Wasser fliefst von dem Castell hinter Fontana Termini nach dem Castell auf Monte Cavallo. 3) CONTI & RICCHEBACH fanden trigonometrisch die Spitze des Kreuzes auf der Façade der Fontana Termini 255' hoch. Nach aufmerksamer Betrachung der Façade schätze ich den Abstand der Spitze des Kreuzes von dem Wasserspiegel hinter der Façade zu 45'. Hiernach wäre der Wasserspiegel 210' hoch und diese Schätzung hat für mich die meiste Wahrscheinlichkeit. Nun finde ich ferner bei FEA p. 29 die merkwürdige Notiz, dafs die ganze Fallhöhe des Aquäducts vom Teiche bis zur Fontana Termini 50 Palm d. i. 34 ⅓' oder nach DOMENICO FONTANA 40 Palm d. i. 27 ½' betrage. Nehmen wir 30' Fall an, so ist die Höhe des Teiches von Pantano 210 + 30 = 240'. Ich bin daher geneigt zu glauben, dafs jede der beiden Bestimmungen BARLOCCI's 50' zu niedrig ist. Diese Meinung ist aber nicht unanfechtbar: denn sollte die trigonometrische Bestimmung Calandrelli's richtig sein, wonach die Höhe des Hofes des päpstlichen Palastes nur 146′ beträgt, so können die fraglichen Bestimmungen Barlocci's genau richtig sein. Die Lösung dieser Frage ist zufällig für den besondern Zweck unserer Untersuchung gleichgültig, die Frage ist aber ein redendes Beispiel der schmählichen Verwirrung, welche in den Höhenbestimmungen wichtiger Punkte in Rom herrscht. Und doch wäre es so leicht, von Porta del Populo nach Fontana Termini hin zu nivelliren.

Soviel ist jedenfalls klar, dafs der Höhenunterschied der niedrigsten und höchsten Quellen der Acqua Felice reichlich 400′ beträgt. Die ganze Länge der Hauptleitung ist 20 Miglien, von denen 13 unterirdisch und 7 überirdisch sind. Ich habe die Temperatur der Acqua Felice an Fontana Termini und zwar an dem Laufbrunnen zur Rechten, der die Viehtränke speist, von December bis Anfang April beobachtet. Man sieht, dafs die jährliche Wärmeschwankung dieses Wassers, obgleich es 20 Miglien weit herkommt, sehr gering sein mufs.

22 December	13°.5	
19 Januar	13. 6	
12 Februar	13. 4	(im Castell 13°.5)
17 März	13. 4	
4 April	13. 55	

Um die 3. Wasserleitung der Stadt Rom, die Acqua Paola, habe ich mich gar nicht bekümmert, weil sie bekanntlich fast ganz aus Landseen gespeist wird.

3. Die Quelle bei der Osteria di S. Cesario. Man braucht nur 3 Miglien über die Osteria della Colonna hinauszufahren, um unter der Landstrafse die »herrliche Quelle bei S. Cesario unfern Palestrina« zu finden, welche L. v. Buch am 29 August 1805 beobachtet hat. S. Cesario ist ein Gut des Fürsten Rospigliosi. Hinter der Osteria della Colonna steigt die Strafse eine Zeitlang sanft an und hält sich dann bis S. Cesario so ziemlich in derselben Höhe. Sie läuft grade auf die Einfahrt zu dem Gute zu, biegt sich aber vor der Einfahrt etwas zur Linken und senkt sich dann in eine kleine Niederung, in welcher die Osteria di S. Cesario in 500 Schritt Entfernung von der Biegungsstelle liegt (Siehe die Westphal'sche Karte). Wenn man die Osteria schon im Auge hat, erblickt man zugleich grade aus am gegenüberliegenden Abhange des Sabinergebirges Palestrina und das Castell S. Pietro in 6 Miglien Entfer-

nung [1]). Die sogenannte Osteria di S. Cesario, welche etwas abseits links unter der Strafse liegt, ist jetzt keine Schenke mehr, sondern scheint nur als Waschhaus zu dienen, indem im Angesicht des Hauses eine Quelle hervorkommt, welche ein grofses Becken füllt und »Fontana di S. Cesario« heifst. Das Wasser fliefst links unter der Strafse aus dem senkrechten Abhange eines Tuffelsees gegen Norden aus einer Spalte hervor. Die Spalte ist mit einer neuen Marmoreinfassung versehn, und darüber ein kleines Wappen des Fürsten Rospigliosi eingehauen. Die freigelassene Oeffnung ist grofs genug, dafs ein Mann hineinkriechen kann. Im Innern kann man aufrecht stehn, die Spalte ist 2 Fufs breit und geht in grader Richtung 5 Schritt in den Tuff hinein. In dieser Tiefe findet man den Ursprung der Quelle in einem natürlichen Becken, welches 6′ lang, 3′ breit und 4′ tief ist. Einen Zuflufs erhält das Becken auch von der rechten Seite aus einem kleinen Gange, der 12 Schritt lang in den Tuff gehauen ist. Ich fand die Temperatur der Quelle am 20 December im Becken genau 13°.0, am Ausflufs desgleichen; am 5 April im Becken 12°.95, am Ausflufs desgleichen. Am 5 April war der Abflufs reichlicher. Obgleich die Quelle nicht besonders wasserreich ist, so scheint ihre jährliche Wärmeänderung doch sehr gering zu sein, weil ihr Ursprungsbecken in der Tiefe des Felsens liegt und sie so gut wie gar keine Fassung hat. In dem Augenblick, wo sie aus der Spalte zu Tage kommt, ergiefst sie sich durch eine Marmorrinne in das grofse steinerne Becken. Wir dürfen unbedenklich die am 20 December beobachtete Temperatur für die mittlere Jahreswärme halten. Die Meereshöhe ist sorgfältiger Beobachtung zufolge 823′.

Also: die »Fontana di S. Cesario« genannte Quelle kommt am Nordrande des Albanergebirges aus Tuffels hervor. Sie fliefst gegen Norden aus, ihre mittlere Jahreswärme ist sehr nahe 13°.0, ihre Meereshöhe etwa 823′.

Die Acqua Vergine und die Quelle von S. Cesario kommen am Nordrande desselben Gebirges aus gleichem Gestein, aber in verschiedenen Höhen hervor. Die Jahresmittel sind mit hinlänglicher Sicherheit bekannt, die Höhen gleichfalls. Wir dürfen daher wohl den Versuch machen, durch die Vergleichung beider Quellen die Abnahme der mittlern Quellwärme mit der Höhe am Fufse des Albanergebirges

[1]) Jenseit der Osterie theilt sich die Strafse. Gradeaus geht es nach Zagarolo und Palestrina, rechts nach Valmontone u. s. w. nach Neapel.

zu bestimmen. Der Höhenunterschied beträgt 743'. Für 743' nimmt das Quellmittel 2°.15 ab, das macht 1° für 346' höhere Erhebung.

L. v. Buch hat sich bei Beobachtung dieser Quelle ohne Zweifel versehn. Die Erörterung dieses Punktes folgt am Schlufs des § 84, auf die Untersuchung der mittlern Luftwärme in Rom.

Zusatz zur Acqua Vergine.

Herr Professor Carpi hat gegen das Jahr 1830 die Trinkwasser der Stadt Rom in dem Laboratorium der Universität unter dem Beistande der Professoren Morichini und Peretti sorgfältig analysirt. Ich theile aus seiner S. 309 angeführten Schrift die Analyse der Acqua Vergine mit. Das italiänische Medicinalgewicht ist nicht das Nürnberger, sondern 1 ℔. ist = 12 französischen Unzen, also = 6912 Gran. Carpi bestimmte die festen Bestandtheile aus 10 ℔. Wasser, diese 10 ℔. sind also 69120 Gran. Nach dieser Voraussetzung habe ich die Gehalte in 1000 Gewichtstheilen Wasser berechnet. Das Wasser der Acqua Vergine enthält:

	in 69120 Gran	also in 1000 Gewichtstheilen
Kohlensaures Natron . . .	5.66 Gran	0.082 Promille
Schwefelsaures Natron . . .	3.05 »	0.044 »
Chlornatrium	2.20 »	0.032 »
Schwefelsauren Kalk . . .	2.60 »	0.038 »
Kohlensauren Kalk	6.35 »	0.092 »
Eisenoxydul	0.40 »	0.006 »
Kieselsaures Eisenoxyd . . .	0.40 »	0.006 »
Summe .	20.66 »	0.300 »
Verlust .	1.34 »	0.020 »
Feste Bestandtheile im Ganzen	22.00 »	0.32 »

Die festen Bestandtheile betragen also im Ganzen nur $\frac{1}{3}$ Promille.

In 1000 Raumtheilen fand Carpi nur 10 Theile freie Kohlensäure und 19 Theile atmosphärische Luft. Sollte das Wasser an der Quelle auch mehr Kohlensäure enthalten, was nicht wahrscheinlich ist, so würde dieselbe doch beim Fliefsen im Aquäduct entweichen. Die Acqua Vergine ist also äufserst arm an Kohlensäure.

Der Orgelborn, die Haupttrinkquelle der Wasserheilanstalt Marienberg, dessen Wasser auf meine Veranlassung im December 1845 von Herrn Fr. Mohr analysirt wurde, enthält 0.499 = 0.5 Promille feste Bestandtheile und in 1000 Raumtheilen 93 Theile freie Kohlensäure. Dies Wasser enthält also sehr viel freie Kohlensäure und ist deſshalb ein sehr erfrischendes Trinkwasser.

Ein Brunnen in Berlin auf dem rechten Spreeufer, dessen Wasser Herr Heintz (jetzt Professor in Halle) im December 1844 auf meine Bitte zu analysiren die Gefälligkeit hatte, enthält 0.58 Promille feste Bestandtheile und in 1000 Raumtheilen 67 Theile freie Kohlensäure.

Der Schloſsbrunnen in Berlin, welcher eines der besten Trinkwasser der Stadt liefert, enthält nach der von Rose dem Vater im Jahre 1795 angestellten Untersuchung 0.586 Promille feste Bestandtheile, und Kohlensäure in für gemeines Brunnenwasser beträchtlicher Menge. Das Maſs derselben ist nicht angegeben. Man nahm an, daſs gewöhnliches Brunnenwasser in 1000 Raumtheilen 33 Theile Kohlensäure zu enthalten pflege (L. Formey Versuch einer medicinischen Topographie der Stadt Berlin. 1796. S. 22).

Ich habe die Acqua Vergine 5 Monate hindurch frisch vom Laufbrunnen, der im Hofe meiner Wohnung floſs, getrunken und dabei folgende Bemerkungen gemacht. Auch in den ärgsten Regenmonaten (Februar und März 1853) blieb das Wasser völlig frei von Trübung und von jedem Beigeschmack. Niemals setzten sich in der Flasche oder im Glase, auch wenn das Wasser Stunden lang darin gestanden hatte, Gasbläschen an, und niemals entwich eine Gasblase zwischen dem Halse der Flasche und dem Glasstöpsel. Anfangs vermiſste ich an dem Trinkwasser die niedrige Temperatur, an welche man in Deutschland gewöhnt ist, und die Kohlensäure. Ich muſste aber sogleich bemerken, daſs das Wasser ungeachtet des Kohlensäuremangels sich ungemein leicht verdauete und die Verdauung der Speisen beförderte. Schon nach einigen Tagen trank ich es sehr gern, und je länger, desto lieber. Es hat etwas Mildes, sowohl durch seinen Wärmegrad (nahe 15°), als durch seine Reinheit, welches meinem Magen und meinen Verdauungswerkzeugen überhaupt sehr wohlthat. Dies ist die Erfahrung eines kränkelnden Mannes, aber den Gesunden geht es ebenso. Auch die Einheimischen ziehn die Acqua Vergine als Trinkwasser wegen seiner Leichtverdaulichkeit (und natürlich auch als Waschwasser) allen übrigen Wassern Roms vor.

Da die Acqua Vergine sich einer nie getrübten Klarheit erfreut, so hat sie niemals weder im Alterthum noch in neuerer Zeit eine *piscina limaria* (ein Schlammbecken zum Absetzen mechanisch beigemengter Unreinigkeiten) gehabt. Die vermeintliche *piscina* unter der Villa Medici ist nur in den Büchern vorhanden, z. B. noch in BUNSEN's Beschreibung der Stadt Rom, Bd. I., seitdem FABRETTI (p. 114, mit Abbildung) auf einen falschen Bericht hin diesen Irrthum nebst einer idealen Zeichnung der *piscina* in die Welt geschickt hat. Am untern Ende des Treppenganges im Pincio findet man nichts als das Bett, in welchem das Wasser fliefst. Herr LANCIANI machte mich auf FABRETTI's Irrthum aufmerksam, noch ehe er mich an diesen von Wenigen besuchten Ort führte.

Nachtrag über die Quellen der alten Aqua Appia.

Da meine Bemühungen, die Quellen der alten Aqua Appia nach FRONTIN's Beschreibung wieder aufzufinden, erfolglos gewesen sind, so würde ich von diesen Quellen hier nicht gesprochen haben, wenn ich nicht nach meiner Rückkehr nach Berlin in A. NIBBY Dintorni di Roma, 1837. I, 220 f. einen beachtenswerthen Bericht über Quellen gefunden hätte, welche in der Nähe der von mir durchsuchten Gegend liegen. FRONTINUS de aquaeductibus urbis Romae edit. Poleni p. 15-21 sagt: *Concipitur Appia in agro Lucullano, Via Praenestina inter milliarium VII et VIII, diverticulo sinistrorsus passuum DCCLXXX. Jungitur ei .... ramus ab Augusto in supplementum ejus additus .... Hic Via Praenestina ad milliarium VI, diverticulo sinistrorsus passuum DCCCCLXXX, proxime Viam Collatinam accipit fontem.* »Die Appische Leitung entspringt im *ager Lucullanus,* 780 Doppelschritte links von einem Punkte, welcher auf der *Via Praenestina* zwischen dem 7. und 8. Meilensteine liegt. Mit ihr verbindet sich ein von AUGUSTUS angelegter Hülfsarm, welcher 980 Doppelschritte links vom 6. Meilensteine der *Via Praenestina* dicht an der *Via Collatina* seine Quelle aufnimmt.« Die nächste Heerstrafse links von der Pränestina war die Collatina. Da FRONTIN die Lage der Quellen der Appia von der Pränestina aus beschreibt, so mufs man vermuthen, dafs die Quellen zwischen der Pränestina und der Collatina lagen, nicht aber über die Collatina hinaus: denn sonst hätte FRONTIN die Lage dieser Quellen von der Collatina aus und nicht von der Pränestina aus beschreiben müssen. Ich rechnete nun so: die Quellen müssen in einem Felde liegen, welches folgendermafsen begränzt ist: gegen Norden durch die Via Collatina vom 5. bis zum 8. Stein derselben, gegen Süden durch die Via Pränestina vom 6. bis zum 9. Stein derselben, gegen Westen durch eine Linie, welche vom 5. Stein der Collatina zum 6. der Pränestina geht, gegen Osten durch eine Linie, welche vom 8. Stein der Collatina zum 9. der Pränestina geht. Es kam darauf an, dieses Feld genau abzusuchen, und dies konnte auf folgende Weise ganz sicher geschehn. Wenn in diesem Felde Quellen hervorkommen, so müssen sie entweder einen selbstständigen Bach bilden, oder in einen der Regenbäche einfliefsen, die sowohl die Via Pränestina als die Collatina schneiden, um zu dem Teverone zu gelangen. Ich mufste also an den verschiedenen Bächen hinaufgehn, welche die Via Collatina zwischen dem 5. und 8. Meilensteine schneiden, und nachsehn, ob in einen derselben eine Quelle einfliefst. Dies habe ich gethan. Ich habe jeden dieser Bäche bis zur Via Pränestina hin verfolgt, und mich überzeugt, dafs in dem ganzen Felde keine Quelle vorhanden ist. Die Quellen der Appia sind da, wo Frontin sie beschreibt, nicht zu finden. Ich schlofs daraus nicht, dafs sie aufgehört hätten zu fliefsen, sondern ich vermuthete, dafs sie ganz unterirdisch geworden wären. Im Alterthum waren sie übermauert und verdeckt; ich dachte mir, dafs sie bis auf den heutigen Tag verborgen geblieben wären und dafs das Wasser von irgend einem Punkte der verfallenen unterirdischen Leitung aus sich einen unterirdischen Weg nach dem Teverone gewühlt hätte.

Nibby hat mehr Glück gehabt. Er ist einer unrichtigen Lesart in der Stelle des Frontin über die Quellen der Appia gefolgt und hat danach Quellen gefunden. Nibby sagt von der Appia: »Die Quellen lagen nach Frontin im *ager Lucullanus* und befanden sich 780 Doppelschritte links von einem Punkte der Via Pränestina, der zwischen dem 6. und 7. Stein derselben lag. Andere lesen zwischen dem 7. und. 8, aber die erste Lesart ist die richtige [1]). Denn im Jahre 1825 habe ich von der Via Pränestina aus die Quellen aufgesucht. In der Entfernung von 5 Miglien von Porta Maggiore, also etwa 6 Miglien von der alten Porta Esquilina fing ich an, den alten links abgehenden Nebenweg (*diverticulum*) zu suchen. Etwa eine halbe Miglie hinter Tor Sapienza, jenseit desselben und des Tor Tre Teste, also etwa 6½ Miglie vom alten Thore fand ich den alten Nebenweg. Er läuft auf dem rechten Ufer des Baches von Torre Nuova hin und führte mich nach ungefähr 1 Miglie, bei der Unregelmäfsigkeit des jetzigen Pfades, grade auf die jetzige Strafse nach

[1]) Nibby irrt sich. Keine Handschrift hat diese Lesart, sondern beide Handschriften haben übereinstimmend *intra milliarium septimum et octavum.*

Salone [1]) und über diese hinaus in ein Feld, welches voll Quellen ist. Von diesen befindet sich eine sehr klare und reiche in einer malerischen Grotte bei dem Casale della Rustica. Es leidet daher keinen Zweifel, dafs dies Feld der Ort ist, von welchem Appius das nach ihm benannte Wasser herleitete« [2]).

Nibby's Meinung, dafs die von ihm beim Casale von Rustica aufgefundene grofse Quelle die Quelle der Appia gewesen sei, ist unvereinbar mit der sehr genauen Angabe Frontin's über den Abstand dieser Quelle von der Via Pränestina. Frontin sagt, der Ursprung der Appia liege 780 Doppelschritte von der Via Pränestina entfernt. 750 Doppelschritte sind $^3/_4$ Millie. Der Lauf der Via Pränestina ist ganz unzweifelhaft bekannt. Drei mir vorliegende Specialkarten, die von Westphal, die grofse von Canina und die alte von Fabretti (zu p. 6) geben übereinstimmend an, dafs das Casale von Rustica beinahe $1\,^1/_2$ Millien von der Via Pränestina entfernt liegt. Hiernach ist es mir nicht möglich, eine Quelle beim Casale von Rustica für die Quelle der Appia zu halten.

Uebrigens ist es für uns als Naturforscher Nebensache, ob eine Quelle schon im Alterthum benutzt wurde oder nicht. Es genügt, dafs sie vorhanden ist. Wenn wir die von Nibby aufgefundenen Quellen auch nicht für die der Appia halten können, so müssen wir es ihm immer Dank wissen, dafs er in der Campagne beim Casale von Rustica eine Anzahl von Quellen, darunter eine sehr reiche, aufgefunden hat, von denen bis jetzt in der Literatur nichts verlautete. Ich empfehle diese Quellen zur Temperaturbeobachtung meinen Nachfolgern. Der Weg zu ihnen ist derselbe wie zu den Quellen der Vergine. Man schlägt die Strafse nach Salone ein, fährt aber nur etwa bis zum 6. Meilenstein und dann links ab zum Casale von Rustica. Bei diesem mufs die grofse Quelle in der Grotte liegen, jedenfalls werden die Leute des Casale sie nachweisen können.

[1]) Die jetzige Strafse nach Salone ist, der übereinstimmenden Annahme der Neuern zufolge, ein Stück der alten Via Collatina. Nibby fand also das Quellenfeld links von der Via Collatina.

[2]) Von dem Hülfsarm, der Augusta, sagt Nibby p. 222: »Er entsprang etwa 6 Miglien von Rom nahe der Via Collatina, auf der heutigen Tenuta di Cervaretta«. Der Leser bleibt im Ungewissen darüber, ob Nibby auf dieser Tenuta auch eine grofse Quelle gefunden hat, oder ob er die Angabe nur nach Frontin macht. Hierauf kommt auch wenig an.

§ 84. Luftwärme und Regen in Rom im vieljährigen Durchschnitt.

I. Luftwärme.

Schouw hat sowohl das Thermometer, welches bis zu Ende des Jahres 1823 gedient hat, als das von 1824-1830 beobachtete mit seinen Thermometern verglichen und beide mit den seinigen übereinstimmend gefunden. Wir dürfen daher annehmen, dafs die Thermometer richtig waren. Das Thermometer ist seit 1824 nicht gewechselt worden. Ich habe dies kurze unansehnliche Instrument am 12 Januar 1853 von Neuem untersucht. Es ist nach Réaumur in ganze Grade von nur 1 Millimeter Höhe getheilt, der Durchmesser der Kugel 14 Millimeter, die Scale von Messing. Ich hatte ein von Greiner im Januar 1852 verfertigtes Quellenthermometer bei mir, dessen Nullpunkt ich Ende October desselben Jahres in Berlin in geflossenem Eise geprüft und genau richtig befunden hatte. Andrerseits hatte Pater Secchi sein Thermometer noch am 20 März 1850 in schmelzendem Schnee geprüft und den Nullpunkt richtig gefunden. Die Prüfung der Nullpunkte war daher entbehrlich (es gab auch weder Eis noch Schnee). Ich fand aber, indem ich beide Thermometer, welche sehr nahe von gleicher Länge waren, zusammen in einem Gefäfse mit Wasser herumrührte, dafs sie bei 4° R., bei 10° R. und bei 20° R. haarscharf übereinstimmten. Hiernach halte ich das alte Thermometer für genau richtig und es scheint die ganze Reihe der Luftwärmebeobachtungen in Rom mit richtigen Instrumenten angestellt zu sein. Um so mehr ist zu bedauern, dafs so wenig davon berechnet ist.

Aus der Untersuchung der Höhenbestimmungen in Rom wissen wir, dafs die Meereshöhe des Thermometers des Collegium Romanum beträgt

			Meereshöhe
in der 1.	Periode	1782 - 1787	120′
» » 2.	»	1788 - 1824	165
» » 3.	»	1825 - jetzt	157

In den 20 Jahren 1811-1830, deren Luftmittel wir benutzen können, befand sich das Thermometer also 14 Jahre in 165′ Höhe und 6 Jahre in 157′ Höhe, folglich im Durchschnitt der 20 Jahre in $\frac{165 \times 14 + 157 \times 6}{20} = 162'$ Höhe, und 100′ über dem Erdboden.

Die Luftwärme wird in Rom nun schon seit 71 Jahren beobachtet.

Die Beobachtungsstunden waren bis 1823 7. 2. 9., von 1824 an 7. 3. 9. (aufserdem 9 Morgens und Mittag). Es scheint den Beobachtern jedoch zu unbequem gewesen zu sein, die Mittel aus diesen Stunden zu berechnen. Sie haben sich darauf beschränkt, entweder nur die monatlichen Extreme oder sämmtliche Einzelbeobachtungen zu veröffentlichen. Noch im Jahre 1843 hat der Pater de Vico in dem oben angeführten Einzelheft, betitelt Annali dell' Osserv. Astron. für sämmtliche 61 Jahre 1782-1842 nichts als die absoluten monatlichen Extreme drucken lassen. Diese Zahlen können einen Werth haben, ich gestehe aber, dafs mir derselbe unbekannt ist. Der Pater Secchi hat den guten Willen bezeigt, wenigstens für den Zeitraum 1843-1850 aufzuräumen [1]), indem er die Mittel dieser 8 Jahre aus den am Registerthermometer beobachteten täglichen Extremen theils selbst berechnet, theils durch seine Gehülfen hat berechnen lassen. Die Arbeit ist aber nicht frei von Widersprüchen in den Zahlenangaben, und überhaupt wird man die an einem nur mittelmäfsigen Thermometrographen beobachteten täglichen Extreme bei Seite liegen lassen, wenn man aufserdem Beobachtungen zu festen Stunden besitzt und das Glück hat, das Mittel aus diesen Stunden nach an demselben Orte angestellten stündlichen Beobachtungen berichtigen zu können. Wir besitzen aber, Dank dem wissenschaftlichen Interesse eines Deutschen, 2 Jahrgänge stündlicher Beobachtungen in Rom. — Schouw hat das Mittel aus den 20 Jahren 1811-1830 zum Theil aus 7. 2. 9., zum Theil aus 7. 3. 9. berechnet und im Clim. de l'Ital. Suppl. p. 146 mitgetheilt. Dies Mittel haben wir nach den stündlichen Beobachtungen in Rom zu corrigiren.

Luftwärme 20 Jahre 1811-1830.

13 Jahre 1811-1823 aus 7. 2. 9. } uncorr.
7 Jahre 1824-1830 aus 7. 3. 9. }

December	8°.77	Juni	21°.72
Januar	7. 24	Juli	24. 43
Februar	8. 53	August	24. 25
März	10. 92	September	21. 15
April	14. 34	October	17. 23
Mai	18. 48	November	11. 88
		Jahr	15. 75 [2])

[1]) Memorie dell' Osserv. del Coll. Rom. Anno 1850. Roma. 4.

[2]) Nicht 15°.79. Die Mittel aus 7 Morgens, 2-3 Nachmittags und 9 Abends sind auch nicht 12.98, 19.31 und 15.07, sondern 12.94, 19.26 und 15.04.

Als Schouw die Luftwärme von Rom bearbeitete, gab es noch keine stündliche Beobachtungen in Rom, er konnte daher nur die Correction nach Padua anwenden, welche in diesem Falle — 0°.33 betrug (Cl. de l'Ital. p. 65. und Suppl. p. 146).

Herr Dr. Schultz aus Berlin, derselbe, dessen stündliche Beobachtungen in Berlin wir im XV. Kapitel benutzt haben, hat in Rom 25 Monate hindurch, vom October 1837 - October 1839, täglich 17-18 Beobachtungen der Luftwärme gemacht und die fehlenden Stunden interpolirt. Ein glücklicher Zufall wollte, dafs Schultz in nahe derselben Meereshöhe beobachtete, in welcher sich das Thermometer des Collegium Romanum befindet, indem er im deutschen Hospitale auf dem Capitol im 2. Stock wohnte. Dove hat in seiner mehrerwähnten akademischen Abhandlung vom Jahre 1846 »Ueber die täglichen Veränderungen der Temperatur der Atmosphäre« die Beobachtungen von Schultz bearbeitet [1]) und seiner Bearbeitung entnehme ich folgende Werthe in °R.

Correction zum 24stündigen Mittel.

7^h Morgens	+ 2°.34 R.
2 Nachmittags	— 3. 39
3 Nachmittags	— 3. 26
9 Abends	+ 0. 91
7. 2. 9	— 0. 05
7. 3. 9	0. 00

13 Jahre Beobachtungen zu 7. 2. 9 macht	— 0. 05 × 13	=	— 0.65
7 » » » 7. 3. 9 »	0. 00 × 7	=	0.00
			— 0.65

Nun ist $\frac{-0.65}{20} = -0°.03$. Also ist die Correction des 20jährigen Mittels, welches aus 13 Jahren der einen und 7 Jahren der andern Art gezogen ist, nur — 0°.03 R. oder — 0°.04 C.

Das gesuchte wahre 20jährige Mittel der Luftwärme in Rom in 162' Meereshöhe ist demnach 15°.71. Man sieht, dafs die Correctionsgröfse des Mittels aus 7. 2. 9. und aus 7. 3. 9. nach den stündlichen Beobachtungen in Rom viel kleiner ist als nach den stündlichen Beobachtungen in Padua. Das Mittel aus 7. 3. 9. ist in Rom sogar dem 24stündigen genau gleich. Da Rom am Südabhange der Apenninen

[1]) Schultz' eigener Bericht vom Jahre 1842 befindet sich im Monatsbericht der Gesellschaft für Erdkunde in Berlin Band III. S. 28-30, nebst einem Bogen Zahlentabellen.

im Küstengebiete des Mittelmeers liegt, so wird für alle ähnlich gelegenen Orte z. B. Florenz und Neapel die Correction nach Rom der Correction nach Padua vorzuziehen sein. Bisher gab es für keinen Ort im Küstengebiete des Mittelmeers stündliche Beobachtungen. Die Beobachtungen von Schultz füllen daher eine wichtige Lücke aus. Ich habe die Correctionen des Mittels aus 7. 3. 9. für die einzelnen Monate berechnet und gefunden, dafs in keinem Monate die Correction völlig die Gröfse von 0°.1 R. erreicht, wie man sieht:

December	— 0°.05 R.	Juni	— 0°.04 R.
Januar	— 0. 04	Juli	+ 0. 09
Februar	— 0. 01	August	0. 00
März	+ 0. 06	September	+ 0. 01
April	+ 0. 03	October	— 0. 05
Mai	+ 0. 03	November	— 0. 05
		Jahr	0. 00

Da auf dem Collegium Romanum seit 1824 um 7. 3. 9. beobachtet ist, so würden die dortigen Beobachter, wenn sie die Mittel aus diesen Stunden berechnen wollten, den Vortheil haben, unmittelbar wahre Mittel zu erhalten. Pater Secchi hat von dieser Bemerkung Notiz genommen, sich auch durch ein der deutschen Sprache kundiges Mitglied des Ordens aus der Dove'schen Abhandlung alles auf Rom Bezügliche ausziehen lassen, und es ist einige Aussicht vorhanden, dafs in nicht gar zu langer Zeit die Berechnung der fehlenden Jahre seit 1830 nachgeholt werden wird.

Mit dem Ergebnifs, dafs die wahre mittlere Luftwärme in Rom in 162' Höhe nach 20jähriger Beobachtung 15°.71 beträgt, ist nun leider für eine genaue Kenntnifs des Klimas von Rom sehr wenig gewonnen, weil die Beobachtungen höchst unzweckmäfsiger Weise in 100' steiler Höhe über dem Pflaster, noch 20–30' über den Steinmassen der römischen Paläste angestellt sind. Schouw war mit dieser Höhe nicht unzufrieden, weil die römischen Beobachtungen dadurch mit denen von Florenz und Neapel vergleichbar werden, die ebenfalls übertrieben hoch über dem Erdboden angestellt sind; der nächste Zweck meteorologischer Beobachtungen an irgend einem Orte sollte aber doch vernünftiger Weise der sein, diejenigen atmosphärischen Bedingungen in Zahl und Mafs auszudrücken, unter deren Einflusse die Pflanzen und Thiere, den Menschen einbegriffen, leben. Die meteorologischen Beobachtungen sollten daher stets in der Höhe von nur wenigen Fufs über dem Boden angestellt werden (bis zu

10, allerhöchstens 20'). Aber nicht allein die Erhebung über den Boden, auch die Erhebung über das Meer ist bei dem jetzigen Beobachtungsorte für Rom zu hoch. Die Meereshöhe des bewohnten Roms wird am besten durch die Höhe der Hauptstrafse, des Corso, und des Hauptthores, der Porta del Populo, angegeben. Die Schwelle des Thores liegt genau 50' über dem Meere. In einem der Gartenhäuser zwischen Porta del Populo und Ponte Molle, etwa 10' über dem Erdboden und 60' über dem Meere, müfsten meteorologische Beobachtungen angestellt werden, wenn sie (um allein von der Temperatur zu reden) die äufsersten Wärmegrade der römischen Ebene im Sommer und Winter richtig anzeigen und die Grundlage für die Gewinnung richtiger Mittel abgeben sollten. Erst dadurch würde man die Wärmegrade der Blumen-, Wein- und Gemüsegärten um Rom und der Waizenfelder und Viehtriften der Campagne genau erfahren. Es giebt meiner Meinung nach nur ein Mittel, die lange Beobachtungsreihe des Collegium Romanum für eine genaue Kenntnifs des römischen Klimas wirklich nutzbar zu machen. Man müfste mehrere Jahre hindurch vergleichende Beobachtungen vor Porta del Populo anstellen. Besäfse man z. B. 5 Jahrgänge vergleichender Beobachtungen, so könnte man alle frühern auf dem Collegium Romanum erhaltenen Temperaturen danach auf das richtige Maafs für Rom bringen. Bis dahin schwebt Alles in der Luft.

Die besondere Aufgabe unserer Untersuchung, die Vergleichung der Quelmittel mit den Luftmitteln in gleicher Höhe, leidet in sehr empfindlicher Weise durch die fehlerhafte Höhe des Beobachtungsortes der Luftwärme in Rom. Keine einzige der regelmäfsig gemessenen Quellen erreicht die Höhe des Thermometers des Collegium Romanum, und wir besitzen kein sicheres Mittel, um die Luftwärme aus 162' Höhe auf die Höhen der verschiedenen Quellen zu reduciren. Die Frage ist: In welchem Verhältnifs nimmt in und bei Rom die mittlere Luftwärme in der untersten Luftschicht von etwa 200' Mächtigkeit mit der Entfernung vom Boden ab oder, was dasselbe ist, mit der Annäherung an den Boden zu? Ich finde nur 2 schwache Anhaltspunkte zur Beantwortung dieser Frage. Den ersten giebt G. Calandrelli in den Opusc. astron. e fis. vom Jahre 1803 in der 4. Abhandlung. Calandrelli beobachtete bekanntlich bis Ende 1787 die Luftwärme im Collegium Romanum in 120' Meereshöhe, 58' über dem Erdboden, von Anfang 1788 an aber in 165' Meereshöhe, 103' über den Erdboden. In beiden Höhen befand sich das Thermometer genau gegen Norden aufgehängt, und so geschützt, dafs es niemals von den Sonnenstrahlen getroffen wurde. Der höhere Beobachtungsort unterschied sich von dem niedrigern nur dadurch, dafs er einen freiern Horizont hatte. Die 5 Monate August bis December 1787 hindurch machte Calandrelli an 2 genau übereinstimmenden Thermometern vergleichende Beobachtungen in beiden Höhen, täglich um 7. 2. 9. Das 5monatliche Mittel war in 165′ Höhe 0°.2 R. niedriger als in 120′ Höhe. Das giebt eine Abnahme der mittlern Luftwärme von 0°.25 C. für 45′, von 0°.5 für 90′ und von 1° für 180′ höhere Erhebung. Leider umfassen diese Beobachtungen nicht einmal ein Jahr, wir haben also keine Gewähr, dafs die Abnahme des Jahresmittels mit der Entfernung vom Boden wirklich so rasch ist. — Den zweiten Anhaltspunkt finde ich bei Schouw Suppl. p. 122–124. Es giebt in Neapel 2½ Jahre genau gleichzeitige Beobachtungen, von denen die einen in 456′ Höhe und 18½′ über dem Erdboden, die andern in 238′ Höhe und 62½′ über dem Erdboden gemacht sind. Höhenunterschied der beiden Standörter 218′. Schouw fand, dafs das 2½jährige Mittel in 238′ Höhe 0°.70 wärmer war als in 456′ Höhe, also eine Zunahme der mittlern Luftwärme von 0°.7 für 218′ Erniedrigung oder von 1° für 311′ Erniedrigung. In diesem Beispiele handelt es sich freilich um die Erhöhung des Luftmittels nicht mit der Annäherung an den Boden, sondern mit der Annäherung an den Meeresspiegel; da wir aber doch irgend eine durch Beobachtung gefundene Norm auf Rom anwenden müssen, so sehn wir uns genöthigt, uns dessenungeachtet an das Beispiel von Neapel zu halten. Wir wollen versuchen, das Luftmittel des Collegium Romanum auf die Meereshöhen der Quellen zu reduciren unter der Voraussetzung, dafs das Zunahmeverhältnifs des Luftmittels 1° für 311′ Erniedrigung betrage.

Wir können die von uns regelmäfsig beobachteten Quellen hinsichtlich ihrer Höhe füglich in 3 Abtheilungen bringen. Die erste Abtheilung enthält nur eine Quelle, die

Acqua di S. Felice 147′.

Auf diese Quelle dürfen wir das Luftmittel ohne Reduction anwenden. Die zweite Abtheilung enthält 4 Quellen:

Acqua delle Api . . .	80′
» Pia	100
» Lancisiana . .	80
» Vergine. . . .	80

Für diese 4 ist die Luftwärme auf 80′ Meereshöhe zu reduciren. Die dritte Abtheilung enthält 3 Quellen in Rom und 4 im Caffarellathale:

Acqua di S. Giorgio	20′
Kleine Quelle im Carcer Tullianus	47
» » am Bogen des Septimius Severus	37
Die Egerienquelle	50
Die ungefafste Quelle 660 Schritt abwärts. .	50
Der Laufbrunnen vor dem grofsen Casale . .	50
» » » » kleinen » . .	50

Für diese Abtheilung ist die Luftwärme auf 30′ Meereshöhe zu reduciren, dann wird sie sowohl für die Hauptquelle, die Acqua di S. Giorgio, als für die beiden kleinen Quellen am Capitolin passen. Dieselbe Luftwärme wird auch noch auf die weniger wichtigen Säuerlinge im Caffarellathale anwendbar sein.

Die Höhe 80′ liegt 82′ unter 162′; für 82′ Erniedrigung ist das Luftmittel 0°.26 höher anzunehmen, 15.71 + 0°.26 = 15.97. Die Höhe 30′ liegt 132′ unter 162′; für 132′ Erniedrigung ist das Luftmittel 0°.42 höher anzunehmen, 15.71 + 0.42 = 16.13. Wir erhalten also zur Vergleichung mit den Quellmitteln folgende vieljährige Luftmittel:

in 147′	Höhe	15°.71
» 80	»	15. 97
» 30	»	16. 13

II. Regen.

Seitdem wir eingesehn haben, dafs nach den Beobachtungen in Deutschland die Regenvertheilung weder bei den Quellen des Sandbodens (§ 70), noch bei den Quellen des Felsbodens (§ 72) die Abweichungsgröfse des Quellmittels vom Luftmittel bedingt, hat die Kenntnifs der Regenvertheilung nur geringen Werth für uns. Wir fragen nicht mehr nach den Antheilen der beiden entgegengesetzten Drittel, wir sind nicht mehr neugierig zu erfahren, ob die Berechnung nach der Marienberger Formel zutrifft. Wenn ich dessenungeachtet die folgenden Zahlenreihen hier mittheile, so geschieht es einmal, weil wir in ein für uns noch unbekanntes Klima eingetreten sind, zweitens weil ich mit Hülfe dieser Beobachtungen und zweier im folgenden § mitzutheilenden Jahresreihen noch zum Ueberflufs zu beweisen wünsche, dafs auch durch die römischen Beobachtungen die Marienberger Vorurtheile entschieden widerlegt werden.

Der Regenmesser des Collegium Romanum ist seit 1788 in 198′ Meereshöhe, etwa 136′ über dem Pflaster aufgestellt. Da die Regenmenge sich in der untersten Luftschicht vergröfsert, so erhält der Boden von Rom mehr Regen als diese Beobachtungen ergeben. Die durchschnittliche Jahresmenge, welche die römische Ebene tränkt, beträgt sicher über 30″. Während die übermäfsige Höhe des Regenmessers über dem Boden die Jahresmenge fehlerhaft macht, bleibt aber die berechnete Regenvertheilung richtig. 40 Jahre finden sich schon bei Schouw berechnet. Da mir 70 einzelne Jahrgänge ohne Lücken vorliegen [1]), so habe ich nicht unterlassen wollen, aus einer Reihe von so seltener Länge die monatlichen Mittel und die Vertheilung auf die Monate zu berechnen. Aufserdem habe ich die Mittel des meteorologischen Jahrzehnts Dec. 1837-47 für sich berechnet, weil für dasselbe Jahrzehnt Regenbeobachtungen aus Algier bekannt sind und es von Interesse sein kann, einen Ort an der afrikanischen Küste des Mittelmeers mit einem Orte auf der italiänischen Küste nach gleichzeitigen Beobachtungen zu vergleichen.

Regen in Rom.

	40 Jahre bei Schouw	10 Jahre Dec. 1837-47
December	3″.47	3″.28
Januar	3. 20	2. 70
Februar	2. 07	2. 75
März	2. 48	1. 98
April	2. 15	2. 17
Mai	2. 21	2. 04
Juni	1. 58	0. 73
Juli	0. 68	0. 59
August	0. 94	1. 34
September	2. 00	3. 71
October	4. 37	3. 62
November	3. 85	4. 11
Jahr	29. 00	29. 02
Winter	8. 74	8. 73
Frühling	6. 84	6. 19
Sommer	3. 20	2. 66
Herbst	10. 22	11. 44

[1]) 61 Jahre 1782-1842 in dem Einzelheft vom Jahre 1843. 8 Jahre 1843-1850 in Memor. dell' Osserv. del Coll. Rom. Anno 1850. 1 Jahr 1851 in denselben Memor. Anno 1851.

70 Jahre 1782-1851.

	in Linien	in Zoll	in Procenten
December	43‴.354	3″.61	12.20
Januar	38. 320	3. 19	10.78
Februar	28. 100	2. 34	7.91
März	30. 323	2. 53	8.55
April	26. 358	2. 20	7.43
Mai	23. 707	1. 98	6.69
Juni	16. 242	1. 35	4.56
Juli	8. 153	0. 68	2.30
August	11. 676	0. 97	3.28
September	28. 407	2. 37	8.01
October	52. 804	4. 40	14.87
November	47. 604	3. 97	13.42
Jahr	355. 048	29. 59	100.00
Winter	109. 774	9. 14	30.89
Frühling	80. 388	6. 71	22.67
Sommer	36. 071	3. 00	10.14
Herbst	128. 815	10. 74	36.30

Im 70jährigen Durchschnitt tritt, wie im 40jährigen, eine 4monatliche Regenzeit October bis Januar mit Entschiedenheit hervor. Von October bis Januar nimmt die Regenmenge stetig ein wenig ab, sie beträgt im Januar aber doch noch über 3″. Die folgenden 4 Monate Februar bis Mai bleiben durchschnittlich schon etwas unter dem Antheil, den sie bei gleichmäfsiger Vertheilung haben würden. Die 3 Sommermonate sind die trockensten, sie haben zusammen nur 10 %. Der Herbst ist die nasseste Jahreszeit mit 36 %, der Winter hat 31.

Als ich mich im Jahre 1853 bemühete, meine römischen Studien so vollständig wie möglich auszuarbeiten, war mir noch kein Jahresmittel einer Quelle in Rom bekannt. Es war mir aber Bedürfnifs, einen bestimmten Wärmegrad als Ausgangspunkt anzunehmen, um das Abnahmeverhältnifs der Quellwärme mit der Höhe im Albanergebirge und in den Apenninen (§ 86. 87) berechnen zu können. Ich nahm damals unbedenklich die Temperatur der Acqua Vergine = 15°.15 als die Mittelwärme einer Normalquelle in der römischen Ebene (80′ Meereshöhe) an, nachdem ich gefunden hatte, dafs die Anwendung der Marienberger Formel dieser Annahme entschieden günstig war.

Zufolge 70jähriger Beobachtung haben die 4 Monate December bis März 39.44 = 33.33 + 6.11 % der Jahresregenmenge. $\frac{6.11}{8}$ ist 0.76. Das Mittel der unentstellten rein meteorologischen Quelle war also bei Rom im 70jährigen Durchschnitt 0°.76 oder 0°.8 niedriger zu erwarten als das Luftmittel. Die Beobachtung lehrt Folgendes: Die Luftwärme ist im 20jährigen Durchschnitt, auf die Höhe der Acqua Vergine zurückgeführt, 15°.97; die Temperatur der Quellen ist 15°.15, also 0°.82 oder 0°.8 niedriger. Man kann sich denken, wie sehr mich eine so genaue Uebereinstimmung der Berechnung mit der Beobachtung befriedigte. Ich legte daher die Temperatur 15°.15 allen Berechnungen der Abnahmeverhältnisse in § 86 und 87 als Ausgangspunkt zu Grunde. Jetzt, nachdem ich die Mittelwärme von 7 Quellen in Rom aus einem Jahrgang von Beobachtungen kennen gelernt und die Marienberger Vorurtheile überwunden habe, mufs ich einem etwas höhern Werthe den Vorzug geben. Wir werden in Rom 2 Quellen finden, die beide in 80′ Höhe hervorkommen. Sie sind frei von Entstellung des Mittels und ganz sicher von vorherrschend klimatischem Charakter. Die Acqua delle Api hat 15°.33, die Acqua Lancisiana 15°.43. Den Durchschnitt 15°.38 halte ich für die richtigste Angabe der mittlern Quellwärme in 80′ Höhe, wenn es sich um die Gewinnung eines Ausgangspunktes zur Berechnung des Abnahmeverhältnisses handelt. Gegen die Acqua Vergine ist noch zu bemerken, dafs sie Eigenthümlichkeiten besitzt, welche sich nach unsern im nördlichen Europa gemachten Erfahrungen nicht erklären lassen. Wenn wir im nördlichen Europa eine aufserordentlich wasserreiche Quelle antreffen, deren Wärmegrad völlig oder sehr nahe unveränderlich ist, so wissen wir im voraus, dafs diese Quelle eine überwiegend oder rein geologische sein wird. Die Acqua Vergine ist aber nicht allein nicht wärmer, sondern noch ein wenig (0°.23) kälter als kleinere Quellen, die in derselben Meereshöhe hervorkommen. Wir wissen auch nicht, wie es der Acqua Vergine möglich ist, sich ihre niedrige Temperatur bis zum Orte ihres Hervorkommens zu erhalten. Sie entspringt sicherlich im Albanergebirge und mufs eine lange Strecke (in grader Richtung beträgt die Entfernung 6-7 Miglien) unter den Tuffhügeln der Ebene hinlaufen, bis sie bei Salone zum Vorschein kommt. Ich habe daher alle Berechtungen, bei denen der Wärmegrad 15°.15 als Ausgangspunkt diente, gestrichen und bei der neuen Berechnung den Wärmegrad 15°.38 zu Grunde gelegt.

Berichtigung der Angaben L. v. Buch's über die Quelle von S. Cesario.

Wir kommen nun auf den Buch'schen Bericht über die Quelle von S. Cesario zurück.

»Eine herrliche Quelle bei S. Cesario unfern Palestrina bei Rom fand ich am 29 August 1805 von $9\frac{1}{2}$° R. Temperatur, bei 22° Wärme der Luft, da doch die mittlere Temperatur 12°.6 R. verlangt haben würde.« [1])

Buch folgerte aus seiner Beobachtung dieser Quelle, dafs die Quellen in Italien 3°-4° R. (genauer 3°.1 R. oder 3°.9 C.) kälter zu sein schienen als die Luft; sie schlossen sich auf diese Weise den Quellen auf den Canaren an, welche Buch bis zu 4° C. kälter als die Luft gefunden hatte. Mir war es schon vor meiner Reise nach Italien nicht glaublich, dafs die Quellen in Italien so bedeutend kälter sein sollten als die Luft: denn da ich die Abweichungsgröfse des Quellmittels vom Luftmittel für bedingt durch die Regenvertheilung hielt und die Regenvertheilung in Rom aus Schouw's Werk kannte, so schien mir die Ungleichmäfsigkeit der Vertheilung daselbst lange nicht grofs genug zu sein, um das Quellmittel so tief unter das Luftmittel herabdrücken zu können. Als ich nun am 19 December 1852 die persönliche Bekanntschaft dieser Quelle machte und das Quecksilber meines Thermometers durchaus nicht unter 13°.0 C. d. i. 10°.4 R. fallen wollte, mufste ich mir sagen, dafs eine Quelle, die am 20 December 10°.4 R. zeigt, an einem 29 August nicht 9°.5 R., wohl aber 10°.5 R. gezeigt haben kann. Buch wird sich also bei Ablesung seines Thermometers um 1° R. versehn haben. Nur unter dieser Voraussetzung läfst sich seine Beobachtung mit der meinigen in Einklang bringen. Das Thermometer zeigte 10°.5 R., er versah sich und notirte 9°.5. Wir haben schon oben bemerkt, dafs diese Quelle nur eine sehr geringe jährliche Wärmeänderung haben könne. Es ist also ganz in der Ordnung, dafs sie von August bis December nur 0°.1 (von 10°.5-10°.4 R. oder von 13°.1-13°.0 C.) abnimmt. Bedient man sich eines in ganze Grade getheilten Thermometers, so kann das Versehn nicht weniger und nicht mehr als genau einen Grad betragen. Dafs ein solches Versehn vorkommen kann, weifs jeder fleifsige Beobachter aus eigener Erfahrung; er weifs ferner, dafs es bei der nächstfolgenden Beobachtung derselben Quelle sofort als ein solches

[1]) Poggendorff's Annalen Bd. 12. S. 408. Die Jahreszahl 1805 ist aus den Canarischen Inseln S. 82 hinzugefügt.

erkannt wird. Bleibt die Beobachtung eine Einzelbeobachtung, so bleibt das Versehn unerkannt, und dies war Buch's Fall: denn es läfst sich nachweisen, dafs seine Beobachtung eine flüchtige Reisebeobachtung war. Im Jahre 1805 hat Buch überhaupt keine Untersuchungen im Albanergebirge gemacht, er hat aber im August dieses Jahres in Gesellschaft von Humboldt und Gay-Lussac einen Ausbruch des Vesuv beobachtet. Da er nun am 29 August die Quelle bei S. Cesario gemessen hat, so mufs er auf der Rückreise von Neapel dieses Wegs gekommen sein [1]). Wahrscheinlich hielt der Vetturin hier an, um die Pferde zu tränken. Der Reisende sah die schöne Quelle aus dem Felsen kommen, mafs ihre Temperatur, erfuhr den Namen des Ortes, sah Palestrina gegenüber am Berge liegen und schrieb »bei S. Cesario unfern Palestrina« in sein Tagebuch. Diese den Leser irreleitende Bezeichnung der Gegend zeigt recht deutlich die Flüchtigkeit des Besuchs: denn der Leser wird durch die Erwähnung von Palestrina zu der Meinung verleitet, dafs die Quelle aus den Apenninen komme. So ist es, ohne seine Schuld, Bischof ergangen, welcher (Wärmelehre S. 51) die Frage aufwirft: »Kann aber nicht diese Quelle Kälte von den benachbarten Apenninen, welche sich unmittelbar neben ihr bis auf 2000-3000 F. Höhe erheben, herabbringen?«

Die Notiz über die Quelle von S. Cesario schlummerte lange Jahre in Buch's Tagebuch und wäre wohl niemals in die Oeffentlichkeit getreten, wenn Buch nicht etwa 20 Jahre später seine wichtigern Quellwärmebeobachtungen von den Canaren für den Druck bearbeitet hätte. Es fiel ihm bei dieser Gelegenheit ein, dafs er auch einmal in Italien die Wärme einer Quelle gemessen hatte, und er fand im Tagebuche die Temperatur 9°.5 R. Vermuthlich fiel ihm erst jetzt diese Temperatur als eine sehr niedrige auf, indem er sie erst jetzt mit dem Luftmittel von Rom verglich, welches er richtig zu 12°.6 R. = 15.75 C. annahm. Denn so lange man sich in der Gegend von S. Cesario selbst befindet, kann man unmöglich einen so groben Fehler begehn, wie die Vernachlässigung des Höhenunterschiedes von S. Cesario und Rom ist. Diese Vernachlässigung ist nur erklärlich bei Jemand, der aus langjähriger Erinnerung schreibt und dem das Bild der Gegend entschwunden ist. Es hat mir von jeher bei Lesung dieser Stelle nicht gefallen, dafs »S. Cesario unfern Palestrina« nicht höher liegen sollte

[1]) Bekanntlich ist dieser Weg, durch das sogenannte Lateinerthal, eine der beiden Hauptstrafsen zwischen Neapel und Rom und im Sommer dem Wege durch die pontinischen Sümpfe vorzuziehn.

als Rom, indessen war ohne eigene Untersuchung dagegen nichts zu machen. Bei meinem ersten Besuche der Quelle mufste ich schon bemerken, dafs sie bedeutend höher liege als Rom. Aus der Höhenmessung beim zweiten Besuche ergiebt sich, dafs sie 823 — 162 = 661′ höher liegt als der Beobachtungsort der Luftwärme in Rom. Wir müssen nun eine annähernde Bestimmung der Abnahme der mittlern Luftwärme bis zu 823′ Höhe im Albanergebirge zu gewinnen suchen. Die Abnahme der mittlern Quellwärme auf dieser Strecke können wir unmittelbar bestimmen [1]). Die mittlere Quellwärme in Rom in 80′ Meereshöhe ist 15°.38. Die Quelle von S. Cesario liegt 743′ höher und ist 2°.38 kälter. Die mittlere Quellwärme nimmt also bis zu 823′ Höhe um 1° für 312′ ab. Wir werden uns sicher nicht weit vom Richtigen entfernen, wenn wir dasselbe Abnahmeverhältnifs für die Luftwärme gelten lassen. Legen wir dies Verhältnifs zu Grunde, so nimmt die mittlere Luftwärme für die 661′ vom Beobachtungsorte in Rom bis zur Höhe der Quelle von S. Cesario um 2°.12 ab. Sie ist also in der Höhe der Quelle von S. Cesario = 15.71 — 2.12 = 13°.59. Da nun die Quelle 13°.0 hat, so erscheint sie 0°.59 oder 0°.6 kälter als die Luft. Hiermit ist Buch's Meinung, als ob in Italien die Quellen in der Regel 3-4° R. kälter seien als die Luft, vollständig beseitigt: denn die einzige Stütze dieser Meinung war die Beobachtung der Quelle von S. Cesario und

erstens ist diese Quelle nicht so kalt, wie Buch durch ein Versehn bei der Beobachtung glaubte,

zweitens ist die Luft in der Höhe dieser Quelle lange nicht so warm, wie Buch sie durch einen Irrthum aus der Erinnerung schätzte.

Der vermeintliche Abstand des Quellmittels vom Luftmittel = 3°.1 R. oder 3°.9 C. hat sich bei näherer Prüfung an Ort und Stelle auf das richtige Mafs von etwa 0°.6 C. verkleinert.

§ 85. Quellwärmebeobachtungen in Rom im Jahre Dec. 1852 — 53.

1. Bemerkungen über Luftwärme und Regen.

Es ist dem Leser bekannt, dafs ich in dem meteorologischen Jahre Dec. 1852-53 die 5 Monate December bis April hindurch

[1]) Wir haben oben S. 328 die Abnahme der Quellwärme von der Acqua Vergine aus berechnet, machen aber aus den so eben dargelegten Gründen von dem Ergebnifs keinen weitern Gebrauch.

die Temperatur mehrerer Quellen in und bei Rom (7 in Rom und 3 im Caffarellathal) regelmäfsig beobachtet habe [1]) und dafs Herr Volpicelli die Güte gehabt hat, die Beobachtungen bis zur Vollendung des Jahrganges und selbst darüber hinaus ununterbrochen fortzusetzen. Im Februar 1854 erhielt ich die Beobachtungen zugesandt, und zugleich hatte Herr Secchi sein Versprechen erfüllt, mir die Beobachtungen der Luftwärme und des Regens von demselben Jahre mitzutheilen. Als ich mir bei Herrn Secchi zu den Quellwärmebeobachtungen die gleichzeitigen der Luftwärme und des Regens bestellte, war ich noch von dem Vorurtheile befangen, dafs es darauf ankomme, jeden Jahrgang gleichsam wie ein Einzelwesen zu betrachten; in jedem Jahre sollte bei näherer Untersuchung sich erweisen lassen, dafs die Abweichungsgröfse des Quellmittels vom Luftmittel von der Regenvertheilung abhinge. Dies Vorurtheil hat mich nicht allein während der ganzen Dauer der Marienberger Beobachtungen, sondern auch bei dem Versuch einer Bearbeitung der englischen und schwedischen Beobachtungen und während der ersten Ausarbeitung der Untersuchungen in Italien beherrscht. Erst bei Gelegenheit der Bearbeitung der Messungen in Deutschland ist es sowohl in Beziehung auf die Quellen aus Sandboden als in Beziehung auf die Quellen aus Felsboden gewichen. Die Umwandlung unseres Standpunktes läfst sich ganz kurz durch folgenden Gegensatz bezeichnen: Früher suchten wir die Abweichungsgröfse des Quellmittels vom Luftmittel in jedem einzelnen Jahre; jetzt suchen wir die Abweichungsgröfse des vieljährigen Luftmitttels vom Quellmittel. Wenn wir nun auch die Kenntnifs der gleichzeitigen Luftwärme- und Regenbeobachtungen nicht mehr für unerläfslich halten, so ist uns dieselbe doch sehr willkommen, weil nur sie uns in den Stand setzt, den Wärmegang der Quellen in der Reihe der Einzelbeobachnäher zu beurtheilen. Die monatlichen Mittel der Luftwärme sind aus 7. 3. 9. berechnet und an den Monatsmitteln sind, um nichts zu versäumen, die kleinen Correctionen, welche ich S. 336 verzeichnet habe, angebracht. Sowohl die Monatsmittel als das Jahresmittel sind also wahre Mittel

[1]) Die letzte Beobachtung habe ich am 6 Mai an der Acqua di S. Giorgio gemacht; alles Spätere ist von Herrn Volpicelli.

		Luftwärme in 157′ Höhe Wahre Mittel		Regen
1852	December	10°.35		0″.75
1853	Januar	8. 86		2. 53
	Februar	7. 76		6. 41
	März	8. 60		4. 01
	April	12. 04		2. 51
	Mai	17. 15		1. 01
	Juni	19. 40		4. 22
	Juli	24. 91		0. 08
	August	23. 98		1. 63
	September	20. 30		1. 54
	October	17. 19		3. 06
	November	12. 23		3. 25
	Jahr	15. 23		31. 00
	Februar	7. 76	Winter	9. 69
	Juli	24. 91	Frühling	7. 53
	Unterschied	17. 15	Sommer	5. 93
			Herbst	7. 85

Ueber den Gang der Witterung in der ersten Hälfte des Jahres kann ich aus der Erinnerung Folgendes hinzufügen. Der December war ungewöhnlich milde und sonnig bei schwachen, wenig bemerkten Winden. Am 25. trat auf ein paar Tage scharfer Nordwind ein. Der Nordwind blieb die erste Hälfte des Januar hindurch herrschend bei völlig klarem Himmel. Von Mitte Januar an wurde das Wetter regenig. In der 2. Hälfte dieses Monates fiel der Regen noch mäfsig, im Februar jedoch übermäfsig (wie die gemessene Menge von 6″.41 bezeugt) bei südlichen Winden SW. S. SO. Den März hindurch dauerte das Unwetter fort, die Luft war aber rauher, denn der herrschende Wind war NW. und dieser brachte auch mehrere Male Schnee. Einen grofsen Theil des kühlen April herrschte derselbe NW. Er trieb grofse Wolkenmassen vor sich her, brachte auch noch manchmal Regen. Die Hauptregenmonate waren also der Februar und März, die Regenzeit hatte sich dieses Jahr bedeutend verspätet, indem die Monate November und December und die erste Hälfte des Januar regenarm gewesen waren. In der ersten Hälfte des Mai gab es noch einige schwere Regentage bei SO., die Zahl der heitern Tage war aber überwiegend. In der zweiten Hälfte des Jahres ist nur die ungewöhnliche Regenmenge des Juni (4″.22) zu bemerken, im Uebrigen scheinen die Luftwärme- und Regenverhältnisse so ziemlich die gewöhnlichen gewesen zu sein [1]). Die Mittelwärme des Jahres blieb $\frac{1}{2}^{\circ}$ unter dem vieljährigen Mittel, in Folge der Kälte des März und April. Die Jahresregenmenge war die gewöhnliche.

Ehe wir zur Betrachtung der Quellentemperaturen im Jahre Dec. 1852-53 übergehn, haben wir die in 157′ Meereshöhe beobachtete Luftwärme auf 80′ und 30′ Höhe zurückzuführen, nach der Voraussetzung, dafs die mittlere Luftwärme um 1° zunimmt, wenn der Beobachtungsort 311′ niedriger gelegt wird (S. 338). Die Höhe 80′ liegt 77′ niedriger als 157′; für 77′ Erniedrigung ist das Luftmittel 0°.25 höher anzunehmen, also 15.23 + 0.25 = 15.48. Die Höhe 30′ liegt 127′ unter 157. Für 127′ Erniedrigung ist das Luftmittel 0°.41 höher anzunehmen, also 15.23 + 0.41 = 15.64. Wir erhalten demnach zur Vergleichung mit den Quellmitteln folgende Luftmittel des Jahres December 1855-53

in	147′	Höhe	15°.23
»	80	»	15. 48
»	30	»	15. 64

2. Nähere Untersuchung der einzelnen Quellen.

Die ausführliche Beschreibung bitte ich zu jeder Quelle in § 83 nachzulesen. Ich gebe von jeder Quelle alle Beobachtungen, die ich besitze. Das Jahresmittel ist nun aus denjenigen 12 Beobachtungen des Jahres Dec. 1852-53 gezogen, welche der Mitte der Monate am nächsten liegen. Die übrigen Beobachtungen sind unsrer Gewohnheit gemäfs eingeklammert. Wir fangen mit der am höchsten gelegenen Quelle an.

Acqua di S. Felice in 147′ Höhe.

1852	December	15	*15°.3	nach Gutdünken geschätzt
1853	Januar	15	*15. 1	desgl.
	»	28	(15. 0)	
	Februar	6	(15. 1)	
	»	10	(15. 3)	In der Brunnenstube in der Grotte 15°.65
	»	14	15. 1	
	»	28	(15. 1)	

[1]) Ich kann noch die Luftwärme und den Regen der beiden nächstfolgenden Monate mittheilen. Der December 1853 hatte 8°.84 und 5″.17 Regen. Der Januar 1854 hatte 9°.25 und 2″.24 Regen. Man bemerkt, dafs der December 1853, der sich im nördlichen Europa durch seine Kälte und seine Schneemassen auszeichnete, in Rom sehr nafs war.

1853	März	15	15°.0
	April	16	15. 0
	Mai	16	15. 5
	Juni	17	15. 5
	Juli	15	15. 8
	August	16	16. 1
	September	16	16. 0
	October	16	15. 8
	November	16	15. 5
	December	16	(15. 2)
1854	Januar	16	(15. 3)
	Jahr		15. 48
	März		15. 0
	August		16. 1
	Unterschied		1. 1

Ich lernte diese Quelle erst am 28 Januar 1853 kennen; ich habe daher die December- und Januarbeobachtung aufs Gerathewohl ergänzen müssen. Da die Temperatur am 10 Februar auf dem Wege von der Brunnenstube bis zum Ausfluſs eine Erniedrigung von 0°.35 erlitt, so dürfen wir vermuthen, daſs die Wärmeschwankung im Umlauf des Jahres durch die Leitung um 0°.70 vergröſsert wurde, und daſs dieselbe in der Brunnenstube nur 0°.4, von 15.35 bis 15.75, betrug. Für eine so oberflächliche und so magere Quelle ist diese Wärmeschwankung sehr klein. Der Tuff der römischen Hügel wird wohl ein schlechter Wärmeleiter sein. Das Mittel 15.48 ist für etwas entstellt durch die Leitung zu halten. Es ist 0°.25 höher als das angenommene gleichzeitige Luftmittel (15°.23).

In der folgenden Abtheilung fassen wir 3 Quellen am Vatican und am Janiculus zusammen, die aus derselben Formation und in nahe derselben Meereshöhe (80′) entspringen: die Acqua delle Api, Acqua Lancisiana und Acqua Pia. Wir halten aber die Acqua Pia von den beiden andern getrennt, weil an dem Laufbrunnen an Porta Cavalleggieri das Mittel wohl nicht völlig unentstellt erhalten ist und weil die Interpolation der beiden Monate Januar und December unsicher ist.

Acqua delle Api.

1852	Dec. 23	15°.4	
1853	Januar 19	15. 1	
	31	(15. 35)	
	Febr. 5	(15. 25)	
	11	(15. 1)	(in der Brunnenstube 15°.0)
	14	15. 1	
	26	(15. 1)	
	März 15	14. 9	
	April 16	15. 0	
	Mai 17	15. 3	
	Juni 17	15. 1	
	Juli 15	15. 3	
	Aug. 15	15. 5	
	Sept. 16	15. 7	
	Oct. 16	15. 8	
	Nov. 16	15. 7	
	Dec. 16	(15. 7)	
1854	Januar 16	(14. 8)	
	Jahr	15. 33	
	März	14. 9	
	October	15. 8	
	Unterschied	0. 9	

Acqua Lancisiana.

1852	December	21	15°.4
1853	Januar	11	15. 4
		19	(15. 4)
		31	(15. 25)
	Februar	7	(15. 35)
		14	15. 15
		26	(15. 3)
	März	15	15. 3
	April	16	15. 25
	Mai	17	15. 3
	Juni	17	15. 5
	Juli	15	15. 6
	August	15	15. 5
	September	16	15. 6
	October	16	15. 5
	November	16	15. 6
	December	16	(15. 7) ?
1854	Januar	16	(15. 5)
	Jahr		15. 43
	Februar		15. 15
	Juli		15. 60
	Unterschied		0. 45

Das Meteorwasser, welches diese beiden Quellen bildet, durchsinkt den kieselig-kalkigen Sandgries des Vatican und Janiculus. Auch diese Formation mufs ein schlechter Wärmeleiter sein. Die jährliche Wärmeänderung beträgt bei der Acqua delle Api nur 0°.9, bei der Acqua Lancisiana nur 0°.45. Da die Wärmeänderung der Lancisiana so klein ist, so kann von einer Entstellung des Mittels in Folge der Leitung bei dieser Quelle nicht die Rede sein. Die Mittel beider Quellen stimmen sowohl unter sich als mit der Luftwärme des Jahres (15°.48) nahe überein. Die Acqua delle Api war 0°.15 kälter und die Acqua Lancisiana 0°.05 kälter als die Luft.

Acqua Pia.

1852	December	15	*16°.0
1853	Januar	15	*15. 4
	Februar	7	(14. 85)
		14	14. 8
		26	(14. 7)
	März	15	14. 5
	April	16	14. 1
	Mai	17	14. 3
	Juni	17	14. 7
	Juli	15	15. 2
	August	15	16. 0
	September	16	16. 5
	October	16	16. 5
	November	16	16. 4
	December	16	(16. 0)
1854	Januar	16	(15. 4)
	Jahr		15. 37
	April		14. 1
	September		16. 5
	Unterschied		2. 4

Der Unterschied des kältesten und wärmsten Monates ist durch die Leitung offenbar vergröfsert. Die vermuthete Entstellung des Mittels kann aber in diesem Jahre nur höchst unbedeutend gewesen sein, weil nämlich das Luftmittel (15°.48) mit dem Quellmittel nahe übereinstimmte. Das Mittel der Acqua Pia pafst daher auch vollkommen gut zu den Mitteln der beiden andern Quellen. Die Acqua Pia war 0°.11 kälter als die Luft.

Acqua di S. Giorgio.

Wir wenden uns nun zur Acqua di S. Giorgio, welche niedriger als alle anderen Quellen in Rom hervorkommt. Der Beschreibung in § 83 habe ich noch hinzuzufügen, dafs mein Nachfolger die Quelle Mitte Mai und Mitte Juni wieder überschwemmt fand, an diesen Zeitpunkten also nicht messen konnte. Wir haben durch die Ungunst dieses Zufalls nicht erfahren, wann die Temperatur, welche am 6 Mai noch auf dem Minimum war, wieder anfing sich zu heben. Die Richtigkeit des Jahresmittels ist aber durch diesen Ausfall schwerlich beeinträchtigt worden. Ich habe die Messung vom 6 Mai genommen und für den Juni die sich von selbst darbietende Interpolation *15°.4 vorgenommen.

Acqua di S. Giorgio.

1852	December	5	(15°.9)		Mai	6	15°.3
		12	(15. 9)		Juni	15	*15. 4
		15	15. 9		Juli	15	15. 5
		30	(15. 9)		August	15	15. 7
1853	Januar	6	(15. 9)		September	16	15. 7
		15	15. 9		October	16	15. 9
		30	(15. 9)		November	16	15. 9
	Februar	21	15. 9		December	16	(15. 8)
	März	14	15. 65	1854	Januar	16	(15. 8)
	April	13	15. 35		Jahr		15. 68
		20	(15. 33)		April u. Mai		15. 3
		27	(15. 33)		October		15. 9
					Unterschied		0. 6

Da die Quelle ungefafst und wasserreich ist und die äufsersten und mittlern Wärmegrade sehr spät eintreten, so ist das Mittel sicher unentstellt. Es stimmte in dem vorliegenden Jahre mit dem Luftmittel 15°.64 äufserst nahe überein, indem es nur 0°.04 wärmer war. Diese Quelle flöfste mir von Anfang an grofses Interesse ein, zuerst durch die beispiellose Eigenthümlichkeit des Ortes ihres Hervorkommens und die Hindernisse, welche bei den Messungen zu überwinden waren, dann aber besonders durch die Beharrlichkeit, mit welcher sie den Wärmegrad von Anfang December festhielt. Jetzt, da uns ein Jahrgang vorliegt, dürfen wir vermuthen, dafs der Wärmegrad, den ich im December vorfand, schon im October eingetreten war. Dieser Wärmegrad war die höchste Wärme und hielt ohne Unterbrechung jedenfalls bis zum 21 Februar an. Die Temperatur sank dann in der kurzen Zeit von 2 Monaten, vom 21 Februar bis zum 20 April, von der gröfsten auf die kleinste Wärme hinab, indem sie Mitte März (15°.65) durch das Jahresmittel ging. Die kleinste Wärme mag etwa 3 - 4 Wochen, vom 20 April bis Mitte Mai angehalten haben. Die Temperatur hob sich dann langsam. Erst im August (15°.7) wurde das Jahresmittel erreicht, 2 Monate später, im October, folgte schon die höchste Wärme nach.

Ich habe sowohl bei den aus Felsboden entspringenden Marienberger Quellen, als bei den aus Sandboden entspringenden Potsdamer Quellen die Meinung bekämpft, als gäbe die Temperatur einer Bodenquelle die Temperatur einer bestimmten Bodentiefe an, und darauf aufmerksam gemacht, dafs die Quellen die Durchschnittswärme einer Bodenschicht angeben müssen. Ich bin fast geneigt, die Acqua di S. Giorgio als eine Ausnahme von der Regel gelten zu lassen, insofern wenigstens, als es sehr unwahrscheinlich ist, dafs das Meteorwasser, welches als Acqua di S. Giorgio hervorkommt, während seines Rücklaufes aus der Tiefe an die Oberfläche irgend eine Temperaturveränderung erfährt. Die Quelle hat an ihrer Ausflufsstelle eine steile Wand von 25–30′ Höhe über sich. Wie soll durch diese Schicht hindurch, welche desto dicker wird, je weiter man den Palatin hinansteigt, die Lufttemperatur Veränderungen in dem zum Ausflufs eilenden Wasser hervorbringen? Es scheint, dafs das Wasser diejenige Temperatur zu Tage bringt, welche es beim senkrechten Hinabsinken bis zu einer bestimmten Tiefe (die ich nicht in Zahlen anzugeben weifs) erhalten hat. Die Eintrittszeiten der äufsersten und mittlern Wärmegrade sind meiner Meinung nach deshalb so ungewöhnlich späte, weil das Wasser während des Rücklaufs aus der Tiefe an die Oberfläche gar keine Entstellung seiner Temperatur, mit andern Worten, gar keine Annäherung an die jeweilige Lufttemperatur erfährt.

Es scheint, dafs zur Gestaltung des Wärmeganges, wie er in diesem Jahre vorliegt, der Regen der beiden sehr nassen Monate Februar und März mitgewirkt hat. Als die Regenzeit schon 6 Wochen gedauert hatte, Mitte März, wurde die erste Erniedrigung der Temperatur gefunden, welche sich bis dahin seit October auf dem höchsten Stande gehalten hatte. Die Oberfläche des Palatin ist mit lockerer Gartenerde bedeckt, welche das Regenwasser leicht einsaugt. Darunter liegen bedeutende Massen von Bröckeltuff, der Wasser durchlassen kann, tiefer kommt vielleicht Steintuff, der kein Wasser durchläfst. Das an der Oberfläche immer von Neuem eindringende Wasser, welches im Februar bei einer mittlern Luftwärme von 7°.76, im März bei 8°.60 fiel, mufste bei seinem allmäligen Hinabsinken in die Tiefe den Boden abkühlen und konnte nach Verlauf dieser Zeit in der Quelle wieder zum Vorschein kommen. Um Mitte April war die abkühlende Wirkung noch verstärkt. Das Herabsinken der Quellwärme in so kurzer Zeit von dem höchsten auf den niedrigsten Stand ist etwas ganz Abnormes, sobald es durch Einwirkung der trocknen Luftwärme auf den Boden erklärt werden soll. Es erklärt sich aber völlig ungezwungen durch das Eindringen des Februar- und Märzregens in die Tiefe des Hügels. Die steigende Luftwärme drang im Frühling und Sommer sehr langsam in diejenige Tiefe ein, in welcher sich die Wasser zum Rückflufs an die Oberfläche sammeln. Im October, 3 Monate nach dem Eintritt der höchsten Luftwärme, war der höchste Stand 15°.9 wieder erreicht. Diesmal hielt sich die Temperatur nicht so lange auf dem höchsten Stande. Im December, der sehr regenreich war, wurde sie schon etwas niedriger gefunden [1]).

Der Vollständigkeit wegen wollen wir auch noch über die Temperatur der beiden folgenden kleinen Quellen berichten, von welchen ich zuerst durch den Prinzen von Württemberg Kunde erhielt [2]). Die Beobachtungstage waren für beide Quellen dieselben.

			Quelle am Bogen des Sept. Sev.	Quelle im Carcer Tullianus
1852	Dec.	6	(15°.0)	(15°.6)
	»	15	14. 95	15. 25
1853	Januar	15	14. 2	14. 2
	Februar	15	14. 7	13. 4
	März	14	15. 0	13. 0
	April	16	14. 5	13. 2
	Mai	16	15. 0	14. 1
	Juni	17	15. 0	15. 0
	Juli	15	14. 9	16. 0
	August	15	15. 3	16. 6
	Sept.	16	15. 2	15. 7
	Oct.	16	15. 3	15. 9
	Nov.	16	14. 9	15. 3
	Dec.	16	(14. 9)	(14. 2)
1854	Jan.	16	(14. 7)	(13. 3)
	Jahr		14. 91	14. 80
	Januar		14. 2	März 13. 0
	August		15. 3	Sept. 16. 6
	Unterschied		1. 1	3. 6

Der Prinz von W. fand:

Am Bogen des Sept. Sev.		
1848	Februar 7	14°.8
Im Carcer Tullianus		
1847	November 2	15. 5
1848	Februar 7	12. 7

[1]) Schliefslich will ich auf einen Umstand aufmerksam machen, dessen nähere Untersuchung vielleicht zur Erläuterung der Temperaturverhältnisse der Acqua di S. Giorgio beitragen wird. Auf dem Palatin in der Villa Mills befindet sich ein Brunnen von etwa 100′ Tiefe, der nicht gebraucht wird. Es ist möglich, dafs die Acqua di S. Giorgio das Wasser ausführt, welches sich am Grunde dieses Brunnens sammelt. Hier wären Temperaturmessungen zu veranstalten. Ich habe den Brunnen nicht besucht.

[2]) Die Temperaturen der 3 Quellen im Caffarellathale werden am Schlufs dieses § abgesondert mitgetheilt werden.

Wir wissen aus § 83, dafs die Quelle am Bogen des Septimius Severus in 37′ Höhe an einem schattigen Orte hervorkommt und in Form eines seichten offenen Brunnens gefafst ist. Die Einwirkung der Lufttemperatur auf den offenen Brunnen zeigt sich in dem frühen Eintreten des kältesten und wärmsten Monates. Das Jahresmittel kann nicht für unentstellt gelten.

Die Wasseransammlung im Carcer Tullianus in etwa 47′ Meereshöhe ist kaum noch eine Quelle zu nennen, weil man keine Bewegung in dem Wasser gewahrt. Die Temperatur dieses Wassers wird aber wohl genau die Temperatur im Fufsboden dieses Felsenkellers angeben. Sie zeigt einen regelmäfsigen Gang des Fallens und Steigens. Die Einwirkung der Temperaturveränderungen der Luft ist noch ziemlich grofs in diesem Keller, weil derselbe nicht frei von Zugluft ist. Das Mittel ist nicht für unentstellt zu halten.

Das Mittel beider Quellen ist unerwartet niedrig. Ich wage nicht, mich auf Schlufsfolgerungen aus diesen Beobachtungen einzulassen, mufs aber die naheliegende Vermuthung aussprechen, dafs die für 30′ Höhe zu 15°.64 von uns berechnete Luftwärme für die Oertlichkeiten dieser beiden Quellen nicht pafst. Denn die Mittel der Quellen scheinen durch Annäherung erniedrigt zu sein. Wenn diese Vermuthung richtig ist, war die mittlere Luftwärme an diesen Orten niedriger als 14°.91 und 14°.80, also viel eher 14°.64 als 15°.64. Wir wissen leider nichts von dem Einflusse, den die Lage des Ortes in Beziehung auf die Himmelsgegend auf die Höhe der mittlern Jahreswärme der Luft und der Quellen ausübt, können wenigstens diesen Einflufs nicht in Rechnung bringen. Am freien Westabhange des Quirinal in der Höhe der Acqua di S. Felice haben wir 15°.23 als Luftmittel angenommen; das Luftmittel ist dort aber wahrscheinlich höher als 15°.48.

3. Ergebnisse der Beobachtungen an den Quellen der römischen Hügel.

Bei der vorstehenden Untersuchung der einzelnen Quellen haben wir unser Augenmerk darauf gerichtet, die Mittel, welche einer Entstellung verdächtig sind, von den unentstellten Mitteln zu unterscheiden. Wir haben bei dieser Unterscheidung ein doppeltes Interesse. Erstens wollen wir die richtige Höhe des Mittels der vorherrschend klimatischen Quellen in Rom in einer bestimmten Meereshöhe erfahren. Zweitens wünschen wir die Abweichungsgröfse des Luftmittels vom Quellmittel sowohl im Einzeljahre December 1852-53, als auch vorzüglich im vieljährigen Durchschnitt festzustellen. Einer Entstellung des Mittels sind 4 Quellen unterworfen: die Acqua di S. Felice, die Acqua Pia, die Quelle am Bogen des Septimius Severus und die Quelle im Carcer Tullianus. Wenn die Acqua Pia auch in diesem Jahre für ganz unentstellt zu halten ist, so wird ihr Mittel doch in solchen Jahren, deren Luftwärme bedeutend höher oder bedeutend niedriger steht, einer Annäherung nicht entgehn können. Es bleiben uns also 3 Quellen übrig, deren Mittel völlig unentstellt sind: die Acqua delle Api, Lancisiana und di S. Giorgio.

	Höhe	Mittel
Acqua delle Api	80'	15.33
» Lancisiana . . .	80	15.43
» di S. Giorgio .	20	15.68

Wenn es sich nun um eine möglichst richtige Bestimmung der Höhe des Mittels der vorherrschend klimatischen Quellen in Rom in einer bestimmten Meereshöhe handelt, so scheint es der Vorsicht angemessen zu sein, daſs wir auch noch die Acqua di S. Giorgio wegen der Ungewöhnlichkeit ihres Wärmeganges und der Unklarheit ihrer Herkunft von der Mitwirkung ausschlieſsen und uns lediglich an die beiden Quellen halten, die in 80' Höhe hervorkommen und deren Mittel nur um 0°.1 verschieden sind. Auf diese Weise gilt uns 15°.38 als die beste Bestimmung des Mittels der vorherrschend klimatischen Quellen in Rom in 80' Höhe.

Bei den folgenden Uebersichten der Abweichungsgröſsen des Luftmittels von den Quellmitteln lassen wir die beiden kleinen Quellen am Bogen des Septimius Severus und im Carcer Tullianus ganz weg. Diese Quellen sind offenbar in Folge örtlicher Umstände in ihrer Temperatur zu kurz gekommen. Da sie die Wirkung einer örtlichen Unregelmäſsigkeit an sich tragen, dürfen sie nicht berücksichtigt werden, wenn es sich um die Erkennung des regelmäſsigen Verhaltens handelt.

Abweichungsgröſsen des Luftmittels von den Quellmitteln im Einzeljahre Dec. 1852-53.

Bei der Acqua di S. Felice. . . .	— 0°.25
» » » delle Api	+ 0. 15
» » » Lancisiana	+ 0. 05
» » » Pia	+ 0. 11
» » » di S. Giorgio . . .	— 0. 04

Im Einzeljahre ist das Verhalten der Acqua di S. Felice nicht recht klar. Bei den übrigen 4 Quellen sind die Abweichungsgröfsen übereinstimmend sehr klein, d. h. die mittlere Luftwärme stellte sich in diesem Jahre zufällig in nahezu gleiche Höhe mit der mittlern Quellwärme. Die Luft war nur 0°.07 wärmer als die 4 Quellen durchschnittlich. Aus diesem Fall läfst sich nichts folgern. Das gewöhnliche oder gesetzmäfsige Verhalten des Luftmittels gegen die Quellmittel tritt dagegen auf befriedigende Weise hervor, sobald wir das vieljährige Luftmittel mit den Quellmitteln vergleichen.

Quelle	Höhe	Mittel	Vieljähriges Luftmittel für die Höhe der Quelle	Abweichung des vieljährigen Luftmittels vom Quellmittel des Jahres Dec. 1852 - 53
Acqua di S. Felice . .	147′	15°.48	15°.71	+ 0°.23
» delle Api . . .	80	15. 33	15. 97	+ 0. 64
» Lancisiana . .	80	15. 43	15. 97	+ 0. 54
» Pia	80	15. 37	15. 97	+ 0. 60
» di S. Giorgio .	20	15. 68	16. 13	+ 0. 45

Jetzt zeigt sich nicht allein bei der Acqua di S. Felice, dafs das Luftmittel gewöhnlich höher liegt als das Mittel dieser Quelle, sondern das Luftmittel liegt überhaupt in Rom höher als das Mittel der vorherrschend klimatischen Quellen. Die Quellmittel sind nicht im Stande, die Höhe des Luftmittels zu erreichen, die Quellen sind hier wirklich, wie wir früher zu sagen gewohnt waren, kälter als die Luft, freilich nicht 3°.9 kälter, wie Buch meinte, sondern 0°.6. Um die Abweichungsgröfse des vieljährigen Luftmittels vom Quellmittel richtig zu bestimmen, müssen wir unentstellte Mittel benutzen, an denen gar keine Dunkelheit klebt. Solche Mittel sind die der Acqua delle Api und der Lancisiana. Der Durchschnitt von 0.64 + 0.54 ist 0.59 oder 0.6. In Rom ist das Luftmittel 0°.6 wärmer als unentstellte Mittel der vorherrschend klimatischen Quellen. Wir dürfen dreist behaupten, dafs die Abweichungsgröfse + 0°.6 nur sehr wenig verändert werden würde, wenn uns auch von den Quellen mehrjährige Mittel zu Gebote ständen. Die Quellen der römischen Hügel sind sehr träge in ihren Wärmeänderungen, sie gleichen darin den Quellen der Potsdamer Hügel. Betrachten wir nur einmal die geringe Gröfse ihrer jährlichen Schwankung:

	Schwankung	Bemerkungen
Acqua di S. Felice	1°.1	Schwankung durch eine Leitung vergröfsert.
Acqua delle Api . . .	0. 9	ganz kurze Leitung.
Acqua Lancisiana . .	0. 45	längere Leitung, aber wirkungslos.
Acqua Pia	2. 4	Schwankung durch eine lange Leitung vergröfsert.
Acqua di S. Giorgio .	0. 6	ohne alle Fassung.
Quelle am Bogen des S. S.	1. 1	offener Brunnen.
Quelle im Carcer Tullianus	3. 6	man sieht nichts fliefsen.

Es kann sich hier nur um die 3 unentstellten Quellen handeln. Bei keiner derselben erreicht die Schwankung die Gröfse eines Grades, sie beträgt im Durchschnitt nur 0°.65, während der Unterschied des kältesten und wärmsten Monates in der Luft 17°.15 ist. Da nun die Beobachtung lehrt, dafs die Boden- und Quellwärme in Rom durch die periodischen Wärmeänderungen der Luft sehr wenig verändert wird, so folgt daraus mit Sicherheit, dafs sie (die Boden- und Quellwärme) von den nicht periodischen Wärmeänderungen der Luft ebenfalls nur sehr wenig betroffen werden kann, mit andern Worten, dafs die Veränderlichkeit der Quellmittel in Rom sehr klein sein mufs.

Die Kleinheit der Wärmeschwankung der unentstellten Quellen in Rom interessirt uns noch besonders deswegen, weil sie dazu beiträgt zu beweisen, dafs die Quellen in Rom unsern deutschen Quellen der Ebene oder aus Sandboden zu vergleichen sind, nicht aber den Quellen aus Felsboden. Was wir am Ende des § 82 aus der Beschaffenheit des Bodens über die Art der aus diesem Boden entspringenden Quellen vermuthet haben, wird durch den Gang der Temperatur dieser Quellen bestätigt. Der kieselig-kalkige Sandgries, der auf dem rechten Tiberufer, am Vatican und Janiculus, die Quellenschicht bildet, und der Bröckeltuff, der auf dem linken Tiberufer, am Quirinal und Palatin, die Quellenschicht bildet, diese beiden Formationen verhalten sich in Beziehung auf das Durchlassen der Meteorwasser viel mehr wie der märkische Sandboden als wie der Marienberger Felsboden. Kämen bei den römischen Quellen vorübergehende Wärmeerniedrigungen in Folge des raschen Eindringens kalter Meteorwasser vor, so hätten sich solche in dem Winter, in welchem ich diese Quellen beobachtete, öfter wiederholen müssen. Es ist freilich wahr, dafs ich nicht oft genug beobachtet habe, um einzelne vorübergehende Wärmeerniedrigungen erkennen zu können und dafs die längern oder kürzern Leitungen, womit unsere Quellen, die Acqua di S. Giorgio allein ausgenommen, versehn sind, zur Verdeckung vorübergehender Temperaturveränderungen wirken; dessenungeachtet hätte, wenn wiederholte Wärmeerniedrigungen vorgekommen wären, die Temperatur der Quellen im März und April durchgehends niedriger stehn und der Abstand der äufsersten Wärmegrade des Jahres gröfser sein müssen als sie in Wirklichkeit waren. Ich behaupte nur dieses: Im Boden von Rom fliefst das Meteorwasser nicht in Adern, die durch Felsmassen von einander getrennt sind, sondern es sinkt allmälig als zusammenhängende Masse (*en nappe*) in denselben ein. Die Acqua di S. Giorgio ist die einzige Quelle, bei welcher ich eine Einwirkung der Temperatur der Meteorwasser auf eine Stelle ihres Wärmeganges annehmen zu müssen geglaubt habe. Aber auch in diesem Falle, wenn er wirklich richtig aufgefafst ist, wirkte das Wasser im allmäligen Herabsinken. Der Bröckeltuff des Palatin scheint nicht ganz so dicht in seinem Gefüge zu sein wie der märkische Sand. Das ist alles, was wir, wenn die Thatsache richtig ist, daraus zu schliefsen haben.

Die römischen Quellen bilden hinsichtlich der Abweichungsgröfse des Luftmittels einen hübschen Gegensatz gegen die Potsdamer.

Abweichungsgröfsen des vieljährigen Luftmittels von den Mitteln unentstellter Quellen.

Potsdam.		Rom.	
Gesundbrunnen bei Berlin	— 0°.83	Acqua delle Api. . . .	+ 0°.64
Ravensberger Baumquelle	— 0. 84	Acqua Lancisiana . . .	+ 0. 54
Templiner Quelle (Erman)	— 0. 88		

Während sich bei Potsdam das Luftmittel reichlich 0°.8 unter das Quellmittel erniedrigt, ohne dafs das Quellmittel dieser Erniedrigung folgen kann, erhebt sich in Rom das Luftmittel 0°.6 über das Quellmittel, ohne dafs letzteres dieser Erhebung folgen kann. — Nur in einem Punkte unterscheiden sich die römischen Quellen von den Potsdamer, sie sind sehr viel wasserreicher, wie man aus der Beschreibung der Acqua delle Api, der Acqua Lancisiana und der Acqua di S. Giorgio in § 83 ersieht. In Rom fällt jährlich über 30″ Regen, in Potsdam nur 20″. — Meine bei jeder Gelegenheit erneuerte Bekämpfung der Bischof'schen Irrung wird durch die römischen Beobachtungen zu einem ganz bestimmten Abschlufs geführt. Während ich früher der Behauptung, falls Quellen kälter seien als die Luft, so brächten sie die Kälte von hohen Bergen herab, nur vernünftige Gründe entgegenzustellen hatte, komme ich jetzt mit gut beobachteten Thatsachen. Ja es giebt Quellen die kälter sind als die Luft an dem Orte ihres Hervorkommens, die Quellen in Rom sind es sammt und sonders, aber es fehlen die Berge, von denen die Kälte herabkommen soll. Sollte BISCHOF an seinem Wahn wirklich noch festhalten, so mufs er, um geheilt zu werden, nach Rom reisen. Wer einmal diese ganz gewöhnlichen Quellen aus den römischen Hügeln, die zu Bergen sich wie Maulwurfshaufen verhalten, hat hervorkommen sehn, der wird in seinem ganzen Leben nicht wieder behaupten, falls Quellen kälter wären als die Luft, so brächten sie ihre Kälte von hohen Bergen herab; denn diese Quellen haben ihre Kälte ganz sicher anderwärts her. Erst jetzt ist die BISCHOF'sche Thorheit wirklich todt. Eine andere Frage ist, ob es Quellen von ungewöhnlicher Entstehungsart giebt (s. I, 216), welche wirklich Kälte aus der Höhe herabbringen? Diese Frage werden wir weiter unten zu erörtern Gelegenheit haben.

Ich habe die römischen Quellen unbedenklich vorherrschend klimatische genannt und zweifle nicht, dafs man diese Benennung passend finden wird. Denn der Umstand, dafs das Luftmittel in Rom sich regelmäfsig über das Quellmittel erhebt, ist ohne allen Zweifel im Klima begründet. Wir müssen uns aber sogleich deutlich machen, dafs der Begriff, den wir mit der Benennung »vorherrschend klimatische Quellen« verbinden, in Italien ein wenig verschieden ist von dem Begriff, den wir im nördlichen Europa damit verbanden. Im nördlichen Europa halten sich die Mittel aller Quellen ohne Ausnahme höher als das vieljährige Luftmittel, und diese negative Abweichung des Luftmittels vom Quellmittel entsteht bei den vorherrschend klimatischen Quellen zum gröfsten Theile durch klimatische Einwirkungen; es ist aber möglich und wahrscheinlich, dafs selbst bei den oberflächlichsten Quellen dieser Art die Eigenwärme des Erdkörpers einen wenn auch noch so kleinen Theil zur Vergröfserung des Abstandes beiträgt. Dies letzte Merkmal, die mögliche und wahrscheinliche Mitwirkung der Erdwärme zur Bildung der Höhe des Quellmittels, fällt bei unsern vorherrschend klimatischen Quellen des Südens ganz weg. Wenn das Quellmittel sich niedriger als das Luftmittel stellt, so ist nicht abzusehn, wie von einer Einwirkung der Erdwärme die Rede sein soll. Die klimatischen Einwirkungen, welche die Quell- und Bodenwärme im Vergleich mit der Luftwärme niedrig halten, können immer nur entweder die Temperatur des in den Boden und die Quellen eindringenden Meteorwassers oder die Temperatur der

Luft sein. Wir wissen, dafs im reinen Sandboden die Temperatur der eindringenden Meteorwasser keine selbstständige Wirkung auf die Aenderung der Quellwärme mehr ausüben kann. Wir wissen ferner, dafs die Einwirkung der Lufttemperatur auf die Quellwärme zeitweise gehemmt sein kann, nämlich durch den Winterfrost und die denselben begleitende Schneedecke. Dies vorausgeschickt, haben wir also folgende Fragen näher zu untersuchen: Kann die Temperatur der Meteorwasser im Winter die Ursache sein, welche in Rom das Quellmittel niedriger hält als das Luftmittel? Oder ist die hohe Luftwärme im Sommer die Ursache, dafs das Luftmittel sich höher als das Quellmittel stellt? Indem wir fragen, ob die Temperatur der Meteorwasser im Winter die Ursache sein kann, welche das Quellmittel in Rom niedriger hält als das Luftmittel, ertappen wir uns auf einer Vorstellung, die wir schon in § 72 als entschieden irrig zurückgewiesen haben, und deren Unstatthaftigkeit wir hier noch auf eine andere Weise zeigen können. Das Meteorwasser müfste nämlich im Winter durch sein Eindringen in den Lauf der Quelle den Wärmegang derselben um nicht weniger als 7°.2 (das 12fache von 0°.6) activ erniedrigen, wenn im Jahresmittel oder, was dasselbe ist, im 12monatlichen Durchschnitt eine Erniedrigung von 0°.6 gegen das Luftmittel zu Stande kommen sollte. Von einer so ungeheuern Senkung weifs die Beobachtung nichts. Die Beobachtung lehrt aber aller Orten übereinstimmend die hochwichtige Thatsache, dafs das Quellmittel nur eine sehr kleine Veränderlichkeit besitzt und neben dieser Thatsache liegt sogleich der Gedanke (dessen Gewicht uns erst in § 72 klar geworden ist), dafs das Quellmittel schon deswegen in seinen Bewegungen äufserst träge sein mufs, weil die Quellwärme sich mit der Bodenwärme identificirt. Die Quellmittel bleiben Jahr aus Jahr ein in Rom auf nahe derselben Höhe, sie mögen in einer längern Reihe von Jahren vielleicht um 2 bis 3 Zehntel schwanken, aber gröfser wird die Veränderung nicht sein. Die Richtigkeit dieser Voraussetzung leidet keinen vernünftigen Zweifel, und die geringe Veränderlichkeit des Quellmittels ist es auch hier, was der Marienberger Formel und der ihr zum Grunde liegenden Buch'schen Ansicht Hohn spricht. Man gestatte mir hier einen allerletzten Beweis durch die Anwendung der Rechnung auf 2 aufeinanderfolgende Jahrgänge in Rom. Im Jahre December 1852-53, an dessen Schlufs ich in Rom ankam, hat die Beobachtung der Luftwärme und des Regens dort Folgendes ergeben.

		Luftwärme in 157′ Höhe Wahre Mittel	Regen
1851	December	6°.03	0″.19
1852	Januar	7. 63	3. 66
	Februar	7. 91	1. 42
	März	7. 91	1. 44
	April	12. 20	1. 37
	Mai	17. 55	2. 29
	Juni	20. 94	0. 05
	Juli	24. 00	1. 16
	August	23. 45	2. 56
	September	21. 25	2. 42
	October	17. 14	3. 35
	November	14. 81	1. 29
	Jahr	15. 07	20. 20
	December	6. 03	
	Juli	24. 00	
	Unterschied	17. 97	

Dies Jahr war ein regenarmes, es hatte nur ²/₃ der gewöhnlichen Menge und ungewöhnlicher Weise herrschte der Antheil des warmen Drittels vor. Das warme Drittel hatte 46.49%, das kalte nur 33.22%. 46.49 ist 33.33 + 13.16 und $\frac{13.16}{8}$ ist 1.64. Die Berechnung läfst also das Quellmittel (in 157′ Höhe) in diesem Jahre nicht niedriger als 15°.07 + 1°.64 = 16°.71 erwarten. Die Beobachtungen des nächstfolgenden Jahres December 1852-53 stehn S. 347. In diesem Jahre herrschte, wie gewöhnlich, der Antheil des kalten Drittels vor; derselbe betrug 44.19 = 33.33 + 10.86%. Nun ist $\frac{10.86}{8}$ = 1.36. In diesem Jahre ist das Quellmittel also (in 157′ Höhe) so niedrig wie 15°.23 — 1°.36 = 13°.87 zu erwarten. Wir erhielten

im 1. Jahre	16°.71
» 2. »	13. 87
Unterschied	2. 84

also das abgeschmackte Ergebnifs, dafs ein Quellmittel in Rom sich von einem bis zum andern Jahre um 2°.84 verändern soll. Sollte nun auf irgend Jemand der Umstand Eindruck gemacht haben, dafs die Berechnung mit der Beobachtung an der Acqua Vergine sehr nahe übereinstimmte, so werden wir diesem nur eine Bemerkung machen. Eine Wirkung, die in den einzelnen Jahren gänzlich fehlt, kann auch im mehrjährigen Durchschnitt nicht vorhanden sein. Aus zehn mal Nichts kann nicht Etwas werden.

Wenn es sich nun auch durch die Beobachtungen in Rom deutlich herausstellt, dafs die Vorstellung, als verschöbe sich das Quellmittel in Folge der Einwirkung der Regenvertheilung bald nach oben, bald nach unten, eine durchaus verkehrte ist, und wenn dagegen die Beobachtung lehrt, dafs das Quellmittel (zumal bei Quellen der Ebene) von seinem eignen vieljährigen Mittel nur sehr kleine Abweichungen macht, es mag regnen wie und wann es will, so finden wir uns mit Nothwendigkeit auf die Luftwärme als die alleinige Ursache der Abweichung, die uns beschäftigt, hingewiesen. Es kommt jetzt aber ganz besonders auf die fehlerfreie Wahl des Ausdrucks an, zu welcher wir uns schon so oft ermahnt haben. Das Luftmittel weicht vom Quellmittel ab, und wir haben die Abweichungsgröfse des vieljährigen Luftmittels vom Quellmittel in Rom $+ 0^{\circ}.6$ gefunden. Das Luftmittel erhebt sich über das Quellmittel, letzteres bleibt unter dem Luftmittel zurück. Nachdem wir uns deutlich gemacht haben, dafs das Quellmittel nicht dadurch niedrig bleibt, weil der Wärmegang der Quellen etwa im Winter activ erniedrigt würde, so sehe ich keine andere Wahl als die Behauptung, dafs das Quellmittel passiv niedrig bleibt, weil die hohe Sommerwärme der Luft nicht vollständig genug in die Quellen eindringt. Diese Behauptung ist der Gegensatz der Ansicht, die wir über die nordeuropäischen Verhältnisse ausgesprochen haben. Im nördlichen Europa erniedrigt sich das Luftmittel unter das Quellmittel; letzteres bleibt passiv hoch, weil die Winterkälte der Luft nur unvollständig in die Quellen eindringt. Im südlichen Europa erhöht sich das Luftmittel über das Quellmittel; letzteres bleibt passiv niedrig, weil die Sommerwärme der Luft nur unvollständig in die Quellen eindringt. Meine Behauptung wird voraussichtlich bei ihrem ersten Auftreten auf lebhaften Widerspruch stofsen, weil sie unvermittelt durch die Beobachtung dasteht. Ich spreche sie aber mit voller Zuversicht aus, weil sie das Erzeugnifs folgerichtigen Denkens ist. Ja ich kann versichern, dafs ich mich erst jetzt recht frei fühle von dem Alp des alten Irrthums, der mich so lange bedrückt hat. Man wird die Behauptung, dafs in Rom die hohe Sonnenwärme der Luft nur unvollständig in die Quellen eindringt, schon weniger unwahrscheinlich finden, wenn man die folgenden Bemerkungen berücksichtigen will.

Es ist hier der Ort, eine Erwägung wieder aufzunehmen, die

im 1. Bande S. 352 steht, und an die ich seitdem nicht wieder gedacht habe. Ich bitte den Leser, diese Stelle wieder zu lesen. Dort ist ausgeführt, dafs die obere Gränze der Quellenschicht nicht das ganze Jahr hindurch mit der Erdoberfläche zusammenfällt, sondern sich bald auf kürzere bald auf längere Zeit mehr oder weniger von der Erdoberfläche zurückzieht. Nur an den Regentagen und überhaupt während der Regenzeiten reicht die Quellenschicht bis an die Erdoberfläche, aber während der regenfreien Zeiten zieht sich die obere Gränze der Quellenschicht, je länger die regenfreie Zeit dauert, desto tiefer von der Erdoberfläche zurück. In Rom sind die Sommermonate nicht regenlos, der Regen fällt aber in so geringer Menge (1" monatlich), dafs schwerlich irgend etwas davon zur Speisung der Quellen mitwirken kann. Wenn nun die Endspitzen der die Quelle ernährenden Adern sich während der Sommerhitze tiefer und tiefer von der Erdoberfläche zurückziehn, so kann es geschehn, dafs sie von der in die oberste Bodenschicht eindringenden erhöheten Luftwärme garnicht erreicht werden. Während dieser Zeit wird also das Wasser der Quelle nur beim Rücklauf aus der Tiefe an die Oberfläche unmittelbar vor der Ausflufsstelle von der erhöheten Wärme der obersten Bodenschicht beeinflufst werden. Da das Wasser aber die oberste Bodenschicht in einem geschlossenen Strahle rasch durchfliefst, so ist die Einwirkung der Temperatur der äufsersten Schicht nothwendig sehr gering, wenn nicht der Ausflufsstrahl, den wir im engsten Sinne die Quelle nennen, äufserst mager ist. Wir nehmen also von den römischen Quellen an (was wir uns schon bei zwei der Potsdamer deutlich gemacht haben), dafs die Wärmeerhöhung, welche sie im Sommer und Herbst erfahren, ihnen erst während des Rücklaufs an die Oberfläche von der obersten Bodenschicht mitgetheilt ist; und es ist wirklich sehr möglich und wahrscheinlich, dafs die hohe Sommerwärme der Luft nicht tief genug in den Boden eindringt, um die sich mehr und mehr von der Erdoberfläche zurückziehenden Anfänge der Quelladern zu erreichen. Bei diesem Vorgange erscheint die Quelle völlig unthätig und leidend, wie gewöhnlich. Die Luftwärme erhöht sich über die Quellwärme und letztere wird davon in zu geringem Mafse in Mitleidenschaft gezogen. Es scheint, dafs unsere Vermuthung durch die Beobachtung der Mühlthalquelle bei Marienberg im Herbst des sehr warmen 1. Jahres eine Bestätigung findet. Von Anfang September bis Mitte October 1846 war der Wärmegrad dieser Quelle beharrlich 11°.5 (Siehe Taf. I). Es versteht sich von selbst, dafs die hohe Luftwärme während dieses Zeitraumes durch

Mittheilung allmälig tiefer in den Boden eingedrungen ist. Gewifs ist, dafs sie die Ursprünge der Quelle nicht erreicht hat, und es ist möglich, dafs dies deswegen nicht geschah, weil die Ursprünge sich während der regenfreien Zeit allmälig tiefer unter die Erdoberfläche zurückzogen.

Wenn diese Erwägung das Richtige trifft, so haben wir eine weitere Folgerung daran zu knüpfen. Wir dürfen uns in der Gegend von Rom über der wirklichen Quellenschicht eine oberste wärmste Bodenschicht denken, aus welcher die Quelle in dieser Jahreszeit gar keine Speisung mehr erhält. Ferner geht aus den von uns mitgetheilten Beobachtungen hervor, dafs nicht etwa eine oder die andere Quelle, sondern dafs alle Quellen, die sich in Rom vorfinden, in ihrem Mittel unter dem Luftmittel bleiben. Unsere Beobachtungen umfassen, was den Wasserreichthum betrifft, zufällig die alleräufsersten Fälle. Den einen Fall bildet die verkrüppelte Quelle im Tullischen Kerker, die kaum noch eine Quelle zu nennen ist. Ihr Mittel bleibt entschieden niedriger als das Luftmittel. Der andere Fall wird von der ungeheuer ergiebigen Acqua Vergine bei Salone dargestellt, einer Quelle, die für sich allein in der Leitung einen raschfliefsenden Strom von 15 □Fufs Querschnitt ausmacht. Der Wärmegrad auch dieser Quelle steht entschieden niedriger, als das Luftmittel. Wir nennen alle bisher untersuchte Quellen getrost v o r h e r r s c h e n d k l i m a t i s c h e und werfen nun die Frage auf: Darf man aus dem Umstande, dafs die vorherrschend klimatischen Quellen in Rom und der Umgegend sämmtlich kälter sind als die Luft (man sehe uns einmal den ältern Ausdruck nach), folgern, dafs dort auch der Boden kälter ist als die Luft? mit anderen Worten, dafs auch die mittlere jährliche Durchschnittswärme der Bodenschicht welche von der Erdoberfläche bis zur untern Gränze der Quellenschicht reicht, niedriger steht als das Luftmittel? Offenbar dürfen wir dies nicht folgern: denn über der Quellenschicht liegt im Sommer noch die wärmste oberste Bodenschicht, deren Temperatur zur Bildung der Temperatur, mit welcher die Quelle zum Ausflufs kommt, nicht oder zu wenig mitwirkt. Die Durchschnittswärme des ganzen Bodens mufs also höher stehn als die Wärme der Quelle. Wir halten es für erwiesen, dafs in der Gegend von Rom die Luft wärmer ist als die vorherrschend klimatischen Quellen; a u s d i e s e r T h a t s a c h e f o l g t a b e r n i c h t, d a f s d o r t d i e L u f t a u c h w ä r m e r s e i a l s d e r B o d e n.

Es ist Zeit, dafs wir zu weitern Beobachtungen übergehn. Nur eine Nutzanwendung, die nordeuropäischen Quellen betreffend, mufs hier nothwendig noch gezogen werden.

Es liegt auf der Hand, und der Leser wird schon durch den Gegensatz, in welchen wir die süd- und nordeuropäischen Quellen zu einander gestellt haben, darauf geleitet sein, dafs wir nun auch einen beachtenswerthen Beitrag zur Beantwortung der Frage gewonnen haben, wie es zugeht, dafs die Winterkälte sich den Quellen in zu geringem Verhältnifs mittheilt, nur unvollständig in die Quellen eindringt. Sobald eine Schneedecke liegt, ist die Wärmeabgabe von Seiten des Bodens und der Quellen zugleich gehemmt, dieser Fall ist von selbst verständlich. Ich befand mich aber in § 70 in Verlegenheit, als ich zu zeigen wünschte, dafs der Winterfrost auch bei nacktem Boden wohl zur Erschwerung des Wärmeaustausches mitwirken könnte: denn die S. 157 unter 2) aufgeführte Möglichkeit ist offenbar ein sehr schwacher Beitrag zur Aufklärung der Frage. Jetzt läfst sich wahrscheinlich machen, dafs der Winterfrost allein auch ohne Schneedecke die Wärmeabgabe der Quelle an die Luft erschwert. Während des Frostes dringt kein Tropfen Wasser in den Boden, ein anhaltender und trockner Winterfrost mufs also eine ähnliche Wirkung ausüben wie die trockne Hitze. Die oberste Bodenschicht trocknet vollständig aus, die Endspitzen der Quelladern ziehn sich allmälig tiefer und tiefer von den Erdoberfläche zurück; sie fliehn vor der in den Boden eindringenden Kälte wie vor der eindringenden Hitze. Es scheint, dafs unsere Vermuthung durch die Beobachtung der Mühlthalquelle im 3. Jahre bestätigt wird (Siehe Taf. III). Vom 11 December bis zum 30 Januar, also 51 Tage, herrschte ununterbrochener und strenger Frost bei nacktem Boden. Vom 20 December bis zum 30 Januar hielt sich die Temperatur der Mühlthalquelle so gut wie unverändert auf 9°.3. Die Wärmeabgabe des Bodens an die sehr kalte Luft war durch nichts gehindert, die Kälte mufste allmälig tiefer und tiefer eindringen. Sie erreichte aber die Anfänge der Quelladern nicht und dies geschah vermuthlich deswegen nicht, weil die obere Gränze der Quellenschicht allmälig tiefer hinabsank. Meine Meinung ist also kurz diese: der Umstand, dafs bei anhaltendem trocknem Froste die obere Gränze der Quellenschicht sich allmälig tiefer von der Erdoberfläche zurückzieht, wird eine der Ursachen sein, weshalb die Winterkälte nur unvollständig in die vorherrschend klimatischen Quellen der nordeuropäischen Länder eindringt. Diese Ursache wird um so wirksamer sein, je länger ununterbrochener trockner Frost an einem Orte dauert.

Wenn also, was doch nicht selten geschieht, an einem Orte im nördlichen Europa trockner Frost längere Zeit ununterbrochen herrscht, so liegt über der Quellenschicht eine oberste kälteste Bodenschicht, welche zur Speisung der Quelle garnichts beiträgt, deren Temperatur also auch zur Bildung der Durchschnittswärme der Quellenschicht, die durch die Wärmemessung der Quelle erhalten wird, nicht mitwirkt. Während dieser Zeit zeigt also die Temperatur der Quelle nicht die Durchschnittswärme der ganzen Bodenschicht, welche zwischen der Erdoberfläche und der untern Gränze der Quellenschicht liegt, an. Die Durchschnittswärme dieser ganzen Schicht ist dann niedriger als die Wärme der Quelle. Wir wissen jedoch anderweitig, dafs dessenungeachtet in den nordeuropäischen Ländern die Bodenwärme sich im Jahresmittel höher hält als die Luftwärme. Denn die Beobachtung an eingegrabenen Thermometern lehrt, dafs in jenen Ländern die mittlere Jahreswärme jedes beliebigen Punktes im Boden höher steht als das vieljährige Luftmittel.

4. Die Säuerlinge im Caffarellathale.

Zum Schlufs dieses § mufs ich noch über 3 Quellen im Caffarellathale berichten, welche in demselben Jahre Dec. 1852 - 53 regelmäfsig beobachtet sind. Streng genommen gehören diese Quellen nicht zum Gegenstande unserer Untersuchung, weil sie Säuerlinge und als solche, wenn ich mich so ausdrücken darf, künstlich in ihrer Temperatur erhöht sind. Es wird aber unter allen Umständen dem Leser willkommen sein, Näheres über die berühmte Egerienquelle zu erfahren.

Auf 4 von den 7 Quellen, welche ich in § 83 beschrieben habe, bin ich durch den Prinzen von Württemberg aufmerksam gemacht. Diese sind der Laufbrunnen in der Grotte der Egeria, die ungefafste Quelle 660 Schritt thalabwärts von der Grotte der Egeria, der Laufbrunnen vor dem grofsen Casale und der Laufbrunnen vor dem kleinen Casale. Ich begann die regelmäfsige Beobachtung dieser 4 Wasser. Die Fassung des letztgenannten Laufbrunnens war aber so schadhaft, dafs sich die Messungen nur unsicher machen liefsen, und da von August 1853 an gar kein Wasser mehr durch die Fassung ausgeflossen ist, so unterdrücke ich die ohnehin entbehrlichen Messungen an diesem Laufbrunnen ganz. — Ich bezeichne jedes der 3 Wasser mit der Nummer, unter welcher es in § 83 beschrieben ist, nenne alle 3 Quellen [1]) und bemerke, dafs die Beobachtungstage für alle 3 Quellen dieselben

[1]) Die 3 Wasser haben auch den vollen Anspruch auf den Namen Quellen, 2 dieser Quellen sind aber mit kurzen Leitungen versehn.

waren. Nur bei No. 6 war der erste Beobachtungstag nicht der 3. sondern der 6 December.

			4. Quelle der Egeria	5. Ungefafste Quelle	6. Quelle vor dem gr. Casale
1852	December	3	(17°.35)	(17°.7)	(16°.5)
		15	17. 35	17. 7	15. 5
		31	(17. 1)	(17. 6)	(16. 35)
1853	Januar	15	17. 2	17. 5	16. 35
		30	(17. 3)	(17. 55)	(16. 35)
	Februar	15	17. 1	17. 55	16. 35
	März	16	17. 05	17. 50	16. 35
	April	14	17. 0	17. 45	16. 35
	Mai	16	17. 1	17. 6	16. 6
	Juni	17	17. 2	17. 5	16. 6
	Juli	15	17. 3	17. 5	16. 8
	August	15	17. 4	17. 7	16. 8
	September	17	17. 9	17. 6	16. 5
	October	17	17. 6	17. 8	16. 6
	November	17	17. 8	17. 4	16. 5
	December	17	(17. 5)	(17. 5)	(16. 7)
1854	Januar	17	(17. 3)	(17. 6)	(16. 5)
	Jahr		17. 33	17. 57	16. 53
	Kältest. Mon.		17. 0	17. 45	16. 35
	Wärmst. Mon.		17. 9	17. 8	16. 8
	Unterschied		0. 9	0. 35	0. 45

Dem Prinzen von Württemberg verdanke ich folgende Messungen. An dieselben schliefst sich eine Beobachtung von Bethmann vom Jahre 1846, die ich mit *B.* bezeichnet habe.

			Quelle der Egeria	Ungefafste Quelle	Quelle vor dem gr. Casale
1847	November	2	17°.38	17°.38	
1848	Januar	30	16. 75	17. 0	
	Februar	27	17. 0	17. 38	16°.6
	März	9	17. 13	17. 38	16. 13
	April	18	16. 88	17. 25	16. 13
1846	April	19	16. 8 *B.*		

Der Leser wird sich erinnern, dafs wir die Meereshöhe in welcher die vorliegenden Quellen hervorkommen, auf 50′ geschätzt haben. Wir nehmen an, dafs die für 30′ Höhe berechnete Luftwärme auch für die Höhe dieser Quelle gelte. Die Luftwärme war dieser Annahme zufolge im Einzeljahre Dec. 1852-53 15°.64, im vieljährigen Durchschnitt 16°.13.

Die kleinen Schwankungen, welche der Wärmegang der Egerienquelle im Winter 1852-53 zeigt, sind Wirkungen des freien Zutritts der Luft zu dem Stollen, welcher das Wasser in die Grotte führt. Der kälteste Monat war der April mit 17°.0, der wärmste Monat der September mit 17°.9. Die Leitung hat die Wärmeveränderung im Jahre etwas vergröfsert, das Mittel aber wohl kaum erniedrigt. — Die folgende Quelle, welche 660 Schritt unterhalb der Grotte der Egeria aus dem niedrigen Felsen von Steintuff ungefafst und wasserreich hervorkommt, kann als Muster eines Säuerlings im Caffarellathale gelten. Die Temperatur sank bis Mitte April auf 17°.45 und hob sich dann bis Mitte October auf 17°.8. — Sehr eigenthümlich ist der Wärmegang der Quelle vor dem grofsen Casale. Es war mir aller Mühe ungeachtet nicht möglich, den Ort der Brunnenstube, der ganz in der Nähe liegen mufs, zu erfahren. Die kleinste Wärme trat schon am 31 December ein, die gröfste Wärme im Juli, woraus man schliefsen mufs, dafs die kurze Leitung sehr oberflächlich liegt. Obgleich nun die äufsersten Wärmegrade der Quelle denen der Luft rasch nachfolgten, blieb doch die ganze Wärmeänderung im Jahre auf 0°.45 beschränkt. Diese Wärmeänderung ist so klein, dafs das Mittel für völlig unentstellt gelten mufs. Wie seltsam, dafs die Temperatur vom 31 December etwa 4 Monate hindurch unverändert blieb! Auch die Höhe des Mittels ist mir unverständlich, da ich nicht beweisen kann, dafs die Quelle ein Säuerling ist. Sie ist 1°.10 wärmer als die Acqua Lancisiana und 0°.85 wärmer als die Acqua di S. Giorgio, und doch ist der Tuffhügel, an dessen Fufs sie entspringt, ohne Frage viel niedriger als der Palatin.

Vergleichen wir die Mittel der 3 Quellen im Caffarellathal mit dem Mittel der vorherrschend klimatischen Quellen in Rom (15°.38) und mit dem vieljährigen Luftmittel (16°.13), so stellt sich auf beide Weisen die Erhöhung des Mittels heraus, welche die 3 Quellen erfahren haben.

	Mittel	Abweichung vom gewöhnlichen Quellmittel	Abweichung vom vieljährigen Luftmittel
Egerienquelle.	17°.33	+ 1°.95	+ 1°.20
Ungefafste Quelle	17. 57	+ 2. 19	+ 1. 44
Quelle vor dem grofsen Casale	16. 53	+ 1. 15	+ 0. 40

Es ist eine allgemeine Erfahrung, auf welche zuerst L. v. Buch aufmerksam gemacht hat (Pogg. Annal. Bd. 12 S. 415), dafs die Säuerlinge wärmer sind als die Quellen von einfachem Wasser derselben Gegend. Die Kohlensäure erhöht die Temperatur der Wasser. Wie dies zugeht, und wo und wie diejenige Kohlensäure sich entwickelt, welche in der flachhügeligen Campagne so manchen oberflächlich entspringenden Quellen sich beimischt, mufs ich den Geologen und Chemikern zu untersuchen überlassen. Die Quelle vor dem grofsen Casale schliefst sich in ihrer Temperatur den Säuerlingen in demselben Thale thatsächlich an. Darf man nicht annehmen, dafs diese Quelle an ihrem Ursprunge ein sehr schwacher Säuerling ist, dafs aber die Kohlensäure auf dem Wege vom Ursprunge bis zum Ausflufs entweicht? Ich bedauere, keine bessere Erklärung für die höhere Temperatur dieser Quelle geben zu können.

Den Beobachtungen des Prinzen von Württemberg zufolge waren alle 3 Quellen im Winter 1847-48 etwas kälter als im Winter 1852-53. Ohne Zweifel war die Lufttemperatur in jenem Winter niedriger.

§ 86. Höhenbestimmungen und Quellwärmemessungen im Albanergebirge.

Es giebt barometrische Höhenmessungen im Albanergebirge von Buch, Schouw und Fr. Hoffmann. Den Geognosten ist es in der Regel — mit sehr rühmlichen Ausnahmen — nicht um grofse Genauigkeit ihrer Höhenmessungen zu thun, eine annähernde Kenntnifs genügt ihnen. Aber den Meteorologen, Klimatologen und Pflanzengeographen kommt es auf möglichst richtige Bestimmung der Gebirgshöhen an, aus dem sehr naheliegenden Grunde, weil die Wärme mit der Höhe abnimmt, und sie häufig in den Fall kommen, mit den erhaltenen Höhenbestimmungen rechnen zu müssen. Bekanntlich hat Schouw eine nicht genug zu rühmende Sorgfalt sowohl auf die Beobachtung als auf die Berechnung und den Druck verwendet. Wir betrachten daher seine Messungen als die Grundlage unserer geringen Kenntnisse von den Höhen des Albanergebirges und stellen sie den ältern Buch'schen voran.

1. Schouw's Messungen in den Jahren 1818 und 1829.

(Cl. de l'Ital. Suppl. p. 25. 52.)

Grotta Ferrata, Schenke, ungefähr 20′ über der Straſse		975′
Frascati, Domplatz		1005
» 16′ über der Landstraſse		1070
Monte Tusculo	2124	2114
Spitze des Hügels, auf welchem das alte Tusculum lag	2104	
Maschio d'Ariano		2962
Velletri, Wirthshaus zur Post neben der Kirche S. Martino, 18′ über der Straſse		1065
Monte Cavo, höchster Punkt	2965	
Derselbe	2967	2957
Monte Cavo-Kloster, Fuſsboden der Kirche . . .	2940	
Quelle zwischen Monte Cavo und Nemi		1843
Nemisee	988	
	1020	1010
	1022	
Aricia, S. Maria dell' Anunciata		1280
Albano, Albergo dell'Europa, ungef. 30′ über dem Corso	1124	
Albano	1223	1196
Albano, 20′ über der Straſse	1242	
Albanersee (See von Castel Gandolfo)	806	
	912	889
	949	
Castel Gandolfo		1371
Castel Gandolfo, Fuſsboden des Domes.		1349

Die letzte Angabe gründet sich auf eine Notiz, welche ich bei Conti & Ricchebach a. a. O. S. 114 finde. Die Verfasser sagen, nach vielen Barometerbeobachtungen von Calandrelli im October 1816 und von Schouw im Jahre 1818 liege der Fuſsboden des Domes von Castel Gandolfo 1188′.54 über dem Fuſsboden des mittlern Zimmers der Sternwarte, was 160.62 + 1184.54 = 1349′.16 Meereshöhe giebt. Hiernach ist dieser Punkt der bestbestimmte im Albanergebirge. Durch unmittelbare Messung fanden Conti & Ricchebach ferner den Abstand der Spitze des Kreuzes auf der Kuppel des Domes vom Fuſsboden des Domes = 114′.52. Vereinigt man beide Messungen, so erhält man die Meereshöhe des Kreuzes auf der Kuppel des Domes von Castel Gandolfo = 1463′.68. Das Ergebniſs der trigonometrischen

Bestimmung desselben Punktes ist 1461'.6 + 2'.1 = 1463'.7. Wir bemerken also die vollkommenste Uebereinstimmung der barometrischen und trigonometrischen Bestimmung. — Ein anderer gut bestimmter Punkt scheint mir die Spitze des Monte Cavo zu sein. Vereinigen wir die 3 Messungen von Schouw mit der Messung von Conti & RiccheBach, welche trigonometrisch 2938' erhielten, so bekommen wir als Mittel dieser 4 Beobachtungen 2953'. Hoffmann's Beobachtung giebt 2951'. Man darf daher annehmen, dafs 2953 der Wahrheit sehr nahe kommt. — Auch der Spiegel des Albanersees, welcher durch den unterirdischen Abzugscanal beständig auf derselben Höhe erhalten wird, ist im Mittel der 3 Messungen zu 889' wahrscheinlich nahe richtig bestimmt. Desgleichen der Spiegel des Remisees zu 1010'. Höhenunterschied beider Seen 121'.

2. Buch's Messungen vom Jahre 1799.

Im II. Bande der »Geognostischen Beobachtungen auf Reisen« S. 80 giebt Buch folgendes Verzeichnifs ohne weitere Erläuterung:

Höhenmessungen im Albanergebirge. Nach correspondirenden Beobachtungen des Abt Scarpellini auf der Specola Caetani zu Rom.

	über Rom	über dem Meere
Fontana Clementina am Fufs des Gebirges . .	210'.7	282'
Villa Conti zu Frascati	819. 3	890
Capelle auf der grofsen Höhe des kleinen Gebirgsarms zwischen Frascati und dem Thal der Acqua tepidula	1070. 9	1142
Fontana Farnese, unten im Thal	950	1020
Rocca di Papa, Spitze des Felsens.	2180	2251
Monte Cavo-Kloster	2860 2810	2931 2881
Capuzinerkloster über dem See von Castel Gandolfo	1456	1527
Niveau des Sees von Castel Gandolfo	882	953
Castel Gandolfo, Piazza	1198. 7	1210 (?)
Marino, Fontana di Sotto	879	950
Marino, Piazza	929. 8	1021 (?)
Fontana Colonna, Fufs des Gebirges	459. 4	530

Bei aller Verehrung für Buch mufs man zugeben, dafs diese Höhentafel denn doch gar zu kurz und nachlässig mitgetheilt ist. In diesem kurzen Verzeichnisse werden dem Leser zwei Ungereimtheiten geboten: 1) Auf S. 22 desselben Bandes sagt der Verfasser: »Nach den Beobachtungen des geistvollen Abt Scarpellini liegt der bekannte Sybillentempel in Tivoli 535.7 Fufs hoch über Specola Caetani in Rom oder etwa 646 Fufs über dem Meere.« Hieraus mufs man schliefsen, dafs die Meereshöhe der Specola Caetani zu 110′ angenommen wurde. Nun steht S. 80 in der Ueberschrift, die correspondirenden Beobachtungen zu den Messungen im Albanergebirge seien auf der Specola Caetani gemacht. Sämmtliche Höhenangaben (mit Ausnahme von 2, hinter welche ich ein Fragezeichen gesetzt habe) beweisen aber, dafs der Ort, an welchem die correspondirenden Beobachtungen gemacht sind, zu 71′ Meereshöhe angenommen wurde. Lag nun die Specola Caetani 110′ oder 71′ hoch? Oder hat Scarpellini die correspondirenden Beobachtungen nicht auf der Specola sondern anderwärts, vielleicht in seiner Wohnung gemacht? 2) Die beiden mit dem ? versehenen Angaben stehn im Widerspruch mit den übrigen und müssen Druckfehler enthalten: denn der Höhenunterschied der beiden Stationen ist nicht = 71′. Ist 1198′.7 richtig, so mufs es 1270 heifsen statt 1210. Ist 929′.8 richtig, so mufs es 1001 heifsen statt 1021. Die Druckfehler können aber auch in der ersten Reihe stecken. — Durch Zufall habe ich die Lösung dieser Zweifel und überhaupt die nähern Umstände der Beobachtungen erfahren. Ich kam dazu auf folgende Weise. Bekanntlich gab es in Rom eine handschriftliche Abhandlung von Buch, worin derselbe seine durch die Untersuchung im Sommer 1798 gewonnenen Ansichten über die geognostische Beschaffenheit der römischen Ebene zum ersten Male zusammengestellt hatte [1]). Da Buch mit dem damals in der Blüthe der Jahre stehenden Physiker Abt Scarpellini befreundet war, so vermuthete ich, dafs Letzterer im Besitz dieser ersten Abhandlung gewesen sein möchte. Scarpellini ist erst im Jahre 1840, 78 Jahre alt, gestorben, und sein Neffe Herr E. Fabri-Scarpellini, Assistent an der Sternwarte des Capitols, besitzt seinen Nachlafs, den er vollständig geordnet hat. Herr Fabri-Scarpellini hatte auf meine Bitte die Güte, nach dieser ersten Abhandlung zu suchen; sie war nicht mehr vorhanden, es fanden sich aber 2 andere Handschriften von Buch vor:

1. Das italiänische Begleitschreiben aus Neapel vom 2 April 1799, mit welchem Buch jene erste Abhandlung über die Beschaffenheit der

[1]) Brocchi Suolo di Roma p. 100. — Bunsen Beschreibung der Stadt Rom. I. Vorrede p. LXVI.

römischen Ebene seinem Freunde Scarpellini übersandte. Aus den Eingangsworten ergiebt sich, dafs Buch jene Abhandlung ursprünglich deutsch geschrieben und dann für die Römer ins Französische übersetzt hatte. Das Datum des Begleitschreibens beweist ferner, dafs jene Abhandlung vor dem 2 April 1799 geschrieben ist. Das italiänische Begleitschreiben ist selbst eine kleine Abhandlung über Basalte, Laven und die Ausbrüche des Vesuvs von 6½ enggeschriebenen Quartseiten und gleichfalls eine Erstlingsarbeit: denn Buch war erst am 19 Februar nach Neapel gekommen. Die deutschen Geologen haben es nicht zu bedauern, dafs diese beiden ersten Entwürfe Buch's nicht gedruckt sind, weil der Verfasser dieselben vollständiger im II. Bande der »Geognostischen Beobachtungen auf Reisen« veröffentlicht hat.

2. Zwei Quartblätter, die Höhenmessungen im Albanergebirge betreffend. Das 1. enthält die Originalbeobachtungen von Buch mit Hinzufügung des Tages und der Stunde. Von Scarpellini's Hand sind die correspondirenden daneben gesetzt und ist zugleich bemerkt, dafs Buch's Barometer 0‴.4 zu hoch stand. Am Fufse des Blattes steht unter Anderm eine Meldung Buch's an Scarpellini, seine baldige Abreise nach Livorno betreffend. Auf dem 2. Quartblatt sind sämmtliche Oerter, an denen Buch beobachtet hatte, wieder von Buch's Hand verzeichnet und bei 8 derselben ist die Höhe über dem Collegio dell' Umbria in Rom angegeben. Darunter befindet sich »Castel Gandolfo, Piazza 1198′.7« und »Marino, Piazza 929′.8«. Es scheint, dafs Buch dieses Blatt von Florenz aus brieflich an Scarpellini schickte. Die 5 Höhenangaben, deren Stellen leer gelassen sind, hatte Buch wohl bei Absendung des Briefes noch nicht berechnet. Auf diesem Blatte hat Scarpellini die Bemerkung hinzugefügt, dafs der Sybillentempel in Tivoli nach der Beobachtung vom 24 Vendem. 535′.7 über Specola Caetani liegt. — Diese beiden Quartblätter geben die gewünschte Aufklärung. Die correspondirenden Beobachtungen zu Buch's Messungen hat Scarpellini nicht auf der Specola Caetani, sondern im Collegio dell' Umbria, seiner Wohnung, gemacht[1]).

[1]) Um eine eigene Anschauung dieser unbekannten Oertlichkeiten zu gewinnen, habe ich sowohl Scarpellini's damalige Wohnung in dem Gebäude des ehemaligen umbrischen Collegs als auch den Palast Caetani besucht, beides unter der gefälligen Führung des Herrn Fabri-Scarpellini. Die Wohnung Scarpellini's war im 1. Stock des Hauses Via dell' Arco de' Ginnasi No. 20. Die Annahme von 71′ Meereshöhe verdient volles Vertrauen. Auf dem Palast des Herzogs Caetani, welcher ganz in der Nähe liegt, Via delle Botteghe oscure No. 32, giebt es schon lange keine Sternwarte mehr. Im vorigen Jahrhundert war auf das Dach dieses

Buch lieh sich von Scarpellini ein Barometer und ging mit demselben am 1 Januar (Glacial) von Rom über Frascati und Rocca di Papa nach Monte Cavo, wo er übernachtete. Am folgenden Tage kehrte er über Palazzola, Castel Gandolfo und Marino nach Rom zurück. Hiermit waren die Höhenmessungen im Albanergebirge abgemacht. Buch liefs sich die correspondirenden Beobachtungen von Scarpellini geben und reiste ab. Die Stunden, welche auf dem 1. Quartblatt bei den Beobachtungen bemerkt sind, dienen dem Leser als Wegweiser über die Orte der Messungen. Auch ist die Bezeichnung einiger Orte vollständiger. Wir erhalten mit Hülfe der beiden Quartblätter folgende berichtigte und vervollständigte Tafel:

Buch's Höhenmessungen im Albanergebirge

nach correspondirenden Beobachtungen von Scarpellini im umbrischen Collegium in Rom, 71' über dem Meere.

Tag	Stunde	Beobachtungsort	Barometer uncorr.	Höhe über dem Meere
Jan.	Morg.			
1	9¼	Rom	335¼'''	
	Nachm.			
	1	Fontana Clementina unter Frascati [1])	332½	282'
	2	Frascati, Casino der Villa Conti . . .	324⅝	890
	2¼	Capelle auf der grofsen Höhe des kleinen Gebirgsarms zwischen Frascati und dem Thal der Acqua tepidula .	321½	1142
	2¾	Fontana Farnese, unten im Thal . . .	323	1020

Palastes nachträglich eine kleine Sternwarte aufgesetzt. Dieselbe stand zu Scarpellini's Gebrauch. Da aber die Last des Aufsatzes den Palast zu beschädigen drohte, wurde sie — das Jahr ist unbekannt — wieder abgerissen. Man konnte uns daher nur die Gegend des Daches zeigen, in welcher die Specola gesessen hat. Was die Meereshöhe derselben betrifft, so mufs ich glauben, dafs sie mehr als 110' betragen hat. In einem alten Beobachtungsbuche der ehemaligen Specola fanden wir die Angabe »Höhe der Specola 93'«. Dies kann nicht die Meereshöhe sondern nur die Höhe über dem Pflaster gewesen sein. Nun liegt aber das Pflaster etwa 47' über dem Meere. Ich glaube daher, dafs die Meereshöhe der ehemaligen Specola Cantani viel näher durch 140' als durch 110' bezeichnet wird. Hiernach wäre die Meereshöhe des Sybillentempels zu 676' zu schätzen. Diese Vermuthung scheint meinen eigenen Messungen zufolge sehr nahe richtig zu sein. Siehe § 87.

[1]) Fontana Clementina ist ein von Clemens XII. angelegter Laufbrunnen, 10 Miglien von Rom, rechts an der Strafse nach Frascati. Das Wasser ist 1½ Miglien weit hergeleitet.

Tag	Stunde	Beobachtungsort	Barometer uncorr.	Höhe über dem Meere
Jan.	Nachm.			
1	4¼	Rocca di Papa, Spitze des Felsens. .	308‴	2251′
	5	Monte Cavo-Kloster	300¾	2881
	8	» » »	301⅝	
	Morg.			
2	8	Monte Cavo-Kloster	300	2931
	10	Franziskanerkloster Palazzola [1])	317¾	1527
	10⅛	See von Castel Gandolfo (Albanersee)	323¾	953
	11	Castel Gandolfo, Piazza	319¾	1270
	11¾	Marino, Fontana di Sotto	323⅓	950
	12	Marino, Piazza	322⅞	1001
	12⅓	Fontana Colonna unter Marino [2]) .	328¾	530

Die correspondirenden Beobachtungen von Scarpellini sind:

1 Januar	10¾	Morg.	335‴.1	2 Januar	9⅓	Morg.	334‴.8
»	12	»	335. 2	»	10¼	»	334. 9
»	2⅓	Nachm.	335. 0	»	2	Nachm.	334. 3

Thermometerbeobachtungen sind nicht verzeichnet.

Schliefslich will ich noch angeben, weshalb ich Buch's Messungen unbedenklich ins Jahr 1799 setze, obgleich das Jahr nirgends angegeben ist. Der Verfasser erzählt Bd. II S. 18, dafs er am 1 Januar 1799 2 Barometerbeobachtungen auf Monte Mario gemacht habe (die man unberücksichtigt lassen darf). Er war also am 1 Januar 1799 noch in Rom und beobachtete ein Höhenbarometer. Auf den ersten Blick scheint es nun, dafs er nicht an demselben Tage auf Monte Mario und Monte Cavo beobachtet haben könne. Bei einem gewöhn-

[1]) Buch hatte Palazzola mit dem Capuzinerkloster bei Albano verwechselt, auch in den Originalnotizen, er hat aber diesen Irrthum schon selbst unter den Druckfehlern zu Bd. II. berichtigt. (Für diejenigen, welche sich der Westphal'schen Karte vom Jahre 1829 bedienen, ist zu bemerken, dafs Palazzola durch einen Stichfehler an einer unrechten Stelle steht. Es gehört an die rechte obere Ecke des Albanersees. Auf den vor einigen Jahren erschienenen neuen Abdrücken ist der Fehler verbessert).

[2]) Sobald man weifs, dafs Fontana Colonna unter Marino liegt und zwar nur eine halbe Stunde von Marino, gegen Rom zu, ist man vor Mifsverständnifs geschützt. Dieser Laufbrunnen wird von einem Mitgliede der Familie Colonna, die einst in Marino mächtig war, gestiftet sein, und hat mit der alten Stadt Colonna und der uns bekannten Osteria della Colonna (vor der ebenfalls ein Laufbrunnen steht und die ebenfalls am Fufse des Gebirges liegt) nichts gemein.

lichen Reisenden, der seine Bequemlichkeit liebt, würde diese Vermuthung Grund haben, aber auf einen 25jährigen jungen Mann von Buch's Ungestüm pafst sie nicht. Wir wissen, dafs er Morgens 9¼ Uhr in Rom war und um 1 Uhr bei Fontana Clementina, 10 Miglien von Rom, auf dem Wege nach Frascati beobachtete. Wenn er bei Tagesanbruch auf Monte Mario war, so konnte er die dortigen beiden Beobachtungen schon vor 8 Uhr abgemacht haben und um 9¼ Uhr wieder in Rom sein. Er kann aber auch erst um 9¼ Uhr von Rom aufgebrochen sein und die Beobachtungen auf Monte Mario doch noch gemacht haben, vorausgesetzt, dafs er sich eines Wagens bediente. Er fuhr dann aus Porta Angelica nach Monte Mario hinauf und von dort ohne sich aufzuhalten durch Rom nach Fontana Clementina, wo er ganz gut um 1 Uhr ankommen konnte. Von Frascati aus wird er ohne Zweifel zu Fufs gegangen sein. Er kann also an demselben 1 Januar auf Monte Mario und auf Monte Cavo beobachtet haben, und da die Möglichkeit erwiesen ist, so kann man auch überzeugt sein, dafs Buch sich nicht an 2 verschiedenen Neujahrstagen mit Barometermessungen bei Rom aufgehalten haben wird. Ich denke mir die Sache so: Mit Ende des Jahres 1798 war er mit seinen Studien über Rom, die Campagne und das Albanergebirge fertig und zum Beschlufs wollte er noch rasch einige Höhenbestimmungen im Albanergebirge machen. Dies geschah am 1. und 2 Januar 1799. Einige Tage später reiste er (von seinen Gefährten gedrängt) nach Livorno und Florenz. Was er dort gethan hat, ist mir unbekannt. Am 19 Februar kam er zu Lande in Neapel an, am 2 April schrieb er von dort an Scarpellini Ansichten über Laven und Vulcane und zeigte ihm zugleich an, er werde sehr bald nach Ankunft dieses Briefes selbst wieder in Rom sein. Es ging eben Alles sehr rasch, und dafs dabei eine Menge Flüchtigkeitsfehler in Nebensachen vorgekommen sind, ist nicht zu verwundern.

3. Fr. Hoffmann's Messungen im Jahre 1830.

Hoffmann hat im Jahre 1830 einige Beobachtungen im Albanergebirge gemacht, welche nach seinem Tode von Herrn von Dechen veröffentlicht sind (Karsten & v. Dechen Archiv für Mineralogie Bd. 13 S. 308 im Jahre 1839). Die Höhen sind auf den Spiegel des Albanersees als Nullpunkt bezogen. Um die Höhen über dem Albanersee in Höhen über dem Meere zu verwandeln, habe ich 889′ nach Schouw für die Höhe des Albanersees genommen. Unter dieser Voraussetzung erhält man folgende Meereshöhen nach Hoffmann.

Albano, Wirthshaus, 1. Stock	1212′
Castel Gandolfo, Basis der Kirche, 2 Beobachtungen .	1306
Palazzola, Klostergarten	1636
Nemisee	973
Nemi, am Thore	1558
Aricia, in einem 1. Stock	1293
Rocca di Papa, Caffé Pizzaroni	2094
Monte Cavo, Eingang zur Kirche	2951
Frascati, Hôtel di Londra, 2. Stock	*1039

Zu »Nemi« ist zu bemerken, dafs es ein Dorf ist und kein Thor hat. Wenn man vom Nemisee heraufgestiegen ist, tritt man durch ein einzeln stehn gebliebenes baufälliges Portal in der Nähe des Palastes Braschi. Diesen Punkt wird H. gemeint haben. — Das Hôtel di Londra in Frascati liegt am Domplatz, dessen Meereshöhe nach SCHOUW 1005′ ist. Bei HOFFMANN steht »Frascati, Hôtel di Londra, 2. Stock 650′ über dem Albanersee«, was 1539′ Meereshöhe würde, ein Ergebnifs, welches handgreiflich 500′ zu hoch ist. Vermuthlich ist 650′ ein Druckfehler anstatt 150′, dann erhält man 1093′ Meereshöhe, was zu SCHOUW's Bestimmung vollkommen pafst.

4. Eigene Beobachtungen im April 1853.

In dem Umstande, dafs ich einige Quellwärmebeobachtungen im Albanergebirge von meinem Freunde BETHMANN und vom Prinzen von Württemberg besafs, lag für mich die Aufforderung, dies Gebirge nicht unbesucht zu lassen, wenn auch nur eine geringfügige Ausbeute für die Wissenschaft von diesem Besuche zu erwarten war. Ich konnte wenigstens die von meinen Vorgängern gemessenen Quellen aufsuchen und selbst die Brauchbarkeit ihrer Messungen prüfen; ich konnte auch die Höhen bestimmen, ohne deren Kenntnifs mit Einzelmessungen an Quellen ganz sicher nichts anzufangen ist. Am 5 April hatte ich schon den Anfang mit Höhenbestimmungen gemacht, da die Bestimmung der Höhe der Quelle von S. Cesario eine unerläfsliche Nothwendigkeit war. Herr VOLPICELLI, Professor der Physik an der römischen Universität [1]), hatte die Güte, mir aus dem physikalischen Cabinet der Universität

[1]) Die römische Universität, *archigymnasium romanum*, gewöhnlich *la Sapienza* genannt, ist eine weltliche Anstalt d. h. die Professoren brauchen nicht Geistliche zu sein und die meisten sind es auch nicht. An ihr war BROCCHI Professor der Mineralogie.

ein Höhenbarometer zu leihen. Das Instrument war etwa 25 Jahr alt und in Rom nach der Angabe des verstorbenen Grafen Origo verfertigt, der bei den Römern als Physiker und Mechaniker in hohem Ansehn stand. Ein an der Röhre befestigstes Thermometer zeigte die Temperatur des Quecksilbers an. Die Messingarbeit war nicht die Beste, aber wenn ich recht viel Sorgfalt auf die Beobachtungen verwendete, so konnte ich doch hoffen, brauchbare Ergebnisse zu erhalten. Ich brachte das Barometer zunächst auf die Sternwarte des Collegium Romanum, wo Pater Secchi die Güte hatte, es mit dem seinigen zu vergleichen. Es stand 0‴.77 niedriger als das Barometer der Sternwarte, an welchem die correspondirenden Beobachtungen gemacht werden sollten; jeder meiner Beobachtungen ist daher die Correction + 0‴.77 hinzugefügt. Das freie Thermometer habe ich, wo es irgend anging, im Schatten beobachtet, weil bei den correspondirenden Beobachtungen das freie Thermometer (das gewöhnliche der Sternwarte) im Schatten hing. Pater Secchi hat die Gefälligkeit gehabt, an den 4 Tagen meines Aufenthaltes im Albanergebirge täglich 6-7 Barometerbeobachtungen zu machen. Es ist klar, dafs für das Gelingen der Höhenbeobachtungen recht zahlreiche correspondirende von der gröfsten Wichtigkeit sind [1]). Die Meereshöhe des correspondirenden Barometers ist 155′ (§ 81). — Die Berechnung ist von Herrn Giesbers (ganz nach dem Vorbilde von Schouw Cl. de l'Ital. Suppl. p. 5) nach der Gauss'schen Formel und den von Schmidt berechneten Tabellen mit siebenstelligen Logarithmen ausgeführt. Die geographische Breite ist überall = 42° gesetzt. Herr Gisbers hat die Berechnung 2mal gemacht, um gegen Fehler gesichert zu sein. Die Ergebnisse sind folgende:

I. In der Umgebung des Albanersees.

23	April	Dom in Albano, Schwelle des Haupteinganges	1190′
»	»	Franziskanerkloster Palazzola, Garten . . .	1657
»	»	Höchste Quelle der Aqua Ferentina, Wasserspiegel des tiefgelegenen Arms	1108
»	»	Eingang zum Park Colonna unter Marino am Wege nach Castel Gandolfo	1003
26	»	Dom in Castel Gandolfo	1344
»	»	Albanersee, Wasserspiegel	896

[1]) Alle hier erwähnten Vorsichtsmafsregeln sind ebenfalls bei den Messungen vom 5 April und bei den späteren Messungen im Teveronethal beobachtet.

II. Am Wege von Albano nach Genzano.

23	April	Quelle hinter dem Grabe der Horazier und Curiazier, Höhe des Ausflufsrohres . . .	1084'
24	»	Quelle hinter Aricia rechts in der Tiefe . .	1164
»	»	Quelle rechts unter dem Viaduct von Galloro, Ursprung, in der Höhle	1272

III. In Nemi und der Umgegend.

25	»	Quelle des Baches, der 7 Mühlen unter Nemi treibt	1204
24	»	Quelle in Nemi im Vicolo del Lavatore, Höhe der Brunnenstube	1622
»	»	Dom in Nemi, Schwelle	1674
25	»	Fontana della Tempesta, am Wege von Albano nach Nemi, Wasserspiegel im Becken . .	1811

Unter den vorstehenden Beobachtungen befinden sich 2, welche ich gemacht habe, um die Zuverlässigkeit meiner Beobachtungen zu prüfen. Wir wissen, dafs die genau richtige Höhe des Fufsbodens des Domes von Castel Gandolfo 1349' ist. Mein Ergebnifs ist nur 5' vom richtigen entfernt. Die Höhe des Albanersees ist im Mittel von Schouw's 3 Messungen 889': ich habe nur 7' mehr erhalten. Da nun diese beiden Probebeobachtungen über Erwarten gelungen sind, so darf man auch die übrigen für nicht schlecht halten. — Vereinigen wir die Hoffmann'sche Bestimmung von »Nemi am Thor«, die ich für nahe richtig halte (1558') mit den beiden von mir in Nemi gemachten (1674. 1622), so erhalten wir als mittlere Höhe von Nemi 1618'. Die Höhe des Sees ist nach Schouw's 3 Messungen 1010'. Nemi liegt also 608' über dem See. Die folgenden runden Zahlen können für recht genau gelten:

Mittlere Höhe von Nemi	1600
Höhe des Nemisees	1000
also Nemi höher als der See	600

Quellwärmebeobachtungen.

Ich nahm in Albano mein Standquartier und machte von da die Ausflüge zu den Quellen.

I. Quellen in der Umgebung des Albanersees.

Quellen der Aqua Ferentina. — Wer das Albanergebirge besucht hat, kennt die Aqua Ferentina da wo sie unter Marino an der Strafse nach Castel Gandolfo aus dem Park Colonna als fertiger Bach hervorkommt. Die Quellen sind aber viel weniger bekannt, wenigstens habe ich sie nirgends vollständig beschrieben gefunden. Was Westphal (Röm. Kamp. S. 33) über die Quelle der Aqua Ferentina sagt, ist mir unverständlich. Nur die oberste Quelle, welche eine Strecke oberhalb des Parkes Colonna entspringt, ist von Gell mit Bestimmtheit angezeigt [1]). Wenn man auf dem Wege von Marino nach Rocca di Papa an der kleinen Kirche S. Rocco vorbeigekommen ist, mufs man den ersten Fufspfad zur Rechten einschlagen, welcher steil hinab in die Thalschlucht führt. Unten angekommen trifft man ein Rohrfeld, welches rechts liegen bleibt. Oberhalb desselben erblickt man sogleich die oberste Quelle, das Caput Aquae Ferentinae. Sie kommt aus Peperinfels und Resten von Mauerwerk hervor und fliefst gegen W. aus. Die Quelle mag zum Theil in gebundener Ader aus der Tiefe des Gesteins kommen, ein anderer Theil tröpfelt aber in einer offenen Höhle frei durch die Luft herab, ist also zu Temperaturbeobachtungen ungeeignet. Ich wählte zur Beobachtung den tief gelegenen Arm, in welchen ich das Thermometer im Becher 1 Fufs tief einsenkte. Hier erhielt ich am 23 April 12°.2. Die Höhe des Wasserspiegels dieses Armes ist 1108′. Ich folgte dem Laufe des winzigen Baches, den die Quelle bildet, durch einige um diese Jahreszeit kahle Felder bis an den obern Rand des Parkes Colonna. Hier wird die Thalschlucht, an deren beiden Gehängen schon die Felsen deutlich hervortreten, scheinbar geschlossen durch eine stellenweise verfallene Mauer. Der Bach tritt durch das Mauerwerk hindurch, man steigt auch ohne grofse Mühe hinüber und befindet sich nun in dem reizenden Gehölz, welches Park Colonna genannt wird und in früheren Jahrhunderten offenbar sorgsam gepflegt gewesen ist. Der Bach, welcher den Park seiner ganzen Länge nach durchfliefst,

[1]) Sir William Gell The topography of Rome and its environs. A new edition revised and enlarged by E. H. Bunbury. London. 1846. Zu diesem Werk gehört die Karte Rome and its environs from a trigonometrical survey. Die Aufnahmen für die Karte sind im Jahre 1822 gemacht. Die Karte erschien zuerst im Jahre 1827, wie es scheint in Rom, mit lateinischem Titel, welcher sagt, dafs sie von Sir William Gell gezeichnet und von Professor Antonio Nibby mit Zusätzen versehen sei. Erste Ausgabe des Buches 1835.

erhält in demselben 2 Zuflüsse aus einer 2. und 3. Quelle. Die 2. Quelle entspringt am linken Gehänge unter einem weit überragenden Felsen, sie ergiefst sich unmittelbar aus der vollständig vermauerten Brunnenstube in vollem Gufs gegen NNO. Temperatur 12°.2. Die Uebereinstimmmung dieser Temperatur mit der der obersten Quelle machte es wahrscheinlich, dafs ich auch bei jener die richtige Temperatur getroffen hatte. Die 3. Quelle entspringt am rechten Gehänge etwas weiter abwärts, sie ist durch die Art ihrer Fassung zu Temperaturbeobachtungen unbrauchbar. Ich spazierte nun zur eisernen Gitterthür des Parkeinganges hinab und fand die Höhe der Schwelle 1003′. Vergleicht man die beiden Höhenbestimmung 1108 und 1003, so kann man die Höhe der Quelle des linken Gehänges im Park Colonna recht gut auf 1040′ schätzen. Also die beiden obersten Quellen der Aqua Ferentina in 1108 und 1040′ Höhe zeigten am 23 April 1853 12°.2. An diesem Tage befand sich die Temperatur unter dem Jahresmittel; um wieviel? läfst sich mit Sicherheit nicht schätzen. Aus dieser Einzelbeobachtung läfst sich also nichts Sicheres schliefsen. Da die Beobachtung der obersten Quelle unbequem und unsicher, die der 2. Quelle aber sehr bequem ist, so empfehle ich die Quelle des linken Thalgehänges im Park Colonna der Beachtung späterer Besucher. Weitere Temperaturbeobachtungen zu andern Jahreszeiten können zur nähern Bestimmung des Jahresmittels dienen und die Kenntnifs des Jahresmittels kann nützlich werden, da die Höhe der Quelle mit genügender Genauigkeit bekannt ist.

Quelle vor dem Franziskanerkloster Palazzola. — Von dieser Quelle hatte ich durch den Prinzen von Württemberg eine Beobachtung erhalten. Auf dem Wege von Albano nach Palazzola etwa an der tiefsten Stelle der Schlucht, durch welche der Weg sich senkt, machte mich der Eseltreiber auf Rauschen von Wasser aufmerksam. Dies Wasser fliefst in 2 Aquäducten, deren einer nach Albano, der andere nach Castel Gandolfo geht. Wir bemerken also im Vorbeigehn, dafs wenigstens 2 wasserreiche Quellen auf diese Weise der Beobachtung entzogen sind. Ist man zur Höhe des Klosters aufgestiegen, so bemerkt man in der letzten Felsenhöhle vor dem Eingange zum Garten eine ziemlich magere Quelle, welche in einen Steintrog ausfliefst. Die Brunnenstube liegt nur etwa 12 Schritt entfernt im Felsen und ist mit einer dicken hölzernen Thür dicht verschlossen. Das Wasser fliefst von da in einer in den Felsen gehauenen und fest zugemauerteu Rinne in den Steintrog. Ausflufs gegen W., aus Peperin. Die Höhe ist gleich der Höhe des Klostergartens = 1657′.

Temperatur am 23 April 11°.9. Der Prinz von Württemberg fand am 27 October 1847 12°.2. Die Temperatur war am 23 April sicher unter dem Mittel, am 27 October aber entweder auf dem Mittel oder doch nur sehr wenig darüber. Das Jahresmittel kann daher wohl zu 12°.1 angenommen werden. Es erscheint hoch, wenn wir es mit dem Mittel der vorherrschend klimatischen Quelle in Rom in 80′ Meereshöhe (15°.38) vergleichen. Aber wer steht uns denn dafür, dafs wir es hier mit einer vorherrschend klimatischen Quelle von unentstelltem Mittel zu thun haben? Ist diese Quelle vielleicht eine vorherrschend klimatische von angenähertem (also erhöhtem) Mittel? Ist sie der Nebenarm einer überwiegend geologischen Quelle (wie die Luisenquelle bei Marienberg), deren Hauptarm nicht zu Tage kommt? Diese Frage würde sich nur entscheiden lassen, wenn es in Palazzola Luftwärmebeobachtungen gäbe, wozu sich der Ort durch seine Lage (1300′ unter dem Gipfel des Monte Cavo und steil 760′ über dem Spiegel des Albanersees) ausgezeichnet eignen würde [1]). Meteorologische Beobachtungen könnten für die wenigen Mönche, welche hier in stumpfsinniger Langerweile ihr kümmerliches Dasein fristen, eine kleine wohlthätige Beschäftigung abgeben. Aber wer denkt in Rom an dergleichen wissenschaftliche Thorheiten?

11. Quellen auf dem Wege von Albano nach Genzano.

Eine Quelle hinter Albano hinter dem Grabe der Horazier und Curiazier bildet einen kleinen Laufbrunnen von 1 Unze, den jeder Vorübergehende bemerkt. Das Wasser kommt freilich nur 10 Schritt her, das kleine Becken, in dem es sich sammelt, liegt aber ganz offen am Fufs eines niedrigen Peperinfelsens und man sieht in dem Wasser keine Bewegung. Der Hüter eines naheliegenden Heiligenhäuschens sagte mir, dafs die Quelle in dürren Sommern ganz ausbleibt.

1853	23 April	6 Uhr Abends	13°.1	Hallmann
1851	1 September	Mittags	13. 4	Bethmann
	2 »	5 Uhr Nachm.	13. 75	»
1847	5 November	Mittags	12. 7 (sehr schwach)	Prinz v. W.

Man sieht, dafs die Temperatur nach den Tageszeiten wechselt. Die Quelle ist also für unsern Zweck unbrauchbar d. h. ihre Wärmeänderungen sind so grofs, dafs es unmöglich ist, nach einigen weni-

[1]) Nachträgliche Bemerkung: „Uebrigens kann ja auch unsere Schätzung des Mittels der Quelle zu hoch sein, und wahrscheinlich ist sie es.

gen Beobachtungen das Jahresmittel mit grofser Wahrscheinlichkeit zu schätzen; und selbst wenn wir es kennten, hätte es für uns wenig Werth, weil es kein anderes als ein angenähertes sein kann.

Die vermeintliche wasserreiche Quelle im Park Chigi bei Aricia entspringt nicht im Park, sondern kommt 2 Miglien weit her aus der Gegend der Kapuziner bei Albano.

An der Strafse von Aricia nach Genzano trifft man zur Linken einen freistehenden Laufbrunnen von nur 1 Unze Stärke. Er liegt etwa 100′ höher als der folgende, also etwa 1260′ hoch. Die Quelle wird wohl nicht fern liegen, aber ich konnte keine Spur von ihr auffinden.

1853	24 April	12°.8	Hallmann
1851	31 August	13. 1	Bethmann
1847	5 November	13. 9	Prinz v. W.

Die Beurtheilung ist mifslich, da die Quelle sehr mager und der Ort derselben uns nicht genau bekannt ist.

Quelle hinter Aricia rechts in der Tiefe gegenüber der vorigen. — Man geht zuerst auf der Strafse etwas zurück und findet dann leicht den Fufsweg, der in die Tiefe führt. Das Wasser quillt in der linken Ecke eines grofsen Trinkbeckens, in welches die Quelle gefafst ist. Man sieht daher das Wasser nicht frei hervorkommen, bemerkt überhaupt nirgends am Grunde eine Bewegung. Aus diesem Becken fliefst das Wasser in einen langen Waschtrog. Da die Menge des ausfliefsenden Wassers der Menge des Zuflusses gleich ist, so überzeugt man sich, dafs die Quelle nicht stark ist. Das Gestein ist Peperin, der Ausflufs gegen Westen. Die Messung ist durch Einsenkung des Bechers in die linke Ecke gemacht. Am 24 April 11°.9. Der Prinz von Württemberg erhielt am 5 November 1847 kurz nach Mittag 12°.8. Meereshöhe 1164′. Die Messung vom 5 November läfst sich wohl nicht mit Sicherheit mit der vom 24 April combiniren, weil sie nicht auf dieselbe Weise angestellt ist; die Messung vom 24 April ist auch selbst nicht recht zuverlässig.

Quelle rechts unter dem Viaduct von Galloro. — Schon ehe man den Viaduct von Galloro betritt, bemerkt man in einiger Entfernung rechts in der Niederung ein Wasserbecken. Das Wasser fliefst aus demselben etwa 4 Unzen stark ab. Man kann zu dem eigentlichen Ursprung gelangen, welcher in einer Höhle 12 Fufs hinter dem Becken liegt. Vulcanischer Sand und Peperin bilden die Höhle. Die Richtung des Ausflusses ist gegen Westen. Die Messung ist in der halbdunkeln Höhle bei Kerzenlicht gemacht an der völlig ungefafsten Quelle. Temperatur am 24 April 11°.65. Höhe des Ursprungs in der Höhle 1272′. Die Quelle ist freilich nicht stark, ihr Ursprung ist aber so gut geschützt, dafs wir 11.65 für einen dem Jahresmittel sehr nahe kommenden Werth halten dürfen. Nehmen wir 11.65 für das Jahresmittel und bestimmen wir die Abnahme mit der Höhe von Rom aus (d. h. von der für 80′ Höhe zu 15°.38 festgesetzten Normaltemperatur aus), so erhalten wir eine Abnahme von 3°.73 für 1192′ Erhebung oder von 1° für 319′.6 oder 320′.

III. Quellen in Nemi und der Umgegend.

Der kürzeste, hochgelegene Weg von Albano nach Nemi geht bei den Kapuzinern von Albano vorbei und fast immer im Gehölz in östlicher Richtung fort. Der Monte Gentile bleibt rechts liegen. Nach etwa 1½ Stunden erreicht man die »Fontana della Tempesta«. Von diesem Punkte ab nimmt der Weg die Richtung gegen Süden und führt in etwa ½ Stunde nach Nemi. Die Fontana della Tempesta ist keine Quelle, sondern ein aus einem Aquäduct abgeleiteter Laufbrunnen, der eine Viehtränke speist. Wie weit und hoch der unterirdische Aquäduct herkommt, wufste mein Führer nicht, er wufste aber mit Bestimmtheit, dafs hier bei der Fontana der Aquäduct sich in 2 Arme theilt; der rechte führt das Wasser nach Genzano, der linke nach Velletri. Die Höhe ist nach meiner Bestimmung 1811′. Bei Schouw findet sich die Höhe einer »Quelle zwischen Monte Cavo und Nemi« zu 1843′ bestimmt. Da die Fontana della Tempesta genau in der Richtung von Monte Cavo nach Nemi liegt, so glaube ich, dafs Schouw's Messung sich auf eben diese Fontana bezieht. Das Mittel beider Messungen ist 1827′. Aus der Temperatur dieses Laufbrunnens läfst sich nichts schliefsen. Ich fand am 25 April 10°.2. Der Prinz von Württemberg fand eine Quelle »zwischen Nemi und Kloster Palazzola, im Walde« am 27 October 1847 11°.3 warm. Der Weg von Nemi nach Palazzola führt an der Fontana della Tempesta vorbei, ich glaube daher, dafs auch diese Messung sich auf sie bezieht. Die Wege, von denen hier die Rede ist, sind Fufswege und auf Westphal's Karte gut angegeben. Der Brunnen, den Westphal Röm. Kamp. S. 31 erwähnt, ist offenbar unsere Fontana.

Die Hauptquelle in Nemi im Vicolo del Lavatore liegt rechts von der Strafse, wenn man von Genzano kommt. Sie füllt durch eine eiserne Röhre ausfliefsend erst ein Becken, aus welchem die Bewohner von Nemi Trinkwasser holen, und dann ein grofses

Waschbecken. Sie entspringt in einer Höhle in vulcanischem Conglomeratfels nur etwa 10 Schritt oberhalb des Trinkbeckens. Die herbeigeholten Schlüssel zu der mit einer Thür verschlossenen Höhle paſsten nicht, ich konnte also nicht hinein. Die Temperatur, welche ich am Ausfluſs in das Trinkbecken erhielt, ist aber sicher gleich der Temperatur in der Höhle, weil die ausflieſsende Wassermenge etwa 8 Unzen betrug. Im heiſsen Sommer und im Herbst wird die Quelle viel magerer. Ausfluſs gegen SW. Höhe 1622′. Temperatur am 24 April 10°.85. Der Prinz von Württemberg fand am 27 October 1847 11°.4. Verfahren wir hier ebenso wie bei der Quelle rechts unter dem Viaduct von Galloro, d. h. nehmen wir den am 24 April gefundenen Wärmegrad für das Jahresmittel, und bestimmen wir die Abnahme mit der Höhe von Rom ab, so erhalten wir 4°.53 Abnahme für 1542′ Erhöhung oder 1° für 340′.

Die Quellen des Baches, welcher die 7 Mühlen unter Nemi treibt. — Der 600′ hohe Abhang von Nemi zum See scheint gröſstentheils aus reinen Lavafelsen zu bestehn, welche aber nur an wenigen Stellen kahl hervortreten. Er ist fast überall mit Bäumen, Büschen und Kräutern reich bewachsen. Will man vom See nach Nemi hinaufsteigen, so giebt es nur den einen Weg, welcher bei der untersten von 7 übereinanderliegenden Mühlen anfängt. Diese 7 Mühlen treibt ein klarer Bach, von einer zur andern herabstürzend. Bei der obersten Mühle biegt sich der Weg zur Linken und steigt in dieser Richtung eine gute Strecke nicht allzusteil auf. Ist man einige hundert Schritt von der obersten Mühle entfernt, so hört man, wenn man aufhorcht, links unter dem Wege Wasser rauschen. Man bemerkt auch einen kleinen Fuſspfad, welcher links abführt, und auf diesem gelangt man zu den beiden reichen und völlig ungefaſsten Quellen des Baches. Die Hauptquelle, welche die äuſserste ist, bricht unter einem Lavafelsen mit solcher Kraft hervor, daſs das Wasser sich vor dem Felsen zu einem kleinen Hügel erhebt. Die schwächere, welche etwa 20 Schritt näher liegt, fällt in einer Felsspalte unter Holunderbüschen (*Sambucus*) herab. Das Wasser flieſst gegen NW. aus und ist früher natürlich in dieser Richtung den Abhang zum See hinabgestürzt. Jetzt lenkt ein vor den Quellen hergezogener Damm die Richtung nach NW. in die Richtung nach SW. ab. Der Bach ist gezwungen, am Abhange fast waagerecht hinzuflieſsen. Er flieſst nur eine kurze Strecke an der Oberfläche, dann wird er von einer unterirdischen Leitung aufgenommen, die ihn im Abhange zu der obersten Mühle führt. Das Rauschen, von dem ich gesprochen habe, kommt nicht von den Quellen, sondern von einem Wasserarm, der von ihnen abgeleitet ist und etwa 15′ tiefer einen Laufbrunnen bildet, der in ein gemauertes Wasserbecken fällt. Man bemerkt an dieser Stelle ein gutes Stück Mauerwerk aus dem vorigen oder vorvorigen Jahrhundert, welches den Abhang unter den Quellen bekleidet. Uebrigens geht dieser Wasserarm für den Mühlbach nicht verloren, ein kleiner unterirdischer Abzugscanal führt das Wasser in derselben Richtung ab, in welcher der Hauptcanal läuft. Die Höhe beider Quellen ist gleich und beträgt 1204′. Sie liegen 200′ über dem See und 400′ unter Nemi. Die Temperatur der Hauptquelle war am 25 April 10°.7, die der schwächern Quelle 10°.35; beide Quellen hatten also im Durchschnitt 10°.5. Da diese Quellen wasserreich und völlig ungefafst sind, so haben wir kein Recht, eine grofse jährliche Wärmeschwankung bei ihnen zu vermuthen. Wir dürfen wohl den am 25 April gefundenen Wärmegrad 10°.5 für das Jahresmittel nehmen. Nun haben wir gefunden:

	Höhe	Vermuthliches Jahresmittel
Quelle von S. Cesario	823′	13°.0
Quelle rechts unter dem Viaduct von Galloro	1272	11. 65
Hauptquelle in Nemi im Vicolo del Lavatore	1622	10. 85
Quellen des Baches unter Nemi	1204	10. 5

Bis zu 1272′ nahm das Quellmittel für je 320′ höhere Erhebung 1° ab, das macht für 32′.0 Erhebung 0°.1. Da nun die Quellen des Baches unter Nemi noch 68′ niedriger liegen als die Quelle rechts unter dem Viaduct von Galloro, so wäre ihr Mittel noch 0°.2 höher zu erwarten als 11°.65, also 11°.85. Wir konnten es aber nur zu 10°.5 annehmen, es erscheint demnach zu niedrig und zwar um 1°.35. Diese Quellen sind also für ihre Höhe a b n o r m k a l t. Zu einem ähnlichen Ergebnifs kommen wir, wenn wir diese Quellen mit der 418′ höher liegenden Hauptquelle in Nemi vergleichen. Da letztere in 1622′ Höhe im Mittel etwa 10°.85 warm ist, so müfste eine Quelle von nur 10°.5 mittlerer Wärme noch höher hervorkommen. In welcher Höhe ist das Quellmittel = 10°.5 zu erwarten, wenn die Quellwärme in 80′ Höhe 15°.38 ist und das Quellmittel für je 340′ Erhöhung 1° abnimmt? Antwort: In einer Höhe, welche 340′ × 4.88 = 1659′ über 80′ liegt. Nun ist 1659 + 80 = 1739. Die richtige Höhe für die beiden Quellen des Baches unter Nemi würde 1739′ sein. Da sie in der That in 1204′ Höhe hervorkommen, so liegt der Ort ihres Hervorkommens dieser Rechnung zufolge 535′ zu niedrig.

Die Quellen kommen also für ihre Temperatur an einer abnorm niedrigen Stelle hervor. Jede von beiden Auffassungen führt uns zu der deutlichen Einsicht, dafs hier eine Ausnahme von der Regel vorliegt, welche eine ungewöhnliche Entstehungsart dieser Quellen vermuthen läfst; die letztere Auffassung deutet auch schon die meiner Meinung nach einzig richtige Erklärung an. Diese Quellen müssen aus einem reichen Wasservorrathe entspringen, welcher in etwa 1739′ Höhe liegt. Aus diesem Wasservorrath — man kann sich ja einen kleinen unterirdischen See denken — stürzt das Wasser in Felsspalten und Klüften in gebundener Masse fast senkrecht hinab und fliefst in 1204′ Meereshöhe als Quelle aus. Das Wasser mufs in Masse und sehr rasch herabkommen, sonst würde es die niedrige Temperatur, welche es oben in seinem Behälter hat und welche dort die normale ist, nicht bis zu 1204′ Höhe beibehalten können.

Hier, Herr Bischof, finden Sie also wirklich eine Quelle, welche Kälte aus der Höhe herabbringt. Dieser Fall ist aber die Ausnahme, nicht die Regel. Wir werden noch mehr und viel entschiedenere abnorm kalte Quellen im Teveronethal (§ 87) kennen lernen. Die beiden Quellen, welche im Albanergebirge unter Nemi aus Lavafels gegen NW. hervorbrechen, sind nur als Vorläufer zu jenen zu betrachten. Nähere Vermuthungen über die Lage des Ortes, von welchem das Wasser herabkommt, habe ich nicht beizubringen, weil ich die Höhen, welche östlich über Nemi liegen, nicht besucht habe [1]).

[1]) Nach Strabo's Beschreibung (Lib. V. Cap. III. § 12), welche bei A. Nibby Dintorni di Roma. 1837. T. II. p. 390 vollständig mitgetheilt ist, leidet es gar keinen Zweifel, dafs die mit 2 Armen entspringende Quelle unter Nemi die Egerienquelle der römischen Mythe ist. Aufser der Egerienquelle im Caffarellathal bei Rom gab es im Albanergebirge eine Egerienquelle, in welche die Nymphe Egeria verwandelt wurde, als sie um den Tod ihres geliebten Numa in Thränen zerflofs. Ovid (Metam. XV, 547) sang:

Non tamen Egeriae luctus aliena levare
Damna valent, montisque iacens radicibus imis
Liquitur in lacrimas, donec pietate dolentis
Mota soror Phoebi *gelidum* de corpore fontem
Fecit et aeternas artus tenuavit in undas.

Unter dem *mons* ohne Beisatz ist wohl der Albanus (M. Cavo) zu verstehn, von welchem aus der Abhang unter Nemi gegen Süden liegt. Nibby beschreibt p. 397 den Weg von Genzano aus zum Mühlbach unter Nemi ganz gut. Förster (Handbuch für Reisende in Italien 4. Aufl. S. 498) hat diese Beschreibung mifsverstanden und dergestalt abgekürzt, dafs sie den Leser irre führt. Er sagt: »der Weg von Genzano an den See ist sehr kurz, führt an dem Kapuzinerkloster und der Quelle der Egeria vorüber.« Der Leser wird hierdurch zu der Meinung verleitet, die

Bemerkungen.

Hiermit sind meine wenigen Messungen im Albanergebirge zu Ende. Ich habe nun noch einige Bemerkungen zu machen.

Wenn ich diejenigen Messungen bezeichnen soll, welche mir der Beachtung werth zu sein scheinen, so sind es etwa folgende:

			Temperatur	Höhe
Quelle von S. Cesario am Nordrande des Gebirges	1852	20 Dec.	13.0	823′
	1853	5 April	12.95	
Oberste Quelle der Aqua Ferentina .		23 April	12.2	1108
Zweite Quelle der Aqua Ferentina im Park Colonna		» »	12.2	1040
Quelle vor dem Franziskanerkloster Palazzola		» »	11.9	1657
	1847	27 Oct.	12.2	
Quelle rechts unter dem Viaduct von Galloro, in der Höhle. . .	1853	24 April	11.65	1272
Hauptquelle in Nemi im Vicolo del Lavatore		» »	10.85	1622
Quellen des Baches unter Nemi, aus Lavafels:				
Hauptquelle, unter dem Felsen hervorbrechend		25 April	10.7	1204
Die schwächere, in einer Spalte herabfallend		» »	10.35	

Ich mufs zugeben, dafs der Versuch, den ich gemacht habe, bei einigen Quellen die in den letzten Tagen des April gefundene Temperatur für das Jahresmittel zu nehmen, um die Wärmeabnahme der Quellen mit der Höhe zu bestimmen, immerhin ein sehr gewagter ist. Indefs ist das Ergebnifs, welches wir auf diese Weise erhalten haben, kein unwahrscheinliches. Unserer Berechnung zufolge nimmt die mittlere Quellwärme von der Ebene an (80′) ab:

bis zu 823′ Höhe um 1° für 312′ (Quelle von S. Cesario)
bis zu 1272′ Höhe um 1° für 320′ (Quelle unter dem Viaduct von Galloro)
bis zu 1622′ Höhe um 1° für 340′ (Hauptquelle in Nemi)

Es ist also hier ähnlich wie in Deutschland. Das Abnahmeverhältnifs ist in geringen Höhen über dem Meere ein sehr rasches; es verlangsamt sich aber schon deutlich mit zunehmender Höhe.

Egerienquelle liege zwischen Genzano und dem See, während sie doch grade gegenüber, am Abhange unter Nemi, hervorkommt.

Ich wünsche auch den Leser darauf aufmerksam zu machen, daſs nur wenige Quellen im Albanergebirge bis jetzt untersucht sind. Das von mir besuchte Stück ist nur ein kleiner Theil des Gebirges und in diesem kleinen Theile sind mehrere Hauptquellen unbeobachtet geblieben. Ich habe schon erwähnt, daſs Castel Gandolfo, Albano, Genzano und Velletri und der Park von Aricia durch Aquäducte mit Quellwasser versehn sind. Desgleichen die Stadt Aricia. Es giebt noch mehrere Ortschaften am Fuſs des Gebirges und selbst bis an die Küste hin, welche ihr Wasser durch alte oder neuere Leitungen vom Albanergebirge erhalten. Ich meine nicht, daſs die Quellen aller dieser Leitungen schlechthin unzugänglich sind, aber man muſs Zeit und Geduld haben, wenn man zu ihnen gelangen will. Man muſs die Bekanntschaft der Gemeindebehörden machen und sich von diesen Führer und Schlüssel mitgeben lassen, falls die Brunnenstuben Thüren haben. Sind sie vermauert, so wird man für Geld und gute Worte auch wohl die Erlaubniſs erhalten können, mit dem Spitzhammer ein Loch hineinzuschlagen, das bei der nächsten Ausbesserung wieder zugemacht werden kann.

Ueberhaupt bemerkt man bei näherm Hinblick mit Verwunderung, daſs das Albanergebirge dafür, daſs es so nahe bei Rom liegt, sowohl in den Höhen- als in den geognostischen Verhältnissen noch äuſserst mangelhaft bekannt ist. Das Albanergebirge verhält sich zu Rom in seiner Lage und in andern Beziehungen sehr ähnlich wie das Siebengebirge zu Bonn. Aber welch ein Gegensatz bietet sich uns dar in dem Grade, in welchem diese beiden kleinen Gebirge erforscht sind! Die Lehrer der Hochschule in Bonn und die Mitglieder des Oberbergamts, ihren unermüdlichen Hauptmann an der Spitze, haben nicht geruht, bis Alles aufs Genaueste untersucht war. Eine groſse Zahl guter Höhenbestimmungen ist veröffentlicht, Herr von Dechen hat eine umfassende geognostische Beschreibung des Gebirges geliefert, zugleich mit einer geognostischen Karte in Farbendruck, endlich giebt es schon lange ein Modell des Gebirges von Dickert, so daſs, wer sich in Besitz dieser Hülfsmittel setzt, die Verhältnisse desselben mit Händen greifen kann. Was haben dagegen die römischen Gelehrten für das Albanergebirge gethan? Hat auch nur einer von ihnen Höhen im Albanergebirge gemessen? Nein, die Höhenbestimmungen rühren von einem Dänen und einigen Deutschen her. Hat auch nur einer von ihnen den Plan gefaſst, sich die geognostischen Verhältnisse dieses Gebirges klar zu machen? Nein, das Wenige, was in dieser Hinsicht versucht ist, haben Deutsche gethan [1]). Die Erklärung dieses nach deutschen Begriffen für die römischen Gelehrten so schimpflichen Gegensatzes ist leicht gefunden. Bonn ist einer der kleinen Mittelpunkte deutscher Wissenschaft und Forschung: Rom dagegen der grofse Mittelpunkt der Unwissenheit und der geflissentlichen Verdummung der Menschheit.

§ 87. Höhenbestimmungen und Quellwärmemessungen im Teveronethal.

Wir haben nun die vulcanischen Bildungen des Albanergebirges verlassen und uns in das Kalkgebirge der Apenninen begeben. Es war unerläfslich, mit Höhenmessungen anzufangen.

1. Eigene Höhenmessungen am 30 April - 4 Mai 1853.

In Tivoli.

30 April	Tivoli, innerer Fufsboden des Sybillentempels	679′	684′
4 Mai		689	

In und bei Arsoli und von Arsoli nach Agosta.

1 Mai	Arsoli, Piazza, neben dem Brunnen	1373′
»	Fonte Petrica über Arsoli, Höhe des Ausflusses .	1703
»	Acqua dell' Osteria del Piano, höchster Ursprung .	1123
»	Die grofse Serena an der Strafse nach Subiaco, Höhe des Ausflusses	1000
2 Mai	Hauptquellen des Mühlteichs vor Agosta, Wasserspiegel	1043
»	Starke Quelle grade unter Agosta, Wasserspiegel .	1044

In und bei Subiaco und unter Jenna.

2 Mai	Teverone am Ponte S. Francesco unten vor Subiaco		1173
»	Teverone unter Ponte S. Antonio an Subiaco . .		1195
»	Subiaco, Piazza delle Fontanelle, Pflaster	1325	1346
3 Mai		1367	
»	Subiaco, das päpstliche Schlofs, Fufs der Treppe vor dem Haupteingang		1587

[1]) Als Buch das Albanergebirge zu verstehn sich bemühte (Sommer 1798), strebte er etwas in damaliger Zeit schlechthin Unmögliches an. Mit den Ansichten und Bemerkungen, die Fr. Hoffmann nach kurzem Aufenthalt in dem Gebirge niederschrieb, ist's auch nicht gethan.

3 Mai	Bei Subiaco: die Quellen des rechten Thalgehänges zwischen dem Icone del Salvatore und der Casa del Colle	1220′
4 Mai	Subiaco: Quelle für die Stadt Subiaco an einem südwestlichen Abhange, Höhe des Ausflusses hart an der Brunnenstube	1325
3 Mai	Quelle della Grotta, 1 ½ Stunden nordnordöstlich über Subiaco, Ausflufs	2738
»	Die Quellen dell' Infernello, unter Jenna, 6 Miglien hinter Subiaco, oberster Ausflufs	1584

Der Leser wird bemerken, dafs ich an 2 Punkten (Sybillentempel in Tivoli und Piazza delle Fontanelle in Subiaco) je 2 Beobachtungen gemacht habe.

1. Was den Sybillentempel in Tivoli betrifft, so wünschte ich die alte unzuverlässige Bestimmung von Scarpellini [1]) durch eine womöglich bessere zu ersetzen. Diese ist 684′. Als Fr. Hoffmann im Jahre 1830 von Rom durch das Teveronethal in die Abruzzen ging, kannte er noch keine andere Höhenbestimmung in Tivoli als die alte Scarpellini'sche. Denn Schouw's Messungen vom Jahre 1818 sind erst im Jahre 1839 veröffentlicht. Schouw hat im Jahre 1818 6 Messungen der Höhe des Wirthshauses zur Regina in Tivoli gemacht. Da nichts Näheres angegeben ist, so ist ohne Zweifel die Schwelle des Hauses zu verstehn. Die 6 Ergebnisse sind 756, 728, 709. 735, 664, 734′. Das Ergebnifs 664 weicht so weit von allen übrigen ab, dafs man wohl am besten thut, es von der Mitwirkung zum Mittel auszuschliefsen. Das Mittel aus den übrigbleibenden 5 Messungen ist 732′. Ferner ist zu bemerken, dafs die Meereshöhe des correspondirenden Barometers 5′ mehr betrug als Schouw annahm. $732 + 5 = 737$. Ich halte hiernach die Schwelle der Locanda della Regina in Tivoli gleich $= 737'$ für die schärfste Bestimmung eines Höhenpunktes in Tivoli. Der innere Fufsboden des Sybillentempels liegt nach meiner Bestimmung 53′ niedriger.

2. Hoffmann hat im Jahre 1830 einige Höhenbestimmungen im Teveronethale gemacht, dieselben aber nur auf seine Wohnung in in Subiaco als Nullpunkt bezogen und die Meereshöhe seiner Wohnung unbestimmt gelassen. Er wohnte im 2. Stock der Locanda delle

[1]) Scarpellini's Bestimmung $= 646'$ ist unzuverlässig, weil die Höhe des untern Beobachtungsortes nicht mit Sicherheit bekannt war. Siehe im vorigen § S. 375 Anmerkung.

Fontanelle. Die Piazza delle Fontanelle liegt im Mittel meiner beiden Messungen 1346′ hoch, und der 2. Stock der Locanda delle Fontanelle schätze ich 26′ über der Piazza. Die Meereshöhe der HOFFMANN'schen Wohnung in Subiaco war also etwa 1372′. Wollte man sich zur Bestimmung dieser Höhe einer Andeutung bedienen, welche sich bei HOFFMANN findet, so würde man diese Höhe beinahe 100′ zu klein erhalten. Es heifst bei HOFFMANN, der 2. Stock der Locanda delle Fontanelle in Subiaco liege 629′ über dem Fufs des Sybillentempels in Tivoli. Für letztern gab es aber nur SCARPELLINI's Bestimmung zu 646′, und 646 + 629 ist 1275. Ich mufste daher, wenn ich HOFFMANN's Höhenmessungen brauchbar machen wollte, erst die Höhe seiner Wohnung in Subiaco durch eigene Untersuchung unmittelbar bestimmen. Mit Zugrundelegung der Bestimmung 1372′ erhalten wir folgende Meereshöhen nach HOFFMANN:

Spiegel des Teverone an der Brücke (S. Antonio) bei Subiaco	1192′
Kreuz am Kapuzinerkloster bei Subiaco	1662
S. Benedetto, Eingang	1986
Rocca di S. Stefano, am Wege	1981
Civitella, Locanda, zu ebener Erde	2525
Olevano, Casino vor dem Thore	1833
Cerbara, Haus des Francesco Pelegrini	3263
Arsoli, Piazza	1378

In dieser Form stimmen HOFFMANN's Messungen offenbar sehr gut zu den meinigen. Für die Piazza in Arsoli erhielt ich 1373, HOFFMANN 1378; die Höhe des Teverone unter der Brücke S. Antonio bei Subiaco fand ich 1195, HOFFMANN 1192 [1]). Vereinigt man HOFFMANN's Messungen mit den meinigen, so ist dem sehr fühlbaren Mangel an Höhenbestimmungen im Teveronethal von Arsoli bis gegen Jenna hin (6 Miglien jenseit Subiaco) schon ein wenig abgeholfen.

Ich war sehr gespannt auf die Beobachtung der Quellen im Teveronethal zwischen Arsoli und Agosta, aus 2 Gründen:

1. Seit dem Sommer 1846 besafs ich handschriftlich von Herrn VON DECHEN aus HOFFMANN's Nachlafs ein paar Quellwärmebeobachtungen aus jener Gegend. HOFFMANN hatte diese Beobachtungen frei-

[1]) Für die hier nicht mitgetheilten Beobachtungen HOFFMANN's nördlich über Arsoli hinaus, im Turanothal u. s. w. übernehme ich keine Gewähr. HOFFMANN hat, wie mir scheint, die Beziehung seiner Beobachtungen auf die Höhe seiner Wohnung in Subiaco zeitlich und räumlich zu weit ausgedehnt. Für jene Gegenden hat man Anhaltspunkte in Höhenbestimmungen von SCHOUW.

lich nicht drucken lassen, er hatte sie aber gegen seine Bekannte mündlich erwähnt. Auf diese Weise hatte Bischof von diesen Beobachtungen Kunde erhalten: Wärmelehre S. 51 Anmerkung [1]). Hier sind die Beobachtungen: Hoffmann wanderte am 24 Juli 1830 von Subiaco nach Arsoli das Teveronethal hinab und fand im Vorbeigehn folgende Temperaturen. Die eingeklammerten nähern Bestimmungen habe ich hinzugesetzt.

1830	24 Juli	Quelle bei der Mühle von Agosta .	7½ °R.	= 9°.4 C.
		Eine andere dicht daneben (34 Schritt oberhalb)	7¾	9. 7
		Quelle gegenüber Marano (am Ponticello)	7¾	9. 7
		Eine andere ganz dicht daneben . . .	7¾	9. 7

Die Höhen waren nicht bestimmt.

2. Ich hatte in Rom schon im Dec. 1852 Frontinus *de aquaeductibus urbis Romae* (100 nach Chr.), Fabretti *de aquis et aquaeductibus veteris Romae* (1680) und die neuere Abhandlung von Kramer *der Fuciner See* [2]) aufmerksam gelesen, und aus diesen Schriften gelernt, dafs grade in dem Strich zwischen Arsoli und Agosta die grofsen Quellen zu suchen sind, welche durch die berühmten Wasserleitungen der Aqua Marcia (146 vor Chr.), der Aqua Claudia (49 nach Chr.) und der zur Aushülfe für die Marcia bestimmten Aqua Augusta (6 vor Chr.) nach Rom flossen. Die topographische Karte, welche Fabretti von jenen Quellen gezeichnet hat (Taf. I zur zweiten Abhandlung) ist mit Dank anzunehmen und ich ersuche diejenigen meiner Leser, welche sich Fabretti's Werk verschaffen können, dieselbe zur Hand zu nehmen. Westphal's beide Karten sind vortrefflich, um eine Uebersicht der Oberflächengestalt jener Gegend zu geben und die alte Strafse nach Sublaqeum zu zeigen, aber man wünscht einen gröfsern Mafsstab und mehr Einzelheiten. Fabretti's Buch findet sich gewifs in sehr vielen Bibliotheken Deutschlands.

Zu dem naturwissenschaftlichen Interesse, welches ich mitbrachte kam also noch das antiquarische hinzu, dessen sich ohnehin Niemand, der in Rom lebt, auf die Länge erwehren kann. Ich war doch neu-

[1]) Bischof a. a. O. S. 54 befand sich aber in dem sonderbaren Irrthum, diese Quellen gäben alle wenig Wasser; sie sind im Gegentheil erstaunlich wasserreich.

[2]) Der vollständige Titel dieser trefflichen Schrift ist Dr. G. Kramer. Der Fuciner See. Ein Beitrag zur Kunde Italiens. Mit 2 lithographirten Karten. Als Einladungschrift zur öffentlichen Prüfung des Cölnischen Gymnasiums. Berlin bei Nicolai. 1839. 4. 64 SS. — Kramer bereiste Italien 1834.

gierig, die Quellen des Marcischen Wassers zu besuchen, dessen Kälte in der Gluth des Sommers die Wonne des alten Roms war. Da im Dec. 1852 das Wetter beständig schön war, so fuhr ich noch am 1. Weihnachtstage bei hellem Tramontanahimmel nach Tivoli, und beobachtete am 26 December auf der Fahrt von Tivoli nach Subiaco und am 27 December auf der Rückfahrt von Subiaco nach Tivoli was ich von Quellen finden konnte. Ich fand aber auf diesem ersten Streifzuge noch nicht Alles was ich suchte, auch war die Bestimmung der Höhen unerläſslich. Anfang Mai 1853 besuchte ich daher das Teveronethal zum zweiten Male. Diesmal blieb ich die beiden ersten Nächte in Arsoli. Einen Gasthof giebt es in diesem Dorfe mit Fensteröffnungen ohne Scheiben nicht. Man findet aber bei dem begütertsten Manne von Arsoli, Herrn Francesco Marcelli, die freundlichste Aufnahme und gute Pflege. Von Arsoli aus kann man zu Fuſs oder zu Esel alle Quellen gut erreichen. (Wer ganz gesund und rüstig ist, wird's auch wohl in dem noch kleinern Agosta eine Nacht aushalten; ich bin nach Agosta nicht hinaufgestiegen.) Am 1 Mai fuhr ich nach Subiaco, wo ich ebenfalls 2 Nächte blieb. Am Abend des 4. war ich wieder in Rom.

Die Deutlichkeit verlangt, daſs die physikalische Untersuchung nicht mit antiquarischen Erörterungen vermischt werde, zumal eine für die Lehre von den Temperaturverhältnissen der Quellen so wichtige Untersuchung wie die vorliegende über abnorm kalte Quellen. Ich werde daher die Frage, wo die Quellen der Aqua Marcia, Augusta und Claudia zufolge der Beschreibung Frontin's zu suchen sind, in einem besondern § zu beantworten mich bemühn, und komme nach diesen Vorbemerkungen zur Sache, nämlich zur physikalischen Beschreibung der Quellen, die ich im Teveronethal gefunden habe.

Arsoli liegt auf einem Hügel in einem Seitenthale des Teverone. Blickt man von Arsoli hinab ins Teveronethal, so sieht man thalaufwärts bis Marano, einem Dorfe, welches auf dem linken Teveroneufer auf einem gegen den Fluſs vorspringenden Hügel liegt. Auf dem rechten Ufer tritt ebenfalls ein Berg bis nahe an den Fluſs, so daſs dem Beschauer von Arsoli aus das Teveronethal bei Marano geschlossen erscheint. Denkt man sich eine Linie von Arsoli nach Marano gezogen, so geht dieselbe grade von N. nach S. Im W. von Arsoli liegt eine sehr ansehnliche Bergmasse, welche man sich etwa durch die Felsennester Roviano, Riofreddo und Scarpa begränzt denken kann. (Siehe Westphal's Karte.) Der höchste Punkt dieser Bergmasse, durch ein Stück alten Gemäuers kenntlich, heiſst Monte S. Elia und liegt sicherlich über 3000′ hoch. Man kann ihn von den Serenenquellen aus (auf der Strafse nach Subiaco) sehr gut sehn. Von dieser Bergmasse entspringen meines Wissens gar keine abnorm kalte Quellen. Die schöne und reiche Fonte Petrīca, welche am Ostabhange 330′ über Arsoli hervorkommt und deren Wasser nach Arsoli geleitet ist, werde ich weiter unten beschreiben. — Im NO. und O. von Arsoli beginnt ein Gebirgszug, dessen Kamm auf Westphal's Karte durch die Orte Oricola (neapolitanisch) und Cerbara bezeichnet ist. Er zieht sich noch über Subiaco hinaus bis nach Jenna, und sein West- und Südwestabhang bildet auf der ganzen Strecke von Oricola bis Jenna das rechte Thalgehänge des Teverone. Die durchschnittliche Höhe des Kammes mag etwa 3200′ betragen. Der Punkt La Prugna zwischen Oricola und Cerbara liegt gewifs höher als 3000′. Cerbara hat nach Hoffmann 3263′ und liegt noch ein paar hundert Fufs unter dem Kamme. Die Quelle della Grotta über Subiaco liegt 2738′ hoch und noch etwa 500′ unter dem Rande der Hochebene, die das Gebirge hier zu bilden scheint. Die Höhe des Teverone auf dieser Strecke läfst sich genau angeben. Sie beträgt in der Gegend, in welcher das kleine Seitenthal von Arsoli in das Teveronethal einmündet, 1000′, bei Subiaco unter der Brücke S. Antonio 1200 und unter Jenna 1550′. — Am Fufse dieses Gebirgszuges kommt auf dem rechten Teveroneufer zwischen Arsoli und Agosta eine ganze Reihe auffallend kalter und aufserordentlich wasserreicher Quellen hervor. Die Länge dieses Striches beträgt weniger als 5 Miglien oder 1 deutsche Meile.

2. Der Strich abnorm kalter Quellen von Arsoli bis Agosta.

Die erste Quelle, in welcher die Kälte und der Wasserreichthum aber erst in mäfsigem Grade auftreten, ist die Acqua dell' Osteria del Piano unter Arsoli. Man kann die Quellen, welche unter diesem Namen zusammengefafst werden, gar nicht verfehlen, wenn man nur die Vorsicht gebraucht, sich von Arsoli aus nach der Osteria del Piano führen zu lassen. Neben dieser Osteria geht man auf einer kleinen Brücke über den von Riofreddo herkommenden Bach und findet 65 Schritte unterhalb dieser Stelle unter dem rechten Ufer des Baches den obersten Ursprung des kleinen Quellenbaches, welcher Acqua dell' Osteria del Piano heifst. Die kleinen Quellen, welche diesen Bach bilden, fliefsen theils gegen S., theils gegen W. und SW. aus; mehrere von ihnen kommen offenbar unter dem von Riofreddo herkommenden Bache durch, und man wird sich die mittlere Ausflufsrichtung der Quellen am richtigsten vorstellen, wenn man sich das

Wasser etwa aus der Gegend von Oricola herkommend denkt. Der von Riofreddo herkommende Bach liegt 6′ höher als der Quellenbach; sein Wasser war am 1 Mai trübe und 14°.9 warm. Die kleinen Quellen waren dagegen völlig klar und ich fand die Temperatur der allerobersten 10°.2 und die Temperatur von drei andern 10°.7, 10°.8 10°.75. Betrachtet man die Quellen, welche den kleinen Bach bilden, zusammen als eine Hauptquelle, so kann man allenfalls noch eine zweite Hauptquelle unterscheiden, die man auf folgende Weise leicht findet: Sie liegt, wenn man 50 Schritt an dem kleinen Quellenbache herabgegangen ist, rechts hinter der Hecke in einem Weinacker und bildet ein Becken von 3-4 Fufs Durchmesser und 2 Fufs Tiefe. Den Grund des Beckens bilden runde Steine, die mit Sand leicht bedeckt sind. Das Wasser steigt senkrecht in die Höhe, Sand aufwirbelnd, und es entweichen häufig Blasen von atmosphärischer Luft. Temperatur im Grunde [1]) 10°.75. Der Abflufs verstärkt den kleinen Quellenbach. Rechnet man die 5 mitgetheilten Temperaturen zusammen, so erhält man als Durchschnittswerth 10°.64. Die mittlere Temperatur der die Acqua dell' Osteria del Piano bildenden Quellen war also am 1 Mai 1853 10°.64, die Höhe des obersten Ursprungs ist 1123′. Dies sind die Quellen, welche Fabretti mit Unrecht für die Quellen der Acqua Marcia erklärte, eine Erklärung, welche im Vertrauen auf seinen Scharfsinn alle Gelehrte bis auf den heutigen Tag angenommen haben. Sie liegen südlich unter Arsoli, 250′ tiefer als Arsoli, und der kleine Bach, welchen sie bilden, fliefst in der Richtung nach Süden [2]).

Von der Osteria del Piano geht man auf schlechtem Wege bis zu einer kleinen elenden Kneipe, der Osteria Massimi, hinab und gelangt bei dieser auf die Strafse nach Subiaco. Die jetzige Strafse nach Subiaco läuft, die Ebene des Teverone vermeidend, in einem Bogen dicht am Fufs der Berge hin. Die folgenden Quellen liegen für den thalaufwärts Gehenden alle rechts von der Strafse, mehrere derselben kommen dicht unter der Strafse hervor. Die erste Quelle,

[1]) Bei dieser und mehrern der folgenden Quellen ist die Einsenkung des Bechers auf den Grund unerläfslich zur Erhaltung richtiger Temperaturen. Wenn man auf die Untersuchung von Quellen ausgeht, die man noch niemals besucht hat, sollte man stets einen mit Bindfaden umwundenen Becher bei sich führen, in dem man die Temperatur bequem aus dem Grunde heraufholen kann.

[2]) Ich erlaube mir schon hier die Bemerkung, dafs Fabretti die Lage und die Ausflufsrichtung dieser Quellen falsch angegeben hat. Davon im folgenden § mehr.

zu der man gelangt, ist unbenannt. Sie liegt neben einem verfallenen Gebäude, von dem noch die 4 massiven Mauern stehn, in einem Acker in einer Vertiefung. Sie bildet ein Becken von 8′ Länge und 4′ Breite, quillt aus dem Grunde senkrecht empor und es entweichen häufig Luftblasen. Am 26 December 10°.3, am 1 Mai 10°.65. Diese Quelle (auf Fabretti's Karte mit 17 bezeichnet) ist sehr unbedeutend im Vergleich mit dem folgenden Quellencomplex, der den Lago di S. Lucia bildet.

Der Lago di S. Lucia (Fabretti's Nr. 18) ist ein Quellenteich mit Sträuchern und Wasserpflanzen erfüllt und 1–5′ tief, aus welchem das Wasser rasch ausfliefst. Man bemerkt häufiges Entweichen von Luftblasen. Ich mafs die Temperatur an solchen Stellen am Rande oder im Grunde, wo ich lebhaftere Bewegung bemerkte. Am 26 December erhielt ich 9°.85, am folgenden Tage an einer andern Stelle ebenfalls 9°.85; am 1 Mai 10°.85, also einen ganzen Grad mehr. Vermuthlich war der Lago eine der Hauptquelle der Acqua Claudia. Er liegt am Fufse eines bewaldeten Abhanges, gegen NW. Die folgenden Quellen fliefsen grade gegen W. aus.

Auf den Lago di S. Lucia folgen diejenigen Quellen, welche le Serene (die Klaren) genannt werden (Fabretti's Nr. 19 und 20). Ich zähle deren drei. Die in der Mitte gelegene ist die gröfste; 250 Schritt vor derselben liegt eine kleinere und 140 Schritt jenseit derselben liegt ebenfalls eine kleinere. Die kleine Serena 250 Schritt vor der grofsen hatte am 1 Mai 9°.85. Die grofse Serena hatte am 26. und 27 December 8°.95, am 1 Mai 9°.4. Die kleine 140 Schritt jenseit der grofsen hatte am 1 Mai 9°.6. Die grofse Serena strömt hart unter der Strafse und 6′ tiefer mit grofser Kraft hervor. Aus dem Wasserspiegel entbinden sich Luftblasen. Die Strafse ist an dieser Stelle in ihrer ganzen Breite etwas eingesunken. Wir bemerken, dafs sie unter den bisher beschriebenen die kälteste ist, indem ihre Temperatur am 26 December nur knapp 9° betrug. Die Meereshöhe ist grade 1000′. Die Alterthumsforscher sind einig in der Annahme, dafs die grofse Serena eine der beiden Hauptquellen der Aqua Claudia war.

Ist der Wanderer über die Serenen hinaus, so fällt sein Blick unwillkürlich auf das in einiger Entfernung am linken Teveroneufer auf hohem Hügel hervortretende Marano. Die nächste Quelle, sehr schräg gegenüber Marano, fand ich am 1 Mai 9°.5. Dann folgen 2 schöne Quellen, schräg gegenüber Marano, nebeneinander in einem Anger unter der Strafse entspringend und tiefe Becken bildend. Sie liegen 440 Schritt hinter der grofsen Serena und 270 Schritt vor dem Ponticello. Ich fand beide Quellen übereinstimmend am 26 December 9°.05, am 1 Mai 9°.5. Am 1 Mai war der Bach, den sie bilden, etwas angestaut durch einen vorbeifliefsenden wilden Arm des Teverone. Diese Quellen halte ich zufolge der Beschreibung FRONTIN's für die Quellen der Acqua Marcia. FABRETTI hat sie gezeichnet, ohne sie zu beziffern. Sie bilden den Bach zwischen 20 und 21 seiner Karte. — Etwas weiter hinauf, gegenüber Marano, liegt eine tiefe, sandaufwirbelnde Quelle 75 Schritt vor dem Ponticello; am 26 December 9°.2, am 1 Mai 9°.6. Der Ponticello ist ein kleiner Steg, welcher über einen von ein paar Quellen gebildeten Bach rechts von der Strafse gelegt ist. Die starken Quellen am Ponticello gegenüber Marano fand ich am 26 December 9°.35, am 1 Mai 9°.8. Am 1 Mai war der Abflufs durch wildes Wasser vom Teverone her etwas angestaut. HOFFMANN fand am 24 Juli 1830 beide Quellen 9°.7. Vielleicht halfen diese Quellen, die Aqua Marcia zu bilden. Sie sind auf FABRETTI's Karte mit 21 bezeichnet. Von dem Namen Casa di Lemme, den FABRETTI ihnen giebt, habe ich dort nichts vernommen. Der »Ponticello« ist dagegen den Leuten der Gegend wohl bekannt.

Jenseit dieser Stelle erweitert sich die Aussicht wieder, die Berge, welche bis dahin die Strafse zur Linken begleitet haben, ziehn sich von derselben zurück, bis sie durch den Felsen, auf welchem Agosta liegt, wieder hart an die Strafse herantreten. Die nächsten Quellen sind daher zur Linken von der Strafse und in einiger Entfernung von ihr zu suchen. Ich fand links von der Landstrafse (ein wenig oberhalb der Brücke von Marano) in einem eingehegten Stück Feldes mehrere Quellen, darunter 2 durch Steinhaufen ausgezeichnet. Die Temperatur war am 1 Mai 9°.6, 9°.6 und 9°.7. Ein flaches Becken mit Wirbelquellen hatte 10°3. Ausflufs gegen SW.

Auf die Landstrafse zurückgekehrt nähert man sich nun den reichsten und kältesten Quellen des ganzen Striches, welche wieder hart unter der Strafse hervorbrechen. Dies sind die Quellen des Mühlteichs vor Agosta (22 bei FABRETTI). Der Mühlteich ist 130 Schritt lang, 30 Schritt breit und an verschiedenen Stellen 3-5-8-10′ tief. Der Grund ist weifsgrauer Sand, an einigen Stellen mit Wasserpflanzen besetzt; das Wasser, vollkommen klar, läfst häufig Luftblasen entweichen. Die Quellen strömen am obern Rande des Teiches dicht unter der Strafse mit Macht in ihn ein. Meereshöhe 1043′. Temperatur des Hauptstromes am 26 December 8°.8, am 2 Mai 9°.3. HOFFMANN erhielt am 24 Juli 1830 9°.4. Er fand eine andere Quelle dicht daneben 9°.7. Diese liegt 34 Schritt vom obern

Rande des Mühlteichs entfernt, ist kleiner, strömt aber ebenfalls kräftig aus dem Kalkstein hervor. Die Temperatur war am 2 Mai genau 9°.7. Die Quellen des Mühlteichs halte ich für die Quellen der Aqua Augusta zufolge der Beschreibung FRONTIN's.

Grade unter Agosta rechts unter der Strafse liegt noch eine sehr starke Quelle, aus welcher die Bewohner Agosta's ihr Trinkwasser holen. Am 26 December 9°.25, am 2 Mai 9°.8. An diesem Tage war der Abflufs angestaut durch den in der Nähe vorbeifliefsenden und ausgetretenen Teverone, die Messung wurde in 4′ Tiefe gemacht. Meereshöhe 1044′. Diese Quelle ist auf FABRETTI's Karte mit 23 bezeichnet und die reichste von allen genannt. Dies ist meiner Meinung nach ein Irrthum, die Quellen des Mühlteichs sind reicher.

Unter Agosta endigt der Strich abnorm kalter Quellen für unsere Beobachtung. Wahrscheinlich kommen zwischen Agosta und Subiaco am Fuße des Gebirgszuges noch mehrere ähnliche Quellen hervor, aber hinter Agosta ziehn sich die Berge weit von der Landstrafse zurück, so dafs der Reisende von dem Ursprunge der Quellen fern bleibt. Man bemerkt aber an mehreren Stellen klare Bäche, welche die Strafse scheiden.

Jeder Wanderer wird nach der vorstehenden Beschreibung die Quellen leicht auffinden. Will man es sich bequem machen, so kann man sich führen lassen. Ich habe schon bemerkt, dafs die Bewohner von Arsoli die Acqua dell' Osteria del Piano kennen. Der Wirth der Osteria Massimi kennt den Lago di S. Lucia, die grofse Serena, den Ponticello, den Mühlteich und die Quelle unter Agosta.

Zur leichtern Uebersicht stelle ich die Temperaturen der so eben beschriebenen Quellen in einem besondern Verzeichnifs zusammen. Die Jahreszahlen 1852 und 1853 lasse ich weg, da sie dem Leser bekannt sind.

Quellen zwischen Arsoli und Agosta.

Acqua dell' Osteria del Piano, 4 kleine Quellen durchschnittlich	1 Mai	10°.61
die Quelle im Weinacker	» »	10. 75
Quelle neben dem alten Gemäuer in einem Acker in einer Vertiefung.	26 Dec.	10. 3
	1 Mai	10. 65
Lago di S. Lucia	26 Dec.	9. 85
	1 Mai	10. 85
Die kleine Serena 250 Schritt vor der Hauptserena	» »	9. 85

Die Hauptserena		26 Dec.	8°.95
		1 Mai	9. 4
Noch eine kleine Serena, 140 Schritt jenseit der Hauptserena		» »	9. 6
Die erste Quelle sehr schräg gegenüber Marano .		» »	9. 5
Zwei schöne Quellen schräg gegenüber Marano, übereinstimmend		26 Dec.	9. 05
		1 Mai	9. 5
Die beiden starken Quellen am Ponticello, übereinstimmend		26 Dec.	9. 35
		1 Mai	9. 8
	1830	24 Juli	9. 7
Mehrere Quellen links von der Landstrafse ein wenig oberhalb der Brücke von Marano, darunter 2 durch Steinhaufen ausgezeichnet		2 Mai	9. 6
			9. 6
			9. 7
Ein flaches Becken mit Wirbelquellen		» »	10. 3
Die Hauptquelle des Mühlteiches vor Agosta		26 Dec.	8. 8
		2 Mai	9. 3
	1830	24 Juli	9. 4
Eine kleine kräftig ausfliefsende Quelle 34 Schritt oberhalb derselben		2 Mai	9. 7
	1830	24 Juli	9. 7
Die starke Quelle grade unter Agosta		26 Dec.	9. 25
		2 Mai	9. 8

Der Wärmegang dieser Quellen bietet, wenn man die Messungen von Anfang Mai mit denen von Ende December vergleicht, eine Sonderbarkeit dar, die ich nicht verstehe. Als ich Ende December das Teveronethal besuchte, hatte es die letzten 2 Monate sehr wenig geregnet und die Temperatur der Luft war beständig sehr milde gewesen. Ich war daher der Meinung, dafs die Temperaturen der Quellen, die ich am 26. und 27 December fand, erst so wenig unter das Jahresmittel herabgesunken sein würden, dafs ich sie für das Mittel nehmen durfte. Ferner erwartete ich, dieselben Quellen Anfang Mai kälter zu finden als Ende December. Denn es hatte von Januar bis in den April hinein sehr viel geregnet und in den Bergen auch geschneit, und am 1 Mai war noch nicht aller Schnee geschmolzen. Auf den Kämmen der Gebirgszüge in 3000′ Höhe und darüber lagen noch an manchen Stellen Schneefelder, -flecke und -streifen. Der

Teverone ging noch hoch und war ganz trübe, weil er in der Gegend seiner Ursprünge noch Zuflüsse von Schneewasser erhielt. Ich fand nun gegen meine Erwartung die Quellen Anfang Mai sämmtlich wärmer als Ende December [1]). Man bemerkt auch, dafs die Wärmeänderung dieser Quellen gar nicht so klein ist, wie man sie sonst bei sehr wasserreichen Quellen zu erwarten berechtigt ist. Die grofse Serena war am 1 Mai 0°.45 wärmer als am 26 December, die Hauptquelle des Mühlteiches vor Agosta war 0°.5 wärmer. Berücksichtigt man die 3 Beobachtungen an der letztgenannten Quelle

1852	26 December	8°.8
1853	2 Mai	9. 3
1830	24 Juli	9. 4

so mufs man vermuthen, dafs die Beobachtung vom 2 Mai 9°.3 dem Jahresmittel am nächsten liegt. Wir wollen die am 1. und 2 Mai bei den verschiedenen Quellen gefundenen Temperaturen gleich dem Mittel setzen. Sollten wir uns in dieser Annahme auch um ein paar Zehntel irren, so ist die Gröfse dieses Fehlers doch unbedeutend bei Quellen, deren Temperatur zu allen Jahreszeiten mehrere Grade unter der Temperatur gewöhnlicher Quellen liegt.

Gehn wir die Temperatur der Quellen von Arsoli bis Agosta durch, so bemerken wir, dafs die 3 ersten Quellen bis zum Lago di S. Lucia einschliefslich erst mäfsig kalt sind. Der kälteste Strich geht nur von den Serenen bis zum Mühlteich vor Agosta, und die beiden reichsten und am raschesten aus dem Gestein hervorströmenden sind die kältesten, nämlich

die grofse Serene	1 Mai	9°.4	in 1000′ Höhe
die Hauptquelle des Mühlteiches	2 Mai	9°.3	in 1043′ Höhe.

Dieser Umstand ist für die vorliegenden Quellen kennzeichnend. In andern Gegenden sind die wasserreichsten Quellen die wärmsten, hier sind sie die kältesten. Nehmen wir den Durchschnittswerth für die Temperatur und die Höhe dieser beiden Quellen, so erhalten wir die mittlere Wärme von 2 Quellen im Teveronethale in 1022′ Höhe = 9°.35.

Durch Vergleichung der Quellen in Rom mit Quellen im Albanergebirge haben wir gefunden, dafs in diesem Gebirge die mittlere

[1]) Gegen Beobachtungsfehler habe ich mich gesichert, indem ich mehrere der Beobachtungen vom 26 December am folgenden Tage wiederholte und desgleichen mehrere der Beobachtungen vom 1. und 2 Mai zweimal anstellte.

Quellwärme bis zu 1200′ Höhe etwa um 1° für je 320′ abnimmt. Berechnen wir mit Zugrundelegung dieses Abnahmeverhältnisses das Mittel einer unentstellten überwiegend klimatischen Quelle in 1022′ Höhe, so erhalten wir Folgendes: $1022 - 80 = 942$ und $\frac{942}{320} = 2.94$. Die Quelle in 1022′ Höhe ist 2°.94 kälter zu erwarten als die Quellen in Rom, also 12°.44. Gilt nun das Abnahmeverhältnifs, welches wir im Albanergebirge gefunden haben, auch in den Apenninen bis zu 1200′ Höhe (wir werden im Folgenden sehn, dafs es wirklich gilt), so stellt es sich heraus, dafs die beiden Quellen von 9°.35 Temperatur für die Höhe, in welcher sie hervorkommen, 3°.09 oder 3°.1 zu kalt sind. Hiermit haben wir einen ersten Anhaltspunkt zur Beurtheilung der Temperatur der Quellen zwischen Arsoli und Agosta erhalten.

Wir wenden uns nun zu der Untersuchung der für die weitere Aufklärung des Gegenstandes offenbar wichtigen Frage, welche sich dem Leser schon aufgedrängt haben wird, ob denn im Teveronethal alle Quellen ohne Ausnahme so auffallend kalt sind, ob es dort keine Quellen von gewöhnlicher Temperatur giebt? Ich war von vorn herein der Meinung, wenn man nur suchte, würde man auch wärmere Quellen finden, und ich habe sowohl überwiegend geologische Quellen (bei Arsoli und in Subiaco) als auch vorherrschend klimatische (bei Subiaco) gefunden.

3. Gewöhnliche Quellen bei Arsoli und Subiaco.

1. Oben habe ich schon die Bergmasse im Westen von Arsoli und die am Ostabhange derselben hervorkommende Fonte Petrīca erwähnt. Diese Quelle ist im Mittelalter nach Arsoli geleitet und versieht noch jetzt den Palast Massimi, das ehemalige Herrenhaus von Arsoli, und mehrere Laufbrunnen des Dorfes mit Wasser. Die Leitung fafst aber nicht alles Wasser der Quelle, sondern ein Arm, dessen Querschnitt etwa 4 Zoll ins Gevierte beträgt, stürzt neben der Brunnenstube aus dem Kalkfelsen ins Freie und den Abhang hinunter. Ausflufs gegen OSO. Höhe 1703′. Die Temperatur war am 27 December 12°.0, am 1 Mai 12°.2. Sie lag am 27 December schon unter dem Mittel, am 1 Mai war sie vermuthlich dem Mittel nahe gleich, wir dürfen das Jahresmittel daher wohl zu 12°.2 annehmen [1]). Diese

[1]) Wir können auch im Teveronethal nichts Klügeres thun, als die zu Anfang Mai gefundenen Wärmegrade der Quellen aufs Gerathewohl für die Jahresmittel nehmen.

Quelle ist also für die Höhe, in welcher sie hervorkommt, sehr warm. Im Albanergebirge fanden wir, dafs die Abnahme der mittlern Quellwärme von Rom ab bis zu 1622′ Höhe 1° für 340′ betrug. Gilt dasselbe Abnahmeverhältnifs in den Apenninen bis zu 1703′ Höhe, was doch ziemlich wahrscheinlich ist, so ist die mittlere Quellwärme in 1703′ Höhe = 10°.64 zu erwarten. Die Beobachtung der Fonte Petrīca ergiebt aber 12°.2, das Mittel ist also 1°.56 höher, als wir zu erwarten berechtigt waren. Hiernach müssen wir die Fonte Petrīca für eine überwiegend geologische Quelle halten und die Erhöhung ihres Mittels durch die Erdwärme auf dieselbe Weise erklären, wie wir es beim Orgelborn bei Marienberg gethan haben. Da die Fonte Petrīca einen Bergabschnitt von wenigstens 1300′ Höhe über sich hat, so unterliegt die Erklärung der Entstehung einer überwiegend geologischen Quelle hier nicht der geringsten Schwierigkeit. — Steigt man von der Fonte Petrīca schräg nach rechts hinab, so findet man an demselben Abhange, aber vielleicht 150′ tiefer, eine ungefafste Quelle, die Fontanella della Conserva, deren Temperatur am 27 December 12°.2, am 1 Mai 12°.3 war. Sie wird für einen Nebenarm der Petrīca gehalten. — Wir haben also an der einen Seite von Arsoli in 1703′ Höhe die Fonte Petrīca von ungefähr 12°.2 Mittelwärme, und schräg gegenüber zeigt die gröfse Serena in 1000′ Höhe nur 9°.4. Der Kontrast ist grofs genug. Die Petrīca liegt 700′ höher als die Serena und ist dabei 2°.8 wärmer.

2. In dem Städtchen Subiaco werden mehrere Laufbrunnen von einer Quelle gespeist, welche in Subiaco selbst an einem Abhange gegen SW. entspringt. Sie ist in eine Brunnenstube gefafst und ich fand ihre Temperatur an einem Ausflufs hart an der Brunnenstube am 3 Mai 13°.2, die Höhe aber 1325′. Nehmen wir 13°.2 für das Jahresmittel, so ist eine Quelle von 13°.2 Mittelwärme in 1325′ Höhe ohne Zweifel eine überwiegend geologische. Angenommen, die mittlere Quellwärme nehme von Rom ab bis zu 1325′ Höhe um 1° für je 320′ ab, so ist sie in 1325′ Höhe = 11°.49 oder 11°.5 zu erwarten. Wir fanden aber 13°.2, also 1°.7 mehr. Die Quelle, welche einen Theil von Subiaco mit Wasser versieht, scheint also ebensowohl im Mittel durch die Erdwärme erhöht zu sein, wie die Fonte Petrīca bei Arsoli.

3. Als ich mich in Subiaco nach Quellen in der Umgegend erkundigte, sagte mir der Wirth, dicht hinter dem Orte auf dem Wege nach S. Benedetto liege eine Vertiefung mit einer Menge Quellen. Das kleine Quellenthal befindet sich neben der Landstrafse zwischen der

Casa del Colle und dem Icone del Salvatore. Am rechten Gehänge maſs ich am 3 Mai 4 von den Quellen, die ungefaſst aus dem Gestein hervorkommen, Ausfluſs gegen S., und fand ihre Temperatur 11°.5, 11°.6, 11°.65 und 11°.7, also im Durchschnitt 11°.6, Höhe 1220′. Nehmen wir das Jahresmittel zu 11°.6 an und bestimmen wir die Abnahme von Rom ab, so erhalten wir 3°.78 Abnahme für 1140′ Erhebung, oder 1° für 301′.6. — Etwas weiter hinab befinden sich am linken Thalgehänge 2 Quellen, welche aus Kalktuff und Tropfstein gegen WNW. ausflieſsen. Ihre Temperatur war übereinstimmend 12°.0; wir nehmen dieselbe für das Jahresmittel. Die Höhe kann man zu 1200′ schätzen. Die Abnahme von Rom ab beträgt 3°.38 für 1120′ Erhebung oder 1° für 331′. — Ferner giebt es eine Quelle am linken Teveroneufer unter der Brücke S. Antonio bei Subiaco, welche aber nur bei ganz niedrigem Wasserstande des Teverone zugänglich ist. Diese Quelle war sowohl im December als im Mai vom Flusse bedeckt, Hoffmann hat aber ihre Temperatur an den 3 Tagen vom 20-22 Juli 1830 9½ bis 9¾° R. d. i. 11°.9 bis 12°.2 C. gefunden. Das Mittel dürfen wir wohl höchstens zu 11°.75 annehmen. Die Höhe ist 1195′. Die Abnahme beträgt von Rom ab 3°.63 für 1115′ Erhebung d. i. 1° für 307′. — Stellen wir die 3 soeben berechneten Abnahmeverhältnisse zusammen, so erhalten wir

	Wahrscheinl. Mittel	Höhe	Abnahmeverhältniſs
die 4 Quellen	11°.6	1220′	1° für 301′.6
die 2 Quellen	12. 0	1200	» » 331
die Quelle an der Brücke	11. 75	1195	» » 307
im Durchschnitt	11. 78	1205	1 für 313

Es ist sehr wahrscheinlich, daſs diese Quellen bei Subiaco vorherrschend klimatische von unentstelltem oder doch nur wenig angenähertem Mittel sind, und was das Abnahmeverhältniſs der mittlern Quellwärme in den Apenninen bis zu 1200′ Höhe betrifft, so stimmt es auf völlig genügende Weise mit dem im Albanergebirge gefundenen überein. Dort betrug das Abnahmeverhältniſs bis zu 823′ Höhe 1° für 312′, bis zu 1272′ Höhe 1° für 320′.

Es giebt also im Teveronethal auch ganz gewöhnliche Quellen, sowohl überwiegend geologische als vorherrschend klimatische. Die Quellen zwischen Arsoli und Agosta erscheinen dagegen abnorm kalt. Die beiden kältesten unter ihnen sind für die Höhe, in welcher sie hervorkommen, 3°.1 zu kalt (S. 403) oder, was das Sachverhältniſs besser bezeichnet, sie kommen für ihren niedrigen Temperaturgrad an einer viel zu tiefen Stelle hervor. Die Erklärung, welche wir für das Erscheinen so kalter Quellen in einer so niedrigen Meereshöhe zu geben haben, ist dem Leser schon aus dem vorigen § und aus § 31 bekannt [1]). Es müssen im Innern des Gebirgszuges, der das rechte Thalgehänge des Teverone von Arsoli bis Jenna bildet, und zwar in bedeutender Höhe desselben, grofse Wasseransammlungen liegen, aus denen das Wasser sehr rasch und in gebundener Masse durch Spalten und Klüfte herabstürzt, um erst an der tiefsten Stelle, nämlich in der Höhe der Thalsohle, als Quelle hervorzubrechen. Diese Vermuthung über die Entstehungsweise grade dieser Quellen hat schon vor mir ein Philolog und Alterthumsforscher, der vielbelesene und umsichtige Dr. Kramer aufgestellt. Herr Kramer hatte nicht das Bedürfnifs, die niedrige Temperatur dieser Quellen zu erklären: denn er kannte dieselbe nicht; er wünschte nur den aufserordentlichen Wasserreichthum derselben begreiflich zu machen. S. 30 der Abhandlung über den Fuciner See sagt er: »Sie scheinen die Ausflüsse grofser unterirdischer Wasseransammlungen zu sein, die sich bei den häufigen Zerklüftungen und Höhlenbildungen in den Kalkgebirgen in diesen leicht erzeugen mögen.« Ich stimme Herrn Kramer vollkommen bei: denn zur Erklärung der niedrigen Temperatur dieser Quellen, die mir obliegt, ist die Annahme dieser und keiner andern Entstehungsweise derselben noch nothwendiger als zur Erklärung ihres Wasserreichthums. Die Thatsache, dafs in Kalkgebirgen Höhlenbildungen häufig vorkommen, verleiht dieser Vermuthung sofort einen hohen Grad von Wahrscheinlichkeit. Herr Kramer führt auch mehrere ähnliche aus Kalkgebirgen hervorkommende Quellen in und aufserhalb Italien an, nämlich sehr wasserreiche Quellen, von denen es theils unzweifelhaft, theils höchst wahrscheinlich ist, dafs sie unterirdische Abzugskanäle offener Seen oder unterirdischer Wasseransammlungen sind. Von diesem wird weiter unten die Rede sein.

4. Angabe der Höhe, in welcher die niedrige Temperatur der Quellen zwischen Arsoli und Agosta die normale ist.

Die Quellen zwischen Arsoli und Agosta bringen Kälte aus der Höhe ins Thal hinab. Eben weil sie die niedrige Temperatur, welche für die Höhe die normale ist, unverändert ins Thal herabführen, nennen wir sie im Thale abnorm kalt. Diese Behauptung wird sich

[1]) Der geneigte Leser wird unschwer errathen, dafs die Stellen im I. Bande § 31 über Quellen, welche Kälte aus der Höhe herabbringen, ihre letzte Fassung erst nach meiner Rückkehr aus Italien erhalten haben.

beweisen lassen, wenn es nämlich gelingt, durch Beobachtung die Höhe zu finden, in welcher die niedrige Temperatur der im Thale hervorkommenden Quellen die normale ist. Ich bin so glücklich gewesen, diese Höhe für die Quellen zwischen Arsoli und Agosta im ersten Anlauf zu finden. Man rühmte mir in Subiaco eine grofse Quelle, die Sorgente della Grotta, welche in bedeutender Höhe gegen NNO. liege. Ich ritt am 3 Mai Nachmittags auf einem guten Pferde 1 ½ Stunden bergan und erreichte die Quelle. Sie stürzt an einem gegen W. gekehrten Abhange mit Macht aus dem Gestein hervor. Ihr Querschnitt betrug ¾ Quadratfufs. Temperatur 9°.3, nicht mehr und nicht weniger. Meereshöhe 2738'. Ich fand es in dieser mir ungewohnten Höhe schwierig, die Höhe des Abhanges über der Quelle zu schätzen, aber 500' mufs sie wenigstens betragen. Auf meine Frage an den Führer, ob er schon einmal dort ganz oben gewesen sei, antwortete derselbe, er sei oft oben gewesen, dort liege ein grofser Wald, aus dem die Bewohner von Subiaco ihren ganzen Bedarf an Holzkohlen bezögen. Da wir für die Quellen zwischen Arsoli und Agosta die am 1. und 2 Mai beobachtete Temperatur für das Jahresmittel genommen haben, so müssen wir dieselbe Annahme auch für die am 3 Mai gemessene Temperatur der Quelle della Grotta machen. Die Abnahme der mittlern Quellwärme mit der Höhe beträgt von Rom bis zur Quelle della Grotta 6°.08 für 2658' Erhebung, d. i. 1° für 437'. Dies Abnahmeverhältnifs ist ganz in der Ordnung, aus 2 Gründen:

1. Wir wissen aus § 39 und 77, dafs das Abnahmeverhältnifs der mittlern Quellwärme mit der Höhe sich in gröfsern Höhen verlangsamt und dafs diese Verlangsamung eine Nothwendigkeit ist. Diese Verlangsamung tritt uns sowohl im Albanergebirge als in den Apenninen entgegen.

2. In Deutschland habe ich in den Sudeten das Abnahmeverhältnifs bei Quellen von unzweifelhaft vorherrschend klimatischer Natur gefunden wie folgt:

zwischen	2150'	und	2548'	Meereshöhe	1° für 400'
»	1700	»	2548	»	» » 485
»	1700	»	2380	»	» » 493
				im Durchschnitt	1° für 459'

In den Apenninen haben wir die Abnahme von der römischen Ebene (80' Höhe) bis zu 2738' Höhe 1° für 437' gefunden. Man darf meiner Meinung nach nicht erwarten, dafs die Abnahmeverhältnisse in den Apenninen und in den Sudeten ganz genau übereinstimmen; sie stimmen aber nahe genug überein, um einander gegenseitig zu bestätigen. Wir haben also hinreichenden Grund, die Quelle della Grotta für eine vorherrschend klimatische und die mittlere Quellwärme 9°.3 im Teveronethal in 2738′ Meereshöhe für die normale zu halten. Da ich nun um dieselbe Zeit genau dieselbe Temperatur 9°.3 an der Hauptquelle des Mühlteichs vor Agosta in 1043′ Höhe, also an einer 1700′ tiefer gelegenen Stelle gefunden habe, so ist es klar, dafs die Hauptquelle des Mühlteichs vor Agosta eine abnorm kalte ist, mit andern Worten, dafs sie 1700′ zu tief hervorbricht. Wenn 9°.3 für 2738′ Höhe die normale Temperatur ist, so kann sie es nicht zugleich für 1043′ Höhe sein, sonst giebt es keine Temperaturabnahme mit der Höhe mehr. Durch diese Beobachtung ist also die Höhe gefunden, in welcher wir uns die unterirdischen Wasseransammlungen zu denken haben, aus welchen die Quellen zwischen Arsoli und Agosta gespeist werden. Wir bemerken, dafs die allerreichste und am raschesten hervorströmende, nämlich die Hauptquelle des Mühlteichs, die Temperatur 9°.3 wirklich bis zum Orte ihres Hervorbrechens in 1043′ Höhe unverändert beibehält. Die Hauptserena steht ihr am nächsten mit 9°.4, die übrigen minder rasch fliefsenden sind zwischen 9°.5 und 9°.8 warm, die Quellen der Acqua dell' Osteria del Piano erreichen 10°.64. Die Eigenthümlichkeit der abnorm kalten Quellen, dafs die wasserreichsten und am raschesten hervorströmenden unter ihnen die kältesten sind, erklärt sich eben nur aus der nothwendigen Voraussetzung, dafs sie Ausflüsse hochgelegener Wasseransammlungen sind. Je massenhafter und rascher das Wasser aus diesen Ansammlungen herabstürzt, desto mehr Kälte wird es von der Höhe herabbringen. Diese Quellen haben noch andere Eigenthümlichkeiten, die ich nicht unerwähnt lassen will. Sie kommen nicht hoch am Abhange, sondern am Fufse des Gebirges, z. B. in der Sohle eines Flufsthales hervor; sie führen einen feinen weifsgrauen Sand mit sich, den sie unter Umständen aufwirbeln; aus den Wasserbecken, die sie bilden, entbinden sich häufige Blasen von atmosphärischer Luft.

Das Ergebnifs unserer Untersuchung der Quellen zwischen Arsoli und Agosta ist kurz folgendes: Diese Quellen bringen wirklich Kälte aus der Höhe ins Thal herab, und weil sie dies thun, sind sie im Thale abnorm kalt.

Wir haben also in Italien 2 ganz verschiedene Arten von Quellen kennen gelernt, welche beide kälter sind als die Luft am Orte ihres Hervorkommens: 1) die gewöhnlichen vorherrschend klimatischen Quellen der Gegend von Rom; 2) die abnorm kalten Quellen der Apenninen. Für die erste Art haben wir die Ausdrucksweise, dafs sie kälter seien als die Luft, als durchaus unstatthaft verworfen. Der richtige Ausdruck ist, dafs das Luftmittel sich im vieljährigen Durchschnitt über das Mittel der vorherrschend klimatischen Quellen erhebt, und dafs letzteres unter dem Luftmittel zurückbleibt. Bei diesen Quellen ist kein Gedanke daran, dafs sie ihre sogenannte Kälte aus der Höhe herabbringen. Von der zweiten Art sagen wir aber mit vollem Recht, dafs sie kälter sind als die Luft und dafs sie ihre Kälte aus der Höhe herabbringen. Dies sind Quellen von durchaus ungewöhnlicher Entstehungsart. Bischof hat weder von der einen noch von der andern Art eine Ahnung gehabt; er hat überhaupt nie von einer seiner Quellen nachgewiesen, dafs sie im Mittel niedriger stand als das vieljährige Luftmittel.

5. Noch eine abnorm kalte Quelle im Teveronethal.

Es war mein Wunsch, von Subiaco aus die Quellen des Teverone bei Trevi und Filettino zu besuchen, um die Temperaturen zu messen und die Höhen zu bestimmen. Die Hauptquelle des Teverone liegt eine Miglie oberhalb Trevi auf dem Wege nach Filettino (Westphal und Kramer haben sie besucht). Zur Regenzeit erhält der Teverone noch Zuflüsse von hinter Filettino her. In Subiaco erfuhr ich aber, dafs der Ausflug nach Trevi und Filettino nicht in einem Tage und auch nicht ohne grofse Unbequemlichkeit auszuführen sein würde. Ich mufste daher aus Rücksicht auf meine Gesundheit auf denselben verzichten. Um doch Etwas zu thun, ritt ich am 3 Mai Vormittags zu den auf dem halben Wege nach Trevi gelegenen Quellen dell' Infernello unter Jenna, die mir als sehenswerth empfohlen wurden. Der sehr romantische Felsweg geht über das Kloster S. Scholastica, dann unter dem Kloster S. Benedetto fort, immer am rechten Thalgehänge des Teverone hin. Als ich unterhalb Jenna, 6 Miglien von Subiaco, angelangt war, bot sich mir ein nicht geahnter Anblick dar. Ich erwartete eine Quelle zu finden und sah Giefsbäche aus dem Geröll und den Felsen hervordringen, die sich schäumend und rauschend sofort zu einem Flusse vereinigen, nicht schmaler als der Teverone selbst, in den er sich nach kurzem Lauf ergiefst. Jeder der diese Wassermassen aus dem mit dürrem Geröll bedeckten Abhange so plötzlich hervorfluthen sieht, mufs sich sagen, dafs dies keine gewöhnliche Quellen sind. Es mufs irgendwo ein grofser Wasserbehälter liegen, aus welchem diese Bäche ihren Ursprung nehmen. Sie müssen schon als fertige Bäche in den Klüften des Gebirges fliefsen, und finden zufällig hier einen ihnen bequemen Ausgang. Das Wasser ist vollkommen klar und daher der Schaum schneeweifs. Der Flufs schäumt von seinem obersten Ursprunge bis zur Einmündung in den Teverone, weil er einen mit Geröll und Felsblöcken bedeckten sanft geneigten Abhang hinabwallt. Seine ganze Länge beträgt nur 140 Schritt. Im Bett des Teverone fliefst noch eine gewisse Strecke abwärts das klare Wasser dieses Nebenflusses unvermischt mit dem trüben Teveronewasser. Kein Buch erwähnt diese merkwürdigen Quellenbäche, keine Karte giebt sie an. Die Höhe des obersten Ursprunges ist 1584', die Temperatur war am 3 Mai an den verschiedenen Ursprüngen übereinstimmend kaum 9°.2. Der Ausflufs ist grade gegen W. Da wir nun in 2738' Höhe die Quellwärme = 9°.3 gefunden und hiernach berechnet haben, dafs die mittlere Quellwärme von der Ebene bis zu 2738' Höhe 1° auf 437' abnimmt, so ist die Quellwärme 9°.2 in der Höhe 2738 + 44 = 2782' zu suchen. Die Quellen dell' Infernello kommen in 1584' Höhe hervor, also 1200' zu tief. Ihre Temperatur deutet darauf hin, dafs die eigentlichen Ursprünge aller der abnorm kalten Quellen von Arsoli bis Jenna in nahe derselben Meereshöhe, nämlich in der Höhe von 2700 bis 2800' zu suchen sind.

Am Schlufs dieses § kann ich den Wunsch nicht unterdrücken, dafs es einem andern Forscher gefallen möchte, die Untersuchung, deren Anfänge hier gemacht sind, fortzusetzen und zu vollenden. Diese Untersuchung erfordert einen rüstigen Geognosten, der ein Barometer und gute Thermometer bei sich führt. Es wird darauf ankommen, in dem Gebirgslande zwischen dem Teveronethal und dem Fuciner See die Höhen, die Quellentemperaturen und den überirdischen und unterirdischen Lauf der Gewässer in einiger Vollständigkeit zu erforschen. Der Anfang müfste mit einer Beschreitung des Kammes des Gebirgszuges gemacht werden, welcher von Oricola bis Jenna hinziehend auf dieser ganzen Strecke das rechte Thalgehänge des Teverone bildet. Am westlichen Fufse dieses Gebirgszuges entspringen alle die abnorm kalten Quellen. Man mufs also vor allen Dingen diesen Gebirgszug selbst ganz genau kennen lernen. Meine kurze Erfahrung in dieser Gegend zeigt, dafs man nur zuzugreifen braucht, um überall interessante und lehrreiche Thatsachen zu finden. Ich bin überzeugt, dafs es gelingen wird, die alte Vermuthung, dafs die Quellen zwischen Arsoli und Agosta unterirdische Abflüsse des Fuciner Sees sind, gründlich zu beseitigen. Noch erspriefslicher würde die

Untersuchung sein, wenn zwei geübte Forscher sich zu derselben vereinigten. Ich denke mir ein paar Männer wie der Hydrograph de Prony und der Geognost Puillon-Boblaye, bekannt durch seine Forschungen in Griechenland, waren. Wie rasch und vollständig würden Männer dieses Schlages diesen lehrreichen Verhältnissen auf den Grund kommen!

Wir wiederholen noch einmal die eigentlich beweisenden Beobachtungen, auf denen das Hauptergebnifs dieses § beruht.

Im Teveronethal am 1 — 3 Mai 1853.

	Temperatur	Höhe
Die Hauptserena, in der Thalsohle	9°.4	1000′
Die Hauptquelle des Mühlteichs, in der Thalsohle .	9. 3	1043
Die Quellen dell' Infernello unter Jenna in geringer Höhe über der Thalsohle	9. 2	1584
Die Quelle della Grotta hoch über Subiaco . . .	9. 3	2738

Die Vergleichung der Quellen in der römischen Ebene mit der Quelle della Grotta lehrt, dafs die Abnahme der mittlern Quellwärme mit der Höhe in den Apenninen bis zu 2738′ Höhe 1° für 437′ beträgt. Ohne Zweifel ist dies Abnahmeverhältnifs das normale. Wenn nun die Quellentemperatur 9°.3 für 2738′ Höhe die gesetzmäfsige ist, so ist sie in 1043′ Höhe eine gesetzwidrige.

Wer kein Gefallen an antiquarischen Untersuchungen findet, wird gebeten, den folgenden § zu überschlagen. Der Inhalt des § 89 schliefst sich unmittelbar an den Schlufs des § 87 an, indem die Untersuchung über abnorm kalte Quellen in den Apenninen dort fortgesetzt wird.

§ 88. Wo sind die Quellen der Aqua Marcia, Augusta und Claudia zufolge der Beschreibung Frontin's zu suchen?

1. Ein Ergebnifs für die Alterthumskunde.

Man kann nicht wohl in Rom oder in der Umgegend der alten Weltstadt irgend einen Gegenstand, selbst aus dem Gebiete der Naturwissenschaften, gründlich untersuchen, ohne dafs von solcher Untersuchung eine Aufklärung für einen oder den andern Punkt der Alterthumskunde abfiele. Auch ich bin im Stande, einen kleinen Beitrag dieser Art zu bieten.

Wo immer von alten und neuern römischen Schriftstellern die Aqua Marcia genannt wird, da findet sich stets die ausnehmende Kälte dieses Wassers erwähnt. Prosaiker und Dichter wetteifern im Lobe desselben. Die Römer zogen das Marcische Wasser als Trinkwasser allen übrigen Wassern der Stadt vor und waren stolz, ja eitel auf dasselbe als eine der hervorragenden Merkwürdigkeiten ihrer Stadt. Plinius nennt es schlecht weg das erste Wasser der Welt. Sollten wir nun auch nicht im Stande sein, die genaue Lage der Quellen der Marcischen Leitung aus der Beschreibung Frontin's mit Sicherheit zu erkennen, so ist doch soviel vollkommen sicher, daſs diese Quellen in dem abnorm kalten Striche zwischen Arsoli und Agosta lagen. Die Vorliebe der Römer für dieses Wasser hatte also einen thatsächlichen Grund. Das Wasser war wirklich auch im heiſsen Sommer mehrere Grade kälter als die Wasser, welche in Rom aus Quellen und Brunnen geschöpft wurden [1]) und als diejenigen, welche vor dem Dasein der Marcischen Leitung nach Rom geleitet waren. Dies läſst sich auf überzeugende Weise darthun. Wir fragen: Welche Wasserleitungen waren älter als die Marcische, und mit welcher Temperatur kam das Wasser derselben im heiſsen Sommer z. B. am 1 August in Rom an? Das erste Wasser, welches nach Rom geleitet wurde, war das Appische, 312 vor Chr. Die Quellen der Appia lagen in der Campagne unfern der Stelle, von welcher 300 Jahre später die Virgo hergeleitet wurde. Es ist mir, wie der Leser weiſs, nicht gelungen diese Quellen aufzufinden, wir können aber die Temperatur der Aqua Appia ganz unbedenklich der uns bekannten Temperatur der Virgo gleichsetzen. Nun kommt das Wasser der Virgo im heiſsen Sommer mit der Temperatur von höchstens 15°.5 in Rom an (S. 323). Mit dieser Temperatur, dürfen wir annehmen, kam auch die Appia an. Die zweite Wasserleitung, welche nach Rom geführt wurde, war der Anio vetus, 272 vor Chr. Dies Wasser war eine kleine Strecke oberhalb Tibur aus dem Anio abgeleitet, also Fluſswasser, das im heiſsen Sommer nicht kalt sein konnte, auch wenig zum Trinken benutzt wurde. Der Anio vetus konnte also als kaltes Trinkwasser nicht gelten. Die dritte Leitung war die Marcische, vom Prätor Marcius Rex im Jahre 146 vor Chr. vollendet. Die Marcische Leitung wurde der Beschreibung Frontin's zufolge, wie ich unten zeigen werde, gebildet durch die beiden Quellen schräg gegenüber Marano (1 Mai 9°.5) und die beiden Quellen am Ponti-

[1]) Die Temperatur der Quellen in Rom kennen wir aus § 85.

cello (1 Mai 9°.8. Siehe S. 399). Die Durchschnittswärme dieser 2 Paare von Quellen war am 1 Mai 9°.65. Sie mag am 1 August ein Zehntel höher gewesen sein, also 9°.75. Mit dieser Temperatur trat also das Marcische Wasser in das obere Ende der Leitung ein. Die ganze Länge der Leitung betrug nahe 62 Millien, davon waren aber 54½ Millie unterirdisch und nur 7½ Millie überirdisch. Ferner strömte das Wasser sehr rasch in der Leitung: denn es hatte von den Quellen bis in die Nähe von Tibur etwa 400′ Fall und von Tibur bis Rom nahe ebensoviel. Nehmen wir an, die Annäherung der Temperatur des Wassers an die Lufttemperatur habe im heifsen Sommer bis Rom 1°.75 betragen (eine Annahme, die gewifs zu grofs ist), so hatte dies Wasser bei seiner Ankunft in Rom immer erst 11°.5 Wärme, war also volle 4° kälter als das Appische und die übrigen Trinkwasser. Die mittlere Luftwärme des Juli ist in Rom 24°.4, die des August 24°.3, an heifsen Tagen steigt die Temperatur im Schatten leicht auf 30 — 35°. Wer in dieser Hitze schmachtet, erkennt es gewifs mit Dank an, wenn ihm ein um 4° kälteres Trinkwasser gereicht wird. Die Römer hatten also wirklich Ursache, über den Besitz eines solchen Labemittels zu jubeln. Hätte der Prätor Marcius im Teveronethal in 1000′ Höhe vorherrschend klimatische Quellen von normaler Temperatur gefunden und gefafst, so würden diese eine Mittelwärme von 12°.44 gehabt haben, wie S. 403 nachgewiesen ist. Rechnen wir am 1 August 12°.5 und nehmen wir an, dafs das Wasser bei seiner Ankunft in Rom auch nur eine Temperaturzunahme von 1°.6 erfahren hätte, so wäre das Marcische Wasser im heifsen Sommer in Rom mit 14°.1 angekommen, also nur 1°.4 kälter als das Appische. Dieser Unterschied wäre zu klein gewesen, als dafs sich von ihm viel Aufhebens hätte machen lassen. Der Prätor Marcius hatte aber das Glück, in 1000′ Meereshöhe Quellen anzutreffen, deren Temperatur aus der Gebirgszone von 2700 - 2800′ Höhe stammte, das Wasser war so kalt, als ob er es aus der letztgenannten Höhe herabgeleitet hätte. Durch die Marcische Leitung kamen also im Jahre 146 vor Chr. die ersten abnorm kalten Quellen aus dem Teveronethale nach Rom. Im Jahre 6 vor Chr. wurde das Marcische Wasser durch die Hinzuleitung einer andern Quelle von derselben Güte d. h. von derselben Kälte verstärkt. Der Kaiser Augustus, welcher bekanntlich eine väterliche Sorgfalt für das leibliche Wohl seiner geliebten Unterthanen an den Tag legte, wollte dadurch Fürsorge treffen, dafs den Römern das von ihnen so hoch geschätzte Trinkwasser niemals ausginge. Die nach ihm Aqua Augusta genannte Hülfsleitung führte wahrscheinlich die treffliche Quelle des Mühlteichs vor Agosta der Marcischen Leitung zu. Jedenfalls war die Quelle der Aqua Augusta auch abnorm kalt, ihr Hinzutritt verringerte also die Kälte des Marcischen Wassers nicht. — Im Jahre 49 nach Chr. vollendete Kaiser Claudius die Leitung, die nach ihm genannt ist. Die Aqua Claudia war die zweite selbstständige Leitung, welche abnorm kalte Quellen aus dem Strich zwischen Arsoli und Agosta nach Rom führte. Die grofse Serena und der Lago di S. Lucia gelten uns für die beiden Hauptquellen der Claudischen Leitung. Die Temperatur der erstern war am 1 Mai 9°.4, sie sei am 1 August 9°.5; die Temperatur des letztern war am 1 Mai 10°.85, sie sei am 1 August 11°.0 [1]). Das Claudische Wasser hatte also im heifsen Sommer bei seinem Eintritt in das obere Ende der Leitung 10°.25. Nun betrug die ganze Länge der Claudischen Leitung 46 Millien, von denen 10 Millien über der Erde lagen. Die Claudische Leitung war also 16 Millien kürzer als die Marcische. Aus diesem Grunde müssen wir die Annäherung, welche das Claudische Wasser bis zu seiner Ankunft in Rom erlitt, etwas kleiner anschlagen als die Annäherung des Marcischen Wassers. Nehmen wir 1°.5 Annäherung an, so kam das Claudische Wasser am 1 August in Rom mit 11°.75 an. Es war dann also nur 0°.25 wärmer als das Marcische Wasser nach obiger Berechnung. Dieser Unterschied ist nicht der Rede werth. Warum, fragt man mit Recht, wurde nun das Claudische Wasser nicht ebenso geschätzt und berühmt wie das Marcische? Die Antwort ist leicht gefunden. Die Ankunft eines sehr kalten Trinkwassers in Rom war nun nichts Neues mehr. Das Marcische Wasser flofs ja schon 194 Jahre nach Rom und hatte den Ruhm des allervortrefflichsten Wassers längst weg. Daneben war nicht mehr aufzukommen. Etwas Gewicht ist auch wohl auf den Umstand zu legen, dafs die spätern Schriftsteller es sehr bequem fanden, den ältern nachzusprechen. Die Aqua Marcia hatte einmal das Bürgerrecht unter den grofsen Merkwürdigkeiten der Stadt erlangt und dabei blieb es. Man mufs lächeln, wenn selbst Fabretti (a. a. O. p. 99. 100) im Jahre 1680, als die Marcische Leitung doch schon seit wenigstens 800 Jahren zerstört war, sich noch ärgert über das höchst verständige und richtige Urtheil, welches Galen über die aus dem Teveronethal hergeleiteten Wasser fällte, und durch welches der vermeintlichen

[1]) Höher als 11° dürfen wir sie wohl nicht anschlagen, wenn wir bedenken, dafs damals der Lago di S. Lucia nicht den Sonnenstrahlen ausgesetzt, sondern mit einem Gewölbe übermauert gewesen sein wird.

Untadelhaftigkeit der Marcia allerdings ein Makel angehängt wurde. Galen's Urtheil lautet [1]: *Romae . . . . . sicut et multa alia in ea urbe eximia sunt, ita et fontium elegantia et multitudo est admirabilis; eorum nullo foetidam aquam aut medicatam ac turbidam aut asperam crudamque effundente, sicut neque Pergami in patria nostra; in multis autem aliis urbibus haud paucae depravatae aquae reperiuntur. Illae sane, quae ex Tiburtinis montibus per lapideas fistulas in Romanam Civitatem derivantur, aliis quidem vitiis carentes, crudiusculae tamen sunt, ut neque celeriter calefiant, ut urbani fontes, neque refrigerentur, neque celeriter in ipsis, ut in fontanis aquis, quaecunque injeceris elixentur legumina, olera et carnes. Ex his autem aliae aliis in locis multo crudiores sunt, et ab ipsis indigenis durae gravesque nominantur, quia ventriculum infestent, et a potu onus quoddam plures percipiant.* Galen macht also die Bemerkung, dafs die aus dem Teveronethal hergeleiteten Wasser etwas härtlich seien, so dafs in diesem Wasser Gemüse und Fleisch nicht so rasch gar zu kochen sei (*μήτε ἕψεσθαι διὰ ταχέων*), wie in dem in Rom selbst quellenden Wasser. Freilich, setzt er hinzu, gebe es in anderen Gegenden noch viel härtere und rohere Wasser, die von den Anwohnern selbst als solche bezeichnet würden und nach deren Genufs man Magendrücken bekomme. — Die von Galen bemerkte Härtlichkeit der Aqua Marcia und Claudia war die unvermeidliche Folge ihres Reichthums an festen Bestandtheilen: denn diese Wasser enthielten ungeachtet ihrer Kälte und Klarheit nothwendig eine bedeutende Menge Kalksalze, nämlich kohlensauren und schwefelsauren Kalk, aufgelöst, und waren deshalb zum Garkochen von Gemüsen nicht so brauchbar, wie die aus dem Tuff der Hügel des linken Tiberufers quellenden Wasser oder wie die Appia und die Virgo. Erzählt doch Fabretti selbst (p. 10) dafs die Marcia und Claudia die üble Eigenschaft (*malum*) gehabt hätten, unglaublich dicke und harte Krusten (Kalksinter) an den Wänden der Leitungen abzusetzen. Auch Plinius zeugt gegen die allseitige Vortrefflichkeit des Marcischen Wassers, indem er zum Waschwasser die Virgo vorzieht (*Marcia praestat haustu, Virgo tactu,* so ungefähr drückt er sich aus). Natürlich war die Virgo als ein an festen Bestandtheilen armes und daher weiches Wasser zur Berührung der Haut beim Waschen angenehmer als die kalkhaltige und daher härtliche Marcia.

[1]) C. G. Kühn Med. graec. opera quae exstant. Lipsiae, 1821. sqq. Vol. XVII Pars II p. 159. Galen schrieb in der letzten Hälfte des 2. Jahrhunderts. Er war im Jahre 131 in Pergamus geboren.

Die vorstehenden Bemerkungen werden zu einer richtigen Bezeichnuug und Erklärung der Eigenschaften des Marcischen und Claudischen Wassers hinreichen. Wir wenden uns nun zur Beantwortung der in der Ueberschrift dieses § gestellten Frage, wo die Quellen dieser Wasserleitungen nach FRONTIN's Beschreibung zu suchen sind? SEXTUS JULIUS FRONTINUS, Oberaufseher der Wasserleitungen (*Curator Aquarum*) unter NERVA (regierte 96-98) und TRAJAN (98-108) schrieb gegen das Jahr 100 seinen *De aquaeductibus urbis Romae commentarius*, von dem leider nur ein paar verhältnifsmäfsig junge und an wichtigen Stellen lückenhafte Handschriften auf uns gekommen sind. Ungeachtet dieses Mangels ist FRONTIN's Werk bei weitem die Hauptquelle über die altrömischen Wasserleitungen. Wer sich eine genaue Kenntnifs dieses Werkes verschaffen will, mufs aber sich keiner andern Ausgabe als der vortrefflichen des Mathematikers POLENI bedienen. Die unten folgenden Citate beziehn sich auf die Seitenzahlen dieser Ausgabe [1]).

Da Frontin die Lage der Quellen der Aqua Marcia und Claudia auf gewisse Meilensteine der alten Heerstrafsen Via Valeria und Via Sublacensis bezieht, und diese Meilensteine unfern derjenigen Stelle lagen, wo die Via Sublacensis sich von der Valeria abzweigte, so müssen wir vor allen Dingen wissen, wo die Stelle liegt, an welcher sich die Sublacensis abzweigte, und welchen Lauf beide Strafsen unmittelbar hinter der Theilungsstelle nahmen; ferner, wo die Meilensteine standen, von welchen FRONTIN spricht.

2. Ueber den Lauf der Via Valeria und der Via Sublacensis von ihrer Theilungsstelle ab.

Die Via Valeria, eine Fortsetzung der Via Tiburtina über Tivoli hinaus nach dem Fuciner See, wurde schon im Jahre 307 vor Chr. von den Censoren C. JUNIUS BUBULCUS und M. VALERIUS MAXIMUS angelegt. Die Via Sublacensis, welche sich von der Valeria bei der Station Ad Lamnas abzweigte, ist erst unter Kaiser NERO (54-68 nach Chr.) gebaut. Alle Entfernungen auf den Heerstrafsen wurden von Rom aus gerechnet. Da die Entfernung von Rom nach Tivoli auf der ältesten Strafse (um 307 vor Chr.) 20 Millien betrug, so wurde der erste Meilenstein der Via Valeria mit 21 bezeichnet; und

[1]) S. J. FRONTINI de aquaeductibus urbis Romae commentarius, antiquae fidei restitutus atque explicatus opera Jo. POLENI. Patavii 1722. 4. Mit vielen Abbildungen.

da die Station Ad Lamnas 33 Millien von Rom entfernt war, so mufs der erste Meilenstein der Via Sublacensis mit 34 bezeichnet gewesen sein.

Dies vorausgeschickt, fragt es sich nun: An welcher Stelle lag die alte Station Ad Lamnas? Welchen Lauf nahm die Via Valeria von dieser Station ab und wo stand der 36. Stein der Valeria? Wo stand ferner der 38. Stein der Via Sublacensis? Zunächst ist zu beweisen, dafs die Station Ad Lamnas an der Stelle der heutigen Osteria ferrata lag und dafs die Via Valeria von Osteria ferrata über Riofreddo, und nicht an Roviano und Arsoli vorbei, nach S. Giorgio ging. Wir haben für diese Sätze 3 Gewährsmänner, welche ihre Untersuchungen an Ort und Stelle angestellt und jeder eine Karte jener Gegend gezeichnet haben. Es sind Fabretti im 17. Jahrhundert, Revillas im 18. und Westphal im 19. Jahrhundert. Diesen 3 Forschern schliefst sich Bunsen an durch die Karte, welche er in den Abhandlungen des Archäologischen Institutes Bd. II. 1834 herausgab [1]).

I.

Fabretti [2]) zeichnete seine topographische Karte jener Gegend, Taf. I. zur zweiten Abhandlung über die Wasserleitungen, durchaus nach eigener Anschauung; die Entfernungen bestimmte er durch ein am Rade seines Wagens befestigtes Mefsinstrument (*rotario instrumento ad cisium applicito*). Er fand den Abstand der Osteria ferrata von Tivoli 13 Millien, hier theilt sich die Strafse, hier war also die Sta-

[1]) Carta del sito dei più antichi stabilimenti Italici nell' agro Reatino e le le sue adjacenze, compilata del Cav. Bunsen.

[2]) Raph. Fabretti de aquis et aquaeductibus veteris Romae dissertationes tres erschien in Rom 1680 bei Bussoti. 4. Als dies sehr geschätzte Werk sehr selten geworden war, veranstaltete der Buchhändler Barbiellini mit grofser Sorgfalt eine mit gelehrten Anmerkungen bereicherte 2. Auflage, Rom 1788. Diese 2. Auflage ist noch jetzt in Rom im antiquarischen Buchhandel leicht zu haben; meine Citate beziehn sich auf die Seitenzahlen dieser Auflage. Bunsen Beschreibung der Stadt Rom Bd. I, 1830 Vorrede p. XLI urtheilt über Fabretti so: »Raphael Fabretti, aus Urbino, zuerst Geheimer Secretär des Cardinals Ottoboni, nachmaligen Papstes Alexander VIII, zuletzt Domherr, gab durch sein gediegenes Buch über die Wasserleitungen der Alterthumskunde Roms einen neuen Schwung, sowohl durch die Scharfsinnigkeit und philologische Gründlichkeit seiner Untersuchung, als durch glückliche Entdeckungen und vielfache Berichtigungen verjährter Irrthümer, sowie er später in der Erläuterung des Museums seines väterlichen Hauses und anderer Inschriften — zusammen 4682 — die Begründung der topographischen Forschungen durch alte wie christliche Inschriften ungemein förderte.« . . . . .

tion Ad Lamnas, 33 Millien von Rom. Es fragte sich nun, ob Beweise dafür aufzufinden waren, daſs die alte Via Valeria links auf dem kürzesten Wege über Riofreddo nach S. Giorgio, oder ob sie rechts, an Roviano und Arsoli vorbei, nach S. Giorgio ging? Bekanntlich zogen die Römer bei der Anlage ihrer Heerstraſsen stets den kürzern Weg vor, es ist also schon von vorn herein nicht wahrscheinlich, daſs sie die Via Valeria ursprünglich über Roviano und Arsoli gelegt haben sollten, da dieser Weg bis S. Giorgio beinahe 3 Millien länger ist. Fabretti fand aber auch bestimmte Beweise für den Lauf der Via Valeria über Riofreddo. Er erzählt p. 77, wie er (in einem der Jahre kurz vor 1680) zu Anfang des Sommers, als es schon recht heiſs war, mit seinem Begleiter neben dem Einspänner hergehend die Höhe vor Riofreddo hinanstieg. Die Freunde wurden für ihre Anstrengung belohnt: denn sie fanden auf der Höhe vor Riofreddo und in dem Orte selbst unzweifelhafte Spuren der alten Straſse, nämlich Felsdurchschneidungen, die sehr viel Arbeit erfordert haben muſsten, ganz der alten Römer würdig, ferner an mehreren Stellen Lavapflasterung und eine schön erhaltene Randeinfassung. Es war also ganz klar, die alte Via Valeria ging über Riofreddo. Fabretti fand die Entfernung von Ad Lamnas bis S. Giorgio auf diesem Wege 3 Millien. Bei S. Giorgio muſs also der 36. Stein der Via Valeria gestanden haben; von hier ging ein Verbindungsweg der Via Valeria mit der Sublacensis rechts ab. Der Punkt des 36. Meilensteines bei S. Giorgio wird noch durch 2 andere Beweise festgestellt: 1) 5 Millien weiter auf der Via Valeria vor der Kirche S. Maria di Carmelo dicht vor Carsoli fand Fabretti den alten 41. Meilenstein, also muſs bei S. Giorgio der 36. gestanden haben. 2) Nach dem Zeugniſs des Gruterus stand ehemals auf dem Verbindungswege, der von der Via Valeria bei S. Giorgio rechts ab nach der Via Sublacensis geht, ein vom Kaiser Nerva gesetzter 38. Stein am Fons Somnulae. Nun fand aber Fabretti p. 80 den locus Somnulae genau 2 Millien von der Via Valeria bei S. Giorgio entfernt, folglich stand bei S. Giorgio der 36. Stein der Via Valeria. Da die Via Valeria die ältere und die Via Sublacensis die jüngere Straſse war, so wurden auf dem Verbindungswege zwischen beiden die Meilensteine von der ältern Straſse aus numerirt. Wäre die Via Valeria von Osteria ferrata aus unter Roviano weg über den Pons Scutonicus an Arsoli vorbei nach S. Giorgio gegangen, so würde sich der *locus fontis Somnulae* nach Fabretti's Ermittelung innerhalb der 37. Millie und zwar nahe vor dem 37. Steine befunden haben (p. 83). Am *locus fontis Somnulae* hätte dann also kein Stein mit der Nummer 38 stehn können [1]).

Was nun die Via Sublacensis und den 38. Stein auf derselben betrifft, so hat FABRETTI p. 84. 85 das Verdienst, das Dasein und die Stelle dieses Steines der gelehrten Welt ebenfalls im Jahre 1680 bekannt gemacht zu haben. Zwei Junker der damals markgräflichen, jetzt fürstlichen Familie MASSIMI, welcher Arsoli gehörte, führten ihn zu diesem Steine hin, der freilich im Bette des Teverone und mit Schlamm überzogen, aber doch unverrückt auf seiner ursprünglichen Unterlage stand. Die dem Fluſs zugekehrte Inschrift sagt, daſs Kaiser TRAJAN die Straſse wiederherstellen lieſs (*restituendam curavit*). Der Stein steht auf FABRETTI's Karte $^3/_4$ Millie unterhalb der Brücke von Marano, hart am rechten Teveroneufer.

II.

DON DIEGO DE REVILLAS, Professor der Mathematik an der römischen Universität, hat 2 Karten herausgegeben:

1. Dioecesis et agri Tiburtini topographia, *nunc primum trigonometrice delineata et veteribus viis* villis ceterisque antiquis monumentis adornata. 1739. Jo. PETROSCHI incis.
2. Dioecesis Marsicae topographia.

D'ANVILLE Analyse géographique de l'Italie. Paris 1744. 4. p. 174 spendet beiden Karten das gröſste Lob. WESTPHAL sah nur die Karte der Marsischen Diöcese, KRAMER sah auch diese nicht. Beide Karten sind höchst selten. Die Dioecesis et agri Tiburtini topographia fand ich endlich in der Bibl. Corsini in Rom. Die Karte ist aber im Katalog nicht unter dem Namen ihres Urhebers, sondern unter dem Namen des Stechers PETROSCHI verzeichnet [2]). Sie ist mit Inbegriff

[1]) Schon zu FABRETTI's Zeit hatten die Arsolitaner diesen 38. Stein vom *locus Somnulae* weggenommen und in ihr Dorf geschafft. Der Stein steht noch heute wie eine Trophäe auf der Piazza von Arsoli. Es ist den Leuten aber nicht Ehre genug, daſs die Straſse, welche an ihrem Dorfe herging, nur ein alter Verbindungsweg zwischen der Valeria und Sublacensis gewesen sein soll. Sie sind daher fest der Meinung, die altberühmte Via Valeria selbst sei an Arsoli hergegangen, und haben sich deſshalb das Vergnügen gemacht, ihre Piazza eben dieses Meilensteines wegen »Piazza Valeria« zu nennen. Ich zweifle nicht daran, daſs GRUTERUS und FABRETTI die Nummer XXXVIII dieses Steines noch deutlich lesen konnten. Jetzt ist sie völlig unkenntlich geworden. Die übrige Inschrift läſst sich noch herausbringen. Der Stein ist, wie gewöhnlich die Meilensteine, Travertin.

[2]) ALBERTO CASSIO (Corso dell' acque antiche e moderne. Vol. I Roma 1754. p. XL) sah bei REVILLAS im Anfang des Jahres 1746 die Skizze einer dritten

der Randverzierungen 26 Zoll lang und 16 Zoll hoch und erstreckt sich vom Lago de' Tartari, also vom 12. Meilenstein der Via Tiburtina bis Carsoli und bis Subiaco. Ad Lamnas ist bei Osteria ferrata. Hier theilt sich die alte Heerstrafse in die Via Valeria und die Via Sublacensis. Die Via Valeria schlängelt sich in nordöstlicher Richtung durch die Berge, Monte S. Elia rechts lassend, nach Riofreddo, geht durch Riofreddo hindurch, läfst S. Giorgio zur Linken und sendet bei Ponte di S. Giorgio die alte Verbindungsstrafse über Arsoli nach der Via Sublacensis ab. Auf dieser Verbindungsstrafse steht in der Mitte zwischen Arsoli und S. Maria in Arsolis, rechts von der Strafse, wenn man von Arsoli kommt, der *lapis milliarius XXXVIII.* Bei Fabretti ist diese Stelle näher nach S. Maria in Arsolis hingelegt [1]). Die Via Sublacensis geht von Osteria ferrata an das Teveronethal hinauf. In der Gegend der Quellen ist nicht allein die alte, sondern auch die neue Strafse, die den Bogen macht, gezeichnet. Der lapis mill. XXXVIII steht an der alten Strafse 1 Millie unterhalb der Brücke von Marano, während der Abstand bei Fabretti nur $^2/_3$ Millie beträgt. — Die Quellen der Wasserleitungen zeichnet Revillas nach Fabretti. Nämlich die *fontes Aq. Marciae* unter S. Maria in Arsolis. Die Quellen, welche Fabretti mit No. 17 und 18 bezeichnet, nennt Revillas mit ihm *fontes Aq. Augustae.* Fabretti's Nummern 19 und 20 (*le Serene*) nennt Revillas *fons Aq. Claudiae.* Revillas weicht nur in dem einen Punkte ab, dafs er Fabretti's No. 21, *Aqua Casa di Lemme dicta,* (am Ponticello) mit »*fons alter Aq. Claudiae*« bezeichnet. Vermuthlich hat Revillas dabei den *fons Albudinus* im Sinne gehabt, dem Fabretti keine Stelle angewiesen hatte.

III.

Westphal berichtet aus eigener Anschauung (Röm. Kamp. S. 115) bei der Beschreibung der Via Valeria: »Gleich darauf erreicht man die Osteria della Ferrata, die alte Station Ad Lamnas, nahe 13 Miglien von Tivoli, wo die Scheidung der Via Sublacensis von der Valeria

topographischen Karte, welche betitelt war Aquarum Claudiae, Marciae, Anienis veteris et novi fontes et ductus. Revillas wurde aber durch seinen in demselben Jahre erfolgten Tod an der Herausgabe dieser Karte verhindert.

[1]) Der *locus Somnulae* ist nur in der 1. Ausgabe des Fabretti auf der Karte bezeichnet, in der 2. Auflage hat der Stecher diese Bezeichnung in die Karte selbst einzutragen vergessen. Für die Besitzer der 2. Auflage bemerke ich, dafs die Bezeichnung für den *locus Somnulae,* d. i. für den 38. Stein des Verbindungsweges am Kopfe des letzten V in der Inschrift DIVERTICVLVM zu denken ist.

stattfindet. Die erstere bleibt ein sehr guter Fahrweg, die letztere ist aber fortan schwer mit Wagen zu passiren. Sie führt zunächst, an den vorliegenden niedrigen Bergen aufwärts steigend, nach dem 3 Miglien entfernten Dorfe Riofreddo, wo ein Stück von ihr, das erste alte Pflaster seit Tivoli, sichtbar ist, und hierauf nach dem nur wenig weiter gelegenen Kasale von S. Giorgio, wo rechts ein Weg nach Arsoli und nach der Via Sublacensis abbiegt, der altes Pflaster zeigt.« Ferner sagt WESTPHAL ebend. S. 117 bei der Beschreibung der Via Sublacensis: »Bei der Osteria ferrata geht rechts eine alte Strafse ab, unterhalb Roviano und Arsoli fort, und bei S. Giorgio wieder mit der Via Valeria zusammenfallend, für welche sie oft, wiewohl mit Unrecht, genommen ist. Ob sie schon vorhanden war, als NERO den Weg nach Sublaqueum pflastern liefs, der dann unterhalb Roviano von ihr abging, oder ob die Via Sublacensis wirklich von Osteria ferrata oder Ad Lamnas ihren Anfang nahm, und das übrige Stück des alten Weges von Roviano bis S. Giorgio später gepflastert worden, läfst sich nicht mehr ausmachen; gewifs aber ist, dafs in der Folgezeit die Via Sublacensis immer von Ad Lamnas an gerechnet wurde«. Soweit WESTPHAL.

Es scheint mir nun, dafs es sich doch noch mit ziemlicher Wahrscheinlichkeit ausmachen läfst, wann der Verbindungsweg von der Via Valeria zur Sublacensis gepflastert wurde. Dies geht aus der von FABRETTI mitgetheilten Inschrift des 38. Meilensteines, welcher *ad fontem Somnulae* stand, hervor, zumal wenn man diese Inschrift mit der Inschrift des 38. Steines der Via Sublacensis, ebenfalls bei FABRETTI, vergleicht. Die Inschrift des Steines *ad fontem Somnulae* lautet p. 80:

XXXVIII
IMP. NERVA
CAESAR. AVGVSTVS
PONTIFEX. MAXIMVS
TRIBVNICIA
POTESTATE. COS. III
PATER. PATRIAE
FACIENDAM. CVRAVIT

scil. viam. Der Kaiser NERVA, der von 96-98 regierte, hat also diesen Verbindungsweg bauen lassen. Die Inschrift des 38. Steines der Sublacensis lautet p. 84:

IMP. CAESAR
NERVAE. F. NERVA
TRAIANVS. AVGVSTVS
GERMANICVS. DACICVS
PONTIFEX. MAXIMVS
TRIBVNICIA. POTESTATE
IMP. IIII. COS. V.
RESTITVENDAM. CVRAVIT
XXXVIII.

Die Via Sublacensis wurde von Nero angelegt, der von 54-68 regierte. Etwa 40 Jahre später mufs die Strafse in der Gegend des 38. Steines beschädigt gewesen sein, vermuthlich durch die Fluthen des Teverone, denn die Inschrift des 38. Steines sagt, dafs Trajan, der von 98-108 regierte, die Strafse an dieser Stelle wiederherstellen liefs. Da auf dem 38. Stein der Via Sublacensis »*restituere*« steht, und auf dem 38. Stein des Verbindungswegs »*facere*«, so glaube ich mit Wahrscheinlichkeit annehmen zu dürfen, dafs erst Nerva den Verbindungsweg angelegt hat. Folgendes stellt sich also doch mit befriedigender Deutlichkeit heraus:

Die Via Valeria, schon lange vor Chr. angelegt, ging von Osteria ferrata nach Riofreddo und von da an S. Giorgio vorbei nach Celle di Carsoli. Bei S. Giorgio mufs der 36. Stein derselben gestanden haben. Die Via Sublacensis, von Nero zwischen den Jahren 54 und 68 n. Chr. angelegt, nahm von Anfang an von Ad Lamnas = Osteria ferrata ihren Ursprung und lief das Teveronethal hinauf. Der Verbindungsweg zwischen beiden Strafsen, der von der Via Valeria unter S. Giorgio aus an Arsoli vorbei über den *pons Scutonicus* ging und unter Roviano auf die Via Sublacensis traf, ist erst etwa 40 Jahre später von Nerva im Jahre 97 gebaut. Frontin war bekanntlich unter Nerva und Trajan Oberaufseher der Wasserleitungen und schrieb sein Buch über die Wasserleitungen gegen das Jahr 100. Der Verbindungsweg der Via Valeria mit der Sublacensis wurde also zu Frontin's Dienstzeit angelegt und der 38. Stein der Via Sublacensis ist ebenfalls zu seiner Zeit von Neuem gesetzt. Ich will nun gern glauben, dafs, nachdem der Verbindungsweg gebaut war, die Fuhrwerke, welche die Via Valeria entlang kamen, den bequemern Umweg über Roviano und Arsoli dem kürzern aber beschwerlichern über Riofreddo nach S. Giorgio vorzogen, und dafs auf diese Weise das letztgenannte 3 Millien lange Stück der Via Valeria allmälig aufser

Gebrauch kam; aber den Augenzeugen Fabretti und Westphal gegenüber, welche beide das alte Pflaster bei Riofreddo gesehn haben, kann doch kein redlicher Forscher leugnen, dafs die Via Valeria ursprünglich von Osteria ferrata über Riofreddo nach S. Giorgio geführt worden ist, sowie es auch klar ist, dafs diese ursprüngliche Via Valeria bis zum Jahre 97 nach Chr. der einzige gepflasterte Weg zwischen Osteria ferrata und S. Giorgio gewesen ist.

Wir sind nun hinlänglich vorbereitet, um an die Beurtheilung der Stellen des Frontin über die Quellen der Aqua Marcia, Augusta und Claudia zu gehn. Es mufs nur noch bemerkt werden, dafs die Via Sublacensis in der Gegend ihres 37. und 38. Steines einen andern Lauf hatte als die heutige Chaussee nach Subiaco. Oberhalb der Stelle zwischen Anticoli und Roviano erweitert sich das Teveronethal zu einer kleinen Ebene, welche sich gut 2 Miglien lang bis zu der Thalenge bei Marano hinzieht. Die Via Sublacensis durchschnitt diese Ebene auf dem kürzesten Wege, indem sie sich ganz nahe dem Flusse hielt. Die am Fufse der Berge hervorkommenden Quellen, welche durch die kleine Ebene dem Teverone zufliefsen, lagen also sämmtlich links von der Via Sublacensis für den von Rom Kommenden, während sie jetzt, da die Landstrafse am Fufse der Berge herumgeführt und zum Theil über die Quellen selbst hingelegt ist, alle rechts unter der Landstrafse hervorkommen. Offenbar war die Via Sublacensis den Ueberschwemmungen des Teverone zu sehr ausgesetzt, der in dieser kleinen Ebene kein fest eingehegtes Bett hat. Bei meinem Besuche im Mai durchströmten ein paar wilde Arme desselben die Ebene, und der von Fabretti aufgefundene 38. Stein, dessen Inschrift dem Flusse zugewandt war, bezeugt, dafs der Teverone sich gegen das Jahr 1680 sein Bett genau an der Stelle der alten Heerstrafse gewählt hatte. Fabretti ist auch der Meinung, dafs sich die Ebene durch Aufschwemmung bedeutend erhöht habe: denn, sagt er p. 86, der Meilenstein, welcher doch über die Heerstrafse emporragen mufste, kommt jetzt nur bei ganz niedrigem Wasserstande zum Vorschein (*non nisi in magna anni siccitate emergit*).[1])

[1]) Diese Bemerkung Fabretti's, auf welche ich erst später aufmerksam geworden bin, erklärt die Erfolglosigkeit eines Versuchs, den ich am 2 Mai machte, den 38. Stein aufzufinden. Nachdem ich schon am 1 Mai bemerkt hatte, dafs ich des hohen Wasserstandes wegen zu Fufs nicht an den Rand des Teverone gelangen könnte, versuchte ich es am folgenden Tage zu Esel. Der Führer, selbst im Wasser watend, zog das Thier nach sich. Obgleich ich an den Uferrand des Flusses gelangte und eine gute Strecke an ihm hinaufritt, fand ich nichts. Aus

3. Bestimmung der Lage der Quellen nach Frontin's Beschreibung.

Da der Text des Frontin, da wo er von den Quellen der Claudia spricht, unversehrt und unbestritten ist, während die Stelle, welche von den Quellen der Marcia handelt, theilweise unklar und lückenhaft ist, so wollen wir die Beschreibung der Lage der Quellen der Claudia vorannehmen. Frontin sagt p. 52: *Claudia concipitur Via Sublacensi ad milliarium tricesimum octavum, diverticulo sinistrorsus intra passus trecentos, ex fontibus duobus amplissimis et speciosis, Caerulo (qui a similitudine appellatus est) et Curtio. Accipit et eum fontem, qui vocatur Albudinus, tantae bonitatis, ut Marciae quoque adjutorio, quotiens opus est, ita sufficiat, ut adjectione sui nihil ex qualitate ejus mutet.* »Die Claudische Leitung entspringt an der Via Sublacensis beim 38. Meilensteine, nämlich 300 Doppelschritte zur Linken von demselben, aus 2 sehr reichen und prächtigen Quellen, dem Caerulus (der nach der Farbe des Wassers benannt ist) und Curtius. Sie nimmt auch diejenige Quelle auf, welche Albudinus genannt wird. Diese ist von solcher Güte, daſs sie selbst, wenn das Bedürfniſs es erfordert, in die Marcische Leitung hineingelassen werden kann, ohne durch ihren Zutritt die Trefflichkeit des Marcischen Wassers zu verringern.« Wir nehmen sogleich eine Stelle des Sueton hinzu, durch welche die Angabe Frontin's eine kleine nähere Bestimmung enthält. Sueton sagt im Leben des Claudius § 20: *Claudiae aquae gelidos et uberes fontes, quorum alteri Caeruleo, alteri Curtio et Albudino nomen est, (simulque rivum Anienis novi) lapideo opere in urbem perduxit.* Da Sueton die beiden Quellen Curtius und Albudinus für eine rechnet, so müssen sie nahe bei einander gelegen haben. — Wenn man vom 38. Meilenstein der Via Sublacensis, welche in dieser Gegend grade von N. nach S. lief, 600 Schritt zur Linken gehn soll, so kann man dies in verschiedenen Richtungen thun. Denn zur Linken der Straſse liegt, wie zur Rechten, ein Halbkreis, in dessen Radien man gehn kann. Ich will nur 3 Hauptrichtungen unterscheiden. Man kann gegen NO. oder grade gegen O. oder gegen SO. gehn, um in 600 Schritt Entfernung die

obiger Bemerkung Fabretti's ist klar, daſs der Stein, wenn er auch noch steht, vom Wasser völlig bedeckt sein muſste. Es wäre gar nicht überflüssig, daſs das Dasein dieses Steines einmal wieder bestätigt würde: denn seit Fabretti hat ihn Niemand wiedergesehn, selbst Westphal nicht, der Röm. Kamp. p. 118 sagt, der 38. Stein der Sublacensis solle noch vorhanden sein, er habe aber versäumt, selbst nachzusehn.

Quellen oder wenigstens eine Hauptquelle der Claudia zu finden. FABRETTI, der den 38. Stein der Sublacensis aufgefunden hat, giebt p. 85 an, dafs die Serenen etwa 600 Schritt von demselben hervorkommen. Die grofse Serena, auf FABRETTI's Karte mit 20 bezeichnet [1]), liegt auf dieser Karte genau nordöstlich vom 38. Steine. Diese Bestimmung ist völlig annehmbar. Es kann Niemand etwas dagegen haben, wenn wir eine sehr reiche Quelle, die etwa 600 Schritt nordöstlich vom 38. Steine der Via Sublacensis entspringt, für eine der beiden Hauptquellen der Claudia erklären. So weit, aber nicht weiter, gehn wir mit FABRETTI. Das Uebrige müssen wir nach eigener Erwägung ordnen. FRONTIN spricht von 2 Hauptquellen, dem Caerulus und Curtius, und einer dritten, die nach SUETON's Bezeichnung als ein Anhang zum Curtius erscheint und die daher minder wasserreich als der Curtius gewesen sein wird. Die Sache kann sich so verhalten haben: Die zuerst genannte Quelle, der Caerulus, ist der Lago di S. Lucia. Wenn das Wasser in einem solchen Lago steht, erscheint es bläulich. Der Name »blaue Quelle« pafst also. Die 2. Hauptquelle, der Curtius, ist die grofse Serena. Der Albudinus ist die 140 Schritt weiter hinauf entspringende kleinere Quelle, deren Temperatur ich am 1 Mai 9°.6 fand. Da FRONTIN und SUETON beide die 3 Quellen in derselben Reihenfolge nennen, nämlich zuerst den Caerulus, dann den Curtius und zuletzt den Albudinus, so ist es erlaubt, anzunehmen, dafs diese Quellen für den von Rom Kommenden in dieser Reihenfolge gelegen haben. Man erreichte zuerst den Caerulus, dann den Curtius, und zuletzt den Albudinus, der nur 140 Schritt oberhalb des Curtius lag. Der Albudinus wird am weitesten thalaufwärts gelegen haben und dadurch am nächsten den Quellen der Marcia. Er konnte daher vermöge seiner Lage ganz bequem bald in die Claudische, bald in die Marcische Leitung hineingelassen werden, je nachdem es die Absicht der Brunnenwärter war, die eine oder die andere Leitung etwas zu verstärken. Ich habe oben gezeigt, dafs die Quellen, welche ich für die der Marcia nach dem Wortlaut des FRONTIN halte, am 1 Mai 9°.65 hatten. Die Quelle, welche ich für den Albudinus halte, hatte 9°.6, sie konnte folglich

[1]) Dafs No. 20 auf FABRETTI's Karte die grofse Serena bezeichnet, ist aus Folgendem klar: FABRETTI sagt, es gebe zwei Serenen und sie lägen 120 *passus* = 240 Schritt von einander. Ich fand 250 Schritt vor der grofsen Serena eine kleinere Quelle. Die beiden Angaben 240 und 250 Schritt stimmen hinreichend genau überein. Die erste, kleinere Serena ist also bei FABRETTI mit 19 bezeichnet, die zweite, grofse mit 20.

durch ihren Zutritt die Güte d. i. die Kälte der Marcia nicht verringern. Meine Annahmen hinsichtlich der Quellen der Claudia vertragen sich also vollständig mit den Angaben FRONTIN's und SUETON's. Der Einwand, dafs der Lago di S. Lucia weiter als 600 Schritt vom 38. Stein liege, ist unerheblich; es genügt, dafs FRONTIN die Entfernung der mittelsten der 3 Quellen, nämlich des Curtius vom 38. Steine genau angab.

Wir wenden uns nun zu den Quellen der Marcia. Um den Leser nicht durch neue Umschweife zu ermüden, will ich damit anfangen, dafs ich die einzig richtige Lesart (so wie nämlich beide Handschriften übereinstimmend sie enthalten) hersetze, und von dieser Lesart sogleich den einzigen mir möglich scheinenden Gebrauch zur Bestimmung der Lage der Quellen mache. Alle nöthigen Widerlegungen und Erläuterungen werde ich unter 4. und 5. nachfolgen lassen. *Concipitur Marcia Via Valeria ad milliarium tricesimum sextum, diverticulo euntibus ab urbe Roma dextrorsus millium passuum trium; Sublacensi autem, quae sub Nerone principe primum strata est, ad milliarium tricesimum octavum, sinistrorsus intra passuum ducentorum*[1]) *fontin . . . . . . sub . . . bus petrei . . . . statim . . . . . stagnimo . . . . colore perviridi.* Diese Stelle FRONTIN's zerfällt von selbst in 3 Theile. Das 1. Drittel, von *Concipitur* bis *trium*, in welchem die Lage der Quellen von der Via Valeria aus beschrieben wird, ist unbrauchbar: denn wenn man dieser Beschreibung folgt, findet man gar keine Quelle. Diese Beschreibung steht aufserdem im Widerspruch mit dem Inhalt des 2. Drittels. Das 2. Drittel, in welchem die Lage der Quellen von der Via Sublacensis aus beschrieben wird, ist ganz klar. Das letzte Drittel, von *fontin* bis *perviridi,* ist so lückenhaft, dafs man auf den Gebrauch desselben verzichten mufs. Wir haben weiter nichts zu thun, als der Beschreibung FRONTIN's von der Via Sublacensis aus zu folgen. Man soll vom 38. Stein der Via Sublacensis aus 200 Doppelschritte d. i. 400 Schritt links gehn, um die Quellen der Marcia zu finden. Wir sind von demselben Steine aus schon 600 Schritt links in nordöstlicher Richtung gegangen, um die Hauptquelle der Claudia zu finden. Nun stehn

[1]) Grammatisch richtig müfste es *intra passus ducentos* heifsen. Diese Unrichtigkeit kann dadurch entstanden sein, dafs in einer ältern, nicht mehr vorhandenen Handschrift ganz kurz *intra pass. CC* stand und dafs ein folgender unkundiger Abschreiber diese Worte vollständig ausschrieb, aber im Genitiv anstatt des Accusativs. Diese grammatische Unrichtigkeit ist nicht im Stande, den Sinn der Stelle zu verdunkeln.

uns noch andere Richtungen frei, z. B. die östliche und die südöstliche. Giebt es denn in keiner von diesen beiden Richtungen Quellen? Allerdings. Man sehe nur FABRETTI's Karte an. Etwa 400 Schritt südöstlich vom 38. Steine entspringt der von FABRETTI unbenannt gelassene Quellenbach, an dessen Einmündungsstelle in den Teverone der 38. Stein steht. Dieser Quellenbach entspringt aus den oben (S. 398) beschriebenen »2 schönen Quellen schräg gegenüber Marano«. Da haben wir die Quellen der Marcia nach FRONTIN's Beschreibung. Scheinen uns diese Quellen für sich allein nicht genug Wasser zu liefern, so hindert uns Niemand, noch die beiden Quellen »am Ponticello« (bei FABRETTI No. 21) hinzuzunehmen, wie wir bereits oben gethan haben. Aus diesen 2 Quellenpaaren liefs sich sicher eine reiche Wasserleitung bilden, und FRONTIN's Angabe, durch welche der Ursprung der Marcia nun einmal, ebenso wie der der Claudia, an den 38. Stein der Via Sublacensis gebunden ist, ermächtigt uns zu dieser Annahme. An die so gelegenen Quellen der Marcia schliefst sich nun auch auf ungezwungene Weise thalabwärts der *fons Albudinus* an, der beiden Leitungen diente, thalaufwärts die *Aqua Augusta,* deren Name unverkennbar in dem Ortsnamen Agosta erhalten ist. Ehe ich zur Augusta weitergehe, habe ich noch eine Bemerkung zu erwähnen, welche FRONTIN gelegentlich über die Höhe macht, in der die Leitung der Marcia an ihrem Ursprunge lag. Er sagt von der Marcia: »*capite Claudiae libram aequat*«, d. h. die Leitung der Marcia liegt an ihrem Ursprunge ebenso hoch wie die der Claudia [1]). Zu dieser Angabe stimmt vollkommen meine Annahme über die Lage der Quellen der Marcia, denn der Höhenunterschied dieser Quellen und der Quellen der Claudia ist völlig gleich Null zu setzen.

Von der Aqua Augusta sagt FRONTIN p. 48: *Augustus in supplementum Marciae, quotiens siccitates egerent auxilio, aliam ejusdem bonitatis opere subterraneo perduxit usque ad Marciae rivum,*

[1]) FRONTIN spricht p. 63 von der verschiedenen Höhe, in welcher die 9 Wasserleitungen, die es zu seiner Zeit gab, bei ihrem Eintritt in die Stadt lagen, und zählt dieselben in dieser Beziehung der Reihe nach auf, wie folgt: Altissimus est Anio novus, proxima Claudia, tertium locum tenet Julia, quartum Tepula, dehinc Marcia, quae capite etiam Claudiae libram aequat. Sed veteres humiliore directura perduxerunt, sive nondum ad subtile explorata arte librandi (die Kunst des Nivellirens), seu quia ex industria infra terram Aquas mergebant, ne facile ab hostibus interciperentur..... Sextum tenet librae locum Anio vetus ..... Sequitur hujus libram Virgo, deinde Appia, quae, cum ex urbano agro perducerentur, non in tantum altitudinis erigi potuerunt. Omnibus humilior Alsietina est, quae transtiberinae regioni et maxime jacentibus locis servit.

quae ab inventore appellatur Augusta. Nascitur ultra fontem Marciae; cujus ductus, donec Marciae accedat, efficit passus octingentos. »AUGUSTUS liefs zur Aushülfe in Zeiten der Dürre ein anderes ebenso kaltes Wasser der Marcia durch eine unterirdische Leitung zuführen. Diese Leitung heifst von ihrem Stifter *Aqua Augusta* [1]). Sie entspringt jenseits der Quelle der Marcia, und die Leitung ist 800 Doppelschritte lang bis sie die Marcische erreicht.« Weiter unten verschweigt FRONTIN übrigens nicht, dafs AUGUSTUS in seiner Hülfsleitung für die Marcia im Grunde etwas Ueberflüssiges gestiftet hat: denn nachdem er den Ursprung der Claudia beschrieben hat, sagt er p. 50: *Augustae fons, quia Marciam sibi sufficere apparebat, in Claudiam derivatus est, manente nihilominus praesidiario in Marciam, ut ita demum Claudiam Aquam adjuvaret Augusta, si eam ductus Marciae non caperet.* »Da es sich herausstellte, dafs die Marcische Leitung durch ihre eigenen Quellen genügend Wasser hatte, so wurde die Quelle der Augusta der Claudia zugeleitet, doch war die Vorrichtung so getroffen, dafs die Augusta nur dann zur Speisung der Claudia beitrug, wenn die Leitung der Marcia nicht alles Wasser fassen konnte.« Man sieht, dafs die Brunnenwärter nun so viel Wasser hatten, dafs sie manchmal nicht damit hin wufsten. Der Albudinus wurde bald in die Claudia, bald in die Marcia eingelassen, die Augusta mufste in die Claudia abgeleitet werden, wenn die Marcia zu voll war, und auch die Claudia war nicht im Stande, alles Wasser der Augusta aufzunehmen (*quamvis ne hujus quidem ductus omnem aquam recipiat* sagt FRONTIN p. 138). Man mufste daher manchmal einen Theil des Wassers unbenutzt ins Freie laufen lassen. — Das Wesentliche in den Stellen über die Augusta ist die bestimmte Angabe, dafs die Quelle der Augusta jenseits der Quellen der Marcia d. i. entfernter von Rom zu suchen ist, und dafs die ganze Leitung der Augusta von ihrer Quelle bis zur Leitung der Marcia nicht länger als 1600 Schritt oder $^4/_5$ Millie war. Ich mufs die Quelle des Mühlteichs vor Agosta für die Quelle der Augusta halten. Die Aqua Augusta läfst sich von dem Orte Agosta nicht losreifsen. Wir haben nur die Wahl zwischen der starken Quelle grade unter Agosta (aus welcher die Bewohner von Agosta ihr Trinkwasser holen), und der Quelle des Mühlteichs vor Agosta. Wenn nun die Quellen der Marcia da lagen, wo wir sie angenommen haben, so ist der Mühlteich vor Agosta die äufserste Entfernung, aus welcher die Aqua Augusta

[1]) Oder »diese Quelle heifst von ihrem Finder Aqua Augusta«.

hergeleitet gewesen sein kann. Leider habe ich die Entfernung vom Ponticello bis zum Mühlteich nicht abgeschritten. Auf der jetzigen Landstraſse, die wieder einen Bogen macht, scheint mir der Abstand gröſser als 1600 Schritt, es ist aber möglich, daſs der Abstand in grader Linie nur 1600 Schritt beträgt.

Die vorstehende Auslegung der Angaben Frontin's über die Quellen der Marcia und Augusta ist die ungezwungenste, welche ich mir, ohne willkürliche Aenderungen im Texte des Frontin vorzunehmen, auszudenken im Stande gewesen bin. Mich dünkt, daſs es die nächste Pflicht einer nüchternen Kritik ist, den Text zu nehmen, wie er ist, und zu versuchen, ob er sich nicht unverändert brauchen läſst. Da Frontin die Lage der Quellen der Marcia auf zweifache Weise beschreibt, so kann man die eine von beiden Beschreibungen gänzlich entbehren und auf sich beruhen lassen, wenn nur die andere deutlich ist. So lange man das 2. Drittel der Stelle über die Quellen der Marcia, von *Sublacensi* bis *ducentorum*, noch als brauchbar gelten läſst, so lange wird man wohl nicht umhin können, meiner Deutung beizupflichten.

4. Falschheit der Angaben Fabretti's über die Lage der Quellen der Aqua Marcia.

Ich komme nun zur Beleuchtung der falschen Angaben Fabretti's in Betreff der Quellen, welche er für die Quellen der Aqua Marcia gehalten wissen wollte, und werde nachweisen, daſs auf diese Quellen keine von beiden Beschreibungen Frontin's paſst. Frontin sagt, um von der Via Valeria aus den Ursprung der Marcia zu finden, müsse man vom 36. Meilensteine 3 Millien weit rechts gehn. Fabretti zeichnet auf seiner Karte (Taf. I zur zweiten Abhandlung) unterhalb der kleinen Kirche S. Maria in Arsolis, d. h. thalabwärts von derselben, 2 in der Richtung gegen SO. ausflieſsende Quellen, die er sehr wasserreich nennt (*venae uberrimae*) und von denen er p. 86 behauptet, daſs sie 3 Millien vom 36. Stein der Valeria bei S. Giorgio entfernt liegen und die Quellen der Marcia sind. Genau genommen liegen diese Quellen auf Fabretti's Karte wohl nur 2½ Millien vom 36. Stein der Via Valeria entfernt, denn der Verbindungsweg von der Valeria zur Sublacensis ging genau genommen nicht von S. Giorgio selbst, sondern von Ponte di S. Giorgio unter S. Giorgio aus (siehe oben die Beschreibung von Revillas' Karte), und die ganze Länge des Verbindungswegs betrug nur 3 Millien. Diese Kleinigkeit möchte noch hingehn, die von Fabretti gezeichneten beiden Quellen haben aber einen andern Fehler: sie sind da, wo Fabretti sie angiebt, gar nicht vorhanden. Wenn man von der Strafse nach Subiaco aus die Strafse nach Arsoli hinauffährt, ist das erste Gebäude, welches man zur Rechten der Strafse gewahrt, ein vor Kurzem aufgeführtes kleines Landhaus (*casino*), an welches eine Kapelle der heil. Philomela angebaut ist. Dies Landhaus gehört einem frommen Manne in Arsoli und heifst *casino della Filomela.* Da es mit einem Kreuz geziert ist, kann der Fremde es leicht irriger Weise für die Kirche S. Maria d'Arsoli halten. Nur deswegen erwähne ich dies Casino. Die kleine sehr unansehnliche und fast verlassene Kirche S. Maria d'Arsoli (nur einmal im Jahre wird Gottesdienst darin gehalten) liegt eine gute Strecke weiter hinauf, ebenfalls rechts von der Strafse. Ich habe zuerst am 26 December, unterhalb des Casino della Filomela anfangend, den Abhang nach Quellen durchsucht, bin dann zu dem Abhange unter S. Maria d'Arsoli weitergegangen und noch über denselben hinaus vorgedrungen, ohne die von Fabretti gezeichneten Quellen zu finden. Da es mir noch gar nicht in den Kopf wollte, dafs Fabretti, der doch den Lauf der Via Valeria und Sublacensis von ihrer Theilungsstelle an auf so tüchtige Weise erforscht hat, auf seiner Karte Quellen gezeichnet haben sollte, die nicht existiren, so nahm ich mir am folgenden Tage den Wirth der Osteria Massimi zum Führer zur nochmaligen Aufsuchung der Quellen nach Fabretti's Angabe. Wir fanden aber wieder nichts (der Führer hatte mir auch schon im voraus versichert, es gäbe unter S. Maria d'Arsoli gar keine Quellen); zur Entschädigung führte mich der Mann schliefslich zur Fonte Petrīca hinauf, deren Bekanntschaft ich auf diese Weise machte. Nachdem wir zur Osteria Massimi zurückgekehrt waren, traf ich dort am Nachmittage einen jungen Menschen aus Arsoli und erfuhr von ihm, dafs die Quelle, welche man für die Quelle der Aqua Marcia halte, mehreren Personen in Arsoli bekannt sei. Sie liege nicht unterhalb S. Maria d'Arsoli, sondern unter Arsoli, und heifse *Acqua dell' osteria del Piano.* Am sichersten würde ich diese Quelle finden, wenn ich mich von Arsoli aus hinführen liefse. Diesen Rath habe ich bei meinem zweiten Besuche in dortiger Gegend am 1 Mai befolgt, und die Acqua dell' osteria del Piano so gefunden, wie ich sie im vorigen § beschrieben habe. Diese Acqua ist ein durch einen Complex kleiner Quellen gebildeter Bach, der grade gegen S. fliefst, dessen einzelne Quellen aber offenbar aus NO. kommen, also in der Richtung gegen SW. hervorkommen. Diese Acqua ist die einzige nennenswerthe Quelle, welche in dem ganzen Thale unter Arsoli entspringt. Man kann sie allenfalls in 2 Quellen theilen, wie ich auch im vorigen § schon gethan habe. Diese Quelle wird FABRETTI im Sinne gehabt haben, als er seine Quellen unter S. Maria d'Arsoli zeichnete und beschrieb. Ich behaupte also nicht, dafs er seine angeblichen Quellen der Aqua Marcia rein aus der Luft gegriffen habe, aber ich kann gar nicht umhin, zu vermuthen, dafs er den Quellen, welche den Namen Acqua dell' Osteria del Piano führen, in seiner Zeichnung und Beschreibung eine falsche Lage gegeben hat, um sie mit einigem Schein für die Quellen der Aqua Marcia ausgeben zu können. Wer den Ort dieser Quellen richtig angiebt, kann sie unmöglich für Quellen der Marcia nach FRONTIN's Beschreibung erklären. Denn diese Quellen liegen nicht ganz 2 Millien vom 36. Stein der Via Valeria unter S. Giorgio entfernt, während bei FRONTIN 3 Millien steht. Man kann die Entfernung der Acqua dell' Osteria del Piano von der Via Valeria unter S. Giorgio mit völlig genügender Sicherheit abschätzen nach der Lage des *locus fontis Somnulae* auf der jetzigen Strafse. Die jetzige Strafse entspricht fast ganz dem alten Verbindungswege zwischen der Valeria und Sublacensis. Noch jetzt heifst eine Gegend dieser Strafse, da wo sie durch ein theils über, theils unter ihr gelegenes Gehölz von Oelbäumen an dem Abhange hinläuft, *la Sonnoletta.* Herr FRANC. MARCELLI (mein Wirth in Arsoli) ist der Eigenthümer dieses Gehölzes. Durch dies Gehölz stürzt der von dem freien Arm der Fonte Petrīca gebildete Bach rauschend herab; an der Stelle, wo er die Strafse schneidet, ist er natürlich unter derselben durchgeleitet. (Ich vermuthe, dafs diese Stelle der *locus fontis Somnulae* im engsten Sinne ist, von dem FABRETTI fand, dafs er genau 2 Millien [*duobus ad unguem milliaribus*] von der Via Valeria unter S. Giorgio entfernt lag. Nach dieser Vermuthung wäre der *fons Somnulae* die hoch vom Berge als Bach herabkommende Fonte Petrīca. Doch dies ist Nebensache.) Die Hauptsache, auf welche es hier allein ankommt, ist, dafs Jeder, der von der Acqua dell' Osteria del Piano aus nach der Gegend der Sonnoletta hinblickt, sich überzeugt, dafs, wenn die Sonnoletta nur 2 Millien von der Via Valeria entfernt ist, diese Acqua noch weniger als 2 Millien von der Via Valeria entfernt ist.

Es scheint mir nun überflüssig, noch darauf aufmerksam zu machen, dafs die Acqua dell' Osteria del Piano 123′ höher liegt als die grofse Serena, während FRONTIN berichtet, der Ursprung der Marcia habe in gleicher Höhe mit dem der Claudia gelegen; ferner dafs diese Quelle weder kalt noch wasserreich genug ist, um eine anständige Wasserleitung speisen zu können. Es genügt, gezeigt zu haben, daſs wo Fabretti die Quellen der Marcia gezeichnet hat, gar keine Quellen vorhanden sind, und daſs die einzige Quelle, welche ihm den Vorwand zu seiner Zeichnung gegeben haben kann, nicht 3 Millien, sondern kaum 2 Millien vom 36. Stein der Via Valeria unter S. Giorgio entfernt liegt. Fabretti's angebliche Quellen der Aqua Marcia sind also unvereinbar mit der Beschreibung, welche Frontin von der Lage derselben von der Via Valeria aus macht; daſs sie auch nicht auf die Beschreibung von der Via Sublacensis aus passen, bedarf kaum der Erwähnung: denn der 38. Stein der Sublacensis liegt reichlich 3 Millien von der Acqua dell' Osteria del Piano entfernt. Es verdient aber erwähnt zu werden als ein weiterer Beweis für die Leichtfertigkeit, deren Fabretti sich in diesem Theil der Untersuchung schuldig gemacht hat, daſs er sich auf die Erörterung der Beschreibung, welche Frontin von der Sublacensis aus macht, gar nicht einläſst, und es überhaupt gar nicht ausspricht, daſs die beiden Beschreibungen Frontin's unvereinbar mit einander sind.

Der Vollständigkeit wegen erwähne ich noch, daſs Fabretti die Quelle der Aqua Augusta im Lago di S. Lucia suchte und, nachdem er einmal die Quellen der Marcia in das Seitenthal von Arsoli gelegt hatte, auch nicht wohl umhin konnte, diese an sich höchst unwahrscheinliche Meinung aufzustellen. Denn Frontin sagt: *nascitur ultra fontem Marciae etc.* Wenn man sich also einmal für eine oder die andere Lage der Quelle der Marcia entschieden hat, so muſs man die nächste groſse Quelle für die der Augusta erklären. Weiter hinaufzugehn über die Acqua dell' Osteria del Piano hinaus nach Arsoli oder rechts neben Arsoli hin war unthunlich; Fabretti muſste ins Teveronethal zurückgehn und sich an die nächste groſse Quelle halten, die er aufwärts gehend traf. Das war der Lago di S. Lucia. Diesen Lago hatte freilich Fabretti's Vorgänger in der Untersuchung dieser Alterthümer, der Deutsche Lucas Holstein, mit groſser Wahrscheinlichkeit für den Fons Caeruleus der Claudia erklärt [1]), aber wenn Holstein irgend eine Meinung aufgestellt hatte, so war dies für Fabretti eher ein Grund, sich gegen als für dieselbe auszusprechen. Man sieht Fabretti in der ganzen zweiten Abhandlung von lebhafter Eifersucht auf Holstein geplagt. In einigen Punkten kann er nicht

[1]) L. Holstenii Annot. in Ital. Antiq. Cluverii. Romae 1666. 8. — Die Italiäner nennen unsern Landsmann L'Olstenio.

umhin, ihm beizupflichten, in andern Punkten widerlegt er ihn mit guten Gründen, aber einige Male sucht er ihn auch ohne allen Grund zu verkleinern und zu hänseln. Nachdem ich genöthigt gewesen bin, Fabretti zu beschuldigen, dafs er durch Zeichnung und Schrift falsche Angaben über die Acqua dell' Osteria del Piano gemacht habe, um diese Quelle für die der Marcia ausgeben zu können und dem Leser aufzubinden, dafs Frontin's Beschreibung auf diese Quelle passe [1]), wird man mich fragen, und ich habe mich selbst gefragt, welcher Beweggrund Fabretti zu einem seiner übrigen höchst schätzbaren Leistungen so unwürdigen Schritte getrieben haben könne? Ich weifs keine andere Erklärung, als dafs vielleicht die Sucht, neue, von den Holstein'schen abweichende Ansichten zu begründen, den Italiäner zur Entstellung der Wahrheit hingerissen hat. Ich werde weiter unten die Meinung Holstein's über die Lage der Quellen der Aqua Marcia, Augusta und Claudia mittheilen, und der Leser wird sich überzeugen, dafs sie eine äufserst verständige und naturgemäfse war und noch jetzt ein ganz anderes Anrecht auf unsere Beachtung hat als die Verdrehungen Fabretti's.

Nachdem Fabretti's Behauptungen über die Quellen der Marcia beseitigt sind, entsteht zunächst die Frage, ob denn Frontin's Beschreibung dieser Quellen von der Via Valeria aus zu nichts führt? Diese Beschreibung lautet: *Concipitur Marcia Via Valeria ad milliarium XXXVI, diverticulo euntibus ab urbe Roma dextrorsus millium passuum III.* Liegt denn 3 Millien rechts vom 36. Stein der Valeria keine Quelle? Vom 36. Stein der Valeria ging der Verbindungsweg zur Sublacensis ab und dieser Verbindungsweg war 3 Millien lang. Er ging über den *pons Scutonicus* (No. 12 auf Fabretti's Karte) und stiefs unter Roviano unter einem spitzen Winkel auf die Via Sublacensis. Hier liegen keine Quellen. Denkt man sich auch den Verbindungsweg senkrecht auf die Via Sublacensis zugehend, wie es die jetzige Chaussee thut, die bei No. 16 der Fabretti'schen Karte auf die Strafse nach Subiaco trifft, so findet man an der Verbindungsstelle beider Strafsen auch keine Quelle. Defshalb habe ich schon

[1]) Diese Beschuldigung ergiebt sich unabweislich aus meinem Befund der Oertlichkeit. Von einem Versehn Fabretti's kann gar keine Rede sein. Der ganze Verbindungsweg von der Valeria zur Sublacensis war nur 3 Millien lang. Der Mann, der so genau die Entfernung von 2 Millien bis zum *locus fontis Somnulae* mit dem am Rade seines Wagens angebrachten Mefsinstrumente abgefahren hatte, konnte sich unmöglich bei einer Ortsbestimmung in der Nähe des Verbindungswegs um 1 Millie irren. So einfältig war Fabretti nicht.

oben kurz bemerkt, daſs die Beschreibung, welche Fabretti von der Via Valeria aus macht, unbrauchbar ist.

5. Untersuchung der Stelle über die Aqua Marcia in den Handschriften des Frontin.

Ich bin dem Leser noch nähere Auskunft über die Handschriften des Frontin schuldig, und über den Grund, weſshalb ich auf die Handschriften selbst zurückzugehn für nöthig hielt. Fast jeder Schriftsteller liest die Stelle über die Quellen der Marcia anders, der eine nach dieser, der andere nach jener schlechten oder guten Ausgabe, die ihm grade zur Hand war. Man sehe z. B. die seltsame Lesart, Interpunction und Auslegung, welche Westphal (Röm. Kamp. p. 117) seinen Lesern auftischt. Gegenüber solchen Auslegungen muſs doch, wer der Sache auf den Grund kommen will, wissen, was die Handschriften erlauben und was sie verbieten. Aus Poleni's Commentar p. 34 kann man freilich die Lesart der Handschriften mit Genauigkeit entnehmen, da aber Poleni nicht ausdrücklich erklärt, ob die Zahlenangaben in dieser Stelle mit Ziffern oder in Worten ganz ausgeschrieben sind, so hielt ich es doch nicht für überflüssig, die Handschriften selbst kennen zu lernen. Mein alter Freund Bethmann, der im Winter 1852-53 einmal wieder in Rom arbeitete, hat mich dabei mit Rath und That unterstützt. Es giebt nur 2 beachtenswerthe Handschriften des Frontin. Die eine befindet sich in der Bibliothek von Monte Casino unter No. 361 (*Codex Casinas*), die andere befand sich ehemals in der Bibliothek von Urbino (*Codex Urbinas*), welche schon längst eine Abtheilung der Vaticanischen Bibliothek als *Bibl. Vaticano-Urbinas* ausmacht. Der Codex Urbinas ist unter No. 1345 (nicht mehr 1150) verzeichnet. Der Casinas, auf Pergament in Quartformat geschrieben, ist etwas älter, als Poleni glaubte, der ihn an das Ende des 13. oder den Anfang des 14. Jahrhunderts setzte. Bethmann, welcher im Jahre 1846 die ganze Bibliothek von Monte Casino Stück für Stück durchmusterte, theilt mir folgende Bemerkung mit: »der Codex No. 361, Frontinus *de aquaeductibus* enthaltend, ist aus der ersten Hälfte des 12. Jahrhunderts und von der Hand des bekannten gelehrten Mönches Petrus Diaconus von Monte Casino geschrieben.« Der Urbinas ist sehr schön und deutlich auf Pergament geschrieben, aus der Mitte des 15. Jahrhunderts. Er stimmt nach Poleni's Bericht fast überall mit dem Casinas vortrefflich überein. Sowohl im Casinas als im Urbinas sind die Lücken freie Stellen, die die Schreiber offen gelassen haben [1]). Da ich den Plan, selbst Monte Casino zu besuchen, aufgeben mufste, so bat ich BETHMANN, mir eine Vergleichung der fraglichen Stelle zu verschaffen. Der gelehrte Benedictiner Herr Dr. DUDIK aus Prag hatte für BETHMANN die Gefälligkeit, die Vergleichung im Juni 1853 anzustellen. Den Urbinas habe ich schon im Januar durch BETHMANN's Vermittelung im Vatican selbst eingesehn. Das Ergebnifs der Untersuchung der Stelle über den Ursprung der Marcia in beiden Codd. ist folgendes: Beide Codices stimmen überein, in beiden sind die Zahlenangaben in Worten ganz ausgeschrieben und die Lücken freigelassene Stellen. Die ganze Stelle lautet wie sie oben S. 426 mitgetheilt ist, nämlich so: *Concipitur Marcia Via Valeria ad milliarium tricesimum sextum, diverticulo euntibus ab urbe Roma dextrorsus millium passuum trium; Sublacensi autem, quae sub Nerone principe primum strata est, ad milliarium tricesimum octavum, sinistrorsus intra passuum ducentorum fontin . . . . . . sub . . . bus petrei . . . . statim . . . . stagnimo . . . . colore perviridi.* Da der Urbinas namentlich in den Zahlenangaben und in der Lassung der Lücken mit dem Casinas genau übereinstimmt, so dürfen wir es in Betreff der vorliegenden Stelle so ansehn, als ob er aus dem Casinas abgeschrieben wäre (was er vielleicht auch ist, wenigstens ist er von demselben Stamme, dem einzigen uns bekannten). Ich sehe daher im Folgenden vom Urbinas ganz ab und spreche nur vom Casinas. Der Leser sieht nun wohl, dafs man von dem Schreiber des ältesten vorhandenen Codex nicht nach Belieben vermuthen darf, er habe sich in den Ziffern verschrieben. PETRUS DIACONUS hat sich gar nicht verschrieben, er hat die Zahlenangaben in Worten ganz ausgeschrieben und dadurch zu verstehn gegeben, dafs sie ihm in dem Codex, den er abschrieb, entweder schon in derselben Form, oder in ganz deutlichen Ziffern vorlagen. PETRUS DIACONUS hat also kein Mifsverständnifs begangen; er hat auch noch der Entstehung eines künftigen Mifsverständnisses vorgebeugt. Durch diesen Umstand wird nun allerdings die vorliegende Stelle des FRONTIN für Conjecturen nicht unerreichbar. Man mufs aber mit seiner Conjectur in eine ältere Zeit hinaufgehn, aus

[1]) Nach POLENI's Bericht giebt es noch einen sehr fehlervollen Codex in der Vaticana No. 4498, auf Pergament, ebenfalls aus der Mitte des 15. Jahrhunderts. Ferner hat BETHMANN kürzlich eine Notiz gefunden, dafs in Neapel bei den PP. Theatini ad SS. Apostolos ein sehr sauber geschriebener Codex, aber aus dem 16. Jahrhundert, von der Hand eines *homo Gallicanus* sich befinden soll. Was wird es anderes sein, als eine Abschrift des Casinas?

der keine Handschriften mehr vorliegen. Ohne Zweifel haben die ältesten Codices die Zahlenangaben nicht in Worten, sondern in Ziffern enthalten, und zur Zeit, als die Zahlenangaben noch in Ziffern geschrieben wurden, mufs ein Abschreiber eine der Zahlen verdorben haben: denn die Beschreibung von der Via Valeria aus ist unvereinbar mit der Beschreibung von der Sublacensis aus, und kann so wie sie dasteht nicht von Frontin geschrieben sein. Man mufs also

entweder die Beschreibung von der Sublacensis aus in Uebereinstimmung bringen mit der Beschreibung von der Valeria aus. Dies hat Poleni zu thun versucht, indem er vorschlug, statt *Sublacensi autem .... ad milliarium XXXVIII* zu lesen *ad milliarium XXXVI.* Der 36. Stein der Sublacensis wird an der Stelle gelegen haben, wo der 3 Millien lange Verbindungsweg von der Valeria her auf die Sublacensis stiefs (siehe Westphal's Wegekarte des alten Latium). Nun stimmen also beide Beschreibungen zusammen. Diese Vermuthung ist aber nutzlos, weil es an dieser Stelle keine Quellen giebt.

oder man mufs die Beschreibung von der Valeria aus in Uebereinstimmung bringen mit der Beschreibung von der Sublacensis aus, indem man statt *millium passuum III* liest *millium passuum V.* Dadurch gelangt man auf der Sublacensis 2 Millien weiter also zum 38. Stein (siehe Westphal's Wegekarte), und unweit dieses Steines liegen die Quellen. Diese Berichtigung des Textes ist dem Vorstehenden zufolge die einzig zulässige. Es hat den Anschein, dafs Poggius, der den ersten Druck von Frontin's Schrift nach dem Codex Casinas herausgab († 1459), diese Berichtigung zu machen beabsichtigt hat. Denn Poleni sagt p. 34, in der *editio princeps* stehe *millium passuum VI.* Wenn die Zahl bei Poggius nicht vielleicht ein blofser Druckfehler statt *III* ist, so hat Poggius die Absicht gehabt, die Beschreibung von der Valeria aus auf die Beschreibung von der Sublacensis aus zurückzuführen, und er ist nur 1 Millie zu weit gegangen: denn mit *VI* kommt er zum 39. Stein der Sublacensis.

Ich höre hier von philologischer Seite den Einwurf: »Die deiner Meinung nach einzig zulässige Berichtigung ist sprachlich unzulässig; *diverticulum* bedeutet einen Nebenweg, und in diesem besondern Falle den Verbindungsweg, der vom 36. Stein der Valeria zur Sublacensis ging, und der nur 3 Millien lang war. Man kann also keine höhere Zahl als *III* annehmen.« Dagegen habe ich zweierlei zu erwidern.

a) Der Ablativ *diverticulo* braucht wohl nur die Bedeutung eines Adverbiums zu haben und läfst sich durch »abwärts« übersetzen. In dieser Stelle soll es vielleicht weiter nichts heifsen als vom 36. Stein der Valeria so und so viel Millien abwärts, ganz abgesehn davon, ob man das Ziel auf einem gebahnten oder ungebahnten Wege erreicht. Uebrigens fehlt es ja auch an einem gebahnten Wege am Ende der 3. Millie nicht: denn der Verbindungsweg läuft auf die Via Sublacensis aus, setzt sich in dieselbe fort, die weitern 2 Millien kann man daher auf die Via Sublacensis rechnen.

b) Angenommen, *diverticulum* bedeute nothwendig und stets einen Nebenweg, so kann man doch auf diesem Nebenwege 5 Millien weit gelangt sein, zur Zeit nämlich, als die Heerstrafse nach Sublaqueum und der Verbindungsweg von der Valeria zur Sublacensis noch gar nicht gebaut waren. Man vergegenwärtige sich nur, was Frontin mit seiner Beschreibung der Lage der Quellen der Marcia von der Via Valeria aus hat sagen wollen. Als Frontin sein Buch schrieb, war die Via Sublacensis schon beinahe 40 Jahre im Gebrauch. Damals fiel es sicher keinem Menschen mehr ein, erst auf der Via Valeria bis zum 36. Stein zu fahren, um von da aus die Quellen der Marcia zu erreichen, sondern Jedermann fuhr von der Station Ad Lamnas ab die Via Sublacensis und gelangte nach 5 Millien zum 38. Stein, dem Orte der Quellen. Die Beschreibung der Lage der Quellen von der Via Valeria aus ist nur als eine historische Notiz anzusehn, die Frontin in den Acten des Officium Aquarum vorfand, über die Art und Weise, wie man in frühern Zeiten zu den Quellen der Marcia gelangt sei. Man fuhr auf der Via Valeria bis zum 36. Steine, und von da auf einem Nebenwege rechts ab 5 Millien. Ein Nebenweg d. i. ein gewöhnlicher Fahrweg mufste schon da sein seit der Anlegung des Aquäducts durch den Prätor Marcius: denn man mufste doch von der Via Valeria aus Bausteine und Cäment nach dem Ort der Quellen gefahren haben. — Auf diese Weise verschwindet der von der Bedeutung des Wortes *diverticulum* hergenommene Einwand gegen die Zulässigkeit der Verwandlung der *III* in eine *V*.

Meine Meinung über den Text des Frontin, wo er von den Quellen der Marcia handelt, läfst sich nun ganz kurz so zusammenfassen: Da Frontin 2 Beschreibungen von der Lage der Quellen macht, von denen die erste unbrauchbar, die zweite aber deutlich und brauchbar ist, so halte man sich lediglich an die zweite und bekümmere sich um die erste gar nicht. Will man sich aber das Vergnügen nicht versagen, beide Beschreibungen durch eine Conjectur in Einklang zu bringen, so ändere man weiter nichts, als die *III* in eine *V*.

6. Eine freiere Ansicht über die Lage der Quellen der Aqua Marcia, Augusta und Claudia.

Nachdem ich bis jetzt strenge die Regeln einer nüchternen Kritik befolgt habe, bitte ich um die Erlaubnifs, nun auch noch eine freiere Auffassung der in Frontin's Schrift gegebenen Nachrichten über die Quellen der Marcia vortragen zu dürfen. Ich will dies dadurch thun, dafs ich die alte Ansicht Lucas Holstein's über die Lage der Quellen der Marcia, Augusta und Claudia durch Gründe des gesunden Menschenverstandes und durch meine physikalischen Beobachtungen über die Quellen zwischen Arsoli und Agosta zu begründen suche und dabei auf die Nummer des 38. Meilensteines bei Frontin weniger Gewicht lege. Als Holstein im Jahre 1666 seine Annot. in Ital. antiq. Cluverii schrieb, war der Ort des 38. Steines der Sublacensis noch nicht bekannt. Holstein hatte nur den Frontin gelesen und die Quellen im Teveronethal besucht, und sprach nun (p. 129) ganz kurz folgende Ansicht aus: Zuerst komme für den Herabsteigenden die Aqua Augusta grade unter Agosta (unsere starke Quelle grade unter Agosta); dann 700 Doppelschritte weiter die Quelle der Marcia, jetzt die Quelle des Mühlteichs. Die Quellen der Claudia seien die grofse Serena (*fons Curtius*) und der Lago di S. Lucia (*fons Caerulus*). — Diese Ansicht ist eine ganz gesunde: denn da der Prätor Marcius der Erste war, der ins Teveronethal kam, um Quellwasser von dort nach Rom zu leiten, so wäre er doch ein Thor gewesen, wenn er sich nicht die allerbeste ausgesucht hätte. Die allerbeste d. i. die reichste und kälteste zugleich ist aber die Quelle des jetzigen Mühlteichs vor Agosta. Wie wird sich Marcius nur damit befafst haben, 2 Paare weniger reicher und etwas weniger kalter Quellen gegenüber dem jetzigen Marano zu fassen und zusammenzuleiten, wenn er kaum 1 Miglie weiter hinauf die gröfste Masse des kältesten Wassers auf einem Fleck haben konnte? War die Quelle des Mühlteichs die Quelle der Marcia, so hatte diese beim Eintritt in das obere Ende der Leitung im hohen Sommer die Temperatur 9°.4, folglich kam sie, wenn wir 1°.75 Annäherung bis Rom rechnen, mit nur 11°.15 Wärme (statt der obigen 11°.5) in Rom an. Als Augustus die Marcia unnöthiger Weise verstärken wollte, liefs er die nächste jenseit der Marcia gelegene Quelle hinzuleiten. Diese ist etwas wärmer, sie hatte am 1 Mai 9°.8, am 1 August vermuthlich 9°.9. Das

Gemisch der alten Marcia mit der Augusta hatte folglich im obern Ende der Leitung $\frac{9°.4 + 9°.9}{2} = 9°.65$. Betrug die Annäherung bis Rom 1°.75, so kam die Marcia seit ihrer Verstärkung durch die Augusta im hohen Sommer in Rom mit 11°.4 an, also 0°.25 wärmer als früher. Eine so geringe Temperaturerhöhung wird von den Wassertrinkern schwerlich bemerkt worden sein. Auch so war die Marcia in Rom noch ein wenig kälter als die Claudia, welche nach unserer Berechnung 11°.75 hatte. — Nun war in dem Strich grofser und kalter Quellen zwischen dem jetzigen Arsoli und Agosta noch eine mächtige und sehr kalte Quelle vorhanden, die grofse Serena. Als CALIGULA den Plan fafste, eine neue Wasserleitung zu bauen [1]), die durch die Höhe ihrer Lage beim Eintritt in die Stadt alle frühern übertreffen sollte, und sich seine Beamten ins Teveronethal begaben, wo es noch mehrere unbenutzte Quellen gab, da legten sie natürlich die Hand auf die grofse Serena als die beste vorhandene (*fons Curtius*). Weil es ihnen aber auch um eine möglichst grofse Wassermenge zu thun war, nahmen sie noch den Quellencomplex hinzu, der jetzt unter dem Namen Lago di S. Lucia bekannt ist (*fons Caerulus*). Die Claudia wurde dadurch so reich, dafs sie etwas mehr Wasser lieferte als die Marcia. Die Kälte des Marcischen Wassers konnten sie freilich nicht ganz erreichen. Die Claudia kam aber in dieser Beziehung der Marcia am nächsten oder sehr nahe, *bonitatis proxima est Marciae* sagt FRONTIN p. 52. — Auf diese Weise waren die kältesten und reichsten Quellen im Teveronethal für die Leitungen der Marcia und Claudia vollständig benutzt, und zwar in der Reihenfolge, wie sie es ihrer Natur nach verdienten: zuerst die Quelle des Mühlteichs, zu der AUGUSTUS später noch die nächste jenseit gelegene hinzunahm; dann die grofse Serena, der man den Lago di S. Lucia zugesellte.

Man wird gegen diese Deutung der Quellen nur das einzuwenden haben, dafs ihr zufolge der Ursprung der Marcia in die Nähe des 39. Steines der Sublacensis zu liegen komme, während FRONTIN denselben an den 38. Stein knüpfe. Sind wir denn aber so gewifs, auch selbst nur in dem 2. Drittel der Stelle über die Quellen der Marcia FRONTIN's wirkliche Angaben zu besitzen? Man bedenke doch, dafs wir im Grunde nur Einen Codex des FRONTIN haben (denn nach dem Casinas lehrt der Urbinas nichts Neues) und dafs dieser einzige

[1]) CALIGULA (37-41) begann und sein Nachfolger CLAUDIUS vollendete den Bau der Aqua Claudia.

Codex volle 1000 Jahre jünger ist als die Urschrift. Und gegen eine Zahlenangabe in einem solchen Codex sollte man nicht wagen dürfen, mit sachlichen Gründen in die Schranken zu treten? Das hieſse doch wahrlich das Ansehn des Buchstabens überschätzen. Wichtiger als die Angabe der Nummer des Meilensteins bei Frontin erscheint uns von dem jetzt eingenommenen Standpunkte aus die Frage, ob die übrigen Nachrichten, welche sich bei Frontin über die Quellen der Marcia und Augusta finden, sich mit der Behauptung, daſs die Mühlteichquelle die Quelle der Marcia und demzufolge die starke Quelle grade unter Agosta die der Augusta sei, ungezwungen vereinigen lassen.

a) Wir wissen, daſs Frontin sagt, beim Eintritt in die Stadt liege freilich die Leitung der Marcia unter der Leitung der Claudia, an ihrem Ursprunge liege sie jedoch ebenso hoch wie die der Claudia. Nach meinen Messungen kommt die Mühlteichquelle 43′ höher hervor als die groſse Serena. Folgt nun aus dieser Höhenverschiedenheit, daſs die Mühlteichquelle nicht die Quelle der Marcia gewesen sein kann? Gewiſs nicht, der Unterschied ist zu gering. Auch hat Frontin wohl eigentlich sagen wollen, der Ursprung der Marcia liege nicht niedriger als der Ursprung der Claudia. Wir sind nicht genöthigt, seinen Ausspruch so scharf zu verstehn, daſs der Höhenunterschied beider Ursprünge = Null sei.

b) Frontin sagt, die ganze Länge der Leitung der Augusta von der Quelle bis zur Stelle, wo sie die Leitung der Marcia erreicht, betrage 800 Doppelschritte. Nun giebt Holstein die Entfernung der starken Quelle grade unter Agosta von der Mühlteichquelle zu 700 Doppelschritten an, Fabretti versichert dagegen p. 69, diese Entfernung betrage nicht ganz 500 Doppelschritte. Es kommt aber gar nicht darauf an, ob die Entfernung der beiden Quellen von einander 700 oder 500 Doppelschritte oder selbst noch weniger beträgt. Ein Aquäduct, der von der Quelle grade unter Agosta ausging, konnte doch die Länge von 800 Doppelschritten haben, bis er (nicht die Quelle, sondern) den Aquäduct der Marcia erreichte. Eine Quelle, die für die der Augusta gehalten werden soll, darf nur nicht mehr als 800 Doppelschritte von der Quelle der Marcia entfernt sein, wohl aber weniger.

c) Eine andere Frage ist, ob die Angabe Frontin's, das Wasser der Augusta sei von derselben Güte, d. h. ebenso kalt wie das der Marcia, sich vereinigen läſst mit unserm Befunde, daſs die starke Quelle grade unter Agosta am 1 Mai 0°.5 wärmer war als die Quelle des Mühlteichs? Für den messenden Physiker macht ein halber Grad etwas aus, aber im gemeinen Leben ist dieser Unterschied doch eigentlich kein Gegenstand. Dieser Umstand allein ist nicht im Stande, die Ansicht, dafs die Augusta grade unter Agosta entsprungen sei, zu entkräften.

d) Ein kleiner Umstand in Frontin's Ausdrucksweise scheint gradezu für die Mühlteichquelle und gegen die 2 Quellenpaare gegenüber Marano zu sprechen. Frontin spricht an keiner Stelle von *fontes Aquae Marciae* in der Mehrzahl, sondern er spricht, freilich nur einmal, von »der Quelle« in den uns bekannten Worten: »*nascitur ultra fontem Marciae*«. Die allgemeine Gewohnheit, von *fontes Aquae Marciae* zu reden, schreibt sich nur aus Fabretti's grundlosen Angaben her. Ich behaupte nicht, dafs der Mühlteich nicht durch mehrere Quellen gespeist werde, am obern Rande desselben strömt aber die Hauptquelle mit solcher Macht aus dem Gestein in den Teich hinein und dieser Teich macht so sehr den Eindruck eines abgerundeten Ganzen, dafs der Beschreiber sich gar nicht veranlafst fühlt, die Quelle in mehrere zu zerlegen. Dieser Teich braucht nur mit einem Gewölbe bedeckt zu werden und die schönste Brunnenstube (Cisterne) für einen Aquäduct ist fertig. In dieser Cisterne mufste Nero prächtig schwimmen können [1]).

Doch genug der Worte. Aus den vorstehenden Erwägungen scheint mir hervorzugehn, dafs wenn wir von der Nummer des Meilensteins bei Frontin absehn, die übrigen Angaben Frontin's sich recht gut mit der durch sachliche Gründe empfohlenen Annahme vereinigen lassen, dafs die Marcia aus der Quelle des jetzigen Mühlteichs entsprungen sei. Die alte Ansicht unseres Landsmannes Holstein darf sich auch jetzt noch sehn lassen.

[1]) Tacitus erzählt Annal. XIV, 22: Iisdem diebus nimia luxus cupido infamiam et periculum Neroni tulit, qua fontem aquae Marciae ad urbem deductae nando incesserat; videbaturque potus sacros et caerimoniam loci corpore loto polluisse. Secutaque anceps valetudo iram deum affirmavit. Ich erkenne willig an, dafs diese Erzählung gar nichts beweist für die Mühlteichquelle: denn wenn die Marcia auch aus den beiden Quellenpaaren gegenüber Marano zusammengeleitet war, so war die Cisterne, aus welcher die eigentliche Leitung ihren Ursprung nahm, sicher geräumig genug, dafs man darin herumschwimmen konnte. Und dann kam es Nero auch gar nicht auf langes Schwimmen an, sondern nur darauf, die Römer durch einen Akt des Uebermuthes zu ärgern. Ich wollte die Stelle des Tacitus nur gelegentlich hier anführen und hinzufügen, dafs es meines Wissens gar keine Stellen anderer Classiker giebt, aus denen man etwas Bestimmtes über die Lage der Quellen der Marcia entnehmen kann. Wir sind eben auf Frontin allein angewiesen.

Dieser § ist länger geworden als ich wünschte. Er konnte aber nicht kürzer gefafst werden, wenn sich die Ergebnisse mit überzeugender Klarheit herausstellen sollten.

Ergebnisse.

I. Fabretti's Angaben über die Quellen der Marcia haben sich als grundlos erwiesen.

II. Die Lage der Quellen oder der Quelle der Aqua Marcia läfst sich bis auf 1 Millie genau angeben. Hält man sich streng an den Text Frontin's, wie er überliefert ist, so lagen die Quellen 400 Schritt links vom 38. Stein der Via Sublacensis. In diesem Fall entsprang die Marcia aus den S. 398 beschriebenen 2 Quellen schräg gegenüber Marano, zu denen man noch die 270 Schritt weiter hinauf gelegenen beiden Quellen am Ponticello hinzunehmen kann. Hält man sich nicht für verbunden, an die Richtigkeit der Nummer des Meilensteins bei Frontin zu glauben, so sprechen überwiegende sachliche Gründe für die Quelle des Mühlteichs vor Agosta. In diesem Falle entsprang die Marcia unfern dem 39. Stein der Via Sublacensis, vielleicht auch 400 Schritt zur Linken. Apodiktisch beweisen läfst sich weder die eine noch die andere Meinung. Man mufs sich damit begnügen, dafs die Unsicherheit unserer Kenntnifs der Lage des Ursprungs der Marcia nicht gröfser ist als 1 Millie, und dafs diese kleine Unsicherheit die Sicherheit des folgenden Ergebnisses, welches die Hauptsache ist, nicht im Geringsten beeinträchtigt.

III. Durch die Marcische Leitung kam die erste abnorm kalte Quelle aus dem Strich zwischen Arsoli und Agosta nach Rom. Das Marcische Wasser hatte bei seiner Ankunft in Rom im heifsesten Sommer höchstens 11°.5 Wärme, es war also sicher volle 4° kälter als die übrigen den Römern zu Gebote stehenden Trinkwasser. Diese Nachweisung giebt der Vorliebe der Römer für dieses Trinkwasser eine sachliche Grundlage. Aus dem Umstande, dafs das Marcische Wasser ein sehr kaltes und klares Trinkwasser war, folgt freilich nicht, dafs es ein in allen Beziehungen vollkommenes Wasser war. Das hat schon der vorurtheilsfrei prüfende Grieche aus Pergamus den Römern gesagt.

Schliefslich werfen wir noch einen

Blick auf die Angaben NIBBY's und auf CANINA's Karte.

Nachdem ich die vorstehende Abhandlung beendigt hatte, verschaffte ich mir A. NIBBY Analisi storico-topografico-antiquaria della carta de' dintorni di Roma. 3 Voll. Roma 1837. 8., um einmal zu sehn, wie weit die Angaben dieses berühmten weiland Professors der Archäologie an der römischen Universität mit meinen Ergebnissen übereinstimmten. In NIBBY's Werke sind die Gegenstände artikelweise abgehandelt und die Artikel in alphabetischer Folge geordnet. Ich habe aus den in Klammern angeführten Stellen Folgendes zusammengestellt:

NIBBY, der im Jahre 1825 jene Gegend untersucht hat, ist freilich damit einverstanden, dafs die alte Station Ad Lamnas, welche 33 Millien von Rom gerechnet wurde, an der Stelle der heutigen Osteria ferrata gelegen habe (II, 36), er leugnet aber, dafs an dieser Stelle die Via Valeria links ab über Riofreddo nach S. Giorgio gegangen sei (III, 643), weil dieser Weg keine Spuren von *lavoro antico* bewahre. Dagegen wissen wir, dafs nicht allein FABRETTI gegen 1680 vor und in Riofreddo Felsdurchschneidungen, Lavapflasterung und eine schön erhaltene Randeinfassung entdeckt, sondern dafs auch der Deutsche WESTPHAL gegen 1829 bei Riofreddo »das erste alte Pflaster seit Tivoli« wiedergesehn hat. Wenn nun NIBBY, der nahe um dieselbe Zeit wie WESTPHAL, nur vielleicht 1 oder 2 Jahre früher, des Weges kam, keine Spuren altrömischer Arbeit bemerkt hat, so beweist dieser Umstand nur, dafs NIBBY nicht recht zugesehn hat, er ist aber nicht entfernt im Stande, das übereinstimmende Zeugnifs von FABRETTI und WESTPHAL zu erschüttern. — NIBBY läfst also die Via Valeria ungetheilt im Teveronethal bis zum 35. Stein, den er unter dem heutigen Roviano setzt (III, 645. I, 269), fortgehn [1]) und nimmt an, dafs erst bei diesem Stein die Via Sublacensis von der Valeria ihren Ursprung genommen habe, während er die Valeria links gen Arsoli und S. Giorgio weiter gehn läfst. Der nächste Stein der Valeria nach der Theilung war hiernach der 36., und der erste Stein der Sublacensis war ebenfalls der 36. Fragt man sich nun, wie weit die 36. Steine beider Strafsen von einander gelegen haben mögen, so ist die Antwort: Im alleräufsersten Falle 2 Millien, wenn nämlich vom 35. Steine ab beide Strafsen, die eine links, die andere rechts

[1]) Man sehe die unten citirte Karte von CANINA, auf welcher der 35. Stein der Valeria genau an der von NIBBY angegebenen Stelle steht.

unter einem rechten Winkel abgegangen wären. Dann hätte der Richtungsunterschied beider Strafsen 180° betragen, d. i. eine grade Linie gebildet. Dieser äufserste Fall ist aber gar nicht anzunehmen, auf Canina's Karte gehn die beiden Strafsen sogar unter einem sehr spitzen Winkel auseinander, so dafs die beiden 36. Steine daselbst nicht einmal ½ Millie von einander abstehn. Wir wollen einen mittlern Abstand annehmen, also uns vorstellen, die beiden 36. Steine, welche sich Nibby denkt, seien 1 Millie von einander entfernt. Was erzählt Nibby nun von der Lage der Quellen der Marcischen Leitung? Wörtlich Folgendes (II, 296): »Zufolge der Angabe Frontin's entsprang diese Leitung der Via Valeria nach beim 36. Stein und zwar 3 Millien weit rechts von demselben; der Via Sublacensis nach beim 36. (*sic*) Stein, 100 (*sic*) Doppelschritte links.« Wir bemerken, dafs Nibby der Conjectur Poleni's folgt, welcher die Lesart der Codices: *Sublacensi autem .... ad milliarium XXXVIII* in *XXXVI* verwandeln zu müssen glaubte, um die beiden Beschreibungen mit einander in Einklang zu bringen, indem er, wohlgemerkt, dabei von der Voraussetzung ausging, dafs der 36. Stein der Valeria unter S. Giorgio lag, und von dem 36. Stein der Sublacensis um die Länge der Verbindungsstrafse, nämlich 3 Millien, entfernt war. Es scheint Nibby völlig entgangen zu sein, dafs Poleni's Conjectur aus diesem Grunde gar nicht in seinen Kram pafst, indem er ja von einer ganz andern Voraussetzung über den Lauf beider Strafsen ausgeht. Wir bemerken ferner, dafs die Zahl 100 ein Druckfehler statt 200 ist. Wo liegen nun die Quellen der Marcia nach dieser sogenannten Beschreibung Frontin's? Gehn wir mit Nibby vom 36. Stein seiner Via Valeria 3 Millien weit rechts, so kommen wir etwa 2 Millien rechts über den 36. Stein seiner Sublacensis hinaus, und doch sollen die Quellen 100 Doppelschritte links von dem 36. Stein seiner Sublacensis liegen. Weit entfernt, diesen schreienden Widerspruch zu bemerken oder zuzugestehn, giebt Nibby im Gegentheil dem Leser einige Zeilen weiter (II, 297) die gemüthliche Versicherung: »Die Beschreibung, welche Frontin vom Ursprung der Marcia macht, ist so genau (*di tale esattezza*), dafs man, da der Lauf der Via Valeria und Sublacensis bekannt ist, in der angegebenen Entfernung den Ursprung noch jetzt im Thale von Arsoli findet, dergestalt dafs man das Wasser von Neuem fassen und wieder nach Rom führen könnte. Auch hat eine jetzt verlassene Kirche rechts von der Strafse nach Arsoli den Namen *S. Maria dell' acqua Marcia* seit unvordenklicher Zeit.« Seine Angabe über den eigentlichen Ort der Quellen der Marcia entlehnt Nibby also aus FABRETTI's Karte und Beschreibung, denen zufolge die Quellen unter S. Maria in Arsolis ganz nahe rechts unter der Strafse liegen. Diese Strafse ist aber NIBBY's Valeria, sein 36. Stein fällt ungefähr in die Gegend der Kirche S. Maria und von diesem Stein ab sollen die Quellen ja 3 Millien rechts liegen! Sehr hübsch ist auch der Zusatz »seit unvordenklicher Zeit«, als ob es vor dem Jahre 1680 irgend Jemand eingefallen wäre, die Quellen der Marcia in das Seitenthal von Arsoli zu verlegen, und als ob das von eiteln Arsolitanern nachträglich hinzugefügte Anhängsel »dell' acqua Marcia« für den Alterthumsforscher irgend etwas bewiese.

NIBBY's Angaben über die Lage der Quelle der Augusta schliefsen sich den vorstehenden Faseleien über die Marcia auf die würdigste Weise an. Wir merken uns, dafs er den Aquäduct der Marcia aus dem Seitenthal von Arsoli herkommen läfst, dafs dieser Aquäduct also seiner Vorstellung nach etwa beim 35. Stein seiner Valeria oder wenn man will bei 35½ ins Teveronethal eintritt, und dafs erst hier der Aquäduct der Augusta an den der Marcia herantreten konnte. An einer Stelle (II, 299) erzählt NIBBY, die Leitung der Augusta sei bis zu ihrer Einmündung in die Marcia 800 Doppelschritte nach FRONTIN lang gewesen. An einer andern Stelle, nämlich unter dem Artikel Agosta oder Castellum Augustae (I, 287) sagt er aber wörtlich: »Der Ort verdankt seinen Ursprung den Mönchen von Subiaco und seinen Namen der Aqua Augusta, die von AUGUSTUS der Marcia zugeleitet wurde. Dieses Wasser kommt mit solcher Klarheit am Fufse des Castellum hervor, dafs das Volk es *Acqua Serena* nennt.« [1]

[1] NIBBY fährt fort: »Papst GREGOR der Grofse nennt in der Bulle vom Jahre 594, die Güter des Klosters von Subiaco betreffend, dieses Wasser als ein Eigenthum des Klosters und giebt ihm den Namen Augusta. Siehe Bullar. roman. I, 99.« Wenn das nur wahr wäre! Die Sache verhält sich aber nicht so. Ich habe in C. COCQUELINES Bullarum Romanorum Pontificum amplissima collectio. Romae 1739. fol. T. I. p. 99 die Bulle GREGOR's richtig aufgefunden (sie ist vom Jahre 596). In derselben ist allerdings eine Aqua Augustae erwähnt, aber ohne jegliche Beziehung zu dem Orte Agosta. Nun weifs, wer den FABRETTI aufmerksam gelesen hat, schon aus den von ihm p. 70 ff. angeführten Bullen, dafs es nahe bei Subiaco auch eine Aqua Augusta gegeben haben mufs. Von dieser andern Aqua Augusta ist in der Bulle GREGOR's höchst wahrscheinlich die Rede. Dasselbe gilt von der bei NIBBY erwähnten Bulle NICOLAUS I vom Jahre 863, welche in demselben Bande p. 198 steht. Hier ist auch eine Aqua Augustae als Eigenthum des Klosters genannt und aufserdem heifst es in einem besondern Absatze: Item concedimus vobis Monteno-Augustum et alterum Cervasium cum omnibus eorum pertinentiis ad aedificanda castra. In dem Namen Monteno-Augustum kann man nun allenfalls den Berg errathen, auf welchem später das Castrum

An dieser Stelle theilt NIBBY also die äufserst wahrscheinliche Meinung HOLSTEIN's, dafs die Quelle grade unter Agosta die Aqua Augusta sei. Was aus dieser Annahme mit Nothwendigkeit folgt, wissen wir, nämlich dafs die Quelle des Mühlteichs die der Marcia war. Für NIBBY folgt aus dieser Annahme aber nichts als ein neuer Widerspruch mit sich selbst, der gröbste von allen: denn Agosta liegt etwa beim 40. Meilenstein der Sublacensis. Die Leitung der Augusta mufs also, dieser Stelle zufolge, 4–5 Millien lang gewesen sein, während an der erstcitirten Stelle steht, dafs sie in der That nur 800 Doppelschritte lang war.

Offenbar reichten NIBBY's Gedanken nicht von einem seiner Artikel zum andern, oder er mufs der stillen Hoffnung gelebt haben, der Leser werde immer nur einen Artikel zur Zeit geniefsen und beim Nachschlagen eines neuen den frühern schon vergessen haben.

Was soll ich von der Karte meines Gönners CANINA sagen? Auf der von dem Architekten Cav. CANINA unter dem Titel La Campagna Romana esposta nello stato antico e moderno in 6 Blättern herausgegebenen Karte sind in dem mir vorliegenden Abdrucke vom Jahre 1848 auf sämmtlichen alten Heerstrafsen die einzelnen Millien abgesetzt. Der Mafsstab ist so grofs, dafs 1 Millie beinahe 11 Linien lang ist [1]). Was den Lauf der Via Valeria betrifft, so wissen wir schon, dafs CANINA die unzulässige Annahme NIBBY's theilt und die Valeria unter Roviano weggehn läfst. Wo und wie zeichnet er nun die Quellen? Er zeichnet die Quellen gar nicht, sondern giebt nur durch eine Inschrift in Capitalschrift den Ort an, wo der Leser sich die Quellen nach FRONTIN's Beschreibung zu denken habe. Auf diese Weise hat Herr CANINA sich der Mühe überheben können, irgend welche Localuntersuchungen über die Ursprünge der Wasserleitungen anzustellen.

Aus den Randbemerkungen am Fufs der Karte ersieht man, wie CANINA die betreffenden Stellen FRONTIN's liest und versteht. Von der Marcia heifst es, sie entspringe 3 Millien rechts vom 36. Steine der Valeria (die Beschreibung von der Sublacensis aus ist der Kürze

Augustae erbaut wurde. Aber diese Bulle beweist so wenig wie die vom Jahre 596, dafs die Quelle grade unter Agosta die Quelle der Aqua Augusta war, und darauf allein würde es uns ankommen.

[1]) Dies ist gewifs ein Vorzug. Wir wollen aber nicht vergessen, dafs WESTPHAL auf seiner Wegekarte des alten Latium freilich in kleinerm Mafsstabe, aber mit einer Schärfe und Klarheit, welche nichts zu wünschen übrig läfst, schon dasselbe geleistet hat.

wegen weggelassen). Der 36. Stein der Valeria steht bei CANINA auf der Strafse nach Arsoli, 1 Millie vor Arsoli. Die Lage der Quellen der Marcia wird nun auf folgende Weise bestimmt. Es wird von diesem Punkte aus nach rechts die Entfernung von 3 Millien mit dem Zirkel abgemessen und hier die Inschrift

SORGENTI
DELLA MARCIA

hingesetzt. Diese Inschrift geräth dadurch hoch in die Berge, aber das thut nichts, die Sache ist abgemacht. Die Inschrift, welche sich auf die Claudia bezieht, steht zufällig auch auf einem Berge. Ueber den Ursprung der Augusta fehlt jede Angabe. Dafür erwartet den Beschauer bei Agosta eine kleine Ueberraschung. Er findet hierhin den Ursprung des Anio vetus versetzt, von dem FRONTIN sagt: *Concipitur Anio vetus supra Tibur, XX milliario etc.* Das soll heifsen: etwas oberhalb Tibur, 20 Millien von Rom. Herr CANINA versteht aber 20 Millien oberhalb Tibur, also 40 Millien von Rom.

Meine Leser werden wohl an diesen beiden Proben neurömischer Forschung über die Quellen der aus dem Teveronethal hergeleiteten Wasser genug haben, und wir dürfen weiter gehn.

§ 89. Der Fuciner See. Die Quellen des Fibreno und die Quellen von S. Germano.

1. Der Fuciner See.

Wir kehren zur Sache zurück, d. i. zur weitern Verfolgung der Untersuchung über abnorm kalte Quellen in den Apenninen. Da es mehr als wahrscheinlich ist, dafs der Fuciner See zur Entstehung abnorm kalter Quellen Veranlassung giebt, so wenden wir uns zunächst zu diesem, um dann im Thal des Garigliano (= Liris) zu den Quellen des Fibreno und zu den Quellen von S. Germano hinabzusteigen. Der Fuciner See hat schon im Alterthum die Neugier der Menschen gereizt und ihre Einbildungskraft in Thätigkeit gesetzt. Es war den Alten bekannt, dafs dieser See natürliche unterirdische Abzugscanäle hat, und man suchte zu errathen, wo wohl das Wasser wieder zum Vorschein kommt, welches am Rande des Sees vom Erdboden verschluckt wird. Kaiser CLAUDIUS liefs, um den Ueberschwemmungen des Sees zuvorzukommen, mit einem ungeheuern Aufwande von Geld und Arbeitskräften einen unterirdischen Abzugscanal bauen, durch welchen der Ueberflufs des Sees in den Garigliano abfliefsen sollte. Dieser grofsartige Stollen, der wirklich vollendet wurde, aber nur kurze Zeit gedient hat, ist die Ursache des besondern Interesses, welches die Alterthumsforscher an dem Fuciner See nehmen. Fabretti besuchte und beschrieb den See im Jahre 1683 [1]), Kramer sah ihn im Jahre 1834. In Kramer's Abhandlung, der eine von Kiepert gezeichnete Karte der Umgegend des Sees beigegeben ist, sind die literarischen Quellen so gut und vollständig verarbeitet, dafs man in ihr alles Wissenswerthe beisammen findet. Nur Fabretti's Beschreibung mit den beiden Abbildungen ist daneben immerhin noch beachtenswerth. Die folgende Beschreibung ist ein Auszug aus Kramer.

Der Fuciner See (*lacus Fucinus, lago Fucino*) liegt in 2040′ Höhe (Schouw) mitten in der mächtigsten Gebirgserhebung der Apenninen und erstreckt sich von etwa 41° 56′ bis 42° 2′ N. Br. und von 11° 17′ bis 11° 26′ Ö. L. Er bildet einen Spiegel von länglich runder Form, dessen gröfster Durchmesser, in der Richtung von NW. nach SO., 9 Miglien beträgt [2]). Seine gröfste Breite, im nördlichen Theile, ist 5½ Miglien. Seine Oberfläche hatte im Jahre 1835 nach der Angabe des neapolitanischen Ingenieur Rivera 39 □ Miglien. Das länglich gestaltete Thalbecken des Sees ist nur an seiner nordwestlichen Seite geöffnet und erhebt sich nach dieser in sanftem, kaum bemerkbaren Ansteigen vom Spiegel des Sees bis zum höchsten Punkte der hier sich ausdehnenden Campi Palentini bei dem Oertchen le Capelle, welches kaum 170′ über dem Spiegel des Sees liegend, die Wasserscheide zwischen ihm und dem Salto bildet. Auf der entgegengesetzten Seite, nach SO., ist es sackförmig geschlossen durch bedeutende Höhen, welche von der an seiner nordöstlichen Seite hingelagerten mächtigen Bergkette ausgehend, sich in starkem Winkel nach W. wenden. Die nach NO. gekehrte Längenseite wird von der hohen Kette des Velino begleitet, dessen ungeheure zweigipflige Felsenpyramide wenige Stunden im NW. des Sees bis zu der Höhe von 7700′ (Westspitze) und 7400′ (Ostspitze) jählings emporsteigt. Dieser Kette, welche, der Hauptrichtung der Apenninen folgend, den ganzen Raum zwischen den Thalgründen des Salto und Fucino einerseits und des Aterno andrerseits mit gewaltigen kühn emporstarrenden Felsrücken füllt, entspricht auf der gegenüberliegenden nach SW. gekehrten

[1]) De columna Trajani syntagma. Accedit emissarii lacus Fucini descriptio. Romae 1683. klein fol.

[2]) Diese Miglien sind gemeine italiänische. Wir befinden uns im Neapolitanischen.

Längenseite des Beckens nur der viel unbedeutendere Rücken des Salviano, der sich etwa 1000′ über den See erhebt. Der Fuciner See ist also auf 3 Seiten von Kettengebirgen umgeben, an der 4. aber nach einem langen und weiten Thale geöffnet. Er ist ein ganz gewöhnlicher Gebirgssee, wie der Trasimenus, mit dem er auch die geringe Tiefe gemein hat, unähnlich den oberitaliänischen Seen am Fufse der Alpen und unähnlich den vulkanischen Seen in Mittelitalien. Von vulkanischen Bildungen findet sich in der Umgebung des Fucino keine Spur. Der Boden des Sees senkt sich vom Ufer aus sehr allmälig gegen die Mitte zu und kann in einer gewissen Entfernung vom Ufer als eine Ebene angesehn werden, die bei niedrigem Wasserstande etwa nur 25′ unter dem Spiegel des Sees liegt. Der See hat aber die Eigenthümlichkeit, in unregelmäfsigen Perioden anzuschwellen und kann dann einen 10 bis 20′ höhern Stand erreichen. Er schwillt nämlich eine Reihe von Jahren hindurch stetig an und dann wird wieder eine Reihe von Jahren hindurch ein Sinken beobachtet. Es leidet keinen Zweifel, dafs zeitweilige Verstopfungen der natürlichen unterirdischen Abzugscanäle die Ursache dieser Anschwellungen sind. Diese Abzugsschlünde liegen am südwestlichen Rande des Sees. Ein jeder solcher Schlund wird von den Anwohnern *la Pedogna* genannt. Die gröfste Pedogna (*os Pitonii* der Alten) liegt zwischen den Orten Luco und Avezzano. In gewöhnlichen Jahren ist übrigens von dem Vorhandensein eines Abzugscanals nichts zu spüren. Der Spiegel des Sees liegt, wenn er nicht vom Winde bewegt wird, stets ruhig und regungslos da, kein Strudel bezeichnet die Stelle der Pedogna. Fabretti (dem ich die folgende Beschreibung entnehme) wollte daher bei seinen beiden ersten Besuchen des Sees nicht an das Dasein der Pedogna glauben. In dem aufserordentlich dürren Jahre 1683 erhielt er aber von einem Freunde in Avezzano die Nachricht, dafs der Schlund zum Vorschein gekommen sei. Er reiste hin und untersuchte Alles genau. Der Schlund liegt in einer kleinen Bucht, zu welcher zwei Felsen gleichsam das Eingangsthor für das Wasser bilden. Diese Felsen stehn ungefähr 20 Schritt [1]) von einander ab und zwischen ihnen ragte ein Damm, welchen Keiner der Anwesenden jemals früher trocken liegend gesehn hatte, 6 Fufs hoch über den Spiegel des Sees hervor. Der See war so klein, dafs nicht allein der Grund innerhalb der Bucht trocken lag, sondern auch der Rand des Wassers sich noch 140 Schritt

[1]) 10 *passus*. In der Emissarii lacus Fucini descriptio ist ebenso wie in dem Werke de aquaeductibus unter *passus* stets der römische Doppelschritt zu verstehn.

jenseit des zwischen den beiden Felsen befindlichen Dammes zurückgezogen hatte. Der Strand fällt in dieser Gegend nur sehr allmälig gegen den See zu ab. In der Bucht zwischen dem genannten Damme und dem am Ufer hingehenden Fahrwege lag nun der Schlund vor Augen. Die Oeffnung desselben war 27 Fufs lang und fast ebenso breit und 3 Fufs tief. Der Abzug des Wassers in den Schlund hinein war ungeachtet des niedrigen Standes des Sees nicht ganz unterbrochen. Es drangen unter dem Damme überall Wasseradern hervor, die sich gegen den Schlund hinzogen und zwischen den Kieseln verschwanden. Man bemerkte besonders an der dem Ufer zugekehrten Seite im Schlunde 3 Stellen, wo sich das Wasser sprudelnd hineindrängte und mit Gemurmel versank. Fabretti hat von dem Schlunde und seiner Umgebung eine freilich rohe, aber mit der Beschreibung vollkommen verständliche Abbildung gegeben. Aufserdem findet man bei ihm eine Ansicht des westlichen Ufers des Sees von Luco bis Paterno; der Hintergrund erstreckt sich von Canestro über Tagliacozzo bis M. Velino. — Bei dem aufserordentlich niedrigen Stande des Sees im Jahre 1835 lag in Riveras Bericht die Pedogna völlig trocken und war ganz mit Sand gefüllt; dessenungeachtet fand das Versinken des Wassers in der Nähe derselben immer statt und man hörte weiter nach dem Seeufer zu fortwährend das Wasser durch die Steine in die Erde rieseln.

Da man nun weifs, und schon im Alterthum wufste, dafs der Fuciner See unterirdische Abflüsse hat, so ist in der nähern und fernern Umgegend des Sees kaum ein bedeutender Quell, der nicht von Einem oder dem Andern für einen Ausflufs des Fuciner Sees gehalten worden wäre. Strabo fand bei den Römern die Meinung vor, dafs die Aqua Marcia, der sie nicht genug Merkwürdiges andichten konnten, ein Ausflufs dieses Sees sei. Im V. Buche p. 240 berichtet er einfach: »Aus dem Fuciner See, sagt man, rühren die Quellen der Marcischen Wasserleitung her, welche Rom tränkt und vor allen andern geschätzt wird.« Plinius, dessen Vorliebe für das Wunderbare bekannt ist, hat sich eine zusammenhängende Geschichte über die sehr ferne Herkunft der Marcia zurechtgemacht, wie man aus folgender Stelle Hist. Nat. Lib. XXXI. Sect. 24 sieht: *Clarissima aquarum omnium in toto orbe, frigoris salubritatisque palma praeconio urbis, Marcia est, inter reliqua deum munera urbi tributa. Vocabatur haec quondam Aufeja, fons autem ipse Pitonia. Oritur in ultimis montibus Pelignorum, transit Marsos et Fucinum lacum, Romam non dubie petens. Mox in specus mersa in Tiburtina se aperit, novem millibus passuum fornicibus structis perducta. Primus eam in urbem ducere auspicatus est Ancus Marcius, unus e regibus. Postea Q. Marcius Rex in praetura, rursusque restituit M. Agrippa.* — Frontin, der 20 Jahre nach Plinius schrieb, erwähnt dieser Sache mit keiner Sylbe. Schwätzer und Phantasten, wie Mutius Phoebonius [1]) und Alberto Cassio, haben sie mit Vorliebe weiter ausgemalt. Strenge Forscher, wie Holstein und Fabretti im 17. Jahrhundert, in neuester Zeit Westphal und Kramer, haben sie stets zurückgewiesen.

Es versteht sich für uns von selbst, dafs was von der Aqua Marcia, auch von den übrigen abnorm kalten Quellen zwischen Arsoli und Agosta gilt. Wir fragen: Ist es wahrscheinlich, dafs die abnorm kalten Quellen zwischen Arsoli und Agosta aus dem Fuciner See entspringen und ihre Kälte aus diesem See herabbringen? Von dem westlichen Rande des Fuciner Sees liegt Agosta grade gegen W. Die Entfernung von Luco bis Agosta beträgt in grader Linie 25 neurömische Miglien oder 5 deutsche Meilen. Gegen diese Entfernung möchte vielleicht nichts zu erinnern sein, wenn das Wasser diese Strecke der Länge nach in einem Thale herabzufliefsen hätte. Um aber vom Fuciner See nach Agosta und Arsoli zu gelangen, müfste das Wasser nicht allein 3 Gebirgsketten, sondern auch 2 Flufsthäler, zunächst das des Garigliano und weiter hin das des Turano, quer durchsetzen. Die unterirdischen Bäche müfsten unter dem Bette des Garigliano und des Turano durchfliefsen, ohne sich mit diesen Flüssen zu vermischen. Wenn es nun schon im höchsten Grade unwahrscheinlich ist, dafs das Wasser des Fuciner Sees diesen beschwerlichen Querweg einschlagen sollte, so liefert unsere Beobachtung der Temperatur und der Höhe der Quelle della Grotta auch noch einen ganz bestimmten Beweisgrund gegen die Annahme der Herkunft der besprochenen Quellen aus jenem See. Wir haben gefunden, dafs die Temperatur 9°.3, mit welcher die Mühlteichquelle in 1043′ Höhe hervorbricht, erst in 2738′ Höhe die normale ist und, nachdem wir die nahe gleichlautende Temperatur der Quellen dell' Infernello kennen gelernt haben, die Folgerung aufgestellt, dafs die Wasseransammlungen, aus denen die abnorm kalten Quellen zwischen Arsoli und Jenna ihren Ursprung nehmen, in der Höhe von 2700–2800′ und zwar zunächst in dem Gebirgszuge selbst zu suchen sind, an dessen

[1]) Histor. Marsorum libri tres. Neapel 1656 (?), abgedruckt in Graevii et Burmanni Thes. antiq. Ital. Tom. IX. P. IV. Mutio Febonio war in Avezzano geboren und starb 1685 als Abt in Trasacco.

Fufse die Quellen hervorkommen. Wenn es sich nun überhaupt schon von selbst versteht, dafs man eine Erklärung, die man in der Nähe haben kann, nicht in der Ferne suchen soll, so kommt in diesem besondern Falle noch der Umstand hinzu, dafs die in der Ferne liegende Erklärung bei näherer Untersuchung sich als unzureichend erweist. Denn so lange die Beobachtung nicht das Gegentheil bewiesen haben wird, dürfen wir behaupten, dafs der Fuciner See, da er nur 2040′ über dem Meere liegt, 700′ zu niedrig liegt, um die kältesten Quellen im Teveronethal liefern zu können. Wir müssen also die aus dem Alterthum uns überlieferte Sage, dafs das Marcische Wasser aus dem Fuciner See herabkomme, sowohl in Betrachtung der Bodengestalt der Gegend zwischen Luco und Agosta, als auch wegen der wahrscheinlich zu hohen Temperatur des Fuciner Sees für eine Fabel halten.

2. Die Quellen des Fibreno.

Höchst wahrscheinlich folgen die unterirdischen Abzugscanäle des Fuciner Sees einem der Längenthäler, welche sich von dem südwestlichen Rande (zwischen Luco und Ortucchio) gegen SO. hinabziehn (siehe die Kiepert'sche Karte). Das ansehnlichste dieser Thäler ist das Gariglianothal; ihm parallel zur Linken, d. h. an seiner nordöstlichen Seite, zieht sich ein ähnliches hin. Warum sollte nicht in diesem Parallelthale Wasser ebenso gut unter der Erde hinabfliefsen, wie es im Gariglianothale an der Oberfläche als Garigliano fliefst? Ich schliefse mich ohne Bedenken der von Westphal (Röm. Kamp. p. 89) und noch wärmer von Kramer befürworteten Vermuthung an, dafs die Quellen des Fibreno oder Fiume della Posta unweit Sora die wahren Abflüsse des Fuciner Sees sind. Hier ist die ansprechende Beschreibung, welche Kramer p. 31 von diesen Quellen giebt:

»Ich läugne nicht, dafs ich zu der Ansicht mich hinneige, dafs der Fibreno seinen Ursprung dem Fucino verdanke. Er entspringt in einer Entfernung von etwa 4 Miglien östlich von Sora, bei welchem Orte der Liris aus seinem bis dahin ziemlich engen Gebirgsthale in einen weiten Thalboden von der gröfsten Ueppigkeit und Fruchtbarkeit tritt, welcher im Norden durch den hohen Apennin, im Osten von den vorgelagerten bedeutenden Hügeln begrenzt wird, auf deren einem Arpinum mit seinen hohen Cyclopenmauern thront. Wandert man von Sora aus in dieser Ebene, nur dann und wann etwas steigend, ungefähr 3 Miglien gegen Osten, so stellt sich ein höchst unerwarteter Anblick dar. Man sucht eine Quelle und sieht einen starken, mit dem durchsichtigsten grünlich spielenden Wasser tief einherströmenden Bach, fast möchte ich sagen einen Flufs. Voll Verwunderung geht man an seinem Ufer aufwärts, und findet sich in Kurzem an einem Becken von aufserordentlicher Ausdehnung, dessen Diameter ich, weil ich ihn nicht gemessen, auch nicht genau anzugeben wage, der sich aber gewifs auf viele hundert Fufs beläuft. Zahlreiche kleine Nachen fahren darauf hin und her, um sowohl auf dem Becken, als auf dem ersten Theil des daraus hervortretenden Flusses den Fischfang zu treiben. Es kann nun in der That nichts Lieblicheres geben, als auf diesem bis zu dem unendlich tiefen Grunde durchsichtigen Wasserspiegel, der im leichtesten, glänzendsten Meergrün schimmert, dahin zu gleiten. Unmittelbar über demselben steigt eine hohe steile Bergwand empor, ihr zunächst ist die gröfste Tiefe des Beckens, welches trichterförmig sich senkt: ob es je gemessen, wie tief es ist, weifs ich nicht, aber gewifs ist die Tiefe sehr bedeutend. Hier nun und wahrscheinlich an vielen Stellen innerhalb seines Umfanges sprudelt das Wasser unmerklich leise, aber so aufserordentlich reich, dafs ich keine Quelle irgendwo gesehn habe, die sich mit dieser an Wasserfülle vergleichen liefse. Der dadurch gebildete Bach strömt anfangs sanft, bald aber mit zunehmendem Falle mit gröfserer Schnelligkeit, sich theilend und wieder vereinend, dann wieder theilend, bis er endlich nach einem Laufe von etwa 6-8 Miglien sich in den tiefer liegenden Liris stürzt, die prachtvollen Wasserfälle von Isola bildet, und jenen Flufs erst dieses Namens recht werth macht. Eine solche ununterbrochen fliefsende Wassermenge scheint mir nun wirklich kaum begreiflich ohne Zusammenhang mit einem bedeutenden Wasserbecken, und es liegt sehr nahe, den Fucinus als dasjenige anzusehn, wodurch sie erhalten wird. Es ist zwar seine dieser Quelle zunächst liegende südlichste Spitze wohl 3 Meilen von derselben entfernt: jedoch das allein kann nicht als genügender Beweis gegen jene Annahme angesehn werden. Das zwischen beiden Punkten in hohen Massen aufgethürmte Kalkgebirge möchte einer solchen unterirdischen Verbindung eher förderlich als hinderlich sein.«

Das Wasser des Fuciner Sees mufs also, nachdem es vielleicht in dem von mir bezeichneten Parallelthale herabgeflossen ist, eine (zerklüftete) Kalkgebirgsmasse durchdringen, um in die Ebene von Sora und dadurch in das Gariglianothal zu gelangen; eine Annahme, die nichts Unwahrscheinliches hat. Herr Kramer hat nur den linken Arm des Fibreno, der von la Posta herkommt, beschrieben; man betrachte aber auch den mit 5 Köpfen entspringenden rechten Arm auf Kiepert's Karte, und man wird schon aus dieser Art des Ursprungs die Ueberzeugung schöpfen, dafs sämmtliche Quellen des Fibreno ihres ungeheuern Wasserreichthums wegen keine Quellen gewöhnlicher Art, sondern Ausflüsse einer sehr grofsen unter- oder überirdischen Wasseransammlung sind. Wozu sollen wir aber eine unterirdische annehmen, da uns die zu Tage stehende Wassermasse des Fuciner Sees so bequem zur Hand liegt?

Die Höhe, in welcher die Quellen des Fibreno hervorkommen, läfst sich annäherungsweise bestimmen. Schouw fand die Höhe von Sora, 20′ über dem Platze Orto dei Santi, 831′ und Isola, Wirthshaus unterhalb des Wasserfalles, etwa 20′ über dem Flusse, 679′.

Also Sora, Platz Orto dei Santi	810′
Isola, Höhe des Flusses beim Wirthshause unter dem Wasserfall	660

Es scheint nicht, dafs die Quellen des Fibreno viel höher als Sora liegen. Nehmen wir auch 900′ oder noch etwas mehr für die Quellen des Fibreno an, so kommen dieselben doch noch reichlich 1100′ unter dem Spiegel des Fuciner Sees hervor. Wenn nun die Vermuthung, dafs diese Quellen aus dem Fucino stammen, richtig ist, so folgt aus diesem Höhenunterschiede mit Sicherheit, dafs sie abnorm kalt sein werden. Leider ist ihre Temperatur noch unbekannt. Dasselbe gilt von allen Quellen, welche Abflüsse von Seen sind, sie müssen abnorm kalt sein, sobald der Höhenunterschied des Sees und der Quelle bedeutend genug ist. Die Untersuchung der Temperatur solcher Quellen gewinnt daher für die Lehre von den Temperaturverhältnissen der Quellen ein erhöhetes Interesse. Ich führe (nach Kramer) folgende Beispiele von Quellen an, welche aus Seen entspringen: Die köstliche Orbequelle im Jura bringt in einer Entfernung von ½ Meile vom Brenelsee, und 680′ tiefer liegend, die vom Boden verschluckten Wasser desselben wieder ans Tageslicht, indem sie unter einer senkrechten, hochaufsteigenden Felswand als ein 17′ breiter und 4′ tiefer Bach in höchster Lauterkeit hervorströmt. — Die Abflüsse des Sees Kopaïs treten in einer Entfernung von 2–3 Stunden an mehreren Punkten der östlichen Küste von Böotien als mächtige Quellen hervor. — Der Erasinus, der am Rande der argolischen Ebene aus einer Höhle mit aufserordentlicher Fülle des lautersten Wassers hervorbricht, gilt schon seit alten Zeiten als Ablauf des Sees von Stymphalos. — Der Ladon wird aus dem Pheneos abgeleitet.

3. Die Quellen von S. Germano.

Wir kommen jetzt zu den abnorm kalten Quellen von S. Germano, deren Beobachtung und Beschreibung ich der Sorgfalt Bethmann's verdanke. Ich besitze diese Beobachtungen schon seit dem Jahre 1846, habe sie aber erst durch meine Besuche des Teveronethals verstehen lernen.

S. Germano, an der Stelle der alten Volskerstadt Casinum, liegt im Thale des Garigliano, in grader Linie 8 deutsche Meilen von Luco am Fuciner See entfernt. Von Rom aus beträgt die Entfernung in grader Linie 16 deutsche Meilen gegen OSO., von Neapel aus in grader Linie 10 ½ deutsche Meilen gegen NNW. Die Stadt liegt am Rande einer weiten Ebene, am steilen südöstlichen Fufse des Monte Casino und seiner beiden niedrigern Spitzen Monte Venere und Rocca Janula (Apenninenkalk). Dicht am Fufs der Berge strömt der Rapido in der Richtung von N. nach S. dem Garigliano zu. Die Stadt liegt auf und über dem rechten Ufer des Rapido. Das Wirthshaus zur Fortuna befindet sich nur 123', der Hof des Klosters Monte Casino 1534' über dem Meere (Schouw). Wer von Rom kommt, erreicht zuerst das südliche Ende von S. Germano. Hier, bei dem Hause eines Baron Rosa trifft man die ersten und auch stärksten von allen auf dem rechten Ufer des Rapido hervorkommenden Quellen. Es beginnt hier ein Strich von Quellen, die, einige 40 an der Zahl, auf der Strecke von 1 Miglie durch die Stadt hindurch alle hart am Fufse des Berges und alle gegen SO. hervorbrechen. Die beim Hause des Baron Rosa gelegenen Quellen nennt Bethmann Scatebrae. Sie kommen dicht rechts unter der Heerstrafse an 10 verschiedenen Stellen neben einander hervor und ergiefsen sich, eine breite Wassermasse bildend, in den kaum 10 Schritt entfernten Rapido. Einen Flintenschufs weiter nach der Stadt liegt die Fontana di S. Sebastiano, aus 5–6 Quellen bestehend. Einen Steinwurf weiter ist eine Stelle in einem Garten, wo 2 Quellen hervorbrechen. In der Stadt selbst hat man in vielen Häusern Quellen. Die Fontana pubblica, 3 Stufen tiefer als das Pflaster, wird aus 4 dicken Hähnen gespeist. Unter der Kirche S. Maria dei cinque torri bricht in 4 starken Röhren eine Quelle hervor. Ueber diesen Punkt hinaus verfolgten Bethmann und sein Führer der Schulmeister Don F. S. Labrione die Quellen in der Stadt nicht. Sie setzten über den Rapido und gingen durch die Ebene in südöstlicher Richtung einer anmuthigen, durch üppigen Pflanzenwuchs ausgezeichneten Wildnifs zu, in welcher sich 3 aus Kalkfels bestehende

Hügel (*monticelli*) etwa 60′ über die Ebene erheben. Auf dem 2. und 3. Hügel findet man Reste der Villa des MARCUS VARRO. Am Fufse des 2. Hügels bricht gegen S. eine Quelle hervor, der erste sogenannte *lago*. Aus einem natürlichen Becken (*lago*) fliefst ein Bach des reinsten Wassers 4 Schritt breit und 3-4 Fufs tief hervor. Der Bach wendet sich dem dritten Hügel zu, aus dessen Fufs ein ähnlicher *lago* (der zweite) sich in ihn ergiefst. An einer Stelle des dritten Hügels dringt das Wasser mit solcher Macht aus dem Kalkfels hervor, dafs es die Hand zurückdrängt, die hineingreifen will (hier ein Stein mit einer Inschrift aus dem 16. Jahrhundert). Ehe der aus beiden Bächen gebildete kleine Flufs den dritten Hügel verläfst, um dem Rapido zuzueilen, sendet ihm der dritte Hügel aus seiner Südseite aus einem dritten *lago* noch einen starken Bach zu.

BETHMANN besuchte diese Quellen am 18 August 1846. Es hatte in diesem heifsen Jahre seit fast 5 Monaten nicht geregnet, so dafs die aufserordentliche Wassermasse, die hier hervorbricht, ihn in das gröfste Erstaunen versetzte. »Grade so, schrieb er mir, gleich an der Quelle als Strom, bricht auch der Clitunno hervor und der Volturno.« BETHMANN erfuhr von seinem Begleiter, dafs die Wassermenge im März zuzunehmen pflegt, die Zunahme dauert den ganzen April hindurch und die Quellen sind den Frühling und Sommer hindurch reicher als den Herbst und Winter [1]).

Die Quellen von S. Germano am 18 August 1846.
Beobachter BETHMANN.

Auf dem rechten Ufer des Rapido	
Die sogenannten Scatebrae	12°.65
Fontana di S. Sebastiano, 2 Quellen übereinstimmend	12. 65
Die beiden Quellen im Garten	12. 65
Die Fontana pubblica	12. 53
Unter S. Maria de' cinque torri	12. 53
Auf dem linken Ufer, an den Monticelli	
Zweiter Lago	12. 65
Dritter Lago	12. 65
im Durchschnitt	12. 6

[1]) Dasselbe wurde mir von den abnorm kalten Quellen im Teveronethal erzählt, aber auch von dem Säuerling Acqua santa im Caffarellathal. BETHMANN citirt mir zu den Quellen von S. Germano eine Stelle aus Plin. Hist. Nat. L. II. S. 106: In Casinate fluvius appellatur Scatebra, frigidus, abundantior aestate; in eo, ut in Arcadia Stymphali, enascuntur aquatiles musculi. Es scheint, dafs

Die Wärmeunterschiede dieser verschiedenen Quellen sind sehr unbedeutend; wir werden auch der Wahrheit ohne Zweifel nahe genug kommen, wenn wir das Jahresmittel der Quellen von S. Germano 12°.5 setzen. Da das Wirthshaus zur Fortuna 123′ hoch liegt und die Quellen sicher niedriger hervorkommen, so wird es erlaubt sein, die Meereshöhe derselben in runder Zahl zu 100′ anzunehmen. Jeder Leser erkennt diese Quellen sofort als abnorm kalte. Wir wissen, dafs in der römischen Campagne die sehr wasserreiche Acqua Vergine, eine Quelle von unentstelltem Mittel, in 80′ Meereshöhe 15°.15 hat. Die Quellen von S. Germano in nahe derselben Meereshöhe müfsten eine mindestens ebenso hohe Mittelwärme haben; sie sind aber 2°.65 kälter.

Hier kommt uns eine Beobachtung zu Hülfe, welche der Prinz von Württemberg 1 $^1/_8$ deutsche Meile in NO. von Terracina gemacht hat. Derselbe fand eine starke gegen SO. hervorkommende Quelle bei Torre del Portello an der römisch-neapolitanischen Gränze dicht an der Mauth am 6 November 1847 15°.7 warm. Portello liegt 6 deutsche Meilen gegen WSW. von S. Germano und gewifs nicht höher als S. Germano. Nehmen wir 15°.6 für das unentstellte Mittel einer Quelle in jener Gegend und vergleichen wir dieses Mittel mit dem Mittel der Quellen von S. Germano, so finden wir die letztern 3°.1 zu kalt (also grade so viel zu kalt wie die abnorm kalten Quellen im Teveronethal, S. 403).

Die Annahme, dafs die Quellen von S. Germano nur 2°.65 zu kalt seien, ist offenbar zu niedrig: denn wenn die Acqua Vergine in der Gegend von Terracina oder von S. Germano läge, würde sie wärmer als 15°.15 sein. Viel wahrscheinlicher ist das Ergebnifs der Vergleichung mit der starken Quelle von Torre del Portello richtig. Wir wollen nun noch die Luftwärme für S. Germano berechnen — ich glaube, dafs dies mit ziemlicher Sicherheit geschehn kann — um einmal zu sehn, um wie viel die Quellen von S. Germano kälter sein werden als das vermuthliche Luftmittel.

Der einzige Ort, dessen Luftwärmebeobachtungen wir nach An-

Don F. S. Labrione die beim Hause des Baron Rosa hervorkommenden Quellen *Scatebrae* benannt hat, indem er die Stelle des Plinius auf diese Quellen zu deuten wünschte. Man kann auch nicht läugnen, dafs diese Stelle auf die Quellen von S. Germano überhaupt vollkommen pafst: denn der Sinn der Worte des Plinius ist, dafs es in der Gegend von Casinum Quellen giebt (*scaturire* = quellen), die sich durch ihre Kälte auszeichnen und im Sommer am reichlichsten fliefsen.

bringung der erforderlichen Berichtigungen auf S. Germano anwenden können, ist Neapel. Für Neapel lassen sich 25 Jahre Luftwärmebeobachtungen zusammenstellen. Sie sind sämmtlich auf der Sternwarte auf Capo di Monte in 456′ Meereshöhe und 18½′ über dem Boden gemacht. Die Beobachtungsstunden waren Sonnenaufgang und 2-3 Uhr Nachmittags. Als Tagesmittel ist die halbe Summe dieser 2 täglichen Beobachtungen angesehn und an dem Jahresmittel vor der Hand keine Berichtigung angebracht. Das Mittel der 8 Jahre 1821-28 findet man bei Schouw Suppl. p. 124; es ist 16°.20. Dove hat (Nichtperiod. Aenderungen IV, 154) die Monatsmittel der 13 Jahre 1833-45 und (ebendas. V, 143) die Monatsmittel der 4 Jahre 1846-49 gegeben. Das 13jährige Mittel ist hiernach 15°.25, das 4jährige Mittel 15°.99. Vereinigen wir die 3 Perioden mit Rücksicht auf die Zahl der Jahre, so erhalten wir das 25jährige Mittel aus 1821-28 und 1833-49 = 15°.67. Dieser Werth ist wie ein Mittel aus den täglichen Extremen zu behandeln, d. h. wir müssen an demselben die Correction für das Mittel aus den extremen Stunden nach den stündlichen Beobachtungen in Rom anbringen. Diese Correction ist — 0°.29 [1]). Das berichtigte 25jährige Mittel auf Capo di Monte in 456′ Höhe ist also 15.67 — 0.29 = 15°.38. Nun wissen wir durch Schouw a. a. O. (siehe oben S. 338), dafs für Neapel die mittlere Luftwärme von der Höhe 456′ an um 1° für 311′ Erniedrigung zunimmt. Wir können mittelst dieses Zunahmeverhältnisses die auf Capo di Monte gefundene Luftwärme auf 100′ Höhe zurückführen. In 100′ Höhe ist bei Neapel das berichtigte Luftmittel im 25jährigen Durchschnitt = 16°.52 zu setzen. Dies Luftmittel dürfen wir mit ziemlicher Wahrscheinlichkeit auch für das Luftmittel von S. Germano in 100′ Höhe halten [2]).

Da nun das wahrscheinlich richtige vieljährige Luftmittel in S. Germano in 100′ Meereshöhe 16°.5 ist, so erscheinen die dortigen wasserreichen Quellen grade 4° kälter als die Luft. Dies Ergebnifs wird nahezu richtig sein. Wir haben gefunden, dafs in der Gegend von Rom die Luft 0°.6 wärmer ist als die vorherrschend klimatischen

[1]) In ° R. — 0°.23, nicht — 0°.25.

[2]) Die bis hierher angebrachten Berichtigungen scheinen mir volles Vertrauen zu verdienen, aber weiter zu gehn halte ich für mifslich. Wenn man einerseits aus der nördlichern Lage von S. Germano auf ein niedrigeres Luftmittel schliefsen wollte, so mufs man andrerseits auch berücksichtigen, dafs S. Germano durch seine 5 deutsche Meilen betragende Entfernung von der Küste der abkühlenden Einwirkung der See weniger ausgesetzt ist als Neapel. In gleicher Höhe müssen die Lufttemperaturen beider Orte im vieljährigen Durchschnitt nahe gleich sein.

Quellen, und diese Thatsache so aufgefafst, dafs das Quellmittel passiv niedrig bleibt, weil die hohe Sommerwärme der Luft nicht vollständig genug in die Quellen eindringt. Es ist zu erwarten, dafs die Gröfse, um welche die Luftwärme die Quellwärme übertrifft, zunimmt, je mehr man nach Süden geht, d. h. je höher an einem Orte die trockne Sommerhitze steigt und je länger sie dauert. Nehmen wir die Gröfse, um welche die Luftwärme die Wärme der vorherrschend klimatischen Quellen der Gegend von S. Germano übertrifft, zu 0°.8 an, so erhalten wir für die Wärme der letztern 15°.7. Hiernach erscheinen die dortigen wasserreichen Quellen 3°.2 zu kalt, d. h. 3°.2 kälter als die gewöhnlichen vorherrschend klimatischen Quellen der Gegend. Wo es sich um eine Regelwidrigkeit von vollen 3 Graden handelt, kommt es auf ein paar Zehntel nicht an. Die nahe Uebereinstimmung der Ergebnisse unserer beiden Berechnungen (3°.1 und 3°.2) ist daher im höchsten Grade befriedigend. Es ist erwiesen, dafs die Quellen von S. Germano wenigstens 3° zu kalt sind.

Wo die grofse Wasseransammlung liegt, deren Abflüsse die Quellen von S. Germano sind, wird sich nur mit Hülfe einer genauen geognostischen Untersuchung der anstofsenden Gebirge ermitteln lassen. Die nächste Frage ist, ob es möglich ist, dafs alle diese Quellen von der Masse des Monte Casino aus gespeist werden. Es läfst sich leicht zeigen, dafs der Monte Casino vollkommen h o c h g e n u g i s t, damit die Quellen von S. Germano ihre Temperatur 12°.5 von ihm herabbringen. Wir haben im Albanergebirge gefunden, dafs die mittlere Quellwärme bis zu 1272′ Meereshöhe um 1° für etwa 320′ abnimmt; dies Abnahmeverhältnifs ist unbedenklich auf Monte Casino anzuwenden. Da die Quellen von S. Germano 3°.1 zu kalt sind, so werden sie aus einer Höhe herabkommen, die $320 \times 3.1 = 992'$ über dem Orte ihres Hervorkommens liegt. Der Ort ihres Hervorkommens hat 100′ Meereshöhe, also der Ort ihres wahren Ursprungs 1092′ Meereshöhe. Wenn die Quellen von S. Germano von Monte Casino aus gespeist werden, so liegt das unterirdische Wasserbecken in demselben etwa 1092′ hoch, mithin 442′ unter dem höchsten Punkte des Berges. Es versteht sich von selbst, dafs die Quellen, welche am Fufse der Kalkhügel links vom Rapido liegen, vom Gebirge aus unter dem Bette des Rapido durchgedrungen sind. Hoch genug wäre der Monte Casino also wohl, um Quellen von 12°.5 nach S. Germano zu liefern. Es ist aber unwahrscheinlich, dafs der oberste Abschnitt dieses kahlen Berges von nur 442′ Höhe im Stande sein soll, die ungeheuren Wassermassen für die Speisung der Quellen von S. Germano in sich zu sammeln. Diese Massen müssen weiter herkommen.

§ 90. Die Quellen des Clitunno. — Vermischtes. — Ergebnisse aus den Untersuchungen in Italien und Nutzanwendungen.

1. Die Quellen des Clitunno.

Wir kennen nun schon zwei Flufsgebiete in dem Kalkgebirge der Apenninen, in denen abnorm kalte Quellen vorkommen, das des Teverone und das des Garigliano. Die Quellen des Volturno, welche Bethmann erwähnt, liegen gegen ONO. von S. Germano nach Castel di Sangro zu. Kramer p. 30 zählt ferner die Quellen der Nera und die Quellen des Clitunno zu denjenigen, von welchen er ihres ungewöhnlichen Wasserreichthums wegen annimmt, dafs sie Ausflüsse grofser unterirdischer Wasseransammlungen sind. Die Nera kennen wir als einen Nebenflufs der Tiber, sie entspringt am Monte della Sibilla, nimmt 4 Miglien oberhalb Terni den Wasserfall des Velino auf und fliefst an Terni und Narni vorbei. Die Quellen des Clitunno zwischen Spoleto und Foligno scheint Kramer gesehn zu haben; er sagt von ihnen, sie strömen so reichlich, dafs sie augenblicklich einen breiten, tiefen Bach des durchsichtigsten blaugrünen Wassers bilden. Der Naturforscher darf von den 3 genannten Quellencomplexen vermuthen, dafs sie abnorm kalt sind, vorausgesetzt, dafs der Höhenunterschied des Ansammlungsbeckens der Wasser und des Ortes des Hervorkommens der Quellen grofs genug ist. Denn es versteht sich von selbst, dafs Quellen, die aus grofsen unterirdischen Wasseransammlungen gespeist werden, auch die normale Temperatur haben können, falls nämlich die Quellen nur wenige Fufs tiefer, als der Wasserbehälter liegt, hervorkommen. Die Vorsicht gebietet uns daher zu sagen, dafs die genannten Quellencomplexe abnorm kalt sein können, dafs aber nur allein die Beobachtung entscheiden kann, ob jeder derselben wirklich abnorm kalt ist.

Wählt man zur Reise von Rom nach Florenz von den beiden gebräuchlichen Wegen den weitern aber viel schönern durch das alte Umbrien, so kommt man an den Quellen des Clitunno vorbei. Ich benutzte diese Gelegenheit, um die Quellen zu besuchen. Zwischen den Städten Spoleto und Foligno, die beinahe 4 deutsche Meilen von einander entfernt sind, liegt nur eine Poststation, *le Vene* genannt. Nachdem die Landstrafse sich unmittelbar hinter dem hoch gelegenen

Spoleto in die Ebene hinabgesenkt hat, läuft sie in der Richtung von S. nach N. ohne weitere beträchtliche Senkung bis Foligno. Sie hält sich am westlichen Fufse eines bedeutenden Gebirgszuges, am Rande einer grofsen, mehr als eine Meile breiten Ebene. Das »Wirthshaus unter Spoleto« liegt nach Pini (bei Schouw p. 40) 870′ hoch. Die Höhe von Foligno, im Wirthshause zur Post 18′ über dem Pflaster gemessen, ist nach 2 Beobachtungen von Schouw 792′, also Foligno, Strafsenpflaster 774′. Ehe man nach le Vene [1]) kommt, ungefähr 10 Minuten Weges vorher, sieht man die Quellen des Clitunno links unter der Landstrafse aus dem Gestein hervorströmen und sogleich, wie Kramer ohne Uebertreibung berichtet, einen breiten und tiefen Bach bilden. Man kann etwa 5-6 Hauptquellen unterscheiden, die dicht nebeneinander liegen, aufserdem ein Dutzend kleinere Nebenquellen. Ich fand am 14 Mai 1853 die Hauptquellen 12°.2 bis 12°.1 bis 12°.0 warm, also im Durchschnitt 12°.1; kälter als 12°.0 war keine. Einige der Nebenquellen waren etwas wärmer. Die allererste Quelle, an welche man von Spoleto aus kommt, durch eine viereckige Fassung kenntlich (während alle übrigen ungefafst sind), hatte sogar 12°.8. Die Quellen fliefsen alle gegen Westen aus, am Fufse einer sehr ansehnlichen Bergmasse. Wir dürfen wohl 12°.1 für das Jahresmittel der Hauptquellen nehmen und fragen nun zunächst nach der Meereshöhe der Quellen. Da die Quellen ungefähr in der Mitte der Strecke zwischen dem »Wirthshause unter Spoleto« und Foligno entspringen, so werden wir der Richtigkeit ziemlich nahe kommen, wenn wir das Mittel aus 870 und 774, d. i. 822′ für die Höhe der Landstrafse am Orte der Quellen halten. Die Quellen liegen etwa 10′ unter der Landstrafse, die vermuthliche Meereshöhe der Quellen des Clitunno ist also 812′. Es fragt sich nun, ob Quellen in dieser Gegend (Mittelitalien unter nicht ganz 43° Br.), welche in 812′ Höhe mit 12°.1 hervorkommen, für abnorm kalt zu halten sind?

Zur annähernden Beantwortung dieser Frage können wir zwei verschiedene Berechnungen anstellen, indem wir für den Ort der Quellen des Clitunno erstens die normale Quellwärme, d. i. die Wärme einer vorherrschend klimatischen Quelle, und zweitens die mittlere Luftwärme zu bestimmen versuchen. Den Ausgangspunkt können nur die uns bekannten Luft- und Quellwärmeverhältnisse in Rom [2]) und

[1]) Der Name bezieht sich offenbar auf die in der Nähe hervorkommenden Wasseradern.

[2]) In ganz Mittelitalien, soweit es vom Kirchenstaate eingenommen wird, giebt es meteorologische Beobachtungen an keinem andern Orte als in Rom.

der Umgegend bilden, doch fordert der Breitenunterschied beider Orte Berücksichtigung. Die Quellen des Clitunno liegen sehr nahe einen Grad nördlich von Rom. *a)* Bei Rom haben wir die vorherrschend klimatische Quelle von S. Cesario in 823′ Höhe 13°.0 warm gefunden. Die Quellen des Clitunno kommen in derselben Höhe (812′), aber 1° nördlicher hervor. Um wie viel wird das Quellmittel in Italien für 1° wachsender Breite abnehmen? In Deutschland nimmt nach § 7 die mittlere Luftwärme um durchschnittlich 0°.6 für jeden Grad wachsender Breite ab und wir dürfen allenfalls die Abnahme der mittlern Quellwärme ebenso grofs anschlagen, und annehmen, dafs in Italien das Abnahmeverhältnifs dasselbe sei. Dieser Annahme zufolge ist das normale Quellmittel für le Vene 12°.4. Die Quellen des Clitunno erscheinen also nur 0°.3 zu kalt, worauf nicht viel zu geben sein möchte. — *b)* Die wahre mittlere Luftwärme ist in Rom in 162′ Höhe 15°.71. Läge der Ort le Vene in derselben Höhe, so würden wir nur für den Breitenunterschied 0°.6 abzurechnen haben, also 15°.11 erhalten. Le Vene liegt aber 650′ höher. Wir müssen also die Luftwärme 15°.11 auf diese Höhe reduciren und bedienen uns dazu des Abnahmeverhältnisses von 1° für 312′. Diesem Abnahmeverhältnifs zufolge ist das Luftmittel von le Vene 2°.08 niedriger, also 13°.03 oder 13°.0. Die Quellen des Clitunno sind 0°.9 kälter als dieses Luftmittel.

Wenn die Luft in Rom 0°.6 wärmer ist als die vorherrschend klimatischen Quellen, so übertrifft sie dieselben Quellen in der Gegend von le Vene wohl erst um 0°.4. Das vermuthliche Mittel der vorherrschend klimatischen Quellen bei le Vene in 812′ Höhe nehmen wir daher zu 12°.6 an. Hiernach erscheinen die Quellen des Clitunno als 0°.5 zu kalt. Der Durchschnitt aus den Ergebnissen beider Berechnungen ist 0°.4.

Offenbar haben wir in unsere Rechnungen zu viel unerwiesene Annahmen eingeführt, als dafs wir die Ergebnisse für völlig beweiskräftig halten dürften. Es ist aber doch sehr wahrscheinlich, dafs wenn die Quellen des Clitunno überhaupt abnorm kalt sind, ihre Abweichung vom Gewöhnlichen nur unbedeutend sein wird. Beharrt man nun bei der Annahme, dafs diese Quellen Ausflüsse einer grofsen unterirdischen Wasseransammlung sind, so hat man sich diesen Wasservorrath in sehr geringer Höhe über dem Ausflufsort der Quellen zu denken.

2. Vermischtes.

Die letzten Quellen, welche ich in Italien beobachtet habe, sind die Quellen von Colognole, deren Wasser seit dem Jahre 1833 in einer ganz neu erbauten Leitung nach Livorno fliefst. Da ich aber, wahrscheinlich in Folge irriger in Florenz erhaltener Auskunft, über die Meereshöhe dieser Quellen nicht habe ins Reine kommen können, so ziehe ich es vor, von ihnen zu schweigen [1]).

Uebrigens sind nur noch folgende Quellwärmebeobachtungen aus Italien zu meiner Kenntnifs gekommen:

a) Bei Como, intermittirende Quelle in der Villa Pliniana, 700′ hoch

1847 4 September 9°.0. Prinz von Württemberg.

Plin. Hist. Nat. II, 106 sagt: *In Comensi juxta Larium lacum fons largus horis singulis semper intumescit et residet.* Als der Prinz die Messung machte, fing die Verminderung der Wassermenge eben an.

b) Pavia, 316′ hoch. Daselbst soll die Quellwärme 12°.59 sein nach Brugnatelli Giornale Dec. Ser. T. X. Beilage bei Kämtz II, 204.

c) Palermo. Die Luftwärmebeobachtungen sind auf der Sternwarte in 229′ Höhe über dem Meere gemacht, also viel höher als die Quellen in der Stadt liegen. Nach Schouw's Bearbeitung ist die Luftwärme aus 38–39 Jahren 17°.30. Bei Kämtz II, 204 ist die Quellwärme in Palermo zu 16°.25 angegeben und dazu das Morgenblatt 1822 No. 163 angeführt. Die Notiz stammt aus Domenico Scinà (Prof. der Physik an der Universität zu Palermo) Topografia di Palermo e suoi contorni. Scinà sagt etwa Folgendes: Die ganze Ebene von Palermo, die mit einer nicht tiefen, wie es scheint durch das Regen- und Meerwasser gebildeten, Lage von Erde bedeckt ist, wird von einer zahllosen Menge von Quellen bewässert, die in den benachbarten Bergen entspringen. Obgleich das Erdreich leicht etwas sandig ist, so macht dennoch der Ueberflufs an Wasser in Verbindung mit der Hitze des Klimas dasselbe aufserordentlich fruchtbar. Die Stadt ist mit Quellwasser nicht minder reichlich versehn als die Landschaft. Dasselbe ist klar und rein und hat fortwährend etwa dieselbe Temperatur, nämlich 13° R. = 16°.25 C. — Es scheint hiernach, dafs

[1]) Es wird mir immer wahrscheinlicher, dafs die Höhenbestimmungen, welche Schouw am 29 Juni 1830 auf »Monte Limone bei Livorno« machte, (Cl. d. l'Ital. p. 44 und Suppl. p. 66) sich auf die Quellen von Colognole beziehn, es ist mir aber nicht möglich gewesen, irgend etwas Näheres über diese Dinge zu erfahren.

nicht allein in der Umgegend, sondern auch in der Stadt selbst Quellen entspringen, und dafs die Gegend von Palermo für den Quellenforscher, der sich an Ort und Stelle befände, ein dankbares Feld der Untersuchung sein würde. Das Luftmittel läfst sich nach dem in Neapel aufgefundenen Zunahmeverhältnifs recht gut auf niedrigere Orte zurückführen. Es ist zu erwarten, dafs die Gröfse, um welche die Luft die Wärme der vorherrschend klimatischen Quellen übertrifft, in Palermo gegen Rom schon merklich zugenommen haben wird.

3. Rückblick auf die Untersuchungen in Italien und Nutzanwendungen.

Meine Untersuchungen in Italien zerfallen, wie ich erst jetzt bemerke, von selbst in 2 gleiche Hälften. Die erste Hälfte, bis zum Schlufs des § 85, beschäftigt sich ausschliefslich mit den Quellen in Rom und in der Campagne. Wenn meine Untersuchung der Quellwärmeverhältnisse in Rom während eines verhältnifsmäfsig kurzen Aufenthaltes daselbst fruchtbarer an wirklichen Ergebnissen geworden ist, als sich erwarten liefs, so ist die Ursache davon vor allen andern in dem Umstande zu suchen, dafs es mir mit Hülfe des Herrn Volpicelli gelungen ist, von einer ganzen Reihe von Quellen, deren Oertlichkeit ich genau kannte, einen vollständigen Jahrgang von Beobachtungen und dadurch zuverlässige Jahresmittel zu erhalten. Die mühsame Beurtheilung der Höhenbestimmungen in Rom und der Umgegend (§ 81), die Kenntnifsnahme von der geognostischen Beschaffenheit des römischen Bodens (§ 82), die genaue Beschreibung der Quellen in Rom und der Campagne (§ 83), die Bestimmung der wahren mittlern Luftwärme für Rom nach stündlichen Beobachtungen in Rom selbst (§ 84), endlich meine eigenen 5monatlichen Beobachtungen der Quellen, alle diese zeitraubenden Forschungen haben allerdings auch an sich einigen Werth, aber für die Erweiterung unserer Kenntnisse der Quellwärmeverhältnisse überhaupt wurden sie erst wichtig, wenn meine 5monatlichen Bruchstücke zu Jahrgängen ergänzt wurden. Diese unerläfsliche Bedingung ist glücklicher Weise erfüllt worden. Ich glaube in § 85 die nähern und fernern Folgerungen aus den Beobachtungen an den Quellen der römischen Hügel ruhig und vorurtheilsfrei entwickelt zu haben und halte es für überflüssig, hier viel davon zu wiederholen. Nur das Hauptergebnifs will ich noch einmal aussprechen. Es ist erwiesen, dafs in Rom die Luftwärme sich über die Wärme der vorherrschend klimatischen Quellen erhebt. Die Gröfse, um welche die Luft die Wärme der Quellen in Rom übertrifft, ist etwa 0°.6. Nachdem diese wichtige

Thatsache festgestellt war, habe ich die Erklärung gegeben, dafs das Quellmittel passiv niedrig bleibt, weil die hohe Sommerwärme der Luft nicht vollständig genug in die Quellen eindringt. Aus dieser Voraussetzung folgt, dafs die Gröfse, um welche die Luftwärme die Quellwärme übertrifft, in Südeuropa und überall, wo ähnliche Verhältnisse herrschen, zunehmen mufs mit der Dauer, welche die regenlose Sommerhitze an den verschiedenen Orten hat.

Die zweite Hälfte der Untersuchung, von § 86-90, hat ganz vorzugsweise die Auffindung und nähere Erforschung der abnorm kalten Quellen zum Gegenstande.

Hinsichtlich der Erläuterung der Natur dieser Quellen darf ich auf § 86 verweisen. Folgendes sind die Quellen, von denen ich erwiesen habe, dafs sie wirklich abnorm kalt sind:

1. In den Apenninen und zwar
   im Teveronethal: der ganze Strich sehr wasserreicher Quellen zwischen Arsoli und Agosta und die Quellen del Infernello unter Jenna 6 Miglien oberhalb Subiaco.
   im Gariglianothal: die grofse Zahl sehr wasserreicher Quellen in und bei S. Germano.
   Hinsichtlich der ebenfalls sehr wasserreichen Quellen des Clitunno ist unsere Erwartung nicht erfüllt worden.
   Alle vorgenannten Quellen entspringen aus Kalkgebirge.
2. Im Albanergebirge:
   die Quellen des Baches, der die 7 Mühlen unter Nemi treibt. Diese Quellen entspringen ganz und gar aus vulcanischen Gesteinen und zwar zunächst aus reinem Lavafels.

Sowohl die Kalkgebirge als die vulcanischen Gebirge geben zu unterirdischer Höhlenbildung Veranlassung. Die zu unserer Erklärung der abnorm kalten Quellen nothwendige Voraussetzung, dafs diese Quellen nicht auf dem gewöhnlichen Wege, nämlich durch Zusammensickern, -tröpfeln und -rinnen der Meteorwasser in den Bergen entstehn können, sondern dafs sie Abzugscanäle hochgelegener unterirdischer oder offener Wasseransammlungen sein müssen, diese Voraussetzung kann sich grade in den beiden genannten Gebirgsarten leicht verwirklicht finden, während es andere Gebirgsarten giebt, in denen abnorm kalte Quellen gar nicht zu erwarten sind, weil in diesen Gebirgen keine Höhlenbildung vorkommt. Es ist nun noch zu wünschen, dafs solche unterirdische Wasseransammlungen auch wirklich einmal in Verbindung mit abnorm kalten Quellen aufgefunden werden, und dafs Quellen, welche tiefgelegene Abzüge von Landseen sind, z. B. die Orbequelle im Jura und höchst wahrscheinlich die Quellen des Fibreno im Gebiet des Garigliano, sich auch wirklich als abnorm kalt erweisen.

Wenn die vorstehenden Beobachtungen erst in weitern Kreisen bekannt geworden sind, werden die Physiker wahrscheinlich fleifsig nach abnorm kalten Quellen suchen, und es werden dann auch wohl im übrigen Europa hie und da dergleichen aufgefunden werden. Ich führe aufserhalb Italien noch die berühmte Quelle von Vaucluse im Rhonegebiet als eine zu prüfende an (ist schon von Kramer genannt). In Italien scheinen abnorm kalte Quellen so weit die Apenninen reichen, also in ganz Mittel- und Unteritalien, etwas Gewöhnliches zu sein.

Ich bin mit der Aufzählung der Ergebnisse aus den Untersuchungen in Italien noch nicht zu Ende; ich rechne dazu auch die folgenden Nutzanwendungen aus meinen Erfahrungen in Italien, und halte dieselben für wichtig, weil meine Erfahrungen sich benutzen lassen um zu beweisen, dafs wir sehr thöricht handeln, wenn wir es unternehmen, auf Notizen von Reisenden über Quellen in uns unbekannten Ländern und Klimaten Urtheile über die Temperaturverhältnisse der Quellen solcher Länder zu gründen. Es läfst sich leicht zeigen, dafs ich zur Annahme einer völlig verkehrten Ansicht genöthigt worden wäre, wenn ich, ohne eigene Beobachtungen in Italien, den Versuch gemacht hätte aus den wenigen mir zu Gebote stehenden handschriftlichen und gedruckten Notizen über Quellen in Italien eine Meinung über die Temperaturverhältnisse jener Quellen zu bilden. Was wufste ich denn vor der Reise nach Italien? Das vieljährige Luftmittel für Rom war von Schouw mit der Berichtigung nach Padua zu 15°.42 bestimmt (siehe oben S. 335), während die richtigste Berechnung 15°.71, also 0°.3 mehr ergiebt; auch die Höhe des Beobachtungsortes war weder in Beziehung auf das Meer, noch in Beziehung auf den Erdboden genau bekannt. Was die Quellen in Rom selbst betrifft, so besafs ich 3 Beobachtungen vom Prinzen von Württemberg, nämlich 1 an der Quelle am Bogen des Sept. Sev. und 2 an der kleinen Quelle im Tullischen Kerker (S. 354). Aus diesen liefs sich nichts schliefsen. Von den übrigen Quellen in Rom hatte ich keine Ahnung. Die mir aus dem Caffarellathal mitgetheilten Messungen waren zahlreicher (S. 368), und es liefs sich aus ihnen mit hinreichender Sicherheit abnehmen, dafs die Egerienquelle und die Ungefafste Quelle im Jahresmittel wärmer sein würden als die Luft in Rom. Es fehlte aber jede Andeutung über die Höhe des Egerienthals, und dafs die genannten Quellen leichte Säuerlinge wären, wufste man nicht. Diejenigen Quellen in der Nähe von Rom, deren Mittel sich allenfalls schätzen liefs, schienen also wärmer zu sein als die Luft. Dem stand nun der Buch'sche Bericht über die Quelle bei S. Cesario entgegen. Hiernach sollten die gewöhnlichen Quellen in Italien etwa 3°.9 kälter sein als die Luft, und sich so dem Verhalten anschliefsen, welches Buch bei Quellen auf den canarischen Inseln gefunden hatte oder gefunden zu haben glaubte. Ich traute diesem Berichte nicht, einmal weil nach Buch's eigenem Erklärungsprincip die negative Abweichung der Quellwärme von der Luftwärme in Italien kleiner sein mufste als auf den Canaren, und zweitens weil es zu unwahrscheinlich war, dafs die Quelle bei S. Cesario nicht höher liegen sollte als der Beobachtungsort der Luftwärme in Rom. Aber was half mir das Zweifeln? Wenn ich die schönen Beobachtungen Bethmann's in S. Germano näher untersuchte, so stellte sich zu Buch's Gunsten eine mich völlig überwältigende Thatsache heraus. Ich würde mit Hülfe der Luftwärmebeobachtungen in Neapel die Luftwärme in S. Germano zu 16°.5 geschätzt, und mich überzeugt haben, dafs die dortigen Quellen (12°.5) sich wirklich grade um 4° kälter herausstellen als die Luft (S. 458). Buch's Behauptung erhielt also eine ebenso unerwartete wie vollständige Bestätigung, und ich würde schliefslich genöthigt gewesen sein, entweder die Temperaturverhältnisse der Quellen in Italien für zur Zeit noch unverständlich zu erklären, oder der Buch'schen Behauptung gewissermafsen gezwungen beizustimmen.

Diese Verwirrung war nur zu lösen durch umsichtige Untersuchungen in Italien selbst. Ich bin so glücklich gewesen, die Lösungen zu finden. Um eine Grundlage der Untersuchung zu gewinnen, war eine möglichst sorgfältige Bestimmung der Luftwärme in Rom und in verschiedenen Höhen der römischen Hügel unerläfslich. Ich darf behaupten, dafs die Mühe, welche ich auf diesen Punkt verwendet habe, sich belohnt hat. Denn nun stellte es sich ganz ungezwungen heraus, dafs die mittlere Luftwärme im vieljährigen Durchschnitt etwa 0°.6 höher steht als die Mittel der vorherrschend klimatischen Quellen in Rom und in der Campagne. Das ist das gewöhnliche oder regelmäfsige Verhalten. Die Quelle von S. Cesario ist eine vorherrschend klimatische Quelle wie die Acqua Vergine und die Quellen in Rom, und Buch's Bericht eine Fabel. Aufserdem habe ich in Italien eine bisher unbekannte Art von Quellen aufgefunden, nämlich Quellen von ungewöhnlicher Entstehungsart, die am Orte ihres Hervorkommens regelwidrig kalt sind, indem sie Kälte aus hochgelegenen Ansammlungsbecken herabbringen. Nachdem ich die Natur dieser Quellen im Teveronethal erforscht hatte, war es mir ein Leichtes, die Quellen von S. Germano ebenfalls als Ausnahmen von der Regel zu erkennen. Ohne vorhergegangene eigene Untersuchungen wäre ich unfehlbar in den Irrthum verfallen, die Ausnahme für die Regel zu halten.

Wir stehn jetzt ganz nahe vor einer Folgerung, die eine erfreuliche Erweiterung unserer Einsichten in sich schliefst. Die Vordersätze dazu liegen in den vorstehend mitgetheilten Erfahrungen fertig vor. Ich werde die Folgerung nur auszusprechen brauchen, um die Wichtigkeit derselben jedem Leser fühlbar zu machen. Aus der Untersuchung der römischen Quellen ergiebt sich, dafs dort die Luftwärme sich etwa 0°.6 über die Wärme der vorherrschend klimatischen Quellen erhebt, und aus der Erklärung, zu welcher ich mich für diese Thatsache bekannt habe, folgt, dafs die Gröfse, um welche die Luftwärme die vorherrschend klimatischen Quellen an den verschiedenen Orten übertreffen wird, mit der Höhe und Dauer der trockenen Sommerhitze zunehmen mufs. Wie grofs die positive Abweichung der Luftwärme von der Quellwärme unter günstigen Umständen werden wird, ob sie im äufsersten Falle z. B. 3-4° betragen kann, das wissen wir gar nicht, und es wird sich darüber auch nur durch sehr sorgfältige Beobachtungen in heifsen Gegenden etwas in Erfahrung bringen lassen. Was werden wir nun dazu sagen, wenn Jemand auf sehr mangelhafte Beobachtungen hin berichtet, er habe in diesem oder jenem fernen Lande die von ihm untersuchten Quellen in der Regel 3-4° kälter gefunden, als die Luft dort im Mittel zu sein scheine? Wir werden diesem Berichterstatter bemerken, dafs man noch gar nicht weifs, ob die Gröfse, um welche die gewöhnlichen Quellen in heifsen Ländern scheinbar kälter werden als die Luft, oder vielmehr um welche die Luft in Wirklichkeit wärmer wird als die Quellen, sich überhaupt an irgend einem Orte bis zu 3 oder gar 4 Graden erheben könne. Es sei vor der Hand und im Zweifel viel wahrscheinlicher, dafs der Berichterstatter auf eine Anzahl regelwidrig kalter Quellen verfallen und dadurch in den Irrthum gerathen sei, den Ausnahmezustand der genannten besondern Art von Quellen für den regelmäfsigen Zustand in dem gedachten Lande zu halten. Hiermit ist Buch's Meinung, dafs die Quellen auf den Canaren regelmäfsig 3-4° kälter seien als die Luft, bis auf Weiteres aus dem Felde geschlagen, welches sie seit dem Jahre 1828 unangefochten behauptet hat. Sie ist mehr als zweifelhaft, und Niemand ist genöthigt, sich ferner zu ihr zu bekennen. Es scheint, dafs wirklich keine der eigenen Meinungen über die Temperaturverhältnisse der Quellen, welche dieser berühmte Naturforscher mit dem ihm eigenthümlichen Nachdruck und Schwung, hie und da auch mit einer Beimischung von cavaliermäfsiger Anmafsung in die Welt schleuderte, Bestand haben soll. Sie fallen eine nach der andern. Nur ein Verdienst wird Buch immer unbestritten bleiben, das Verdienst, fast alle vorhandenen Quellwärmebeobachtungen angeregt zu haben.

Erst jetzt, nachdem ich durch eigene Untersuchungen und Erfahrungen in Italien zu ein paar bestimmten Ergebnissen über die Temperaturverhältnisse der südeuropäischen Quellen gekommen bin, erst jetzt fühle ich, dafs meine Ansichten über die Temperaturverhältnisse der Quellen überhaupt eine gewisse Sicherheit und Festigkeit erhalten haben. Erst jetzt kann ich sagen, dafs ich meinen Gegenstand einigermafsen übersehe und beherrsche. Wenigstens ist Freiheit von Widersprüchen errungen, dies erste Bedürfnifs jedes Kopfes, der auf den Namen eines Denkenden Anspruch machen will. Es hat die ganze mühevolle Arbeit der vorliegenden 2 Bände dazu gehört, um mich nur so weit zu bringen. Ich habe mein Ziel erst ganz am Ende erreicht. Denn streng genommen befinde ich mich am Ende des ernsthaften Theils meiner Arbeit. Ich werde über wenig Beobachtungen mehr zu berichten haben, welche zuverlässig und vollständig genug sind, um ein tieferes Eingehn in die Erörterung von Ansichten zu gestatten.

Aus mehreren der übrigen Küstenländer des Mittelmeers besitze ich eine Anzahl Quellwärmebeobachtungen, welche gröfstentheils auf meine Veranlassung angestellt sind. Nach den vorliegenden Erfahrungen in Italien kann ich über Art und Weise der Behandlung dieser Beobachtungen nicht im Zweifel sein. Ich werde sie mittheilen wie sie mir mitgetheilt sind, für die Sorgfalt der Beobachter bürgend, aber ohne die Verantwortung dafür zu übernehmen, dafs die Reisenden überall das Richtige gesehn haben. Es bleibt also jedem Leser überlassen, welchen Grad von Vertrauen er in die einzelnen Beobachtungen setzen und was er etwa aus denselben folgern will.

XVIII. Kapitel.

Quellwärmebeobachtungen aus den übrigen Küstenländern des Mittelmeers.

§ 91. Beobachtungen an der dalmatischen Küste vom Prinzen von Württemberg, Sommer 1850.

Tag 1850	Ort der Quelle	Temperatur	Höhe	Bemerkungen
4 Juli 16 Aug.	Dragalj "	7°.6 7. 7	1500' "	Der Ort ist ein kleines Castell in Dalmatien, Kreis Cattaro, Gemeinde Crivošje, an der Gränze von Oesterreich, der Türkei und Montenegro. Ein 20' tiefer Ziehbrunnen, aber Quellwasser, aus Kreidekalk entspringend.
12 Juli 18 Juli	Risano 1. " "	14. 05 14. 3	etwa 500 "	Risano ist der Distriktshauptort der Crivošje, am innersten Theil der Bocca di Cattaro. Die Quelle liegt am Wege nach Dragalj, über dem Dorfe. Sie kommt aus einem gemauerten Brunnen, der sich an die Bergwand lehnt und gegen W. offen ist.
22 Juli	Risano 2.	16. 4	etwa 300	Dies ist die gewöhnliche Quelle, aus der geschöpft wird, unter Kalkfelsen, rings von Gebüsch umgeben.
17 Juli 19 Aug.	Morigno "	11. 4 11. 0	0 "	Gegenüber Risano. Die Quelle liegt dicht am Meere und ist klar und rein. Bei hoch gehendem Meere wird sie etwas salzig.
21 Aug.	über Budua	16. 15	etwa 400	Budua ist der südliche Distrikt des Kreises Cattaro. Die Quelle liegt am Hügel über der Stadt. Sie kommt aus einem gemauerten Brunnen mit 2 eisernen Röhren sehr stark gegen Süden hervor.
23 Aug.	Quelle Marquitza bei Braić	11. 75	etwa 3000	Braić liegt etwa 3000' über Budua an einem steilen Felsabhange. Die Quelle, auf dem Wege nach Stanjević, ist nicht gefafst, aber sehr reich. Kreidekalk.

Tag 1850	Ort der Quelle	Temperatur	Höhe	Bemerkungen
23 Aug.	Stanjević	10°.30	etwa 3000′	Stanjević ist ein neuerbautes Grenzcastell über Budua. Die Quelle kommt im Keller des Schlosses aus Kalk hervor und liegt immer in der tiefsten Dunkelheit.
1851 20 März	Smowiza bei Zara	15. 6	100	An der Landstrafse von Zara nach Croatien, 3 Stunden von Zara, links bei einer Brücke, nur schwach. Kommt aus Rasen hervor.

Der Prinz bedauerte, die »ziemlich reichen Quellen um Ragusa« nicht gemessen zu haben. Bei Spalatro fand er eine warme Schwefelquelle.

§ 92. Reisebeobachtungen in Mittelgriechenland.

Wir wollen uns vorstellen, wir reisten von Dalmatien nach Griechenland, besuchten die Insel Zante, berührten Patras an der Nordküste von Morea und begäben uns über Korinth nach Athen. Auf diesem Wege finde ich folgende Quellen angemerkt:

Zante, Beobachter Parthey [1]).

Quelle an der Strada nuova auf der halben Höhe des Berges, 1845, 19 Mai 4½ Uhr Nachmittags . .	18°.75
21 » 11 » Vormittags . .	20. (!)
Quelle τῆς ἀβύσσου bei dem Dorfe Kieri 20 Mai . .	18. 75
Quelle von Erdpech (Herod. IV, 195) 20 Mai . . .	18. 75

Patras, Beobachter Bethmann.

Die Quelle Salus 1846, 3 Februar	15. 0

Diese Quelle, die schon im Alterthum hochberühmt war (Pausanias), dient jetzt als wunderthätige Kirchenquelle des h. Andreas an dessen Grabe bei Patras. Sie liegt aufserhalb der neuen Kirche in einem kleinen Mauerwerke, das gegen N. offen ist, etwa 10′ tief unter der Oberfläche und in gleicher Höhe mit dem Meeresspiegel.

[1]) Herr Dr. Parthey war offenbar weniger geübt im Beobachten als die andern Reisenden. Er bediente sich eines Greiner'schen Taschenthermometers nach Réaumur. Seine Ablesungen gehn nur bis zu halben Graden.

Korinth und Akrokorinth, Beobachter Prinz von Württemberg.

Peirene bei Korinth 1851, 2 Juni		16°.5
Die »Thränenquelle« liegt unter der Stadt an den Ruinen des Palastes des türkischen Gouverneurs. Sie träufelt aus wagerechten tertiären Schichten von der Decke einer Höhle herab, die gegen N. offen ist. Nicht sehr stark. Die Lufttemperatur war gleichfalls 16°.5.		
Quelle auf Akrokorinth, mitten in der Festung, 3 Juni .		12. 8
Höhe 1700′. Die Quelle ist in Form einer Cisterne gefafst.		

1. Quellwärmemessungen in Athen und der Umgegend.

In Athen angekommen fragen wir zunächst nach den Luftwärmebeobachtungen. Die Antwort lautet: Es giebt keine brauchbare Beobachtungen, aus denen sich ein viel- oder auch nur mehrjähriges Mittel der Luftwärme ableiten liefse. Das Mittel wird verschieden von 15°.5 bis 18°.75 angegeben (Mählmann in Dove's Repertorium Bd. 4 S. 81 und C. Fraas, Klima und Pflanzenwelt in der Zeit. Landshut 1847. S. 120). Ueberhaupt ist von keinem Orte in Griechenland die Lufttemperatur durch zuverlässige Beobachtungen bekannt. Es fehlt also überall in diesem Lande die unentbehrliche Grundlage zur Beurtheilung der Quellentemperaturen. Es ist auch wohl nicht zu erwarten, dafs die unglücklichen Baiern, welche das unruhige Volk der Hellenen in Ordnung halten sollen, in der Stimmung sein werden, um viel theoretische Forschungen zu treiben. Uebrigens hätten die Baiern dort schon Zeit gehabt, meteorologische Beobachtungen zu schaffen, wenn sie überhaupt Trieb dazu besäfsen [1]).

1. Parthey's Quellwärmemessungen in Athen und der Umgegend. 1845.

Athen. Kallirrhoe (oder Enneakrunos), Quelle beim Zeustempel.	18 April	17°.5
	26 »	18. 1
Quelle unter dem Areopag	22 »	15. 6
	26 »	16. 25
1. Quelle unter dem Hause des Dimitri (natürlicher Zuflufs)	23 »	18. 1
2. Quelle, etwas östlicher (Cisternenwasser)	23 »	18. 1

[1]) Athen liegt Br. 37° 59′ Oestl. L. 21° 24′. Für die Höhe finde ich die unbrauchbare Angabe, dafs die Spitze des Parthenon 548′ über dem Meere liegt.

Kephissia, nördlich von Athen. Quelle unter der grofsen Platane. Höhe?	2 Mai	15°.6
Kloster Branà, auf dem Wege nach Marathon, Quelle. Höhe?	2 »	18. 75
Pentelikon, gegen NW. von Athen, 2 Quellen beim Kloster. Höhe?		
1. Quelle 8 Uhr Vormittags	4 »	15. 0
1½ Uhr Nachmittags	4 »	15. 6 (!)
2. Quelle 20′ tiefer	4 »	14. 4
Syriani (oder Kaisariani), Kloster am Fufs des Hymettos gegen WSW. von Athen. Ein Laufbrunnen kommt aus einem antiken Widderkopf in der äufsern Klostermauer. Höhe?	10 »	16. 25
Dasselbe Wasser einige 100 Schritt weiter oben am Berge unter einem Steingewölbe	10 »	15. 6

2. Bethmann's zwei Messungen in und bei Athen. 1846.

Athen. Kallirrhoe, dicht beim Tempel des Zeus Olympios, im Bette des Ilissos, so dafs dieser, wenn er Wasser hat, einen Wasserfall über ihr bildet, »aus Kalk« gegen SSW.		
7 Uhr Morgens	1 Febr.	17. 4
4 » Nachmittags	1 »	17. 7 (!)
Kloster Syriani, Laufbrunnen aus dem antiken Widderkopf. Höhe?	1 »	15. 4
Bethmann glaubt den Ort der Quelle zu kennen, die ganz überwölbt und unzugänglich ist. Es gelang ihm, 40 Schritt unterhalb dieser Stelle eine Messung zu machen. Hier fand er am	1 »	13. 75

3. Des Prinzen von Württemberg eine Messung in Athen. 1851.

Athen. Kallirrhoe, unter den Säulen des Zeus Olympios, an der Südseite der Stadt und des Tempels. Das Wasser träufelt in einer ganz kleinen Höhle »in Thonschiefer« herab. Man kann das Thermometer nur schwer in das Innere der Vertiefung bringen. Es zeigen sich mehrere Oeffnungen.

In der gröfsten erhält man den niedrigsten Wärmegrad. Ausflufs gegen Süden . .	17 Mai	15°.4
	29 »	15. 45
	24 Juni	16. 8

Curtius macht in der früher angeführten Abhandlung die folgenden sehr beachtenswerthen Angaben über die Kallirrhoe: Sie ist die einzige Süfswasserquelle in Athen. »In Athen war zur Zeit des Mauerbaues die Kalirrhoe für das praktische Bedürfnifs so entbehrlich geworden, dafs man die Quelle aufserhalb der Ringmauer liefs, und wenn Pisistratos sie in einen künstlichen Röhrenbrunnen verwandelte und mit Säulen umgab, so war das gewissermafsen eine Consecration für den Cultus, dem sie nun vorzugsweise angehörte, wie der hellenische Cultus das zu heiligen pflegte, was seine Dienstzwecke erfüllt hatte.« Von dem Röhrenbrunnen des Pisistratos ist keine Spur mehr vorhanden. »An dieser Stelle finden wir jetzt nur noch die einfachen Einrichtungen der ältesten Ansiedler; 6 Stollen, 2.5 F. hoch und 1.8 F. breit, sind in den Felsen eingehauen, um, wie bei der Pirene, das Quellwasser herauszuführen.«

Alle 3 Beobachter haben die Kallirrhoe gemessen. Stellen wir den Befund nach der Reihenfolge der Tage im Jahre zusammen, so erhalten wir:

1846	1 Febr.	7	Uhr	Morgens	17°.4	Bethmann.
»	» »	4	»	Nachmittags	17. 7 (!)	
1845	18 April	9	»	Morgens	17. 5	Parthey.
»	26 »	1	»	Nachmittags	18. 1	
1851	17 Mai	7	»	Abends	15. 4	Prinz v. W.
»	29 »	»	»	»	15. 45	
»	24 Juni	»	»	»	16. 8	

2 Beobachter haben den Laufbrunnen an Kloster Syriani gemessen und sich auch bemüht, noch oberhalb des Klosters eine Messung zu machen.

Laufbrunnen am Kloster Syriani	1846	1 Febr.	15°.4	Bethmann.
	1845	10 Mai	16. 25	Parthey.
Höher hinauf, 40 Schritt unterhalb des angeblichen Ursprungs	1846	1 Febr.	13. 75	Bethmann.
Einige 100 Schritt oberhalb des Klosters unter einem Steingewölbe	1845	10 Mai	15. 6	Parthey.

2. Messungen in Nordattica, Euböa und Phokis vom Prinzen von Württemberg, Sommer 1851.

Tag 1851	Ort und Name	Temperatur der Quelle	Höhe	Bemerkungen
20 Mai	Am Thurm von Varnava bei Kapaudriti in Nordattica	14°.2	?	Auf dem Wege von Marathon nach Oropus befinden sich auf der Höhe der Thonschiefer-Hügel 2 Thürme und an denselben ein kleiner Baum und ein Kapellchen. Daneben ein Brunnen in Marmor gefafst, klar und rein.
22 Mai	Arethusa bei Chalkis	13. 9	0	Auf dem Wege von Chalkis nach Eretria bieten sich 3 Quellen dar, sowie man an den Kalkfels kommt. Ich mafs die mittelste. Daneben ein ausgehender Graben. Aus Kreidekalk, gegen Westen.
12 Juni	Kassotis, Tempelquelle in Delphi	14. 7	2000′	Kleiner Brunnen mitten im Ort hinter der Kirche des h. Nikolaos. Dabei der alte Lorbeer. Einfach in Marmor gefafst.
12 Juni	Kastalia, Hauptquelle in Delphi	13. 55	2000	In der Schlucht des Herakles, künstlich durch den rothen Kalkschiefer geleitet, da wo Kreidekalk darüber liegt. Ergiefst sich in ein versandetes Becken gegen SW. War einst Pilgerbad.
13 Juni	Quelle vor Arachova	12. 25	3000	Auf dem Wege nach Delphi, vor Arachova. Ganz frei, stark, gegen Süden offen.
12 Juni	Brunnen unter der Kastalia	14. 5	2000	Dicht unter dem Kastalischen Quell ein Brunnen in Marmor gefafst, kommt aber von Westen her.
17 Juni	Krya in Livadia	13. 3	?	Die Krya quillt ungefafst aus der Höhle des Agamedes. Diese Höhle liegt in dem tiefen Thale, wo das Orakel des Trophonius lag, unter engen, hohen, steilen Bänken von schwarzem Kreidekalk, über dem, ebenfalls wagerecht geschichtet, der gewöhnliche Kalk liegt.
18 Juni	Aganippe bei dem Dorfe Palaia Panagia	13. 2	?	An den östlichen Abhängen des Helikon, dem jetzigen Zagara, wo sich der steile Museion in flachen Senkungen gegen die Ebene von Böotien neigt, ½ Stunde oberhalb Palaia Panagia, 1½ Stunden von Thespiä quillt, in einen türkischen Brunnen gefafst, dies ganz unbedeutende Wässerchen. Daneben ein zerstörtes Kloster.

§ 93. Puillon-Boblaye's Messungen der »grofsen Quellen« am Ostabhange von Morea im Jahre 1830.

Im Jahre 1836 wurden die deutschen Leser von zwei verschiedenen Seiten mit wichtigen Aufklärungen über die hydrographischen Verhältnisse von Griechenland beschenkt. Forchhammer veröffentlichte in Poggendorff's Annalen Bd. 38 seine Abhandlung »der kopaische See und seine unterirdischen Abzugscanäle« und unmittelbar auf diese Abhandlung liefs Poggendorff eine Uebersetzung des Aufsatzes von Puillon-Boblaye »über die hydrographischen Verhältnisse von Morea, besonders über den See Phonia« folgen. Einen Nachtrag zu diesem Aufsatz bilden die Quellentemperaturen aus Morea, welche Puillon-Boblaye im folgenden Jahre in den Comptes rend. de l'Ac. d. Sc. 1837 I, 337 mittheilte und welche Poggendorff in den Annalen Bd. 40 S. 495 wiedergab.

Die 3 Officiere des französischen Generalstabes, welche in den Jahren 1829 bis 1831 die Triangulation und übrigen Aufnahmen für die grofse Karte von Morea gemacht haben, waren Boblaye, Peytier und Servier. Die Karte erschien im Jahre 1832 in Paris in 6 lithographirten Blättern nach dem Mafsstabe 1 : 200000. Im folgenden Jahre gab Boblaye dieselbe Karte (mit Hinzufügung der Cycladen) dreimal so klein (1 : 600000) in Kupferstich heraus. Im Jahre 1836 erschien von Boblaye eine Description de la Morée. Das fünfte Kapitel dieser Beschreibung enthält den Aufsatz über die hydrographischen Verhältnisse von Morea, welchen Poggendorff für seine Annalen übersetzt hat.

Ich setze Leser voraus, die, wie ich selbst, bisher nichts Zusammenhängendes über die geognostischen und hydrographischen Verhältnisse Griechenlands gehört haben. Für diese Leser ist jeder Aufschlufs, den Boblaye giebt, von dem gröfsten Interesse. Ich lasse daher eine vollständige Uebersicht der Ergebnisse folgen, zu denen Boblaye nach mehrjähriger Beobachtung gelangt ist. Niemand sollte aber unterlassen, dabei die vortreffliche grofse Karte von Morea aufmerksam zu betrachten.

»Auf einem grofsen Theile der Küstenländer des Mittelmeers, sagt Boblaye, zerfällt das Jahr, wie unter den Tropen, in zwei scharf geschiedene Zeiten, in die Zeit des Regens, die vier bis fünf Monate dauert, und in die der Dürre. Die jährliche Regenmenge beträgt in Morea mehr als 1 Meter oder 37 Zoll, wenigstens auf den Abdachungen nach Süden und Westen [1]). Ein Theil dieser ungeheuern Wassermasse gelangt wegen der Abschüssigkeit und Kahlheit der Berge unmittelbar ins Meer. Der Ueberrest sammelt sich in den hohen geschlossenen Becken des Innern oder verliert sich in den Klüften, welche die Formation der dichten Kreide nach allen Richtungen durchsetzen. In beiden Fällen wird er die Speise wahrhafter unterirdischer Flüsse, welche die Gebirge durchdringen und am Ufer oder unter dem Meeresspiegel wieder hervorkommen. Quellen, von diesen Flüssen gebildet, nennen die Griechen, zur Unterscheidung von den gewöhnlichen Quellen, Kephalovrysi oder Wasserhäupter«, nach Forchhammer auch »Kephalaria = Flufshäupter, Quellen«. Ich werde diese Quellen ganz einfach »grofse Quellen« nennen, weil die dem Griechischen nachgebildeten Benennungen im Deutschen zu fremdartig klingen würden. Die Eingänge der natürlichen unterirdischen Abzugscanäle der hochgelegenen Seen haben auch ihren besondern Namen, sie heifsen Katabothra (sprich Katavothra) d. i. Schlünde, die Canäle selbst wurden von den Alten Zerethra und Chasmata genannt.

»Die Gestaltung des Bodens zu geschlossenen Becken, meistens ohne beständige Seen, ist nicht blofs Morea eigen, sondern findet sich auch in ganz Griechenland, Italien, einem Theil der iberischen Halbinsel, Kleinasien und Syrien, kurz in der ganzen Zone der secundären Formationen des mittelmeerischen Beckens.« Durch diesen einen Satz Boblaye's erfährt unser bisher so beschränkter Blick auf einmal eine überraschende Erweiterung. In Italien haben wir den Fuciner See mit seinen natürlichen unterirdischen Abzugscanälen als etwas ganz Aufserordentliches, in seiner Art Einziges betrachtet und alles auf diesen See Bezügliche mit grofser Behutsamkeit und Umsicht erörtert. Nun erfahren wir plötzlich, dafs in der grofsen Länderstrecke von Spanien bis Syrien, also, wenn wir von Africa absehn, in dem ganzen übrigen Küstengebiete des Mittelmeers Seen mit unterirdischen Abzugscanälen, die zur Entstehung grofser Quellen Veranlassung geben, etwas mehr oder weniger Gewöhnliches sind. Sie kommen vor, soweit sich die Formation des dichten Kreidekalks erstreckt, die in Griechenland, überall zerklüftet und aufgerichtet, die Hauptmasse der Gebirge bildet [2]). Im Süden von Morea erhebt sich in der Kette des

[1]) In Athen nur etwa 22 Zoll.

[2]) Ueber die Reihenfolge der Formationen finde ich angemerkt, dafs in Morea unter dem dichten Kalkstein eine grofse Sandsteinformation (Grünsand) liegt; dann folgen Mergelschichten.

Taygetes der Eliasberg zu 7416′ Höhe. Der Gebirgsstock des Kyllene im nördlichen Theile der Halbinsel (nördlich vom See von Stymphalos) hat Höhen von 6511 und 7308′. Der Parnafs (Phokis) ist 7570′ hoch. Wenn Boblaye behauptet, im südlichen Europa treffe man sogar terrassenartig übereinander gelagerte Becken, durch Klüfte verbunden, an, so läfst sich leicht zeigen, dafs dies nicht allein möglich, sondern sehr wahrscheinlich ist. Die Seen von Pheneos und Stymphalos liegen in 2315′ und 1909′ Höhe, von hohen Gebirgen eingeschlossen. Von beiden Seen ist es bekannt, dafs aus ihnen vermittelst unterirdischer Abzugscanäle grofse Quellen entstehn. Der Flufs Erasinos, der auf der Küste von Argos in geringer Meereshöhe hervorkommt, ist der unterirdische Abzug des Sees von Stymphalos, dessen Wasser er also aus der Höhe von 1900′ ins Meer herabführt. Wenn sich nun in der Umgebung des Sees von Stymphalos Berge von 6000′ Höhe befinden, so können diese z. B. in 4000′ Höhe sehr wohl grofse unterirdische Wasseransammlungen bergen, aus denen unterirdische Canäle das Wasser in den See von Stymphalos herableiten. Die erste Stufe der Terrasse liegt also in 1900′ Höhe, die zweite darf man sich in 4000′ Höhe denken.

Die geschlossenen Becken sind immer von der Formation des dichten Kalksteins gebildet und in jedem solchen Becken giebt es, wie schon erwähnt wurde, einen oder mehrere Schlünde, in welchen sich die Gewässer der Sturzbäche verlieren. Sie liegen gewöhnlich am Fufs der Gebirge, welche das Seebecken einfassen, und in den Felsen ihrer Umgebung findet man immer offene Spalten, Risse und oft Störungen in der Schichtung. Sie entsprechen gewöhnlich den Pässen, zuweilen aber auch den Kämmen der Gebirgsketten. Die Schlünde der Seen von Stymphalos und Kopae sind so grofs, dafs man in der trocknen Jahreszeit hineingehn kann. Man findet darin Grotten mit glatten Wänden, enge Canäle und Seen. Boblaye giebt nicht näher an, wie er sich die Entstehung aller der Klüfte, Höhlenräume und Canäle denkt, deren Dasein ein ganzes System unterirdischer Wasserläufe in Morea möglich gemacht hat. Wir müssen uns mit folgender Andeutung begnügen: »Die Spalten, die Urheber der Austrocknung der geschlossenen Becken, sind offenbar Folge der Härte und grofsen Brüchigkeit des dichten Kalksteins, welcher bei der Verrückung des Bodens zerrissen wurde und dabei viele leere Räume und Trümmerstücke hinterliefs.« Die Schlünde liegen übrigens nicht immer am Rande eines geschlossenen Beckens, sondern sie kommen nicht selten auch mitten in der Ebene vor, z. B.

bei Tripolitha und zu Pyrrhichos [1]). Einen solchen Schlund erkennt man im Sommer nur an einer Ablagerung von rothem, ganz zerborstenem Schlamm; der Eingang ist fast immer durch eine in der Feuchtigkeit üppig wuchernde Vegetation versteckt. In der Regenzeit bildet sich um diese Schlünde ein See.

Die Verstopfung der unterirdischen Canäle ist eine häufige Erscheinung, welche, von Alt- und Neugriechen beobachtet, ihnen Gelegenheit gegeben hat, den unterirdischen Abflufs mehrerer der geschlossenen Becken kennen zu lernen. Wenn die Quellen des Ladon jedesmal völlig versiegen, sobald die Canäle des Sees von Pheneos verstopft sind, so läfst sich nicht daran zweifeln, dafs jene Quellen aus diesem See kommen. Von 3 grofsen Quellen (deren eine als Flufs hervorbricht) kannten schon die Alten mit Sicherheit die Herkunft. Boblaye scheint noch mehr Fälle zu kennen, nennt aber auch nur die 3 altbekannten. Ich habe für jeden der 3 Fälle zusammengestellt, was mir von genauen Angaben über denselben vorgekommen ist.

1. Der See von Pheneos in Arkadien (jetzt See von Phonia in der Eparchie von Korinth) liegt 2315′ über dem Meere. Er sendet seine Wasser nicht der Ostküste zu, sondern gegen Westen. Die schönen Quellen des Ladon, welche in der gradlinigen Entfernung von nur etwa 1½ französischen Meilen westlich vom Rande des Sees unter dem Orte Lykuria entspringen, sind Abzugscanäle des Sees. Sie kommen über den Mergelschichten hervor, die unter der Grünsandformation liegen. Die Höhe der Quellen ist nicht bekannt, ihr Wärmegrad auch nicht. Es scheint, dafs sie nicht in bedeutender Tiefe unter dem See von Pheneos liegen. Oberhalb des Sees bei Ghiotha in 2540′ Höhe hat Boblaye die Temperatur einer Quelle gemessen und am 4 October 1830 11°.5 gefunden. Von den Quellen des Ladon erzählt Strabo ausdrücklich, dafs sie einmal völlig versiegten, als die Wände der Schlünde in Folge von Erdbeben eingestürzt waren. Boblaye sah den See in Folge von Verstopfung der Schlünde sehr bedeutend angestauet. Drama-Aly, der letzte Bey von Korinth, hatte auf drei Mündungen Roste legen lassen. Zu Anfang der griechischen Revolution wurden diese abgenommen und alsbald war eine reiche Ebene in einen See verwandelt, der an einigen Stellen 120 bis 150′ tief und 18 bis 24000′ breit war. Im Jahre

[1]) Der alte Ort Pyrrhichos neben dem jetzigen Dorfe Kavaros liegt auf der Halbinsel Tenaron unter Br. 36° 40′ und L. 20° 6′.

1814 war der See nicht vorhanden. — Der Ladon (jetzt Ruphia) fliefst in südwestlicher Richtung, bis er den Alpheus trifft; in diesen mündet er an einer Stelle, die nur 222′ hoch liegt. Der Alpheus ergiefst sich an der Westküste der Insel ins Meer.

2. Der See von Stymphalos (jetzt See Zaraki) liegt 2 französische Meilen östlich von dem vorigen in 1909′ Höhe, also 400′ niedriger als der vorige. Die grofse und ausgezeichnet reine Quelle des Flusses Erasinos, die am Fufse des Berges Chaon 2 Stunden südwestlich von Argos in 50′ Höhe hervorbricht, ist ein Abzug des Sees von Stymphalos. Boblaye fand den Wärmegrad dieser Quelle am 29 September 17°.5; sie entwickelte Luftblasen. Der Erasinos ergiefst sich nach kurzem Verlauf in den Busen von Nauplia. Die Entfernung der Quelle vom See beträgt in grader Linie 7½ französische Meilen. Aus dieser Angabe läfst sich freilich nicht beurtheilen, wie lang die unterirdischen Canäle vermöge ihrer Krümmungen wirklich sind. — Die Quelle des Erasinos ist ein Beispiel, welches zeigt, dafs die grofsen Quellen nicht an den Seitenwänden der Thalmündungen entspringen, sondern am Fufse der in die Ebene hinabreichenden Vorsprünge. »Sie liegt, sagt Boblaye, am Ende eines Vorsprungs, wo sich die grofsen Höhlen öffnen, deren Boden nicht mehr als 15′ über der jetzigen Quelle liegt. Man sieht hier bis zur vollen Evidenz, dafs der Flufs aus diesen Höhlen entsprang, als an deren Fufs die eisenschüssigen Alluvionen abgelagert wurden, und dafs die Gewässer erst nach der Anhäufung dieser Alluvionen und ihrer spätern Zerstörung durch das Meer die Höhlen verliefsen, um sich unter den Alluvionen oder vielmehr am Fufs des Abhangs (*falaise*), welcher dem der gegenwärtigen Epoche voranging, einen Ausgang zu bahnen. Die Quellen von Lerna, Candia, Piada und alle an der Küste von Argolis befinden sich in durchaus gleichen Lagen.«

3. Mantinea liegt in derselben Ebene wie Tripolitsa, 1939′ über dem Meere. Im Osten von Mantinea befindet sich die sogenannte Ebene Argos (nicht zu verwechseln mit dem bekannten Argos). Die Gewässer dieser Ebene bilden einen unterirdischen Flufs, bei den Alten Dina genannt (jetzt Anavolo), welcher nördlich von Astros das Meer erreicht und auf eine kurze Strecke auch ein unterirdischer ist, indem er erst in einer Entfernung von 900-1200′ vom Ufer durch den Meeresgrund und das Meer zu Tage hervorbricht. Bei Windstille sieht man die ausbrechende Fluth um einen sehr gewölbten Theil grofse concentrische Ringe beschreiben und auf eine sehr beträchtliche Strecke Sand auswerfen. Das Ufer bildet eine concentrische Senkung

von etwa 300′ Höhe dar, eingeschnitten in die Seiten des Berges von Zavitsa; eine Thatsache, worin man nichts anderes als das Zusammensinken der nicht durch Auswaschung sondern durch Fortspülung gebildeten Höhlungen erkennen kann. Die Ebene Argos liegt in grader Richtung 7 franz. Meilen von der Küste entfernt. Die Dina leitet die Gewässer aus einer Höhe von mehr als 1900′ zum Meere herab[1]).

An den untern Enden der Canäle brechen die Kephalovrysi hervor. Die grofsen Quellen unterscheiden sich nach Boblaye von den gewöhnlichen einmal durch ihre Wasserfülle, dann durch ihre Wärmebeständigkeit und drittens durch ihre unregelmäfsigen Unterbrechungen. Wo dies letzte Merkmal eintritt, ist es allerdings durchaus entscheidend. Viele Kephalovrysi kommen im Innern des Gebirgslandes hervor, z. B. die Quellen des Ladon, die Quellen des Buphagos unterhalb Karytena auf dem rechten Ufer des Alpheus, die Teneïschen Quellen, die von Georgitsi auf dem rechten Ufer des Eurotas in der Eparchie von Mistra. Am zahlreichsten und am wasserreichsten öffnen sie sich aber an der Küste und in der Ebene auf den horizontalen Curven, welche die alten Uferlinien bezeichnen. — Da Boblaye darauf aufmerksam macht, dafs die Wärme der von ihm am Ostabhange von Morea gemessenen Quellen von Norden nach Süden zunimmt, so habe ich die Quellen ganz genau nach der abnehmenden Breite geordnet. Ueber die Quellen von Lerna finde ich eine hübsche Bemerkung, die ich voranschicken will. »Die Ebene von Argos ist umgeben von diesen Kephalovrysi, deren Wässer die pestilentialischen Sümpfe erzeugen, welche die Fabel in der Lernäischen Hydra personificirt hat. Sie alle liegen ungefähr in gleichem Niveau, die höchsten nicht über 60′ über dem Meere; alle entspringen aus zerborstenen Schichten von Breccie und eisenschüssigen Puddingsteinen, welche in diesen Gegenden nach der Ablagerung der subapenninischen Formation eine Küstenböschung bildeten. Die Knochenbreccie des Mittelmeers und die eisenschüssigen Alluvionen von Morea sind gleichzeitige Ablagerungen.«

[1]) Die Dina ist als untermeerischer Flufs nicht einzig in ihrer Art. Boblaye erwähnt, dafs die grofsen Quellen an vielen Punkten der zerrissenen Küste von Argolis, Lakonien und Achaja unter dem Meere hervorbrechen.

Grofse Quellen am Ostabhange von Morea in der Meereshöhe oder sehr nahe über derselben gemessen von Puillon-Boblaye. 1830.

Ort und Name	Breite	Höhe	Tag 1830	Temperatur	Bemerkungen
Quelle des Erasinos bei Argos	37° 36′	54′	29 Sept.	17°.5	mit Luftblasen.
Quellen von Lerna . . .	37 33	10	28 März	17. 0	mit Luftblasen.
Quellen von Musto, südlich von Astros . . .	37 24	15	30 März	18. 0	Salzquellen.
Dieselben nach Virlet .	» »	»	28 Juni	17. 5 (*sic*)	» »
Quelle von Lenidi nach Virlet	36 58	15	27 Juni	16. 5	
Quelle von Skala im Helos oberhalb der Mündung des Eurotas . .	36 50	30	28 April	17. 5	»
Dieselbe	» »	»	13 Juni	17. 9	
Quelle von Trinisa im Busen von Marathonisi	36 47	6	13 Juni	18. 0	
Quelle von Marothonisi	36 46	8	27 Mai	17. 5	salzig schmeckend.
Quelle von »Vonilla«. .	36 44	0	16 Mai	17. 0	ein starker Bach in der Meereshöhe, der das Meerwasser zur Seite drängt.
Brunnen zu Pigadia . .	36 22	?	12 Mai	18. 5	
Quelle von Velonidia im Hafen des heil. Georg nördl. von Kap Maleion	36 28	90	13 Mai	19. 9	bei grofser Hitze.

Wir kommen nun zu den sehr wichtigen Bemerkungen, welche Boblaye über die Temperatur und Beschaffenheit des Wassers in den Kephalovrysi macht. »Wir haben die Kephalovrysi der griechischen Küsten zu verschiedenen Jahreszeiten beobachtet und mit Verwunderung wahrgenommen, dafs ihr Wasser nach dem Schmelzen des Schnees, in der Regenzeit und in der langen Dürre des Sommers immer dieselbe Klarheit, dieselbe Temperatur [1]) und dieselbe Ergiebigkeit behält.«

»Zur selben Zeit, da die Schlünde der Becken im Innern des Landes eine ungeheure Masse dunkelrothen, schlammigen Wassers aufnehmen, sprudeln die Quellen an der Küste von Argolis hell und klar hervor, nur etwas kalkigen Sand mit sich führend. Das Wasser mufs also auf seinem unterirdischen Wege Seen antreffen, wo es die Sand- und Schlammmassen absetzt, und von wo es dann durch enge Canäle weiterfliefst, die keine andere Anschwellung der Quellen als

[1]) Von kleinen Wärmeänderungen sieht Boblaye ab; er hat selbst die Quelle von Skala am 13 Juni 0°.4 wärmer gefunden als am 28 April.

in Folge einer Druckvermehrung erlauben. Die grofse Menge Luftblasen, die sich im Frühling aus allen diesen Quellen entwickeln, besonders aus der des Erasinos, deuten wohl auf solche Zunahme des Drucks in der Luft der innern Höhlen.«

»Unsere Beobachtungen über die Temperatur der Kephalovrysi führen zu denselben Resultaten. Wir haben die Temperatur der Quellen von Velonidia beim Kap Maleion, von Skala in Helos, von Musto beim Astros, von Lerna und vom Erasinos sorgfältig zu verschiedenen Jahreszeiten gemessen; alle diese Quellen bilden Flüsse bei ihrem Austritt aus den Felsen, liegen nur wenige Meter über dem Meeresspiegel zwischen den Breiten 36°.30 und 37°.34 und ihre Temperatur fand sich zu allen Jahreszeiten gleich.«

»Die constante und hohe Temperatur der Kephalovrysi, wenn die der Seen im Innern des Landes bis 6° und beim Schmelzen des Schnees selbst bis 5° herabsinkt, zeigt uns ebenfalls das Dasein grofser unterirdischer Seen und Canäle, ein Resultat, zu welchem die Alten ebenfalls durch Beobachtung gelangt waren.« Zum Schlufs führt Boblaye die merkwürdige Stelle bei Diodorus Siculus Lib. 2 Cap. 41 an: »Es giebt im Peloponnes grofse Höhlen im Innern der Erde, wo sich durch den Zusammenflufs der Gewässer ungeheure Seen bilden.«

Boblaye hat noch einige Quellen in Höhen bis zu 3000′ im Innern von Morea ebenfalls im Jahre 1830 gemessen. Ich weifs nicht, ob diese Quellen sämmtlich »grofse Quellen« sind. Von denen von Georgitsi und den Teneïschen ist dies gewifs.

Quellen in Höhen bis zu 3000′.

Ort und Name	Breite	Höhe ungefähr	Tag 1830	Temperatur	Bemerkungen
Quelle von Hayani [1] . . .	37° 2′	770′	13 April	15°.22	während des Schneeschmelzens, etwa 1200′ vom Fufs des Teygetos entfernt.
Quellen von Georgitsi, auf dem rechten Ufer des Eurotas, Eparchie von Mistra	37 12	1080	17 April	15. 25	
Die Teneïschen Quellen in der Ebene v. Orchomenos [2]	37 45	1980	3 Octob.	13. 0	
Quelle von Ghiotha oberhalb des Phonia-Sees. .	37 48	2540	4 Octob.	11. 5	
Als Anhang eine Messung aus Attica, 3 Jahre später:					
Auf dem Gebirge Parnes in Attica.	38 10	2930	1833 11 Mai	11. 0	

[1]) Hayani finde ich auf der grofsen Karte nicht, wohl aber Hagiannis, südwestlich von Mistra. Vielleicht sind beide Namen gleichbedeutend.

[2]) Die Teneïschen Quellen kommen nur 2 franz. Meilen von der Südspitze des Sees von Pheneos hervor.

Bemerkungen zu Boblaye's Beobachtungen und Ansichten.

Den im Vorstehenden dargelegten Beobachtungen und Schlüssen Boblaye's habe ich nur wenige Bemerkungen zur nähern Verständigung hinzuzufügen.

Die wichtigste Rolle bei der Erklärung der beständigen Klarheit und der Temperatur der grofsen Quellen an der Ostküste von Morea spielen also grofse unterirdische Wasserbecken, deren Dasein unzweifelhaft ist, obgleich bis jetzt Niemand, soviel ich weifs, durch Zufall ein solches entdeckt hat. Wir sind in dieser Beziehung nicht weiter als die Alten, und die Alten waren so weit wie wir sind. Sie schlossen aus den Erscheinungen, welche sie an der Oberfläche beobachteten, mit unabweisbarer Nothwendigkeit auf das Vorhandensein grofser unterirdischer Seen in den Gebirgen des Peloponnes. Denn dafs sie einen solchen See zufällig aufgedeckt und näher kennen gelernt hätten, darf man aus der angeführten Stelle des Diodor gewifs nicht verstehn. Bemerkenswerth ist, dafs Boblaye, und mit vollkommenem Rechte, auch für diejenigen Quellen welche, wie die Erasinosquelle, bekanntermafsen aus einem Landsee herabkommen, der Annahme bedarf, dafs die Wasser auf ihrem unterirdischen Wege doch noch erst in einem grofsen Wasserbecken längere Zeit verweilen müssen um sich zu klären. Bei der grofsen Häufigkeit der »grofsen Quellen« sowohl im Innern als besonders an den Küsten von Morea, von welcher man sich bei aufmerksamer Betrachtung der Karte überzeugt, ist es mir aufgefallen, dafs die Alten nur für 3 derselben ihre wahre Herkunft erschlossen haben. Dies kommt ohne Zweifel daher, dafs nur wenige grofse Quellen ihren höchsten Ursprung in Landseen haben, während die grofse Mehrzahl aus unterirdischen Seen allein entspringt. Bleibt eine Quelle aus, die allein aus einem unterirdischen See entspringt, so kann man nicht entscheiden, wo der unterirdische See liegt, der sie speiste, eben weil dieser den Blicken verborgen ist. Wir nehmen also mit Boblaye an, dafs die grofsen Quellen von Morea alle aus unterirdischen Seen kommen, in denen die Wasser längere Zeit verweilen müssen. In diesen Seen findet wahrscheinlich auch die bedeutende Temperaturausgleichung statt, welche schon Boblaye's Aufmerksamkeit auf sich gezogen hat. Derselbe fand die Temperatur der Seen im Innern des Landes in der Regenzeit 6°, zur Zeit des Schneeschmelzens nur 5°. Das Wasser des Sees von Stymphalos kommt am Fufs des Chaon mit 17° bis 17°.5 zu Tage, hat also in seiner kältesten Zeit eine Temperaturerhöhung von 12° erfahren. In der Hitze des langen Sommers erwärmt sich das Wasser an der Oberfläche des genannten Sees vermuthlich auf 20 und einige Grad; von der Oberfläche aus werden aber die Katavothra gespeist, denn sie liegen dicht unter derselben. Während und nach der heifsesten Zeit hat das Wasser der Erasinosquelle eine Temperaturerniedrigung von vielleicht 6 bis 8° erfahren, denn es ist dann auch nicht wärmer als 17°.5. Diese Wärmeerniedrigung und jene Wärmeerhöhung wird an derjenigen Stelle des unterirdischen Verlaufs stattfinden, an welcher die Wasser am längsten verweilen, nämlich in dem See oder in den Seen, in welchen sie ihre Unreinigkeiten absetzen. — Boblaye bezeichnet den Wärmegrad von 17-18°, mit welchen die grofsen Quellen der Ostküste hervorkommen, als einen hohen, und auch hierin mufs man ihm beistimmen. Wir dürfen diese Quellen ganz sicher nicht für abnorm kalt im Sinne des vorigen Kapitels halten. Die Angaben der Luftwärme für Athen schwanken zwischen 15°.5 und 18°.75. Hiernach dürfen wir vermuthen, das die mittlere Luftwärme sich an der Ostküste von Morea ungefähr auf 18° stellen mag. Wir sind also durchaus nicht berechtigt, Quellen welche daselbst mit 17-18° hervorkommen, für abnorm kalt zu erklären. Die Temperatur dieser Quellen scheint von der mittlern Lufttemperatur der Orte ihres Hervorkommens wenig verschieden zu sein. In welcher Höhe über dem Meere haben wir uns nun wohl die unterirdischen Seen zu denken? Da die grofsen Quellen der Ostküste sämmtlich die verhältnifsmäfsig hohe Temperatur von 17-18° behaupten, so müssen wir annehmen, dafs die unterirdischen Seen, in denen die Wasser sich klären und ihre Temperatur ausgleichen, sämmtlich in nahe derselben und zwar unbedeutenden Höhe über dem Meere gelegen sind. Wir müssen dieselbe Höhe für eine ganze Reihe unterirdischer Seen annehmen, weil die höchsten Ursprünge der verschiedenen Quellen ohne Zweifel aus verschiedenen Höhen herabkommen und die Quellen dessenungeachtet in ihrem Wärmegrade sehr wenig von einander abweichen.

In den Apenninen fanden wir »grofse Quellen«, welche sicher 3-4° kälter sind als die Luft am Orte ihres Hervorkommens. Bei diesen nahmen wir an, dafs der unterirdische See, welcher sie speist, in bedeutender Höhe über ihnen liegt, und dafs die Wasser aus dieser Höhe rasch herabstürzen.

An der Ostküste von Morea lernen wir durch Boblaye »grofse Quellen« kennen, deren Temperatur der mittlern Lufttemperatur nahe gleich zu kommen scheint. Bei diesen müssen wir annehmen, dafs die unterirdischen Seen, welche sie speisen, in geringer Höhe über dem Orte ihres Hervorkommens liegen.

Für das charakteristische Merkmal, dafs die grofsen Quellen in Morea eine grofse Menge Luftblasen entwickeln, giebt Boblaye eine Erklärung, durch welche ein wichtiger Theil unserer Ansicht über die abnorm kalten Quellen im Teveronethal gradezu bestätigt wird. Die Luft ist durch die Anstauung des Wassers in den geschlossenen Höhlen zusammengedrückt und in das Wasser hineingeprefst worden. Sie entweicht, sobald das Wasser ins Freie kommt und nur noch dem einfachen Druck der Atmosphäre ausgesetzt ist. Da nun die Quellen im Teveronethal ganz dieselbe Erscheinung zeigen, so ist dadurch bewiesen (vorausgesetzt, dafs Boblaye's Erklärung die richtige sei), dafs sie aus unterirdischen wassererfüllten Höhlen gespeist werden.

Die grofsen Quellen im Teveronethal stimmen in folgenden Punkten mit den grofsen Quellen an der Ostküste von Morea überein: Sie sind aufserordentlich wasserreich, beständig klar, entwickeln häufige Blasen atmosphärischer Luft und führen einen feinen kalkigen Sand mit sich. Aus diesen Umständen schliefsen wir, dafs sie aus unterirdischen Seen kommen.

Die erstgenannten Quellen unterscheiden sich von den letztgenannten (abgesehn von dem schon erörterten verschiedenen Verhalten ihrer Wärmegrade) dadurch, dafs sie niemals ausbleiben. Was würden die Römer gesagt haben, wenn die Aqua Marcia einmal ausgeblieben wäre! Das Hauptmerkmal, welches Boblaye für seine Kephalovrysi aufstellt (die unregelmäfsigen Unterbrechungen), findet auf die grofsen Quellen des Teveronethals und von S. Germano keine Anwendung.

DRUCK VON GUSTAV SCHADE IN BERLIN,
Oranienburgerstr. 27.

FSC
www.fsc.org
MIX
Papier | Fördert gute Waldnutzung
FSC® C083411

Kolibri 360 GmbH
Ferdinand-Jühlke-Straße 7
99095 Erfurt, Deutschland
produktsicherheit@kolibri360.de